工业助剂生产工艺与应用技术丛书

橡塑助剂
生产工艺与应用技术

韩长日　宋小平　主编

中国石化出版社
·北京·

内 容 提 要

本书介绍了橡胶硫化剂、橡胶硫化促进剂、抗氧剂(防老剂)、光稳定剂、热稳定剂、引发剂、增塑剂、阻燃剂和偶联剂等橡塑助剂的生产应用技术。首先对每类橡塑助剂的应用类型、品种、基本性能及生产发展趋势进行简要概述，然后对各种橡塑助剂产品的中英文名称、性能、生产原理、工艺流程、主要原料、主要设备、生产工艺、质量标准、用途、安全与贮运等都做了全面而系统的阐述。

本书对于从事橡塑助剂研究开发和精细化工产品研制开发的科技人员、生产人员以及高等院校应用化学、精细化工等专业的师生都具有参考价值。

图书在版编目(CIP)数据

橡塑助剂生产工艺与应用技术 / 韩长日，宋小平主编 . —北京：中国石化出版社，2024. 6
(工业助剂生产工艺与应用技术丛书)
ISBN 978-7-5114-7498-8

Ⅰ. ①橡… Ⅱ. ①韩… ②宋… Ⅲ. ①橡胶助剂-生产工艺②塑料助剂-生产工艺 Ⅳ. ①TQ330. 38 ②TQ320. 424

中国国家版本馆 CIP 数据核字(2024)第 081332 号

中国石化出版社出版发行
地址：北京市东城区安定门外大街 58 号
邮编：100011　电话：(010)57512500
发行部电话：(010)57512575
http://www. sinopec-press. com
E-mail：press@ sinopec. com
北京富泰印刷有限责任公司印刷
全国各地新华书店经销
*
787 毫米×1092 毫米 16 开本 21. 75 印张 546 千字
2024 年 6 月第 1 版　2024 年 6 月第 1 次印刷
定价：78. 00 元

前言 Preface

助剂(也称添加剂)是工业材料和产品在加工和生产过程中为改善加工性能和提高产品性能及使用质量而加入的药剂的总称。随着精细化工的发展，各种工业助剂对提高产品质量和扩展产品性能有着越来越重要的作用。我国许多工业产品质量与国外知名产品的差距并不在于缺少主要原料，而在于缺少高性能的助剂。助剂能赋予产品以特殊性能，延长使用寿命，扩大适用范围，提高加工效率，提升产品质量和档次。助剂产品的技术进步，影响着许多产业，尤其是化工、轻工、纺织、石油、食品、饲料、电子工业、建筑材料和汽车等产业的发展。

助剂的种类繁多，相关的作用机理、生产应用技术也很复杂，全面系统地介绍各类助剂的性能、生产原理、工艺流程、工艺配方、生产工艺、质量标准、主要用途，对促进我国工业助剂的技术发展，推动精细化工产品技术进步，加快我国工业产品的技术创新和提升工业产品的国际竞争力，以及满足国内工业生产的应用需求和适应消费者需要都具有重要意义。在中国石化出版社的策划和支持下，我们于2006—2014年出版了《工业添加剂生产工艺与应用技术丛书》(1~8册)，这是一套完整的工业助剂丛书。为了满足我国工业助剂的技术发展需要、推动精细化工产品技术进步和提升工业助剂产品的国际竞争力，我们对此套丛书进行了修订，并更名为《工业助剂生产工艺与应用技术丛书》。

本书为橡塑助剂分册，介绍了橡胶硫化剂、橡胶硫化促进剂、抗氧剂(防老剂)、光稳定剂、热稳定剂、引发剂、增塑剂、阻燃剂和偶联剂等橡塑助剂的生产工艺与应用技术。对各种橡塑助剂产品的中英文名称、性能、生产原理、工艺流程、工艺配方、生产工艺、质量标准、主要用途、安全与贮运都做了全面而系统的阐述。对于从事橡塑助剂研究开发和精细化工产品研制开发的科技人员、生产人员，以及高等院校应用化学、精细化工等专业的师生都具有参考价值。全书在编写过程中参阅和引用了大量国内外专利及技术资料，书末列出了主要参考文献，部分产品中还列出了相应的原始研究文献，以便读者进一步查阅。

值得指出的是，在进行橡塑助剂产品的开发生产中，应当遵循先小试、再中试，然后进行工业性试产的原则，以便掌握足够的工业规模的生产经验。同时，要特别注意生产过程中的防火、防爆、防毒、防腐蚀及环境保护等有关问题，并采取有效的措施，以确保安全顺利地生产。

本书由韩长日、宋小平主编，参加本书编写的有陈文豪、郑彩娟。

本书在选题、策划和组稿过程中，得到了中国石化出版社、国家自然科学基金、海南科技职业大学著作出版基金和海南师范大学的支持和资助，许多高等院校、科研院所和同仁提供了大量的国内外专利和技术资料，在此一并表示衷心的感谢。

由于我们水平所限，错漏和不妥之处在所难免，欢迎广大同仁和读者提出意见和建议。

编者

目录 Contents

第 1 章　橡胶硫化剂

1.1 概　　述

在橡胶工业中，除某些热塑性橡胶外，各种生胶几乎均需要进行硫化。所谓硫化，实际上就是将橡胶分子进行交联，使其由线型结构转变为网状结构，从而具有良好的弹性和其他许多优异的性能。由于橡胶工业中最早使用的交联剂是硫黄，且目前仍广泛应用于橡胶，虽然已有许多其他的交联剂，但仍把起交联作用的助剂习惯地称作硫化剂。也就是说，橡胶由线型结构转变成三维网状结构的交联过程称为硫化，凡能使橡胶起交联作用的物质则称作橡胶硫化剂。

随着橡胶工业的发展，目前作为商品生产的硫化剂有 80 余种，从化学结构上可分为：硫黄、含硫化合物（硫给予体）、有机过氧化物、树脂类、醌类、胺类、金属氧化物以及其他特殊的硫化剂。也可简单地分为含硫硫化剂和非硫硫化剂两大类。

(1) 硫黄

硫黄是橡胶工业最早采用的硫化剂。硫、硒、碲三种元素在元素周期表中位于同一族，化学性质有相似之处，都可用作硫化剂。但硒和碲的硫化速度很慢，价格较贵，且均有毒，故很少应用。所以，目前广泛而大量应用的是硫黄。

工业上用作硫化剂的硫黄有粉末硫黄、沉降硫黄、胶体硫黄（高分散性硫黄）、表面处理硫黄和不溶性硫黄等不同的品种。胶体硫黄的优点是硫黄容易分散、混炼时间短、贮存稳定性高。将普通硫黄聚合制得的大分子硫黄称作不溶性硫黄。不溶性硫黄在橡胶混炼过程中以沙晶形式存在于橡胶料中，能避免胶料喷霜，防止硫黄迁移，使胶料保持较好的成型黏性。不溶性硫黄不稳定，在胶料硫化的高温下，能还原为普通硫黄，完成硫化。

(2) 含硫化合物

含硫化合物由于在硫化温度下可释放出活性硫，故又称给予体。这类化合物在较低温度下不发生硫化作用，只有当温度升高到硫黄给予体分解出活性硫后，硫化反应才开始进行。因此，一般操作安全，无焦烧之虑，且喷硫现象比使用单纯硫黄时大为减少。这类硫化剂的主要品种有二硫化四甲基秋兰姆、二硫化四乙基秋兰姆、二硫化四丁基秋兰姆、四硫化双五亚甲基秋兰姆、二硫化二吗啉和脂肪族醚的多硫化物、烷基硫化物和含硫的聚合物。

(3) 有机过氧化物

可用于橡胶硫化交联的有机过氧化物种类繁多，但从安全性考虑，使用较多的是过氧化二异丙苯（DCP）和过氧化苯甲酰（BPO）等几个品种。主要品种还有叔丁基过氧化氢、二叔丁基过氧化氢、2,5-二甲基-2,5 双（叔丁基过氧基）己烷、2,4-二氯过氧化苯甲酰和过苯甲酸叔丁酯等。过氧化物类硫化剂（交联剂）不仅可以用于饱和橡胶的硫化，还可用于不饱和橡胶的硫化，也可用于橡塑共混体系。

(4) 树脂类硫化剂

常用树脂硫化剂有对叔丁基苯酚甲醛树脂和对叔辛基苯酚甲醛树脂（202 树脂）及其溴化

物(201 树脂)。作为硫化剂用的树脂是一些热固性树脂。树脂类硫化剂(交联剂)目前已大量用于橡胶、涂料、胶黏剂、纤维等材料中。

(5) 醌类硫化剂

醌类化合物可作为丁基橡胶、天然橡胶、丁苯橡胶的硫化剂，目前主要用于丁基橡胶的硫化。比较常用的醌类硫化剂有：对醌二肟、二苯甲酰对醌二肟、四氯苯醌、氢醌二乙基醚。

(6) 胺类硫化剂

胺类硫化剂多用于氟橡胶、丙烯酸酯橡胶的交联。由于氟橡胶为完全饱和型聚合物，故多采用有机过氧化物、多胺、聚异氰酸酯等作为硫化交联剂，其中多胺硫化最为实用。主要品种有乙二胺、三(1,2-亚乙基)四胺、四(1,2-亚乙基)五胺、己二胺、甲基双邻氯苯胺、水杨基亚胺铜等。

(7) 金属氧化物

金属氧化物可用于氯丁橡胶、聚硫橡胶以及某些含有活性氢的聚合物的硫化交联。常用的金属氧化物有氧化锌、氧化镁、一氧化铅、四氧化三铅等。氧化锌和氧化镁是氯丁橡胶的两种标准的硫化剂。金属氧化物很少单独使用，多数是相互配合使用或与其他硫化剂配合使用。

可用于橡胶硫化交联的化合物有多种，虽经 130 多年的发展，但目前用量最大、使用最广的仍然是硫黄，即使在使用过氧化物、醌类、多胺、金属氧化物进行硫化时，也宜加入少量的硫黄或含硫化合物，以获得较优良的物理机械性能。在非硫硫化剂中，用量较大的是有机过氧化物。可以说，硫化剂已从当初的硫黄一个品种发展成为今天功能齐全的一类橡胶添加助剂。

随着橡胶工业的不断发展和人类环保意识的增强，制备新型、高效、多功能、低成本以及绿色环保的橡胶助剂已成为橡胶工业发展的新方向。橡胶的硫化是赋予橡胶具有使用价值的关键因素。橡胶硫化剂的研究仍主要着眼于增加高温快速硫化的耐还原性，提高硫化胶的耐热、耐氧化性能。同时，性能优良的硫化促进剂、活化剂和防焦剂，对于加快硫化速度、缩短硫化时间、降低硫化温度、减少硫化剂用量、提高硫化胶的交联度和耐热性、避免早期硫化(即焦烧)是必不可少的。因此，也属于硫化剂研究的大范畴。

参 考 文 献

[1] 姚世杰，樊云峰. 橡胶硫化剂进展[J]. 中国橡胶，2003，(21)：23-24.

[2] 高超. 橡胶硫化剂 DTDM 和 DTDC 的合成工艺研究[D]. 青岛科技大学，2014.

[3] 陈丽娟. 多功能负载型橡胶硫化剂的制备及其对橡胶复合材料结构与性能的影响[D]. 华南理工大学，2017.

[4] 周志霞. 橡胶硫化剂 DPTT 溶剂法合成技术研究[J]. 山东化工，2019，48(18)：28-29.

[5] 庄毅，王雷雷，郑方远，等. 不同种类硫化剂对氢化丁腈橡胶性能的影响[J]. 合成橡胶工业，2023，46(01)：51-54.

1.2 硫 黄

硫黄(sulfur)有 α-硫(斜方硫)、β-硫(单斜硫)和 γ-硫(无定形硫)。分子式 S_8，相对分子质量 256.512。

1. 性能

黄色或浅黄色无定形或结晶性粉末或块状固体。有结晶形和无定形两种，结晶形硫黄主要有 α-硫和 β-硫两种同素异构体。α-硫(斜方硫)的熔点 112.8℃，相对密度 2.07(20℃)，折射率 1.957；β-硫(单斜硫)的熔点 119.25℃，相对密度 1.96(20℃)，折射率 2.038；γ-硫(无定形硫)的熔点约 120℃，相对密度 1.92，沸点 444.6℃，燃点 363℃，不溶于水，易溶于二硫化碳、四氯化碳和苯，稍溶于乙醇和乙醚。无定形硫主要是弹性硫，是将熔融硫迅速注入冷水中而得，不稳定，很快转变为 α-硫。在 95.6℃下稳定的是 α-硫，95.6℃以上稳定的是 β-硫。工业上使用较多的是硫黄粉和不溶性硫黄。硫黄燃烧时生成二氧化硫，可与大多数金属反应生成硫化物。

2. 生产原理

将硫铁矿与煤、石灰石及石英混合后加入高炉，经焙烧、熔融、冷却、结晶制成硫黄块，或在沸腾炉中硫铁矿通过白煤、煤粉或煤气还原得到硫黄块。将硫黄块在 150~160℃下熔化，并经过去渣、除酸后，冷却、粉碎，即得到硫黄粉。高炉中的化学反应：

$$7FeS_2 \longrightarrow FeS_8+3S_2$$

$$2H_2O+\frac{3}{2}S_2 \longrightarrow 2H_2S+SO_2$$

$$SO_2+C \longrightarrow CO_2+\frac{1}{2}S_2$$

$$CO_2+C \longrightarrow 2CO$$

$$2CO+SO_2 \longrightarrow 2CO_2+\frac{1}{2}S_2$$

$$CaCO_3 \longrightarrow CaO+CO_2$$

$$2FeS_2+3O_2+SiO_2 \longrightarrow (FeO)_2\cdot SiO_2+2SO_2$$

$$CaO+SiO_2 \longrightarrow CaO\cdot SiO_2$$

$$FeS+H_2O \longrightarrow FeO+H_2S$$

在沸腾炉中的主要化学反应：

$$4FeS_2+11O_2 \longrightarrow 8SO_2+2Fe_2O_3$$

$$3FeS_2+8O_2 \longrightarrow 6SO_2+Fe_3O_4$$

$$SO_2+C \longrightarrow CO_2+\frac{1}{2}S_2$$

$$2SO_2+4CO \longrightarrow S_2+4CO_2$$

$$CO_2+C \longrightarrow 2CO$$

3. 工艺流程

黄铁矿→粉碎→焙烧(空气)→气体除尘→还原(白煤)→转化→冷凝→硫雾捕集→

→硫黄块→熔化精制→冷却→粉碎→成品

4. 生产工艺

将黄铁矿(也称硫铁矿)先用破碎机破碎，再粉碎成精矿粉，经螺旋加料器加入沸腾焙烧炉，与鼓入的空气混合燃烧，控制温度在 950℃左右，炉气出口温度为 750℃，沸腾层的风速1.5~2.0m/s。炉气中的二氧化硫浓度在11%~14%为宜。炉气从焙烧炉进入除尘器除去炉气中的矿尘，先经两级旋风除尘，再经串联的两个列管除尘，进入电除尘器的气体温度在340~380℃之间，出管口温度约200℃。含尘20~70mg/m^3。再与被加热的空气混合，进入还原炉中的混合气体含SO_2为8%~12%，与加入的白煤(或通入的半水煤气)进行还原反应，再经转化器、冷凝器、泡罩塔后放空。液态硫由冷凝器、泡罩塔放出，经过滤、冷凝即得到硫黄块。废气排空。

将硫黄块投入熔融精制锅中，于150~160℃下熔化，待硫黄或天然硫黄矿熔融，继续升温，接近沸腾时，硫黄大量升华。升华的硫黄气导入一系列的密闭室内，迅速冷却至90℃以下，凝成细粉状的硫黄。待锅内的硫黄升华近于完全时，将残留的褐色黏稠液体趁热放出，同时将制得的升华硫黄粉迅速出料，即得到硫黄粉成品。

说明：

① 每1000kg硫黄约消耗3600kg硫铁矿。

② 不溶性硫黄制法：

将硫黄粉加热至沸腾，倾于冷水中急冷，生成透明的无定形弹性硫黄，即为不溶性硫黄，也可将过热硫黄蒸气用惰性气体稀释，喷在冷水雾中冷却至90℃以下制得，或将硫黄块溶于氨水中立即喷雾干燥，制得不溶性硫黄。

③ 胶体硫制法：

胶体硫又称高分散性硫黄，平均粒径为1~3μm，沉降速度慢，分散均匀。

通常将硫黄粉与分散剂一起投入球磨机中或者胶体磨中，进行研磨。一直磨至平均粒径达到要求后，成为糊状的硫黄即为胶体硫。

5. 质量标准

指标名称	一级品	二级品	三级品
硫(S)/%	≥99.5	≥99.5	≥98.5
灰分/%	≤0.04	≤0.20	≤0.40
酸度(H_2SO_4)/%	≤0.005	≤0.01	≤0.03
砷(As)/%	≤0.001	≤0.02	≤0.05
铁(Fe)/%	≤0.003	≤0.005	不规定
有机物/%	≤0.05	≤0.30	≤0.80
水分/%	≤0.10	≤0.50	≤1.00
100目筛余物/%	无	无	不规定
200目筛余物/%	≤0.5	≤1.0	不规定
机械杂质/%	不允许	不允许	不允许

6. 用途

硫黄粉是橡胶的最主要的硫化剂。它在胶料中的溶解度随胶种而异。室温下较易溶于天然橡胶、丁苯橡胶，较难溶于有规立构丁二烯橡胶和丁腈橡胶。使用不溶性硫可避免胶料喷硫，也不易产生早期硫化，并使胶料保持较好的黏性。不溶性硫常用作特殊橡胶制品的硫化剂，与某些促进剂如促进剂M配用，会增加喷硫现象。为防止未硫化橡胶的喷硫，硫黄宜在低温下混入。在加硫黄之前加入软化剂，掺入再生胶、槽法炭黑粉，以硒代替部分硫黄，均能减少喷硫现象。采用不溶性硫也是消除喷硫的主要方法。胶体硫可用作乳胶制品的硫化剂。在软质橡胶中，一般用量为0.2%~0.5%，硬质胶中用量可达25%~40%。

参 考 文 献

[1]许可．硫黄回收装置流程模拟及优化[J]．硫酸工业，2023，(03)：33-39.

[2]张帆．硫化氢制硫黄和氢气技术研究进展[J]．硫酸工业，2022，(08)：15-18.

1.3 硫化剂 DTDM

硫化剂 DTDM(vulcanizing agent DTDM)化学名称为 4,4′-二硫代二吗啉，国外相应商品名有 Actor R（日本）、Sulfasan R(美国)。分子式 $C_8H_{16}N_2O_2S_2$，相对分子质量 236.27。结构式为：

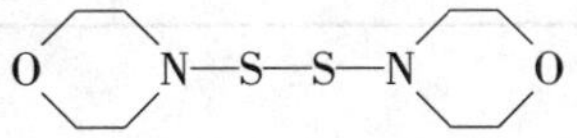

1. 性能

白色针状结晶，工业品为灰棕色或白色结晶粉末，熔点 124~125℃。相对密度 1.32~1.38。溶于丙酮、苯、四氯化碳，不溶于水和脂肪烃，干燥时有起火的危险。燃烧温度 140℃，自燃温度 290℃。粉尘-空气混合物有爆炸危险，燃烧浓度下限为 20.5g/m³。遇无机酸或无机碱分解。接触皮肤或黏膜能引起强而较持久的辛辣感。中等毒性。

2. 生产方法

在有机溶剂(溶剂汽油或苯与甲苯混合溶剂)中，吗啉在低于 10℃的温度下与二氯化二硫(又名一氯化硫)(S_2Cl_2)和氢氧化钠反应，即可得到产品。

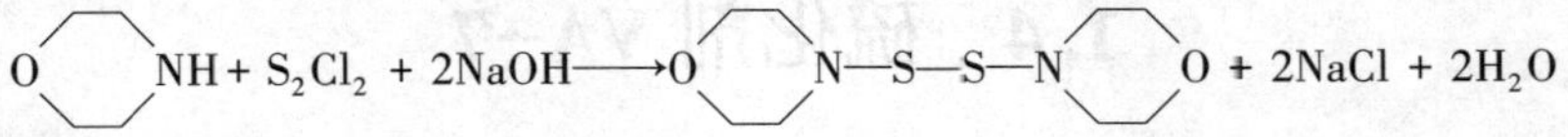

3. 工艺流程

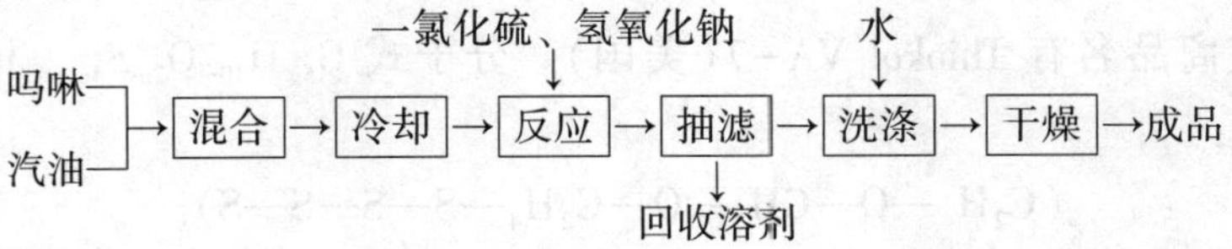

4. 生产工艺

在反应釜中加入吗啉、溶剂汽油(或苯和甲苯)及少量水，搅拌均匀后，冷却，将一氯化硫、汽油和氢氧化钠溶液加完。滴加完毕后，补加一定量水，继续搅拌反应 30min。将反应物进行抽滤，滤饼加入离心机内洗涤至中性，然后进行干燥，即得到成品硫化剂 DTDM。滤液进行汽油与水相分离并回收汽油。

5. 质量标准

外观	白色至灰白色粉末	灰分/%	≤0.5
熔点/℃	≥120	水分/%	≤0.5

6. 用途

用作天然橡胶和合成橡胶的硫化剂和促进剂。用作硫化剂时，在硫化温度下才分解出活性硫，因此使用本品操作安全，不会发生焦烧现象。单独使用本品硫化速度慢，但同噻唑类、秋兰姆或二硫代氨基甲酸盐等促进剂并用，可提高硫化速度。水杨酸类虽然能促使本品分解而加快硫化速度，却使硫化胶物理性能下降。用作促进剂时，由于本品有效含硫量高(含硫量 27%)，硫黄的用量可适当降低。使用本品时胶料不喷霜、不污染、不变色。用于有效和半有效硫化体系时所得硫化胶耐热性能和耐老化性能良好。本品易分散于胶料中。单独用作硫化剂时一般用量为3%~4%；用作促进剂时一般用量为0.5%~2%，并配以0.5%~2%硫黄。硫化剂DTDM的最佳并用配方(质量份)为：

胶种	DTDM	硫黄	促进剂CZ	促进剂M	促进剂TMTD	促进剂D
天然橡胶	1~2 0.7~2 1~1.5	0.3~1 0.5~1.5 0~0.3	0.5	0.4		0.3 0.7
丁腈橡胶	1	1				
丁基橡胶	1.5	1		0~1.5	1~2	

7. 安全与贮运

生产中使用吗啉、一氯化硫等有毒或腐蚀性原料，产品具有中等毒性，生产设备应密闭，车间内加强通风，注意防火，操作人员应穿戴劳保用具。使用内衬塑料袋的编织袋包装，贮存于阴凉、干燥处。

参 考 文 献

[1] 高超. 橡胶硫化剂DTDM和DTDC的合成工艺研究[D]. 青岛科技大学，2014.

[2] 连加松. 硫化剂DTDM在橡胶中的应用[J]. 世界橡胶工业，2003，(03)：14-16.

1.4 硫化剂VA-7

硫化剂VA-7(vulcanizing agent VA-7)的化学成分为脂肪族醚的多硫化物，又称硫化剂JL-1。国外相应商品名有Thiokol VA-7(美国)。分子式 $C_{5n}H_{10n}O_{2n}S_{4n}$，相对分子质量为230$n$。结构式为：

$$(C_2H_4—O—CH_2—O—C_2H_4—S—S—S—S)_n$$

1. 性能

琥珀色或浅灰色，稍有硫醇气味，相对密度1.42~1.47。26.7℃时的黏度为5.0~10.0Pa·s。由于分子中的硫为结合硫，所以用作橡胶硫化剂时，用量达5%也不会发生喷霜现象。

2. 生产原理

以二氯乙烷为溶剂，氯乙醇与甲醛发生缩合后减压脱除溶剂，得到单体($ClC_2H_4—O—CH_2—C_2H_4Cl$)。然后与多硫化钠反应得到粗品，经洗涤，脱水得到VA-7。

(1) 多硫化钠的制备

$$6NaOH+10S \longrightarrow 2Na_2S_4+3H_2O+Na_2S_2O_3$$

(2) 单体的制备

$$2Cl—C_2H_4—OH+HCHO \xrightarrow{ClCH_2CH_2Cl} Cl—C_2H_4—O—CH_2—O—C_2H_4—Cl+H_2O$$

(3) 硫化

$$nCl—C_2H_4—O—CH_2—O—C_2H_4—Cl+nNa_2S_4 \rightarrow (C_2H_4—O—C_2H_4—S—S—S—S)_n+2nNaCl$$

3. 工艺流程

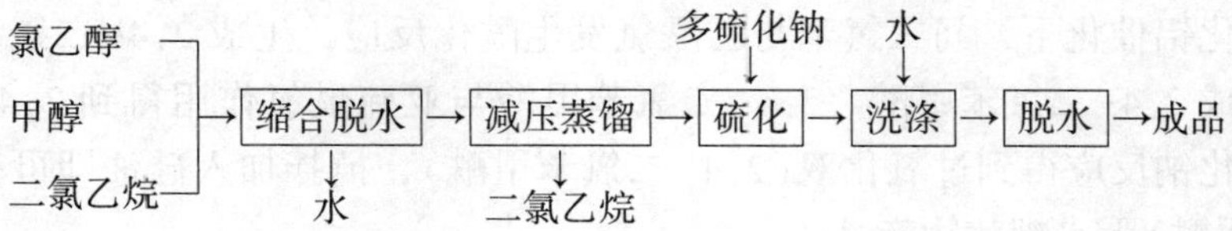

4. 生产工艺

在缩合反应釜中加入氯乙醇、甲醛和二氯乙烷，在搅拌下加热至 80℃进行回流脱水。缩合反应过程中产生的水由二氯乙烷蒸气带出反应釜，冷凝后，经油水分离器，二氯乙烷再返回反应釜。随着反应的进行，可逐渐提高缩合脱水反应温度到 103℃。如蒸发的二氯乙烷冷凝后只有少量水或无水生成，说明反应已完全。将反应物料进行减压蒸馏，蒸出二氯乙烷及未反应的甲醛后，即得到氯乙氧基甲基氯乙基醚单体。

将制得的单体和多硫化钠加入反应釜，在搅拌下升温至 95℃进行硫化反应。反应结束后，用水洗涤除去反应过程生成的盐和其他水溶物，用干燥剂干燥后过滤，得到硫化剂VA-7。

5. 质量标准

外观	灰白色稠厚液体，半透明	总氯量/%	≤4.0
总硫量/%	48~52	pH 值	6~8
水分/%	≤0.1		

6. 用途

用作丁苯橡胶、丁腈橡胶、天然橡胶及其他不饱和橡胶的硫化剂。该硫化剂所含硫为结合硫，在橡胶中极易分散，故用量高达 5%也不会发生喷霜现象。本品比用硫黄硫化的效率高。可用于制造电线，因无游离硫存在，故对铜无腐蚀作用。在天然橡胶、丁苯橡胶和丁腈橡胶中的用量一般为 1.25%~2.0%。

7. 安全与贮运

生产设备应密闭，防止冒漏，车间内加强通风，操作人员应穿戴劳保用品。采用塑料桶包装，贮存于阴凉、干燥处。

1.5 硫化剂 DCBP

硫化剂 DCBP(vulcanizing agent DCBP)的化学名称为双-(2,4-二氯过氧化苯甲酰)。国外相应商品名有 Cad ox TS-40、Cadox TS-50(英国)、Lupe co CGE、CSF、CST(美国)、Perkadox PDS-50(日本)。分子式 $Cl_4H_6C_{14}O_4$，结构式为：

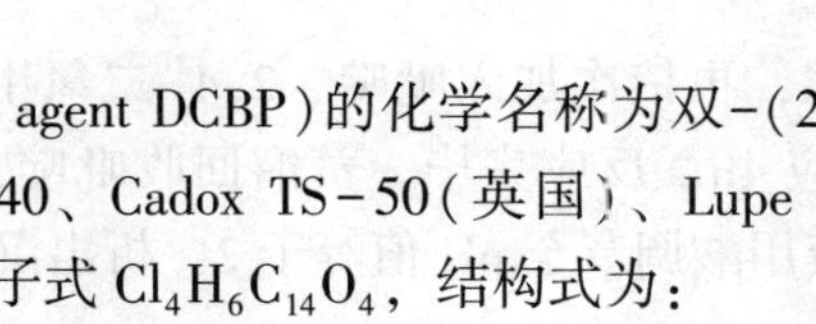

1. 性能

白色至浅黄色结晶粉末，或呈片状带滑感粉末。相对密度 1.18。加热至 45℃会分解。在室温下稳定性良好，干燥后具有强烈的爆炸性，本品为强氧化剂，应避免高温、强烈振动，切勿与有机物接触。商品一般用硅油稀释成 50%的糊状物。

2. 生产原理

在无水氯化铝催化下，间二氯苯与乙酰氯发生酰化反应，生成2,4-二氯苯乙酮，经高锰酸钾氧化制成2,4-二氯苯甲酸。2,4-二氯苯甲酸与亚硫酰氯作用得到2,4-二氯苯甲酰氯，再与过氧化钠反应得到过氧化双(2,4-二氯苯甲酰)，搅拌加入硅油即可得到过氧化双(2,4-二氯苯甲酰)无水糊状物产品。

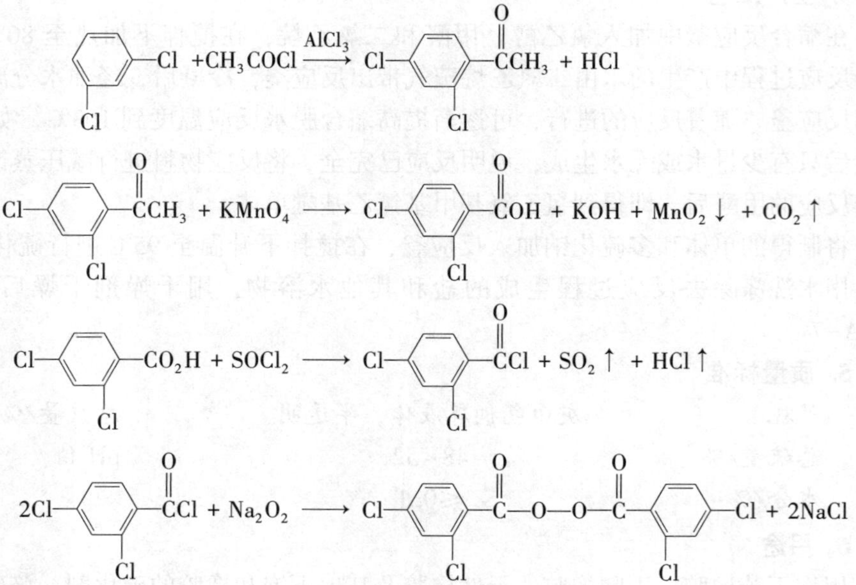

3. 工艺流程

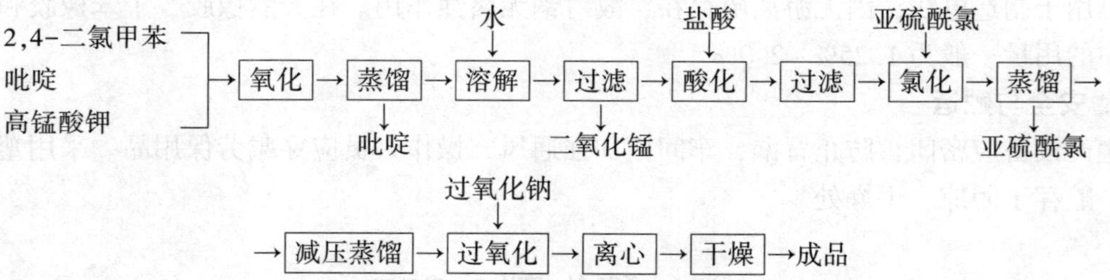

4. 生产工艺

在氧化反应锅中先加入水，再依次加入吡啶、2,4-二氯甲苯及高锰酸钾，搅拌下升温至70℃，保持此温度搅拌反应4h。反应完毕，蒸馏回收吡啶，蒸干后的残余物加水溶解。过滤，滤饼为二氧化锰，滤液用酸调节至pH值等于2，析出沉淀，过滤，得到2,4-二氯苯甲酸。

在氯化反应锅中，将2,4-二氯苯甲酸与亚硫酰氯以摩尔比为1∶2的比例加入，在搅拌下加热至100~135℃，回流反应1h。反应结束，于常压下蒸出过量的亚硫酰氯，再进行减压蒸馏，收集3733.03Pa、146~149℃的馏分，即得到2,4-二氯苯甲酰氯。

将2,4-二氯苯甲酰氯与丙酮加入反应釜，搅拌溶解后，降温至5℃以下，滴加过氧化钠水溶液，进行反应，反应温度控制在5~10℃，反应完全后，用水洗涤，除去反应生成的盐，再经离心脱水，将滤饼于35~40℃下烘干，即得到过氧化双(2,4-二氯苯甲酰)。将过氧化双(2,4-二氯苯甲酰)与等质量的硅油混合，得到含量50%的硫化剂DCBP商品。

5. 质量标准

外观	白色至浅黄色糊状
含量/%	≥50

6. 用途

用作硅橡胶硫化剂。适合于硅橡胶的无模硫化和热空气硫化，制品不会产生气孔。该硫化剂对酸敏感性较小，但胶料中不能配用炭黑。

7. 安全与贮运

生产中使用2,4-二氯甲苯、吡啶、亚硫酰氯等有毒或腐蚀性原料，反应设备应密闭，防止冒漏，车间内加强通风，操作人员应穿戴劳保用具。

产品是强烈的氧化剂，纯度95%的产品活性氧含量为4.0%。在干燥情况下，需避免高温和强烈振动，避免与有机物接触。为安全起见，保存时宜加入一定量的水。

参 考 文 献

[1] 周珊．DCBP硫化剂含量对硅橡胶性能影响的研究[J]．山东工业技术，2016，(02)：15-16.

1.6 硫化剂双25

硫化剂双25(vulcanizing bis 25)的化学名称为2,5-二甲基-2,5-双(叔丁基过氧基)己烷，国外商品名有Trigonox 101、Varox(美国)。分子式$C_{16}H_{34}O_4$，相对分子质量290.45。结构式为：

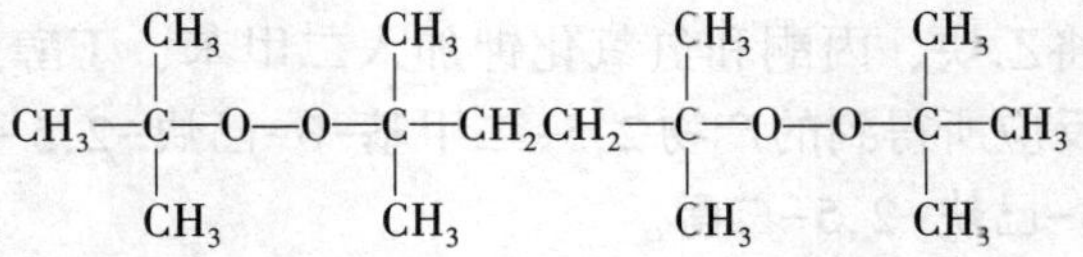

1. 性能

淡黄色油状液体，有特殊臭味。相对密度0.8650，折射率(n_d^{24})1.4185，凝点8℃，闪点85~88℃，分解温度140~150℃(中等速度)。不溶于水，溶于大部分醇、醚、酯、酮、芳香烃等。有氧化性，易燃易爆，有毒。

2. 生产原理

在氢氧化钾存在下，乙炔与丙酮在二甲苯、丁醇溶剂中作用所得到的产物经水解制得2,5-二甲基-3-己炔-2,5-二醇，炔醇在骨架镍催化下加氢得到2,5-二甲基-2,5-己二醇，经过氧化氢过氧化，得到的过氧化物在硫酸存在下与叔丁醇叔丁基化得到硫化剂双25。

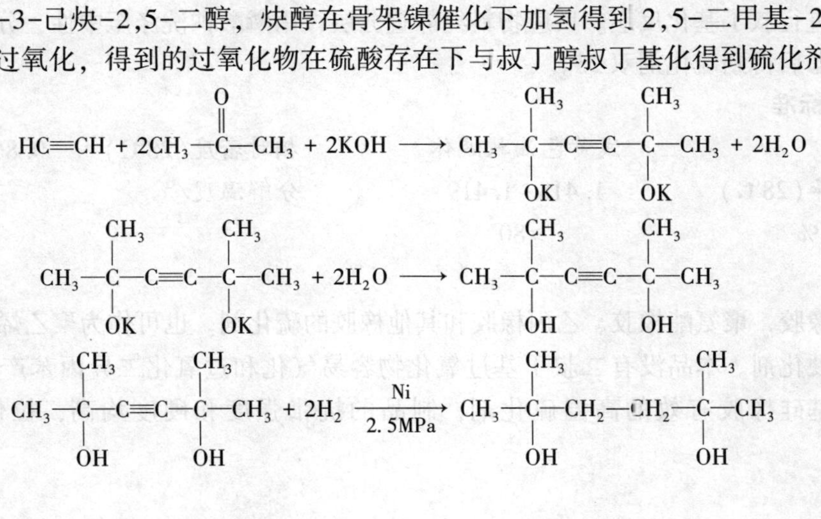

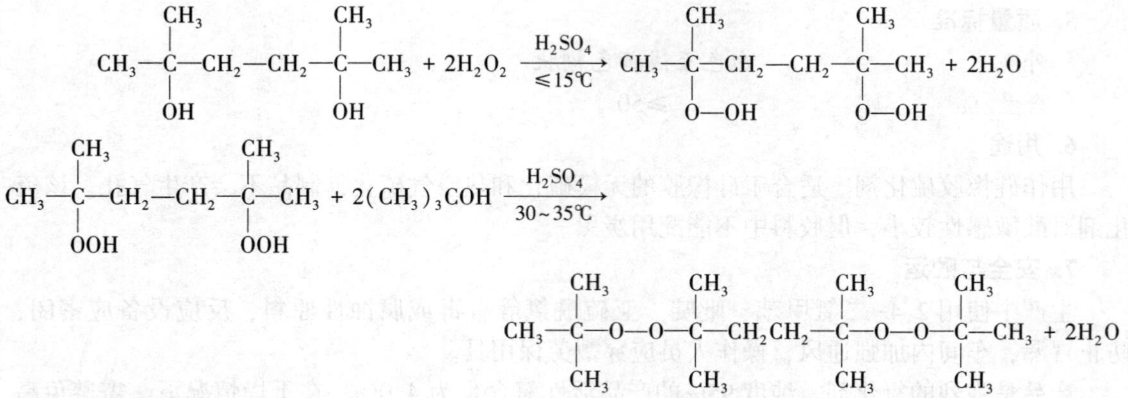

3. 工艺流程

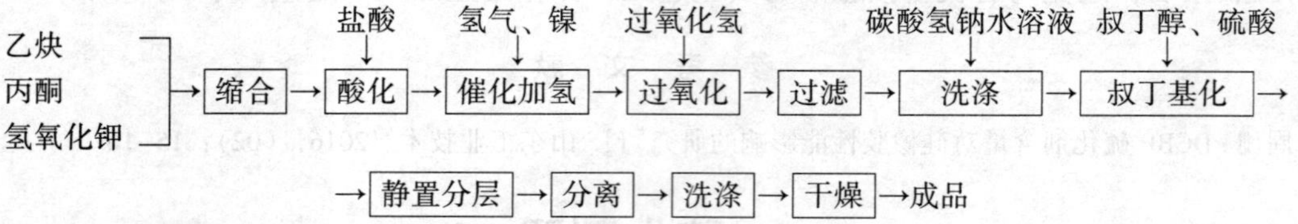

4. 主要原料(kg/t)

电石(三级以上)	200	叔丁醇(≥95%)	910
丙酮(≥96.5%)	2000	过氧化氢(42%~48%)	2100
氢氧化钾(≥95%)	1700		

5. 生产工艺

在缩合反应锅中，将乙炔、丙酮和氢氧化钾加入二甲苯、丁醇溶液中，搅拌下于35~40℃下进行反应，缩合反应所得到的产物2,5-二甲基-3-己炔-2,5-二醇钾用盐酸酸化，经分离得到2,5-二甲基-3-己炔-2,5-二醇。

将镍催化剂加入催化加氢反应釜中，然后加入2,5-二甲基-3-己炔-2,5-二醇，于2.5MPa下加氢，加氢完毕，过滤，滤液经蒸馏分离，得到2,5-二甲基己二醇。

在过氧化反应锅中，2,5-二甲基己二醇在硫酸存在下用过氧化氢进行过氧化。反应温度不超过15℃。反应产物经过滤，再用10%的硫酸铵、70%的碳酸氢钠洗涤，然后用干燥剂干燥，即得到2,5-二甲基过氧化己烷。

将制得的2,5-二甲基过氧化己烷投入叔丁基化反应锅中，在硫酸存在下，于30~35℃下与叔丁醇进行叔丁基化反应。反应物料经静置分层，用磷酸钠洗涤至中性，分离后用干燥剂干燥，过滤后得到硫化剂双25。

6. 质量标准

外观	浅黄色油状液体	相对密度(28℃)	0.863~0.866
折射率(28℃)	1.418~1.419	分解温度/℃	145±2
纯度/%	≥80		

7. 用途

用作硅橡胶、聚氨酯橡胶、乙丙橡胶和其他橡胶的硫化剂。也可作为聚乙烯交联剂和不饱和聚酯的硬化剂。本品没有二叔丁基过氧化物容易气化和过氧化二异丙苯产生臭味的缺点。是乙烯基硅橡胶有效的高温硫化剂，制品的抗张强度和硬度均高，拉伸和压缩变形较低。

8. 安全与贮运

生产设备应防止冒漏，车间内加强通风。中间产物过氧化物和产品为氧化剂，注意防火防爆。操作人员应穿戴劳保用具。

采用塑料桶包装，贮存于阴凉、通风处。远离火源和高温，搬运时防止剧烈碰撞。

参 考 文 献

[1] 孔德林，叶达恩. 2,5-二甲基-2,5-双(叔丁基过氧基)己烷的合成[J]. 天然气化工(C1 化学与化工)，2002，27(05)：48.

[2] 沈良，王华彤，罗蒙贤. 一步法合成硫化剂双 25 的新方法[J]. 化学世界，2002，(08)：416-418.

1.7 对醌二肟

对醌二肟(*p*-benzoquinone dioxime)又称对苯醌二肟，国内对应的商品名有 GMF(美国)、VulRafor(德国)、Vulnoc GM(日本)。分子式 $C_6H_6N_2O_2$，相对分子质量 138.14，结构式为：

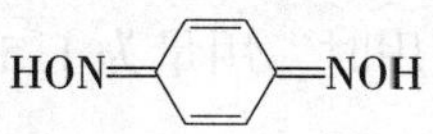

1. 性能

浅黄色针状结晶。熔点 240℃(分解)。当湿度低于 20%时，转化成粉状。相对密度 1.2~1.4。溶于碱的水溶液、乙醇和醚，微溶于丙酮，不溶于水、苯、汽油。易燃，气溶胶的燃烧温度 410℃，气凝胶的燃烧温度 240℃，在纯氧气体介质中的自燃温度 205℃。粉尘-空气混合物有爆炸危险。有毒。

2. 生产原理

苯酚与亚硝酸钠发生亚硝化生成对亚硝基苯酚，经转位成对醌单肟，再与盐酸羟胺在小于 70℃下反应，得到对醌二肟。

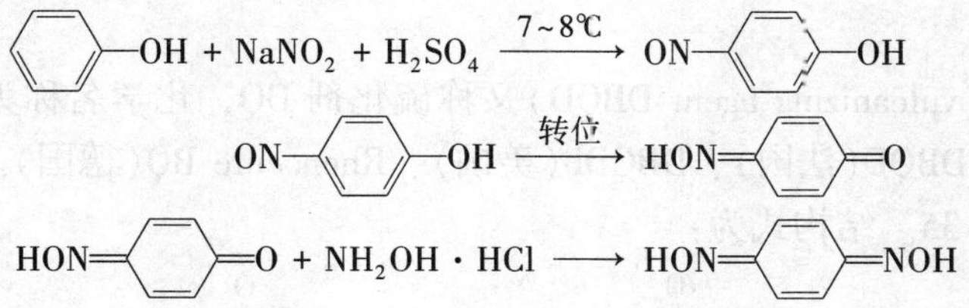

3. 工艺流程

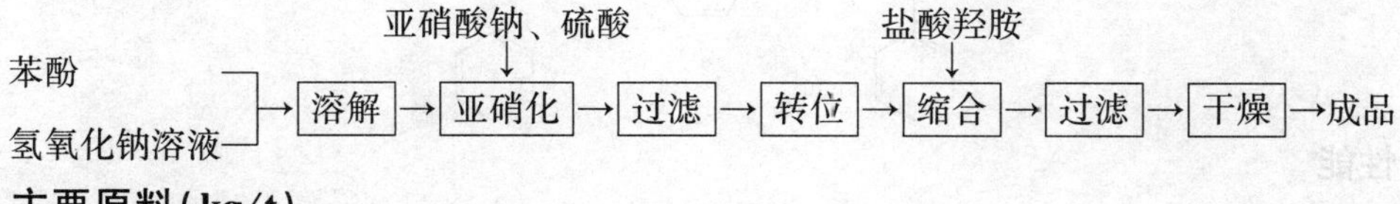

4. 主要原料(kg/t)

苯酚(工业品)	1500	亚硝酸钠(97%以上)	1600
盐酸羟胺(工业品)	1200		

5. 生产工艺

在亚硝化反应锅中，加入 30%的氢氧化钠溶液，在搅拌下缓缓加入苯酚，直至完全溶解。降温至 0℃，再加入亚硝酸钠，最后慢慢加入 30%的硫酸，使温度保持在 7~8℃进行反应，逐渐有亚硝基苯酚结晶析出。搅拌 1h 后，静置过滤，结晶经水洗，得到亚硝基苯酚。

再经转位，与盐酸羟胺水溶液缩合，加热至 70℃进行反应。反应完成后，过滤，得到对醌二肟。

6. 质量标准

外观	黄色或黄褐色粉末	分解点/℃	235~242
水分/%	≤0.2	灰分/%	≤0.1
含量/%	≥98	乙醇溶解性	合格

7. 用途

用作丁基橡胶、天然橡胶、丁苯橡胶等的硫化剂，特别适用于丁基橡胶。在胶料中易分散，硫化速度快，硫化胶定伸应力高。有变色性和污染性。四氯苯醌以及氧化剂(Pb_3O_4、PbO_2)对其有活化作用，临界温度较低，有焦烧倾向。硫黄可延缓硫化，某些防焦剂(如苯酐、*N*-亚硝基二苯胺等)或秋兰姆类、噻唑类、二硫代氨基甲酸盐类促进剂能有效地改善其操作安全性。主要用于制造胶囊、电线、电缆的绝缘层以及耐热垫圈。通常用于要求定伸应力高和硫化速度快的丁基橡胶胶料中。

在丁基橡胶中，用量为 1%~2%，并配以 6%~10%二氧化铅或四氧化三铅，或配以 2%~4%促进剂 DM。在聚硫橡胶中使用时，用量为 1.5%左右，并配以 0.5%左右的氧化锌。也是镍的测定试剂。

8. 安全与贮运

生产设备应密闭，防止冒漏，操作人员应穿戴劳保用具。车间内加强通风，注意防火防爆。使用内衬塑料袋的编织袋包装，按有毒化学品规定贮运。

参 考 文 献

[1] 贺峥. 以羰基化合物肟化反应为基础的肟类橡胶助剂清洁生产工艺[D]. 华东师范大学，2009.

1.8 硫化剂 DBQD

硫化剂 DBQD(vulcanizing agent DBQD)又称硫化剂 DQ，化学名称为对二苯甲酰醌二肟，国外相应商品名有 DBQD(法国)、DBQDb(美国)、Rhenocure BQ(德国)。分子式 $C_{20}H_{14}N_2O_4$，相对分子质量 346.35。结构式为：

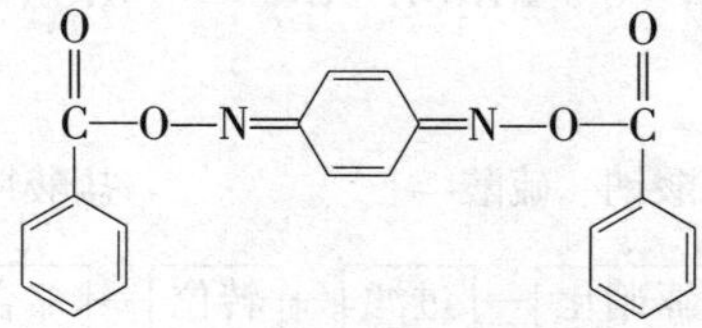

1. 性能

紫灰色粉末。分解温度>200℃。相对密度 1.37。溶于氯仿，难溶于丙酮，不溶于苯、汽油、乙醇和水。用作硫化剂性能与对醌二肟相似，但抗焦烧性能较好。

2. 生产原理

苯甲酸与光气发生氯化，得到苯甲酰氯，然后与对醌二肟反应生成硫化剂 DBQD。

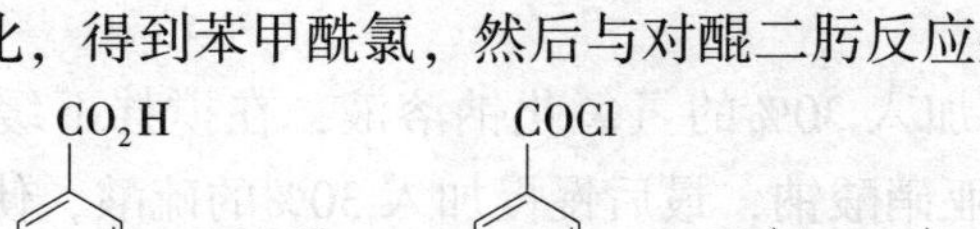

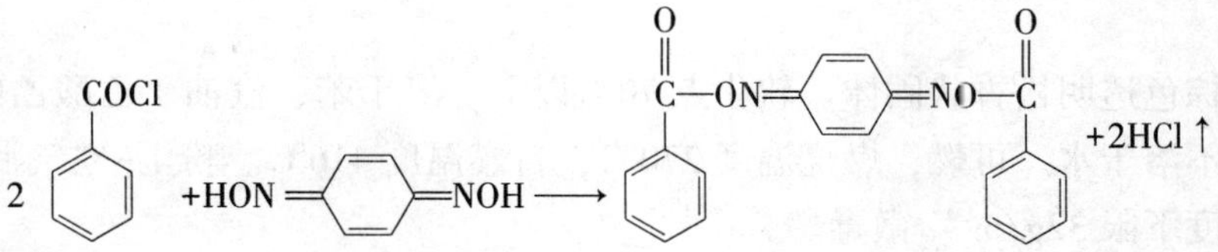

3. 工艺流程

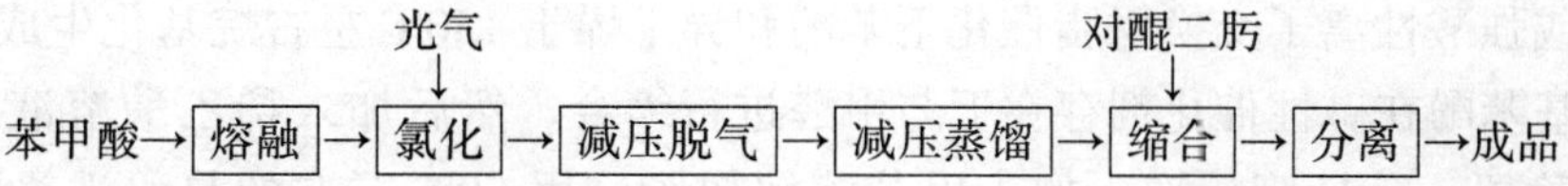

4. 生产工艺

在氯化反应釜中加入苯甲酸，加热熔融，于140~150℃下通入光气。反应尾气中含氯化氢和未反应的光气，用碱处理后放空。反应完毕，降温至-2~-3℃，减压脱去未反应的光气和氯化氢，然后进行减压蒸馏，即得到苯甲酰氯，纯度≥98%。

在缩合反应釜中，将苯甲酰氯与对醌二肟缩合，经分离得到硫化剂 DBQD。

5. 质量标准

外观	浅棕色粉末	分解点/℃	≥200
灰分/%	≤0.3	水分/%	≤0.5

6. 用途

用作丁基橡胶、天然橡胶和丁苯橡胶的硫化剂。性能与对醌二肟相似，但抗焦烧性能较好。配以金属氧化物活性剂，可提高其硫化效率。特别适用于丁基橡胶，在含有炭黑的丁基胶料中，其用量为6%左右，并配以10%左右的四氧化三铅。在不同炭黑的丁基橡胶中，其用量亦为6%左右，但四氧化三铅的用量只需4%左右。该产品还是过氧化物硫化的非常有效的硫化助剂，硫化快，产品定伸应力高。但不宜使用酸性物质，如硬脂酸、槽黑等。特别适用于丁基橡胶制作内胎、水胎、硫化胶囊、电线、电缆缘层及其他制品。

7. 安全与贮运

生产中使用光气，设备应密闭，防止冒漏。车间内加强通风，操作人员应穿戴劳保用具。产品采用内衬塑料袋的编织袋包装，贮存于阴凉、干燥处。

参 考 文 献

[1] 贺峥. 以羰基化合物肟化反应为基础的肟类橡胶助剂清洁生产工艺[D]. 华东师范大学，2009.

1.9 101树脂

101树脂(101 resin)又称2404树脂，化学名称为叔丁基苯酚甲醛树脂，国外相应商品名有SP-1045(美国)。相对分子质量550~750，结构式为：

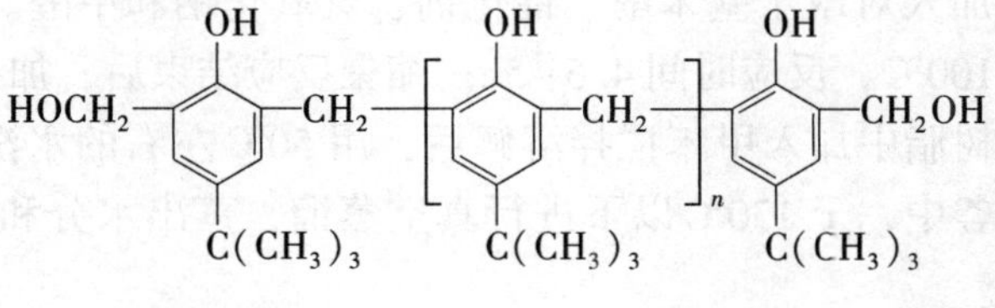

1. 性能

淡黄色至棕色透明松香状固体。软化点 70℃以上。溶于苯、汽油、乙酸乙酯、二甲苯、甲苯、丙酮，不溶于水。可燃，燃烧温度 270℃，自燃温度 416℃。粉尘-空气混合物有爆炸危险。燃烧浓度下限 $32g/m^3$。微毒。

2. 生产原理

在硫酸或强酸性离子交换树脂催化下苯酚和异丁烯于 150℃左右烷基化生成对叔丁基苯酚，对叔丁基苯酚在碱性催化剂存在下与甲醛进行缩合。然后加入稀乙酸溶液或稀硫酸中和、酸化，静置，分掉废酸液，加入甲苯溶解树脂。用 50℃左右的热水洗涤树脂的甲苯溶液至中性。真空下蒸出水分和甲苯(温度不超过 130℃)，残余物冷却，得到 101 树脂成品。

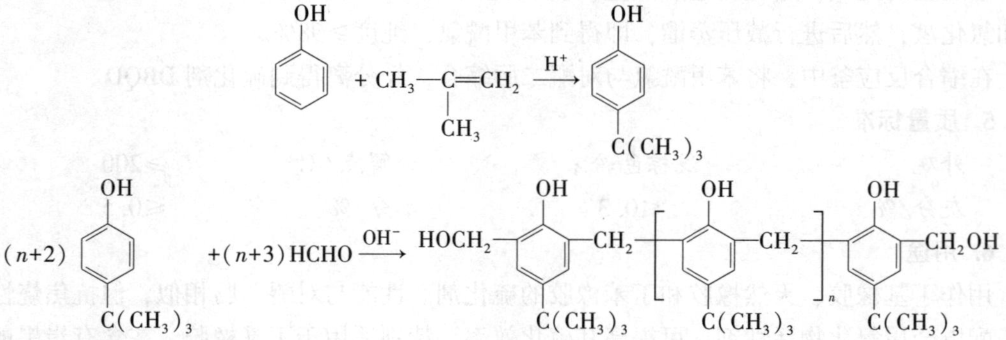

3. 工艺流程

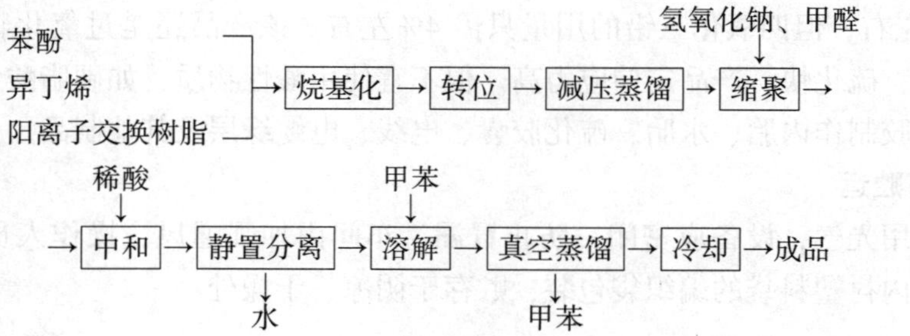

4. 主要原料(kg/t)

对叔丁基苯酚(熔点≥80℃)	950	甲苯(工业品)	145
甲醛(≥37%)	950		

5. 生产工艺

在流化床催化反应器中，苯酚与异丁烯以阳离子交换树脂为催化剂，于 80~140℃下进行烷基化反应，生成的混合叔丁基苯酚经固定床催化反应器催化转位成对叔丁基苯酚。然后减压精馏，蒸馏回收过量苯酚，得到对叔丁基苯酚。

在缩聚反应釜中加入对叔丁基苯酚、催化剂、氢氧化钠和甲醛。在搅拌下进行缩合反应，缩合温度为 95~100℃，反应时间 4.5~5h。缩聚反应结束后，加入稀硫酸溶液中和，静置分去废酸水层。在树脂中加入甲苯搅拌溶解后，用 50℃左右的水洗涤树脂的甲苯溶液至中性。然后加入蒸馏釜中，于 130℃以下进行真空蒸馏，蒸出水分和甲苯后，残余物冷却，即得到 101 树脂成品。

6. 质量标准

外观	黄色至深褐色树脂状物
水分含量/%	≤2.5
灰分含量/%	≤0.1
游离酚含量/%	≤4.0
软化点/℃	80~105
羟甲基含量/%	7.0~10.0
溶解性(1∶1)	在苯、甲苯、汽油中全溶

7. 用途

用作丁基橡胶、天然橡胶、丁苯橡胶和丁腈橡胶等的硫化剂。主要用于丁基橡胶，适合制造耐热丁基橡胶制品。硫化胶具有良好的耐热性能，压缩变形较小。通常在软化温度以上混入胶料，以提高操作性能。在丁基橡胶中用量为5%~10%，配入2%~3%的卤素化合物(如氯丁橡胶、氯磺化聚乙烯、二氯化锡、三氯化铁等)以提高活性。加入大量的补强炭黑可提高硫化胶的高温硫化强度。不宜使用氧化锌作硫化活性剂。

8. 安全与贮运

生产设备应密闭，防止冒漏。车间内加强通风，操作人员应穿戴劳保用具。产品采用内衬塑料袋的编织袋包装，贮存于阴凉、干燥处。

参 考 文 献

[1] 李静，李瑞海. 对叔丁基酚醛树脂的合成与表征[J]. 塑料工业，2010 38(07)：10-13.

[2] 张金菊. 叔丁酚醛硫化树脂的合成研究[J]. 精细石油化工进展，2005 (02)：38-40.

1.10 202树脂

202树脂(202 resin)又称叔辛基苯酚甲醛树脂，国外相应商品名有SP-1045(美国)、DOREVER CE 5311(德国)。相对分子质量900~1200，结构式为：

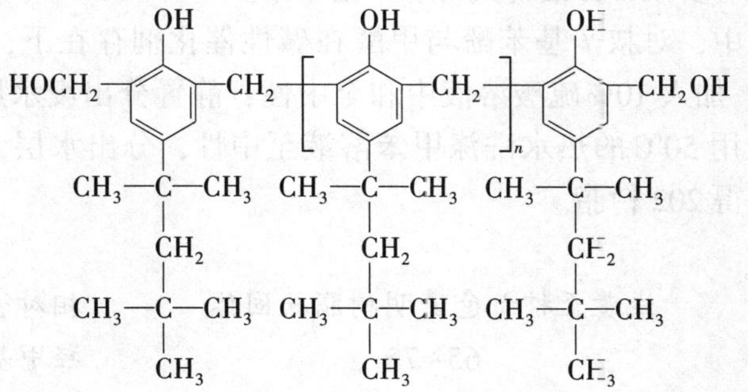

1. 性能

黄色到浅棕色的透明脆硬树脂。软化点75~90℃。溶于丙酮、汽油、苯、煤油、甲苯、二甲苯、吗啉、乙醚以及硅油等有机溶剂。不溶于水，可燃，燃烧温度980℃。

2. 生产原理

在硫酸催化下，二异丁烯与苯酚发生F-C烷基化反应，得到对叔辛基酚。对叔辛基酚与甲醛在碱催化下发生缩聚，得到202树脂。

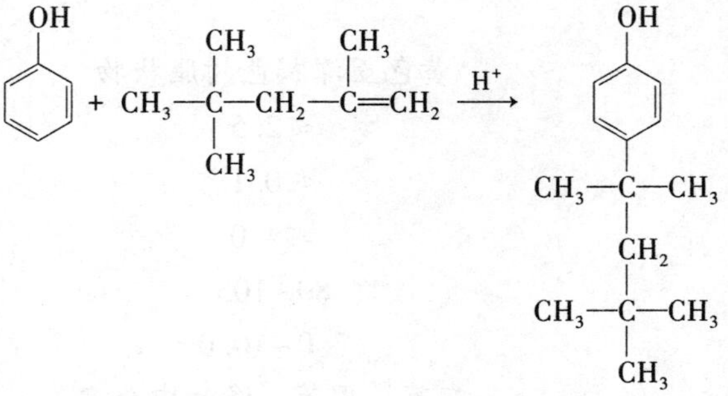

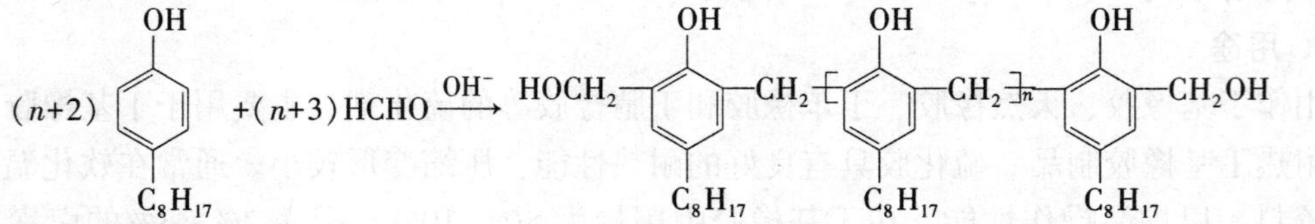

3. 工艺流程

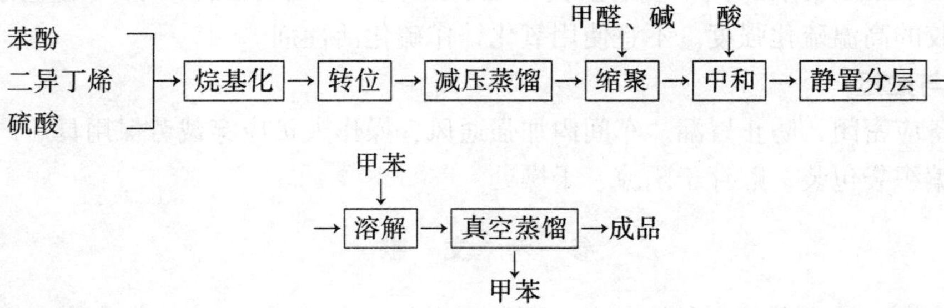

4. 主要原料

对叔辛基苯酚	955	甲苯	150
甲醛(≥37%)	955		

5. 生产工艺

将苯酚、二异丁烯及催化剂硫酸加入烷基化反应釜，在搅拌下加热至60℃，进行烷基化反应，得到的邻、对叔辛基苯酚混合物经转位生成对叔辛基苯酚。然后减压蒸馏回收苯酚再循环使用，再进一步减压分馏得到对叔辛基苯酚。

在缩聚反应釜中，对叔辛基苯酚与甲醛在碱性催化剂存在下，于80~90℃下反应4~5℃。反应结束后，加入10%硫酸溶液中和至中性，静置分出废水层。在树脂层加入甲苯，搅拌使树脂溶解，用50℃的热水洗涤甲苯溶液至中性，分出水层，真空蒸馏，回收甲苯，残余物放料，冷却得202树脂。

6. 质量标准

外观	浅黄至棕黄色透明树脂状固体	相对密度	1.04
软化点/℃	65~75	羟甲基含量/%	≥6

7. 用途

用作丁基橡胶、天然橡胶、丁苯橡胶和丁腈橡胶的硫化剂。广泛应用于轮胎工业、医药密封制品等领域。该树脂在通常温度下易分散，易操作，硫化速度适中，在很大程度上改善了硫化橡胶的耐热老化性能和物理机械性能。是用于胶囊、耐热胶圈、密封制品有效的硫化树脂。硫化温度93~204℃，用量0.2%~20%。

8. 安全与贮运

生产设备应密闭，防止冒漏。车间内加强通风，操作人员应穿戴劳保用具。产品采用内衬塑料袋的编织袋包装，贮存于阴凉、干燥处。

参 考 文 献

[1] 王德堂，苏似寅，张鸣九. 对-叔辛基苯酚甲醛树脂的生产及应用[J]. 精细与专用化学品，1996，(08)：3-7.

1.11 硫化剂 DCP

硫化剂 DCP(vulcanizing agent DCP)的化学名称为过氧化二异丙苯，又称过氧化二枯茗。分子式 $C_{18}H_{22}O_2$，相对分子质量 270.4。结构式为：

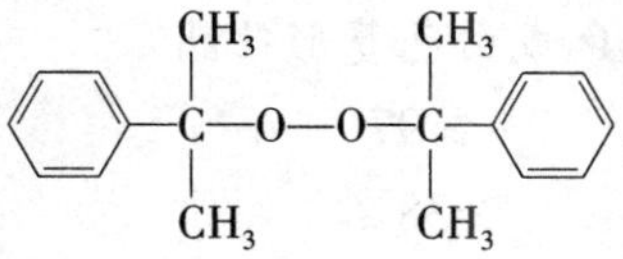

1. 性能

白色结晶。熔点 41%~42%，相对密度 1.082，分解温度 120~125℃。室温下稳定，见光逐渐变成微黄色。不溶于水，溶于乙醇、乙醚、乙酸、苯和石油醚。活性氧含量 5.92%(纯度 100%)，5.62%(纯度 95%)。溶于苯中半衰期：171℃，1min；117℃，10h；101℃，100h。是一种强氧化剂。

2. 生产原理

用还原剂亚硫酸钠将异丙苯过氧化氢还原成苯基二甲基甲醇，后者在高氯酸催化下与过氧化氢异丙苯缩合，经后处理得到硫化剂 DCP。

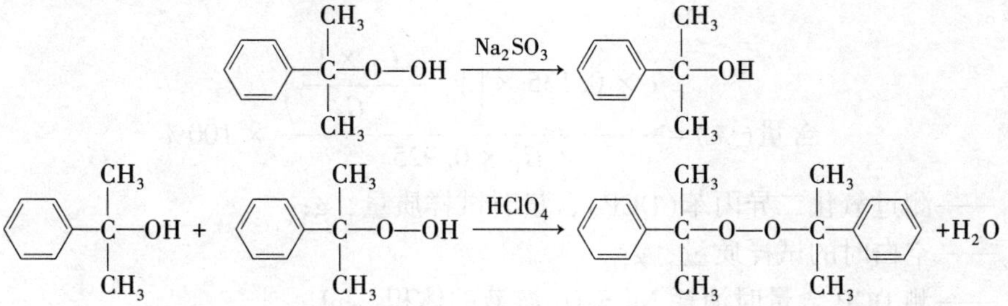

3. 工艺流程

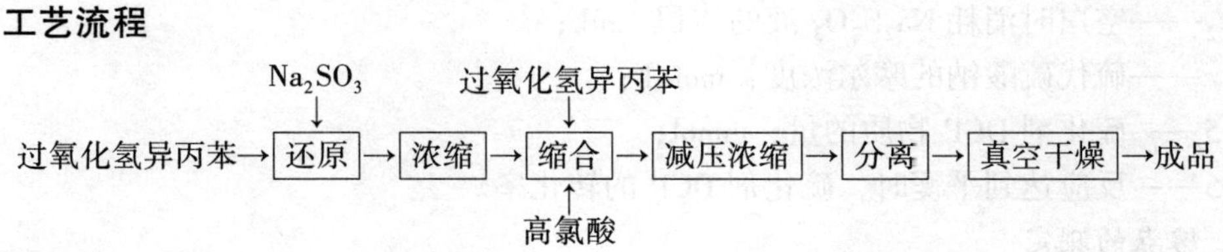

4. 主要原料(kg/t)

异丙苯过氧化氢(32%~35%)	1500	亚硫酸钠(96%)	980
液碱(30%)	70	高氯酸(72%)	2

5. 生产工艺

将 78 份异丙苯过氧化氢(≥32%)与 98 份亚硫酸钠配成的水溶液投入还原锅中，于 62~

65℃下进行异相还原，得到苯基二甲基甲醇。得到的苯基二甲基甲醇在0.2份高氯酸存在下与72份过氧化氢异丙苯在42~45℃下缩合，反应得到过氧化二异丙苯缩合液。用10%的氢氧化钠溶液洗至中性后，分去水，真空蒸馏浓缩，再溶于无水乙醇中，冷却至0℃以下结晶，过滤后，于真空下干燥得到硫化剂DCP(过氧化二异丙苯)成品。滤液回收乙醇。

6. 实验室制法

在500mL三口反应烧瓶中，加入121.6g异丙苯过氧化氢、108.8g α-苯基异丙醇和36g无水草酸。水浴40℃，搅拌反应8h，冷却后滤出草酸。滤液中加入200mL苯。分出苯层，用4mol/L的NaOH溶液和水分别洗涤后，减压蒸馏，液温95℃，先于15×133.3Pa下蒸馏，然后压力降至(1~2)×133.3Pa，在同一温度下蒸馏，得到粗品196g。用甲醇重结晶得到熔点40~41℃的硫化剂DCP。

7. 质量标准

	一级品	二级品
外观	无色或白色菱形结晶	白色或略带粉红色结晶
含量/%	≥97	≥96
熔点/℃	≥38.5	≥37.5
挥发物总量/%	≤0.3	≤0.5

8. 质量检验

(1) 含量测定

准确称取固体试样约0.2g，放入清洁干燥的100~150mL碘瓶中，加入碳酸氢钠1.0g，取固体碘化钾2.0g、冰乙酸10mL，摇匀。用冷凝管夹夹住碘瓶，置于65℃恒温水浴中，并缓慢加入3.0mL盐酸，边加边小心振摇，至溶液内只有少量气泡发生。再轻盖瓶塞，静置15~20min，取出加入50mL蒸馏水，立即用0.1mol/L的硫代硫酸钠溶液滴定至淡黄色。然后加入淀粉指示剂10滴，继续滴定至蓝色消失，即为终点。按同样操作步骤但不加盐酸做空白试验。

$$含量(\%)=\frac{c\times 0.135\times\left(V_1-\dfrac{G_1\times V_2}{G_2}\right)}{G_1\times 0.925}\times 100\%$$

式中 G_1——测过氧化二异丙苯(DCP)含量时试样质量，g；

G_2——空白时的试样质量，g；

V_1——测DCP含量时消耗 $Na_2S_2O_3$ 溶液的体积，mL；

V_2——空白时消耗 $Na_2S_2O_3$ 液的体积，mL；

c——硫代硫酸钠的摩尔浓度，mol/L；

0.135——硫化剂DCP物质的量，mmol；

0.925——反应达到平衡时，硫化剂DCP的转化率。

(2) 熔点的测定

按GB/T 617《化学试剂　熔点范围测定通用方法》进行。

(3) 总挥发物测定

取均匀试样约10g，置预先恒重的称量瓶内精确称量，在室温下真空干燥至恒重(2h称量一次)。

总挥发物含量 x(%)按下式计算：

$$x(\%) = \frac{G_1 - G_2}{W} \times 100\%$$

式中　G_1——干燥前质量，g；

G_2——干燥后质量，g；

W——试样质量，g。

9. 用途

主要用作天然橡胶、合成橡胶的硫化剂，聚合反应的引发剂，还可用作聚乙烯树脂交联剂。交联的聚乙烯用作电缆绝缘材料，不仅具有优良的绝缘性和加工性能，而且可提高其耐热性。100 份聚乙烯使用硫化剂 DCP 2.4 份。硫化剂 DCP 可使乙烯-乙酸乙烯共聚物(EVA)泡沫材料形成细微均匀的泡孔，同时提高制品的耐热性和耐候性。另外，还用作不饱和聚酯的固化交联剂。

10. 安全与贮运

原料异丙苯过氧化氢为强氧化剂。产品为一级有机氧化物，见光或受热能引起爆炸。

使用内衬聚乙烯塑料袋的铁桶包装，并标有危险品标志。30℃以下暗处贮存。

参 考 文 献

[1] 龚荣荣. 过氧化二异丙苯缩合反应工艺控制分析[J]. 当代化工研究，2022，(05)：141-143.

[2] 阳军，张顺，肖翠，等. 加成法合成过氧化二异丙苯[J]. 化工科技，2020，28(06)：42-44.

1.12 活性氧化锌

活性氧化锌(zinc oxide)又称锌白、锌氧粉。分子式 ZnO，相对分子质量 81.4。活性氧化锌的性能与间接法氧化锌类似，只是颗粒更细小，活性更高。

1. 性能

白色或微黄色球形微细粉末(粒径 0.1μm 左右)。相对密度 5.47，熔点 1800℃。加热至 1800℃升华。两性氧化物，溶于酸、碱、金属氢氧化物、氨水、碳酸铵和氯化铵溶液，不溶于水和乙醇。无臭，无毒。在空气中能吸收二氧化碳和水。

2. 生产原理

将氧化锌与硫酸反应生成硫酸锌溶液：

$$ZnO+H_2SO_4 \longrightarrow ZnSO_4+H_2O$$

然后加入 $KMnO_4$，以除去 Fe^{2+}、Mn^{2+}杂质，加入单质锌以置换法除去 Cu^{2+}、Ni^{2+}、Cd^{2+}等杂质。

$$2KMnO_4+6FeSO_4+14H_2O \longrightarrow 2MnO_2\downarrow+6Fe(OH)_3\downarrow+K_2SO_4+5H_2SO_4$$

$$2KMnO_4+3MnSO_4+2H_2O \longrightarrow 5MnO_2\downarrow+K_2SO_4+2H_2SO_4$$

$$Zn+CuSO_4 \longrightarrow Cu\downarrow+ZnSO_4$$

$$Zn+NiSO_4 \longrightarrow Ni\downarrow+ZnSO_4$$

$$Zn+CdSO_4 \longrightarrow Cd\downarrow+ZnSO_4$$

过滤除杂后的硫酸锌溶液与碳酸钠发生反应生成碱式碳酸锌。

$$3ZnSO_4+3Na_2CO_3+3H_2O \longrightarrow ZnCO_3\cdot 2Zn(OH)_2\cdot H_2O+3Na_2SO_4+2CO_2\uparrow$$

碱式碳酸锌高温焙烧得到活性氧化锌。

$$ZnCO_3 \cdot 2Zn(OH)_2 \cdot H_2O \longrightarrow 3ZnO + CO_2\uparrow + 3H_2O$$

3. 生产原料

(1) 原料消耗(kg/t)

氧化锌(ZnO，90%)	1100	碳酸钠(98%)	1480
硫酸(92.5%)	1420	高锰酸钾、锌粉	适量

(2) 投料比(质量份)

氧化锌(90%)	1.10	高锰酸钾(工业品)	按物料杂质计算用量
硫酸(92.5%)	1.40	锌粉(工业品)	按物料杂质计算用量
碳酸钠(98%)	1.48		

4. 工艺流程

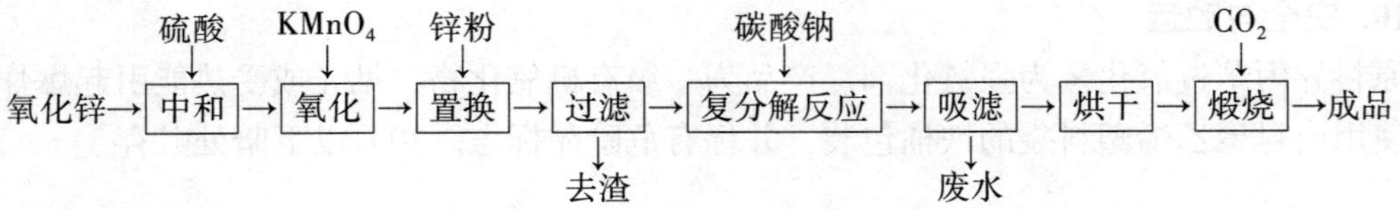

5. 生产工艺

在粗制槽内加入55%~60%的硫酸(可在槽内配制)，在搅拌下加入含量为90%左右的氧化锌，直至溶液的pH=4.5~5时为止。加入适量水，调节溶液浓度，静置澄清，清液则是粗制硫酸锌溶液。

粗制硫酸锌溶液中，含铁、铜、镉、锰、镍等杂离子。将此溶液输入一次氧化器内，加热到80~90℃，在搅拌下加入稍过量的高锰酸钾进行氧化除杂。计算高锰酸钾加量时，要根据化验的杂质含量及方程式进行。要求控制溶液的pH值为5.4。经1h的搅拌反应后，滤去铁、锰沉淀，清液输入置换槽中，并取样分析铜、镍、镉的含量，计算去除这些杂质需要的锌粉。将置换槽内的清液加热至80℃左右，在搅拌下投入计算量的锌粉，进行置换反应。反应完后，压滤，除去渣物，滤液送二次氧化器。因为置换后硫酸锌溶液中还含有少量杂质，需要再用高锰酸钾在80~90℃的条件下进行二次氧化，将少量杂质除去。用碘化钾-淀粉检验合格后，压滤，得到精制硫酸锌溶液，放入沉淀槽。

将纯碱用水溶解，抽滤除去固体杂物，滤液送入高位加料槽，预备进行中和用。将精制硫酸锌溶液输入中和反应器，搅拌，升温至41℃左右，加入纯碱液进行中和，直至pH=6.8，即生成碱式碳酸锌。然后升温到75℃，继续搅拌反应1h，以保证反应完全。当游离碱量为0.4%~0.5%时，即可结束反应。将含有固体碱式碳酸锌的悬乳液放入贮浆槽，再送至叶片吸滤器，使液体滤出，留下的碱式碳酸锌用水洗去硫酸盐和过量的碱，吸滤后，将碱式碳酸锌滤饼送入转炉中，进行逆流干燥。进口控制温度100℃，出口控制温度250~300℃，烘至含水量<4%。粉碎后送入反射焙烧炉进行煅烧分解。控制温度400~450℃；若使用转炉，出料口温度控制在500~550℃。煅烧后得到活性氧化锌。

工艺控制：

① 粗制硫酸锌溶液除杂质使用的$KMnO_4$量和锌粉量，必须经现场取样分析杂质的含量后，计算出准确用量，以保证产品质量。

② 煅烧分解可以使用反射焙烧炉，也可以使用转炉，工艺条件控制如下：

进料(碱式碳酸锌)含水量/%	<4
转炉出口温度/℃	500~550
反射炉出口温度/℃	400~450

6. 质量标准

含量/%	95~98	氧化铜	≤0.0002
灼烧减量/%	0.5~4.0	氧化锰	≤0.0005
水分/%	≤0.7	氧化铅	≤0.04
水溶性盐/%	≤0.7	过200目筛余物	≤0.1
盐酸不溶物/%	≤0.02		

7. 用途

用作天然橡胶、合成橡胶及胶乳的硫化活性剂、补强剂，也可用作白色胶的着色剂和填充剂。本品是重要的无机活化剂，既能加快硫化速度，又能提高硫化度。制造透明橡胶制品及与食物接触的橡胶制品时，用量宜低，粒子宜细。颗粒细小的活性氧化锌(粒径0.1μm左右)可作为聚烯烃和聚氧乙烯等塑料的光稳定剂，主要用于制造户外使用的不透明塑料板、管和其他成型品，单独使用时，用量为5%~10%；2份氧化锌和1份二乙基二硫代氨基甲酸锌、抗氧剂DLTP或亚磷酸三(壬基苯酯)并用，有显著的防老化协同效应。还可用于涂料、搪瓷、印染、橡皮膏和其他锌颜料。

参 考 文 献

[1] 王江伟，彭清静. 氨浸法从冶锌铁渣中回收锌制备活性氧化锌[J]. 环境工程，2019，37(09)：165-170.

[2] 孙强强，王书民. 氨法浸出氧化锌烟尘制取活性氧化锌[J]. 材料科学与工艺，2017，25(05)：68-74.

[3] 邹强，王会轻，刘雷英，等. 活性氧化锌的湿法生产工艺的改进[J]. 河北冶金，2015，(05)：76-78.

第 2 章　橡胶硫化促进剂

2.1　概　　述

橡胶硫化促进剂，简称促进剂。能加快橡胶与硫化剂反应速率的物质称硫化促进剂。硫化促进剂在橡胶硫化时起着非常重要的作用，它可以加快硫化速度、缩短硫化时间、降低硫化温度、减少硫化剂用量，同时还可以改善硫化胶的物理机械性能，提高硫化胶的耐老化性能。一般来说，在硫化体系中，促进剂是不可缺少的添加助剂。

理想的硫化促进剂应具备如下特点：焦烧时间长，操作安全性高，加工适应性好；硫化时间短，硫化温度低，生产效率高；无毒、无环境污染；价格低廉；硫化胶性能优良。目前最接近理想的促进剂是迟效性的次磺酰胺类。

硫化促进剂可简单分为无机促进剂和有机促进剂。虽然无机促进剂的使用有 130 多年的历史，但因其效率低、硫化胶综合性能差，已基本被有机促进剂取代。目前我国促进剂的主要品种与欧、美等国基本相同，基本可以满足国内橡胶工业的需求，且有部分产品出口。

有机促进剂品种繁多，基于对天然橡胶的使用效果，按其促进效能大小可分为超速促进剂(如二硫代氨基甲酸盐、黄原酸盐类和秋兰姆类促进剂)、半超促进剂(如噻唑类促进剂)、中速促进剂(如硫脲类、胍类促进剂)、弱促进剂(如胺类促进剂)以及迟效性促进剂(如次磺酰胺类促进剂)。

按其化学结构分类，有机硫化促进剂可分为二硫代氨基甲酸盐类、秋兰姆类、黄原酸盐类、噻唑类、次磺酰胺类、胍类、硫脲类、醛胺类、胺类、混合促进剂和其他特殊的促进剂。

(1) 二硫代氨基甲酸盐类

二硫代氨基甲酸盐类是一类活性特别高的超速促进剂，硫化速度快，可在常温下硫化，多用于胶乳薄制品中。同一品种随着金属离子的不同，促进效果也不同，锌、镉、硒、铁盐等具有超速硫化促进活性，而锰、铜、镍则无促进效能。常用的二硫代氨基甲酸盐有二甲基二硫代氨基甲酸锌(PZ)、二乙基二硫代氨基甲酸锌(EZ)、二丁基二硫代氨基甲酸锌(BZ)和乙基苯基二硫代氨基甲酸锌(PX)。

二硫代氨基甲酸盐类促进剂一般合成方法是：二硫化碳与具有活性氢的胺在碱存在下缩合，再与水溶性金属盐发生复分解反应制得。

例如：

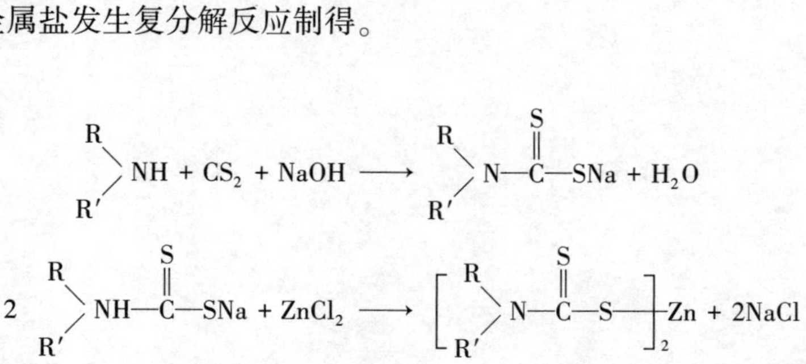

R、R′为烷基、脂环基、芳基等。

(2) 秋兰姆类

秋兰姆类属于超速硫化促进剂，其多硫化物也可用作硫给予体类硫化剂。主要品种有二硫化四甲基秋兰姆(TMTD)、二硫化四乙基秋兰姆(TETD)、一硫化四甲基秋兰姆(TMTS)、四硫化四甲基秋兰姆(TMTT)。秋兰姆类硫化促进剂是当前橡胶加工中使用量较大的促进剂之一。其结构通式为：

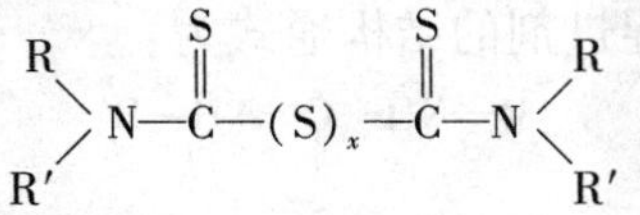

$x=1\sim6$，R、R′为烷基、脂环基、芳基等。

秋兰姆一硫化物由二硫代氨基甲酸盐与光气缩合得到。秋兰姆二硫化物由二硫代氨基甲酸钠与氧化剂反应制得。秋兰姆四硫化物由二硫代氨基甲酸盐与二氯化二硫反应制得。

(3) 黄原酸盐类

黄原酸盐类促进剂的活性大，宜用于室温下硫化。由于焦烧倾向大，一般不用于干胶，多数用于胶乳胶料和低温硫代胶浆。黄原酸盐类促进剂具有特殊臭味，但对制品无污染性。硫化温度一般为 80~110℃。常用的品种有促进剂 SIP、促进剂 ZIP 和促进剂 ZBX。

(4) 噻唑类

噻唑类是目前用量最大的品种之一。属于酸性半超速促进剂，可被碱性物质所活化。这类促进剂的特点是应用广泛，价格便宜，制取方便，且赋予硫化胶良好的性能。常见品种有2-巯基苯并噻唑(促进剂 M)、2-巯基苯并噻唑锌盐(促进剂 MZ)、二硫化二苯并噻唑(促进剂 DM)、2-巯基苯并噻唑钾盐(促进剂 MK)等。

该类促进剂的一般结构式为：

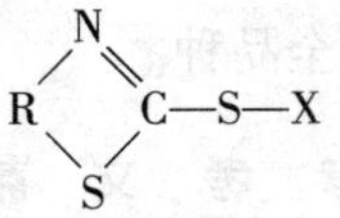

R 为芳基或脂肪基；X 为氢、金属或其他有机基团。

(5) 次磺酰胺类

次磺酰胺类促进剂由于迟效高速的独特性能，是当前发展最快的品种。典型品种有*N*-氧二亚乙基-2-苯并噻唑次磺酰胺(NOBS)等。从结构上看也应属于噻唑类，但由于其具有一般噻唑类促进剂所没有的优异硫化特性，且品种得到迅速发展，故将其单列为一类。其结构通式为：

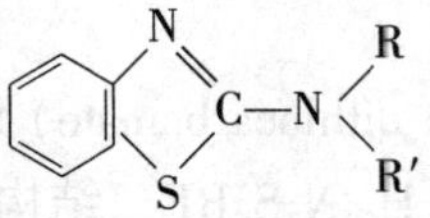

R、R′为有机基团，也可成环。

(6) 胍类

胍类促进剂活性低，促进作用小，是碱性促进剂，主要用作副促进剂。主要品种有二苯胍(促进剂 DPG)、三苯胍(促进剂 TPG)和二邻甲苯胍(促进剂 DOTG)。

结构通式为：

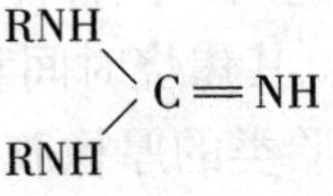

R 为苯基、邻甲苯基等芳基。

(7) 硫脲类

硫脲类促进剂是氯丁橡胶专用硫化促进剂。其促进作用较小，抗焦烧性较差，但对氯丁橡胶的硫化却具有独特效能，可制得抗张强度、硬度、压缩永久变形等性能良好的氯丁硫化胶。主要品种有 1,2-亚乙基硫脲(促进剂 NA-22)，*N*,*N* - 二正丁基硫脲(促进剂 DBTU)和二苯基硫脲(促进剂 CA)。这类促进剂的结构通式为：

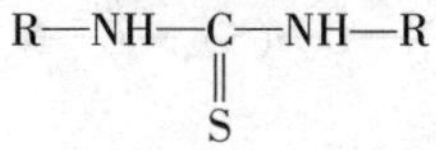

R 为芳基或烷基。

(8) 醛胺类

醛胺类硫化剂是醛和胺的缩合物。其硫化特性和工艺性能差别较大。主要品种有环六亚甲基四胺(促进剂 H)、丁醛苯胺缩合物(促进剂 808)。

作为橡胶加工成型过程中最重要的步骤之一，橡胶硫化直接影响橡胶制品的性能。与单用硫黄相比，少量的促进剂与硫黄配合可以极大地提高硫化速率，改善硫化胶的性能。但目前橡胶硫化促进剂普遍具有潜在的人类健康和环境风险问题，同时硫化促进效能较低、功能单一。因此，开发无毒、无或少氧化锌、高效、多功能的新型硫化促进剂对橡胶工业具有非常重要的意义。近年来新型橡胶硫化促进剂包括离子液体促进剂、新型二硫代氨基甲酸盐类促进剂、稀土促进剂以及含新型副促进剂的硫化并用体系等。新型硫化促进剂的发展方向是高性能、无毒、无污染。已面市的主要品种有 ZBEC(二苄基二硫代氨基甲酸锌)、TBSI[*N*-叔丁基双(2-苯并噻唑硫代)次磺酰亚胺]、CBBS[*N*-环已基双(2-苯并噻唑硫代)次磺酰亚胺]、TMO(2-硫代-3-甲基-4-氧噻唑啉)、AS100(多硫化黄原酸)等。目前应大力开发高性能、无亚硝胺毒性、无环境污染的安全品种。

参 考 文 献

[1] 徐治松. 橡胶硫化促进剂选配技术[J]. 橡胶科技，2023，21(05)：226-231.

[2] 王浩. 橡胶硫化促进剂 CBS 合成方法的研究[D]. 山东大学，2017.

[3] 王心久，李延升，石艳彩. 橡胶硫化促进剂的合成反应原理[J]. 广东化工，2016，43(14)：130-131.

[4] 李龙飞，摆音娜，雷鸣，等. 橡胶硫化促进剂的研究进展[J]. 化学进展，2015，27(10)：1500-1508.

2.2 二硫代氨基甲酸稀土盐

二硫代氨基甲酸稀土盐(rare earth dithiocarbamate)又称二乙基二硫代氨基甲酸镧、二硫代氨基甲酸稀土促进剂。分子式为 $C_{15}H_{30}N_3S_6RE$。结构式为(RE 代表稀土金属)：

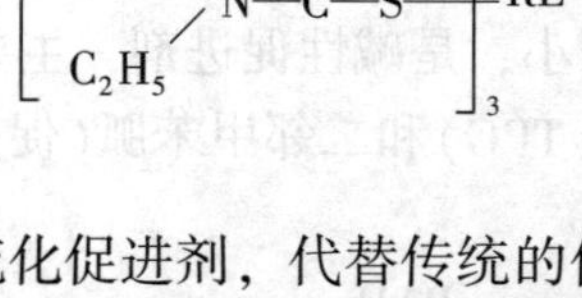

1. 性能

黄色至褐色固体。用作橡胶硫化促进剂，代替传统的促进剂，其用量为原使用量的 1/3 至 1/5，可以降低生产成本，提高工效。其焦烧时间和硫化速度都较慢，特别适用于要求焦烧时间长、硫化速度不能太快的车用外胎类的厚橡胶制品。

2. 生产原理

二乙胺与二硫化碳在氯化稀土盐存在下反应，生成二硫代氨基甲酸稀土盐。

$$3(H_5C_2)_2NH+3CS_2+RECl_3 \longrightarrow [(C_2H_5)_2NCS_2]_3RE+3HCl$$

也可以在氢氧化钠存在下，二乙胺与二硫化碳反应生成二乙基二硫代氨基甲酸钠，然后与氯化稀土发生复分解反应制得稀土促进剂。

$$(H_5C_2)_2NH+CS_2+NaOH \longrightarrow (H_5C_2)_2NCS_2Na+H_2O$$

$$3(H_5C_2)_2NCS_2Na+RECl \longrightarrow [(H_5C_2)_2NCS_2]_3RE+NaCl$$

也可以将二乙胺、氯化稀土和丙酮加入搅拌反应釜，控制反应温度在-20~-10℃继续搅拌反应10~15h后，再把二硫化碳慢慢加入上述反应物中，继续搅拌反应16~20h。过滤得到固体，用石油醚洗涤，干燥成粉末状产物。

3. 工艺流程

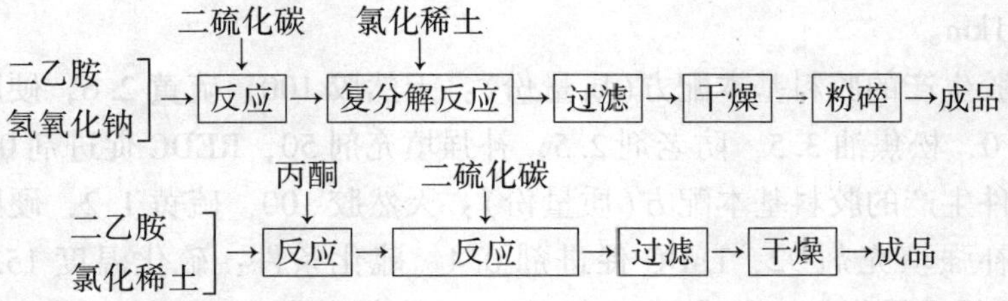

4. 主要原料(有机溶剂法)(kg/t)

二乙胺	100	二硫化碳	150
氯化镧	70	丙酮	240(可回收)

5. 生产工艺

(1) 稀土镧硫化促进剂(简称LaDC)的制备

将150kg乙胺、105kg氯化镧和320kg丙酮加入反应釜中，搅拌，控制反应温度在-20~-10℃，反应10~15h后，将225kg二硫化碳慢慢加入上述反应液，继续搅拌反应16~20h，过滤得到黄色固体，用石油醚洗涤，得到白色粉末状产物420kg。

(2) 混合稀土硫化促进剂(简称REDC)的制备

将50kg二乙胺、37.5kg含85%镧的混合氯化稀土和175L丙酮-石油醚混合溶剂加入反应釜，搅拌，控制反应温度在-20~-10℃。反应10~15h后，将75kg二硫化碳慢慢加入上述反应液中，搅拌反应16~20h，过滤得到褐色固体，用石油醚洗涤，得到浅褐色粉末状产物140kg。收率95%。

说明：

置换法制备：将二乙胺、氢氧化钠溶液、二硫化碳和冰块加入反应釜中，控制反应温度在15℃以下，搅拌进行缩合反应，反应6h后，当pH值为8左右时，缩合反应完成，反应生成二乙基二硫代氨基甲酸钠。然后，加入物料3~5倍的水进行稀释，于搅拌下加入10%的氯化镧溶液，反应生成二乙基二硫代氨基甲酸镧沉淀，经过滤、水洗，干燥后粉碎，得到二硫代氨基甲酸稀土盐。

6. 质量标准

熔点/℃	187~190	细度(过200目)/%	≥99
纯度/%	≥95		

7. 用途

用作天然橡胶和合成橡胶的硫化促进剂。

应用示例：

① 硫化胶物理机械性能测试基本配方(质量份)：1#烟片胶 100，硫黄 2.5，硬脂酸 2，氧化锌 5，炭黑 40，机油 4，LaDC 促进剂 0.5。硫化条件：硫化温度 142℃，硫化时间 200min。硫化胶物理机械性能：拉伸强度 28.1MPa，扯断永久变形 32%，扯断伸长率 568%，硬度 64。

② 胶鞋大底生产的胶料基本配方(质量份)：3#烟片胶 112.5，顺丁橡胶 37.5，再生胶 75，硫黄 37.5，硬脂酸 4.5，氧化锌 7.5，古马龙 7.5，防老剂 1.5，防焦剂 0.3，补强填充剂 172.8，软化剂 23，LaDC 促进剂 0.9。硫化条件：硫化温度 142℃，硫化时间 10min。硫化胶鞋大底质量指标：扯断强度 9.60MPa，伸长率 382%，硬度 62，磨耗 0.9121cm^3/1.61km。

③ 轮胎面胶生产的胶料基本配方(质量份)：天然胶 100，硫黄 2.6，硬脂酸 3.5，石蜡 1.0，氧化锌 5.0，松焦油 3.5，防老剂 2.5，补强填充剂 50，REDC 促进剂 0.5。

④ 橡胶杂件生产的胶料基本配方(质量份)：天然胶 100，硫黄 1.2，硬脂酸 1，氧化锌 6，防老剂 1，补强填充剂 92，LaDC 促进剂 0.4。硫化条件：硫化温度 153℃，硫化时间 7min。硫化胶杂件质量指标：抗张强度 112MPa，扯断强度 7.60MPa，伸长率 482%，永久变形 32%。

参 考 文 献

[1] 王雅静，吕运强，胡水，等. 二乙基二硫代氨基甲酸镧在丁腈橡胶中的应用研究[J]. 中国稀土学报，2019，37(05)：609-616.

[2] 王雅静. 二乙基二硫代氨基甲酸镧硫化促进效果研究与应用[D]. 北京化工大学，2019.

2.3 促进剂 TP

促进剂 TP(accelerator TP)化学名称为二丁基二硫代氨基甲酸钠。分子式 $C_9H_{18}NS_2Na$，相对分子质量 227.37。结构式为：

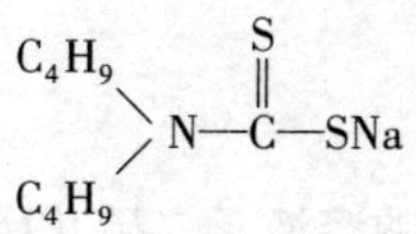

1. 性能

工业品为橙黄色至橙红色黏性透明液体，相对密度 1.075~1.09。能与水混溶。不宜贮存于铁制容器中。无毒。

2. 生产原理

二丁胺分散于水中，与二硫化碳及氢氧化钠在 24~28℃下反应制得。

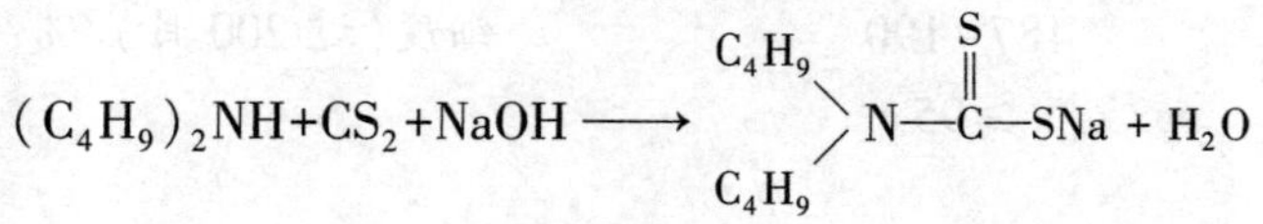

3. 工艺流程

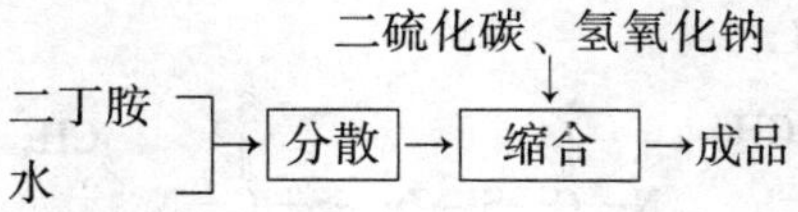

4. 主要原料(kg/t)

二丁胺(95%)	135.8	氢氧化钠(95%)	43.0
二硫化碳(98%)	78.0		

5. 生产工艺

在缩合反应锅中加入水和二丁胺，搅拌溶解，再加入二硫化碳及氢氧化钠，继续搅拌，控制温度在 24~28℃，进行反应。反应至 pH 值保持不变时，即为反应终点，得到促进剂 TP。

6. 质量标准

外观	橙黄色至橙红色黏性透明液体
相对密度	1.075~1.09
含量/%	40

7. 用途

促进剂 TP 是二硫代氨基甲酸钠盐促进剂的典型代表，用作天然橡胶、丁苯橡胶、氯丁橡胶及其胶乳的超促进剂。因能与水混溶，主要用于胶乳制品，在干胶中可以少量使用。在天然胶乳和丁苯胶乳应用中，适用于胶乳工业采用的各种硫化方法。硫化速度较二硫代氨基甲酸铵盐慢得多，焦烧时间长。加入本品后的胶乳料在 125℃左右硫化时间短，高于 125℃时，硫化平坦性窄，易过硫。为了提高胶乳胶料的硫化速度，多与不溶于水的促进剂(如二硫代氨基甲酸锌)并用。还适于在热水溶液中硫化的薄断面制品，若并用二硫代氨基甲酸锌、促进剂 M 或 MZ，硫化速度将加快。使用本品时需用氧化锌活化，但不必加脂肪酸。若硫化速度过高，可用防焦剂或防老剂 MB 加以抑制。也可以与促进剂 TMTM、TMTD 一起用于氯丁胶乳，所得制品耐老化性能好。本品对噻唑类促进剂有活化作用。用本品制得的硫化胶不污染、不变色，但稍有气味。用于制造一般胶乳制品、薄壁浸渍制品、医疗用品、气球、胶浆和自硫胶浆。在胶料中一般用量为 0.5%~2.0%，并配以 2.0%~1.0%的硫黄。

8. 安全与贮运

缩合设备应密闭，车间内加强通风。产品无毒，用塑料桶包装，按一般化学品贮运。

参 考 文 献

[1] 李红艳，范志鸿，曲志强，等. *N*,*N*-二丁基二硫代氨基甲酸钠合成研究[J]. 有色矿冶，2018，34(04)：29-31.

[2] 王飞，宋风朝，赵建平. 微化工技术在二丁基二硫代氨基甲酸钠生产中应用研究[J]. 中国橡胶，2017，33(03)：43-45.

2.4 促进剂 PZ

促进剂 PZ(accelerator PZ)化学名称为二甲基二硫代氨基甲酸锌、促进剂 ZDMC、福美锌。国内相应商品名有 Auelerator 57(美国)、Auelerator PZ(日本)、DMDCE(法国)、Hermat

(意大利、英国)、Rhemocure ZMC(德国)、Rubator MTZ(西班牙)。分子式$C_6H_{12}N_2S_4Zn$,相对分子质量305.82。结构式为:

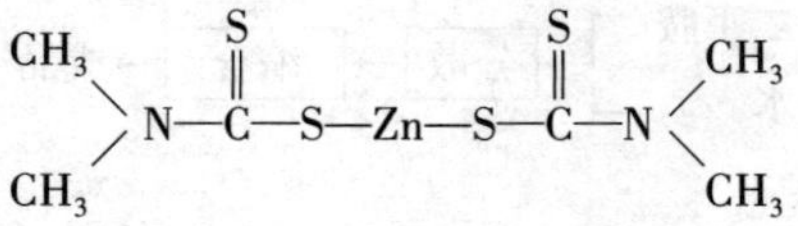

1. 性能

熔点250℃,相对密度1.66。几乎不溶于水和汽油,但在水中有良好的润湿性,溶于二硫化碳、氯仿和稀碱,微溶于乙醇、丙酮、苯、二氯甲烷和四氯化碳。有毒。

2. 生产方法

在氢氧化钠和二甲胺的水溶液中加入二硫化碳,在低于30℃的条件下缩合制得二甲基二硫化氨基甲酸钠。再与氯化锌发生复分解反应,经过滤、干燥、粉碎即得到成品。

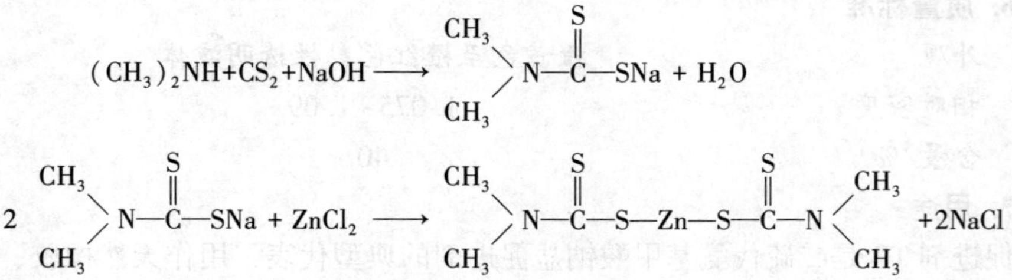

3. 工艺流程

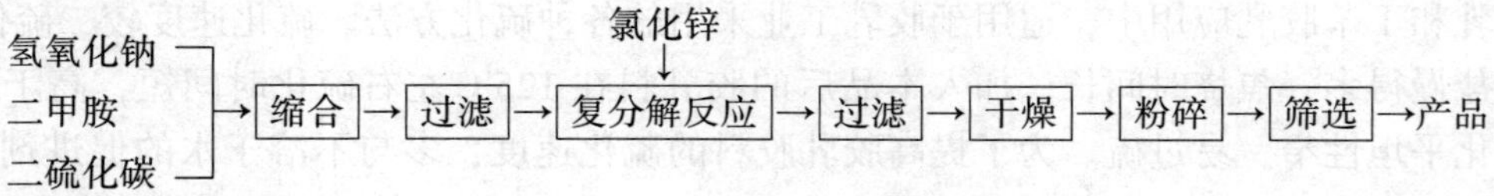

4. 主要原料(kg/t)

二甲胺(40%)	875	氢氧化钠(工业品)	330
二硫化碳(95%)	630	氯化锌(工业品)	270

5. 生产工艺

在反应锅中,将106.6kg氢氧化钠配成15%的水溶液,加入210kg二硫化碳和291.6kg 40%的二甲胺,搅拌下微微加热,保持40~50℃,进行缩合反应,反应1h以上,至体系pH值为9~10时,得到浅黄绿色或琥珀色溶液,即为二甲基二硫代氨基甲酸钠。

在二甲基二硫代氨基甲酸钠中加入氯化锌,搅拌,控制温度在30℃以下进行复分解反应。反应生成沉淀物,将反应产物过滤、干燥、粉碎、筛选,即得到促进剂PZ。

说明:

复分解反应也可以使用硫酸锌。

6. 质量标准

外观	白色或浅黄色粉末	水分/%	≤0.3
熔点/℃	≥170	细度	149μm筛全过,74μm筛筛余物低于0.5%
灰分/%	≤0.3		

7. 用途

用作天然橡胶、合成橡胶的超促进剂及胶乳的一般促进剂。硫化温度较低(约100℃),活性与TMTD相似,但低温时活性较强,焦烧倾向大,混炼时易引起早期硫化。特别适用于要求压缩变形小的丁基橡胶和要求耐老化性能良好的丁腈橡胶，也适用于三元乙丙橡胶。在胶乳中单用时硫化速度较慢，通常与其他促进剂并用。与噻唑类促进剂并用能提高制品的定伸应力和回弹性。对噻唑类、次磺酰胺类促进剂有活化作用，可用作第二促进剂。与促进剂 DM 并用时，随 DM 用量的增加抗焦烧性能亦增加，使用时需加入氧化锌作活性剂，一般也需加入硬脂酸，但硬脂酸用量较大时，稍有延缓硫化的效应。在橡胶中易分散，适用于浅色和艳色制品。主要用于胶乳制品，也可用于自硫胶浆、胶布、冷硫制品以及食品用橡胶制品。在胶乳料中一般用量为 0.3%~1.0%。另外，本品也用于防治果蔬霉病。

8. 安全与贮运

生产中使用二甲胺、二硫化碳等,产品有毒,生产过程中应注意防止泄漏,操作人员应穿戴好防护用具,车间内加强通风。产品用编织袋内衬塑料袋包装,按有毒化学品规定贮运。

参 考 文 献

[1] 徐志伟，胡国胜，韩素娟，等. 表面活性剂催化合成福美锌工艺研究[J]. 天津化工，2023，37(03)：35-37.

[2] 杨鑫莉，胡生泳. 橡胶硫化促进剂 PZ 的合成[J]. 广东化工，1999，(06)：16-18.

2.5 促进剂 EZ

促进剂 EZ(accelerator EZ)又称促进剂 ZDC，化学名称二乙基二硫代氨基甲酸锌。国外商品名有 Wobezit DADZ(荷兰)、Auelerteur RS(法国)、Auelertor EZ(日本)、Vulafor ZOC(英国)、Ancacate ET(美国)等。分子式 $C_{10}H_{20}N_2S_4Zn$，相对分子质量 361.90。结构式为：

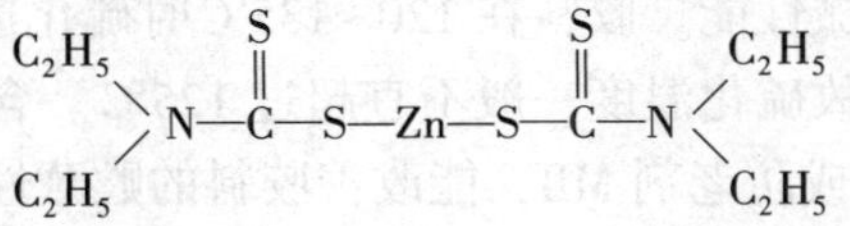

1. 性能

白色或灰白色粉末，相对密度 1.49，熔点 175℃。溶于 1%的氢氧化钠、二硫化碳、苯、氯仿，不溶于汽油。是二硫代氨基甲酸锌盐的典型代表。其硫化临界温度低，易焦烧，但单用时活性不及促进剂 PZ。贮存期不低于 2 年。有毒。

2. 生产原理

在 pH=8 的碱性溶液中，二乙胺、二硫化碳在低于 15℃的条件下缩合制得二乙基二硫代氨基甲酸钠。再与硫酸锌或氯化锌发生复分解反应，得到促进剂 ZDC。

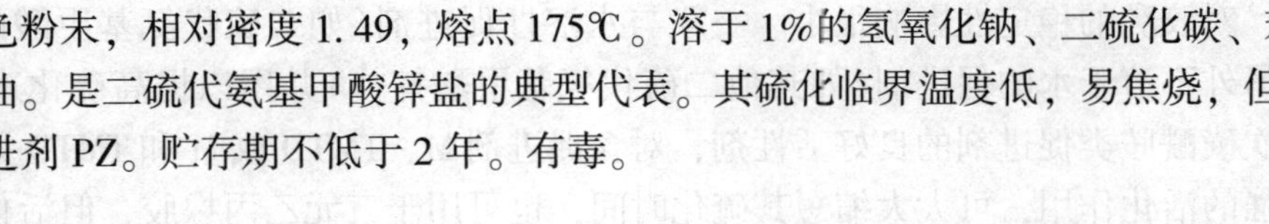

3. 工艺流程

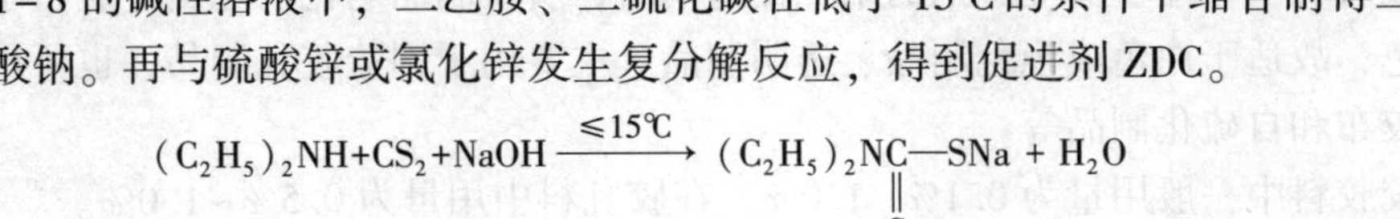

4. 主要原料(kg/t)

二乙胺(≥98%)	490	氢氧化钠(≥98%)	320
二硫化碳(≥95%)	610	硫酸锌(98%)	510

5. 生产工艺

在缩合反应锅中，将氢氧化钠溶于水，配制成15%的氢氧化钠溶液，再加入二乙胺、冰块及二硫化碳，在搅拌下进行缩合，反应温度控制在15℃以下。反应6h后，当pH值为8左右时，缩合反应结束，过滤得到二乙基二硫代氨基甲酸钠。向反应液中加入3~5倍的水，在搅拌下加入10%左右的硫酸锌溶液，即可生成二乙基二硫代氨基甲酸锌沉淀物。经离心脱水后水洗、干燥、粉碎、筛选得到促进剂EZ。

复分解反应也可使用氯化锌。

6. 质量标准

	一级品	二级品
外观	灰白色粉末	灰白色粉末
熔点/℃	170~180	≥171
锌含量/%	17.5~20	17~21
水分/%	≤0.3	≤0.5
筛余物(100目)/%	≤0.1	≤0.2

7. 用途

用作天然橡胶与合成橡胶的超促进剂，也是胶乳通用促进剂，与二硫代氨基甲酸铵相比活性差，但操作安全性有所改善。需用氧化锌活化，脂肪酸的使用并非特别需要，但加入少量脂肪酸能改善硫化胶的机械性能。胶料在120~135℃时硫化速度很快，硫化温度升高，硫化平坦性窄，易产生过硫，故硫化温度一般不宜超过125℃。含本品的胶料加入少量促进剂TMTD、促进剂DM、防焦剂或防老剂MB，能改善胶料的贮藏性能，及迟延硫化起步。若与二硫代氨基甲酸铵或胺类促进剂并用，硫化速度可大大提高。也用作胶乳的非水溶性促进剂，对胶乳的稳定性影响很小。一般与水溶性促进剂(如二硫代氨基甲酸的铵盐或钠盐)或与另外不溶于水的促进剂(如其他二硫代氨基甲酸锌盐)并用以提高硫化速度。也是噻唑类和次磺酰胺类促进剂的良好活性剂，对含促进剂M、TMTD或M和TMTD并用的丁基胶料有很强的活化作用，可大大缩短其硫化时间，也可用于三元乙丙橡胶，但活化作用不及对丁基橡胶强。在胶乳中作噻唑类促进剂的第二促进剂时，所得制品老化性能良好。由于本品不污染、不变色，故适于白色或艳色制品、透明制品。主要用于制造胶乳制品，也可用于制造医疗制品、胶布和自硫化制品等。

在干胶胶料中一般用量为0.1%~1.0%，在胶乳料中用量为0.5%~1.0%。

8. 安全与贮运

生产中使用二乙胺、二硫化碳等，且产品有毒。生产过程中应注意防泄漏，操作人员应穿戴好防护用具。车间内加强通风。产品采用编织袋内衬塑料袋包装。按有毒化学品规定贮运。

参 考 文 献

[1] 孙春领，张振飞. 溶剂法合成促进剂二乙基二硫代氨基甲酸锌新技术研究[J]. 橡胶科技，2020，18(05)：280-282.

[2] 丁炳伟，张智亮，李红良，等．二乙基二硫代氨基甲酸锌制备及性质[J]．工业催化，2018，26(02)：81-84.

2.6　促进剂 BZ

促进剂 BZ(accelerator BZ)化学名称为二丁基二硫代氨基甲酸锌，国外相应商品名有 Vulafor ZDBC（英国）、Sharples Auelerator 77（美国）、Auelerateur 3RS（法国）、Auelerator BZ（日本）、Butaiin（意大利）、Rolycure BZ（西班牙）、Van Hasselt BTZ（荷兰）等。分子式 $C_{18}H_{36}N_2S_4Zn$，相对分子质量 474.14。结构式为：

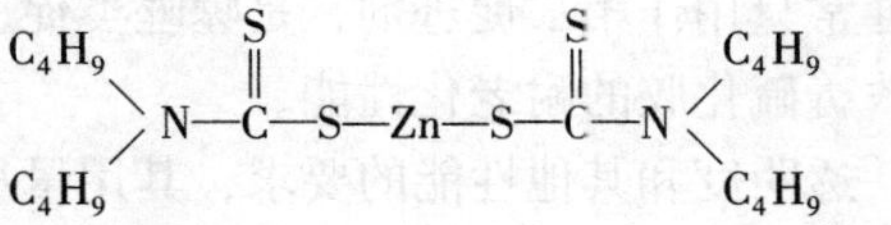

1. 性能

工业品为白色或浅黄色粉末，相对密度 1.24，熔点 104~108℃。溶于二硫化碳、苯、乙醚和氯仿，不溶于水。贮存稳定，有毒。

2. 生产原理

在氢氧化钠存在下，二丁胺与二硫化碳反应，生成二丁基二硫代氨基甲酸钠。然后与氯化锌发生复分解反应，得到促进剂 BZ。

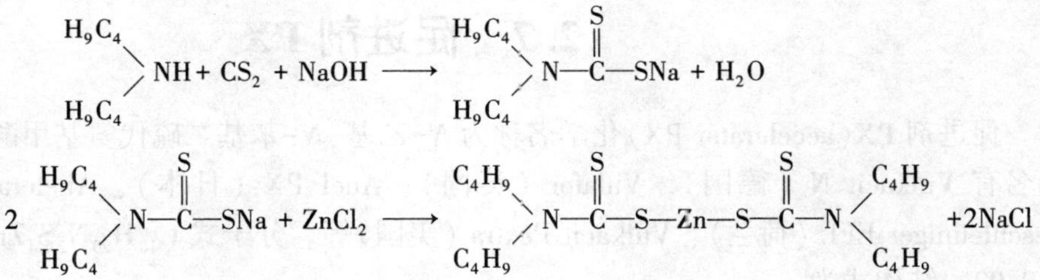

3. 工艺流程

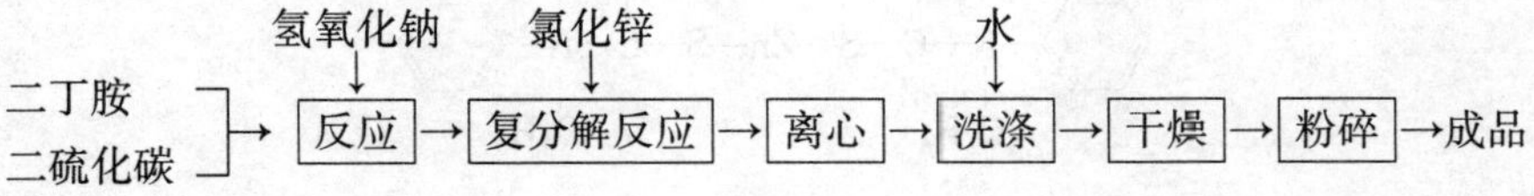

4. 主要原料

二丁胺(≥98%)　　氢氧化钠(≥95%)
二硫化碳(≥98%)　　氯化锌(工业品)

5. 生产工艺

在反应锅中，先加入水，再加入氢氧化钠，将氢氧化钠配成 15%的水溶液，再在搅拌下加入二硫化碳和二丁胺，加热升温，控制温度在 40~45℃，缩合反应 1~2h，待 pH 值恒定不变时，即为反应终点。反应得到二丁基二硫代氨基甲酸钠。

在搅拌下，将氯化锌加入上述产物中，保持反应温度 20~30℃，反应得到沉淀物即二丁基二硫代氨基甲酸锌。离心分离，加水，洗除无机盐后，经干燥、粉碎，即得到促进剂 BZ 成品。

6. 质量标准

外观	淡黄或乳白色粉末	相对密度	1.21~1.28
熔点/℃	≥104		

7. 用途

用作天然橡胶、合成橡胶及胶乳的超促进剂。本品不变色、不污染，分散容易。在干胶和胶乳中的性能与促进剂 ZDC 相似，但活性更高。在100℃以下硫化平坦性中等，高于120℃则硫化平坦性窄，最宜硫化温度为95~110℃。由于本品在有机溶剂中溶解度较大，常用于低温硫化胶浆。含有本品的胶乳可以使用一周而不致有早期硫化现象。氧化锌和硫黄配用量一般，脂肪酸可用可不用。但无论用在干胶和胶乳中，欲制造高透明制品，不使用氧化锌作活化剂。用于干胶时通常只用作第二促进剂，是噻唑类促进剂的良好活性剂。在混炼中有防老化剂的作用，也能改善硫化胶的耐老化性能。

根据硫化胶定伸应力、透明度和其他性能的要求，其用量从0.5%到2.0%不等。

8. 安全与贮运

生产使用二丁胺、二硫化碳，且产品有毒。生产过程中应注意防泄漏，操作人员应穿戴好防护用具。产品采用编织袋内衬塑料袋包装。按有毒化学品规定贮运。

参 考 文 献

[1] 何明辉. 溶剂法合成橡胶促进剂二丁基二硫代氨基甲酸锌[J]. 山东化工，2019，48(20)：56-57.

2.7 促进剂 PX

促进剂 PX(accelerator PX)化学名称为 *N*-乙基-*N*-苯基二硫代氨基甲酸锌。国内相应商品名有 Vulkacit N（德国），Vulafor（英国）、Auel PX（日本）、Auelerateur 3R（法国）、Beschleuniger EFL（荷兰）、Vulkacit Pextra（美国）等。分子式 $C_{18}H_{20}N_2S_4Zn$，相对分子质量458.02。结构式为：

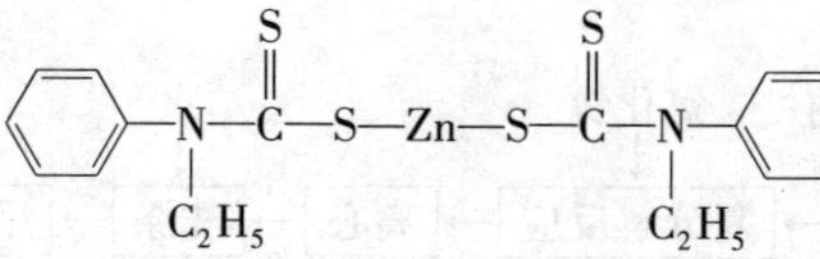

1. 性能

白色或浅黄色粉末。无臭、无味、无毒。相对密度1.50。熔点205℃。溶于热苯、热氯仿，不溶于丙酮、四氯化碳、乙醇和水，微溶于汽油、苯、热酒精，在橡胶中溶解度约为0.25%。

2. 生产原理

在氨水存在下，*N*-乙基苯胺与二硫化碳在低于30℃条件下缩合制得乙基苯基二硫代氨基甲酸铵，然后与硫酸锌进行复分解制得促进剂 PX。

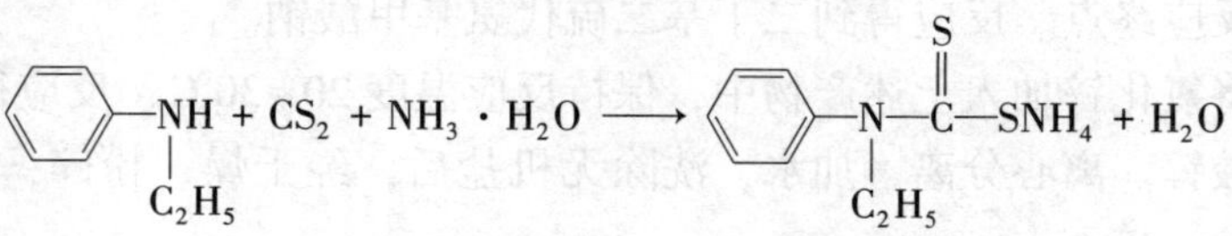

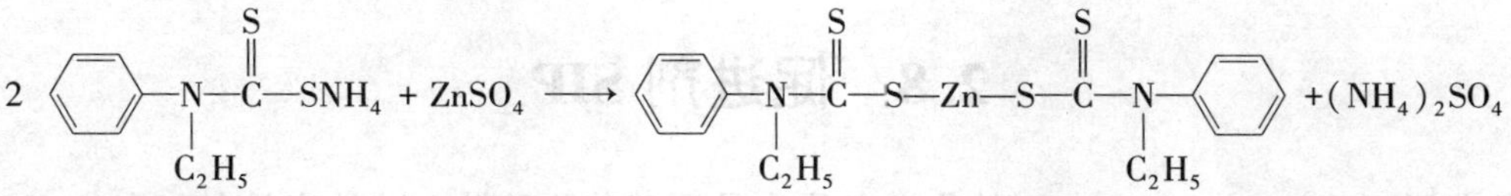

3. 工艺流程

N-乙基苯胺、二硫化碳、氨水 → 缩合 → 分层 → 复分解反应（加入硫酸锌） → 过滤 → 干燥 → 粉碎 → 过筛 → 成品

4. 主要原料(kg/t)

N-乙基苯胺(≥75%)	902	硫酸(≥98%)	适量
二硫化碳(≥90%)	800	氨水(工业品)	4000
硫酸锌(≥98%)	1000		

5. 生产工艺

在缩合反应釜中加入451kg的*N*-乙基苯胺(≥75%)、2000kg氨水和400kg 90%的二硫化碳，搅拌下加热至30℃，进行缩合反应。反应完毕后，静置分层，过滤，除去渣质，产物为乙基苯基二硫代氨基甲酸铵。然后再投入500kg 98%的硫酸锌和水进行复分解反应，分离出沉淀物，用1.5%的硫酸溶液洗涤后，经过滤、干燥、粉碎、过筛，即得到促进剂PX成品。

6. 质量标准

外观	白色或灰白色粉末	加热减量/%	≤0.5
灰分/%	17~19	水溶性锌盐/%	≤0.01
熔点/℃	≥195		

7. 用途

用作橡胶的超促进剂。性能与促进剂PZ、BZ、ZDC相似，但抗焦烧性能稍差。与促进剂DM并用时抗焦烧性能增加。本品的硫化临界温度较低，活性较秋兰姆促进剂高，在80~125℃的范围内可供天然橡胶、丁苯橡胶等各类型的橡胶硫化使用。本品特别适用于胶乳的硫化，在储存过程中对胶乳的黏度影响不大。因其不污染、不变色、无臭、无味、无毒，可用于制造与食物接触的浸渍胶乳制品以及透明和艳色制品、医疗制品、胶乳模型制品、浸渍制品、胶乳海绵、胶布、自硫化胶浆等。其一般用量在干胶中为0.2%~1.5%，在胶乳中为0.5%~2.0%。本品也用作噻唑类促进剂的活性剂。

促进剂PX与环己基乙基胺的并用体系用于浸渍制品硫化时，可预先制备贮藏稳定的含促进剂PX的橡胶溶液，再将用该溶液浸渍成型后的制品暴露于充满环己基乙基胺蒸气的烘箱中，用热空气硫化。这种硫化方法时间短，温度也低(80℃)，硫化胶性能良好，同时不必在促进剂的苯溶液中浸渍。

8. 安全与贮运

生产中使用*N*-乙基苯胺、二硫化碳等，设备应防止冒漏，车间内加强通风。产品无臭、无味、无毒。采用纸箱内衬塑料袋包装。贮存于阴凉、干燥、通风处。按一般化学品规定贮运。

参 考 文 献

[1] 叶芳尘，吴祥彪. *N*-乙基-*N*-苯基二硫代氨基甲酸锌的催化合成法[J]. 温州师范学院学报(自然科学版)，1998，(03)：48-50.

2.8 促进剂 SIP

促进剂 SIP（accelerator SIP）的化学名称为异丙基黄原酸钠，国外商品名称有 Auelerateur sothbll Let 5(法国)、Robac SIX(英国)、Z-11(美国)等，分子式 $C_4H_7OS_2Na$，相对分子质量 158.22。结构式为：

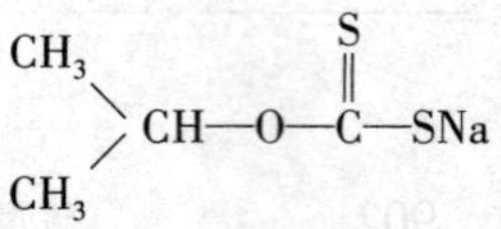

1. 性能

白色或浅黄色结晶。稍有不愉快的气味，对皮肤、眼睛、黏膜和呼吸道有刺激作用。相对密度 1.10~1.40，熔点 126~128℃，分解温度 150℃，溶于水和二硫化碳，微溶于乙醇和丙酮，难溶于汽油、四氯化碳、氯仿、苯、甲苯。

2. 生产原理

异丙醇、二硫化碳及氯氧化钠在低于 20℃的条件下反应，即得到促进剂 SIP。

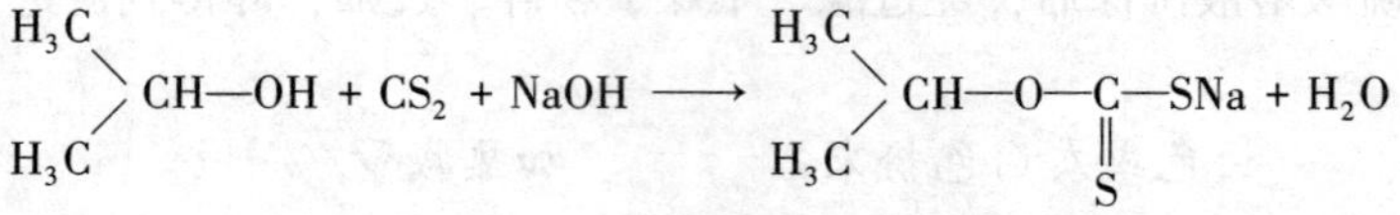

3. 工艺流程

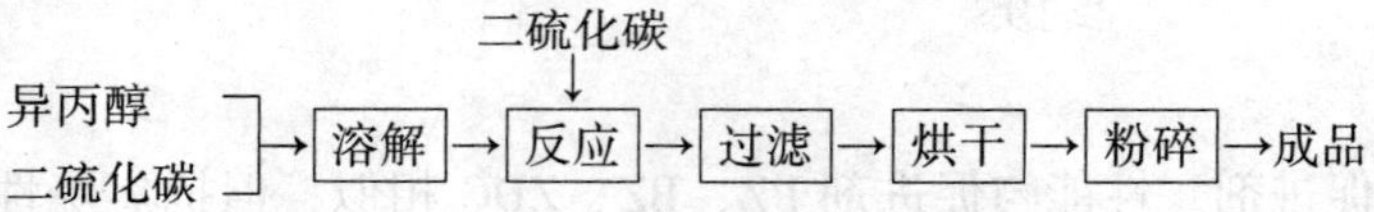

4. 主要原料

异丙醇(≥95%)　　氢氧化钠(≥95%)　　二硫化碳(≥90%)

5. 生产工艺

在缩合反应锅中加入异丙醇和氢氧化钠溶液，搅拌下溶解，然后滴加入二硫化碳，保持反应温度为 20℃，直到反应体系的 pH 值保持恒定为止。反应物经过滤、烘干、粉碎，即得到促进剂 SIP。

6. 质量标准

外观	白色或黄色结晶	熔点/℃	126
灰分/%	≤30.0	水分/%	≤0.5

7. 用途

用作超促进剂。主要用于天然橡胶、丁苯橡胶及胶乳的常温硫化。硫化活性较促进剂 ZIP 高，若加入氧化锌，活性会进一步提高。适用于制备薄层浸渍制品。一般用量为0.5%~2.0%。

8. 安全与贮运

生产中使用异丙醇、二硫化碳，且产品对呼吸道、皮肤、眼、鼻等有刺激作用，设备密闭，车间内加强通风。操作人员应穿戴劳保用品，避免吸入粉尘，避免与眼、皮肤等接触。产品用编织袋内衬塑料袋装。低温贮运。

2.9 促进剂 ZIP

促进剂 ZIP(accelerator ZIP)化学名称为异丙基黄原酸锌，国外相应商品名有 ZIX（法国)、Accelerator ZYX(日本)、Ekagom 5R(法国)、Propyl Zithate(美国)、Robac ZXY(英国)等。分子式$C_8H_{14}O_2S_4Zn$,相对分子质量 335.83。结构式为：

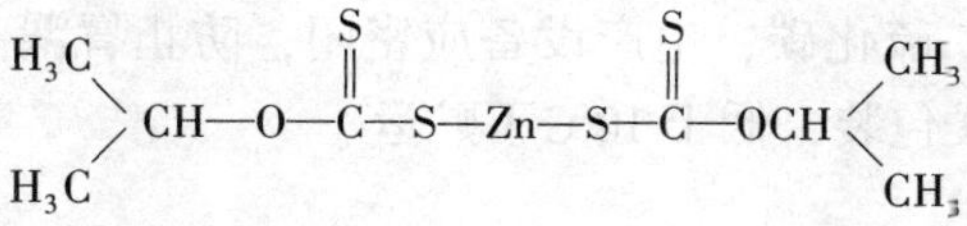

1. 性能

乳白色或浅黄色粉末。有特殊气味。熔点 145~147℃，并有分解。相对密度 1.53~1.55。溶于二硫化碳，微溶于苯、甲苯、乙醇、二氯乙烷、氯仿、四氯化碳，不溶于水。需在 10℃以下贮存。

2. 生产原理

在低于 20℃的条件下，异丙醇、二硫化碳及氢氧化钠发生缩合，反应得到异丙基黄原酸钠，然后，异丙基黄原酸钠与可溶性锌盐发生复分解反应，并经离心脱水、洗涤、烘干、粉碎即得到促进剂 ZIP。

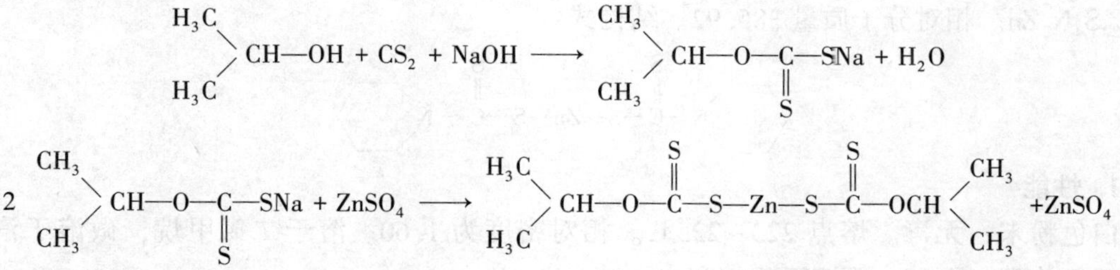

3. 工艺流程

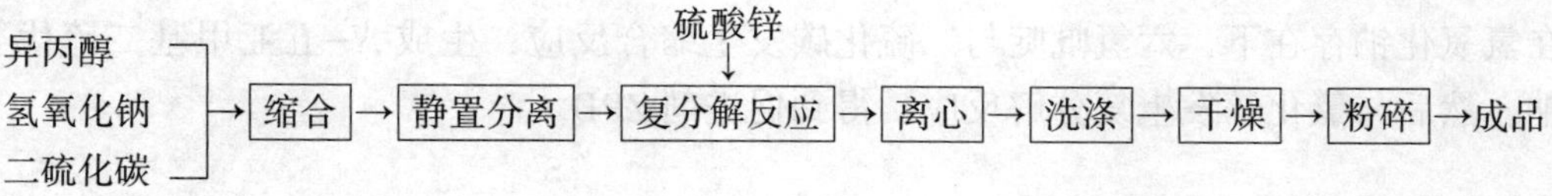

4. 主要原料

异丙醇(工业品)　二硫化碳(≥90%)　氢氧化钠(≥95%)　硫酸锌(≥96%)

5. 生产工艺

在缩合反应釜中，先加入水，再加入氢氧化钠，配制成 15%的氢氧化钠溶液。然后加入异丙醇，搅拌下溶解，再滴加二硫化碳，保持温度 20℃进行反应。当反应体系的 pH 值不再变化时，停止搅拌，静置分离，分出有机层(底层)，回收未反应的二硫化碳，反应产物为异丙基黄原酸钠。再开启搅拌，加入硫酸锌进行复分解反应。反应产物经离心脱水、洗涤，于 55~60℃下烘干、粉碎，即得到成品促进剂 ZIP。

6. 质量标准

外观	白色至浅黄色粉末	熔点/℃	≥145
灰分/%	≤30.0	水分/%	≤0.50

7. 用途

用作橡胶的超促进剂，作用较强。可用于室温硫化乳胶制品和胶浆。硫化临界温度100℃。硫化温度不宜大于110℃。本品能降低胶乳的稳定性，在胶乳中使用时应加入稳定剂。在自硫化胶浆中宜与二乙基二硫代氨基甲酸二乙胺配合使用。本品可用于制造胶乳浸渍制品、模型制品、胶浆、胶丝及防水织物等。一般用量为1.0%~2.5%。

8. 安全与贮运

生产中使用异丙醇和二硫化碳，生产设备应密闭，防止冒漏。操作人员应穿戴劳保用品。使用内衬塑料的编织袋包装，低于10℃下贮运。

参 考 文 献

[1] 吴庆伟，仵亚妮，孙胜奇，等. 异丙基黄原酸钠的合成工艺研究[J]. 广州化工，2019，47(07)：52-54.

[2] 韩德红. 异丙基黄原酸钠的生产工艺[J]. 河北化工，2011，34(02)：44-45.

2.10 促进剂ZPD

促进剂ZPD (accelerator ZPD)的化学名称为*N*-五亚甲基二硫代氨基甲酸锌。分子式$C_{12}H_{20}S_4N_2Zn$。相对分子质量385.92。结构式：

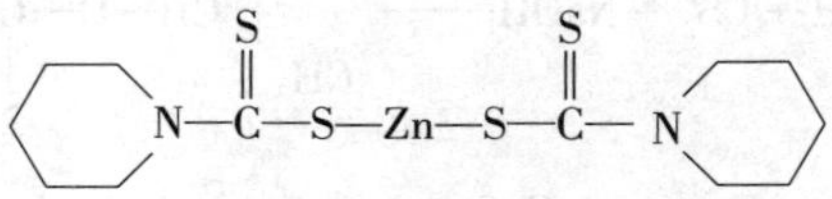

1. 性能

白色粉末，无毒。熔点223~225℃。相对密度为1.60。溶于二氯甲烷，微溶于汽油、苯、四氯化碳、丙醇，不溶于乙醇和水。

2. 生产原理

在氢氧化钠存在下，六氢吡啶与二硫化碳发生缩合反应，生成*N*-五亚甲基二硫代氨基甲酸钠，然后与氯化锌发生复分解反应，得到促进剂ZPD。

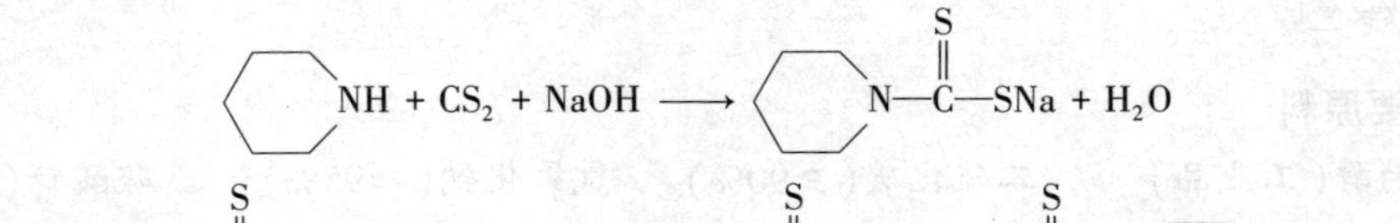

3. 工艺流程

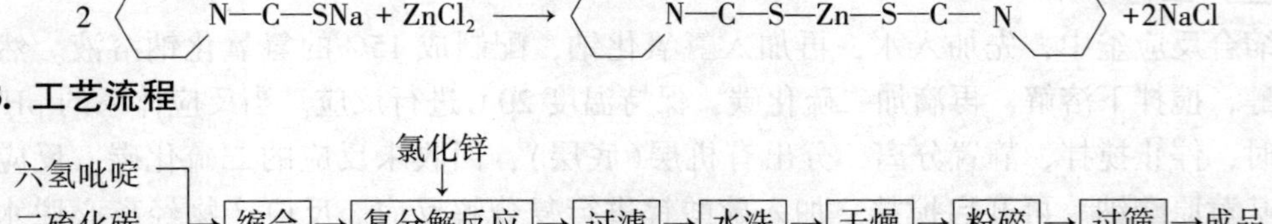

4. 主要原料

六氢吡啶(工业品)　　二硫化碳(≥90%)　　氢氧化钠(≥95%)　　氯化锌(工业品)

5. 生产工艺

在缩合反应釜中加入水和氢氧化钠，将氢氧化钠配制成15%的水溶液，再加入六氢吡啶和二硫化碳，搅拌下控制反应温度为15~20℃，进行缩合反应。当反应体系的pH值不再变化时，即为缩合反应终点。反应产物为*N*-五亚甲基二硫代氨基甲酸钠，静置分出未反应的二硫化碳。

在*N*-五亚甲基二硫化氨基甲酸钠溶液中加入氯化锌水溶液，搅拌下控制温度为15~20℃，进行复分解反应。反应生成沉淀物，经过滤、洗涤后，干燥、粉碎、过筛，即得到促进剂ZPD成品。

6. 质量标准

外观	白色至黄白色粉末	熔点/℃	≥220
相对密度	1.6		

7. 用途

用作天然橡胶、丁苯橡胶及胶乳的超促进剂。本品硫化临界温度低，故混炼时需特别注意焦烧。硫化温度高于121℃时硫化平坦性急剧变窄。硫化速度较秋兰姆促进剂快，适于快速加压硫化，也适于热空气硫化和水不溶性促进剂的胶乳硫化。本品不污染，硫化胶无臭、无味。主要用作制造胶乳制品、胶布、胶鞋、自硫化胶浆等。一般用量为0.15%~1.0%。本品需配以氧化锌。除单独使用外，也可用作噻吩类促进剂的第二促进剂。

8. 安全与贮运

生产中使用六氢吡啶、二硫化碳，生产设备应密闭，防止冒漏，车间内加强通风。操作人员应穿戴劳保用具。产品用内衬塑料的编织袋包装，贮存于阴凉、干燥处。

参 考 文 献

[1] 肖小坤，刘大晨，朱博聪，等. 促进剂1,5-亚戊基二硫代氨基甲酸锌赋予天然橡胶的交联结构及均化应力作用[J]. 高分子通报，2024，37(2)：238-244.

2.11 促进剂ZBX

促进剂ZBX(accelerator ZBX)的化学名称为正丁基黄原酸锌，国外相应商品名有Vulacaid ZT(美国)、Acce(日本)等。分子式$C_{10}H_{18}O_2S_4Zn$，相对分子质量363.88。结构式为：

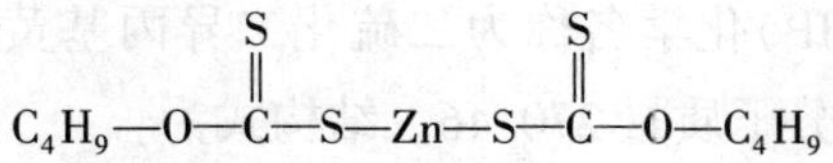

1. 性能

白色至浅黄色粉末。有特殊气味。无毒。熔点不低于105℃，相对密度1.24~1.56。稍溶于苯、乙醇及二氯乙烷，微溶于丙酮，不溶于水和汽油。在贮存过程中有缓慢分解现象。

2. 生产原理

在氢氧化钠存在下，正丁醇与二硫化碳在低于20℃的条件下反应得到正丁基黄原酸钠，然后与可溶性锌盐发生复分解反应，经离心脱水、洗涤、烘干，粉碎得到正丁基黄原酸锌，即促进剂ZBX。

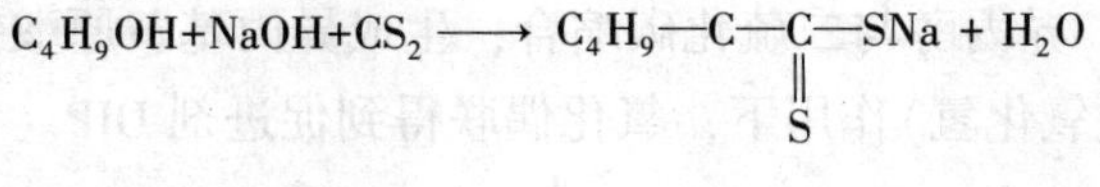

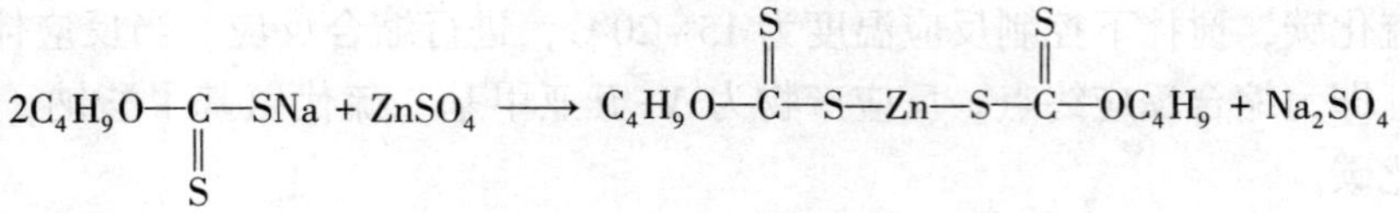

3. 主要原料

正丁醇(≥95%)	氢氧化钠(≥95%)	二硫化碳(≥95%)	硫酸锌(工业品)

4. 生产工艺

在缩合反应釜中加入水和氢氧化钠，将氢氧化钠配制成15%的水溶液，再加入正丁醇，搅拌下溶解。然后滴加二硫化碳，保持温度低于20℃进行反应，直到体系pH值保持恒定，停止搅拌，静置，分出下层未反应的过量的二硫化碳，反应产物为正丁基黄原酸钠。再开启搅拌，加入硫酸锌进行复分解反应。反应得到沉淀物正丁基黄原酸锌，经离心脱水、洗涤，烘干、粉碎即得成品。

5. 质量标准

外观	白色或浅黄色粉末	熔点/℃	≥105
灰分/%	≤25.0	水分/%	≤0.50

6. 用途

用作橡胶的超促进剂，主要用于丁腈橡胶、天然橡胶、再生橡胶、丁苯橡胶等橡胶及胶乳的硫化。本品不污染。与二苄基胺和一苄基胺的混合物一起可作低温促进剂。本品除活性稍高外，使用方法及应用与促进剂CPB基本相同，尤其适用于氯丁橡胶胶黏剂。

7. 安全与贮运

生产中使用二硫化碳、正丁醇，设备应防止冒漏，车间内加强通风。操作人员应穿戴劳保用品。使用内衬塑料的编织袋包装，按一般化学品于低于10℃的条件下贮运。

参 考 文 献

[1] 肖文革，牛飞，王立，等. 正丁基黄原酸钠干燥品的生产工艺研究[J]. 有色矿冶，2016，32(03)：16-17.

2.12 促进剂DIP

促进剂DIP(accelerator DIP)化学名称为二硫化二异丙基黄原酸酯、连二异丙基黄原酸酯。分子式$C_8H_{14}O_2S_4$，相对分子质量270.46。结构式为：

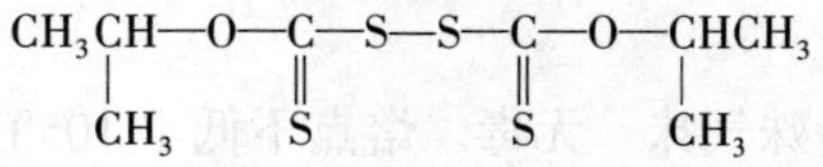

1. 性能

淡黄色至黄绿色粒状结晶。相对密度1.28。熔点不小于52℃。不溶于水，溶于乙醇、丙酮、苯、汽油等有机溶剂。有毒，可引起皮肤过敏肿胀。运输贮存时，严禁与过氧化物共存，以免产生窒息性的二硫化碳气体。

2. 生产原理

在氢氧化钠存在下，异丙醇与二硫化碳缩合，生成异丙基黄原酸钠。异丙基黄原酸钠在过氧化物(过硫酸钾或过氧化氢)作用下，氧化偶联得到促进剂DIP。

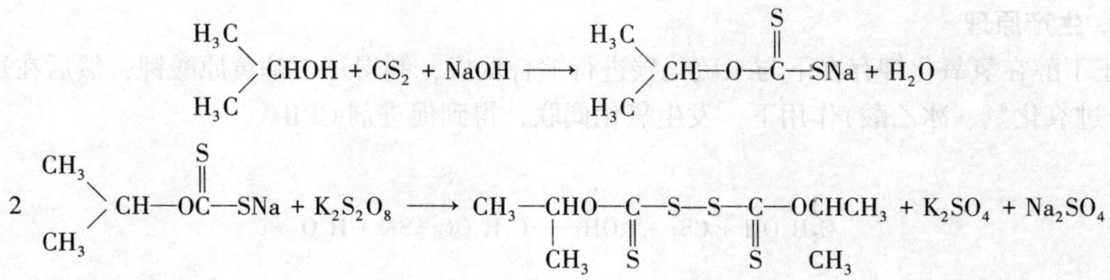

3. 工艺流程

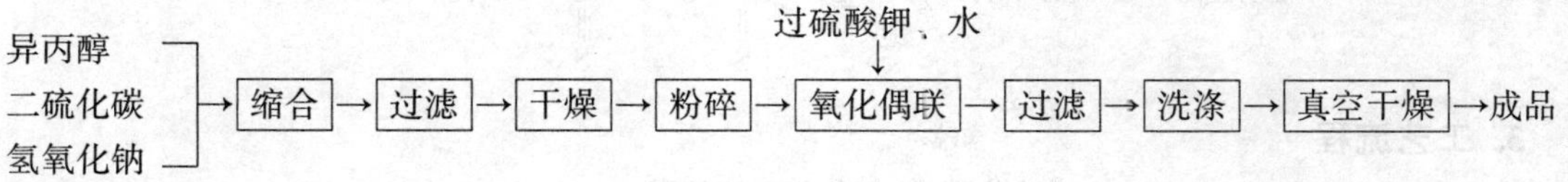

4. 主要原料(kg/t)

异丙基黄原酸钠(钠盐含量≥80%)	1400
过硫酸钾(≥98%)	1030

5. 生产工艺

在缩合反应釜中加入水和氢氧化钠，将氢氧化钠配成15%的溶液，再加入异丙醇，在搅拌下溶解。然后滴入二硫化碳，保持温度20℃以下进行反应，直到反应体系的pH值保持不变，停止反应。反应产物经过滤、洗涤、烘干、粉碎，即得到异丙基黄原酸钠。

在氧化偶联反应锅中加入140kg异丙基黄原酸钠、103kg过硫酸钾和1500L软水，加热升温至52℃，在搅拌下进行氧化偶联反应。反应产物经过滤、洗涤、真空干燥，即得到促进剂DIP成品。

6. 质量标准

外观	浅黄色至黄绿色粒晶	纯度/%	≥96
熔点/℃	52~56	苯不溶物/%	≤2

7. 用途

用作橡胶促进剂，用于天然橡胶、丁苯橡胶及再生橡胶、丁腈橡胶的硫化，本品不适用于高温硫化。一般用量2%左右。用法与促进剂CPB相似。本品还用作合成橡胶的相对分子质量调节剂、润滑油调节剂、矿石浮选剂、杀菌剂和除草剂等。

8. 安全与贮运

生产中使用二硫化碳、异丙醇，且产品有毒，设备应密闭，防止冒漏。车间内加强通风，操作人员应穿戴劳保用具。使用内衬塑料的编织袋包装。贮运中严禁与过氧化物接触，按有毒化学品规定贮运。

2.13 促进剂CPB

促进剂CPB(accelerator CPB)的化学名称为二硫化二正丁基黄原酸酯。国外相应商品名有CPB(美国)等。分子式$C_{10}H_{18}O_2S_4$，相对分子质量298.51。结构式为：

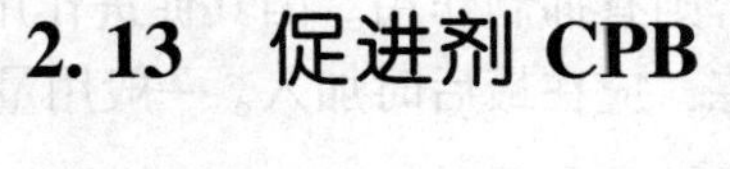

1. 性能

琥珀色液体。相对密度1.14~1.15。溶于汽油、苯、丙酮、氯乙烷，不溶于水。有毒。

2. 生产原理

正丁醇在氢氧化钾存在下与二硫化碳进行缩合反应，制得正丁基黄原酸钾，然后在过氧乙酸(过氧化氢、冰乙酸)作用下，发生氧化偶联，得到促进剂 CPB。

$$C_4H_9OH + CS_2 + KOH \longrightarrow C_4H_9O\overset{\overset{\displaystyle S}{\|}}{C}{-}SK + H_2O$$

$$2C_4H_9O{-}\overset{\overset{\displaystyle S}{\|}}{C}{-}SK + H_2O_2 \longrightarrow C_4H_9O\underset{\underset{\displaystyle S}{\|}}{C}{-}S{-}S{-}\underset{\underset{\displaystyle S}{\|}}{C}{-}OC_4H_9 + 2KOH$$

3. 工艺流程

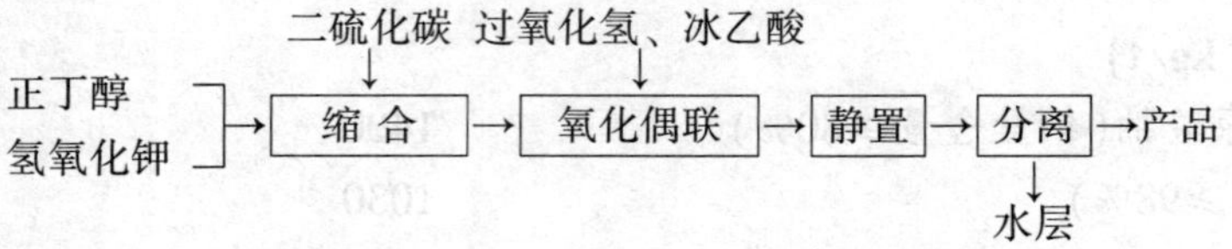

4. 主要原料

正丁醇(工业品)	二硫化碳(≥90%)	冰乙酸(≥97%)
氢氧化钾(≥98%)	过氧化氢(工业品)	

5. 生产工艺

在反应釜中加入正丁醇和氢氧化钾，搅拌溶解后，控制温度低于 20℃，滴加二硫化碳进行反应，制得正丁基黄原酸钾。将正丁基黄原酸钾加入水溶解后，加入过氧化氢和冰乙酸，开启搅拌，在 50℃左右进行氧化偶联反应。反应产物经静置，分离水层，油层经水洗后即得到促进剂 CPB 成品。

6. 质量标准

外观	琥珀色液体	纯度/%	≥95
相对密度	1.14~1.15		

7. 用途

用作天然及丁苯胶乳、天然橡胶及其再生橡胶、丁腈橡胶、丁苯橡胶的超促进剂，不适于高温硫化。本品不变色、不污染。主要用于制造胶布、医疗和外科手术用橡胶制品、胶鞋、防水布、自硫胶浆及胶乳制品等。常用二苄基胺和一苄基胺的混合物活化，活化后即为低温超速剂体系，胶料在室温下 12h 左右即能硫化，在 100℃下硫化时间为 20~30min。槽法炭黑、陶土及酸性配合剂对其有抑制作用，而醛类、秋兰姆类、噻唑类及二硫代氨基甲酸盐类促进剂与二苄基胺和一苄基胺的混合物并用能进一步增加其活性。配合时需加入氧化锌和硫黄，但不必加入脂肪酸，否则有抑制作用。因其促进作用过快，混炼时二苄基胺和一苄基胺的混合物不能与其同时混炼，应在最后时加入。一般用量为 2%左右，并配以 2%左右的二苄基胺和一苄基胺的混合物。

8. 安全与贮运

生产中使用二硫化碳、冰乙酸、丁醇，且产品有毒，设备应密闭，防止冒漏。操作人员应穿戴劳保用具，车间内加强通风，注意防火。使用塑料桶包装，按有毒化学品规定贮运。

参 考 文 献

[1] 曾燕飞，周元林. 室温合成二硫化二正丁基黄原酸酯及其表征[J]. 应用化学，2014，31(09)：1019-1023.

2.14 促进剂 TMTM

促进剂TMTM(accelerator TMTM)又称一硫化四甲基秋兰姆，国外相应商品名有TMTM(美国)、Vulafor MSS(英国)、Accel TS(日本)、Rapide TM（法国)等。分子式 $C_6H_{12}N_2S_3$，相对分子质量208.38。结构式为：

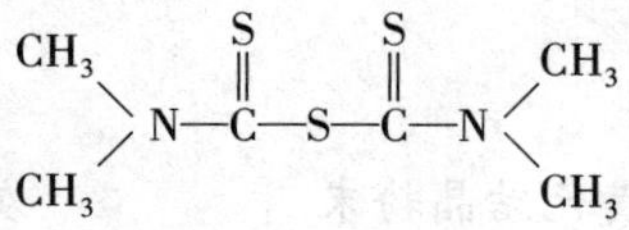

1. 性能

黄色或浅黄色结晶粉末。无味、无臭、无毒。熔点110℃。相对密度1.37~1.40。溶于苯、丙酮、二氯乙烷、二硫化碳、甲苯、氯仿，微溶于乙醇和乙醚，不溶于汽油和水。

2. 生产原理

二甲胺、二硫化碳在碱性条件下反应，生成二甲基二硫代氨基甲酸钠，然后经空气氧化，得到二硫化四甲基秋兰姆，将二硫化四甲基秋兰姆用氰化钠(或氰化钾)脱硫即得到一硫化四甲基秋兰姆。

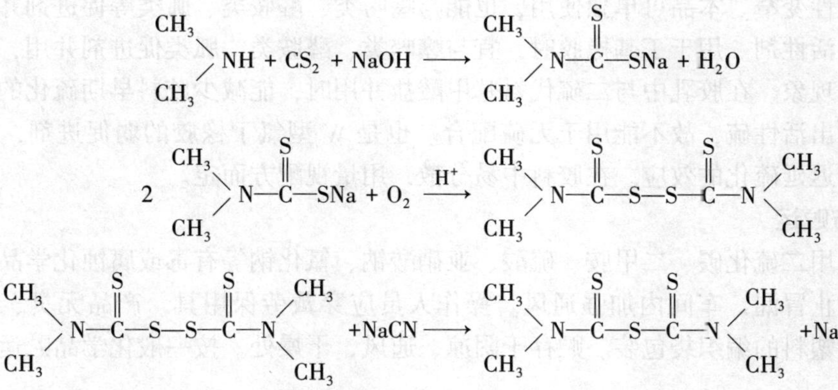

3. 工艺流程

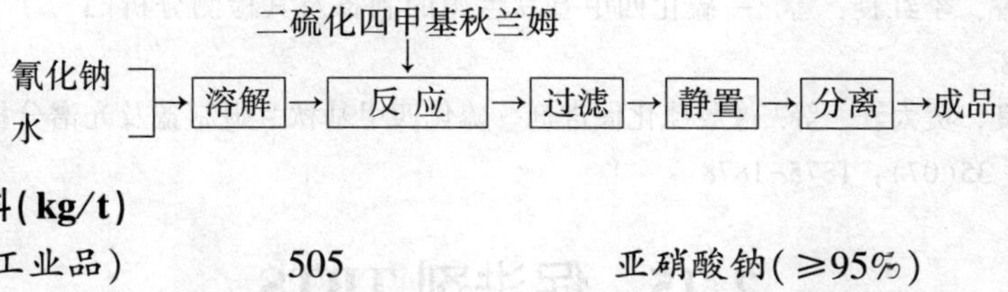

4. 主要原料(kg/t)

二甲胺(工业品)	505	亚硝酸钠(≥95%)	145
二硫化碳(95%)	388	硫酸(≥95%)	144
氢氧化钠(≥95%)	185	氰化钠(≥95%)	适量

5. 生产工艺

先将水和氢氧化钠投入釜式缩合反应釜中，配成15%的氢氧化钠水溶液，再加入二甲胺(40%的水溶液)和二硫化碳，搅拌，于40～45℃反应1～1.5h。当反应物料pH值为9～10，即达到反应终点，得到缩合物二甲基二硫代氨基甲酸钠。

另将亚硝酸钠配成10%的水溶液，常温下搅拌加入上述缩合物中，过滤，压入氧化反应器中，缓慢滴加硫酸，并利用空气鼓泡搅拌，于80℃下进行氧化反应。反应中NO被空气氧化为NO_2，呈黄色，应吸收利用。生成的二硫化四甲基秋兰姆以固体析出，吸滤、脱水后干燥，粉碎得到二硫化四甲基秋兰姆。

在脱硫反应锅中加入二硫化四甲基秋兰姆和氰化钠，再加入水和乙醇，搅拌下升温至40～50℃，进行脱硫反应。反应完全后，降温，静置分层。油层经水洗、分离脱水后，即得到促进剂TMTM成品。

6. 质量标准

外观	黄色或浅黄色结晶粉末	灰分/%	≤0.5
初熔点/℃	≥100	细度(40目)	通过
水分/%	≤0.5		

7. 用途

用作天然橡胶和合成橡胶的超促进剂，不污染，不变色。活性较促进剂TMTD低10%左右，硫化橡胶定伸应力也稍低。硫化临界温度121℃，后效性较二硫化秋兰姆类和二硫代氨基甲酸盐类促进剂都大，抗焦烧性能优良。硫化温度在135℃下硫化较平坦。使用时硫黄用量范围较大，低硫配合时，硫化平坦性比较宽，硫化橡胶耐老化性能特佳。随硫黄用量的增加，硫化平坦性变窄。本品可单独使用，也能与噻吩类、醛胺类、胍类等促进剂并用，是噻唑类促进剂的活性剂。用于丁基橡胶时，宜与噻唑类、醛胺类、胍类促进剂并用，一般不会出现早期硫化现象。在胶乳中与二硫代氨基甲酸盐并用时，能减少胶料早期硫化的倾向。用本品不能分解出活性硫，故不能用于无硫配合。也是W型氯丁橡胶的弱促进剂，在通用型氯丁橡胶中有迟延硫化的效应。在胶料中易分散，用量视配方而定。

8. 安全与贮运

生产中使用二硫化碳、二甲胺、硫酸、亚硝酸钠、氰化钠等有毒或腐蚀化学品，反应设备应密闭，防止冒漏，车间内加强通风。操作人员应穿戴劳保用具。产品无臭、无味、无毒。使用内衬塑料的编织袋包装。贮存于阴凉、通风、干燥处。按一般化学品贮运。

参 考 文 献

[1] 李延升，王振香，李红良，等. 一硫化四甲基秋兰姆的制备及其检测分析[J]. 广东化工，2015，42(16)：107-108.

[2] 王振香，李红良，贾太轩，等. 橡胶硫化促进剂一硫化四甲基秋兰姆制备及光谱分析[J]. 光谱学与光谱分析，2015，35(07)：1875-1878.

2.15 促进剂 TBTS

促进剂TBTS(accelerator TBTS)又称一硫化四丁基秋兰姆，国外相应商品有Pentex ESEG(加陶土)(美国)等。分子式$C_{18}H_{36}N_2S_3$，相对分子质量376.69。结构式为：

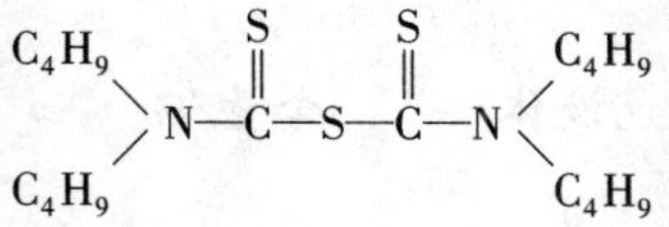

1. 性能

棕色液体。相对密度 0.98。能溶于丙酮、苯、乙醚、汽油、二氯乙烷，不溶于水。无毒。

2. 生产原理

二丁胺在氢氧化钠存在下与二硫化碳缩合，得到二丁基二硫代氨基甲酸钠，然后在亚硝酸存在下用空气氧化得到二硫化四丁基秋兰姆，最后用氰化钠于40~50℃下脱硫得到促进剂TBTS。

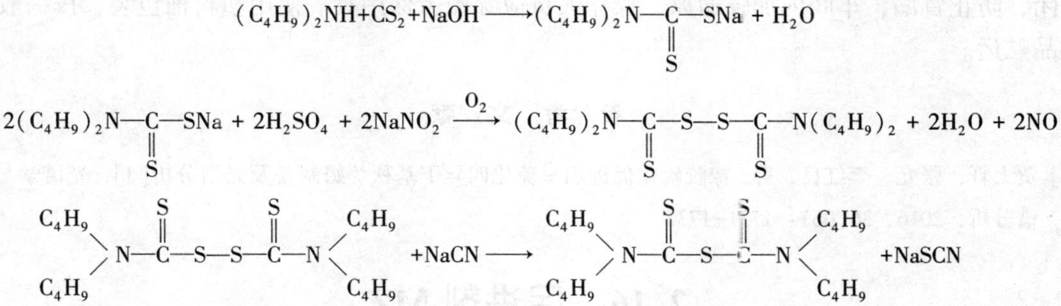

3. 工艺流程

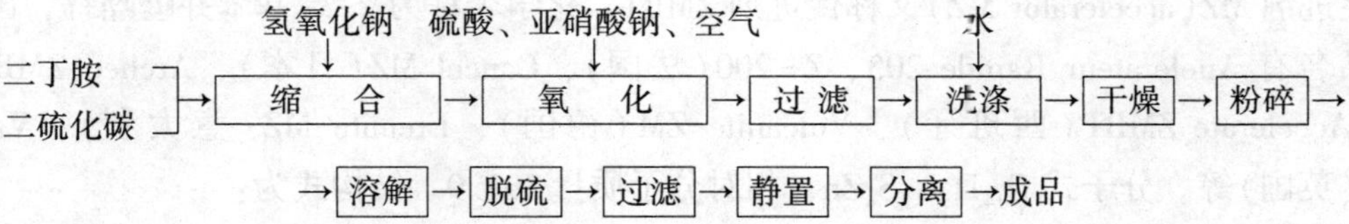

4. 主要原料(kg/t)

二丁胺(98%)	979	氢氧化钠(≥95%)	310
二硫化碳(98%)	647	硫酸(98%)	750
亚硝酸钠(98%)	251	氰化钠(98%)	116

5. 生产工艺

将氢氧化钠和水投入缩合反应釜，配成15%的氢氧化钠溶液，搅拌下加入二丁胺和二硫化碳，微加热，于40~45℃，搅拌下反应2h，至pH值不变，即达到反应终点，得到二丁基二硫代氨基甲酸钠。

将亚硝酸钠溶于水，制成10%的水溶液，于常温下滴入上述缩合物中，搅拌，过滤。滤液送入氧化反应器，在反应器夹层通入冷却介质，冷却至5~8℃。搅拌下滴加4%的硫酸，从反应器底部鼓入空气，保持反应温度低于10℃。反应生成的一氧化氮经空气氧化为二氧化氮，经吸收后排空。反应生成的二硫化四丁基秋兰姆为沉淀物。过滤、洗涤、干燥后粉碎。

在脱硫反应器中，以水和乙醇为溶剂，加入二硫化四丁基秋兰姆和氰化钠，于40~50℃下搅拌反应。反应完毕，经过滤后静置，油层经水洗后，分离脱水得到促进剂TBTS。

6. 质量标准

外观	棕色液体	含量/%	≥95

7. 用途

用作橡胶的超促进剂，其性能与促进剂 TMTM 基本相似。主要用于制造内胎和一般工业制品。在天然橡胶中单独使用时硫化平坦性较窄，但在操作温度下有显著的后效性。在苯胺中硫化平坦性较宽，也不易焦烧。本品是噻唑类促进剂的良好活性剂，也可与醛胺类和胍类促进剂并用。本品在橡胶中不变色，不污染。硫黄和氧化锌的配合量一致，硬脂酸可用也可不用。因其后效性较大，不适于低硫配合。

8. 安全与贮运

生产中使用二硫化碳、二丁胺、硫酸、亚硝酸钠、氰化钠等有毒或腐蚀性化学品，设备密闭，防止冒漏，车间内加强通风。操作人员应穿戴劳保用具。使用塑料桶包装，按一般化学品贮运。

参考文献

[1] 贾太轩，张允，李红良，等. 橡胶硫化促进剂一硫化四异丁基秋兰姆制备及光谱分析[J]. 光谱学与光谱分析，2016，36(06)：1731-1733.

2.16 促进剂 MZ

促进剂 MZ(accelerator MZ)又称促进剂 ZMBT，化学名称为 2-巯基苯并噻唑锌，国外相应商品名有 Auelerateur Rapide 205、Z-200(法国)、Cancel MZ(日本)、Arched ZMBT(美国)、Accelerate ZMBT(西班牙)、Vulcanite ZM(德国)、Eremite MZ(意大利)、Valuator ZMBT(英国)等。分子式 $C_{14}H_8N_2S_4Zn$，相对分子质量 397.9。结构式为：

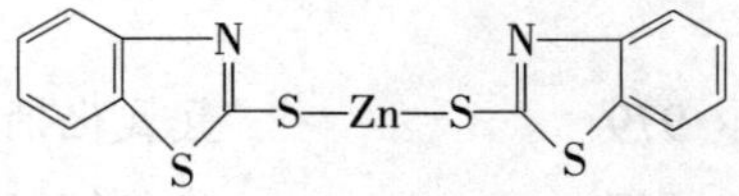

1. 性能

浅黄色粉末。无臭，微有苦味。熔点 300℃(分解)。相对密度 1.70(25℃)。溶于丙酮，微溶于苯、二氯甲烷、四氯化碳、乙醇，不溶于水和汽油。遇强酸或强碱溶液即分解。无毒。

2. 生产原理

先将 2-巯基苯并噻唑促进剂 M 与氢氧化钠反应制得 M 钠盐，再与硫酸锌发生复分解反应得到促进剂 MZ。

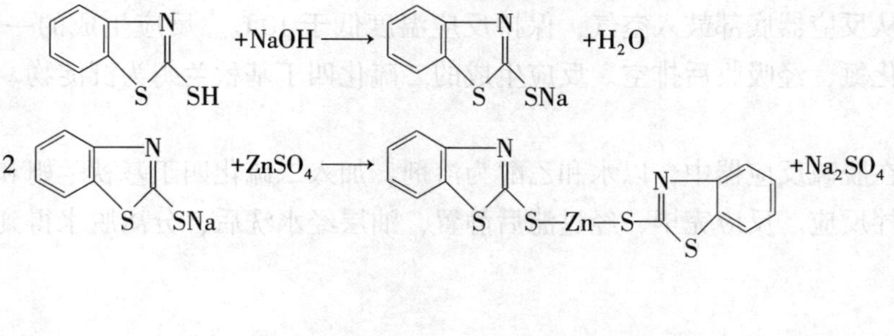

3. 工艺流程

水→溶解；促进剂 M→成盐；硫酸锌→复分解反应

氢氧化钠→溶解→成盐→复分解反应→过滤→洗涤→干燥→粉碎→成品

4. 主要原料(kg/t)

促进剂 M(工业品)	1025	硫酸锌(30%)	987
氢氧化钠(30%)	309		

5. 生产工艺

邻硝基氯苯与多硫化钠、二硫化碳在加压条件下环合并酸化，得到促进剂 M(具体参见促进剂 M)。

将氢氧化钠投入反应釜内，再加入水，配成 10%的氢氧化钠溶液。将促进剂 M(2-硫醇基苯并噻唑)加入碱液中，搅拌溶液，制得促进剂 M 的钠盐溶液。

在促进剂 M 的钠盐溶液中加入 10%的硫酸锌溶液，搅拌下保持温度在 30℃以下，进行复分解反应。反应产物经过过滤、水洗、甩干、干燥、粉碎、过筛，即得到促进剂 MZ 成品。

6. 质量标准

	一级品	二级品
锌/%	15.7~17.5	15.0~18.0
加热减量/%	≤0.3	≤0.5
筛余物(100 目)/%	≤0.2	≤0.3

7. 用途

天然橡胶、通用合成橡胶及乳胶用促进剂，制取的硫化橡胶耐老化性能优良，并能提高胶料和金属的黏合强度，也是一种重要的胶乳热敏剂。本品在胶料中不污染，不变色。适用于制造胶乳制品、胶乳海绵、电缆、胶鞋、医疗卫生用品等。

其性能与促进剂 M 相似，但促进效力稍弱。硫化临界温度较高(138℃)，不易产生早期硫化，硫化平坦性较宽。在氯丁橡胶中应用稍有延缓硫化的作用。秋兰姆、二硫代氨基甲酸盐、胍类、带有碱性的再生胶和一般碱性物质对其有活化作用，需配以氧化锌和硬脂酸。一般用量为 0.5%~1.5%。

8. 安全与贮运

生产设备应密闭，防止跑漏。产品无毒。采用内衬塑料薄膜的编织袋包装。贮运中要防潮、防火，不能与强酸、强碱混同贮运。贮存期 2 年。

参 考 文 献

[1] 李小云，张越，武振羽. 粗 M 直接合成促进剂 MZ[J]. 河北化工，1997，(02)：8-9.

[2] 殷旭光，舒学军，王理，等. 噻唑类硫化促进剂合成进展[J]. 应用化工，2011，40(05)：892-896.

2.17 促进剂 NS

促进剂 NS(accelerator NS)的化学名称为 *N*-叔丁基-2-苯并噻唑次磺酰胺，国外相应商品名有 Akrochen BBTS(英国)、Rhodifax17(法国)、Vclcafor BSB(英国)、Vulkacit MZ(德

国)、Soxinol NS(日本)、Rubenamid T(西班牙)等。分子式 $C_{11}H_{14}N_2S_2$，相对分子质量 238.37。结构式为：

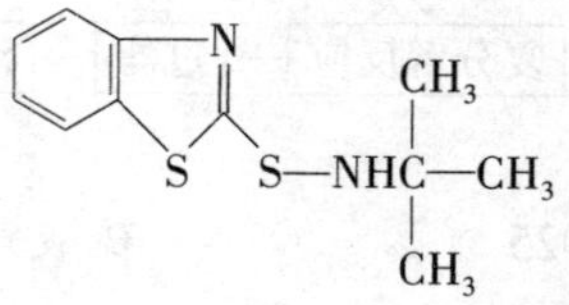

1. 性能

淡黄色至棕色粉末，相对密度 1.26~1.32，熔点 104℃以上。易溶于苯、二氯甲烷、三氯甲烷、四氯化碳、乙酸乙酯、丙酮、乙醇，溶于汽油，不溶于水、稀酸、稀碱溶液。

2. 生产原理

在次氯酸钠存在下，叔丁胺与促进剂 M 缩合，生成促进剂 NS。

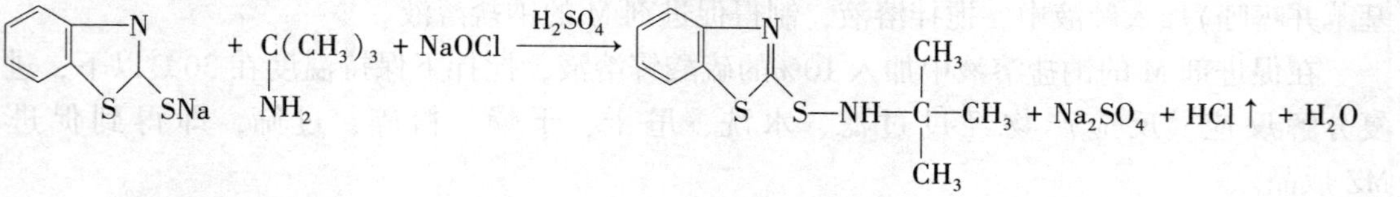

3. 工艺流程

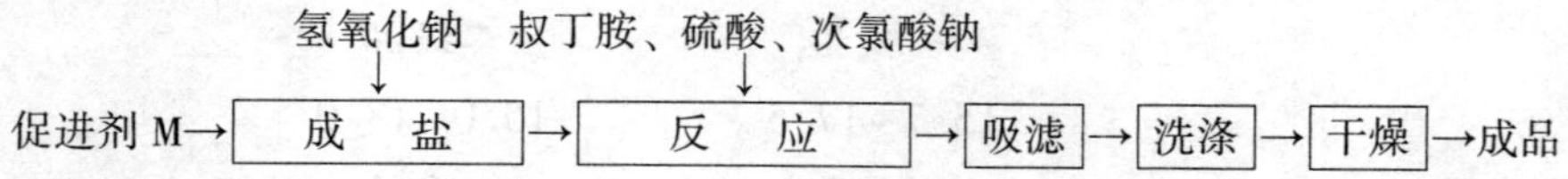

4. 主要原料

2-巯基苯并噻唑(促进剂 M)	叔丁胺(≥95%)
硫酸(98%)	次氯酸钠(工业品)

5. 生产工艺

将氢氧化钠和水加入反应釜中，溶解后加入 2-巯基苯并噻唑，反应制得 13%的 2-巯基苯并噻唑钠盐(促进剂 M 的钠盐)。搅拌下缓缓加入叔丁胺，半小时后再加入 25%的硫酸，在 45~50℃下反应 0.5h。然后在 2h 内滴加入 15%的次氯酸钠，搅拌，保持反应温度在 45~50℃之内，反应结束后，经冷却、吸滤、水洗，然后真空条件下低于 50℃，即得到促进剂 NS。

6. 质量标准

外观	浅色或棕色粉末	相对密度	1.29
水分/%	≤0.5	灰分/%	≤0.5
熔点/℃	≥103	筛余量(20 目)	痕量

7. 用途

用作天然橡胶、顺丁橡胶、异戊橡胶、丁苯橡胶、天然橡胶的再生胶的后效性促进剂。本品污染轻微，几乎没有变色性。可用于制造浅色或艳色橡胶制品，主要用于制造轮胎、胶鞋、胶管、胶带、电缆和一般工业制品等，也用于制造橡胶压出制品。本品具有抗焦烧性能优良和硫化时间短的优点，即在操作温度下无焦烧危险，而在硫化温度下促进作用很强，特别是在天然橡胶中的后效性更大一些。本品需配以氧化锌和硬脂酸，也可以被秋兰姆、二硫代氨基甲酸盐、醛胺类、胍类促进剂和酸性物质所活化。

8. 安全与贮运

生产中使用叔丁胺、硫酸、次氯酸钠，且产品对皮肤、黏膜有刺激性，生产设备应密闭，防止冒漏。操作人员应穿戴劳保用具，车间内加强通风。产品采用内衬塑料的编织袋包装。存放于低温避光处，防潮、远离火源。

参 考 文 献

[1] 张天永，杨坤龙，崔现宝，等. 橡胶促进剂 NS 的绿色合成工艺与应用研究进展[J]. 化工学报，2021，72(02)：876-885.

[2] 刘万兴. 次磺酰胺类硫化促进剂 NS 的合成工艺研究[J]. 云南化工，2019，46(04)：54-55.

2.18 促进剂 DIBS

促进剂 DIBS(accelerator DIBS)又称促进剂 DZBS，其化学名称为 *N*,*N*-二异丙基-2-苯并噻唑次磺酰胺。国外相应商品名有 DZBS、Santoaire ZPS(美国)等。分子式 $C_{13}H_{18}N_2S_2$，相对分子质量 266.42。结构式为：

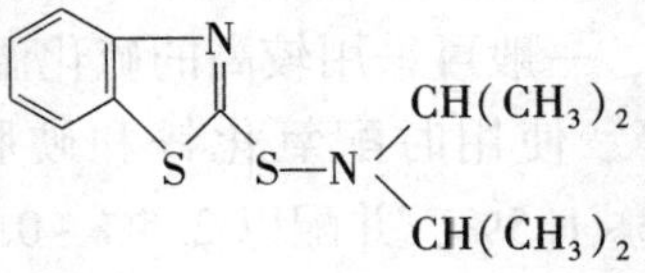

1. 性能

浅黄色粉末，相对密度 1.21~1.23，熔点 55~60℃，溶于苯、丙酮、乙醚和甲醇，不溶于水，在室温下贮存稳定。低毒。

2. 生产原理

二异丙胺与次氯酸钠在低于 25℃ 的条件下反应生成氯代二异丙胺，氯代二异丙胺与促进剂 DM、二异丙胺在甲醇溶液中于 65℃ 下反应，得到促进剂 DIBS。

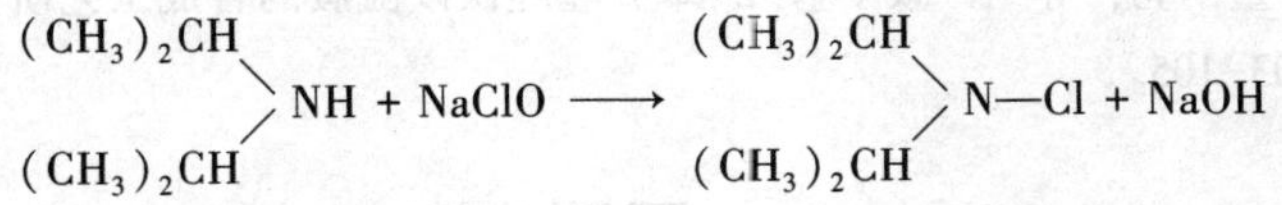

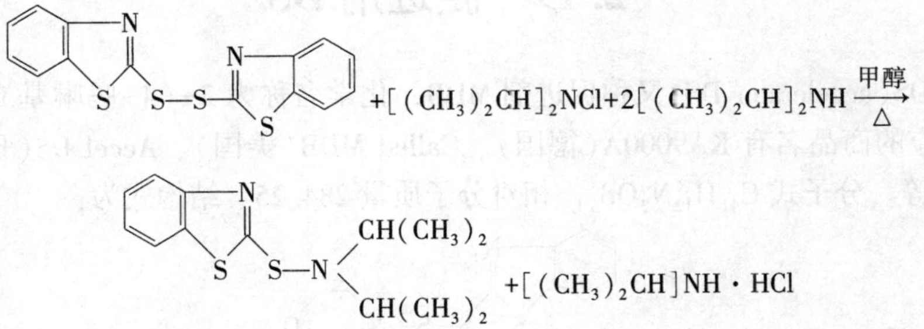

3. 工艺流程

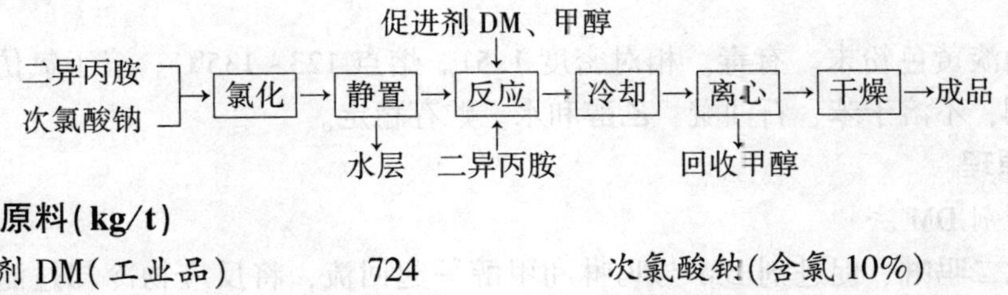

4. 主要原料(kg/t)

促进剂 DM(工业品)	724	次氯酸钠(含氯 10%)	3170
二异丙胺(≥95%)	497	甲醇(95%)	500

5. 生产工艺

将二异丙胺加入氯化反应釜中，在激烈搅拌下将有效氯含量大于25%的次氯酸钠滴加入反应釜内，将反应温度控制在25℃以下。反应结束后，静置分去氢氧化钠水层，制得氯代二异丙胺。

将溶剂甲醇加入反应锅中，再加入氯代二异丙胺、2-硫代二苯并噻唑(促进剂DM)及二异丙胺，搅拌使物料溶解，升温至65℃进行反应。反应完成后，将反应物料冷却析晶，离心分离，水洗后干燥得到促进剂DIBS。

6. 质量标准

外观	浅黄色或淡红色针状粉末	水分/%	≤0.5
熔点/℃	≥52	灰分/%	0.5
水溶物pH值	6~8		

7. 用途

用作橡胶后效性促进剂。在天然橡胶中延迟作用比促进剂NOBS大，而且在硫化温度下硫化速度比较快。硫化平坦性宽，一般可采用较高的硫化温度(130~160℃)。通常用于制造轮胎、胶管、胶带、工业制品等。使用时配氧化锌和硬脂酸，并可用促进剂D、DOTG、TMTD等活化。一般用量为0.4%~1.5%，并配以2.5%~0.5%的硫黄。

8. 安全与贮运

反应设备密闭，防止冒漏，车间内加强通风，操作人员应穿戴劳保用具。产品低毒，采用内衬塑料的编织袋包装，贮存于阴凉、低温、干燥处。

参 考 文 献

[1] 陈飞. *N*-环己基-2-苯并噻唑次磺酰胺的工艺优化[D]. 青岛科技大学，2017.

[2] 刘小培，邢青峰，董学亮，等. *N*-叔丁基-2-苯并噻唑次磺酰胺的合成工艺研究进展[J]. 化学研究，2012，23(03)：103-105.

2.19 促进剂DS

促进剂DS(accelerator DS)又称促进剂MDB，化学名称为2-(4-吗啉基二硫代)苯并噻唑，国外相应的商品名有KA9000A(德国)、Called MDB(美国)、Accel DS(日本)、Noucler MDB(日本)等。分子式$C_{11}H_{12}N_2OS_3$，相对分子质量284.25。结构式为：

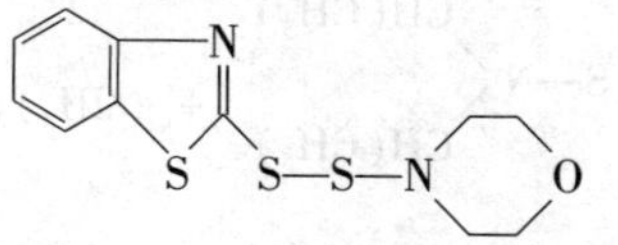

1. 性能

工业品为淡黄色粉末。有毒。相对密度1.51。熔点123~135℃。溶于氯仿，微溶于二硫化碳、丙酮，不溶于苯、石油醚、乙醇和水。贮存稳定。

2. 生产原理

(1) 促进剂DM法

将一硫化二吗啉、促进剂DM与吗啉和甲醇一起回流，将反应物冷却过滤，得到促进剂DS。

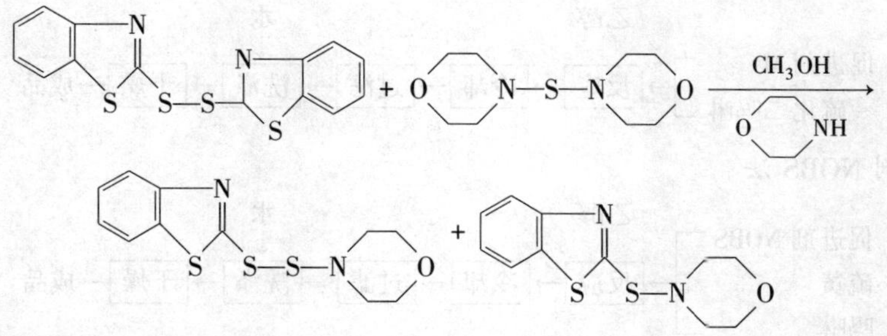

(2) 促进剂 M 法

① 促进剂 M 与吗啉、一氯化硫反应，得到促进剂 DS。

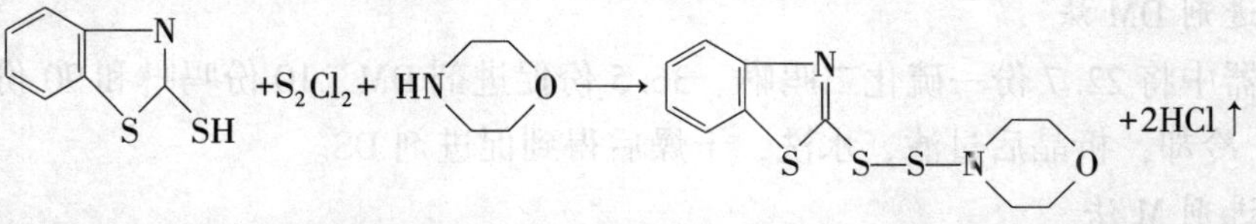

② 将促进剂 M、吗啉、硫黄和异丙醇一起加热至 65~70℃，然后将混合物慢慢用次氯酸钠溶液处理，再在 55~65℃ 下搅拌 0.5h，得到促进剂 DS。

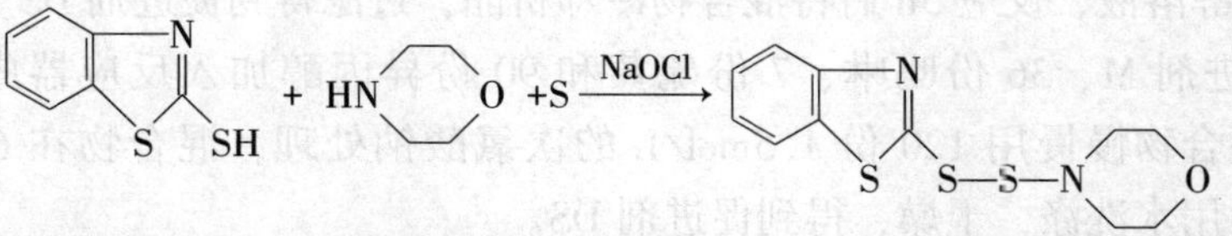

③ 将一硫化二吗啉与促进剂 M 的乙醇溶液混合反应，经冷却过滤，得到促进剂 DS。

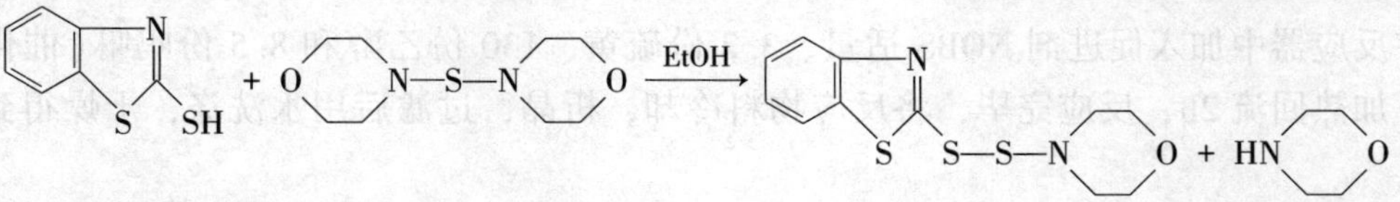

(3) 促进剂 NOBS 法

将促进剂 NOBS、硫黄、乙醇和吗啉共同回流反应 2h，反应物冷却过滤后，得到促进剂 DS。

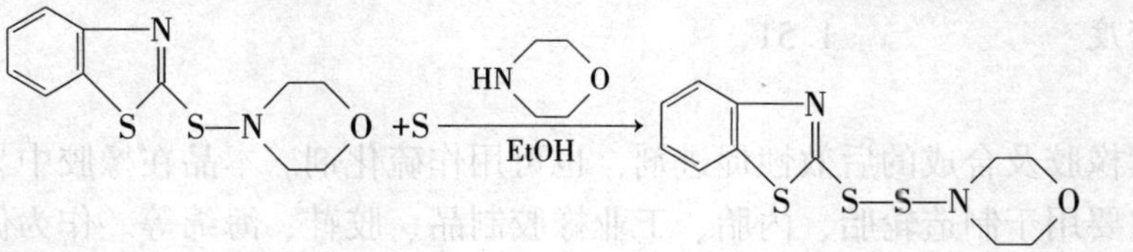

3. 工艺流程

(1) 促进剂 DM 法

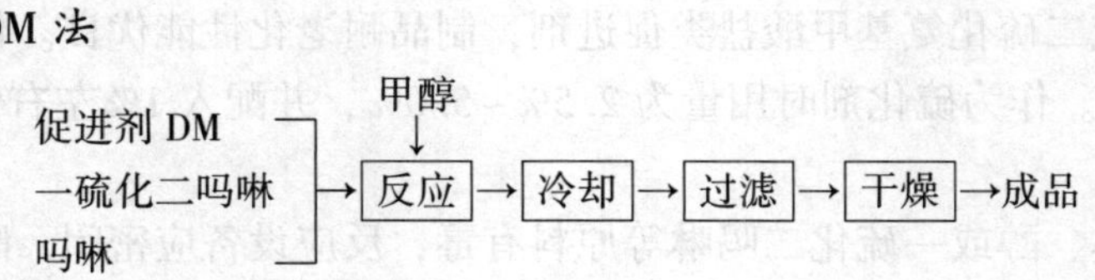

(2) 促进剂 M 法

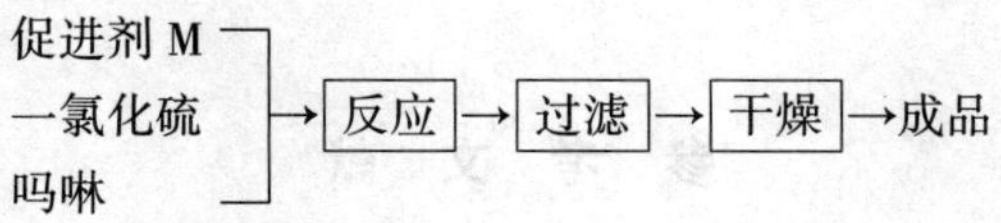

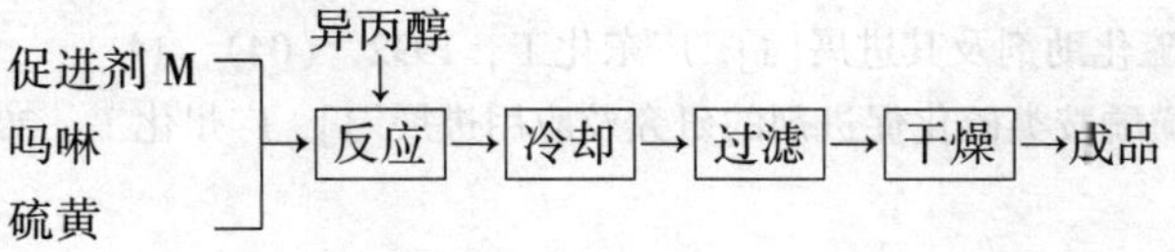

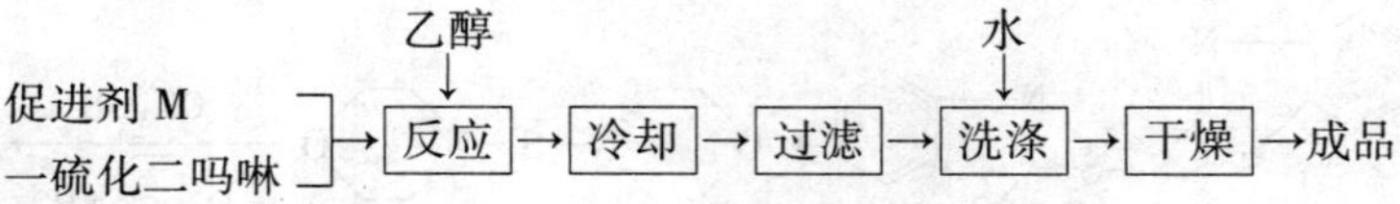

(3) 促进剂 NOBS 法

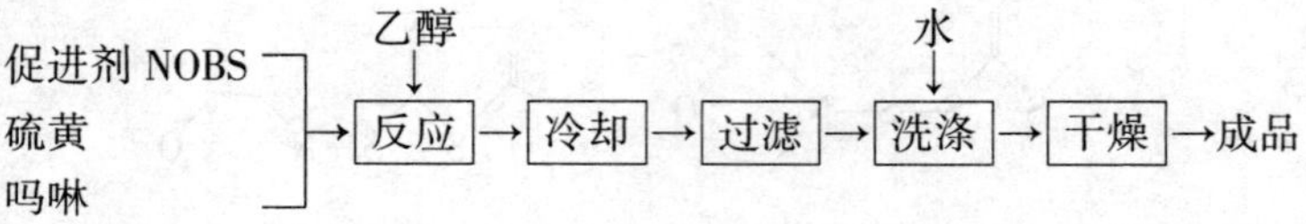

4. 生产工艺

(1) 促进剂 DM 法

在反应器中将 22.7 份一硫化二吗啉、36.5 份促进剂 DM、10 份吗啉和 90 份甲醇在一起回流 1h 后，冷却，析晶后过滤，水洗，干燥后得到促进剂 DS。

(2) 促进剂 M 法

在反应器中加入 90 份乙醇和 20.5 份一硫化二吗啉，搅拌下溶解后加入含有 17 份促进剂 M 的 90 份乙醇溶液，反应 5h 后将混合物冷却析晶，过滤得到促进剂 DS。

将 36 份促进剂 M、36 份吗啉、7 份硫黄和 90 份异丙醇加入反应器中，加热至 60~70℃，然后将混合物慢慢用 120 份 1.5mol/L 的次氯酸钠处理，混合物在 65~55℃ 下搅拌 0.5h，经过滤后用水洗涤，干燥，得到促进剂 DS。

(3) 促进剂 NOBS 法

在反应器中加入促进剂 NOBS 适量、3.2 份硫黄、130 份乙醇和 8.5 份吗啉(催化剂)，搅拌下加热回流 2h，反应完毕，将反应物料冷却，析晶，过滤后用水洗涤，干燥得到促进剂 DS。

5. 质量标准

外观	白色或淡黄色粉末	熔点/℃	123~135
相对密度	1.51		

6. 用途

用作天然橡胶及合成的后效性促进剂，也可用作硫化剂。本品在橡胶中易分散，几乎没有污染性。主要用于制造轮胎、内胎、工业橡胶制品、胶鞋、海绵等。作为促进剂时，在天然橡胶中性能与促进剂 CZ 相似，但迟延性较强。作为硫化剂时，单独使用硫化速度慢，宜加入少量秋兰姆类或二硫化氨基甲酸盐类促进剂，制品耐老化性能优良。作为促进剂时一般用量为 0.4%~1.5%。作为硫化剂时用量为 2.5%~5.0%，并配入 1%左右促进剂 PZ。

7. 安全与贮运

生产中使用吗啉、醇或一硫化二吗啉等原料有毒，反应设备应密闭，防止冒漏。操作人员应穿戴劳保用品。车间内加强通风，注意防火。产品采用内衬塑料薄膜的塑料袋包装。按有毒化学物品规定贮运。

参 考 文 献

[1] 王之德. 吗啉类橡胶硫化助剂及其进展[J]. 广东化工，1992，(04)：14.
[2] 张胡松，彭华龙. 次磺酰胺类硫化促进剂的研究及应用进展[J]. 广州化工，2010，38(05)：80-81.

2.20 促进剂 808

促进剂 808(accelerator 808)又称防老剂 BA，化学名称为正丁醛苯胺缩合物，国外相应商品名有：Accel 8(日本)、Accelerate 832(美国)、Auelerator 21(英国)、Auelerator 808(美国)。分子式 $n\ C_{10}H_{13}N$，相对分子质量 147.22n。结构式为：

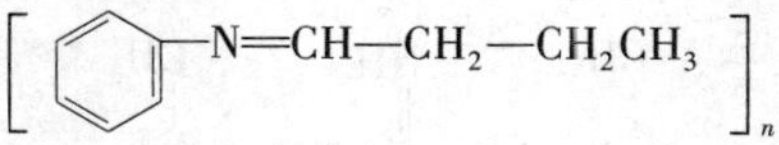

1. 性能

棕红色或琥珀色稠厚油状液体，有特殊气味。相对密度 0.94~0.98。闪点 135℃，溶于乙醇、汽油、苯，不溶于水。有毒，对人体造血系统、肝脏能造成损害。

2. 生产原理

苯胺与 95%以上的丁醛进行缩聚，缩聚温度 30℃。然后经过回流、水蒸气蒸馏、减压蒸馏，得到促进剂 808。

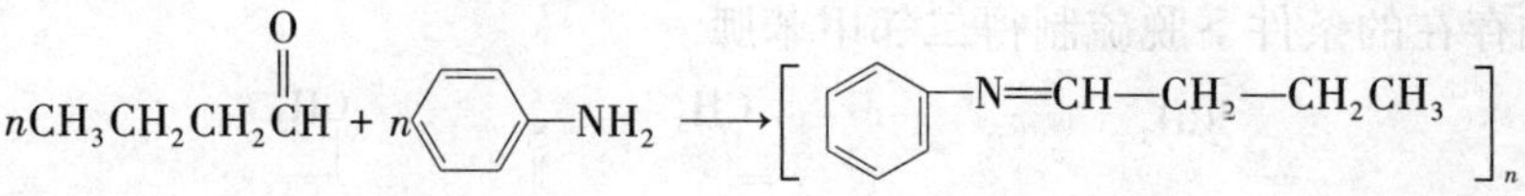

3. 工艺流程

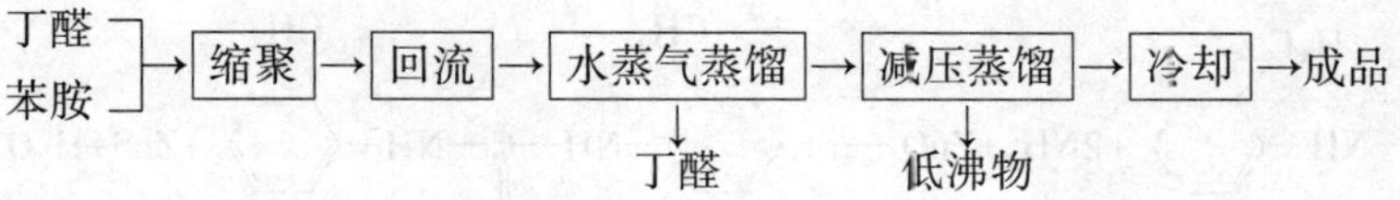

4. 主要原料(kg/t)

苯胺(95%)	979	丁醛(≥95%)	909

5. 生产工艺

在反应釜中，先加入浓度 95%以上的丁醛溶液，然后在搅拌下缓缓加入苯胺，控制温度为 30℃左右，进行缩聚反应。苯胺加完后将反应温度逐渐升高到回流温度，继续反应。反应完毕，于 140℃下水蒸气蒸馏，蒸出未反应的丁醛。再减压蒸馏，蒸出低聚物，残余物经冷却，即得到促进剂 808。

6. 质量标准

外观	棕红色或琥珀色稠厚油状液体
相对密度(20℃)	0.96±0.02
水分	180℃以前馏出物不多于 1 滴

7. 用途

用作天然橡胶、各种合成橡胶及胶乳的超促进剂，也可以用作酸性促进剂的活性剂。适合用于含有生胶的胶料和硬质胶，不宜用于氯丁橡胶，但适用作含一氧化铅的氯丁橡胶的促进剂。本品也可作天然橡胶及合成橡胶尤其是丁基橡胶的抗热、抗氧防老剂。用量视配方而定。

8. 安全与贮运

生产中使用苯胺和丁醛，且产品有毒，对造血系统、肝脏能造成损害。生产过程中设备应密闭，操作人员应戴橡皮手套及口罩。避免接触皮肤及吸入呼吸道。产品采用小口铁桶密闭包装。隔绝空气贮藏 。按有毒化学品规定贮运。

2.21 促进剂 DOTG

促进剂 DOTG(accelerator DOTG)的化学名称为二邻甲苯胍，国外相应商品名有 DOTG(美国)、Ekagom DT(法国)、Eveite DOTG(意大利)等。分子式 $C_{15}H_{17}N_3$，相对分子质量 239.32。结构式为：

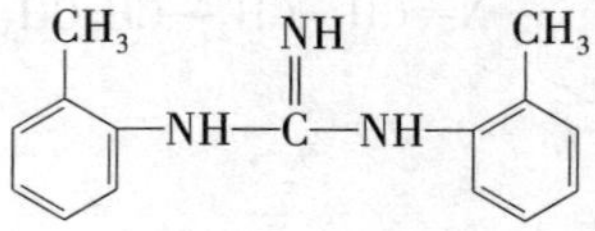

1. 性能

白色粉末。微苦，无臭，有毒。相对密度 1.10~1.22。熔点 175~176℃。溶于氯仿、丙酮和乙醇，微溶于苯，不溶于汽油和水。

2. 生产原理

邻甲苯胺与二硫化碳反应制得二邻甲苯基硫脲，再将二邻甲苯基硫脲在氨、氧化锌、乙醇、氢氧化钠存在的条件下脱硫制得二邻甲苯胍。

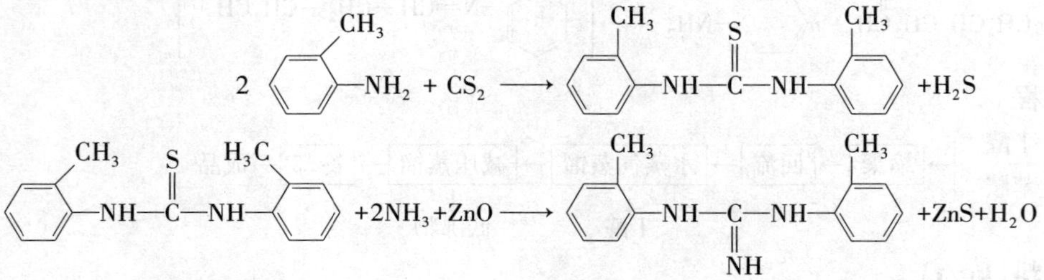

3. 工艺流程

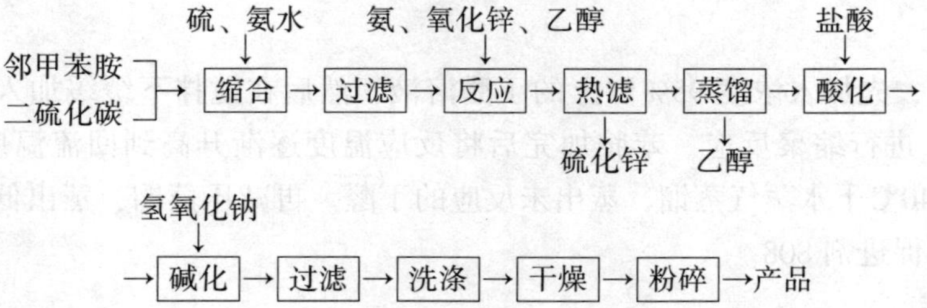

4. 主要原料

邻甲苯胺(≥95%)	二硫化碳(≥90%)	氧化锌(工业品)	盐酸(30%)
乙醇(95%)	氨水(工业品)	氢氧化钠(95%)	

5. 生产工艺

在反应釜中加入邻甲苯胺、水和略过量的二硫化碳，常温下搅拌，再加入 1%的硫和 1%的氨水作催化剂，密闭下进行反应。初始压力为 0.05~0.1MPa，压力高时定期放气，放出的气体用液碱吸收。当反应温度控制在 40℃左右时，反应时间 50h。当反应温度为 70℃时，反应时间 10h。当反应温度为 80℃时，反应时间 5~6h，这时二硫化碳需过量 1 倍，水的用量也增加，催化剂为硫和碳酸钠，反应时需保持较高的压力。缩合反应生成二邻甲苯基硫脲。经过滤、水洗后干燥。将乙醇加入反应釜中，加热至 70℃，通氨 1~1.5h。待乙醇溶液为氨所饱和后，加入二邻甲苯基硫脲，搅拌下再通氨 10min。将略过剩的氧化锌用水调成糊状缓缓滴加入反应釜，滴加半量时宜通氨再次使反应液饱和，1h 内滴加完氧化锌。然后用氨置换反应釜内的空气，持续通氨至釜内压力为0.15~0.3MPa。在40℃左右反应3h，升温至70℃左右，釜内压力为0.25~0.3MPa，再反应3h。反应完毕，泄压回收氨气，反应物趁热过滤，滤去硫化锌及未反应的氧化锌，滤饼经乙醇洗涤，并将滤液和洗液合并，送入蒸馏装置，蒸馏回收乙醇至105℃。剩余物加少量热水混合，用盐酸酸化至pH值为2.35，过滤，滤液用10%左右的氢氧化钠溶液重新碱化至pH值为10，析出促进剂DOTG。经过滤、水洗、甩干，于80℃烘干、粉碎、过筛，得到促进剂DOTG。

6. 质量标准

外观	白色粉末	熔点/℃	170~174
相对密度	1.10~1.20		

7. 用途

用作天然橡胶、合成橡胶的硫化促进剂，属胍类硫化促进剂。活性与促进剂D相似。在操作温度下活性很小，操作十分安全。硫化临界温度14℃，在硫化温度下，特别是高于临界温度时十分活泼，且硫化平坦性好，噻唑类和秋兰姆类能增加其活性。本品为酸性促进剂，是噻唑类、次磺酰胺类促进剂的重要活性剂，与促进剂M并用有超促进剂的效果。本品主要用作G型和GN型氯丁橡胶的辅助增塑剂，也是室温硫化氯磺化聚乙烯涂料促进剂体系的成分之一。本品主要用于制造厚壁制品、胎面胶、缓冲层、胶辊覆盖胶等。需配用氧化锌作活性剂，硬脂酸高于1%时，能迟延硫化，降低拉伸强度。常用作噻唑类的助促进剂，用量为0.1%~0.5%。作第一促进剂使用时，用量为1.0%~1.5%。

8. 安全与贮运

生产中使用二硫化碳、邻甲苯胺等有毒化学品，且产品有毒，生产设备应密闭，防止冒漏。车间内加强通风，操作人员按规定穿戴劳动防护用品。产品采用木桶装，内衬塑料袋。防潮，存放于阴凉、干燥处。按有毒化学品规定贮运。

2.22 促进剂DETU

促进剂DETU(accelerator DETU)的化学名称为二乙基硫脲、*N*,*N'*－二乙基硫脲。国外相应的商品名有Pennzone E（美国）、Enk(日本)等。分子式$C_5H_{12}N_2S$，相对分子质量132.23。结构式为：

$$H_5C_2—NH—\underset{\underset{\displaystyle S}{\|}}{C}—NH—C_2H_5$$

1. 性能

白色至淡黄色结晶粉末。有吸湿性。相对密度1.10，熔点76~78℃。溶于乙醇，难溶于水。有毒。

2. 生产原理

乙胺与二硫化碳在加热条件下缩合，经后处理得到促进剂DETU。

$$2CH_3CH_2NH_2+CS_2 \longrightarrow C_2H_5NH\overset{\overset{\displaystyle S}{\|}}{C}NHC_2H_5 + H_2S\uparrow$$

3. 工艺流程

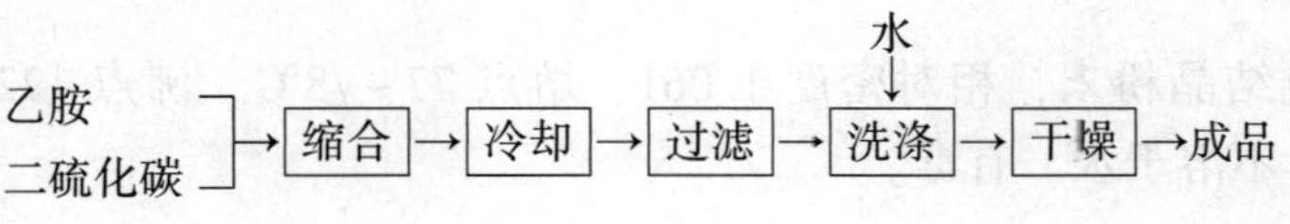

4. 主要原料

乙胺(工业品)　　　　二硫化碳(≥90%)

5. 生产工艺

在缩合反应釜中加入乙胺或乙胺盐酸盐，在搅拌下加热升温至35~40℃，在搅拌下滴加二硫化碳，在40~45min内滴加完毕。温度升至95℃，保持反应3 h。然后降温至50℃出料。反应物料经冷却、过滤、水洗、干燥，即得到促进剂DETU成品。

6. 质量标准

外观	白色或深黄色颗粒粉末	熔点/℃	76~78
相对密度	1.10		

7. 用途

用作橡胶的促进剂，属硫脲类促进剂。这类促进剂的促进效力低且抗焦烧性能差，故对二烯类橡胶已很少使用，但在特殊情况下，如用秋兰姆硫化物等硫黄给予体硫化时，具有活性剂的作用。硫脲类促进剂对氯丁橡胶的硫化具有独特的效能，可制得抗张强度、硬度、压缩永久变形等性能良好的氯丁硫化胶。促进剂DETU与NA-22相比，焦烧及硫化均快，但硫化平坦性较好。本品在胶料中易于分散，不变色，不污染，不喷霜。用量较大时，可进行高温高速硫化，特别适用于压出制品和连续硫化。是丁基橡胶、三元乙丙橡胶的硫化活性剂。在天然橡胶、氯丁橡胶、丁腈橡胶和丁苯橡胶中能活化噻唑类和次磺胺类促进剂。对于天然橡胶、氯丁橡胶、丁腈橡胶和丁苯橡胶有抗氧化作用。一般用于制造工业制品、特种电线、海绵制品等。在氯丁胶料中一般用量为0.25%~1.0%。在天然橡胶和丁苯橡胶中用量为0.3%~1.5%，并配以0.3%~1.5%的促进剂DM。在氯丁橡胶高温硫化时用量为4%。

8. 安全与贮运

生产中使用二硫化碳、乙胺等有毒化学品，且产品有毒，有致癌作用，操作人员应尽量穿戴防护用具。含有本品混料的热蒸气对眼睛有强烈的刺激作用。

生产设备应密闭，防止冒漏，车间加强通风。产品采用塑料编织袋内衬塑料薄膜包装，存放于低温避光处，防潮。按有毒化学品规定运输。

参 考 文 献

[1] 李合平，常帅军，宋士杰，等. 对称性硫脲的绿色合成工艺[J]. 精细化工，2023，40(06)：1386-1392.

[2] 罗国荣，冯世宏，张怀敏，等. *N,N'*-二乙基硫脲的制备及性质[J]. 工业催化，2017，25(06)：67-69.

2.23 促进剂DBTU

促进剂DBTU(accelerator DBTU)的化学名称为*N,N'*-二正丁基硫脲。分子式$C_9H_{20}N_2S$，相对分子质量188.34。结构式为：

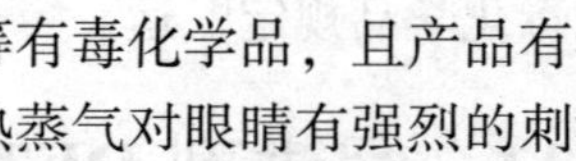

1. 性能

白色至淡黄色结晶粉末，相对密度1.061，熔点77~78℃，沸点122~128℃。溶于乙醇，难溶于乙醚，不溶于水。有毒。

2. 生产原理

正丁胺与二硫化碳反应，生成 *N*-丁基二硫代氨基甲酸丁铵盐，该铵盐在 100℃下分解，得到促进剂 DBTU。

$$2C_4H_9NH_2+CS_2 \longrightarrow (C_4H_9NH\overset{\overset{S}{\|}}{C}S)^-(C_4H_9NH_3)^+$$

$$(C_4H_9NH\overset{\overset{S}{\|}}{C}S)^-(C_4H_9NH_3)^+ \xrightarrow[90\sim100℃]{\triangle} C_4H_9NH-\underset{\underset{S}{\|}}{C}-NHC_4H_9+H_2S\uparrow$$

3. 工艺流程

正丁胺、二硫化碳 → 反应 → 分解 → 冷却析晶 → 离心 → 干燥 → 成品

4. 主要原料

正丁胺(工业品)	二硫化碳(≥90%)

5. 生产工艺

在反应釜中加入正丁胺溶液和二硫化碳，在 20~30℃条件下反应，生成 *N*-丁基二硫代氨基甲酸丁铵盐。将 *N*-丁基二硫代氨基甲酸丁铵盐在 96~100℃下加热分解，放出硫化氢气体，生成二丁基硫脲。经过分离，用 70~80℃的热水洗涤粉碎，在 30~40℃下真空干燥，即得到促进剂 DBTU 成品。

6. 质量标准

外观	白色颗粒粉末	熔点/℃	77~78
相对密度	1.61		

7. 用途

用作橡胶硫化促进剂。是氯丁橡胶，特别是 54-1(W)型氯丁橡胶用快速硫化促进剂。适用于硫化温度较低的胶料，制品物理性能较好。对天然橡胶、丁苯橡胶、三元乙丙橡胶的硫化也有促进作用。也是天然橡胶、氯丁橡胶、丁腈橡胶和丁苯橡胶的抗臭氧剂。不污染，不变色。主要用于电线、工业制品和海绵制品等。一般用量为 0.25%~1.0%。

8. 安全与贮运

生产中使用二硫化碳、丁胺等有毒化学品，生产设备密闭，车间加强通风，操作人员应穿戴劳保用品。产品有毒，用内衬塑料的编织袋包装，贮存于阴凉、干燥处。按有毒化学品规定贮运。

参考文献

[1] 季振青，郭睿，苟文亮. 促进剂 DBTU 合成方法的改进研究及表征[J]. 化学试剂，2010，32(06)：541-544.

2.24 促进剂 NA-22

促进剂 NA-22(accelerator NA-22)又称亚乙基硫脲、乙烯硫脲、2-巯基咪唑啉。分子式 $C_3H_6N_2S$，相对分子质量 102.16。结构式为：

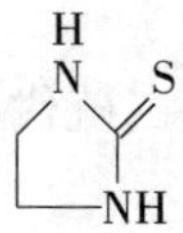

1. 性能

白色至浅绿色针状结晶。熔点 203~204℃。相对密度 1.41~1.45。易溶于热水，90℃时，100mL 水中可溶本品 44g，但在 30℃水中只溶 2g。溶于醇、乙二醇和吡啶，不溶于醚、苯、氯仿和石油醚。具有微弱氨味，无毒。

2. 生产原理

乙二胺与二硫化碳经缩合及环化反应，得到亚乙基硫脲：

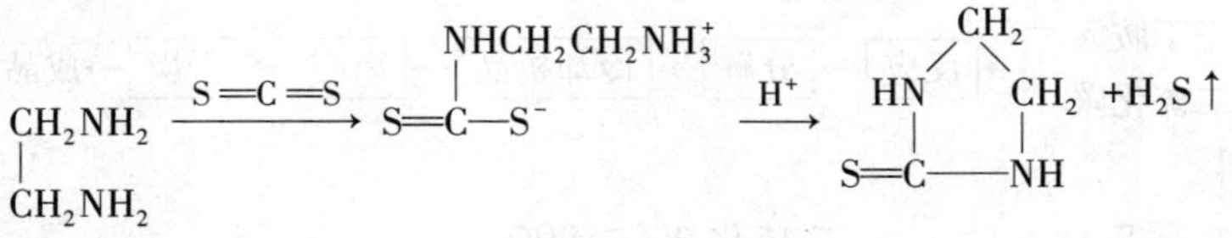

3. 工艺流程

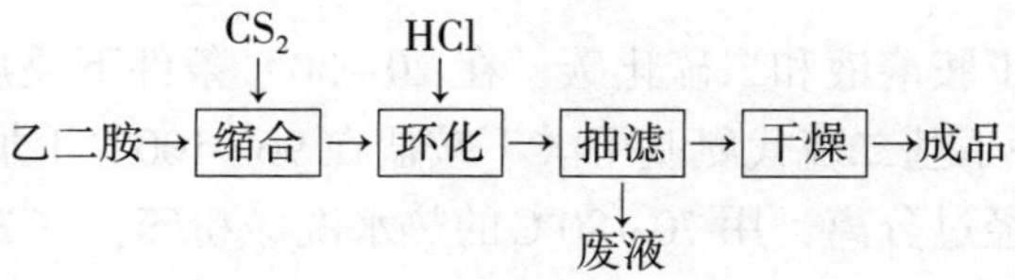

4. 主要原料(kg/t)

乙二胺(70%)	740	盐酸(37%)	150
二硫化碳(95%)	1250		

5. 生产工艺

将乙二胺、水以 1∶2(质量比)加入带有回流冷凝器的搪瓷反应锅中，在搅拌条件下缓慢滴加二硫化碳。该反应为放热反应，注意冷却和控制滴加速度使反应温度控制在 35~40℃。滴完二硫化碳后，加热升温至 100℃，回流反应 1h。然后加入浓盐酸，于回流温度下反应 9~10h。注意用碱液吸收反应副产物硫化氢。冷却，析出亚乙基硫脲结晶。抽滤，结晶用沸水溶解重结晶，经脱水、干燥、粉碎得到促进剂 NA-22，收率约为 80%~85%。粗产品也可用丙酮洗涤除杂。

6. 实验室制法

在装有回流冷凝管的三口瓶中，加入 200mL 水和 100g 乙二胺，在搅拌下滴加 125g 二硫化碳，控制在 60℃左右。滴加完毕加热至 100℃回流 1h，然后加入 15mL 浓盐酸，继续回流反应 6h，反应尾气用碱吸收。反应物冷却析晶，吸滤，用丙酮洗涤，得到促进剂 NA-22，收率 85%。

7. 质量标准

	一级品	二级品
外观	白色结晶粉末	
初熔点/℃	≥195.0	≥190.0
加热减量(75~80℃/2h)/%	≤0.30	≤0.50
灰分/%	≤0.30	≤0.40
细度(100 目筛余量)/%	≤0.10	≤0.20

8. 用途

促进剂 NA-22 为咪唑啉类硫化促进剂，适用于氯丁橡胶、氯醇橡胶、氯化聚乙烯等，特别适合用作非硫化体系的氯丁橡胶的安全促进剂。通常在 100~150℃下，选用适当的配合体系，就可进行快速地硫化，且操作安全。它通常与氧化锌和氧化镁一起配合使用，主要用于工业制品、包覆电线、鞋衣等氯丁橡胶制品。

9. 安全与贮运

生产中使用乙二胺、二硫化碳等有毒或腐蚀性物品，同时环化反应有副产物硫化氢排出。设备应密闭，硫化氢必须吸收达标后再排空。用木桶或编织袋包装，贮存于干燥库房。注意防潮。本品为可燃品，应远离火源。

2.25 促进剂 TMTD

促进剂 TMTD(accelerator TMTD)又称二硫化四甲基秋兰姆、促进剂 TY、福美双、双(二甲基硫代氨基甲酰)二硫化物。分子式为 $C_6H_{12}N_2S_4$，相对分子质量 240.4。结构式为：

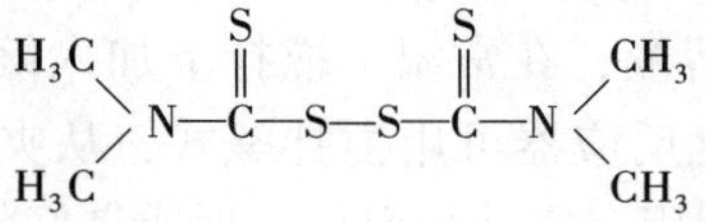

1. 性能

白色结晶粉末，无臭、无味。由氯仿、乙醇混合溶剂重结晶所得的产品，熔点 155~156℃。密度 1.29g/cm³(20℃)。工业品熔点 136℃以上。溶于苯、丙酮、氯仿、二硫化碳，微溶于乙醇和乙醚，不溶于水、稀碱、汽油。与水共热生成二甲胺和二硫化碳。对皮肤和呼吸道有刺激作用。贮存稳定。

2. 生产原理

利用二甲胺、二硫化碳在碱性条件下反应生成二甲基二硫代氨基甲酸钠，然后经空气氧化得到二硫化四甲基秋兰姆。主要反应为：

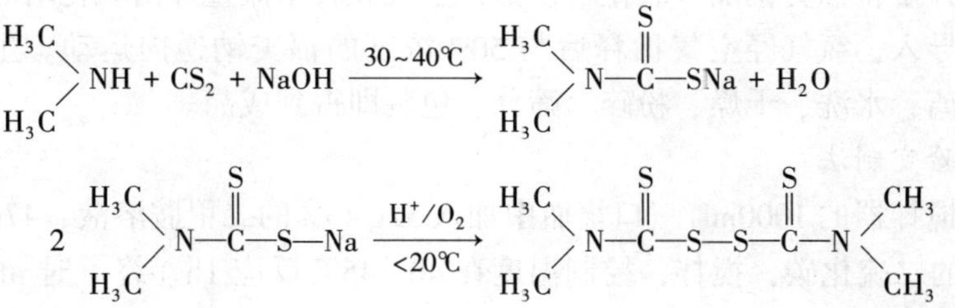

3. 工艺流程

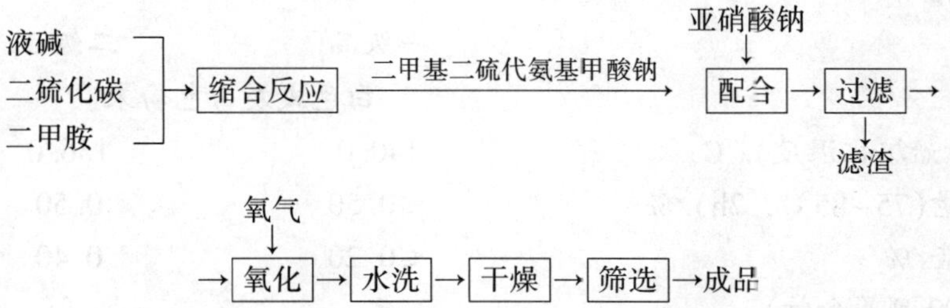

氧化工艺中也可使用氯气-空气氧化。

4. 主要原料(kg/t)

(1) 空气氧化法

二甲胺(工业品)	1009	硫酸(95%)	288
亚硝酸钠(96%)	287	氢氧化钠(≥95%)	370
二硫化碳(98%)	776		

(2) 氯气-空气氧化法

二甲胺(≥40%)	1040	二硫化碳(≥95%)	745
氢氧化钠(≥40%)	930	氯气(99%工业品)	328

5. 生产工艺

(1) 空气氧化法

采用釜式反应器进行缩合反应。先将固碱在釜内配成15%的水溶液，再加入二硫化碳和二甲胺(因沸点低，常为40%的水溶液)，搅拌，微微加热，控制温度在40~45℃，缩合反应1h以上。至料液pH值达9~10时，得到淡黄绿色或琥珀色液体，即缩合生成的二甲基二硫代氨基甲酸钠。

将亚硝酸钠配成10%的水溶液，在常温、搅拌下加入缩合产物中，然后过滤，去除渣质，滤液输至氧化反应器。氧化反应器可用搅拌釜式，从夹套通冷却介质冷却；也可用塔式，塔体有夹套进行热交换。利用空气鼓泡搅拌，形成良好传质。将硫酸缓缓滴入氧化反应器内，控制温度在8℃左右，并同时通空气，进行氧化反应，生成促进剂TMTD。反应中有一氧化氮随空气带出，因其在空气中氧化为NO_2而呈黄色，应进行吸收，氧化反应完成后再转入后处理。生成的二硫化四甲基秋兰姆不溶于水，以固体颗粒析出，先吸滤，再水洗，脱水后干燥、粉碎、筛分，得到促进剂TMTD成品。

(2) 氯气-空气氧化法

在缩合釜内，将浓度40%的二甲胺溶液与浓度15%的氢氧化钠水溶液，以及浓度98%的二硫化碳在40~45℃下反应1h，反应终点pH值在9~10之间，得到淡黄色液体即福美钠。用泵经计量将福美钠加入氧化塔顶部，空气经转子流量计由氧化塔底部导入，而氯气则由各层塔间导入，氯气经空气稀释后与50%浓度的福美钠逆向运动。生成的促进剂TMTD悬浮液经分离、水洗、干燥、粉碎、筛分、包装即得到成品。

(3) 实验室制法

在装有搅拌器的1000mL三口烧瓶中加入52g 40%的二甲胺溶液、47g 15%的NaOH溶液和73g 98%的二硫化碳，搅拌，控制温度在40~45℃反应1h。终点时pH值在9~10。再在搅拌下徐徐通入17g氯气(计钢瓶失重)。生成的TMTD经分离、水洗、干燥，得到成品。

6. 质量标准

	一级品	二级品
外观	白色或灰白色粉末	
熔点(开始熔化温度)/℃	140.0	136.0
加热减量(75~85℃，2h)/%	≤0.50	0.50
灼烧残渣/%	≤0.20	0.40
细度(100目筛余物)	无	无
铁及其化合物		

被磁铁吸出量❶/%　　　　　　　　≤0.008

7. 用途

促进剂 TMTD 为天然橡胶、合成橡胶及乳胶用超促进剂，加热至 100℃以上可以分解出游离硫，故亦可作硫化剂，其有效硫含量约为 13.3%。可作为噻唑类促进剂的第二促进剂。如用作硫化剂，硫化橡胶老化性能及耐热性能优良。本品主要用于制造轮胎、内胎、胶鞋、电缆、医疗用品及工业制品等。在农业上用作杀菌剂、杀虫剂。此外，也可用作润滑油添加剂和作为促进剂 M 及其他磺酰胺类促进剂的活化剂。

8. 安全与贮运

在生产过程中，使用强酸、强碱等腐蚀性化学品，同时产品对皮肤及呼吸道有刺激作用。操作人员必须穿戴劳保用品。生产中排放的有毒气体必须采取吸收措施。车间内应保持良好的通风状态。如果使用氯气-空气氧化法，操作人员必须掌握有关氯气操作使用的知识。

采用内衬牛皮纸袋的铁桶或胶木桶包装。贮存于干燥、通风处。不能与氧化剂共贮运。防止与明火接触。

参考文献

[1] 王磊. 二硫化四甲基秋兰姆的几种合成方法及特点[J]. 天津化工，2016，30(06)：1-3.

[2] 王敏. 基于二硫化四甲基秋兰姆为起始物的 C-X 键形成反应研究[D]. 武汉工程大学，2016.

2.26 促进剂 TETD

促进剂 TETD(accelerator TETD)又称二硫化四乙基秋兰姆、双(二乙基硫代氨基甲酰)二硫化物。分子式 $C_{10}H_{20}N_2S_4$。相对分子质量 296.5。结构式为：

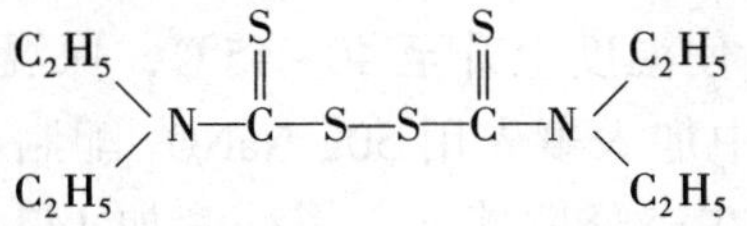

1. 性能

白色粉末，无臭、无味、无毒。熔点 73℃。溶于丙酮、苯、甲苯、二硫化碳和氯仿，微溶于乙醇和汽油，不溶于水、稀酸和稀碱。相对密度 1.17~1.30。对皮肤和黏膜有刺激作用。贮存稳定。在胶料中易分散，不污染，不变色。

2. 生产原理

二乙胺、二硫化碳和氢氧化钠在 30~40℃下反应制得二乙基氨基二硫代甲酸钠。然后将中间产物与亚硝酸钠、硫酸反应，在低于 10℃下用空气氧化得到二硫化四乙基秋兰姆。

$$(C_2H_5)_2NH + CS_2 + NaOH \longrightarrow (C_2H_5)_2N-\underset{\underset{S}{\|}}{C}-SNa + H_2O$$

$$2(C_2H_5)_2N-\underset{\underset{S}{\|}}{C}-SNa + 2H_2SO_4 + 2NaNO_2 \xrightarrow{O_2}$$

$$(C_2H_5)_2N-\underset{\underset{S}{\|}}{C}-S-S-\underset{\underset{S}{\|}}{C}-N-(C_2H_5)_2 + 2H_2O + 2NO + 2Na_2SO_4$$

❶为绝缘材料使用而控制的指标。

3. 工艺流程

二乙胺、氢氧化钠、二硫化碳 → 缩合 →（亚硝酸钠、硫酸、空气）→ 氧化 → 水洗 → 干燥 → 粉碎 → 筛选 → 成品

4. 主要原料(kg/t)

二乙胺(98%)	554	氢氧化钠(100%)	307
硫酸(100%)	736	亚硝酸钠(98%)	251
二硫化碳(98%)	647		

5. 生产工艺

采用搅拌釜式反应器进行缩合操作。将液碱先投入反应釜，加入水稀释为密度为 $1.075g/cm^3$ 的稀碱液。在搅拌下加入二乙胺、二硫化碳，微微加热，控制温度在40~50℃，密闭搅拌反应2h，待pH值恒定不变时，即为终点。

将亚硝酸钠配制成10%的水溶液，在常温下滴入上述生成的反应液中，搅拌混合均匀，此时物料即成草绿色。过滤去渣，将滤液投入氧化反应釜中，搅拌，通冷却介质。硫酸先在配酸槽中配制成4%的稀硫酸，输送至高位槽中。当氧化釜中的料温降至5~8℃时，一边搅拌，一边滴入高位槽中的稀硫酸，并从釜底鼓入空气。始终控制反应温度低于10℃。所生成的一氧化氮气体随空气带出，通过吸收处理再放空。反应中所生成的促进剂TETD以固体粒子析出来。待反应完全，放料过滤，滤液经处理后排放，滤饼进行水洗，将其水溶性杂质洗净后，离心脱水，干燥，粉碎，过筛，得到促进剂TETD成品。

6. 实验室制法

在装有搅拌器的1000mL烧瓶中，加入200mL 20%的NaOH溶液，搅拌下加入110g二乙胺和129g二硫化碳，微热，使温度上升至40~45℃，保温搅拌2h。当pH值恒定时为终点。在室温下，在上述反应液中加入事先用50g $NaNO_2$ 配制成的10%的溶液，搅匀。过滤去渣，将滤液冷却至5~8℃，在充分搅拌下，缓缓滴加147g 98%的 H_2SO_4，滴加过程中，通入空气并始终控制温度在10℃以下，反应完全后，过滤、抽干、干燥得到成品。

7. 质量标准

	一级品	二级品
外观	淡黄色或灰白色粉末	
熔点(开始熔化的温度)/℃	≥140.0	136.0
加热减量/%	≤0.50	0.50
灼烧残渣/%	≤0.20	0.40
细度(100目筛筛余物)	无	无
铁及其化合物被磁铁吸出量❶/%	≤0.008	

8. 用途

TETD为超促进剂，适用于天然橡胶以及丁苯、丁腈、丁基、顺丁等合成橡胶及乳胶。亦可作硫化剂。硫化临界温度介于促进剂TMTD与TMTM之间，不易烧焦，操作安全，喷

❶为绝缘材料使用而控制的指标。

霜倾向较小。本品在胶料中易分散，不污染、不变色。通常用于制造电缆、医疗用品、胶布、内胎等。用本品作第一促进剂时需配以氧化锌，但一氧化铅对其有抑制作用，用量为0.5%~2%；作硫化剂时本品用量为3%~5%；作噻唑类促进剂的第二促进剂时用量为0.05%~0.5%。

9. 安全与贮运

生产过程中使用强酸、强碱等腐蚀性或有毒化学品，同时产品对皮肤和黏膜有刺激作用，操作人员必须穿戴劳保用品。生产过程中有有毒废气排出，应采取碱吸收等方法防止空气污染。车间内应保持良好的通风状态。使用内衬牛皮纸袋的胶合板桶包装，避免受热受潮，不能与氧化剂共同贮运。

参 考 文 献

[1] 张雁，张智亮，宋士杰，等. 二硫化四乙基秋兰姆的流动化学合成技术开发[J]. 河南科学，2021，39(12)：1941-1945.

2.27 促进剂 M

促进剂 M(accelerator M)化学名称为2-巯基苯并噻唑、2-硫醇基苯并噻唑。分子式$C_7H_5NS_2$，相对分子质量167.26。结构式为：

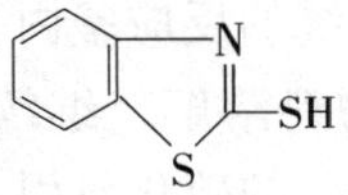

1. 性能

淡黄色单斜针状体或片状结晶，具有不愉快的气味，低毒。不溶于水和汽油，微溶于苯，易溶于乙酸乙酯、丙酮，溶于乙醇、乙醚、氯仿和碱、碱土碳酸盐溶液。相对密度(d_4^{20})1.42。熔点180~182℃。遇明火即燃烧，闪点515~520℃。呈粉尘时，在空气中的爆炸上限为$21g/m^3$。

2. 生产原理

(1) 二苯硫脲法

将二苯硫脲、二硫化碳、硫黄在230~240℃反应4h，脱除生成的硫化氢，用氢氧化钠溶液溶解生成物。过滤，滤液用硫酸中和，过滤出沉淀物，再水洗，在70~80℃干燥即得到促进剂 M。

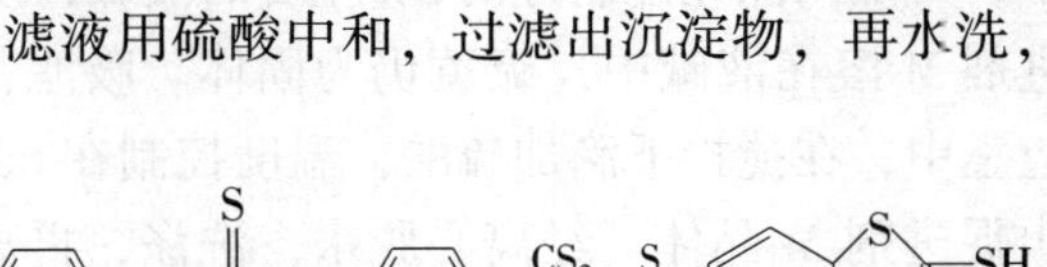

(2) 苯胺法

将苯胺、硫黄、二硫化碳在高压釜中直接缩合环化制得促进剂 M。

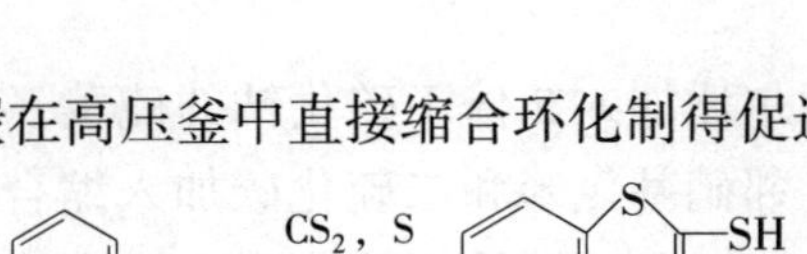

(3) 邻硝基氯苯法

将硫化钠、硫黄制得多硫化钠后，与邻硝基氯苯、二硫化碳在加压(0.34MPa)下环合，然后酸化而得。

$$Na_2S+(n-1)S \xrightarrow{\triangle} Na_2S_n$$

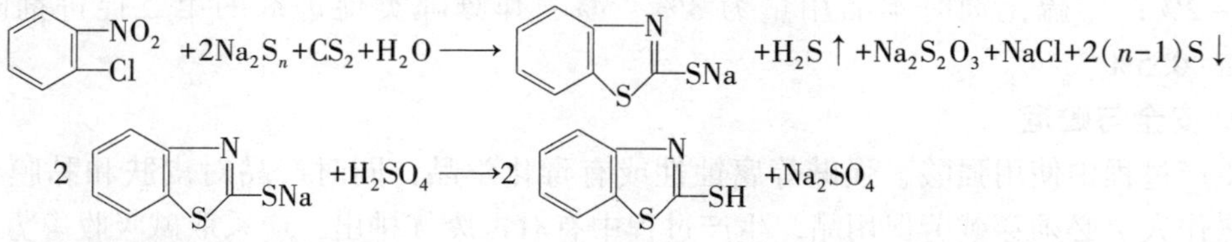

3. 工艺流程(邻硝基氯苯法)

邻硝基氯苯、二硫化碳 → 缩合(多硫化钠) → 水洗 → 碱溶(NaOH) → 过滤 → 酸化(硫酸) → 水洗 → 干燥 → 粉碎 → 成品

4. 主要原料(kg/t)

邻硝基氯苯(98%)	1064	硫酸(93.6%)	366
硫黄(98%)	125	硫化钠(90%)	1500
二硫化碳(90%)	654	氢氧化钠(30%)	183

5. 生产工艺

在带搅拌的缩合反应釜中，按配比量投入硫化钠和硫黄，搅拌，加热升温至 80~90℃时，保温反应，至硫黄粉全部转变成溶液后即制得多硫化钠。

在带有搅拌器、夹套及尾气处理系统的反应釜内，加入邻硝基氯苯、二硫化碳和上述制得的多硫化钠。启动搅拌，加热，使物料溶解，继续加热至 110~130℃，在低于 0.35MPa 的压力下保温进行缩合反应。反应中产生的硫化氢引入尾气处理系统，用碱吸收。缩合反应完成后，减至常压，鼓入空气，将物料中的硫化氢和未反应完的二硫化碳赶出，制得促进剂 M 钠盐。将该物料送入耐酸反应釜中，搅拌下滴加 25%~30%的硫酸溶液。温度控制在 50~60℃，连续搅拌，在酸化过程中，硫酸与过剩的 Na_2S 作用，生成 Na_2SO_4 和 H_2S；缩合中生成的 $Na_2S_2O_3$ 也与硫酸作用分解为单质硫和 SO_2。H_2S 和 SO_2 引出后进行吸收处理。当物料的 pH 值为 2~3 时，停止滴加硫酸，酸化反应完成。将物料进行水洗，加入热水，控制在 80℃，搅拌洗涤，然后过滤，滤液中溶有盐、酸等送去处理，滤饼则为促进剂 M 粗品和少量固体硫黄，需进行分离和精制。

将滤饼投入碱溶槽中，再加入预先配制好的 5%左右的液碱，搅拌使滤饼溶解。调整 pH 值为 11.5~12.0，则促进剂 M 溶在液碱中，硫黄仍为固体。吸滤，除去硫黄，滤液再次酸化。将滤液倾入耐酸反应釜中，在搅拌下滴加硫酸，温度控制在 60~65℃，至物料 pH 值为 4~5 时，酸化完成，析出促进剂 M 晶体。经离心脱水，洗涤，再离心脱水。最后干燥、粉碎、过筛，即制得成品促进剂 M。

6. 实验室制法

将硫化钠溶于水中，按摩尔比加入 2 倍于硫化钠的硫黄，加热至 90~95℃使硫黄全溶，制成多硫化钠。将多硫化钠、邻硝基氯苯和二硫化碳加入缩合锅，加热，在 90~115℃回流反应 4h，最高压力约 0.3MPa。蒸出过量的二硫化碳，缩合物用硫酸酸化至 pH 值为 2~3。过滤，用温水洗至 pH 值为 6~7。滤饼加水搅成悬浮物，于室温下加入 40%的氢氧化钠溶液至 pH 值为 11~12，吸滤，用温水洗涤。滤液与洗液合并，加入活性炭，在 700℃脱色、过滤，滤液用 10%的硫酸酸化至 pH 值为 7~8。再经过滤、水洗至无硫酸根，在 70~80℃干燥，即得到促进剂 M。

7. 质量标准

外观	浅黄色粉末	灰分/%	≤0.3
水分/%	≤0.5	初熔点(干品)/℃	≥170
含量/%	≥95	100 目筛残余物/%	≤0.1

8. 质量检验

(1) 含量测定

准确称取试样 0.4~0.5g(准确至 0.0002g)，置于 300mL 三角烧瓶中，加入 50mL 乙醇，使试样完全溶解后(必要时可用水浴加热，水浴温度不应超过 50℃)，加入 5~6 滴 0.1%的麝香草酚蓝指示剂，以 0.1mol/L 的氢氧化钠(或氢氧化钾)标准溶液滴定至溶液呈蓝绿色为止。同时进行空白试验。

$$含量(\%) = \frac{(V_1 - V_2) \times c \times 0.16726}{G} \times 100\%$$

式中 V_1——滴定时耗用氢氧化钠标准溶液的体积，mL；

V_2——空白试验耗用氢氧化钠标准溶液的体积，mL；

c——氢氧化钠的标准溶液的摩尔浓度，mol/L；

G——试样质量，g。

(2) 水分含量测定

在 75~80℃干燥至恒重的称量瓶中，称取试样 2g(称准至 0.0002g)，使试样均匀地置于称量瓶中，然后放入恒温箱中，保持 75~80℃。2h 后取出，放入干燥器内冷却 30min 后称重。

$$水分(\%) = \frac{G_1 - G_2}{G} \times 100\%$$

式中 G_1——试样和称量瓶干燥前质量，g；

G_2——试样和称量瓶干燥后质量，g；

G——试样质量，g。

9. 用途

通用型促进剂，广泛用于各种橡胶。对天然橡胶和一般硫黄硫化橡胶具有促进作用快速、硫化平坦性宽、硫化临界温度低及混炼时有早期硫化的特点。在氯丁橡胶和无硫硫化体系中又可作硫化延缓剂和抗焦烧剂，也能以氢氧化钠溶液的形式在胶乳中应用。一般与二硫代氨基甲酸盐并用。若与二乙基二硫代氨基甲酸二乙铵一起作用时，可在室温下进行硫化，赋予硫化橡胶良好的耐老化和耐磨耗性，依用量多少，定伸强度可高可低。还可用作增塑剂，增加天然橡胶的塑性。在橡胶中易分散，不污染，但与其硫化胶接触的物品易有苦味，不适于制造与食物接触的橡胶制品。主要用于制造轮胎、内胎、胶带、胶鞋和工业品等。此外还可用于制取农药杀菌剂、切削油和石油防腐剂、润滑油添加剂等。

10. 安全与贮运

生产中使用有毒或腐蚀性化学品，设备应密封，防止冒漏，车间内加强通风，操作人员应穿戴劳保用具。使用内衬塑料袋的纤维板桶包装，贮存于阴凉、干燥的库房。防潮防热，远离火源。

参 考 文 献

[1] 常帅军，付顺国，刘俊勇，等. 高品质2-巯基苯并噻唑的精制新工艺[J]. 河南化工，2021，38(07)：27-29.

[2] 陈江，陈春光. 无废水法生产橡胶硫化促进剂2-巯基苯并噻唑[J]. 现代化工，2011，31(10)：62-64.

2.28 促进剂DM

促进剂DM(accelerator DM)又称二硫代二苯并噻唑。分子式$C_{14}H_8N_2S_4$，相对分子质量332.5。结构式为：

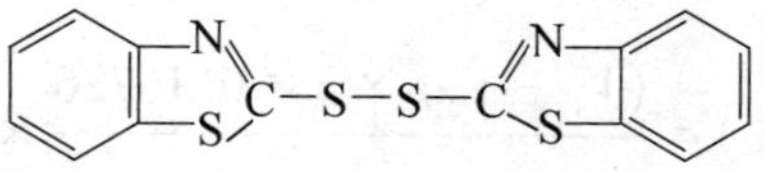

1. 性能

浅黄色杂状晶体，无臭，略有苦味。有毒。密度1.50g/cm³。熔点180℃。室温下微溶于苯、二氯甲烷、四氯化碳、丙酮，不溶于水、乙酸乙酯、汽油及碱。呈粉尘时有爆炸危险。遇明火可燃烧。在130℃以下有软化作用，因此适用于模型制品。

2. 生产原理

由促进剂M(2-巯基苯并噻唑)生产促进剂DM有两种方法：一种用次亚氯酸钠、过氧化氢或氯气等氧化，另一种在NO存在下用空气氧化。后者因使用廉价的空气而具有优势。这里介绍空气氧化法。

促进剂M在NO存在下，为空气中的氧所氧化，巯基中的氢被去掉，生成二硫化物。其中NO通过亚硝酸钠与硫酸作用得到。

$$H_2SO_4+2NaNO_2 \longrightarrow Na_2SO_4+2NO+O_2$$

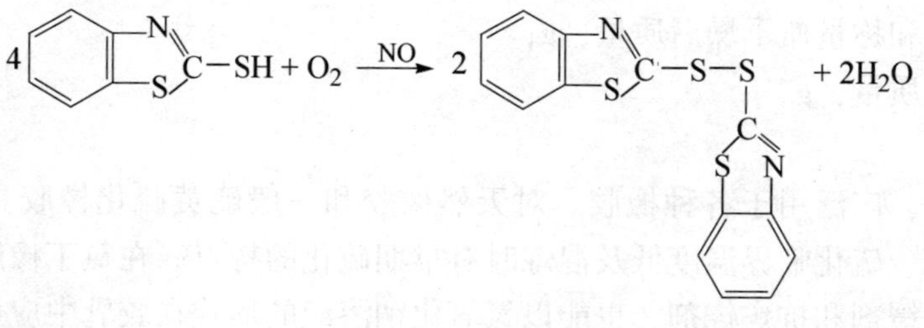

3. 工艺流程

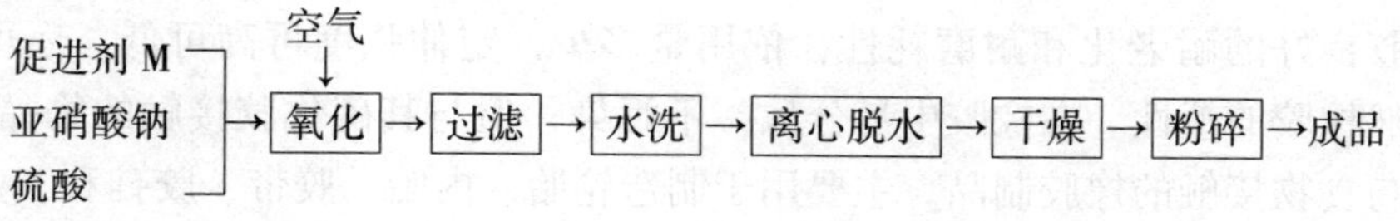

4. 生产工艺

先将硫酸在配酸槽中配制成10%的硫酸溶液，输至高位槽中待用。氧化反应釜采用气液相鼓泡塔，材质要求耐酸，空气从底部鼓入，有气体分布装置。塔的上部有扩大段旋风分离装置，防止空气将料液夹带出去。先将促进剂M、亚硝酸钠粉末料投入塔内，滴加高位槽中的硫酸液，并鼓入空气，使塔内物料翻滚起来。利用塔的夹套控制塔内反应物温度始终保持在 60℃左右。硫酸加完后，继续鼓入空气、保温 60℃进行反应，直至反应完全。

氧化反应生成的促进剂 DM 不溶于水，在料液中呈固体微粒。过滤，滤液处理后排放，滤饼用水洗涤。离心脱水，干燥，粉碎，筛选，包装，得到成品。

5. 实验室制法

在反应烧瓶中放入 20g 促进剂 M、50mL 30%的过氧化氢和 10mL 10%的氢氧化钠溶液。在搅拌下升温至 60℃进行反应，直至反应完全。冷却至室温，抽滤，水洗，脱水，烘干，粉碎，得到二硫代二苯并噻唑。

6. 质量标准(GB 11408)

	一级品	二级品
外观	淡黄色或白色粉末	
初熔点(干品)/℃	≥165	≥160
加热减量(75~80℃，2h)/%	≤0.4	≤0.5
灰分含量/%	≤0.3	≤0.7
游离 M 含量/%	≤3	≤7
细度(100 目筛余物)/%	≤0.05	≤0.05

7. 质量检验

(1) 游离 M 含量的测定

准确称取试样 0.6~0.8g(称准至 0.0002g)于 500mL 磨口锥形瓶中，加入 150mL 乙醇，连接好冷凝器，在水浴中加热回流 30min。取下冷凝器，将溶液冷却至室温后，以移液管加入 15mL 0.05mol/L 的碘标准溶液迅速塞紧磨塞，在暗处放置 1.5h，并定时(一般为 15min 振摇一次)振摇。以 0.05mol/L 的硫代硫酸钠标准溶液滴定至淡黄色后，将溶液从锥形瓶中移入 1000mL 烧杯中，加入 500~600mL 蒸馏水和 5mL 0.5%的淀粉溶液。以 0.05mol/L 的硫代硫酸钠标准溶液继续滴定至蓝色刚消失为止。同时平行做空白试验。

$$\text{游离 M 含量}(\%)=\frac{16.724c(V_2-V_1)}{G}\times100\%$$

式中 V_2——空白实验消耗硫代硫酸钠标准溶液的体积，mL；

V_1——试样消耗硫代硫酸钠标准溶液的体积，mL；

G——试样质量，g；

c——硫代硫酸钠标准溶液的摩尔浓度，mol/L。

(2) 100 目筛筛余物的测定

称取试样 10g(称准至 0.01g)，放入 100 目筛内用毛刷反复刷擦，直至可能通过的试样大部分通过后，将筛移至清洁光滑的玻璃板上或纸上再行刷擦，至玻璃板(纸)上不再有试样落下为止。此时将筛网倾斜，用肉眼观察筛网，若无滚动的试样，即为全部通过，若有滚动物则取出称重。

$$\text{筛余物}(\%)=\frac{G_1}{G}\times100\%$$

式中 G_1——筛余物质量，g；

G——试样质量，g。

(3) 铁及其化合物被磁铁吸出量的测定

称取试样 100g，在玻璃板或光滑白纸上平铺成一薄层，然后用白纸包裹的磁铁在试样中移动，使之与试样充分接触，将铁及其化合物吸附于包裹磁铁的纸上。取出以白纸包裹的磁铁，并将纸上全部吸附物移至干燥至恒重的表面皿上，将吸附物以 2%的氢氧化钠乙醇溶液浸洗数遍至洗液不含促进剂 DM 为止。再以水将氢氧化钠洗净，然后将表面皿连同吸附物置于 100~105℃烘箱中干燥 1~2h，冷却后称重。

$$磁铁吸出物含量(\%) = \frac{G_2 - G_1}{G} \times 100\%$$

式中 G_1——表面皿质量，g；

G_2——磁铁吸出物和表面皿质量，g；

G——试样质量，g。

8. 用途

天然橡胶、合成橡胶、再生橡胶的通用型促进剂。本品单独使用时硫化速度较慢，通常都与秋兰姆、二硫代氨基甲酸盐、醛胺类、胍类促进剂并用以提高活性，也为碱性物质所活化。在氯丁橡胶中加入 DM 时有增塑效应。可作氯丁橡胶尤其是 G 型氯丁橡胶的抗焦剂。能改善 54-1CW 型氯丁橡胶的硫化特性。使用促进剂 DM 的硫化橡胶耐老化性能优良。可用于制造轮胎、胶管、胶带、胶鞋、胶布以及一般工业橡胶制品。有特殊苦味，不适宜用于与食品接触的橡胶制品。一般用量为生胶的 0.5%~1.0%，并加 5%ZnO 和 1%硬脂酸，以增加活性。

9. 安全与贮运

本品有毒，刺激皮肤和黏膜，能引起皮炎及难以治疗的皮肤溃疡。工作人员应穿戴劳保用品，避免与人体直接接触。呈粉末时有爆炸危险，遇明火可燃，应远离火种、热源。采用内衬塑料袋的聚丙烯编织袋包装。防止受潮。贮存稳定期 2 年。

参 考 文 献

[1] 蒋士峰，黎振球. 2-硫醇基苯并噻唑铵盐氧气氧化法制备 2,2′-二硫代二苯并噻唑[J]. 合成橡胶工业，2015，38(05)：345-347.

[2] 宋玉叶，黎振球，肖海焕，等. 2,2′-二硫代二苯并噻唑的合成进展[J]. 精细石油化工进展，2007，(11)：51-54.

2.29 促进剂 CZ

促进剂 CZ(accelerator CZ) 又称 *N*-环己基-2-苯并噻唑次磺酰胺。分子式 $C_{13}H_{16}N_2S_2$，相对分子质量 264.41。结构式为：

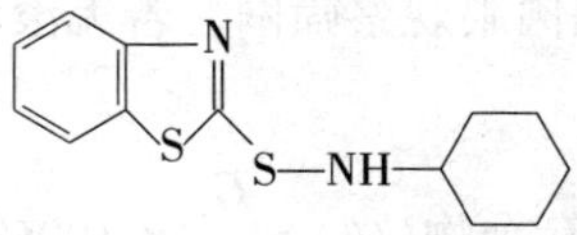

1. 性能

白色、浅灰色或浅黄色粉末。略有气味。不溶于水，溶于苯、二氯甲烷、四氯化碳、乙酸乙酯和丙酮，微溶于乙醇和汽油。熔点 103~104℃。相对密度 1.27~1.30。长时间受热可逐渐分解。易结块。味苦，无毒。

2. 生产原理

将2-巯基苯并噻唑与环己胺水溶液混合后，在搅拌下滴加次氯酸钠进行氧化缩合而制得。

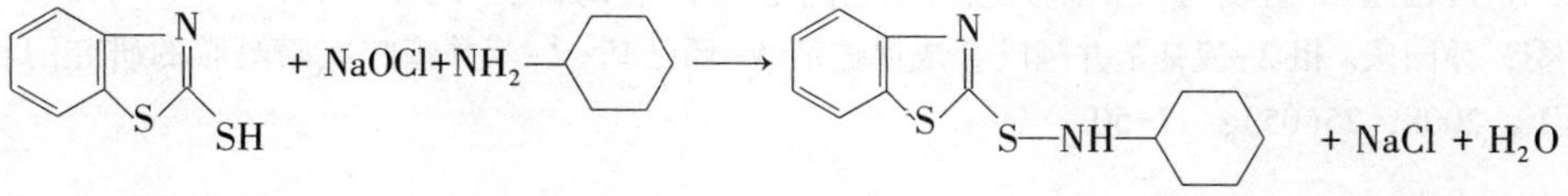

3. 工艺流程

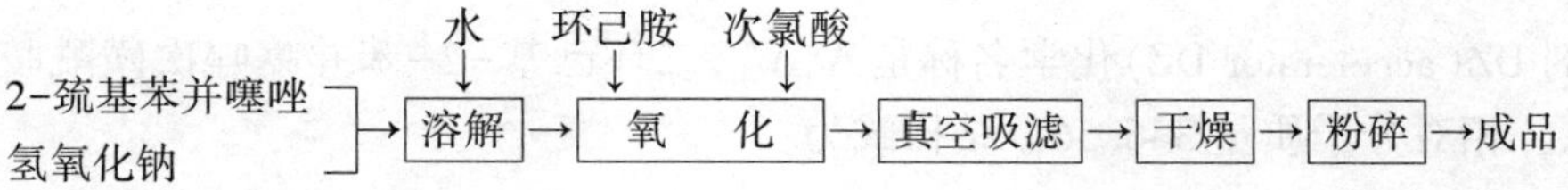

4. 主要原料(kg/t)

2-巯基苯并噻唑(95%)	722	液氯(99%)	283
环己胺(95%)	485	碳酸钠(98%)	45
氢氧化钠(40%)	1265		

5. 生产工艺

将氯气通入30%的氢氧化钠溶液中，温度维持在20℃以下，剧烈搅拌，反应至有效氯达25%得到次氯酸钠溶液，输至高位槽中备用。

在带搅拌的反应釜中加入适量的固碱，加入水溶解，配成10%的碱液。将2-巯基苯并噻唑加入碱液中，搅拌溶解，制成2-巯基苯并噻唑的钠盐溶液。再将环己胺投入反应釜中，搅拌溶解成均匀的溶液后，边搅拌，边慢慢滴加次氯酸钠溶液。控制温度在15~20℃(若室温较高，则先将物料冷至15℃左右再加入次氯酸钠)，剧烈搅拌。滴加完后，升温至35℃左右，继续反应约1h，使氧化反应进行完全。将物料放至吸滤槽中进行真空吸滤，滤液送去蒸馏后回收环己胺。滤饼用水洗涤后，离心脱水，干燥，粉碎，过筛，得到*N*-环己基-2-苯并噻唑次磺酰胺。

6. 质量标准

外观	灰白色或淡黄色粉末	100目筛筛余物/%	0.05
初熔点/℃	≥99	水分(加热减量)/%	≤0.3
灰分/%	≤0.3		

7. 用途

延性橡胶硫化促进剂，常用后效性促进剂之一。抗焦烧性强，硫化时间短。能提高硫化橡胶的定伸强度和抗张强度。尤其适用于含碱性较高的油炉法补强炭黑的天然橡胶和合成橡胶。变色轻微，不喷霜，硫化橡胶耐老化性能优良。主要用于轮胎、胶鞋、胶管、胶带、电缆及一般工业制品。

8. 安全与贮运

生产中使用氯气、环己胺等有毒化学品，设备应密闭，车间内保持良好的通风状态，操作人员应穿戴劳保用具。使用内衬塑料袋的编织袋包装，贮存于阴凉、干燥库房。定期周转使用，贮存期一般不超过6个月。按一般化学品贮运。

参 考 文 献

[1] 王浩，于萍，杜丽丽，等. 促进剂 *N*-环己基-2-苯并噻唑次磺酰胺的混合氧化法合成工艺[J]. 合成橡胶工业，2018，41(03)：167-171.

[2] 陈飞. *N*-环己基-2-苯并噻唑次磺酰胺的工艺优化[D]. 青岛科技大学，2017.

[3] 丁军委，孙国庆. 粗 2-巯基苯并噻唑合成促进剂 *N*-环己基-2-苯并噻唑次磺酰胺的研究[J]. 精细石油化工，2008，25(05)：47-50.

2.30 促进剂 DZ

促进剂 DZ(accelerator DZ)化学名称是 *N*,*N'* -二环己基-2-苯并噻唑次磺酰胺，分子式 $C_{19}H_{26}N_2S_2$，相对分子质量 346.56。结构式为：

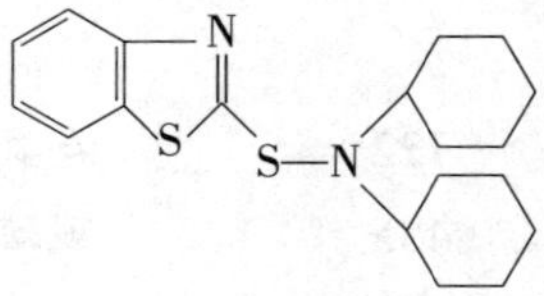

1. 性能

白色或浅黄色粉末。密度 1.149g/cm³。熔点 104℃。不溶于水，溶于丙酮、苯、乙醇、二氯化碳、四氯化碳、汽油、乙酸乙酯等有机溶剂。

2. 生产原理

将次氯酸钠与二环己胺反应制得氯代二环己胺后，再与 2-巯基苯并噻唑钠(促进剂 M)缩合制得促进剂 DZ。

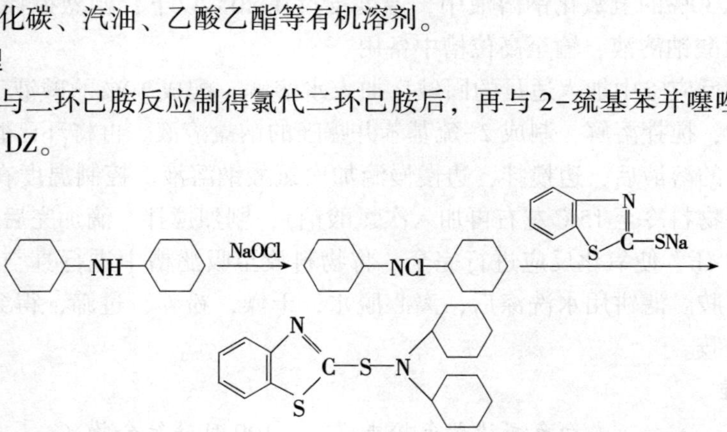

3. 工艺流程

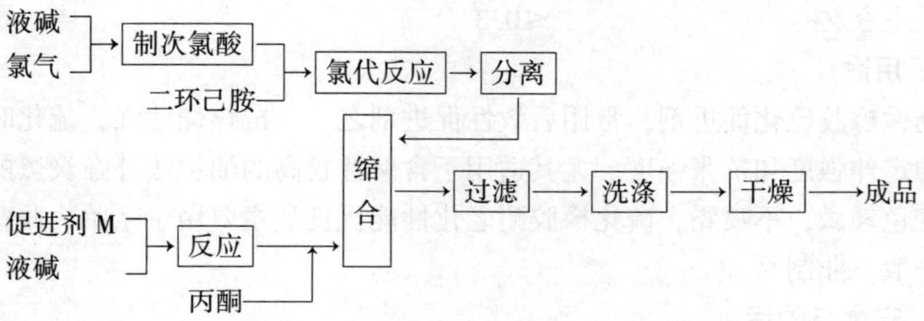

4. 主要原料(kg/t)

二环己胺(95%)	750	氢氧化钠(98%)	650~700
促进剂 M(95%)	640	液氯(25%)	460

5. 生产工艺

将氯气通入30%的氢氧化钠溶液中，维持温度在20℃以下，并剧烈搅拌，反应至游离氢氧化钠≤2%，有效氯≥25%为止，得到次氯酸钠溶液。将次氯酸钠溶液在90~120min内连续滴加到装有二环已胺的反应釜内，剧烈搅拌，反应温度控制在35~38℃。滴完后继续搅拌至氯化铵含量≥90%为止，制得氯代二环已胺。将所得的氯代二环已胺放入缩合反应釜，在剧烈搅拌下，于60~80min内均匀滴加2-巯基苯并噻唑钠盐(促进剂M的钠盐)，滴加温度为30~35℃。滴完后升温至40~50℃，继续搅拌30min，缩合反应在丙酮溶剂中进行。反应完成后将物料冷却至10℃后放料，过滤，再经洗涤、干燥，即得到促进剂DZ成品。

6. 实验室制法

将次氯酸钠在90~120min内连续滴加到装有二环已胺的反应瓶内，剧烈搅拌，反应温度控制在35~38℃，滴加完后继续搅拌至氯化铵含量不低于90%为止，得到氯代二环已胺。将所得到的氯代二环已胺放入反应瓶，在剧烈搅拌下，于60~80min内均匀滴加促进剂M的钠盐，滴加温度为30~35℃。滴完后升温至40~50℃，继续搅拌30min，冷却至10℃出料，洗涤，干燥后得到成品。

7. 质量标准

外观	淡黄或微红色粉末	100目筛筛余物	无
熔点/℃	≥90	灰分/%	≤0.3
水分/%	≤0.6		

8. 用途

本品是天然橡胶、顺丁橡胶、丁苯橡胶等的后效促进剂。在橡胶中的分散性能良好。适用于高活性补强剂用量较大的胶料，也适用于丁二烯橡胶或再生橡胶为主的胶料。使用本品的硫化橡胶的机械性能，尤其是动态性能比较好，弹性和定伸强度高。在天然橡胶中的焦烧时间比促进剂DIBS更长，因此操作安全性更高。在硫化温度下的硫化速度与促进剂DIBS相似。硫化平坦性与促进剂CZ相似。含本品的胶料用无模蒸汽硫化比平板硫化速度稍快些。还可用于制造轮胎、胶带、减震制品和翻修轮胎的挂背胶料等，一般用量为0.5%~1.0%，硫黄用量为2.5%左右。

9. 安全与贮运

原料二环已胺、氯气、液碱等有毒或有强腐蚀性，生产设备必须密闭，操作人员应穿戴劳保用具，车间内加强通风。使用内衬塑料袋的铁桶包装，贮存于阴凉、通风处，远离热源，严防受潮。

参考文献

[1] 殷树梅，王汉清，黎振球，等. 一步法合成高品质*N*,*N*-二环已基-2-苯并噻唑次磺酰胺新工艺[J]. 精细石油化工，2006，(06)：7-9.

2.31 促进剂NOBS

促进剂NOBS(accelerator NOBS)化学名称是*N*-氧化二亚乙基-2-苯并噻唑次磺酰胺、2-(4-吗啡啉基硫代)苯并噻唑、苯并噻唑-2-次磺酰吗啡啉。分子式 $C_{11}H_{12}N_2OS_2$，相对分子质量252.36。结构式为：

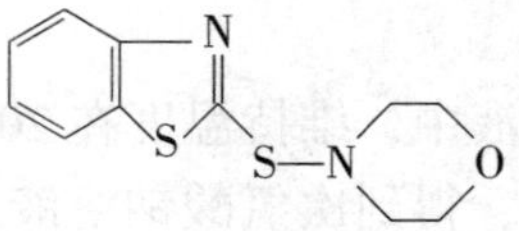

1. 性能

浅黄色、橙黄色颗粒或粉末。味苦。不溶于水，微溶于汽油，易溶于二氯甲烷、丙酮，溶于乙醇、苯、乙酸乙酯和四氯化碳。相对密度 1.34～1.40。熔点 80～90℃。遇热逐渐分解。

2. 生产原理

吗啡啉与促进剂 M 经次氯酸钠氧化、缩合制得。

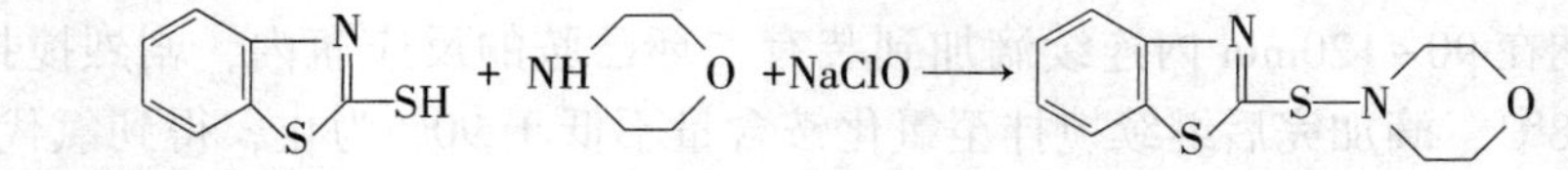

3. 工艺流程

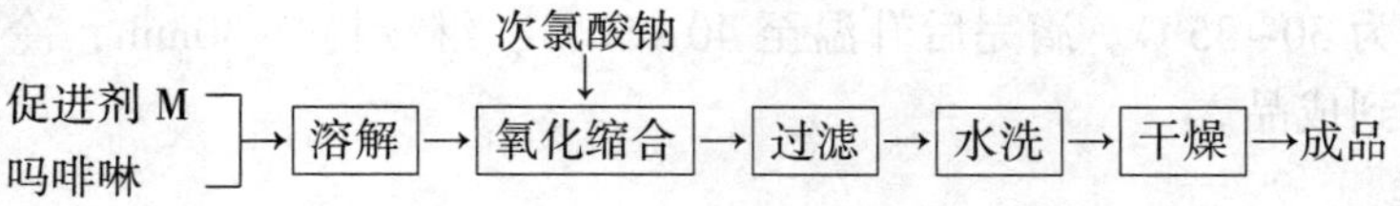

4. 主要原料(kg/t)

促进剂 M(97%)	840	氯气(95%)	478
吗啡啉(60%)	700	氢氧化钠(40%)	4251

5. 生产工艺

先将氯气通入 40%的氢氧化钠溶液中，剧烈搅拌，至有效氯含量为 14.5%，配制成次氯酸钠溶液，输入高位槽。

另在带搅拌装置的反应釜中加入 60%的吗啡啉水溶液，在搅拌下加入促进剂 M，加入适量碳酸钠和碳酸氢钠，使促进剂 M 完全溶解。将反应釜内温度调节至 23℃，剧烈搅拌下缓缓滴加次氯酸钠溶液进行氧化。因反应放热，需控制次氯酸钠的加入速度，使温度缓慢上升，至加完时，物料温度不得超过 56℃。维持该温度，继续搅拌，反应 1h 以上，即完成反应，制得固体颗粒状粗品。

将促进剂 NOBS 粗品从反应釜中放出，过滤，滤液进行处理，回收未反应的原料。滤饼用水洗涤，离心脱水，干燥，即制得促进剂 NOBS 成品。

6. 实验室制法

在带搅拌的三口反应瓶内，先加入 60%的吗啡啉水溶液，并加进一定量的促进剂 M，待其溶解后，以饱和食盐水为介质，在少量乳化剂存在下，以次氯酸钠为氧化剂，逐步滴加 14.5%的次氯酸钠溶液至反应釜，保持在 80℃左右进行氧化，即得到促进剂 NOBS 粗品。后经过滤、水洗、干燥即得到成品。

7. 质量标准

外观	浅黄色小颗粒或粉末	初熔点/℃	≥80
水分/%	≤0.5	灰分/%	≤0.3

8. 用途

本品为后效性快速硫化促进剂。其用法与促进剂 CZ 基本相似，但焦烧时间更长，操作更加安全，达到硫化温度时(138℃以上)作用增强。特别适用于含碱性炭黑的天然胶料和合成胶料，硫化橡胶的物理性能及老化性能优良。且易分散，不喷霜，变色轻微。促进剂 D、

TMTD、ZDC 和醛胺类促进剂对其有活化作用。主要用于制造轮胎、内胎、胶鞋、胶带、翻修轮胎的挂背胶料等。一般用量为 0.5%~2.5%，并配以 2%~0 5%的硫黄。

9. 安全与贮运

生产中使用次氯酸钠、吗啡啉等有毒或刺激性原料，操作人员应穿戴劳保用具，车间内保持良好的通风状态。使用内衬牛皮纸袋的胶合板木桶包装。贮存于低温库房内，注意防潮、防热。贮存稳定期为半年，超过时易使焦烧倾向增加，因此注意定期使用。

2.32 促进剂 H

促进剂 H(accelerator H)又称乌洛托品、六亚甲基四胺、环六亚甲基四胺、海克沙。分子式 $C_6H_{12}N_4$，相对分子质量 140.2。结构式为：

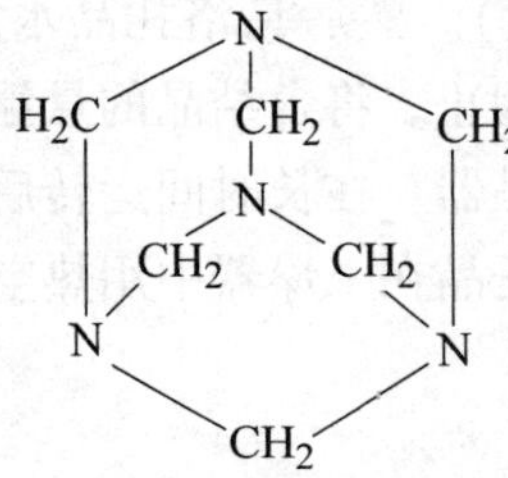

1. 性能

白色结晶粉末。无臭，味初甜后苦。可燃。密度为 1.27g/cm³。易溶于水、酒精，不溶于汽油、酮等有机溶剂，其水溶液呈碱性，pH=8~9，与稀硝酸和乙酸反应能生成盐，与稀硫酸作用能放出甲醛。加热至 260~263℃ 即升华。闪点 268℃。但几乎不分解。在空气中能吸水，具有潮解性。本品有中等毒性，对皮肤有刺激性。

2. 生产原理

甲醛与氨缩合，然后水洗，抽滤，干燥得到乌洛托品。

$$6CH_2O+4NH_3 \longrightarrow (CH_2)_6N_4+6H_2O$$

也可由甲醇经氧化、氨缩合制得。

$$CH_3OH+\frac{1}{2}O_2 \longrightarrow CH_2O+H_2O$$

$$CH_3OH \longrightarrow CH_2O+H_2$$

$$6CH_2O+4NH_3 \longrightarrow (CH_2)_6N_4+6H_2O$$

3. 工艺流程

(1) 甲醛法

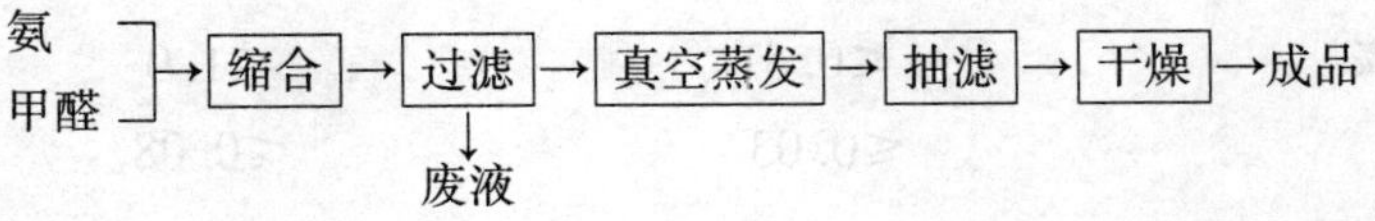

(2) 甲醇法

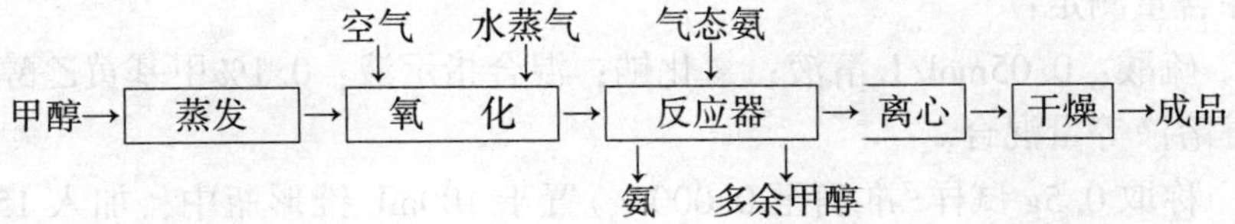

4. 主要原料(kg/t)

(1) 甲醛法

甲醛(36.5%)	3000	蒸汽	3500
液氨(99%)	500		

(2) 甲醇法

精甲醇(工业品)	1995	蒸汽	1353
液氨(99%)	575		

5. 生产工艺

(1) 甲醛法

将甲醛溶液和氨气以3∶2的摩尔比送入管式反应器中，于20~30℃下反应生成乌洛托品。反应热在冷却器中除去后，再把生产的乌洛托品水溶液引入汽化器，使部分水汽化，溶液中乌洛托品含量大约在40%(质量)。然后乌洛托品水溶液在特殊设计的结晶器中进一步冷凝，至溶液中出现乌洛托品结晶为止。将含结晶的悬浮液从结晶器取出，泵入离心机，使晶体从母液中分出。母液循环至结晶器。在长时间运转后，母液会变得浑浊，可使之通过填充活性炭的过滤器净化。含水乌洛托品在干燥器中用热空气干燥，干燥后的晶体用输送机送至贮罐。

(2) 甲醇法

直接用甲醇、空气和水蒸气在660~750℃通过银-浮石催化剂或其他固体催化剂经脱氢或氧化生成甲醛气。然后反应在常压下进行，将甲醛与氨水放入反应锅中，维持反应温度45~50℃。如甲醛中含有较多甲醇，则须先在真空(5.57×10^4~6.08×10^4Pa)、65℃下蒸出存于甲醛中的甲醇，同时带出大量的水，然后与氨水进行反应。乌洛托品溶液在槽中澄清6~10h，放出上部澄清液，流入澄清液贮槽，将下部混浊液放入沉淀槽澄清。将澄清液在真空蒸发锅里以减压蒸汽加热。蒸出的水汽在蒸发冷凝器中冷凝流入二次冷凝液贮槽，放入下水道。结晶及母液放入过滤器，分出母液，用离心泵打回到母液槽中。结晶则分批加入离心机，进一步分出母液而得成品。

(3) 实验室制法

在反应器中放入331mL 36.5%的甲醛溶液，控制温度在20~30℃之间，缓慢通入45g氨气。冷却，抽滤。母液真空蒸发，充分冷却再抽滤。干燥，得乌洛托品。

6. 质量标准

	一级	二级
外观	白色结晶	白色或微带色调结晶
乌洛托品含量/%	≥99.0	≥98.0
干燥失重/%	≤0.5	≤1.0
灰分/%	≤0.03	≤0.08

7. 质量检验

乌洛托品含量测定：

① 试剂　硫酸：0.05mol/L溶液；氯化钠；混合指示液：0.1%甲基黄乙醇溶液与0.1%亚甲基蓝乙醇溶液等量混合。

② 测定　称取0.5g试样(准确至0.0002g)置于100mL锥形瓶中，加入15g氯化钠(准

确至0.1g)，加入2~4滴混合指示液，用0.05mol/L的硫酸滴定至淡紫色。

③ 计算

$$乌洛托品含量(\%)=\frac{2\times 14.019cV}{G}\times 100\%$$

式中 c——硫酸标准溶液的摩尔浓度，mol/L；

V——滴定所消耗硫酸标准溶液的体积，mL；

G——试样质量，g。

8. 用途

六亚甲基四胺主要用作酚醛塑料的固化剂、氨基塑料的催化剂、橡胶硫化的促进剂、纺织品的防缩剂等。

9. 安全与贮运

本品有中等毒性，可刺激皮肤，引起皮炎。设备应密闭，车间保持良好的通风状态，操作人员应穿戴防护用品。应远离火源，不能与氧化剂混运共贮。可用塑料袋、纸袋、木桶等包装。避免受潮，置于干燥、通风处。

参 考 文 献

[1] 刘国辉. 膜法脱氨技术在乌洛托品生产中的应用及效果分析[J]. 山东化工，2023，52(13)：169-171.

[2] 杨冬梅. 甲醛废液氨化生产乌洛托品工艺研究[D]. 重庆大学，2020.

2.33 促进剂D

促进剂D(accelerator D)的化学名称为二苯胍，又称促进剂DPG、对称二苯胍。分子式$C_{13}H_{13}N_3$，相对分子质量211.3。结构式为：

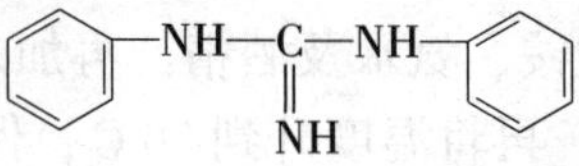

1. 性能

白色粉末，无臭、有毒、味苦，有微弱的气味。相对密度1.13。熔点147℃。在170℃以上则分解。微溶于冷水及乙醚，溶于乙醇、四氯化碳、氯仿、热苯或热甲苯，易溶于无机酸，其水溶液呈强碱性。二苯胍具有相当广的硫化范围，因其临界温度较高(在141℃以上)，所以在混炼、压延和压出工艺过程中不易烧焦；但在促进硫化作用时，能使产品稍微变黑。本品有毒，与皮肤接触有刺激性。贮存性能稳定。

2. 生产原理

苯胺与二硫化碳缩合制得二苯硫脲，再将二苯硫脲、氧化铅、氨水、硫酸铵于40~70℃条件下反应制得二苯胍硫酸盐，经提取、过滤、中和后，干燥筛选得二苯胍。

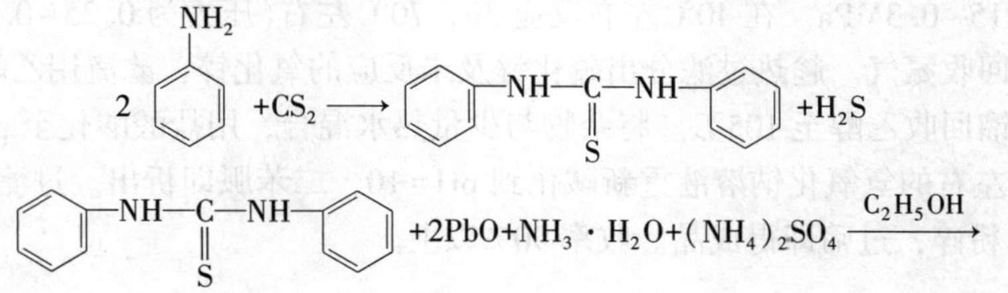

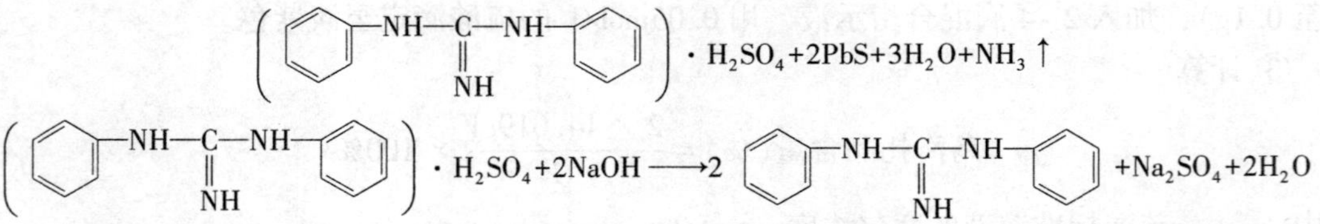

此法用氧化铅作脱硫剂，用氨水作胺化剂，用硫酸铵作为二苯胍的萃取剂，在原料消耗、环境保护方面都存在问题。改用氧化锌可改进原有的生产工艺。

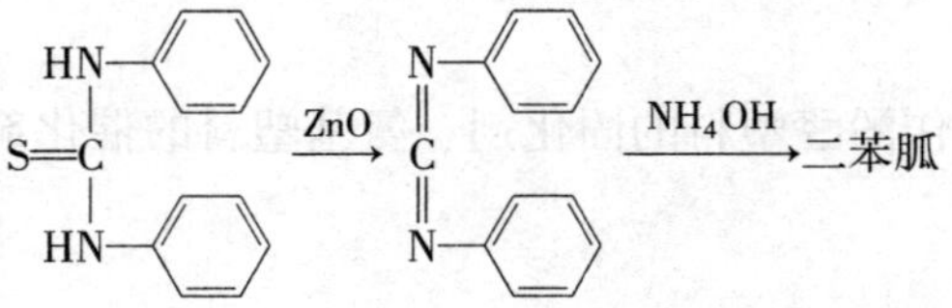

3. 工艺流程

苯胺、二硫化碳 → 缩合 → 合成二苯胍（加入硫酸铵、氨水、氧化铅）→ 提取 → 过滤 → 中和（加入 NaOH）→ 干燥 → 筛选 → 成品

4. 主要原料(kg/t)

苯胺(98%)	1157	硫黄(98%)	11.1
氢氧化钠(95%)	953	乙醇(95%)	70
二硫化碳(99%)	915	氨水(20%)	862
硫酸铵(95%)	543	氧化铅(98%)	100

5. 生产工艺

(1) 氧化铅脱硫法

在脱硫反应釜中，先投入硫酸铵、氨水及酒精，再加入二苯硫脲，最后加入氧化铅。密闭，加热升温至40℃时，保温4h；再将温度升到70℃，保温2h，同时用蒸馏的方法回收氨水及酒精，最后将温度升到105℃。反应完毕，放料于提取罐内，加入大量水及少量硫酸铵，将温度升到95~100℃，使反应物溶解，再过滤、脱铅及脱色，最后得到澄清的溶液，将澄清液(二苯胍硫酸盐溶液)打入中和沉淀罐内，加入氢氧化钠碱化，析出沉淀，再进行水洗、脱水、干燥、粉碎、过筛，即为成品。从反应锅出来的氨及酒精，都经过分馏塔，先将氨蒸出并冷凝成氨水，回收利用，然后再继续在蒸馏锅上加热以蒸出酒精，经冷凝回收备用。

(2) 氧化锌脱硫法

将70%的乙醇加入反应器中，通氨约1~1.5h，待乙醇溶液为氨所饱和后加入二苯硫脲，搅拌下再通氨10min。将略过量的氧化锌加水调成糊状后慢慢滴入反应器，滴加达半量时宜通氨再次使反应液饱和，1h内滴加完氧化锌。然后通氨置换反应器内的空气，密闭，继续通氨至0.15~0.3MPa。在40℃左右反应3h，70℃左右(压力为0.25~0.3MPa)反应3h。反应毕，泄压回收氨气。趁热过滤分出硫化锌及未反应的氧化锌，滤渣用乙醇洗涤。洗液与滤液合并，蒸馏回收乙醇至105℃。将余物与少量热水混合，用盐酸酸化至pH=2.35，滤去残渣，用10%左右的氢氧化钠溶液重新碱化到pH=10，二苯胍即析出。过滤、水洗、甩干，在80℃烘干，粉碎，过筛即得成品。收率90%以上。

(3) 实验室制法

将硫酸铵、氨水和乙醇加至反应瓶内，加入二苯硫脲，再加入氧化铅，搅拌下升温40℃/4h，70℃/2h，加入大量水，于100℃使反应物溶解，过滤除去铅渣，脱色后用NaOH使产品沉淀。抽滤、水洗、干燥得二苯胍。

6. 质量标准

外观	白色粉末	
	一级品	二级品
含量/%	≥98.0	97.0
初熔点/℃	≥145.0	144.0
加热减量(75~80℃，2h)/%	≤0.20	0.30
灰分含量/%	≤0.30	0.40
100目筛余物(孔径0.154mm)	0	0

7. 用途

主要用作天然橡胶与合成橡胶的中速促进剂。常用作噻唑类、秋兰姆及次磺酰类促进剂的活性剂，与促进剂DM、TMTD并用时，可用于连续硫化。用作噻唑类促进剂的第二促进剂时，硫化橡胶的耐老化性能有所下降，必须配以适当的防老剂。在氯丁橡胶中，本品有增塑剂和塑解剂的作用。本品不适于白色或浅色制品以及与食物接触的橡胶制品。主要用于制造轮胎、胶板、鞋底、工业制品、硬质胶和厚壁制品。作为第一促进剂用量为1%~2%，作噻唑类促进剂的第二促进剂时一般用量为0.1%~0.5%。还用作塑料交联剂、示温材料、涂料助剂、矿石浮选助剂、抛光材料助剂、建材化工助剂及金属分析试剂。

8. 安全与贮运

本品有毒，与皮肤接触有刺激性。生产过程中应注意防护，防止粉尘污染环境，操作人员应穿戴防护用具。本品属可燃有机物，应远离火种火源，不可与氧化剂共贮运。消防可用水。用胶合板木桶包装，内衬牛皮纸袋，贮存于通风干燥处，防止受潮、结块、变质。贮存期1~2年。

参 考 文 献

[1] 贾荣荣，张艳章，李兴波，等. 二苯胍的合成研究[J]. 山东化工，2016，45(15)：6.

2.34 促进剂CA

促进剂CA(accelerator CA)化学名称为二苯硫脲，又称 *N*,*N*′-二苯基硫脲、均二苯硫脲。分子式 $C_{13}H_{12}N_2S$，相对分子质量228.3。结构式为：

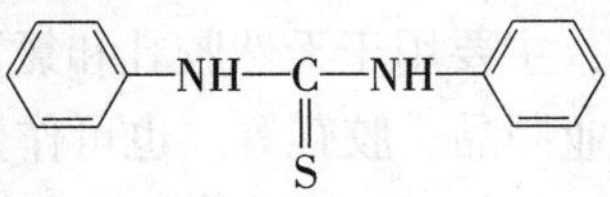

1. 性能

白色有光泽或灰白色粉状结晶。熔点154~155℃(灰色粉末146℃)，相对密度1.32，溶于四氢呋喃、环己酮、醇、乙醚，微溶于聚氯乙烯用的各种增塑剂，不溶于水和二硫化碳。易燃。味苦。摩擦时发光。毒性较小，无致癌性。

2. 生产原理

二硫化碳和苯胺在35℃和0.05MPa下缩合，经水洗、干燥得到二苯硫脲。

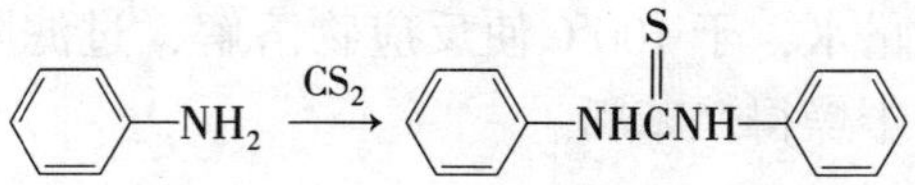

3. 工艺流程

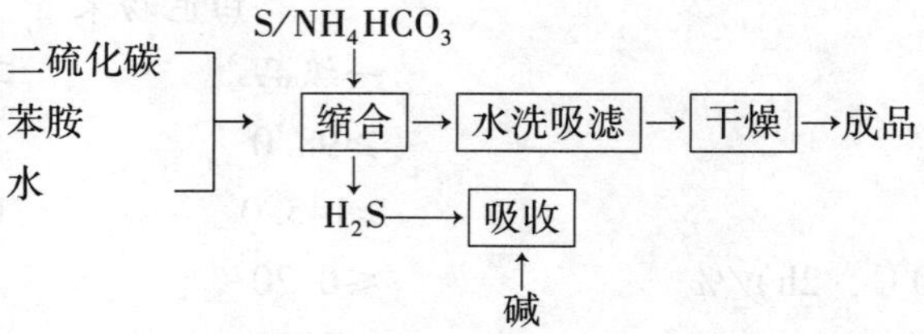

4. 主要原料(kg/t)

二硫化碳(96%)	420	苯胺(98%)	900

5. 生产工艺

反应可在相当宽的温度范围内进行，当温度较低时，需要较长的反应时间。在常温下，向苯胺、水、略过量的二硫化碳配成的反应液中加入1%的碳酸氢铵或氨水作催化剂。搅拌，密闭反应，初始压力为0.05~0.1MPa，压力升高时定期放气，放出的硫化氢气体用液碱吸收，常温反应生产周期长，夏季约在15天以上。

当反应温度控制在40℃左右(接近于二硫化碳沸点)时，二硫化碳比常温法过量稍多，以硫和氨水作催化剂，生产周期约50h。当反应温度为80℃时，反应时间为5h；反应温度为70℃时，反应时间为10h。这时，二硫化碳需过量一倍，水的用量也增加，催化剂为硫和碳酸钠，二硫化碳用滴加的方式加入。反应时需保持较高的压力。

缩合完成后，泄压，趁热将熔融的缩合物放入平盘内，让其自然冷却，凝结成块。粉碎后，置入酸洗锅中，用稀盐酸洗去碱性物，再用水洗涤至中性。过滤，滤饼干燥，得到二苯基硫脲。

6. 实验室制法

将186g苯胺和适量水投入耐压反应器中，再加入6g硫和6g Na_2CO_3，加热至70~80℃，滴加304g二硫化碳，加毕，继续回流4~6h。然后趁热将反应物倾至平盘中，让其自然冷却。粉碎后用稀盐酸洗去碱性物，水洗过滤，得到二苯硫脲约210g。

7. 质量标准

外观	白色片状结晶或灰白色粉末结晶	游离苯胺/%	≤0.4
熔点/℃	≥146	水分/%	≤0.3
含量/%	≥95		

8. 用途

本品为硫化速度较快的促进剂，主要用于天然胶乳和氯丁胶乳制品，也可用于制造硫化胶囊、水胎、补胎胶、电线电缆、工业制品、胶鞋等。也可作为乳液法聚氯乙烯的热稳定剂，特别适用于软质制品，一般用量为0.2%~0.5%，不会使塑料制品着色，但不能防止制品受光变色。不能与铅、镉稳定剂并用，否则会导致制品变色。二苯硫脲也是医药、染料的中间体，用于生产靛蓝、甲基靛蓝、硫化染料及浮选剂、防酸剂等。

9. 安全与贮运

本品毒性小，毒性 LD_{50}为 2000mg/kg(大鼠口服)，但原料苯胺高毒。生产设备必须密闭。注意二苯硫脲在 160℃以上会产生对眼、黏膜和皮肤有强烈刺激的苯基芥子油。使用内衬塑料袋的纸板桶包装，注意防火、防潮、防晒。

参 考 文 献

[1] 姜发琴，鞠彩霞，王飞军，等. 酸性树脂催化合成二苯硫脲[J]. 精细石油化工进展，2003，(09)：25-27.

[2] 鞠光，高玉琳. 一种二苯硫脲母液回用工艺的研究[J]. 山西化工，2022，42(08)：179-180.

第3章　抗氧剂(防老剂)

3.1 概　述

橡胶、塑料及其他高分子材料由于受热、光照和氧气的作用而发生降解及交联反应，破坏了高分子材料的结构并降低了物理机械性能的现象，称作高分子材料的“老化”。为了抑制或减缓高分子材料的老化过程，提高高分子材料的应用性能和寿命，通常在高分子材料中添加适当的物质。能够抑制或延缓橡胶、塑料等高分子材料氧化或老化的物质，称抗氧剂；主要防止热老化的物质，称热稳定剂；用于防止光老化的物质，称光稳定剂。本章主要讨论抗氧化剂。

引起橡胶、塑料等高分子材料老化的有多种因素，但主要因素是氧、光、热。氧、光、热可以造成聚合物的自动氧化反应和分解反应，引起聚合的降解，因此，抗氧剂、光稳定剂和热稳定剂统称防老剂。而在橡胶工业中，沿袭历史习惯，通常把抗氧剂称作防老剂。一般而言，抗氧剂应具有：优越的抗氧化性能；与橡胶、塑料等高聚物相容性好，并在加工温度下稳定；不影响橡胶、塑料等高聚物的其他性能，也不和其他化学添加助剂进行不利反应；无毒或低毒；不变色、污染性小。

抗氧剂是一类重要的添加助剂，目前达二百多个品种。抗氧剂的分类方法有两种：一是按抗氧剂的作用及机理分为主抗氧剂(链终止剂)和辅助抗氧剂(过氧化物分解剂及金属离子钝化剂)。主抗氧剂主要是胺类和酚类化合物，辅助抗氧剂主要是硫代酯类和亚硫酸酯类化合物。另一种分类方法是按化学结构分为胺类、酚类、亚磷酸酯类、硫代酯类以及有机金属盐类等抗氧剂，后两者所占比例很少。

(1) 胺类抗氧剂

胺类抗氧剂广泛用于橡胶工业中，是一类发展最早、效果最好的抗氧剂。此类抗氧剂对氧、臭氧的防护性很好，且对热、光、曲挠、铜害的防护也有突出效果，但有较强的变色性和污染性。按照胺类抗氧剂的结构又可分成二芳基仲胺类、对苯二胺类、二苯胺类、醛胺类、酮胺类。

(2) 酚类抗氧剂

虽然酚类抗氧剂的抗氧化能力不如胺类抗氧剂，但其具有优异的不变色、不污染的特点，而且一般为低毒或无毒，因此大量用于塑料工业，还可大量用于石油产品和食品工业。大多数酚类抗氧剂都具有受阻酚结构，受阻酚类抗氧剂有烷基酚、烷基多酚、硫代双酚等。酚类抗氧剂具有很好的发展前景。

(3) 含磷抗氧剂

含磷抗氧剂主要为亚磷酸酯型抗氧剂。具有低毒、不污染、挥发性低等特点。亚磷酸酯是过氧化物分解剂，属于辅助抗氧剂，与其他抗氧剂并用可极大地改善高分子材料的加工稳定性与不变色性，但此类抗氧剂一般耐水性和耐热性较差。常见的品种有亚磷酸二苯辛酯(ODP)、亚磷酸三(壬基苯)酯(TNP)。

(4) 含硫抗氧剂

含硫抗氧剂主要有硫代酯型抗氧剂，是优良的辅助抗氧剂，与酚类抗氧剂并用，可产生协同效应。代表性品种有硫代丙二酸、二月桂酯（抗氧剂 DLTP）、硫代二丙酸十八醇酯（抗氧剂 DSTDP）。

（5）反应型抗氧剂

高分子材料在特殊的使用条件下，如长期处于高温、真空环境中或接触各种液体介质的条件下工作，聚合物中的抗氧剂很易挥发或被抽出，使之大量损耗，以至严重地破坏了防护作用。因而使用不挥发、不抽出的抗氧剂，就十分重要了。反应型抗氧剂，可以满足这一要求。这类抗氧剂大多是在胺类或酚类抗氧剂分子中，接上具有反应活性的基团。在聚合物的加工过程中，此反应活性基团可与聚合物分子以化学键的形式结合在大分子链上，从而带来不挥发、不抽出、抗氧效果持续等特性。代表产品有对亚硝基二苯胺（抗氧剂 NDPA）、2-烯丙基-4-甲基-6-叔丁基苯酚、4-马来酰亚氨基二苯胺、3,5-二叔丁基-4-羟基苄基丙烯酸酯和 *N*-（4-苯胺基苯基）甲基丙烯酰胺。

目前高分子材料抗氧剂以受阻酚类为主，另外还有胺类、磷类和硫类辅助抗氧剂以及金属离子钝化剂等。高分子制品的应用涉及各行各业，特别是用于食品和医药包装的高分子材料，对抗氧剂的低毒特性要求很高。天然抗氧化剂与人工合成抗氧化剂相比，具有天然、高效、低毒等优点，近年来天然或无毒抗氧化剂的开发研究引起人们的高度重视。

抗氧剂的发展动向主要是开发高效、长效、无污染、抗析出的抗氧剂。分子内协同作用是抗氧剂高效化的有效手段。生物基抗氧剂是无毒环保型抗氧剂的主要研发方向。大分子型抗氧剂、负载型抗氧剂和反应型抗氧剂能有效提升小分子抗氧剂的抗析出性能，其中，大分子型抗氧剂具有更好的发展潜力。随着橡胶、塑料等高分子材料工业的发展，抗氧剂的产量日益增长，并且不断出现抗氧剂新品种。抗氧剂的发展动向主要是开发高效、长效、无污染抗氧剂。例如，抗氧剂 AFS[双(1,2,3,6-四氢化苯甲醛)季戊四醇基乙缩醛]，为非污染性抗臭氧剂；三嗪结构抗氧剂 TAPDT 为非污染性抗氧剂，商品名为 Durazone[2,4,6-三(*N*-1,4-二甲基苯基对苯二胺)1,3,5-三嗪]，在动静态情况下都有较好的抗臭氧功能，也具有较好的耐曲挠性能；对苯二胺型抗氧剂 SPPD[*N*-苯基-*N*′-(*α*-甲基苄基)对苯二胺]，作为一种长效抗氧剂，它具有较低的混合系数，较高的耐抽出性及较小的挥发性。这些新型防老剂都是顺应当今世界发展“绿色抗氧剂”的潮流而诞生的，具有良好的发展前景。我国抗氧剂产业应加大优化产品结构力度，限制和阻止危害环境、影响健康的产品再生产，同时加快高效、长效、无污染抗氧剂品种的开发生产速度。

3.2 抗氧剂 2246

抗氧剂 2246（antioxdant 2246）又称防老剂 2246，化学名称为 2,2′-亚甲基双（4-甲基-6-叔丁基苯酚），英文商品名有 MDP、MBMBP、Antage W-400、CAO-14 Antigene。分子式 $C_{23}H_{32}O_2$，相对分子质量 340.49。结构式为：

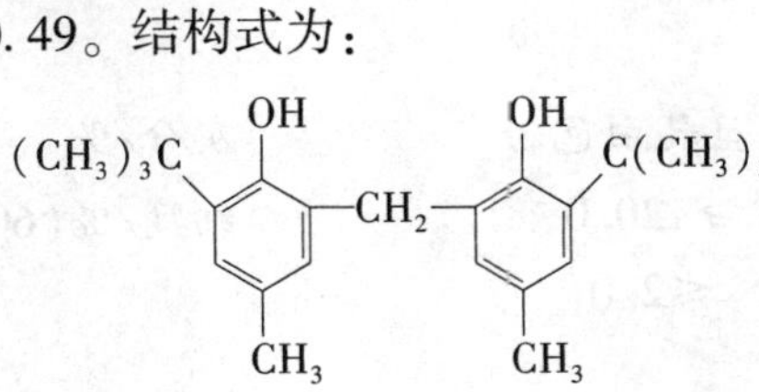

1. 性能

白色或乳黄色粉末，密度 1.04~1.08g/cm^3，熔点 125~133℃，易溶于苯、丙酮等有机溶剂，不溶于水。属通用酚类抗氧剂，对氧、热引起的老化和光老化引起的龟裂防护效能高。它的反应性基团羟基(—OH)能与自动氧化中生成的自由基反应而中断链式反应。长期贮存时，颜色呈粉红色，但不影响其使用性能。

2. 生产原理

在 732$^{\#}$强酸性离子树脂的催化下，对甲酚与异丁烯发生烷基化反应，得到的 2-叔丁基甲酚与甲醛发生缩合反应，得到抗氧剂 2246。

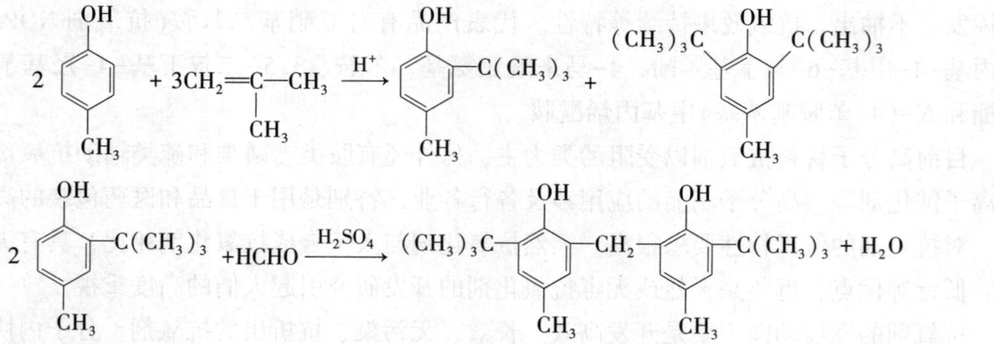

3. 工艺流程

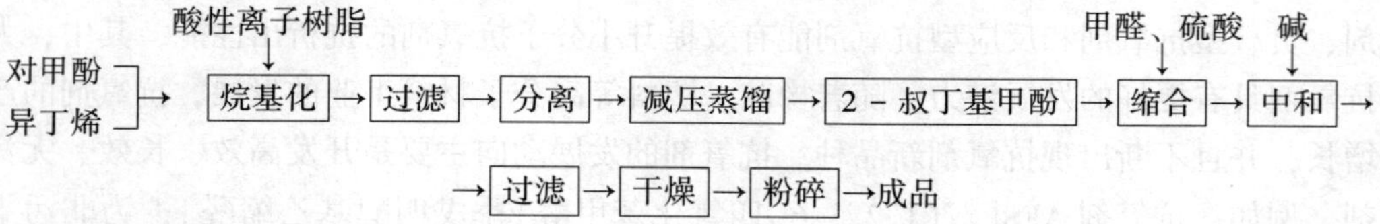

4. 主要原料(kg/t)

对甲酚(工业品)	1600	甲醛(40%)	400
异丁烯(工业品)	1600		

5. 生产工艺

在烷基化反应中，对甲酚在 732$^{\#}$强酸性离子交换树脂的催化下，于 60~65℃下与异丁烯发生烷基化反应。反应生成单烷基化产物 2-叔丁基甲酚和双烷基化产物 2,6-二叔丁基甲酚(防老剂 264)，反应结束后，过滤除去催化剂。催化剂经再生循环使用。将滤液加入甲醇-氢氧化钠溶液中，析出防老剂 264。过滤后，将滤饼在乙醇中重结晶，过滤后干燥，得副产品防老剂 264。滤液经中和，蒸馏回收甲醇，水洗后减压蒸馏，蒸馏液冷却后析晶，分离得 2-叔丁基甲酚。

在缩合反应釜中加入 200$^{\#}$汽油作为溶剂，加入 2-叔丁基甲酚和 40%的甲醛，以硫酸为催化剂。搅拌下于 90~95℃进行缩合反应。反应完毕，用碱中和催化剂，过滤，用水洗涤，干燥后粉碎，得抗氧剂 2246 产品。

6. 质量标准

外观	白色至乳白色粉末	灰分/%	≤0.4
初熔点/℃	≥120.0	细度/%(600 孔/cm^2 筛)	≥99.5
加热减量/%	≤2.0		

7. 国外相应产品的质量指标

商品牌号	公司(国别)	外　观	密度/(g/cm³)	熔点/℃
Vulkanox BXF	Bayer(德国)	白色至浅棕色粉末	1.04	>124
Antioxidant 2264	Cyanumd(美国)	白色粉末	1.08	125~130
Nocrac NS-6	大内(日本)	白色至灰白色粉末	1.08	120
Antage W-500	川口(日本)	白色至灰色粉末		>119

8. 用途

抗氧剂 2246 为通用型强力酚类抗氧剂之一。广泛用于天然橡胶、合成橡胶、胶乳以及其他多种合成材料和石油制品中。还可作为顺丁橡胶和乙丙橡胶的稳定剂，其效果比常用的抗氧剂 264 和防老剂 D 好。对氧、热引起的老化和日光造成的表面龟裂有防护效能。对橡胶的硫化和可塑度均无影响。对乳胶无不安定作用。在水中易分散，使用方便。在天然橡胶中能减少过硫时的不良影响。本品无污染性，不变色，因此适用于浅色或艳色橡胶制品以及乳胶的浸渍制品、纤维浸渍制品、医疗卫生制品。本品在橡胶中溶解度高，在正常用量下无喷霜现象。通常用量为 0.5%~1.5%。抗氧剂 2246 还可作为多种工程塑料的抗氧剂。如用于 ABS、聚甲醛、氧化聚醚、聚乙烯四氢呋喃、有机玻璃等。本品还用作其他石油产品的抗氧添加剂，油溶性好，抗氧效果优良，且不易挥发，抗热氧稳定性高。也用作乙丙橡胶的分子量调节剂。

9. 安全与贮运

反应设备应密闭，操作人员应穿戴劳保用品。本品低毒，避免吸入粉尘，使用时穿戴防护用具。使用内衬塑料袋的木桶包装，防火、防潮、防晒。

参 考 文 献

[1] 张天永，池立峰，夏文娟，等. 抗氧剂 2246 的合成研究[J]. 化学工业与工程，2009，26(01)：19-22.
[2] 王正. 抗氧剂 2246 的合成工艺研究与改进[D]. 天津大学，2007.

3.3 防老剂 DFC-34

防老剂 DFC-34(antioxidant DFC-34)的化学成分为苯乙烯化二苯胺缩合物。国外商品名有 Wingstay 29(美国)、Nocrac ODA(日本)。产品为载体型苯乙烯化二胺。结构式为：

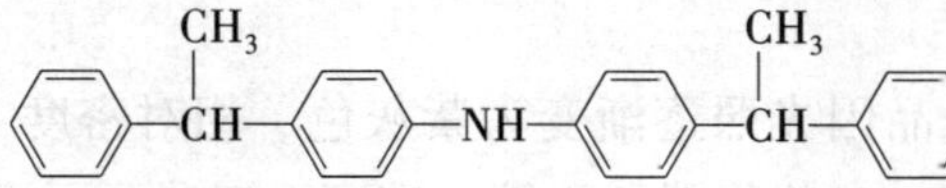

1. 性能

红棕色黏稠液体，溶于汽油、苯、四氯化碳、乙醇、丙酮，不溶于水。当掺有轻质碳酸钙载体后，即成固体产品，外观为浅褐色粉末。

2. 生产原理

在催化剂活性白土存在下，于 200~240℃下二苯胺与苯乙烯烷基化反应，反应后加入载体轻质碳酸钙，搅拌、混匀过筛，即为成品。

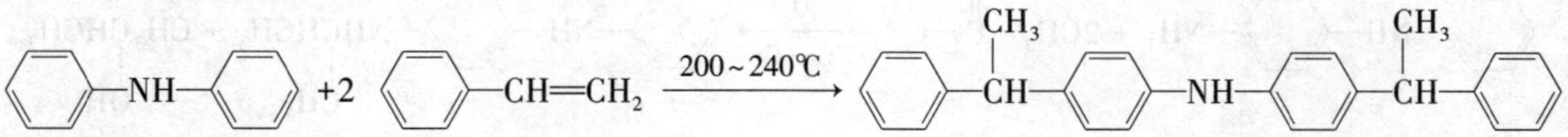

3. 工艺流程

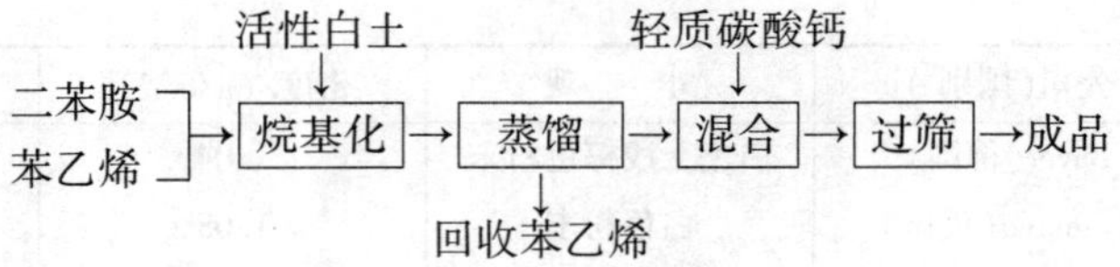

4. 主要原料(kg/t)

二苯胺(≥97.5%)	160	轻质碳酸钙(工业品)	640
苯乙烯(≥99.0%)	200	活性白土(工业品)	适量

5. 生产工艺

将适量烘干后的活性白土与160kg二苯胺加入烷基化反应釜中，加热到200~240℃，在1h内慢慢加入200kg苯乙烯，保温搅拌反应，维持1~2h后，冷却蒸馏，得到苯乙烯化二苯胺。与640kg轻质碳酸钙混合，混合物经振动筛过筛，得防老剂DFC-34。

6. 质量标准

外观	浅褐色粉末	堆密度/(g/cm^3)	0.65±0.1
主成分含量/%	≥34	细度	全部通过15目筛
水分/%	≤0.6		

7. 用途

用作天然橡胶和合成橡胶的抗热、抗曲挠防老剂。对橡胶的热氧老化、臭氧老化和疲劳龟裂具有优良的防护作用，对变价金属有抑制作用。用量为1%~3%。

8. 安全与贮运

生产中使用二苯胺等，设备应密闭，车间内加强通风，操作人员应穿戴劳保用品。按一般化学品贮运。

3.4 防老剂4010NA

防老剂4010NA(antioxidant 4010NA)又称抗老剂IPPD、抗氧剂4010NA。化学名称*N*-异丙基-*N'*-苯基对苯二胺，分子式$C_{15}H_{18}N_2$，相对分子质量226.31。结构式为：

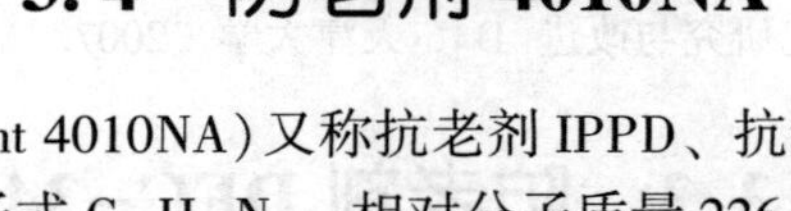

1. 性能

纯品为白色结晶，工业品因光照逐渐变为紫灰色。相对密度1.14，熔点80.5℃。溶于油类、丙酮、苯、四氯化碳、二硫化碳和乙醇，难溶于汽油，不溶于水。暴露于空气及阳光下会变色，毒性较小。含本品的硫化胶与强氧化剂或铁盐长期接触会出现渗色现象。

2. 生产原理

4-氨基二苯胺与丙酮在铜-铬催化剂存在下，于160~165℃、氢压6.0~6.5MPa条件下进行缩合反应，反应产物经分离、结晶、过滤、干燥得防老剂4010NA。

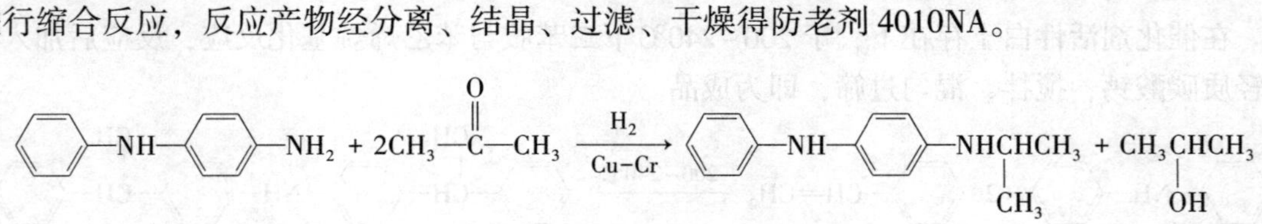

3. 工艺流程

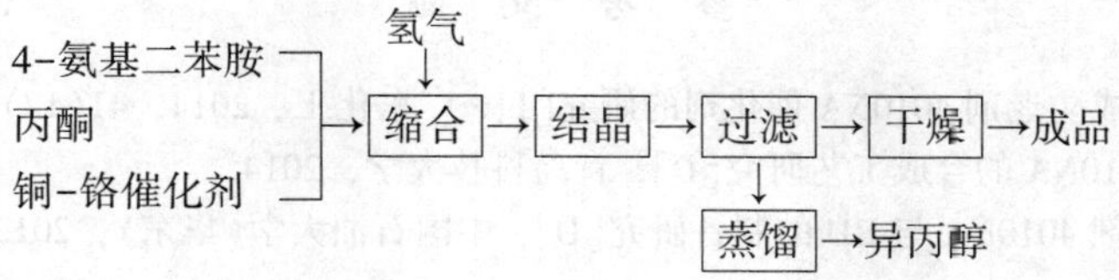

4. 主要原料(kg/t)

4-氨基二苯胺(96%)	1000	氢气	适量
丙酮(98%)	2500	铜-铬催化剂	60~100

5. 生产工艺

在耐高压的缩合反应釜中，加入500kg凝点≥68℃的对氨基二苯胺和1250kg 98%的丙酮，以及80kg铜-铬催化剂，搅拌下加热至160~165℃，通入氢气并保持氢气压力为5.5~6.0MPa进行反应。反应结束后，泄压，回收氢气，趁热出料，经过滤回收催化剂。冷却、结晶，过滤后干燥，得防老剂4010NA。滤液经蒸馏可得异丙醇。

6. 质量标准(GB/T 8828)

外观	浅红色至紫红色结晶粉末或片晶
干品初熔点/℃	≥70.0
加热减量/%	≤0.50
灰分/%	≤0.30

7. 国外相应产品的质量指标

商品牌号	公司(国别)	外观	密度/(g/cm^3)	熔点/℃
Flexzone 3C	Uniroyal(美国)	紫灰色片状	1.10	>76
Sontoflex IPPD	Flexsys(美国、荷兰)	深紫褐色片状	1.14	75~80
Dusantox IPPD	Petrimex(斯洛伐克)	紫至紫褐色锭剂	1.185	>76
Antigene 3C	住友(日本)	灰紫至紫褐色片状		>70
Vulkanox 4010NA	Baher(德国)	棕色半球状颗粒	1.11	>76

8. 用途

用作橡胶防老剂，具有优良的抗氧、抗臭氧、抗曲挠龟裂、抗日晒龟裂和抑制铜锰等有害金属离子的作用。对臭氧和曲挠疲劳有卓越的防护效能；对氧、热等一般老化也有良好的保护作用；对有害金属如铜、锰对橡胶的破坏也有抑制作用。对天然橡胶、丁苯橡胶、丁腈橡胶、氯丁橡胶、顺丁橡胶和异戊橡胶尤为适用，既可用于硫化橡胶，也可用于未硫化的橡胶中。本品与防老剂RD、防老剂AW、防老剂BLE或蜡类物理性防护剂并用效果更为显著，并可减少其用量。常用于制造承受动态和静态应力较高的橡胶制品，如飞机和汽车轮胎、自行车外胎、电缆、胶管、胶带、胶辊等。在天然橡胶中用量为2.5%~3.0%、丁苯橡胶中为4%以下时，不会产生喷霜现象。本品有污染性，不宜用于浅色橡胶制品。还可用作聚乙烯、聚丙烯、丙烯酸树脂的热氧稳定剂。

9. 安全与贮运

生产中使用4-氨基二苯胺、丙酮等，反应设备应密闭，操作人员应穿戴劳保用品。防老剂4010NA有一定毒性，见光会变色。以塑料编织袋内衬塑料袋包装，贮存于阴凉、干燥处，贮运时防火、防晒。

参 考 文 献

[1] 周莲凤. 一步法合成防老剂4010NA催化剂的研究[J]. 广东化工，2014，41(12)：80-81.
[2] 韩晓龙. 防老剂4010NA的合成工艺研究[D]. 青岛科技大学，2014.
[3] 周立华. 橡胶防老剂4010NA与RD的制备研究[D]. 中国石油大学(华东)，2012.

3.5 防老剂4020

防老剂4020(antioxidant 4020)又称抗氧剂4020、防老剂DMBPPD。分子式 $C_{18}H_{24}N_2$，相对分子质量268.41。结构式为：

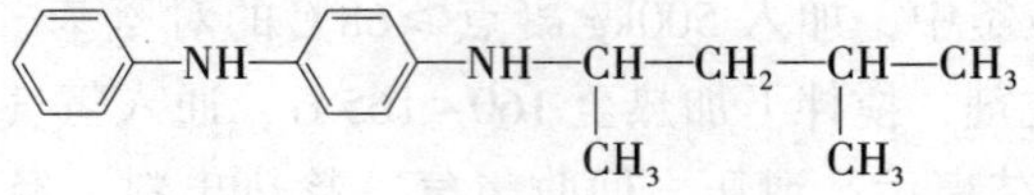

1. 性能

纯品白色固体，熔点52℃，沸点380℃。工业品为灰黑色固体，相对密度0.986~1.00，熔点40~45℃。溶于苯、丙酮、乙酸、乙酸乙酯、二氯乙烷及甲苯，不溶于水。贮藏稳定，但温度超过35~40℃时，会慢慢结团。有毒。小白鼠经口服 LD_{50} 为2500mg/kg。

2. 生产原理

在铜-铬催化剂存在下，4-氨基二苯胺与4-甲基-2-戊酮在5~16MPa氢压下进行催化加氢反应，反应产物经精制、分离，得防老剂4020。

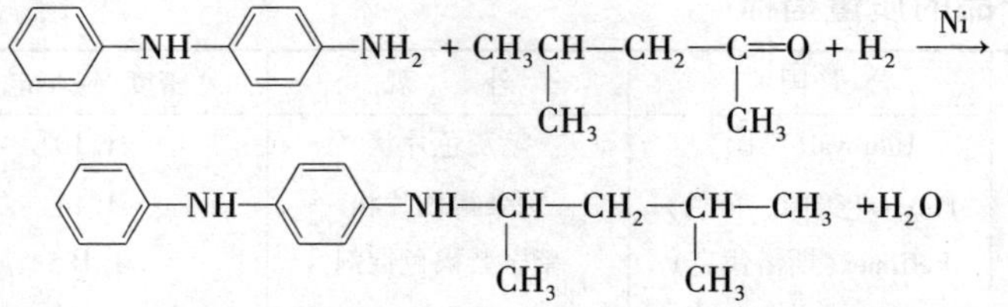

在铁粉和碘(或 $FeCl_2$、$FeCl_3$)催化下，*N*-(1,3-二甲基丁基)对氨基酚与苯胺在210~230℃反应。缩合反应完成后于180℃/133.3Pa蒸去易挥发物，即得含防老剂4020的混合物，其成分为：*N*-(1,3-二甲基丁基)-*N′*-苯基对苯二胺50%、*N*,*N′*-苯基对苯二胺17.5%、*N*,*N′*-双(1，3-二甲基丁基)对苯二胺13.4%。

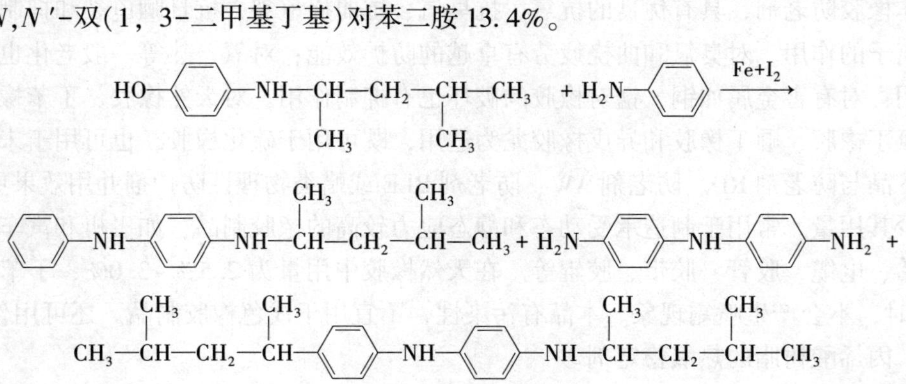

3. 工艺流程

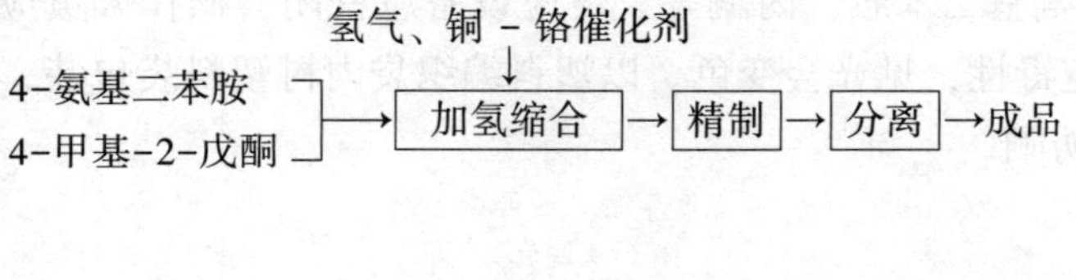

4. 主要原料(kg/t)

4-氨基二苯胺(95%)	950	铜-铬催化剂	50~100
4-甲基-2-戊酮(工业品)	2300		

5. 生产工艺

在高压缩合反应釜中，加入4-氨基二苯胺、4-甲基-2-戊酮和铜-铬催化剂，搅拌下加热至160~165℃，通入氢气并保持氢气压力为5.5~6.0MPa，进行催化加氢缩合反应。反应完成后，泄压并回收氢气，趁热出料，过滤回收催化剂。缩合物于180℃/133.3Pa下蒸出未反应物，残余物经干燥粉碎得防老剂4020。

6. 质量标准

	一级品	二级品
外观	黑褐色粒状或块状	
凝点/℃	≥44.0	≥40.0
加热减量/%	≤0.5	≤1.0
灰分/%	≤0.3	≤0.3

7. 国外相应产品的质量指标

商品牌号	公司(国别)	外　观	密度/(g/cm³)	熔点/℃
Aceinox ZC	I.C.I.(英国)	暗紫色颗粒	1.02	44
Santoflex 6PPD	Flexsys	暗紫色锭剂	0.986~1.000	44~49.5
Vulkanox 4020	Bayer(德国)	棕色半球状	1.0	>47
Flexzone 7F	Uniroyal(美国)	深紫色片状	1.07	45~50
Dusantox 6PPD	Petrimex(斯洛伐克)	紫至紫褐色锭剂	1.0	44~45

8. 用途

主要用作橡胶抗氧防老剂。其性能与防老剂4010NA相近，但其毒性及对皮肤的刺激性比4010NA要小，在水中的溶解特性比4010NA好(水洗损失率：4010NA为50%，而4020仅为15%~20%)。除具有良好的抗氧效能外，还有抗臭氧、抗曲挠龟裂和抑制铜、锰等有害金属的作用。适用于天然橡胶、顺丁橡胶、异戊橡胶、丁腈橡胶及氯丁橡胶，可用于轮胎、胶带以及许多其他工业橡胶制品的制备，一般用量为0.5%~1.5%。用量高于2.5%时，硫化橡胶拉伸强度和定伸应力稍有下降。

在塑料工业中，可用作聚乙烯、聚丙烯和丙烯酸树脂的热氧稳定剂。防老剂4020因污染严重，不适用于浅色制品。

9. 安全与贮运

生产中使用4-氨基二苯胺等，且产品有毒，生产设备应密闭，车间加强通风，操作人员应穿戴劳保用具。按有毒化学品规定贮运。

参 考 文 献

[1] 王芳，孙诚，徐林. 缩合、加氢两步合成防老剂4020的研究[J]. 上海化工，2017，42(10)：17-20.

[2] 丁军委，韩晓龙，张帅. 橡胶防老剂4020合成工艺的优化[J]. 应用化工，2014，43(07)：1294-1296.

3.6 防老剂 288

防老剂 288(antioxidant 288)又称抗氧剂 288。化学名称为 N,N'-二异辛基对苯二胺、N,N'-双(1-甲基庚基)-对苯二胺。分子式 $C_{22}H_{40}N_2$，相对分子质量 332.57。结构式为：

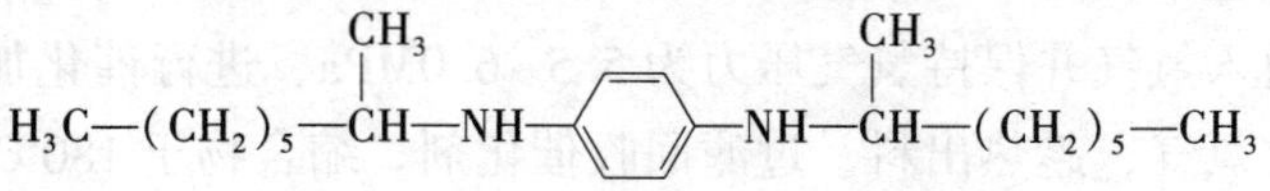

1. 性能

暗棕色液体。凝点 25.5℃，沸点 420℃。相对密度 0.912。折射率 1.056～1.509(25℃)。溶于苯、丙酮、乙醇、石油醚、二硫化碳、氯仿，微溶于水。本品为具有污染性的优良抗臭氧剂，有增加焦烧的缺点。

2. 生产原理

在镍催化下，两分子 2-辛醇与对苯二胺缩合，经分离、减压蒸馏得防老剂 288。

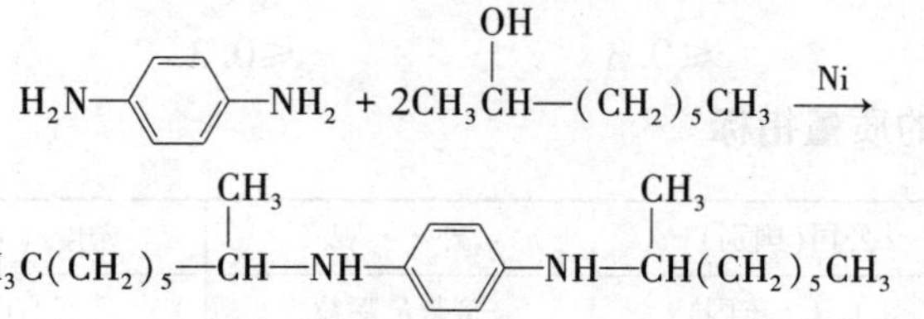

3. 工艺流程

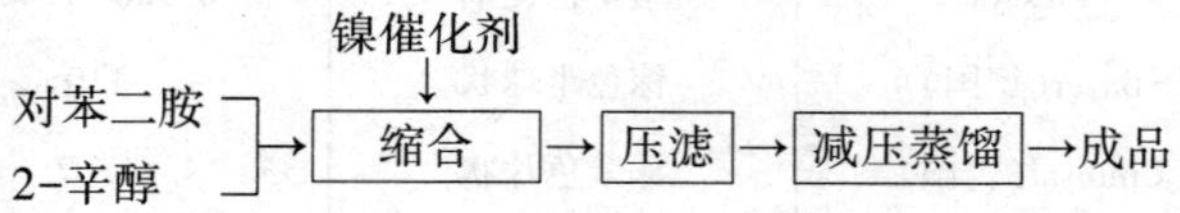

4. 主要原料(kg/t)

对苯二胺(工业品)	610	铝镍合金(含 Ni 40%)	330
2-辛醇(90%)	4000		

5. 生产工艺

在缩合反应釜中加入 350kg 对苯二胺、2000kg 90%的 2-辛醇和 165kg 含镍 40%的骨架镍催化剂，在搅拌下加热升温至 180℃进行缩合反应。过量的 2-辛醇和反应生成的水不断蒸出，经冷凝后由醇水分离器将水分出，2-辛醇继续参加反应。当分出的水量接近理论值时，反应即达终点。经压滤回收催化剂后，滤液经减压蒸馏，分出未反应的对苯二胺和 2-辛醇，即得防老剂 288。

6. 质量标准

外观	棕红色黏稠液体	灰分/%	≤0.3
黏度/mPa·s	≤80		

7. 用途

优良的抗臭氧剂。可有效地抗动态和静态臭氧龟裂，也有一定的抗氧和抗曲挠龟裂效能，主要用于天然橡胶和合成橡胶。由于有污染性，常用于制造轮胎，有时也用于制造胶管、胶带及其他工业橡胶制品。与 4010NA 等并用有协同效应。本品有促进硫化的作用。由于本品有增加焦烧及污染性较大的缺点，只能用于深色制品。一般用于量为 0.05%～3%。

8. 安全与贮运

生产设备应密闭，车间内加强通风，操作人员应穿戴劳保用具。产品采用镀锌铁桶包装，贮存于阴凉、干燥处。

参 考 文 献

[1] 路亮. *N*,*N'*-二烷基对苯二胺的催化合成研究[D]. 天津大学，2013.

3.7 防老剂 H

防老剂 H(antioxidant H)又称防老剂 DPPD、抗氧剂 H。化学名称 *N*,*N'* -二苯基对苯二胺、*N*,*N'* -二苯基-1,4 -苯二胺、1,4-二苯胺基苯。分子式$C_{18}H_{16}N_2$，相对分子质量 260.34。结构式为：

1. 性能

纯品为银白色片状，暴露于空气及日光下易氧化变色，工业品为灰色粉末。易燃。相对密度 1.18~1.22，熔点 150~152℃。溶于苯、甲苯、氯苯、乙醚、丙酮、二硫化碳和氯仿，微溶于乙醇和汽油，不溶于水。遇热稀盐酸变为绿色，与硝酸、亚硫酸钠作用变为葡萄红及深红色。有毒。

2. 生产原理

对苯二酚与苯胺在磷酸三乙酯催化及加压下进行缩合，再经蒸馏、粉碎得防老剂 H。

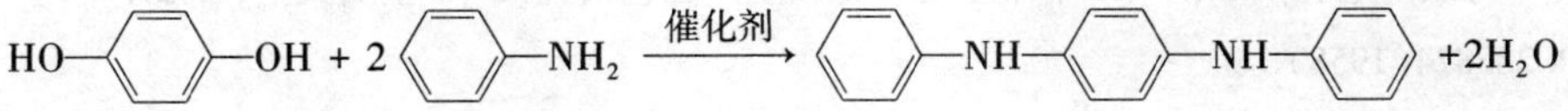

3. 生产工艺

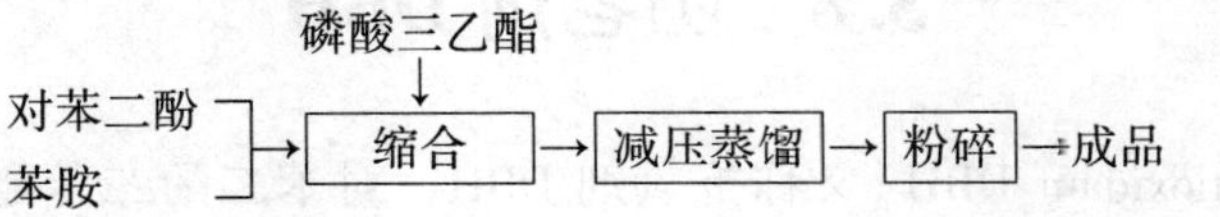

4. 主要原料(kg/t)

对苯二酚(工业品)	600	磷酸三乙酯	17
苯胺(工业品)	1500		

5. 生产工艺

在搪瓷缩合反应釜中加入 300kg 对苯二酚、750kg 苯胺及 8.5kg 催化剂磷酸三乙酯，搅拌下加热升温至 280~300℃，在 0.7MPa 下进行缩合。反应完成后，进行真空蒸馏。先在低真空度下蒸出过量的苯胺，然后再在较高的真空度下蒸出中沸物。将剩余的物料进行结晶，粉碎，得防老剂 H 约 500kg。

6. 质量标准

	优级品	工业品
外观	灰色至浅棕色粉末	灰色至浅棕色粉末
加热减量/%	≤0.40	≤0.40
干品初熔点/℃	≥140.0	≥125.0
灰分含量/%	≤0.40	≤0.40
筛余物含量/%	≤1.00	≤1.00

国外相应产品的质量指标：

商品名	公司(国别)	外　观	密度/(g/cm^3)	熔点/℃
Vulkanox DPPD	Bayer(德国)	棕色片状	1.2	>135
Nocrac DP	大内(日本)	浅灰至绿色粉末	1.26	>130

7. 用途

通用型橡胶防老剂。用于天然橡胶和丁腈橡胶、丁苯橡胶、聚丁二烯橡胶、聚戊二烯橡胶等合成橡胶及乳胶。具有良好的抗曲挠龟裂性能，对热、氧、臭氧、光老化，特别是对铜害和锰害的防护作用甚佳。本品还用作 ABS、聚甲醛、聚酰胺类工程塑料及聚氯乙烯等塑料的耐热防老剂。由于防老剂 H 变色及污染严重，故常用于制造轮胎及各种工业橡胶制品以及电线、电缆及钢接触的胶料。因本品在橡胶中溶解度较低，容易喷霜，故单独使用时一般用量为 0.2%~1.0%。

8. 安全与贮运

生产中使用苯胺、对苯二酚等，且产品有毒(慢性中毒可破坏条件反射功能，与皮肤接触可引起皮炎)，反应设备应密闭，车间内加强通风，操作人员应穿戴劳保用具。

本品易燃、易氧化，用内衬塑料袋的编织袋密封包装。贮存于阴凉、干燥处，贮运地防火、防潮、防晒。按有毒化学品规定贮运。

参 考 文 献

[1] 林佳莉. 橡胶防老化剂 *N*,*N′*-二甲苯基对苯二胺生产工艺研究[D]. 重庆大学, 2021.

[2] U.S.P.283824(1958).

3.8 防老剂 DBH

防老剂 DBH(antioxidant DBH)又称抗氧剂 DBH、对苯二酚二苄醚。分子式 $C_{20}H_{18}O_2$，相对分子质量 290.36。结构式为：

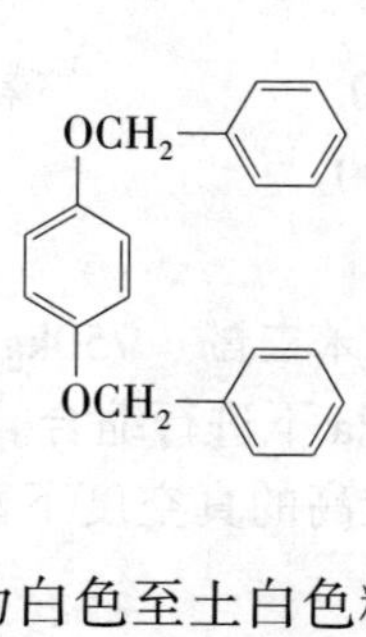

1. 性能

纯品为银白色片状结晶，工业品为白色至土白色粉末。熔点 130℃。易燃、低毒。溶于丙酮、苯及氯苯，难溶于乙醇、汽油和水。

2. 生产原理

在氢氧化钠存在下，对苯二酚与苄基氯发生醚化反应，得到防老剂 DBH。

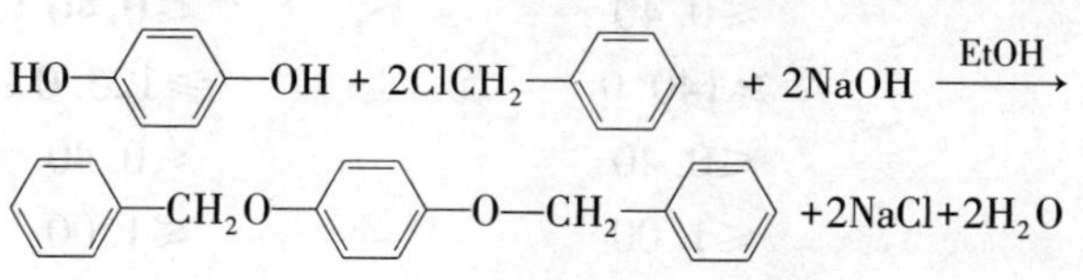

3. 工艺流程

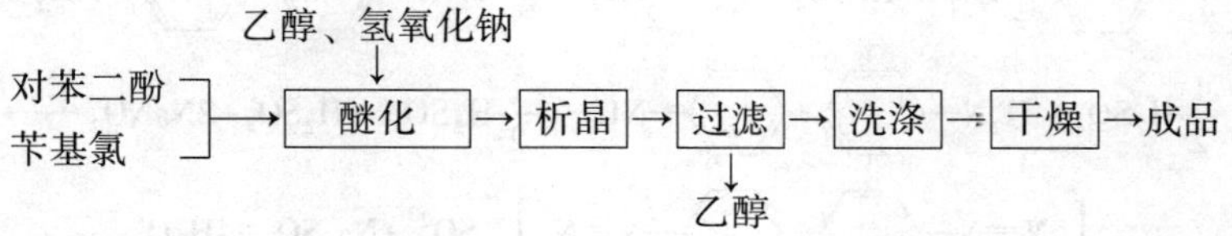

4. 主要原料(kg/t)

对苯二酚(≥98%)	420	乙醇(≥95%)	1120
苄基氯(≥95%)	1140	氢氧化钠(≥95%)	350

5. 生产工艺

在醚化反应釜中加入 210kg 对苯二酚和适量工业乙醇，搅拌溶解后，再于搅拌下加入 175kg 氢氧化钠，加热升温，在 80℃左右回流条件下，加入 57kg 苄基氯和适量乙醇的混合液，于回流温度下进行醚化反应。反应结束后，冷却结晶，过滤，滤饼用酒精洗涤、干燥并粉碎，即得防老剂 DBH。

6. 质量标准

外观	白色至土白色粉末	灰分含量/%	≤0.5
熔点/℃	≥125.0	游离氯含量/%	≤0.03
水分含量/%	≤1.0	细度(通过 1600 孔/cm^2 筛)/%	≥99.5

7. 用途

用作橡胶中等程度的防老剂，不变色，不污染，在长期日光暴晒下也不变色。在胶乳(碱性乳胶)中不产生聚结作用。主要用于制造海绵橡胶制品。也可用于一般的浅色橡胶制品。一般用量 0.4%~0.5%。

8. 安全与贮运

本品低毒，按一般化学品规定防护。生产原料苄基氯具有催泪性，设备应密闭，车间内加强通风，操作人员应穿戴劳保用具。用纤维板桶内衬塑料袋包装。贮存于阴凉、干燥处，贮运时注意防火、防潮。

参 考 文 献

[1] 陈良壁，李碧婵. 微波法合成对苯二酚二苄醚[J]. 南平师专学报，2004，(04)：62-64.

[2] 吴赛苏，倪秀琴，蒋小红. 对苯二酚二苄醚合成的新工艺[J]. 化学世界，2001，(09)：472-474.

3.9 防老剂 DOD

防老剂 DOD(antioxidant DOD)化学名称为 4,4′-二羟基联苯、4,4′-联苯二酚。分子式 $C_{12}H_{10}O_2$，相对分子质量 186.21。结构式为：

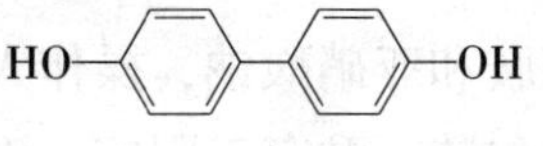

1. 性能

纯品为白色针状或片状结晶。熔点 286℃。相对密度 1.22。易溶于乙醚、乙醇、乙酸乙酯、丙酮和氢氧化钠溶液，微溶于苯和氯甲烷，不溶于水、汽油和四氯化碳。

2. 生产原理

联苯胺在强酸条件与亚硝酸钠作用发生重氮化反应，然后水解得防老剂 DOD。

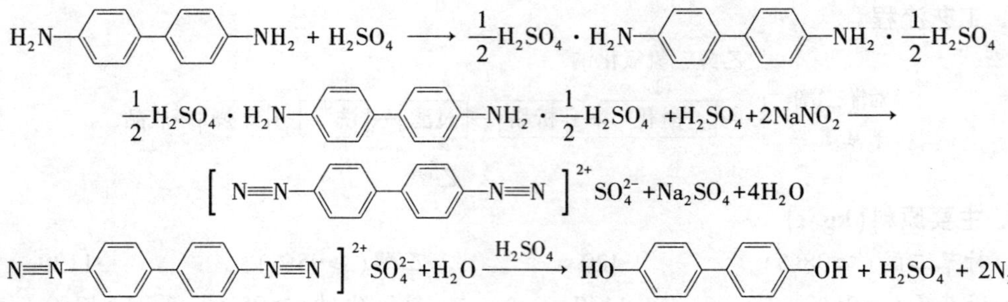

3. 工艺流程

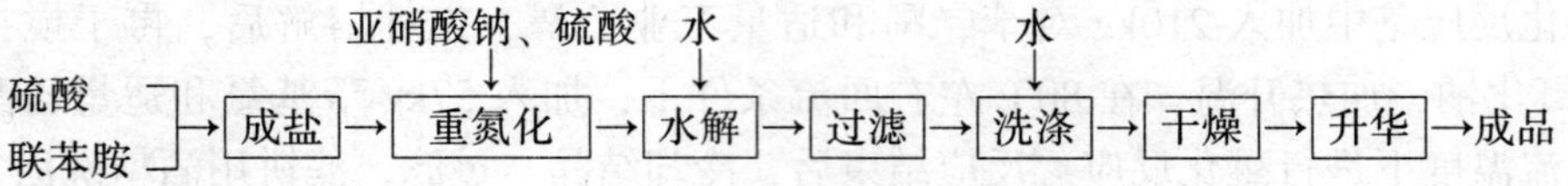

4. 主要原料(kg/t)

联苯胺(按100%计)	1075	亚硝酸钠(98%)	845
硫酸(98%)	2900		

5. 生产工艺

将2900kg 98%的硫酸加入重氮化锅中，搅拌下升温至50℃，加入1075kg 100%计的联苯胺，搅拌溶解生成联苯胺硫酸盐，然后冷却至5℃以下，加入845kg 亚硝酸钠配成的溶液，进行重氮化。重氮化完毕，再在搅拌下将重氮液加热至沸腾，进行水解，水解析出4,4′-二羟基联苯。约4 h水解完全。水解液趁热过滤，然后经洗涤、干燥，再用升华法精制得到成品防老剂DOD。

6. 质量标准

外观	灰白色粉末	无机酸含量/%	≤0.05
初熔点/℃	≥250	加热减量/%	≤0.05
灰分含量/%	≤0.2		

7. 用途

用作橡胶和胶乳的防老剂。对氧和热引起的老化有防止作用，对有害金属也有一定的保护效果。无污染性，可用于浅色硫化橡胶制品、食品包装用胶和医用乳胶制品。本品可单独使用，用量为0.4%~0.5%，也可与其他防老剂并用。在氯化硫冷硫化胶料中用量为0.4%~0.75%。

本品也用作聚酯、聚氨酯、聚碳酸酯、聚苯砜及环氧树脂等的改性单体，制造优良的工程塑料与复合材料等。还用作液晶聚合物的原料。

8. 安全与贮运

重氮化反应使用浓硫酸、联苯胺和亚硝酸钠，操作人员应穿戴劳保用具，防止反应物料溅及皮肤。用内衬塑料袋的编织袋包装，贮存于阴凉、干燥处，按一般化学品贮运。

参 考 文 献

[1] 曾涛. 4,4′-二羟基联苯合成工艺研究[D]. 广西大学, 2015.

[2] 王玉静. 4,4′-二羟基联苯合成技术研究[D]. 合肥工业大学, 2013.

3.10 抗氧剂 1076

抗氧剂 1076(antioxidant 1076)又称抗氧剂 KY-7920，化学名称为 3-(3,5-二叔丁基-4-羟基苯基)丙酸十八醇酯。分子式 $C_{35}H_{62}O_3$，相对分子质量 530.88。结构式为：

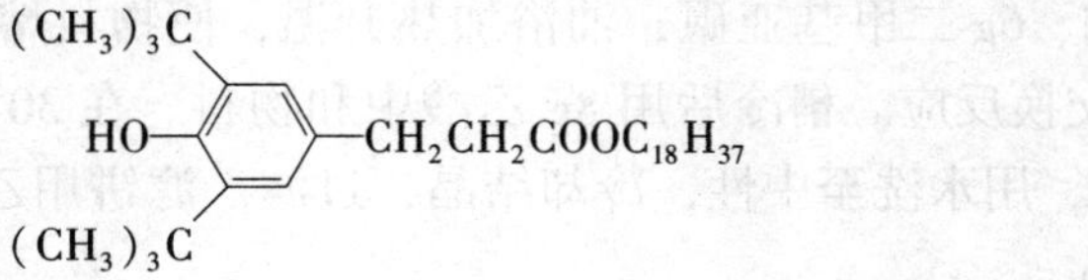

1. 性能

白色或微黄色结晶性粉末。无臭，无味，低毒。溶于苯、环己烷、丙酮，微溶于甲醇、棉籽油，不溶于水。熔点 50~55℃。

2. 生产原理

3-(4-羟基-3,5-二叔丁基苯基)丙酸甲酯与硬脂醇(十八醇)在碱性条件下发生酯交换得到抗氧剂 1076。

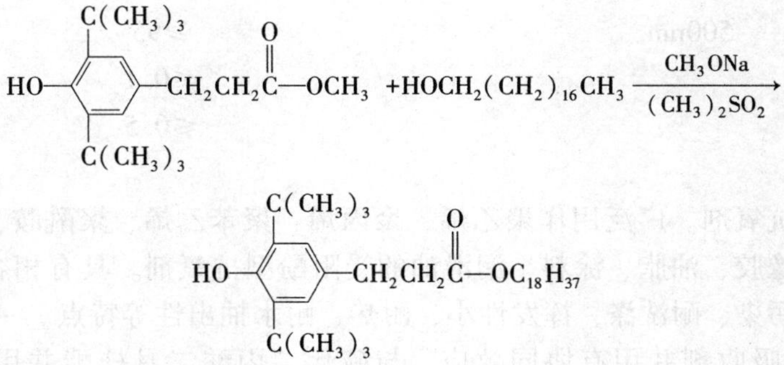

3. 工艺流程

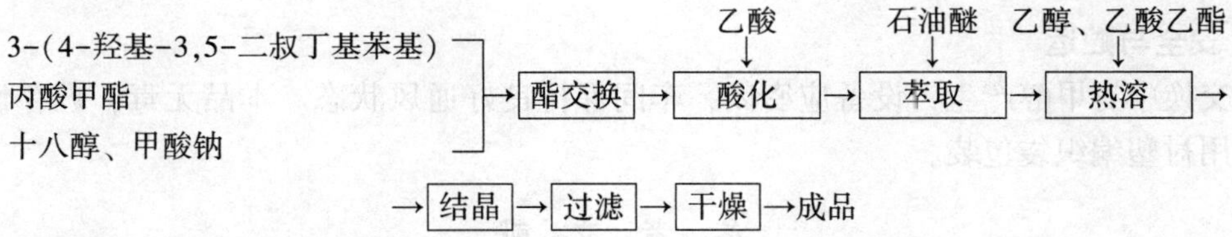

4. 主要原料(kg/t)

3-(4-羟基-3,5-二叔丁基苯基)丙酸甲酯	250	乙醇	60
		二甲基亚砜	28.5
石油醚	315	乙酸乙酯	30
乙酸	40	甲醇钠	36
十八醇	209		

5. 生产工艺

在酯交换反应釜内加入 250kg 3-(4-羟基-3,5-二叔丁基苯基)丙酸甲酯、209kg 十八醇、36kg 甲醇钠、28.5kg 二甲基亚砜，加热升温，使物料熔融，搅拌，维持温度 140℃左右反应 3h，至酯交换反应完成。将物料冷却至 80~90℃，用 40kg 乙酸中和物料。继续降温至 30℃后，加入 315kg 石油醚萃取反应物，搅拌后静置分层。分出水层，进行处理，回收甲醇和乙酸钠。有机层用水洗至中性，冷却结晶。冷至 5℃以下，使结晶完全，过滤。滤液蒸馏后回收石油醚。滤饼经干燥后投入溶解槽，加入 60kg 乙醇、30kg 乙酸乙酯，搅拌混合，并加热至回流温度，回流加热至晶体全部溶解。趁热过滤，除去不溶杂质。滤液蒸馏后，回收溶剂，物料冷却，结晶，过滤，干燥制得抗氧剂 1076。

6. 实验室制法

向带搅拌器的反应瓶中加入 50g 3-(4-羟基-3,5-二叔丁基苯基)丙酸甲酯、42g 硬脂醇、7.5g 甲醇钠、6g 二甲基亚砜，油浴加热升温，使物料熔融，溶解，于 140℃左右搅拌反应 3h 进行酯交换反应。稍冷后用 8g 乙酸中和物料。在 30℃时加入 70g 石油醚萃取反应物，分出有机层，用水洗至中性，冷却结晶，过滤。滤饼用乙醇-乙酸乙酯(2∶1)重结晶，得到抗氧剂 1076。

7. 质量标准

外观	白色结晶粉末
甲苯中的溶解度(10g/100mL)	澄清
熔点/℃	49~52
透光率(10g/100mL 甲苯)/%	
425nm	≥90
500nm	≥95
灰分/%	≤0.1
挥发分/%	≤0.5

8. 用途

优良的无毒抗氧剂。广泛用作聚乙烯、聚丙烯、聚苯乙烯、聚酰胺、聚甲醛、ABS 树脂、聚酯、合成橡胶、油脂、涂料、润滑油的受阻酚型抗氧剂。具有相容性好、抗氧效能高、不着色、不污染、耐洗涤、挥发性小、耐热、耐水抽出性等特点。一般用量为 0.1%~0.5%，与紫外线吸收剂并用有协同效应，与硫代二丙酸二月桂酯并用可进一步提高抗氧效能。

9. 安全与贮运

酯交换中有甲醇产生，设备应密闭，车间保持良好通风状态。本品无毒，贮存性能良好。采用衬塑编织袋包装。

参 考 文 献

[1] 徐进云，王迪迪，杨俊玲. 抗氧剂 1076 的合成工艺优化[J]. 天津工业大学学报，2019，38(02)：50-56.

[2] 方丽俊. 抗氧剂 1076 和 1010 合成工艺研究[D]. 青岛科技大学，2014.

3.11 防老剂 A

防老剂 A(antioxidant A)又称 *N*-苯基-1-萘胺、防老剂甲。分子式 $C_{16}H_{13}N$，相对分子质量 219.29。结构式为：

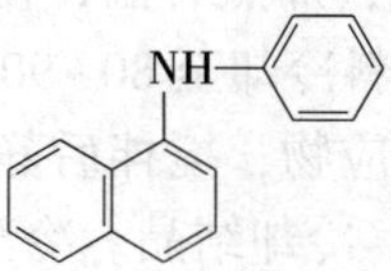

1. 性能

白色或微带黄色棱状或片状结晶。有毒。闪点 188℃。相对密度 1.18~1.22。熔点 62℃。沸点 335℃（258×133.3Pa）、226℃（8×133.3Pa）。溶于乙醇、丙酮、乙醚、氯仿和苯。暴露于日光或空气中渐成紫色。

2. 生产原理

在对氨基苯磺酸催化下，1-萘胺与苯胺在加热条件下进行缩合得到产品。

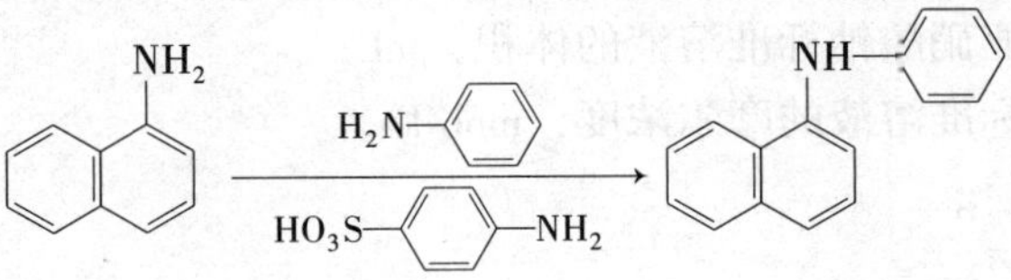

3. 工艺流程

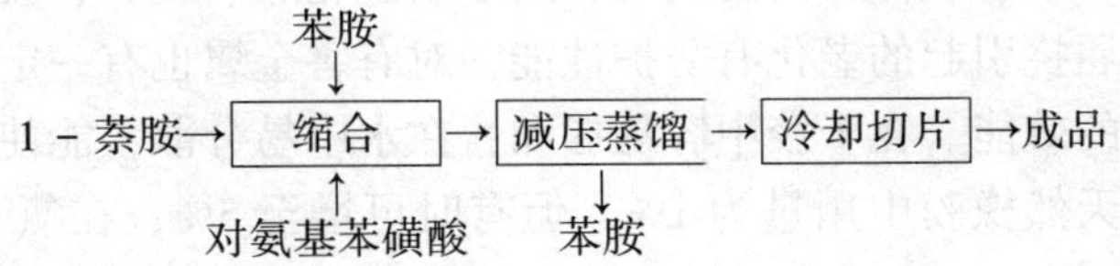

4. 主要原料(kg/t)

1-萘胺（凝点≥45℃）	710	对氨基苯磺酸	15
苯胺（99%）	436		

5. 生产工艺

在缩合反应锅中，先加入 355kg 1-萘胺，加热熔化，于 110~180℃下脱水 2~3h，再于搅拌下加入 450kg 苯胺和 7.5kg 对氨基苯磺酸，于 25h 内控制温度逐渐由 200℃升至 230~240℃，进行缩合反应。反应中放出的氨用水或硫酸吸收利用。待放出的氨量很少或已无氨放出时，停止反应。加入纯碱中和成中性后，进行高真空分馏。根据馏出物的凝点判断馏分分割的温度。先蒸出未反应的少量苯胺、萘胺后，再蒸出 *N*-苯基-1-萘胺。熔融状态的 *N*-苯基-1-萘胺经冷却切片即为成品。

6. 实验室制法

1-萘胺与苯胺在对氨基苯磺酸催化下，于 250℃进行缩合。反应结束后减压蒸馏，在低真空下蒸出苯胺及混合物，然后收集 260~280℃/55×133Pa 馏分得 *N*-苯基-1-萘胺。

7. 质量标准(GB/T 8827)

外观	黄色或紫色片状物	游离胺含量（以苯胺计）/%	≤0.2
凝点/℃	≥53.0		

8. 质量检验

（1）凝点测定

将样品倒入凝点测定器中，加热熔化（在 60℃左右熔融，熔化后的体积约为凝点测定器体积的 4/5）。插入分度值为 0.1℃的短杆温度计，温度计不得触及测定器的壁和底，不断搅拌，使试样自然冷却，同时仔细观察渐渐冷却的样品。当液体开始浑浊并成糊状时，微微搅动试样。当温度上升到最高点保持一定时间，此最高温度即为 *N*-苯基-1-萘胺的凝点。

（2）游离胺含量测定

称取样品 10g（准确至 0.01g）于 300mL 烧杯中，加入 150mL 蒸馏水，在 60~70℃的水浴上加热 3min，充分搅拌，使游离胺溶解。放冷到 15~20℃，冷凝后取出 *N*-苯基-1-萘胺，并以少量水洗涤。滤液和洗液并入 400mL 烧杯中，加入 4mL 1∶1 的盐酸及 5mL 10%的溴化钾溶液，以 0.1moL/L 的亚硝酸钠标准溶液滴定，以淀粉碘化钾试纸为指示剂，滴至保持 5min 后仍对淀粉碘化钾试纸显微蓝色为终点。同时做一空白试验。

$$游离胺含量(\%)=\frac{(V-V_1)c\times 0.09313}{G}\times 100\%$$

式中 V——试样消耗亚硝酸钠标准溶液的体积，mL；

V_1——空白消耗亚硝酸钠标准溶液的体积，mL；

c——亚硝酸钠标准溶液的摩尔浓度，mol/L；

G——试样质量，g。

9. 用途

广泛用作天然橡胶及合成橡胶的防老剂，用于制造轮胎、胶管、胶鞋及其他黑色工业橡胶制品，对氧、热和屈挠引起的老化有防护性能，对有害金属也有一定的抑制作用。在氯丁橡胶中有耐臭氧老化的效能。在干胶中容易掺和，在水中易分散，能使生胶稍软化，但对硫化橡胶则无影响。在天然橡胶中用量为 1%，但有时可增至 5%；在氯丁橡胶中用量为 2%；丁苯橡胶中用量为 1%~2%。本品也可单独使用，常与其他防老剂并用。也可作为丁苯橡胶的胶凝抑制剂。在染料工业上可用作染料中间体，制造碱性品蓝等染料。还可用作动力燃料的防震剂。

10. 安全与贮运

原料苯胺剧毒，工作场所最高容许浓度为 5mg/m³；1-萘胺有毒，空气中最大容许浓度为 1mg/m³。设备应密闭，操作人员应穿好劳保用具，车间应保持良好通风状态。

用内衬塑料袋、外套麻袋包装或内衬两层纸袋的木纤维桶包装。属有机有毒物品。贮存于干燥库房内。注意防火、防潮、防晒。与氧化剂、强酸、碱类物质隔离存放。本品遇明火能燃烧，受高热散发出有毒、有腐蚀性的气体。失火时可用水、泡沫、二氧化碳、砂土扑灭。

参 考 文 献

[1] 梁干，邢金国，郭湘云，等. 橡胶轮胎用耐迁移型胺类防老剂的研究进展[J]. 轮胎工业，2023，43(07)：387-393.

3.12 防老剂 D

防老剂 D(antioxidant D) 又称 N-苯基-2-萘胺、防老剂丁、N-苯基-β-萘胺。分子式 $C_{16}H_{13}N$，相对分子质量 219.29。结构式为：

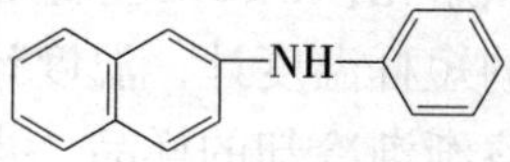

1. 性能

浅灰色针状结晶或粉末，暴露于空气中及日光下能逐渐转为灰红色。相对密度 1.24。熔点 108℃。沸点 395℃，237℃(13×133.3Pa)。极易溶于丙酮、乙酸乙酯、氯甲烷、苯、二硫化碳中，可溶于乙醇、四氯化碳，不溶于汽油。该品为一般深色橡胶制品的防老剂和抗扭裂剂。耐老化、耐热、耐疲劳。不影响硫化，但易喷出，有污染性，粉状产品分散性优良。可燃，有毒。

2. 生产原理

β-萘酚与苯胺在苯胺盐酸盐催化下缩合后经分离得到 N-苯基-2-萘胺。

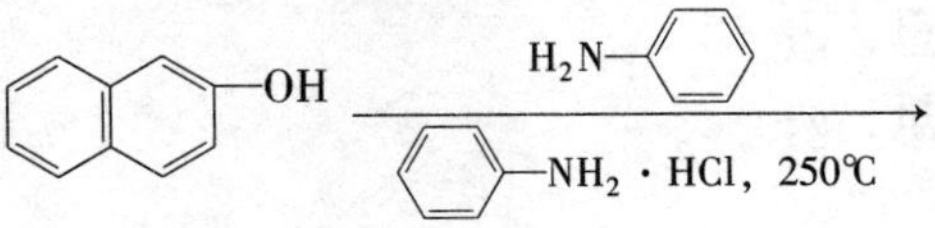

3. 工艺流程

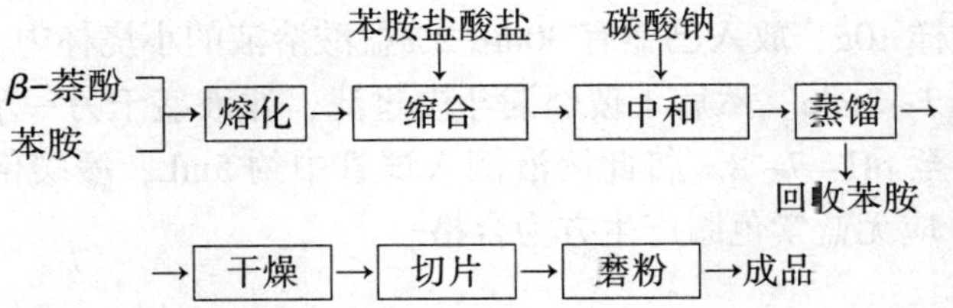

4. 主要原料(kg/t)

β-萘酚(熔点≥120℃)	665	苯胺盐酸盐(工业品)	9
苯胺(≥99%)	430		

5. 生产工艺

将 215kg 苯胺与 332.5kg β-萘酚先后加入熔料锅内，将设备密封，通入蒸汽进行溶解。待原料全部熔化后，先将缩合锅抽真空，并将输送管道保温，才开始将物料由真空吸至缩合锅。加热并开动缩合锅的搅拌器，待锅内液温升至 130℃以上，停止搅拌。加入 45kg 苯胺盐酸盐，开始升温缩合。缩合过程中，有苯胺及水蒸气逸出，经冷凝后回流至苯胺接收器中。使物料温度上升至 170℃左右，将冷凝的苯胺加入缩合锅，然后将液温上升至 250℃，维持此温度 3h，取样分析 β-萘酚含量 1%以下时，即表示缩合完成。停止搅拌，在真空下加入纯碱，以中和其中的苯胺盐酸盐，加完后搅拌 10~20min。将物料送入减压蒸馏釜中，液温维持在 235~240℃，进行减压蒸馏。然后，通入直接蒸汽进行真空水蒸气蒸馏，水蒸气蒸馏后，再用直接蒸汽蒸馏。最后分析锅中的苯胺含量，直至样品于新配制的 10%漂白粉饱和液之中不变色时，即可停止蒸馏。趁热出料干燥，切片后磨粉即得。

6. 质量标准

外观	灰白色至灰红色粉末，允许带黄色
苯胺含量	经定性检验，不呈蓝紫色反应
熔点/℃	≥105.0
加热减量/%	≤0.20
筛余物含量(100 目筛孔直径 0.15mm)/%	≤0.20
灰分含量/%	≤0.20
磁铁吸出物含量/%	≤0.008

7. 质量检验

(1) 加热减量测定

调节电热恒温干燥箱温度至 50~55℃。在此温度下，预先将两个带盖的称量瓶干燥、称重。于已知质量的此两称量瓶中分别称取试样约 2g(准确至 0.0002g)，置于电热恒温干燥箱内上层。打开瓶盖，使称量瓶与干燥箱温度计水银球纵向距离不大于 100mm，对称分布于温度计水银球两侧各 100mm 以内，保持 2h。然后把称量瓶移入干燥器内，冷却至室温，保持 2h，称至恒量。

$$加热减量(\%)=\frac{G_1-G_2}{G}\times 100\%$$

式中　G_1——加热前试样与称量瓶质量，g；

G_2——加热后试样与称量瓶质量，g；

G——试样质量，g。

（2）苯胺含量的定性测定

在台秤上称取试样 10g，放入已盛有 30mL 2%盐酸溶液的小烧杯中。立即不断搅拌使试样完全润湿，再搅拌 1~2min。然后于玻璃漏斗中过滤，滤液盛于另一小烧杯中，加入 20%的氢氧化钠溶液中和至 pH=7~8。将此溶液倒入试管中约 5mL，缓缓倒入 7mL 20%的漂白粉溶液，静置 5min，应无蓝紫色圈产生方为合格。

8. 用途

本品是通用型防老剂之一，广泛用于天然橡胶及各种合成橡胶中，用于制造各种深色橡胶制品。也用作聚甲醛的抗热防老剂。在橡胶中用量为 1%~2%。可单独使用，也可与其他防老剂配合使用。

9. 安全与贮运

原料苯胺剧毒，工作场所最高容许浓度为 $5mg/m^3$。β-萘酚有毒，对皮肤、黏膜有强烈刺激作用，易经皮肤吸收。设备应密闭，操作人员应穿戴劳保用具。车间内保持良好通风状态。

使用内衬两层牛皮纸袋的纤维桶包装或内衬塑料袋的麻袋包装。属有机有毒物品，应贮存在干燥库房内。注意防火、防毒、防潮和防晒。与氧化剂要隔离，与酸类、食品添加剂分开存放。本品遇明火能燃烧，受热分解放出有毒的氮化合物。能与氧化性物质发生反应，对皮肤有一定刺激性。失火时可用干粉、砂土、二氧化碳和四氯化碳扑灭。

参 考 文 献

[1] 陈青，魏伯荣，雍国新，等. *N*-苯基-β-萘胺的区域熔融提纯[J]. 化学与黏合，2010，32(06)：72-75.

[2] 陈青. *N*-苯基-β-萘胺标准物质的制备及其研究[D]. 西北工业大学，2005.

3.13　防老剂 AW

防老剂 AW(antioxidant AW)化学名称为 6-乙氧基-2,2,4-三甲基-1,2-二氢化喹啉。分子式 $C_{14}H_{19}NO$，相对分子质量 217.31。结构式为：

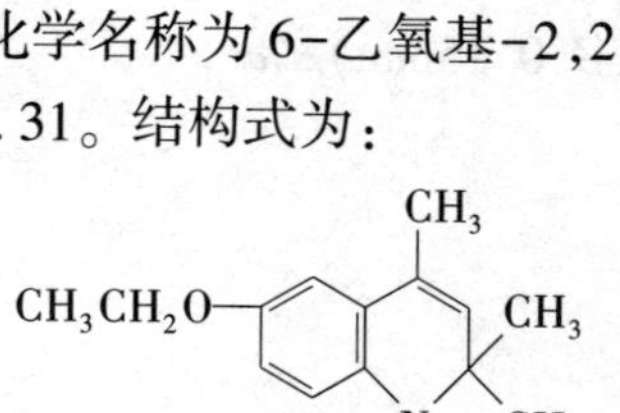

1. 性能

外观为浅褐色黏稠液体。沸点 169℃(11×133.3Pa)。折射率 1.569~1.571。相对密度 (d_4^{20}) 1.029~1.031。不溶于水，溶于丙酮、二氯乙烷、四氯化碳、乙醇、汽油、苯等有机溶剂。本品无毒，较稳定，长期贮存不易变质。

2. 生产原理

在苯磺酸催化下，对氨基苯乙醚与丙酮缩合制得。

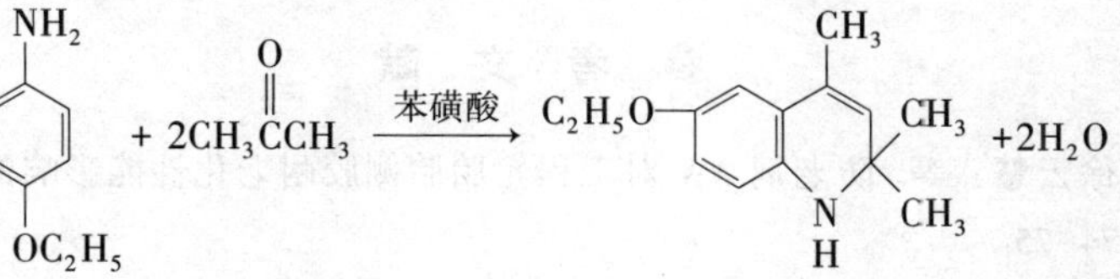

3. 工艺流程

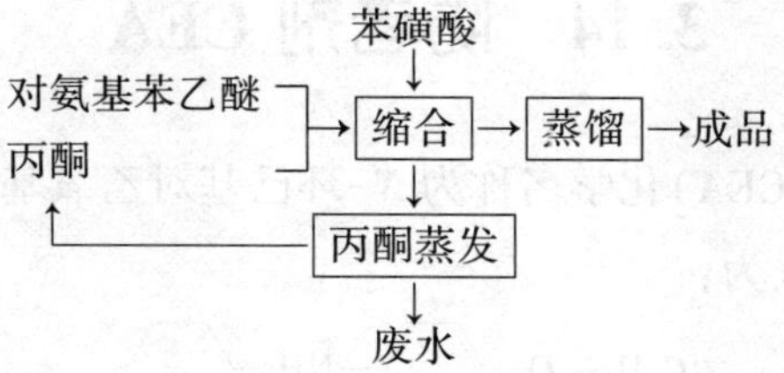

4. 主要原料(kg/t)

对氨基苯乙醚(98%)	780	苯磺酸(88%)	65
丙酮(96%)	660		

5. 生产工艺

将 390kg 对氨基苯乙醚、330kg 丙酮投入缩合反应釜中，加入 32. 5kg 苯磺酸，搅拌下加热至 160~165℃进行缩合反应。反应生成的水和未反应的丙酮经蒸馏进入丙酮蒸发器回收丙酮。残余物经真空蒸馏，收集 166~170℃/11×133. 3Pa 馏分得防老剂 AW。

6. 质量标准

外观	褐色黏稠液体	挥发分含量/%	≤1. 0
灰分含量/%	≤0. 10	苯不溶物	痕迹

7. 质量检验

(1) 挥发分测定

在预先已恒重的称量瓶中，称取防老剂 AW 试样约 2g(称准至 0. 0002g)。在真空干燥器中抽真空(700×133. 3Pa)2h 后称重。

$$挥发分(\%) = \frac{G_1 - G_2}{G} \times 100\%$$

式中 G_1——挥发前称量瓶及试样质量，g；

G_2——挥发后称量瓶及试样质量，g；

G——样品质量，g。

(2) 苯不溶物测定

用台秤称取试样 50g 于 250mL 烧杯中，加入 100g 苯，用玻璃棒搅拌，使其完全溶解。静置后应为棕色透明液体，在液层表面无不溶物为合格。

8. 用途

橡胶防老剂 AW 尤其适用于动态条件下使用的橡胶制品(如轮胎、胶鞋等)，不适用于艳色和浅色制品。与防老剂 H、防老剂 D、防老剂 4010、蜡类防老剂等配合使用具有增效作用。用量一般为 1%~3%。该品也可在油脂、食品及饲料加工中作抗氧化剂。

9. 安全与贮运

生产中使用的对氨基苯乙醚等有毒，缩合反应设备必须密闭，操作人员应穿戴劳保用品。使用镀锌铁桶包装，贮存于阴凉、通风处。避免光线直接照射。注意防火、防潮。

参 考 文 献

[1] 李晓光，杨昭，徐云慧，等. 防老剂 AW 对工程轮胎胎侧胶耐老化性能影响的研究[J]. 价值工程，2014，33(36)：74-75.

3.14 防老剂 CEA

防老剂 CEA(antioxidant CEA)化学名称为 *N*-环己基对乙氧基苯胺，分子式为 $C_{14}H_{21}NO$，相对分子质量 219.1。结构式为：

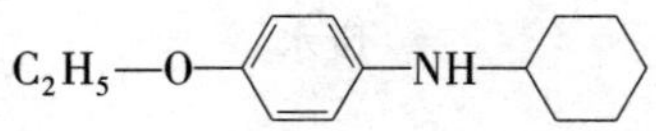

1. 性能

纯品为白色结晶。熔点 58.5~60.5℃。溶于苯、甲苯、乙醇及汽油，不溶于水。溶于酸形成盐。具有较好的抗臭氧、抗老化性能。低毒，对皮肤有刺激性。

2. 生产原理

4-乙氧基苯胺在镍催化剂存在下与环已醇缩合得到防老剂 CEA。

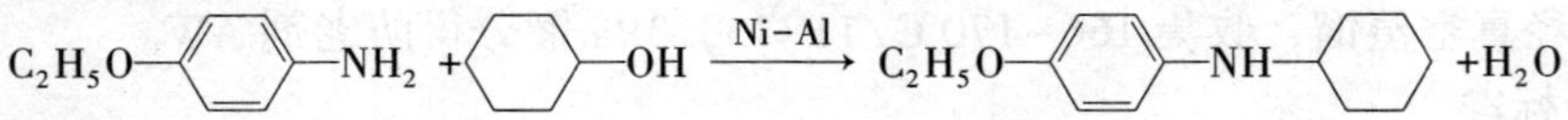

3. 工艺流程

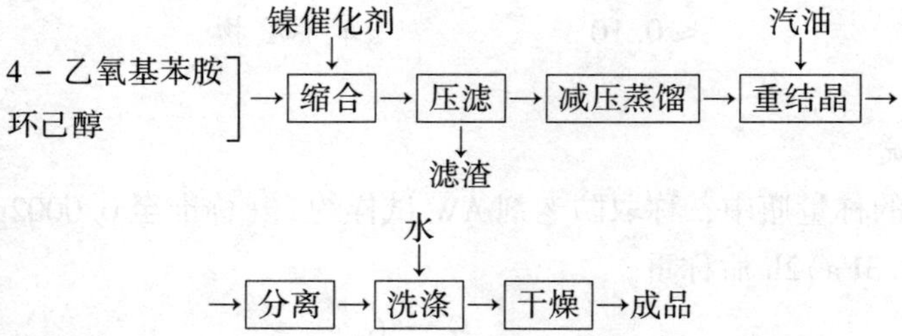

4. 主要原料(kg/t)

4-乙氧基苯胺(工业品)	860	环已醇(工业品)	1860
镍催化剂(40%Ni-Al)	185	汽油(120#)	740

5. 生产工艺

将 930kg 环已醇、430kg 4-乙氧基苯胺和 92.5kg 镍催化剂(40%镍-铝合金，也称骨架镍)投入缩合反应釜中，在搅拌下加热至 170℃进行缩合反应。反应完毕，过滤除渣。滤液减压蒸馏得粗品，粗品用汽油进行重结晶，离心，洗涤，干燥得防老剂 CEA。

6. 质量标准

外观	白色结晶粉末	凝点/℃	≥56
挥发分/%	≤2	灰分/%	≤0.5

7. 用途

适用于天然橡胶和各种合成橡胶制品中作防老剂。对制品不污染、不变色。

8. 安全与贮运

生产中使用的4-乙氧基苯胺有毒；环已醇易燃且有毒，空气中最高容许浓度为200mg/m³。生产设备应密闭，操作人员应穿戴劳保用品，车间内保持良好通风状态。注意防火。使用内衬塑料袋的铁桶包装。贮存于阴凉、干燥、通风处。注意防晒、防火、防潮。按一般化学品贮运。

3.15　防老剂 CMA

防老剂 CMA(antioxidant CMA)化学名称 *N*-环已基对甲氧基苯胺，分子式 $C_{13}H_{19}NO$，相对分子质量 205.1。结构式为：

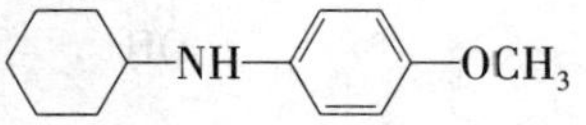

1. 性能

白色结晶。性能稳定，暴露在空气中及日光照射下颜色不变。熔点 41~42℃(盐酸盐熔点 220℃)。几乎不溶于水，溶于酸形成盐，溶于乙醇、苯及汽油。低毒，对皮肤有刺激性。具有较好的抗臭氧老化、抗辐射老化性能。

2. 生产原理

在镍催化下，环已醇与对甲氧基苯胺于 170℃缩合制得。

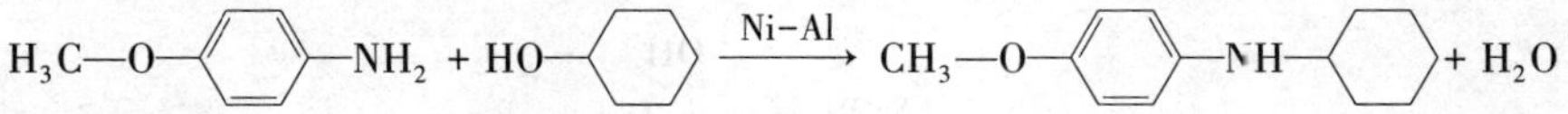

3. 工艺流程

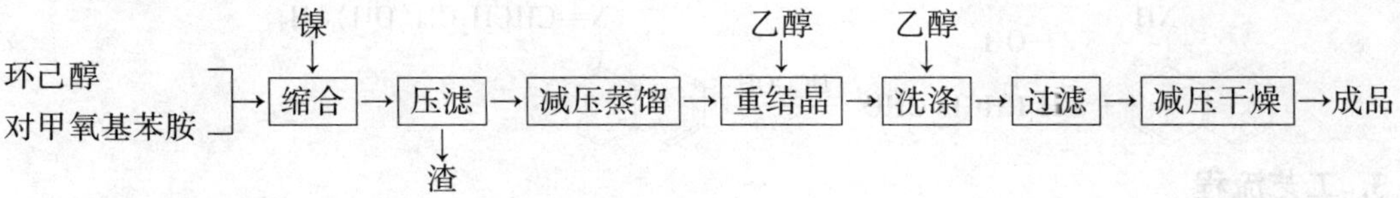

4. 主要原料(kg/t)

对甲氧基苯胺(99%)	880	环已醇(98%)	940
镍催化剂(40%Ni-Al)	290	乙醇(75%)	505

5. 生产工艺

在缩合反应锅中，加入 470kg 环已醇，搅拌下加入 440kg 对甲氧基苯胺和 145kg 镍催化剂，加热至 170℃缩合反应。反应完毕抽滤去渣。然后减压蒸馏得粗品。粗品用乙醇重结晶，离心，水洗，减压干燥得防老剂 CMA。

6. 质量标准

外观	白色结晶粉末	凝点/℃	≥40
加热减量/%	≤1.1	灰分/%	≤0.6

7. 用途

用作橡胶防老剂。广泛用于天然橡胶及合成橡胶等制造的各种工业橡胶制品。另外，在胶乳中对热老化和蒸煮老化有很好的防护作用，是良好的乳胶防老剂。一般用量为 1%。不污染制品，不变色，对透明度也无影响。

8. 安全与贮运

生产中使用的对甲氧基苯胺高毒，空气中最高容许浓度 $0.5mg/m^3$；环己醇有毒易燃，空气中最高容许浓度 $200mg/m^3$。生产设备必须密闭，车间内保持良好的通风状态，操作人员应穿戴劳保用品。使用内衬塑料袋的铁桶包装，贮存于阴凉、干燥、通风处。注意防晒、防火、防潮。按一般化学品贮运。

3.16 防老剂 AP

防老剂 AP（antioxidant AP）又称丁间醇-1-萘亚胺。分子式 $C_{14}H_{15}NO$，相对分子质量 213.28。结构式为：

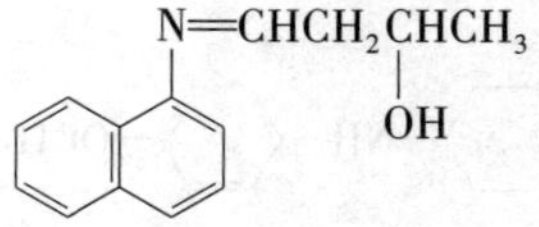

1. 性能

棕黄色粉末。熔点 145℃。密度 $0.98g/cm^3$。遇光颜色变深。不溶于水，微溶于汽油、醇，易溶于丙酮、苯、氯甲烷、四氯化碳、乙酸乙酯。

2. 生产原理

由乙醛在氢氧化钠存在下缩合，制得 3-羟基丁醛，再用乙醇作溶剂，甲酸作催化剂，与 1-萘胺缩合，即制得防老剂 AP。

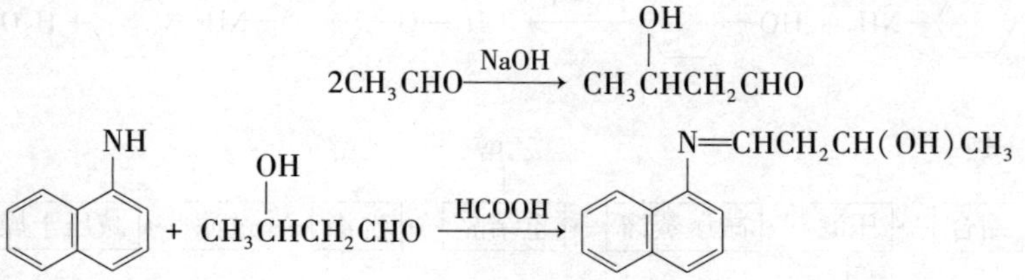

3. 工艺流程

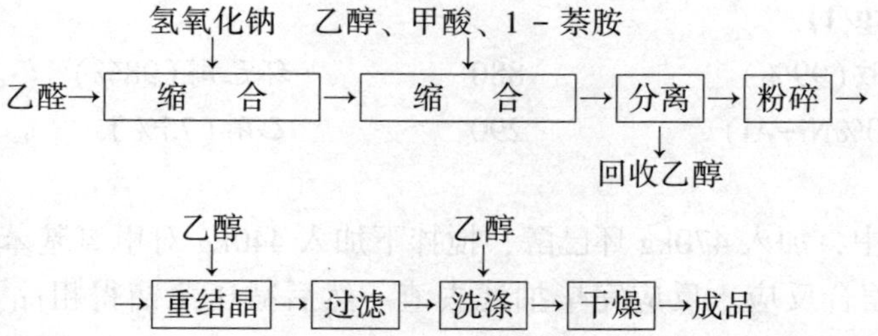

4. 主要原料(kg/t)

乙醛(98%)	555	1-萘胺(98%)	874

5. 操作工艺

将乙醛和氢氧化钠加入缩合反应釜中，于搅拌下进行羟醛缩合反应。夹套中通冷却水，将反应温度维持在 15℃左右。缩合完成，制得 3-羟基丁醛。再向缩合反应釜中加入乙醇、甲酸和 1-萘胺进行第二步缩合反应，制得丁间醇-1-萘亚胺粗品。将粗品分离，回收乙醇。所剩黏稠物干燥后粉碎，用乙醇重结晶，过滤后将滤饼干燥，即制得成品防老剂 AP。

6. 质量标准

外观	棕黄色粉末	机械杂质/%	≤0.15
水分/%	≤1.0	灰分/%	≤0.3
熔点/℃	≥145		

7. 用途

橡胶防老剂 AP 特别适用于防止因热、光、氧化引起的老化，在未硫化胶料中分散性能好。对胶料黏度和硫化速度无影响，能减轻硫化橡胶的过硫现象。广泛用于天然橡胶和合成橡胶制品。也可用于胶乳胶料。不适用于浅色或艳色制品。不易喷霜，用量可加大。一般天然橡胶中用量为 0.4%~1.5%，合成橡胶中用量为 1.0%~2.5%。还可与其他防老剂并用。

8. 安全与贮运

原料 1-萘胺的粉末和蒸气均有毒，可经呼吸或皮肤吸入人体，导致中毒。生产中设备要密封，操作人员穿戴防护用具。产品用木桶包装，贮存于阴凉、通风、干燥处，注意防火、防晒、防潮。按一般易燃化学品贮运。

3.17 防老剂 BLE

防老剂 BLE(antioxidant BLE)是丙酮与二苯胺的高温缩合物。主要结构的分子式 $C_{15}H_{15}N$，相对分子质量 209.15。结构式为：

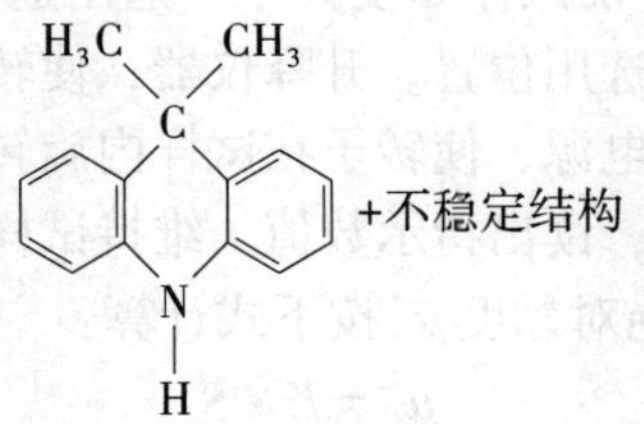

1. 性能

暗褐色黏稠液体。相对密度 1.09~1.10。易溶于丙酮、苯、氯仿、二氯乙烷、二硫化碳、乙醇，微溶于水和汽油。

2. 生产原理

在苯磺酸催化下，丙酮与二苯胺在高温下缩合，得到防老剂 BLE。

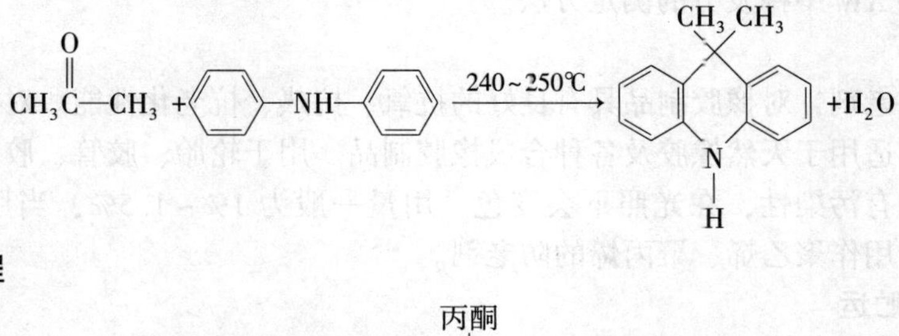

3. 工艺流程

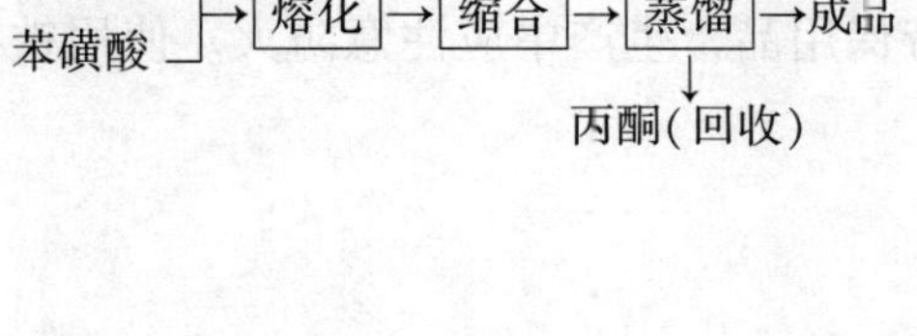

4. 主要原料(kg/t)

二苯胺(98%)	850	苯磺酸(88%)	32
丙酮(98%)	350		

5. 生产工艺

将16kg苯磺酸与410kg二苯胺投入缩合反应釜，加热熔化，然后加入175kg丙酮，搅拌升温至240~250℃进行缩合反应。反应物料蒸馏，生成的水和丙酮进入丙酮蒸发器回收丙酮，残留物为防老剂BLE。

6. 实验室制法

将35g丙酮、85g二苯胺和3g苯磺酸投入反应瓶中，于240~250℃进行缩合反应。蒸馏除去多余的丙酮和生成的水，得到防老剂BLE。

7. 质量标准

外观	深褐色黏稠液体，无结晶析出
挥发分/%	≤0.4
黏度(30℃)/Pa·s	≤5
灰分/%	≤0.3
密度/(g/cm^3)	1.08~1.12

8. 质量检验

(1) 黏度测定

使用NDJ-1型旋转黏度计，将仪器安装在固定支架上，校正水平，开启恒温器至工作状态。将试样置于烧杯中，插入温度计，放入恒温器内恒温，精确控制温度，使试样温度均匀地恒定在(30±0.1)℃范围内。视试样黏度大小，选用适宜的转子及转速。将转子及保护架装在仪器上，调节转速旋钮至选用位置。升降仪器，使转子浸入试样内，并使液面至转子液位标线，维持仪器水平。开启电源，使转子在试样内旋转，待指针趋于稳定后，压下操纵杆，钳住指针，使指针在视线内，读出指示数值。维持试样温度不变，重复操作。

测定温度为t℃时，试样的绝对黏度μ_i按下式计算：

$$\mu_i = K \cdot S$$

式中 K——系数，视转子及转速不同由仪器给定；

S——圆盘读数。

注：以连续测定两结果的算术平均值作为试样的黏度。连续测定两结果的差数不应大于其算术平均值的3%。

(2) 挥发分的测定

参见防老剂AW中挥发分的测定方法。

9. 用途

橡胶通用防老剂，对橡胶制品具有良好的抗氧、抗热、抗老化性能。对硫化无影响。在胶料中易分散，适用于天然橡胶及各种合成橡胶制品。用于轮胎、胶管、胶带及其他工业橡胶制品的制造。有污染性，在光照下会变色。用量一般为1%~1.5%，当用量达到4%时，不会喷霜。也可用作聚乙烯、聚丙烯的防老剂。

10. 安全与贮运

生产中使用二苯胺、苯磺酸、丙酮等有毒或腐蚀性物品，且反应在高温下进行。设备必须密闭，操作人员应穿戴劳保用品，生产中应注意防火。使用铁桶包装。按一般化学品贮运。无毒。

3.18 防老剂 NBC

防老剂 NBC(antioxidant NBC)又称光稳定剂 NBC，化学名称 *N*,*N*-二正丁基二硫代氨基甲酸镍。分子式$C_{18}H_{36}N_2S_4Ni$，相对分子质量 467.45。结构式为：

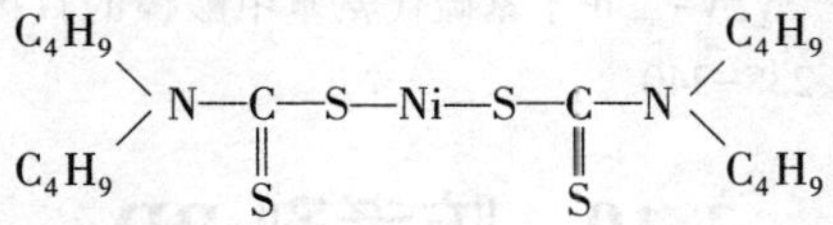

1. 性能

深绿色粉末。密度 1.26g/cm^3，熔点 86℃以上，闪点 263℃。溶于氯仿、苯、二硫化碳，微溶于丙酮、乙醇，不溶于水。贮存稳定性好。在胶料中易分散。有毒。

2. 生产原理

首先二正丁胺在碱性条件下与二硫化碳反应生成 *N*,*N*-二正丁基二硫代氨基甲酸钠，然后与氯化镍反应制得防老剂 NBC。

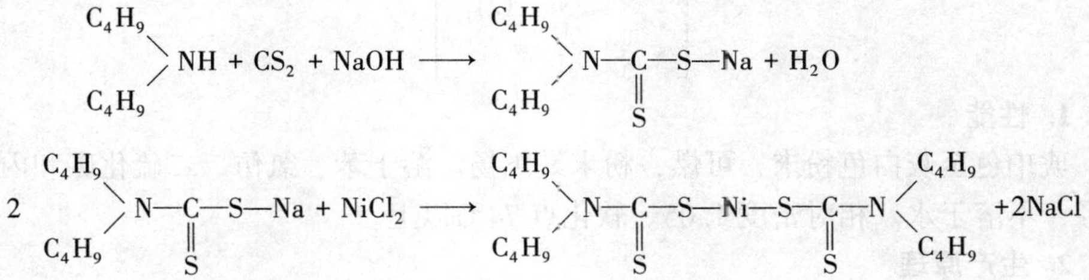

3. 工艺流程

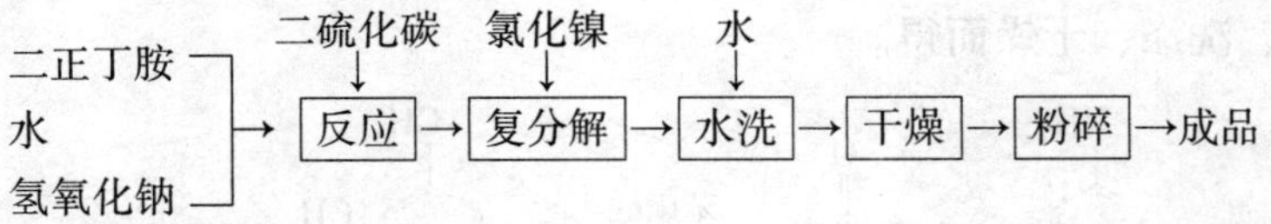

4. 主要原料(质量份)

二正丁胺(100%计)	132	二硫化碳(100%计)	76
氢氧化钠(98%)	40.8	氯化镍(98%)	66.1

5. 生产工艺

在反应锅中加入 132 份二正丁基胺和适量水，在搅拌下加入 76 份二硫化碳和 40.8 份氢氧化钠进行反应，反应温度 26~29℃。反应结束生成二正丁基二硫代氨基甲酸钠溶液。再加入 66.1 份氯化镍进行复分解反应，控制反应温度为 21~29℃。反应结束，将物料经水洗、干燥、粉碎而得成品。

6. 质量标准

外观	深绿色粉末	熔点/℃	≥85
灰分/%	≤20	细度(通过 60 目筛)	全通过

7. 用途

用作橡胶防老剂，也是天然橡胶、合成橡胶及胶乳的超催进剂。主要用于丁苯橡胶、氯丁橡胶、氯磺化聚乙烯等合成橡胶中，可防止橡胶因日光、臭氧引起的龟裂，提高氯丁橡胶和氯磺化聚乙烯的耐热性。塑料工业中用作高分子材料的光稳定剂和抗臭氧剂。用于聚丙烯纤维薄膜有十分优良的光稳定作用，但制品带黄绿色，用量一般为 0.3%~0.5%。

8. 安全与贮运

原料二正丁基胺和二硫化碳有毒，车间内保持良好通风状态，操作人员应穿戴劳保用品，设备应密闭。本品有毒。采用内衬塑料袋的铁桶包装，贮存于阴凉、通风处。

参 考 文 献

[1] 陈胜洲，林维明，鲁德平，等. *N*,*N*-二正丁基硫代氨基甲酸镍的直接电化学合成[J]. 湖北大学学报(自然科学版)，2002，(03)：238-240.

3.19 防老剂 RD

防老剂 RD (antioxidant RD) 为 2,2,4-三甲基-1,2-二氢化喹啉聚合体，分子式 $(C_{12}H_{15}N)_n$，$n=2\sim4$，相对分子质量 173.26n。结构式为：

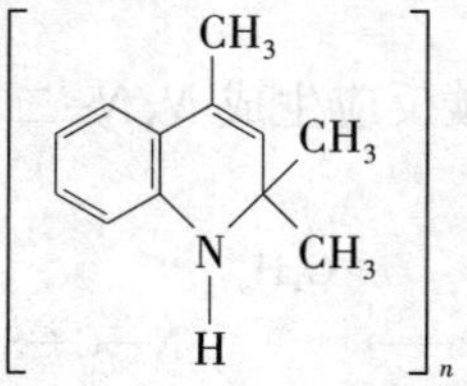

$n=2\sim4$

1. 性能

琥珀色至灰白色粉末，可燃，粉末易飞扬。溶于苯、氯仿、二硫化碳和丙酮，微溶于石油烃，不溶于水。相对密度 1.05。软化点 74℃以上。

2. 生产原理

由苯胺与丙酮在苯磺酸催化下缩合，经减压蒸馏后得单体。将单体在盐酸介质中聚合，再经中和、过滤、洗涤、干燥而得。

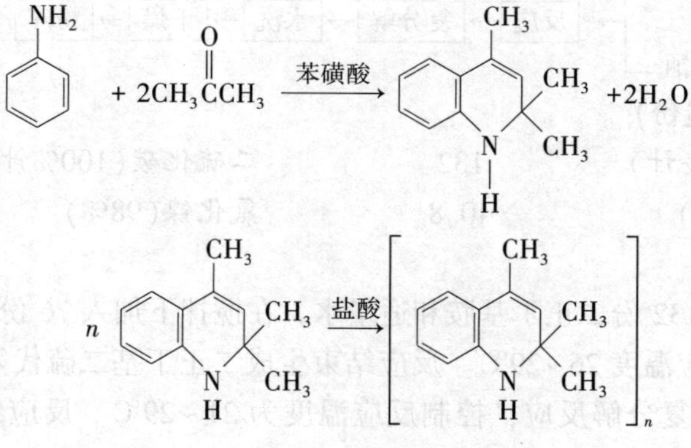

3. 工艺流程

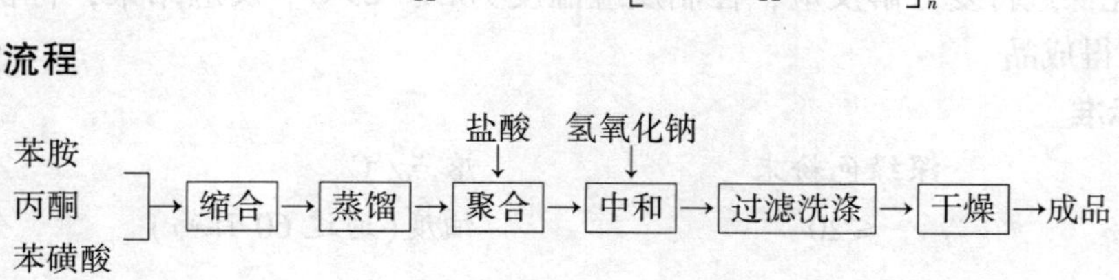

4. 主要原料(kg/t)

苯胺(99.2%)	1600	盐酸(30%)	1000
丙酮(98%)	3000	氢氧化钠(折 100%)	430
苯磺酸(88%)	200		

5. 生产工艺

在装有回流装置的搅拌式反应釜内，加入640kg苯胺、80kg苯磺酸，搅拌，加热升温，使物料熔混。加热至155℃时，开始滴加丙酮，保温155~165℃，并不断搅拌，物料回流进行缩合反应。丙酮的加入量为1800kg，加完丙酮后，继续维持155~165℃进行反应，至缩合反应达到终点。将物料送入分馏塔，先馏出丙酮(回收约600kg)和水，再进行真空蒸馏，收集沸程130~140℃/2kPa的馏分，即2,2,4-三甲基-1,2二氢化喹啉单体。

在带搅拌的搪瓷反应釜内，加入400kg盐酸，搅拌下加入水，稀释到17%左右。加热升温至80℃，于搅拌下缓缓滴加所制得的单体。保温95~98℃，进行聚合反应。反应过程中要维持物料中盐酸含量10%~10.8%。单体加完后，继续保温搅拌反应4h。聚合反应完成后，在不断搅拌下，逐渐加入1150kg浓度为15%的NaOH溶液，进行中和，至物料为中性。物料冷却后析出结晶，过滤后，滤饼用水洗涤，经干燥即制得成品防老剂RD。

6. 质量标准

外观	琥珀色至浅灰色粉末	软化点/℃	70~85
水分/%	≤0.3	灰分/%	≤0.2

7. 用途

橡胶防老剂RD对热和氧引起的橡胶老化有极好的防护效能。对金属的催化氧化有较强的抑制作用，且防护性能持久。适用于天然橡胶、丁苯橡胶、丁腈橡胶、氯丁橡胶等胶种，宜用于高温受热设备和热带地区使用的橡胶制品。适用于制造各种轮胎、工业用橡胶制品、电缆等。由于在橡胶中相容性好，在用量高达5%时仍不喷霜，故可提高用量以改善胶料的性能。

8. 安全与贮运

苯胺、丙酮、苯磺酸等原料有毒或有腐蚀性，操作人员应穿戴劳保用品，设备应密闭，车间内保持良好的通风状态。采用内衬塑料袋的编织袋包装。贮于阴凉、通风处，注意防火、防晒、防潮。按一般化学品贮运。

参 考 文 献

[1] 贾太轩，苗进之，王春艳，等. 橡胶防老剂RD的合成工艺及微观结构表征[J]. 江西化工，2023，39(05)：71-75.

[2] 李金泽，陈中合. 硅铝胶为载体负载催化合成橡胶防老剂RD[J]. 天津化工，2022，36(06)：40-44.

3.20 防老剂4010

防老剂4010(antioxidant 4010)又称防老剂CPPD，化学名称是*N*-环己基-*N′*-苯基对苯二胺，分子式$C_{18}H_{22}N_2$，相对分子质量266.39。结构式为：

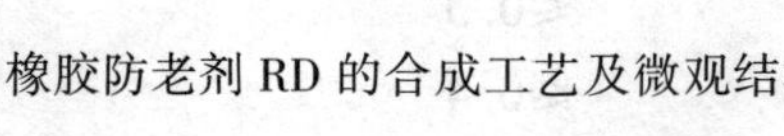

1. 性能

白色粉末，露置于空气及日光下颜色逐渐变深，但不影响质量。易溶于氯甲烷、苯、乙酸乙酯、丙酮，难溶于汽油，不溶于水。相对密度1.29。熔点115℃。

2. 生产原理

首先，4-氨基二苯胺与环己酮缩合得到烯胺，然后用甲酸还原得到防老剂4010。

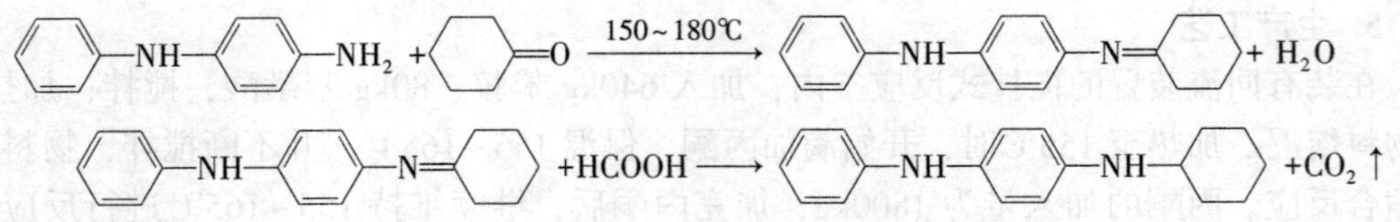

3. 工艺流程

4-氨基二苯胺、环己酮 → 缩合 → 还原（甲酸） → 结晶 → 过滤 → 洗涤 → 干燥 → 粉碎 → 成品

4. 主要原料(kg/t)

4-氨基二苯胺	917	甲酸(85%)	274
环己酮(98%)	614	溶剂(汽油)	458

5. 生产工艺

在装有回流冷凝装置的带搅拌反应釜中，加入550kg 4-氨基二苯胺，560kg 环己酮，加热混溶，搅拌，升温至110℃左右，脱去原料中的水分。水分脱尽后，再升温至155℃左右，即达到回流温度，保持回流加热状态，进行缩合反应。控制回流冷凝器的温度，使环己酮回流，让生成的水尽量逸出。随着反应的进行，反应温度由155℃上升到180℃。缩合反应约需12h完成。缩合完毕，将物料冷却到90℃左右，边搅拌，边加入甲酸。控温在90~100℃左右进行还原反应。在反应温度下，反应产生的CO_2从料液中逸出。当体系中无CO_2放出时，还原反应完成。物料冷却后，加入100#溶剂汽油，使还原反应生成的防老剂4010从料液中结晶析出。结晶完毕，进行吸滤。滤液中含汽油、环己酮和少量水，蒸馏后分离出汽油和环己酮(约为加入量的1/3)回收循环使用。滤饼用水洗涤后，经干燥、粉碎，即制得防老剂4010成品。

6. 质量标准

	一级品	二级品
外观	青灰至浅灰色粉末	
灰分/%	≤0.3	≤0.3
加热减量/%	≤0.4	≤0.4
初熔点(干品)/℃	≥113	≥108
100目筛筛余物/%	≤0.5	≤0.5

7. 用途

本品为高效防老剂，用于天然橡胶及其他合成橡胶中特别有效。对臭氧、风蚀和机械应力引起的屈挠疲劳有优异的防护效能，对热、氧、高度辐射等也有显著的防护作用。对硫化无影响，分散性良好。对未硫化橡胶有显著的硬化作用。在天然橡胶及丁苯橡胶中特别有效，用于丁腈橡胶、氯丁橡胶、顺丁橡胶和其他聚合物中也有相当好的效果。适宜于制造飞机、汽车、自行车的外胎，电缆及其他工业橡胶制品。也可用于燃料油中。单独使用时，用量一般为0.15%~1%，用量超过1%时会产生喷霜。也可与防老剂甲、防老剂丁、防老剂AW等配合使用，效果更好。

8. 安全与贮运

生产中使用的4-氨基二苯胺、环己酮等原料有毒，操作人员应穿戴劳保用品，车间内保持良好的通风状态。使用内衬塑料袋的编织袋包装，贮存于阴凉、干燥、通风处。注意防晒、防火、防潮。按一般化学品规定贮运。

参 考 文 献

[1] 李玉芳. 我国橡胶防老剂合成技术研究进展[J]. 精细与专用化学品，2023，31(04)：56-58.

3.21 防老剂 DNP

防老剂 DNP（antioxidant DNP）也称防老剂 DNPD，化学名称为 *N*,*N'*-二(*β*-萘基)对苯二胺。分子式 $C_{26}H_{20}N_2$，相对分子质量 360.46。结构式为：

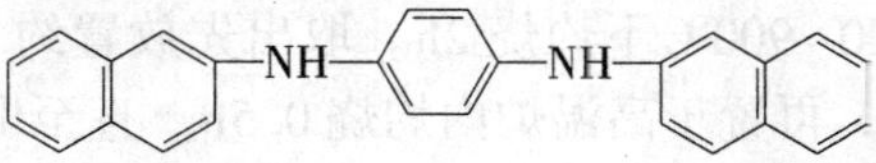

1. 性能

浅灰色亮片状结晶。久遇光线逐渐变为暗灰色。易溶于热苯胺及硝基苯，溶于热乙酸，微溶于苯、乙酸乙酯、氯甲烷、乙醇、乙醚、丙酮，不溶于汽油、四氯化碳和水。

2. 生产原理

由对苯二胺与 *β*-萘酚加热缩合后，再经乙醇回流，过滤，干燥而得。

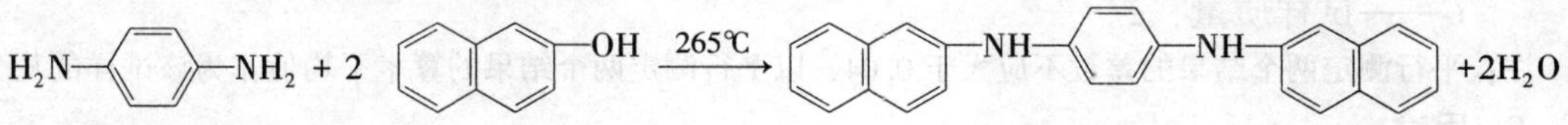

3. 工艺流程

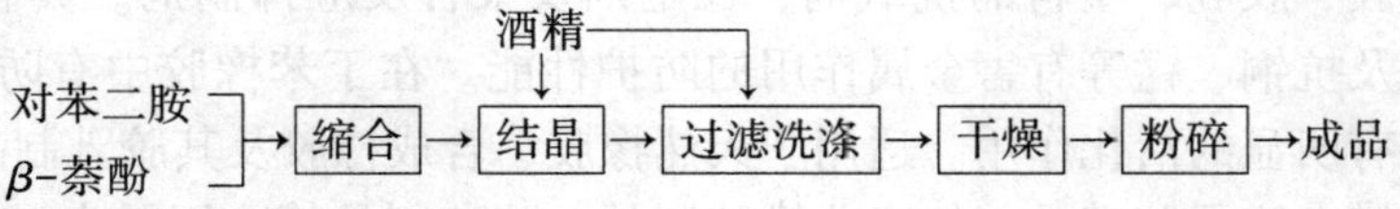

4. 主要原料(kg/t)

β-萘酚(98%)	1100	乙醇(95%)	2800
对苯二胺(97%)	330		

5. 生产工艺

在带有搅拌器的反应釜中，加入 264kg 对苯二胺、880kg *β*-萘酚，搅拌，升温至 260~265℃，保温进行缩合反应。反应完成后将物料加入 2240kg 乙醇，加热回流，进行重结晶。冷却结晶后，过滤，滤饼用酒精洗涤 2~3 次，再进行干燥，粉碎后即制得防老剂 DNP 成品。将滤液、洗液合并后蒸馏，回收乙醇。

6. 质量标准

外观	浅灰色粉末	初熔点(干品)/℃	≥225
β-萘酚含量/%	≤0.3	加热减量/%	≤0.5
灰分/%	≤0.5	1600 孔/cm^2 筛余量/%	≤0.5

7. 质量检验

(1) *β*-萘酚含量测定

准确称取试样 10g 置于烧杯中，加入 100mL 2.5%的 NaOH 溶液，加热至 60℃，搅拌 15min，过滤。用 200mL 水洗至中性，合并洗液和滤液，于室温下加入 6mol/L 的盐酸至对刚果红试纸变蓝，加入 5mL 1%的淀粉液，用 0.05mol/L 的碘标准溶液滴定至蓝色(消耗体积不计)。后用 $NaHCO_3$ 中和至中性，再加入过量 $NaHCO_3$，用 0.05mol/L 的碘滴至恰变蓝色，并在5min内不消褪为终点。

$$\beta - 萘酚(\%) = \frac{2cV \times 0.07208}{G} \times 100\%$$

式中　c——碘标准溶液摩尔浓度，mol/L；

V——滴定耗用碘标准溶液体积，mL；

G——试样质量，g。

(2) 灰分测定

在预先已恒重的两个瓷坩埚中，分别称取试样1.5~2g(准确至0.0002g)，在电炉上小心加热除去挥发分，并在不使试样着火的条件下使其全部炭化。然后，将坩埚放入高温炉中，加盖而略留孔隙，在800~900℃下灼烧2h。取出先放置约2min，然后移入干燥器内冷却至室温(约30min)，称重。再置于高温炉内灼烧0.5h。直至恒重(连续两次称重，质量变化小于0.0005g)。

$$灰分含量(\%) = \frac{G_1 - G_2}{G} \times 100\%$$

式中　G_1——灼烧后坩埚和灰分质量，g；

G_2——坩埚质量，g；

G——试样质量，g。

注：平行测定两个结果的差数不应大于0.04，以平行测定两个结果的算术平均值作为该试样的灰分。

8. 用途

主要用作橡胶、胶乳、塑料的抗氧剂、稳定剂及聚合反应抑制剂。具有优良的耐热老化、耐天然老化及抗铜、锰等有害金属作用的防护性能。在丁苯橡胶中有防紫外线的功能。对噻唑类促进剂有明显的活化作用。适用于天然橡胶、合成橡胶及其胶乳制品中。用于制造轮胎帘子线、电缆、弹子胶带及其他工业橡胶制品、胶乳制品等。用量为0.2%~1%，通常为0.5%，超过2%会引起喷霜。在塑料工业中可作为ABS、聚甲醛和聚酰胺类工程塑料的耐热防老剂，用量分别为0.5%和0.3%。也可用于氯化聚醚，用量1%，在氯化聚醚中与1%紫外线吸收剂UV-9并用，可起耐候作用。

9. 安全与贮运

原料对苯二胺有毒，工作场所最高容许浓度为0.1mg/m^3；β-萘酚有毒，对皮肤、黏膜有强烈的刺激作用。设备应密闭，操作人员应穿戴劳保用品，车间内保持良好的通风状态。使用内衬塑料袋的桶包装。本品有毒。贮运时注意防潮、防晒、防火。

参　考　文　献

[1] 袁俊盛. 催化缩合法生产防老剂DNP[J]. 精细石油化工，1998，(04)：13-15.

3.22　抗氧剂DSTOP

抗氧剂DSTOP(antioxidant DSTOP)又称硫代二丙酸二硬脂醇酯、硫代二丙酸二(十八醇)酯。分子式$C_{42}H_{82}O_4S$，相对分子质量683.14。结构式为：

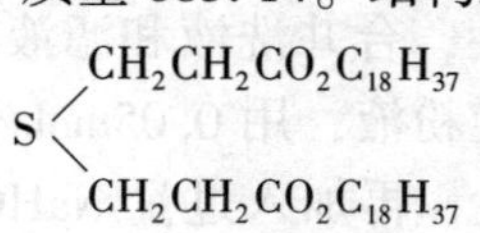

1. 性能

白色结晶性粉末或絮状物。气味小，挥发性低。不溶于水，易溶于醇类、乙醚、苯、甲苯、氯仿、丙酮。密度 1.027g/cm^3。熔点 63~69℃。

2. 生产原理

由丙烯腈和硫化钠缩合生成硫代二丙腈，再水解成硫代二丙酸后，与十八碳醇进行酯化反应而制得。

$$2CH_2{=}CHCN+2H_2O+Na_2S \longrightarrow S(CH_2CH_2CN)_2+NaOH$$

$$S(CH_2CH_2CN)_2+H_2SO_4+H_2O \longrightarrow S(CH_2CH_2COOH)_2+(NH_4)_2SO_4$$

$$S(CH_2CH_2COOH)_2+2C_{18}H_{37}OH \xrightarrow{浓 H_2SO_4} S(CH_2CH_2COOC_{18}H_{37})_2+2H_2O$$

3. 工艺流程

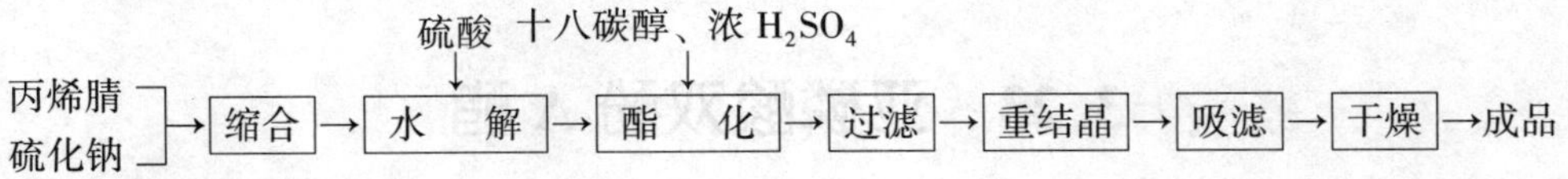

4. 主要原料(kg/t)

丙烯腈(99%)	119	硫酸(98%)	222.5
活性炭	2.5	丙酮	480(可回收)
硫化钠(50%)	175	硬脂醇	380
碳酸钠(98%)	5.8		

5. 生产工艺

先将 175kg 硫化钠加水配成 15%的水溶液，过滤，除去杂质。在配有冷却装置的搅拌反应釜内加入 119kg 丙烯腈，通冷水冷却至 18℃。搅拌下滴加硫化钠水溶液，温度控制在18~22℃之间。加完硫化钠后，保温反应 4~6h。缩合反应完毕后，将物料静置分层，除去水层得硫代二丙腈。在耐酸搪瓷反应釜中，加入所制得的硫代二丙腈，在搅拌下缓缓滴加 50%的硫酸(将 22.5kg 浓硫酸配成浓度为 50%的硫酸溶液，在搅拌下冷却至室温)，进行水解。硫酸滴加完后，继续搅拌水解至反应完全。再将物料送至结晶槽，冷却结晶，离心脱水。将晶体用水洗后，再离心脱水，制得硫代二丙酸。将硫代二丙酸投入酯化反应釜，加热使晶体熔化。搅拌下加入 380kg 十八醇、3.75kg 催化剂浓硫酸和 2.5kg 活性炭。加热升温，不断搅拌，抽真空，将生成的水及时排出，反应温度控制在 130℃左右。待体系中无水排出时，即为终点。酯化反应完毕，趁热过滤，除去活性炭，冷却结晶。将晶体送入重结晶釜，加入 480kg 丙酮，加热升温使晶体溶解。搅拌下加入 5.75kg 纯碱中和，使物料呈中性。趁热过滤，滤液送入结晶槽，缓缓搅拌并冷却，降温至 12℃，使晶体充分析出。物料经吸滤后，滤液蒸馏回收丙酮，滤饼于真空干燥，得到硫代二丙酸二硬脂醇酯。

6. 实验室制法

将 35g 50%的硫化钠加水配成 15%的水溶液，过滤，滤液备用。在反应瓶中加入 24g 丙烯腈，在冰水冷却下滴加硫化钠溶液，控温在 18~22℃之间。滴完后于 20℃下反应 4h，静置分层，除去水层得到硫代二丙腈。

将硫代二丙腈投入反应瓶，搅拌下滴加 87.2g 50%的硫酸。水解完毕，冷却结晶，得硫代二丙酸。

将硫代二丙酸投入反应瓶中，加热熔化，加入 76g 硬脂醇和 0.8g 浓硫酸及适量的活性炭，于真空条件下加热酯化。反应完毕，趁热过滤，冷却析晶。粗品用丙酮溶解，纯碱中和，过滤，析晶，干燥得硫代二丙酸二硬脂醇酯。

7. 质量标准

外观	白色结晶或絮状物	熔点/℃	60~68
酸值/(mgKOH/g)	≤0.05	灰分/%	<0.01
色度(APHA)	≤100	皂化值/(mgKOH/g)	160~170
挥发物/%	<0.1		

8. 安全与贮运

原料丙烯腈极毒，可经皮肤吸收中毒，工作场所最高容许浓度为45mg/m³。生产设备应密闭，操作人员应穿戴防护用具，车间内加强通风。产品用内衬塑料袋的编织袋包装，贮存于阴凉、通风、干燥处。

3.23 亚磷酸双酚A酯

亚磷酸双酚A酯(bisphenol A phosphite)又称亚磷酸三双酚A酯。分子式 $C_{45}H_{45}O_6P$，相对分子质量766.85。结构式为：

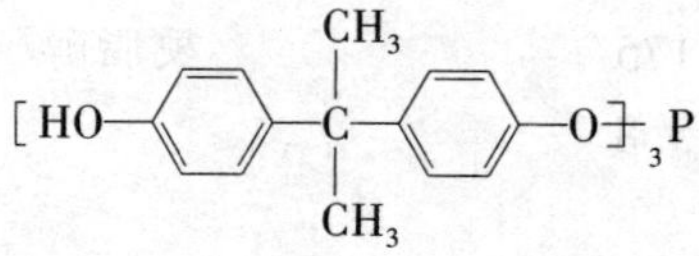

1. 性能

暗灰色透明松香状固体。熔点63~74℃。不溶于水，溶于乙醇、丙酮、乙醚等有机溶剂。

2. 生产原理

三分子双酚A与三氯化磷缩合，经后处理得亚磷酸双酚A酯。

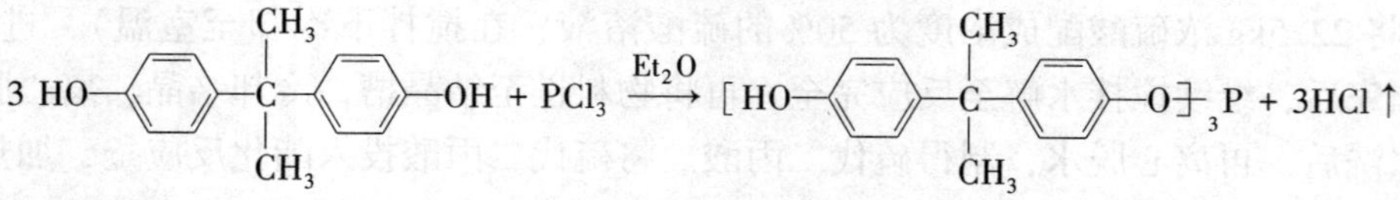

3. 工艺流程

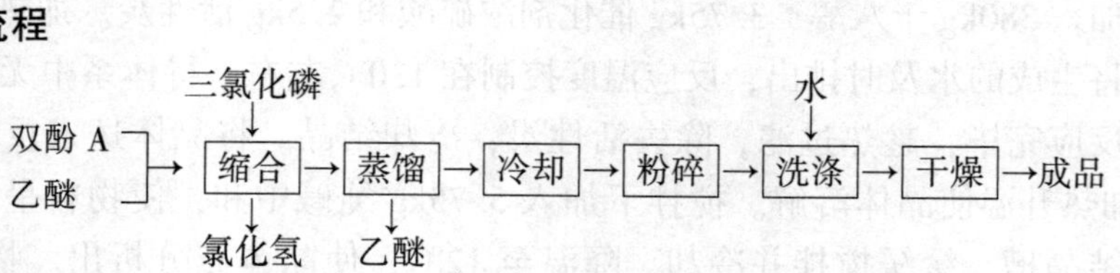

4. 主要原料(kg/t)

双酚A(工业品)	970	乙醚(工业品)	360
三氯化磷(工业品)	200		

5. 生产工艺

在缩合反应釜中加入溶剂乙醚和双酚A，搅拌下滴加三氯化磷。为放热反应，随着反应进行，物料温度升高。控制反应温度60~80℃。反应过程中产生的氯化氢经吸收器吸收，得到产物盐酸。三氯化磷滴加完毕，再搅拌反应1~2h。反应物料经蒸馏回收乙醚，然后在氮气保护下趁热出料冷却，粉碎，用去离子水洗涤，脱水后干燥，得亚磷酸双酚A酯。

6. 质量标准

外观	暗灰色脆性树脂状固体	熔点/℃	63~4
含磷/%	3.8~4.1	酸值/(mgKOH/g)	≤2.0

7. 用途

用作塑料和合成纤维的抗氧化剂和稳定剂，主要用于聚烯烃、聚酯、聚氯乙烯、聚碳酸酯等塑料及合成纤维中。

8. 安全与贮运

生产中使用三氯化磷、乙醚等，反应设备应密闭，防止冒漏，车间内加强通风，操作人员应穿戴劳保用具。产品用内衬塑料袋的编织袋包装，贮存于阴凉、干燥处。

参 考 文 献

[1] 杨始堃，陈玉君，杨杨．亚磷酸双酚 A 酯的合成和在聚酯中的作用[J]．广州化工，1998，(01)：6-9.

3.24 防老剂 264

防老剂 264(antioxidant 264)又称抗氧剂 264、抗氧剂 BHT、2,6-二叔丁基对甲酚、2,6-二叔丁基-4-甲基苯酚。分子式 $C_{15}H_{24}O$，相对分子质量 220.36。结构式为：

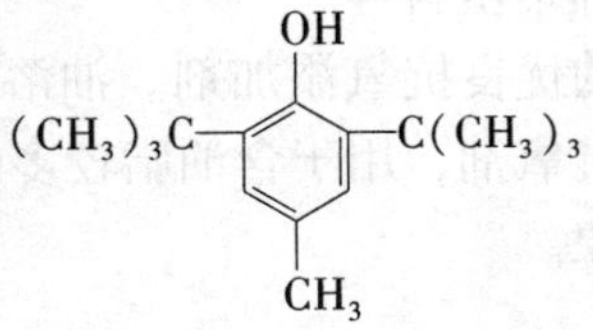

1. 性能

纯品为白色结晶，遇光颜色变黄，逐渐变深。相对密度(d_4^{20})1.048(液体相对密度 0.89980/4℃)，熔点 71℃，沸点 265℃，闪点 135℃。溶于丙酮、苯、乙醇、乙醚、油类等有机溶剂，不溶于水及稀氢氧化钠溶液。本品无毒。

2. 生产原理

对甲苯酚在浓硫酸催化下与异丁烯反应即得产品。

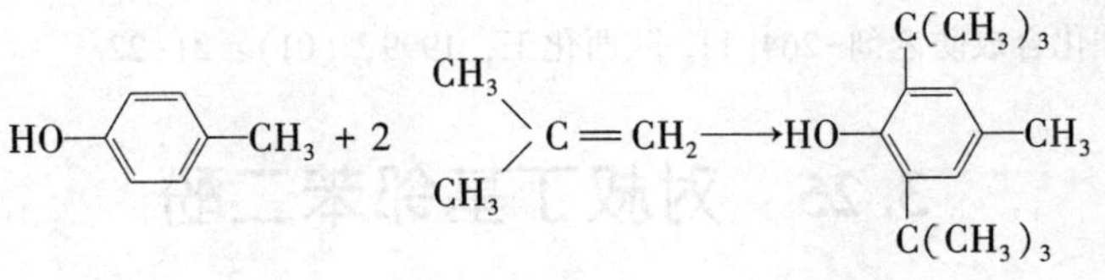

3. 工艺流程

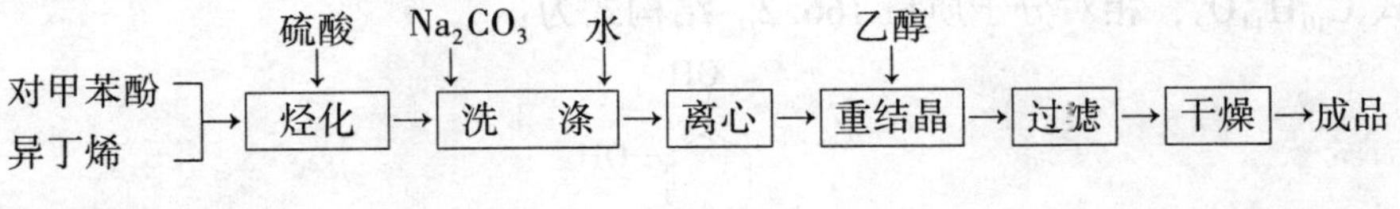

4. 主要原料(kg/t)

对甲苯酚(>98%)	730	异丁烯(折 100%)	1200
乙醇(95%)	150	浓硫酸(98%)	22

5. 生产工艺

将 20%的异丁烯、对甲苯酚和浓硫酸投入烃化反应釜中反应。反应结束后用碳酸钠中和至 pH=7。再用水洗，分出水层后用乙醇粗结晶。经离心机过滤后，在熔化水洗釜内熔化、水洗，分去水层。在重结晶釜中再用乙醇重结晶。经过滤、干燥即得防老剂 264。

6. 质量标准

	一级品	二级品
外观	白色结晶	白色结晶
初熔点/℃	≥69	≥68.5
游离酚/%	≤0.02	≤0.04
灰分/%	≤0.01	≤0.03
水分/%	≤0.06	

7. 用途

防老剂 264 是重要的通用型酚类抗氧剂之一。广泛用于高分子材料、石油制品和食品加工中。防老剂 264 是橡胶的常用酚类防老剂，对热、氧老化有一定防护作用，也能抑制铜害。它与抗臭氧剂及蜡并用具有抗臭氧能力。本品挥发性较大，在橡胶中易分散。一般用量为 0.5%~3%。本品还可以作为合成橡胶后处理和贮存时的稳定剂。

防老剂 264 是高分子材料有效的抗氧剂。广泛用于聚乙烯、聚氯乙烯、聚丙烯、聚乙烯基醚、聚苯乙烯及其共聚物、赛璐珞塑料等。

防老剂 264 是各种石油产品的优良抗氧添加剂。油溶性好，加入后不影响油品的颜色。本品还可以作为食品加工工业的抗氧剂，用于含油脂较多的加工食品中，可以防止由于氧和热引起的变色变味等氧化酸败现象。

8. 安全与贮运

生产中使用对甲苯酚、硫酸等有毒或腐蚀性物品，操作人员应穿戴劳保用品，烃化反应釜必须密闭。工业用防老剂 264 采用编织袋包装，贮于阴凉、通风处。密封包装，贮存期 3 个月。

参 考 文 献

[1] 赵艳芳，李章卫，樊明森，等. 新工艺环保型防老剂 264 对天然橡胶热氧老化性能的影响[J]. 橡胶科技市场，2010，8(06)：16-19.

[2] 于大伟. 杂多酸催化合成防老剂-264[J]. 陕西化工，1999，(01)：21-22.

3.25 对叔丁基邻苯二酚

对叔丁基邻苯二酚(*p*-tert-butylcatechol)又称对叔丁基儿茶酚、4-叔丁基-1,2-二羟基苯。分子式 $C_{10}H_{14}O_2$，相对分子质量 166.2。结构式为：

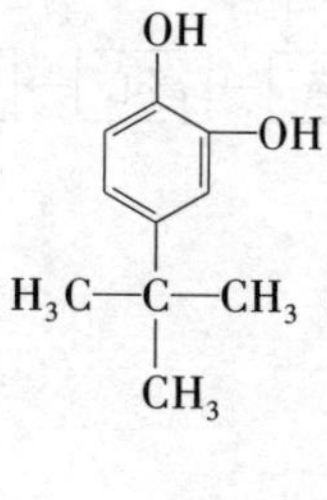

1. 性能

无色针状结晶，可燃。熔点 56～57℃，沸点 285℃，相对密度（d_{25}^{60}）1.0490。闪点 130℃。溶解度（25℃，100g 溶剂中）：甲醇 500g、丙酮 240g、乙酸乙酯 240g，甲苯 170g，苯 80g。不溶于水和石油醚。在 60℃时的阻聚效力较对苯二酚高 25 倍。本品有毒，对皮肤有强烈刺激作用。

2. 生产原理

（1）叔丁醇法

叔丁醇与邻苯二酚在二甲苯、磷酸介质中缩合，沉降分离，中和水洗，减压蒸馏，石油醚重结晶，得对叔丁基邻苯二酚（TBC）晶体。

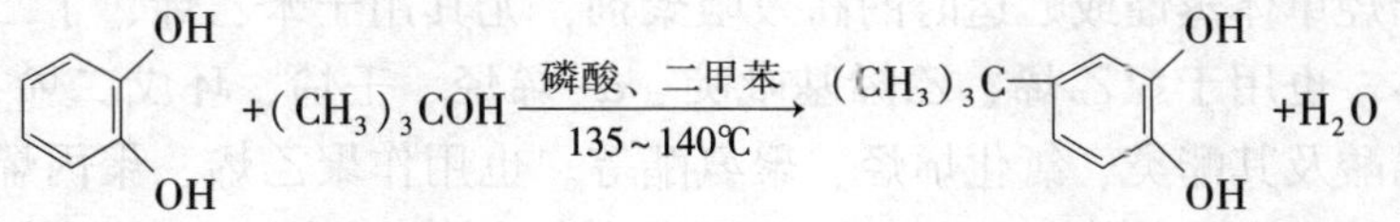

（2）异丁烯法

在磷酸介质中，邻苯二酚与异丁烯发生 Friedel-Crafts 烃化反应得到。

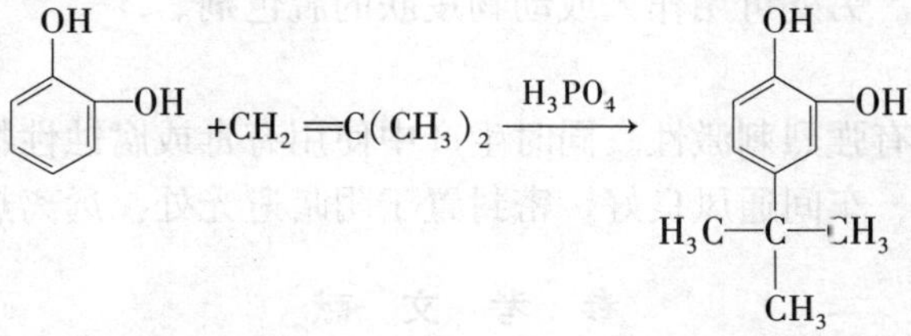

3. 工艺流程（叔丁醇法）

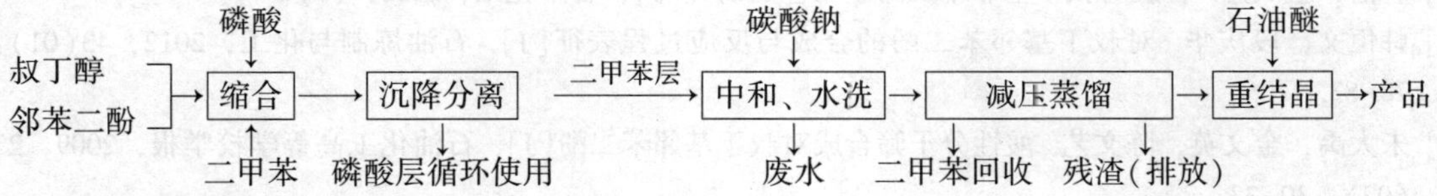

4. 主要原料（kg/t）

叔丁醇（≥185%）	1100	石油醚（工业品）	730
二甲苯（d_4^{20}＝0.84～0.87）	700	磷酸（85%）	500
邻苯二酚（熔点 102～105℃）	800		

5. 生产工艺

在反应釜中首先投入适量溶剂二甲苯，然后加入 80kg 邻苯二酚和 50kg 85%的磷酸，搅拌下加热溶解。继续搅拌加热至回流状态，慢慢滴加叔丁醇二甲苯溶液。加完 93.5kg 100%计的叔丁醇后，继续回流反应 2h。降温后，将物料送至中和水洗锅，静置后分出磷酸（过滤后循环使用）。有机层用纯碱中和至 pH＝5～6，用水洗涤，减压蒸馏分出溶剂二甲苯，残余液用石油醚重结晶，离心分离后得到对叔丁基邻苯二酚约 100kg。

6. 实验室制法

在 1000mL 三颈烧瓶中加入 35g 邻苯二酚、73g（84mL）二甲苯和 71g 85%的磷酸，搅拌，沙浴加热至 110～115℃时，通入 18.2g 异丁烯。调节通气速度，使尾气观察瓶中无气泡逸出。通完气后，冷却至 50～60℃，加入 100mL 水。搅拌 5min，静置。吸出上层二甲苯溶液，下层酸液用二甲苯提取（25mL×2）。将提取液和分出的二甲苯溶液合并，以饱和 NaCl 溶液洗至 pH＝6。将洗过的二甲苯溶液转入烧瓶中，常压回收二甲苯。当蒸气温度升至 150℃后，停止加热。稍冷减压蒸馏，收集 170~173℃/10×133.3Pa 的馏分，得对叔丁基邻苯二酚41~42g，产率 77%~80%。

注：异丁烯可用等物质的量的叔丁醇(与二甲苯配成溶液)代替。

7. 质量标准

外观	白色至浅黄色结晶，无机械杂质
阻聚效果	82℃苯乙烯引发聚合时间 30min
熔点/℃	≥52

8. 用途

主要用作烯烃单体蒸馏或贮运时的高效阻聚剂，尤其用于苯乙烯、丁二烯、氯丁二烯、异戊二烯等单体，也用于氯乙烯、乙烯基吡啶、α-烯烃、壬烯、环戊二烯、异戊二烯、丙烯酸、甲基丙烯酸及其酯类、氯化烯烃、聚氨酯等。也用作聚乙烯、聚丙烯、聚氯丁二烯、合成橡胶、尼龙等聚合物的抗氧化剂，以及用作油脂及其衍生物、乙基纤维素、润滑油、己内酰胺、马来酸酐等多种化合物的抗氧剂。还可用作聚氨酯催化剂的纯化剂、杀虫剂和各种有机化合物的稳定剂等。另外可用作人或动物皮肤的脱色剂。

9. 安全与贮运

本品有毒，对皮肤有强烈刺激性。同时生产中使用有毒或腐蚀性物品，设备应密闭，操作人员应穿戴劳保用品，车间通风良好。密封置于阴暗避光处，远离热源。

参 考 文 献

[1] 管浩，左成慧. 合成对叔丁基邻苯二酚新工艺的研究[J]，甘肃化工，2006，(1)

[2] 韩恒文，段庆华. 对叔丁基邻苯二酚的合成与反应过程表征[J]. 石油炼制与化工，2012，43(01)：78-83.

[3] 朱大禹，金文英，陈文艺. 酸性分子筛合成对叔丁基邻苯二酚[J]. 石油化工高等学校学报，2009，22(02)：30-33.

3.26 亚磷酸苯基二异辛酯

亚磷酸苯基二异辛酯(diisooctyl phenyl phosphite)又称亚磷酸苯基二(2-乙基己基)酯、苯基二(2-乙基己基)亚磷酸酯。分子式 $C_{22}H_{39}O_3P$，相对分子质量 382.52。结构式为：

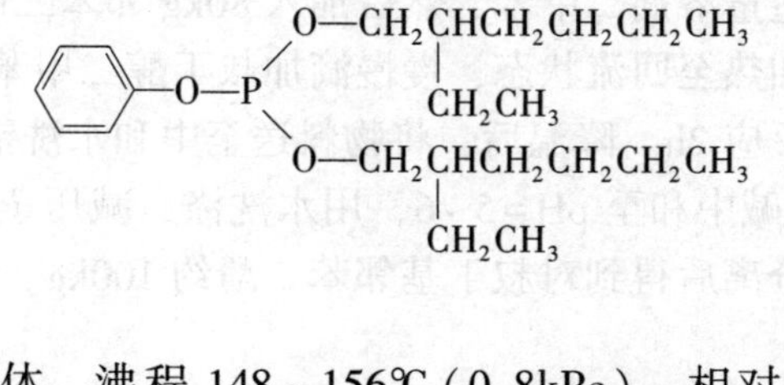

1. 性能

无色至微黄色透明液体。沸程 148~156℃(0.8kPa)，相对密度(d_4^{25})0.942，折射率(n_D^{20})1.4791。

2. 生产原理

将异辛醇与亚磷酸三苯酯进行酯交换反应，制得亚磷酸苯基二异辛酯粗品，反应液经真空蒸馏除去苯酚，再用碱洗，然后水洗，最后经真空蒸馏而得成品。

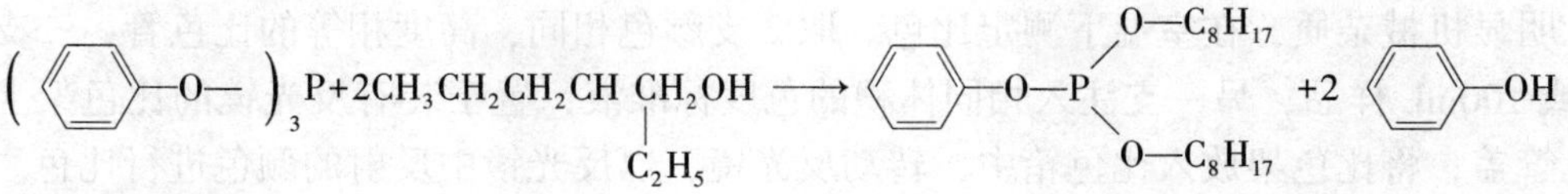

3. 工艺流程

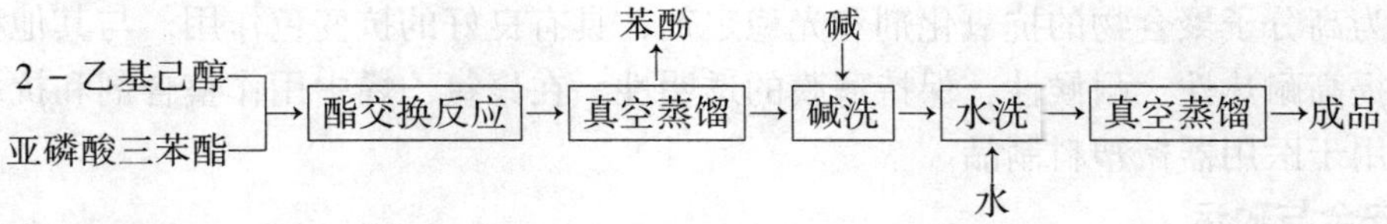

4. 主要原料(kg/t)

异辛醇(沸点：182～184℃馏出量97%)	850
亚磷酸三苯酯(密度：1.183～1.192g/cm³)	970

5. 生产工艺

在酯交换反应釜中加入425kg异辛酸和485kg亚磷酸三苯酯，加热回流进行酯交换反应。反应物料经真空蒸馏除去反应副产物苯酚(回收)，残余液用碳酸钠洗涤，再用水洗涤，分水后真空蒸馏，收集148～156℃/0.8kPa的馏分，得到亚磷酸芸基二异辛酯。

6. 实验室制法

在三口反应瓶中加入310g亚磷酸三苯酯和275g异辛醇，加热回流，进行酯交换。反应完毕，真空蒸馏分出苯酚，再用碱洗涤去残余的苯酚，水洗，得到的粗品减压蒸馏，收集148～1560.8kPa的馏分。

7. 质量标准

	工业品	试剂
外观	无色至微黄色透明油状液体	无色透明液体
色泽(Pt-Co比色)	≤50号	≤30号
相对密度(d_4^{25})	0.945～0.955	0.945～0.955
折射率(n_D^{20})	1.475～1.480	1.475～1.480
酸值/(mgKOH/g)	0.10	0.5

8. 质量检验

色泽测定：

① 500号Pt－Co比色标准原液的配制(黄中带绿)　准确称取1.5000g氯铂酸钾(K_2PtCl_6)(称准至0.0002g)和0.3000g氯化钴($CoCl_2 \cdot 6H_2O$)(称准至0.0002g)，溶于200mL 6mol/L的盐酸中，然后用二次蒸馏水稀释至1000mL。

② 标准比色液的配制　取不同量的500号Pt-Co比色标准原液，用0.1mol/L的盐酸稀释至100mL，即可制得任意号数的色度标准液，其计算式如下：

$$V = \frac{n \times 100}{500}$$

式中　V——配制100mL n号色度标准液所用500号色度标准溶液体积，mL；

n——欲制备色度标准液的号数。

注：500号原液应贮于棕色瓶中，置暗处保存。有效期为6个月。稀释的n号Pt-Co比色液，应贮于具有磨口塞的比色管中。比色后置于暗处存放，有效期1个月。

③ 测定操作　将样品均匀混合后注入试管中，肉眼观察应是透明油状液体，无浑浊现

象，无明显机械杂质，在室温下测定比色。取2支颜色相同，高度相等的比色管，一支注入50mL或100mL样品，另一支注入相同体积的色度标准液，置于装有反光镜的比色架上，拿下比色管盖，将比色架放入比色箱中，转动反光镜，以反光镜中反射的颜色进行比色。

9. 用途

本品为高分子聚合物的抗氧化剂和光稳定剂，具有良好的抗变色作用。与其他稳定剂并用时，可提高耐热性、耐候性，保持薄膜的透明性。在聚氯乙烯中用作螯合剂和抗氧剂，毒性低，可用于医用器械塑料制品。

10. 安全与贮运

本品毒性低。生产中使用的亚磷酸三苯酯接触皮肤会引起过敏或灼烧伤害；异辛醇易燃，毒性不大。生产设备应密闭，操作人员应穿戴劳保用具。使用镀锌铁桶包装，贮存于阴凉、通风处。按一般化学品规定贮运。

3.27 抗氧剂 KY-7910

抗氧剂 KY-7910(antioxidant KY-7910)也称抗氧剂1010、化学名称为四[β-(3,5-二叔丁基-4-羟基)苯丙酸]季戊四醇酯。分子式 $C_{73}H_{108}O_{12}$，相对分子质量1177.65。结构式为：

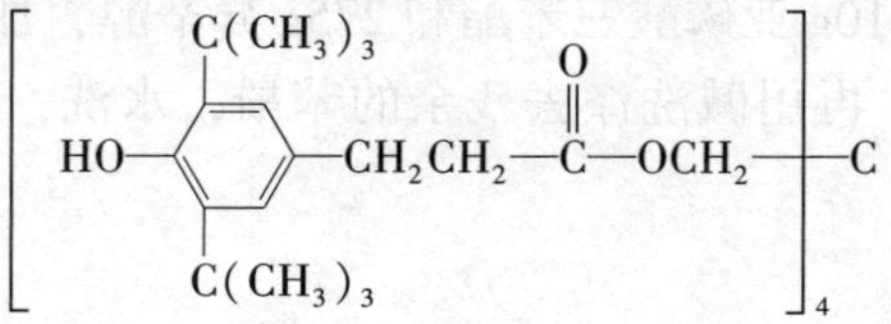

1. 性能

白色粉末。无臭。不易爆，毒性极微。溶于苯、丙酮、氯仿，微溶于乙醇，不溶于水。熔点119~123℃。

2. 生产原理

苯酚与异丁烯进行邻位烷基化反应，所得产物再与丙烯酸甲酯进行对位烃化，最后与季戊四醇进行酯交换而制得。

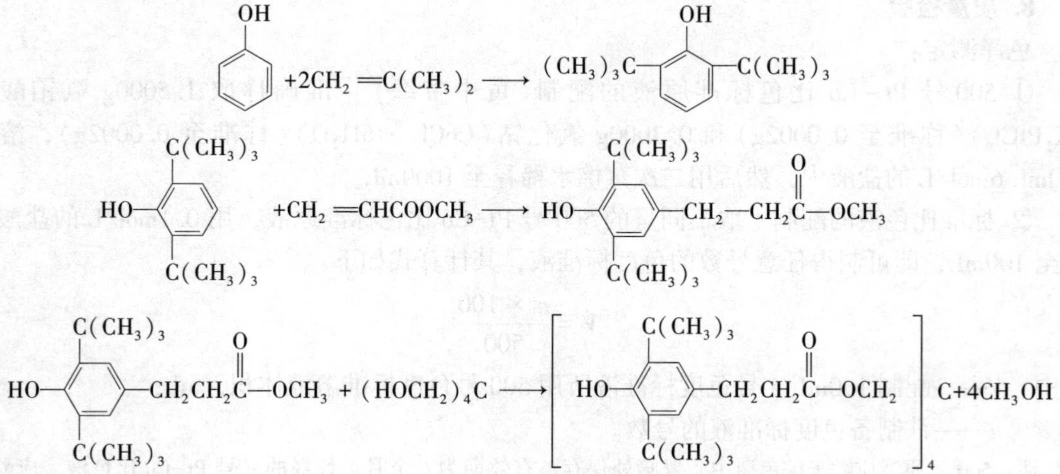

3. 工艺流程

异丁烯、苯酚、三苯酚铝 → 烷基化 → 水解 → 精馏 → 烃化（丙烯酸甲酯、甲醇钠）→ 结晶 → 酯交换（季戊四醇、二甲基亚砜、甲醇钠）→ 结晶 → 精制 → 成品

4. 主要原料(kg/t)

苯酚(工业品)	1228	丙烯酸甲酯	872
异丁烯(95%)	1724	季戊四醇	225

5. 生产工艺

在带搅拌装置的反应釜内，先加入192kg熔融的苯酚、7.5kg对甲苯酚及新制备的催化剂三苯酚铝(将18kg熔融的苯酚投入反应釜，加入铝屑、甲苯，搅拌下加热升温至135~145℃，保温反应至作用完全，制得三苯酚铝)，搅拌，加热升温至130~140℃时，通入异丁烯，于1.0~1.4MPa下反应3h以上，完成烷基化反应。将反应后的物料送入水洗槽，加水洗涤。三苯酚铝水解成苯酚和氢氧化铝。静置分层，分出含氢氧化铝的废水。有机层进行蒸馏。常压蒸出甲苯后，高真空蒸出2,6-二叔丁基苯酚。将真空蒸出的2,6-二叔丁基苯酚送入搪瓷反应釜中，在氮气保护下，加入108kg甲醇钠，搅拌加热升温至65~75℃时，加入144kg丙烯酸甲酯，继续加热，升温至115~125℃时，保温搅拌反应2h。然后将物料冷却至80℃，加入盐酸酸化，再加入225kg乙醇，加热回流0.5h，降温后静置2h，析出3,5-二叔丁基-4-羟基苯丙酸甲酯。将物料进行吸滤，母液进行蒸馏，回收甲醇和乙醇。将滤饼送至酯交换反应器，加入22.5kg二甲基亚砜和37.5kg季戊四醇，加热熔化。减压蒸出部分二甲基亚砜，以带出物料中的水分。然后将43.8kg甲醇钠分三次加入反应釜内。加热逐渐升温减压蒸出全部的二甲基亚砜。于135~140℃下保温反应2h，至酯交换反应完成。将反应物料冷却至80~90℃，用乙酸中和甲醇钠。再降温，加入210kg石油醚，溶解物料，静置分层，将水相中的甲醇、盐层分离出去，回收甲醇。有机层用水洗至中性，再冷冻至5℃以下，析出四[β-(3,5-二叔丁基-4-羟基)苯丙酸]季戊四醇酯结晶。过滤，滤液循环使用。滤饼干燥后，加乙醇、乙酸乙酯进行加热回流溶解。趁热过滤，冷却，析出结晶。回收溶剂，滤饼烘干后得抗氧剂KY-7910成品。

6. 质量标准

外观	白色或浅黄色结晶粉末
溶解性试验	澄清(10g/100mL甲苯)
熔点/℃	≥116
透光率(10g/100mL甲苯)/%	
425nm	≥90
500nm	≥95
灰分/%	≤0.2
挥发分/%	≤0.5

7. 用途

本品为高分子量酚类抗氧剂，性能优良，对聚丙烯的防护效果优异。具有不变色、耐热氧老化、耐热水萃取、不易挥发、耐抽出性好、热稳定性高、持效性大的特点，特别适用于要求耐抽出及高温下使用的制品。本品不污染，不着色，与硫代二丙酸二月桂酯并用有协同

效应，可显著提高耐热稳定性。用于聚氯乙烯、聚氨酯、聚苯乙烯、ABS 树脂、尼龙、聚酯、聚乙烯醇缩乙醛、纤维素树脂、合成橡胶和黏合剂，也有优良的抗热氧效能，可以保证制品的热成型加工及延长制品的使用寿命。是目前抗氧剂中性能较优的品种之一。一般用量为 0.01%~0.5%。

8. 安全与贮运

原料异丁烯是易挥发液体，与空气形成爆炸性混合物，爆炸极限 1.7%~9.0%(体积)。丙烯酸甲酯具有催泪性，苯酚有毒。设备应密闭，防止泄漏，车间保持良好通风状态。

本品不易燃，不易爆，毒性极微，贮存性能好。采用内衬塑料袋的纸袋包装，按一般化学品规定贮运。

参考文献

[1] 童宝亭，赵洪福. 抗氧剂 1010 生产优化[J]. 辽宁化工，2021，50(03)：358-360.
[2] 夏宗艳，郭德宝，刘菊香. 抗氧剂 1010 合成及晶型制备方法[J]. 塑料助剂，2014，(02)：53-56.

3.28 抗氧剂 618

抗氧剂 618(antioxidant 618)的化学名称为双十八烷基季戊四醇双亚磷酸酯、二亚磷酸季戊四醇二硬脂醇酯。国外相应商品名有 Doverphos S680 S682（美国）、ADK Stab PEP-9（日本）、Weston 618 619（美国）。分子式 $C_{41}H_{82}O_6P_2$，相对分子质量 733.06。结构式为：

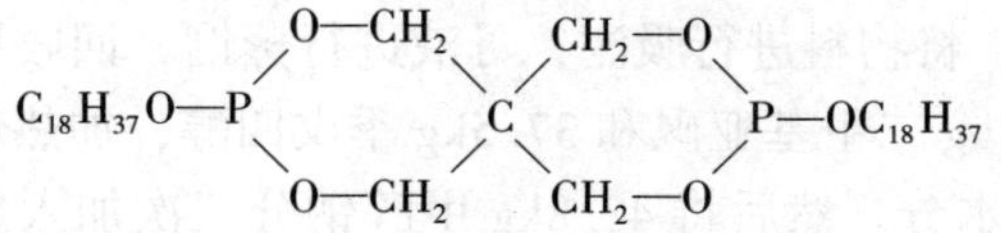

1. 性能

白色蜡状固体。熔点 54~56℃，相对密度($d_{50}^{15.5}$)0.940~0.960，折射率 1.4610~1.4660(50℃)。可溶于一般有机溶剂。溶解度(25℃)(g/100g 溶剂)：苯 14.7，己烷 0.3，氯仿 45.0，丙酮 0.3。不溶于水。毒性低。

2. 生产原理

(1) 三氯化磷法

由季戊四醇与三氯化磷反应生成二氯代季戊四醇二亚磷酸酯中间体，再与十八碳醇酯化，经后处理得到抗氧剂 618。

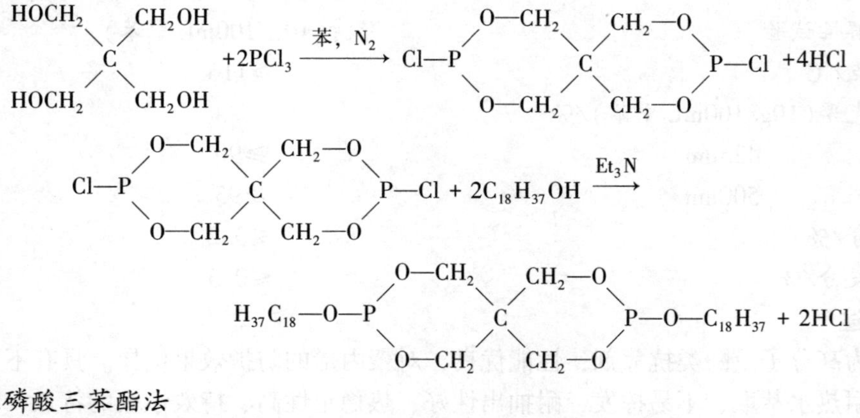

(2) 亚磷酸三苯酯法

亚磷酸三苯酯与季戊四醇反应，得到的中间产物再与硬脂醇进行酯交换，得到抗氧剂 618。

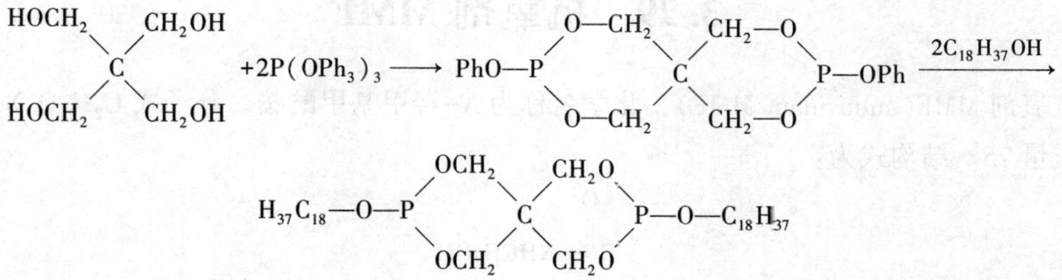

3. 工艺流程(三氯化磷法)

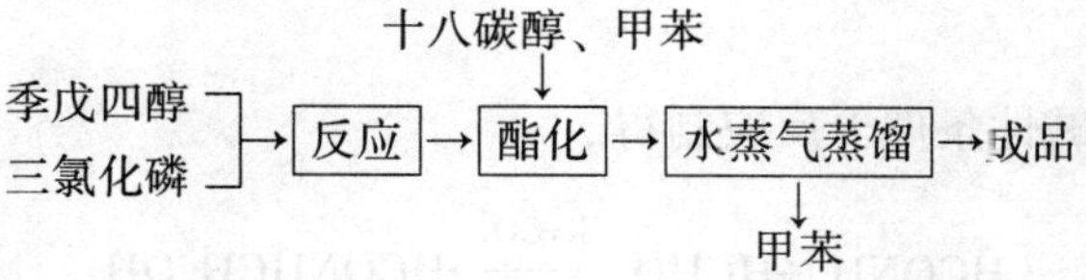

4. 生产工艺

在反应釜中加入苯、季戊四醇，于氮气保护下滴加三氯化磷，滴加完毕，继续搅拌反应1~2h，经分离得二氯代季戊四醇二亚磷酸酯。在酯化反应釜中加入甲苯，搅拌下加入十八碳醇与三乙胺，再加入二氯代季戊四醇二亚磷酸酯，于30℃进行反应。反应完毕，滤去三乙胺盐酸盐。滤液经水蒸气蒸馏回收甲苯，即得抗氧剂 618。

5. 质量标准

外观	白色蜡状物	相对密度($d_{50}^{15.5}$)	0.940~0.960
熔点/℃	52~56	折射率(n_D^{50})	1.4610~1.4660
酸值/(mgKOH/g)	≤0.5		

6. 用途

用作塑料的辅助抗氧化剂。具有热稳定性好、抗热氧效率高、耐变色等特点。制品透明性好，不污染，与紫外线吸收剂以及受阻酚抗氧剂的协同效果显著。但水解稳定性欠佳，一般通过添加三异丙醇胺等水解稳定剂组分改善耐水解性。主要适用于聚乙烯、聚丙烯、聚苯乙烯、聚酯等制品。在树脂合成或制品成型时直接配合，一般添加量 0.1%~0.5%。

7. 安全与贮运

生产中使用三氯化磷，生产设备应密闭，防止冒漏，车间内加强通风，操作人员应穿戴劳保用品。产品对皮肤有刺激性，避免与皮肤接触或暴露于其蒸气中。产品采用内衬塑料袋的纸桶包装，在阴凉、干燥处贮存。贮存期 1 年。

参考文献

[1] 尹振晏，李燕芸，胡应喜，等. 双(十八烷基)季戊四醇二亚磷酸酯的合成[J]化学世界，2001，42(03)：144.

[2] 潘朝群，张亚君，黄阔. 抗氧剂二硬酯基季戊四醇二亚磷酸酯的合成新工艺[J]化学工程师，2006，125(02)：14.

[3] 潘朝群，江涛，陈作义. 抗氧剂 618 的合成及在聚合物加工中的应用[J]. 化学工业与工程，2006，23(06)：502.

3.29 抗氧剂 MMF

抗氧剂 MMF(antioxidant MMF)，化学名称为 *N*-羟甲基甲酰胺。分子式 $C_2H_5O_2N$，相对分子质量 75。结构式为：

1. 性能

无色透明油状液体。易溶于水和乙醇，不溶于乙醚。与酸共热分解产生甲醛。

2. 生产原理

甲酰胺和甲醛在弱碱性条件下反应制得。

$$HCONH_2 + HCHO \xrightarrow{K_2CO_3} HCONHCH_2OH$$

3. 工艺流程

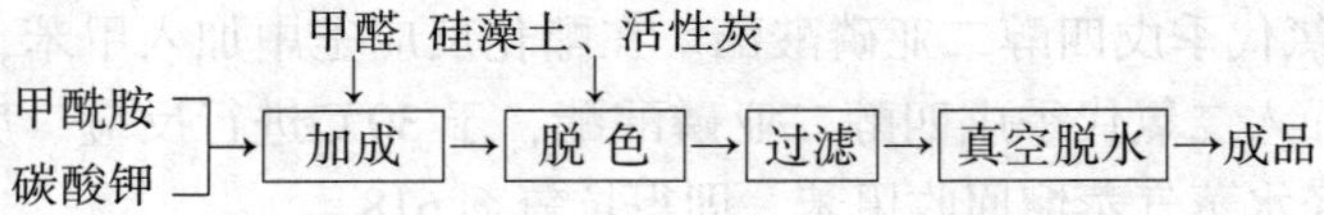

4. 主要原料(kg/t)

甲酰胺(工业品)	261	活性炭	7.5
硅藻土(工业品)	4.5	碳酸钾(98%)	4.95
甲醛(37%)	720	纯碱(98%)	适量

5. 生产工艺

在带搅拌的反应釜中加入 261kg 甲酰胺、4.95kg 碳酸钾(先溶于少量水中)，搅拌混合，使物料的 pH 值为 8~9。加热升温，物料温度达 50℃时，开始缓缓滴入甲醛溶液，共加入甲醛溶液 720kg。滴加完后，加入配成水溶液的碳酸钠，调节 pH 值为 7.5~8.0。控制温度在 50~55℃之间保温搅拌，继续反应 5h。反应完成后，加入 4.5kg 硅藻土、7.5kg 活性炭，搅拌 2h，然后过滤。将滤液在 50℃下真空脱水，即制得 *N*-羟甲基甲酰胺成品。

6. 实验室制法

在反应瓶中加入 522g 甲酰胺、10g 碳酸钾(溶于少量水中)。搅拌升温，50℃时开始慢慢滴加 1440g 37%的甲醛溶液。滴加完毕，用纯碱调节 pH 值至 7.5~8.0，控制温度 50~55℃反应 5h。然后加入 9g 硅藻土、15g 活性炭，加热搅拌脱色 2h，趁热过滤。滤液在 50℃下真空脱水，制得 *N*-羟甲基甲酰胺。

7. 质量标准

外观	无色透明、无悬浮物液体	色泽(360nm,1cm)	0.5
总游离醛/%	≤0.3	折射率(n_D^{25})	1.480~1.485
相对密度(d_4^{20})	1.245~1.260	铁/%	≤0.005

8. 用途

主要用作合成纤维织物的抗氧剂和防老剂。在聚丙烯纤维中加入本品时，纤维在 130℃烘焙 30min 不会因氧化而泛黄。

9. 安全与贮运

甲醛有刺激性，反应设备应密闭，操作人员穿戴劳保用品，车间保持良好的通风状态。采用铁桶包装，贮存于阴凉、通风、干燥处。

3.30 抗氧剂 DSTOP

抗氧剂 DSTOP（antioxidant DSTOP）化学名称为硫代二丙酸二硬脂醇酯、硫代二丙酸二(十八酯)。分子式 $C_{42}H_{82}O_4S$，相对分子质量 683.14。结构式为：

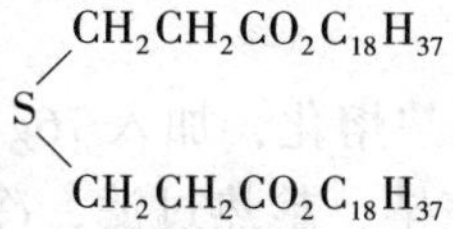

1. 性能

白色结晶性粉末或絮状物。气味小，挥发性低。不溶于水，易溶于醇类、乙醚、苯、甲苯、氯仿、丙酮。密度 1.027g/cm^3。熔点 63~69℃。

2. 生产原理

由丙烯腈和硫化钠缩合生成硫代二丙腈，再水解成硫代二丙骏后，与十八碳醇进行酯化反应而制得。

$$2CH_3 ═CHCN+2H_2O+Na_2S \longrightarrow S(CH_2CH_2CN)_2+NaOH$$

$$S(CH_2CH_2CN)_2+H_2SO_4+H_2O \longrightarrow S(CH_2CH_2COOH)_2+(NH_4)_2SO_4$$

$$S(CH_2CH_2COOH)_2+2C_{18}H_{37}OH \xrightarrow{浓 H_2SO_4} S(CH_2CH_2COOC_{18}H_{37})_2+2H_2O$$

3. 工艺流程

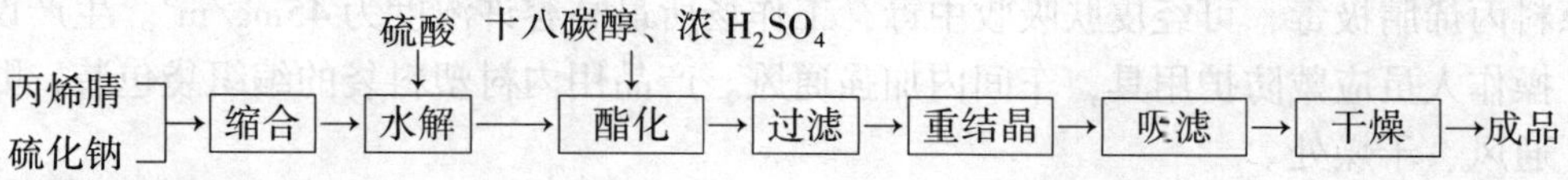

4. 主要原料(kg/t)

丙烯腈(99%)	119	硫酸(98%)	222.5
活性炭	2.5	丙酮	480(可回收)
硫化钠(50%)	175	十八碳醇	380
碳酸钠(98%)	5.8		

5. 生产工艺

先将 175kg 硫化钠加水配成 15%的水溶液，过滤，除去杂质。在配有冷却装置的搅拌反应釜内，加入 119kg 丙烯腈，通冷水冷却至 18℃。搅拌下滴加硫化钠水溶液，温度控制在 18~22℃之间。加完硫化钠后，保温反应 4~6h。缩合反应完毕后，将物料静置分层，除去水层得硫代二丙腈。在耐酸搪瓷反应釜中加入所制得的硫代二丙腈，在搅拌下缓缓滴加 50%的硫酸（将 22.5kg 浓硫酸配成浓度为 50%的硫酸溶液，在搅拌下冷却至恒温）进行水解。硫酸滴加完后，继续搅拌水解至反应完全。再将物料送至结晶槽，冷却结晶，离心脱水。将晶体用水洗后，再离心脱水，制得硫代二丙酸。将硫代二丙酸投入酯化反应釜，加热使晶体熔化。搅拌下加入 380kg 十八醇、3.75kg 催化剂浓硫酸和 2.5kg 活性炭。加热升温，不断搅拌，抽真空，将生成的水及时排出，反应温度控制在 130℃左右，待体系中无水排出时，即为终点。酯化反应完毕，趁热过滤，除去活性炭，冷却结晶。将晶体送入重结晶釜，加入

480kg 丙酮，加热升温使晶体溶解。搅拌下加入 5.75kg 纯碱中和，使物料呈中性。趁热过滤，滤液送入结晶槽，缓缓搅拌并冷却，降温至12℃，使晶体充分析出。物料经吸滤后，滤液蒸馏回收丙酮，滤饼真空干燥，得到硫代二丙酸二硬脂醇酯。

6. 实验室制法

将 35g 50%的硫化钠加水配成 15%的水溶液，过滤，滤液备用。在反应瓶中加入 24g 丙烯腈，冰水冷却下，滴加硫化钠溶液，控温在 18~22℃之间。滴完后于 20℃下反应 4h，静置分层，除去水层得到硫代二丙腈。

将得到的硫代二丙腈投入反应瓶，搅拌下滴加 87.2g 50%的硫酸。水解完毕，冷却结晶，得硫代二丙酸。

将硫代二丙酸投入反应瓶中，加热熔化，加入 76g 硬脂醇和 0.8g 浓硫酸及适量的活性炭，于真空条件下加热酯化。反应完毕，趁热过滤，冷却析晶。粗品用丙酮溶解，纯碱中和，过滤，析晶，干燥得硫代二丙酸二硬脂醇酯。

7. 质量标准

外观	白色结晶或絮状物	熔点/℃	60~68
酸值/(mgKOH/g)	≤0.05	灰分/%	<0.01
色度(APHA)	≤100	皂化值/(mgKOH/g)	160~170
挥发物/%	<0.1		

8. 用途

本品为优良的辅助抗氧剂，与主抗氧剂并用可产生协同效果。主要用于聚丙烯、聚乙烯、合成橡胶及油脂。一般用量为 0.1%~1.0%。

9. 安全与贮运

原料丙烯腈极毒，可经皮肤吸收中毒，工作场所最高容许浓度为 45mg/m³。生产设备应密闭，操作人员应戴防护用具，车间内加强通风。产品用内衬塑料袋的编织袋包装，贮存于阴凉、通风、干燥处。

第4章 光稳定剂

4.1 概 述

高分子材料暴露在阳光或高能射线下，会吸收紫外线能量，发生光氧化降解(也称光老化)，导致制品变色、性能下降。凡能够抑制或减缓光老化的物质称作光稳定剂，或称抗紫外线剂。

光稳定剂对于防止高分子材料发生光老化，延长其使用寿命，效果十分显著。光稳定剂能屏蔽或吸收紫外线，使降解产物过氧化物进行非游离基分解；可使被紫外线激发的高分子激发态猝灭而回到稳定基态；可钝化金属离子；能有效捕捉紫外线引发的游离基，从而可使高分子材料免受紫外线破坏。光稳定剂用量通常仅需高分子材料质量的0.01%~0.5%。

作为有工业价值的光稳定剂应具备：能强烈地吸收290~400nm波长范围内的紫外线或能有效地猝灭激发态分子的能量或具有捕获自由基的能力；无毒或低毒；与高分子材料相容性好，耐抽出、耐水解性优良；具有良好的热稳定性、光稳定性和化学稳定性；不污染制品，不对环境造成污染。

根据光稳定剂抑制或减缓光老化的作用机理，可分为四类：光屏蔽剂、紫外线吸收剂、猝灭剂和自由基捕捉剂。不同类型的光稳定剂有不同的光稳定化作用机理，但不少光稳定剂兼具多效性。根据光稳定剂的化学结构，又可分为受阻胺类，水杨酸酯类、二苯甲酮类、苯并三唑类、三嗪类、取代丙烯腈类、有机镍络合物类等。

(1) 光屏蔽剂

光屏蔽剂也称遮光剂，主要是用颜料使高分子材料着色，使其能够反射紫外线，好像在光和聚合物之间形成了一层屏障，这样就可以避免光老化。炭黑、氧化锌和其他无机颜料和有机颜料都可以作为光屏蔽剂。其中效力最大的是炭黑。在材料表面涂以含屏蔽剂的涂料，也能防止光老化。

(2) 紫外线吸收剂

紫外线吸收剂是光稳定剂中最主要的一类。这是一类能够强烈地选择性地吸收紫外线并进行能量转换，以热能形式或无害的低能辐射将紫外线能量释放或消耗的物质。按其化学结构，又可分为二苯甲酮类、苯并三唑类、三嗪类、水杨酸苯酯类、取代丙烯酸酯类、草酰二苯胺类。在工业上，大量使用的光稳定剂是二苯甲酮类和苯并三唑类。

二苯甲酮类是最重要的光稳定剂，它们都具有邻羟基二苯甲酮的结构。主要品种有：2-羟基-4-甲氧基二苯甲酮(UV-9)、2,2′-二羟基-4-甲氧基二苯甲酮(UV-24)、2-羟基-4-甲氧基-2′-羟基二苯甲酮(UV-207)。

苯并三唑类光稳定剂能强烈地吸收280~380nm波段的紫外线，几乎不吸收可见光，热稳定性高，挥发性小。一般在聚合物中的使用量0.1%~1%。常见品种有：2-(2′-羟基-5′-甲基苯基)苯并三唑(UV-P)、2-(2′-羟基-3′-叔丁基-5′-甲基苯基)-5-氯苯并三唑(UV-326)和2-(2′-羟基-3′,5′-二叔丁基苯基)-5-氯苯并三唑(UV-327)和2-(2′-羟基-4′,6′-

二特戊基苯基)苯并三唑(UV-328)。

(3) 猝灭剂

猝灭剂不同于紫外线吸收剂，本身并没有很强的紫外线吸收能力，其作用是将吸收了的光能变为激发态分子的能量，迅速转移掉，使分子回到稳定的基态，从而失去发生光化学反应的可能。这类光稳定剂主要是一些二价镍的有机螯合物，其主要品种有：2,2′-硫代双(4-叔辛基苯酚)镍(AM-101)、双(3,5-二叔丁基-4-羟基苄基膦酸单乙酯)镍(2002)、*N*,*N*-二正丁基二硫代氨基甲酸镍(NBC)和硫代双(特辛基苯酚)正丁胺镍(UV-1084)。尽管含镍猝灭剂作为光稳定剂效果很好，但高分子材料焚化时产生的氧化镍对环境造成危害，出于环保考虑，国外已逐渐停止生产这类光稳定剂。

(4) 自由基捕捉剂

自由基捕捉剂是受阻胺类光稳定剂，具有捕捉自由基、分解过氧化氢、转移激发态能量和捕获单线态氧能量等作用。这类稳定剂是哌啶的衍生物，其特征结构为：

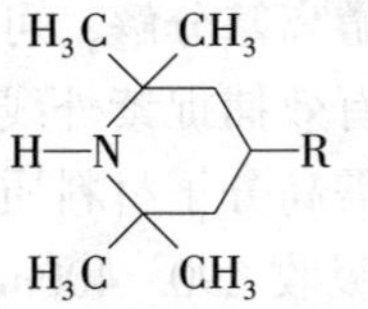

R=H、CH_3、OCH_3、OR 等

主要品种有双(2,2′,6,6′-四甲基-4-哌啶基)癸二酸酯(HALS-1)、双(1,2,2′,6,6′-五甲基-4-哌啶基)癸二酸酯(HALS-4)、HALS-2 和 HALS-32(光稳定剂 GW-608)。这类光稳定剂的研究开发非常活跃，是目前光稳定剂研究开发的热点。

受阻胺类光稳定剂(HALS)在提高聚烯烃材料抗光老化性能方面已获得广泛认可和应用。然而，低相对分子质量的 HALS 在聚烯烃材料及其制品加工、塑型工程中仍存在易挥发、易抽提和易迁移等致命问题，不仅直接导致聚合物材料及其制品的抗光老化性能下降，而且其自身的毒性会严重影响与其直接接触的食品安全。因此，设计和制备高效、稳定、耐用、耐迁移的新型受阻胺类光稳定剂具有重要现实意义。

参 考 文 献

[1] 李书森. 聚烯烃材料耐迁移型光稳定剂的研究进展[J]. 塑料助剂，2022，(03)：49-55.

[2] 王梓，范小鹏，孙春光. 国内受阻胺类光稳定剂合成研究新进展[J]. 塑料助剂，2020，(03)：10-16.

[3] 王善伟，杨成洁，杜新胜. 苯并三唑类光稳定剂的研究进展[J]. 塑料制造，2011，(09)：66-68.

[4] 王仰东，刘涛，孙德江，等. 聚烯烃用抗氧剂及光稳定剂的研究进展[J]. 中国塑料，2008，22(06)：5-11.

4.2 光稳定剂 BAD

光稳定剂 BAD(light stabilizer BAD)的化学名称为双水杨酸双酚 A 酯，又称紫外线吸收剂 BAD。分子式 $C_{29}H_{24}O_6$，相对分子质量 468。结构式为：

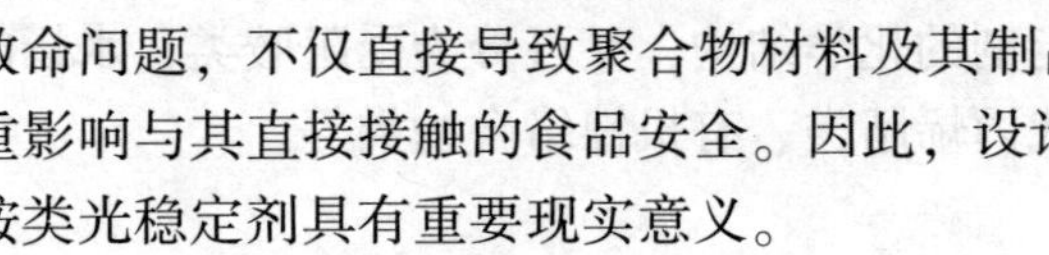

1. 性能

白色无臭粉末。熔程158~161℃。不溶于水和酒精，易溶于苯(4.88g/100g)、甲苯、二甲苯、氯苯(5.87g/100g)、石油醚、乙酸乙酯(2.45g/100g)等惰性溶剂中。

2. 生产原理

亚硫酰氯与水杨酸在无水三氯化铝催化下，生成邻羟基苯甲酰氯。放出的 HCl 和 SO_2 用碱吸收。然后，邻羟基苯甲酰氯(或称水杨酰氯)与双酚 A 缩合，即生成双水杨酸双酚 A 酯，也就是光稳定剂 BAD。

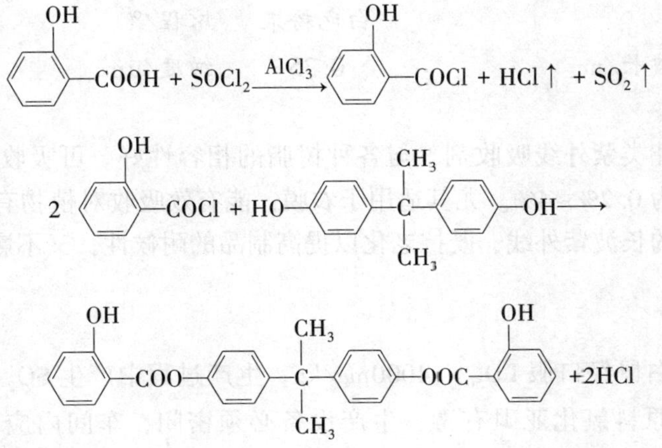

3. 工艺流程

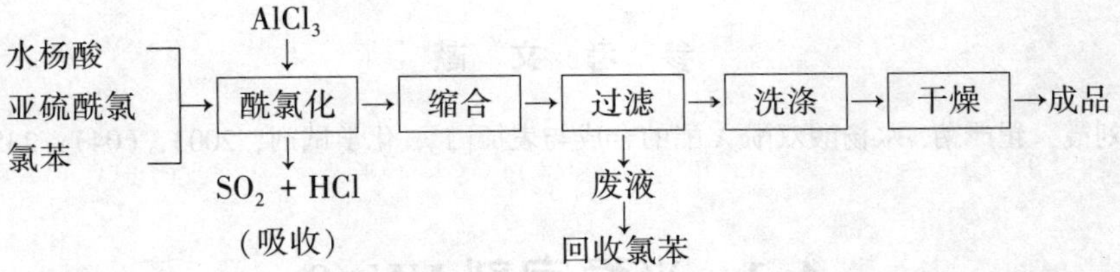

4. 主要原料(kg/t)

亚硫酰氯(工业品)	910	双酚 A(I>98%)	700
三氯化铝(工业品)	5	酒精	1610
水杨酸(医药工业品，≥99%)	980	氯苯(工业品)	1610(可回收)
无水吡啶(分析纯)	13		

5. 生产工艺

先将水杨酸 250kg 投入酰氯化反应釜内，再加入氯苯 750kg，搅拌溶解后，加入 1.3kg 无水三氯化铝。控制温度在 20~40℃之间，一边搅拌，一边缓缓滴加亚硫酰氯 228kg，进行反应。反应生成的 HCl、SO_2 气体，用石灰乳吸收处理。待反应已无 HCl 放出时，可认为已达终点，生成水杨酰氯的反应已完全。然后在搅拌下加热升温。当温度升至 80℃时，加入双酚 A 175kg 及无水吡啶 0.33kg 进行反应。反应放出的氯化氢气体同前一反应一样，用水或石灰乳吸收。反应过程中不断搅拌，温度可控制在 100℃左右，一直反应到没有 HCl 放出为止。放出反应液过滤，滤液送入蒸馏釜，减压蒸馏，回收氯苯。蒸出氯苯后，放入结晶槽，冷却，结晶，吸滤。滤液为产品在氯苯中的饱和溶液，返回利用；滤饼用酒精充分洗涤，然后干燥。洗涤后的酒精回收利用。上述投料约获成品 250~300kg。

6. 实验室制法

在装有搅拌器、温度计和有 HCl、SO_2 气体吸收装置的 500mL 三口烧瓶中，放入 50g 水杨酸和 150g 氯苯，搅拌溶解。再加入 0.26g 无水三氯化铝，控制温度在 20~40℃。在不断搅拌下，缓缓滴加 45g 亚硫酰氯。加毕，进行反应至无 HCl 放出为止。再在搅拌下加热至 80℃，加入 35g 双酚 A 和几滴无水吡啶。加毕，可控制温度在 100℃左右，搅拌反应至完全无 HCl 放出为止。然后减压蒸馏除去氯苯，再将其冷却，抽滤、烘干得成品。

7. 质量标准

外观	白色粉末	熔程/℃	158~161
最高吸收峰波长/nm	0.35	细度/μm	1~5

8. 用途

本品为水杨酸酯类紫外线吸收剂，与各种树脂的相容性好。可吸收波长 350nm 以下的紫外线，用量一般为 0.2%~4%。尤其适用于农膜，能有效吸收对植物有害的短紫外线，透过对植物生长有利的长波紫外线，既抗老化以提高制品的耐候性，又不影响作物的生长。本品迁移性小。

9. 安全与贮运

本品毒性：大白鼠经口服 $LD_{50}>14000mg/kg$。生产过程中产生 SO_2、HCl 等有毒气体，应注意用碱吸收。原料氯化亚砜有毒，生产设备必须密闭，车间内应保持良好的通风状态。操作人员应穿戴劳保用品。密封包装，贮存于阴凉、通风处。按一般化学品规定贮运。

参 考 文 献

[1] 胡应喜，刘霞，翟严菊. 水杨酸双酚 A 酯的合成与表征[J]. 化学试剂，2003，(04)：235-236.

4.3 光稳定剂 UV-9

光稳定剂 UV-9(light stabilizer UV-9)又称紫外线吸收剂 UV-9，化学名称 2-羟基-4-甲氧基二苯甲酮。分子式 $C_{14}H_{12}O_3$，相对分子质量 228.25。结构式为：

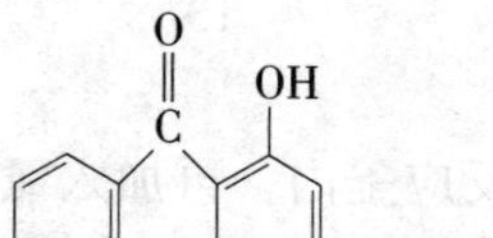

1. 性能

浅黄色结晶粉末。低毒、不溶于水，溶于丙酮、苯、乙醇等大多数有机溶剂。熔点63~64.5℃。相对密度(d_4^{25})1.324。沸点 220℃(2.4kPa)。

2. 生产原理

间苯二酚与硫酸二甲酯进行甲基化反应，生成间苯二酚二甲醚后，与苯甲酰氯在三氯化铝催化下进行酰基化反应，将生成物水解而得。

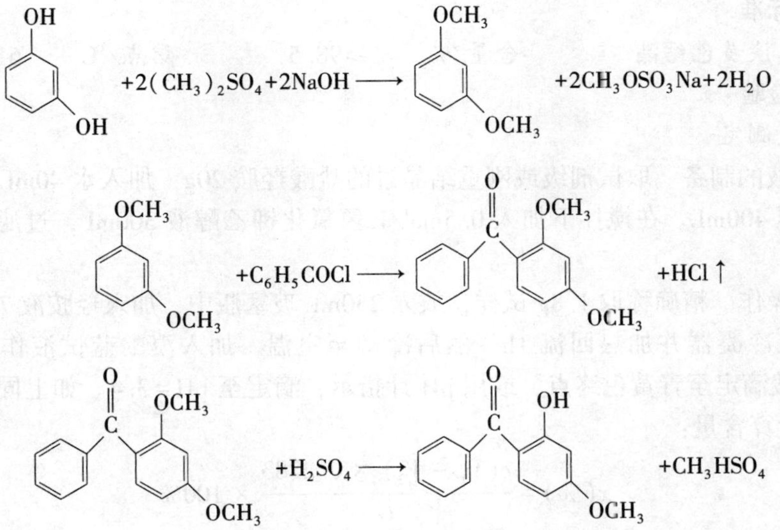

3. 工艺流程

间苯二酚、硫酸二甲酯、氢氧化钠 → 甲基化 → 分离 → 洗涤 → 蒸馏 → 酰基化反应（加入苯甲酰氯、三氯化铝、氯苯）→ 水解 → 蒸馏 → 精制（加入乙醇、活性炭）→ 干燥 → 成品

4. 主要原料(kg/t)

间苯二酚(98%)	980	三氯化铝(无水)	1050
液碱(40%)	3130	盐酸	1850
硫酸二甲酯	2640	氯苯	900
苯甲酰氯	970	乙醇	2540

5. 生产工艺

在搅拌式反应釜中，加入间苯二酚 78.4kg，液碱 250kg，搅拌使晶体溶解。控制温度在 20~30℃之间，边搅拌，边缓缓加入硫酸二甲酯 212kg。加完后，继续保温搅拌，反应 2~4h，至甲基化反应完成，生成间二甲氧基苯。反应达终点后，加入盐酸 148kg 中和物料。静置分层，除去水层，有机层为间二甲氧基苯和硫酸二甲酯。用水洗涤有机层，分去洗涤水层后，进行减压蒸馏，蒸出少量水和余下的硫酸二甲酯(回收利用)。将蒸馏后所剩液体(即间二甲氧基苯)投入耐酸搅拌反应釜中，边搅拌，边在夹套中通冷冻盐水，使物料降温至 0℃左右。迅速加入无水三氯化铝 84kg，搅拌溶解后，开始边搅拌边加入苯甲酰氯 78kg 和溶剂氯苯 72kg，进行酰基化反应。加完后，继续搅拌反应，至反应达终点。然后向物料中加入适量水进行水解反应，制得 2-羟基-4-甲氧基二苯甲酮。水解后的物料先进行减压蒸馏，回收未反应的苯甲酰氯及溶剂氯苯。蒸馏完毕，将物料冷却到 60~70℃，加入乙醇 200kg，活性炭适量，搅拌 0.5h 左右，趁热吸滤，除去活性炭。滤液浓缩，回收乙醇，然后冷却、结晶。离心分离，回收母液，晶体于低温下干燥。即制得紫外线吸收剂 UV-9。

6. 质量标准

外观　淡黄色结晶　　含量/%　≥98.5　　熔点/℃　61~64

7. 质量检验

(1) 含量测定

① 羟胺液的制备　取试剂级或刚重结晶过的盐酸羟胺 20g，加入水 40mL 使之溶解，再用乙醇稀释至 400mL。在搅拌下加入 0.5mol/L 氢氧化钾乙醇液 300mL，过滤。配制后限于两天内使用。

② 测定操作　精确称取 1.8g 试样，放入 250mL 玻塞瓶中，加入羟胺液 75.0mL，加塞。在烧瓶上装上冷凝器并加热回流 1h，然后冷却至室温。加入溴酚蓝试液作为指示剂，用 0.5mol/L 盐酸滴定至青黄色终点，或用 pH 计指示，滴定至 pH=3.4。如上同时进行空白试验。按下式计算含量：

$$x(\%)=\frac{c(V_1-V_2)\times 0.2283}{G}\times 100\%$$

式中 V_1——空白试验中所耗用盐酸，mL；

V_2——滴定试样时所耗用盐酸，mL；

c——盐酸的摩尔浓度，mol/L；

G——样品质量，g。

(2) 熔点测定

按 GB 617《化学试剂　熔点范围测定通用方法》进行。

8. 用途

紫外线吸收剂 UV-9 能有效吸收 290~400nm 的紫外线，但几乎不吸收可见光，所以适用于浅色透明制品。对光、热稳定性良好，在 200℃时不分解，但升华损失较大。可用于油漆和各种塑料，如乙酸纤维素、乙基纤维素、硝酸纤维素、聚氯乙烯、乙烯-乙酸乙烯共聚物、聚乙烯醇缩丁醛、聚苯乙烯、聚过氯乙烯、聚酯等。对软、硬质聚氯乙烯，聚酯、聚苯乙烯、丙烯酸树脂和浅色透明木材家具漆特别有效。它不仅能保护漆膜，而且对漆膜所覆盖的材料也能起保护作用。一般用量为 0.1%~0.5%。

9. 安全与贮运

生产中使用的硫酸二甲酯为剧毒物品，对呼吸系统、黏膜和皮肤有刺激作用。空气中含 1%硫酸二甲酯气体吸入人体就有致命的危险，空气中最高容许浓度 0.0001%。原料间苯二酚、苯甲酰氯、氯苯等有毒或有腐蚀性，设备应密闭，车间内保持良好通风状态，操作人员应穿戴劳保用品。本品低毒。采用铁桶包装，密封干燥保存。

参 考 文 献

[1] 王德传，余德超，周小圆. 微波合成 2-羟基-4-甲氧基二苯甲酮[J]. 精细化工中间体，2010，40(06)：60-62.

[2] 孔宪明，宫红，姜恒，等. 2-羟基-4-甲氧基二苯甲酮的合成及工业放大试验[J]. 精细化工，2006，(07)：625-627.

4.4 紫外线吸收剂 UV-531

紫外线吸收剂 UV-531(ultraviolet absorbent UV-531)也称光稳定剂 UV-531，化学名称

为2-羟基-4-正辛氧基二苯甲酮。分子式 $C_{21}H_{26}O_3$，相对分子质量 326.44。结构式为：

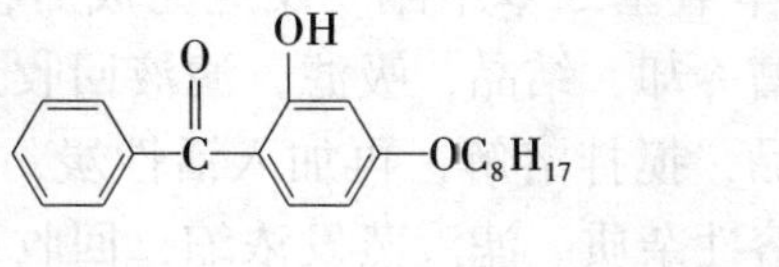

1. 性能

浅黄色结晶粉末。低毒，不溶于水，微溶于二氯乙烷，溶于丙酮、苯、乙醇、异丙醇等有机溶剂。相对密度(d_4^{25})1.160。熔点 49℃。

2. 生产原理

由间苯二酚与三氯甲苯反应，生成 2,4-二羟基二苯甲酮，再与氯代正辛烷进行醚化反应后，经过滤、浓缩、冷却、结晶而制得。

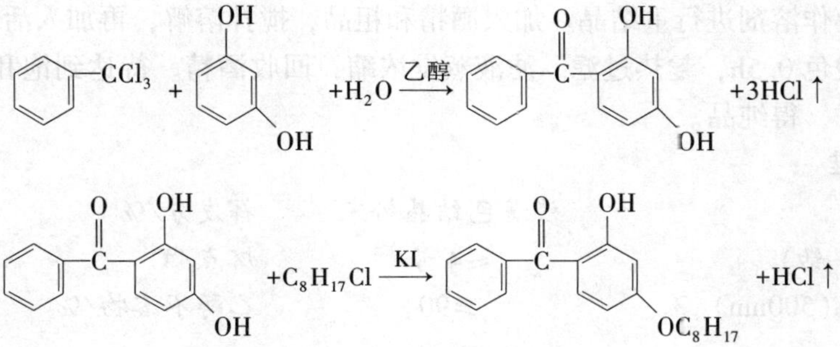

3. 工艺流程

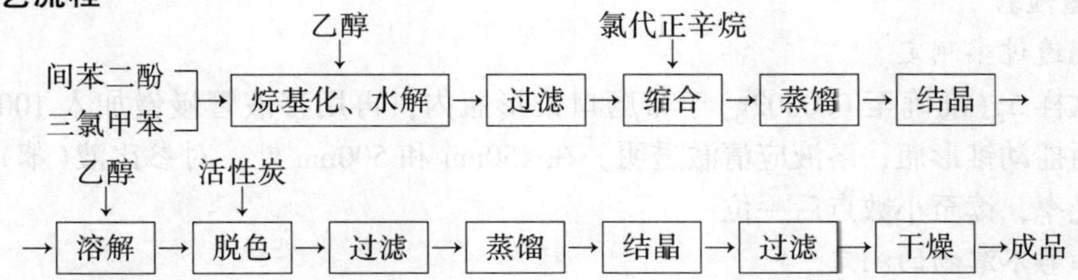

4. 主要原料(kg/t)

间苯二酚(>195%)	501	正辛醇(工业品)	620
盐酸(37%)	504	碘化钾	适量
三氯甲苯(工业品)	910	环己酮(工业一级)	527
活性炭	20		

5. 生产工艺

在搅拌式酰基化反应釜内加入间苯二酚和适量水，搅拌使晶体溶解。再加入三氯甲苯和适量乙醇，继续搅拌，使物料全部混溶。升温至 40℃，并保温搅拌反应，生成的沉淀为 2,4-二羟基二苯甲酮。反应完成后，将物料过滤，滤饼先用稀 $NaHCO_3$ 溶液洗涤，然后用水洗涤，再进行干燥。

在耐酸氯化反应釜中，加入正辛醇、催化剂无水氯化锌和浓盐酸，搅拌，并控制加热温度以不大量逸出氯化氢为度。反应 6h 以上，生成氯代正辛烷。反应完成后，将物料静置分层，除去水层后，有机层(油层)先用稀 $NaHCO_3$ 水溶液洗涤，再用水洗涤。分层后除去水层，有机层用真空分馏，脱去水及低沸点物质后，收集氯代正辛醇。

在缩合反应釜内加入已制得的 2,4-二羟基二苯甲酮和溶剂环己酮，搅拌使固体溶解。

再加入氯代正辛烷、纯碱和适量碘化钾，继续搅拌，加热升温至回流状态，回流下反应 10h 左右，生成 2-羟基-4-正辛氧基二苯甲酮。反应完成后，将物料蒸馏，回收溶剂环己酮。蒸完后，将物料移至结晶槽冷却，结晶，吸滤，滤液回收，滤饼用乙醇作溶剂进行重结晶。在搅拌釜中加入乙醇和粗品，搅拌溶解，再加入活性炭，加热至回流，搅拌脱色 0.5h，趁热过滤，除去活性炭及不溶性杂质。滤液蒸发浓缩，回收乙醇。蒸馏至物料达饱和状态时，冷却降温。析出结晶。过滤后，滤液回收，滤饼干燥后即得成品。

6. 实验室制法

在三口反应瓶中，投入 2,4-二羟基二苯甲酮及环己酮(作溶剂)。搅拌溶解后，再加入氯代正辛烷、纯碱及适量碘化钾。搅拌、加热升温，一直到回流状态，保温反应 10h 左右，生成 2-羟基-4-正辛氧基二苯甲酮。蒸馏回收溶剂环己酮。蒸出环己酮后，将残液移至结晶槽冷却、结晶，抽滤得结晶粗品。滤液回收。

粗品用乙醇作溶剂进行重结晶。加入酒精和粗品，搅拌溶解，再加入活性炭，加热至温热状态，搅拌脱色 0.5h，趁热过滤。滤液蒸发浓缩，回收酒精。待达到饱和状态时，冷却，析出结晶，过滤，得纯品。

7. 质量标准

外观	淡黄色结晶粉末	挥发分/%	≤0.1
色度(铁-钴)	≤4 号	熔点/℃	46~49
光透过率(500nm)/%	≥90	乙醇不溶物/%	≤0.1
灰分/%	≤0.01		

8. 质量检验

(1) 光透过率测定

称取试样 5g(准确至 0.0002g)于带磨口锥形瓶内，再用移液管慢慢加入 100mL 纯苯，加入时不断摇动锥形瓶，溶液应清澈透明。在 450nm 和 500nm 处，对参比液(苯)测量试样溶液的透光率，读至小数点后一位。

(2) 乙醇不溶物的测定

称取试样 1g(准确至 0.0002g)于烧杯中，加入 10mL 乙醇，必要时加热至 60~70℃，使之完全溶解。用已恒重的 G4 号玻璃坩埚过滤，每次用 30mL 热乙醇洗涤，然后将玻璃坩埚于 105~110℃烘至恒重。

$$乙醇不溶物(\%)=\frac{G_1}{G}\times 100\%$$

式中 G_1——滤渣质量，g；

G——试样质量，g。

9. 用途

紫外线吸收剂 UV-531 能有效吸收波长为 300~380nm 的紫外线，光稳定性优良。与大多数聚合物相容，特别是与聚烯烃有很好的相容性。挥发性低。几乎无色。主要用作聚乙烯、聚丙烯和聚氯乙烯等塑料，也用作乙烯基树脂、聚苯乙烯、纤维素塑料、聚酯、聚酰胺、聚氨酯等合成材料的光稳定剂。在塑料中用量：聚烯烃中 0.25%~1.0%；硬质聚氯乙烯中 0.25%~0.5%；聚丙烯纤维和锦纶中 0.5%左右。

10. 安全与贮运

生产中使用间苯二酚、三氯甲苯、辛醇等有毒或刺激性原料，设备应密闭，防止冒漏。

操作人员应穿戴劳保用具，车间内加强通风。使用内衬塑料袋的铁桶包装，贮存于阴凉、干燥、通风处。

参 考 文 献

[1] 鲍芃丞，毕莹，田军，等. 紫外线吸收剂 UV-531 合成工艺研究[J]. 塑料助剂，2020，(06)：17-19.
[2] 顾朔，彭广荣. 紫外线吸收剂 UV-531 合成工艺研究[J]. 江苏化工，2008，(05)：26-27+38.
[3] 孟波，柳玉英，周丽，等. 紫外线吸收剂 UV-531 合成新工艺[J]. 山东化工，2004，(01)：7-8.

4.5 紫外线吸收剂 UV-P

紫外线吸收剂 UV-P(ultraviolet absorbent UV-P)，的化学名称为 2-(2′-羟基-5′-甲基苯基)苯并三唑。分子式 $C_{13}H_{11}N_3O$，相对分子质量 225.25。结构式为：

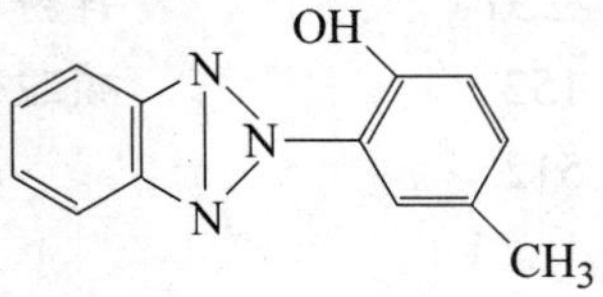

1. 性能

浅黄色或白色结晶粉末。溶于丙酮、苯、甲苯等有机溶剂，不溶于水。相对密度 1.51，熔点 128~132℃。沸点 225℃(1.33kPa)。能吸收波长为 270~380nm 的紫外线。不被浓碱、浓酸分解，能溶于碱生成黄色盐，加酸则析出沉淀。可与重金属离子化合成盐。毒性小。

2. 生产原理

由邻硝基苯胺经重氮化后，在碱性条件下与对甲苯酚偶合，反应液经过滤在碱性介质中用锌粉还原，酸化后经精制处理得紫外线吸收剂 UV-P。

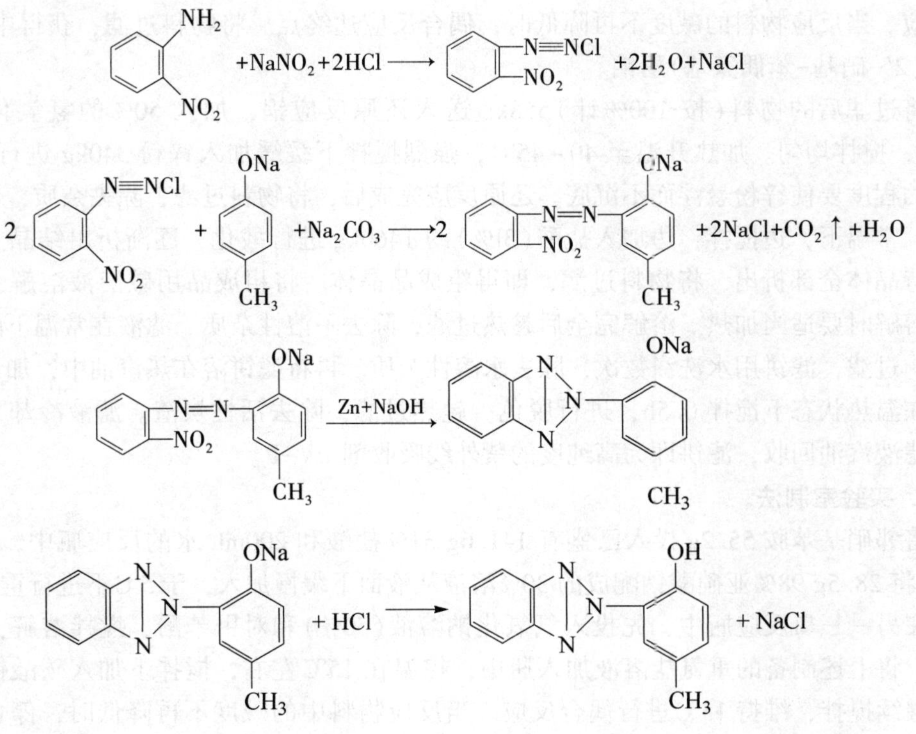

3. 工艺流程

邻硝基苯胺、亚硝酸钠、盐酸 → 重氮化 →（对甲苯酚、氢氧化钠、碳酸钠）偶合 → 过滤 →（锌粉、氢氧化钠(50%)）还原 →（盐酸）酸化 → 过滤 → 碱处理 →

→ 热过滤 → 酸化 → 水洗、过滤 →（汽油、活性炭）提纯 → 热过滤 → 冷却、过滤 → 成品

4. 主要原料(kg/t)

邻硝基苯胺(98%)	282	对甲苯酚(工业品)	216
盐酸(30%)	2220	锌粉	340
亚硝酸钠(98%)	152	碳酸钠(98%)	151
氢氧化钠(98%)	512		

5. 生产工艺

在耐酸搅拌式反应锅中，加入邻硝基苯胺 276kg、盐酸 708kg 和适量水，搅拌使晶体溶解。在夹套内通冷冻盐水，使物料冷却至 0~5℃。将亚硝酸钠 152kg 配成 25%~30%的水溶液。边搅拌，边缓缓滴加亚硝酸钠溶液，维持温度 5℃以下。加完后，再保温搅拌进行重氮化反应。终点检验的方法是物料样品使淀粉碘化钾试纸呈现蓝色时，则表明重氮化反应已达终点。制得中间体邻硝基重氮苯盐酸盐溶液。

在偶合反应釜中，先加入 192kg 50%氢氧化钠溶液、适量水和 216kg 对甲苯酚，搅拌使晶体溶解，得对甲苯酚钠。将制好的邻硝基重氮苯盐酸盐溶液加入偶合釜中，温度控制在 15℃左右，搅拌下加入碳酸钠 148. 4kg(用适量水溶解)，加完后继续搅拌，保温 15℃进行偶合反应。当反应物料的碱度不再降低时，偶合反应达终点。将物料过滤，获得中间体 4-甲基-2(2′-硝基-苯偶氮基)酚钠。

将过滤后的物料(按 100%计)558kg 送入还原反应锅，加入 50%的氢氧化钠溶液约 832kg，搅拌均匀。加热升温至 40~45℃，强烈搅拌下缓缓加入锌粉 340kg 进行还原反应。搅拌的程度要使锌粉悬浮而不沉底。还原反应完成后，将物料过滤，除去杂质，料液送入酸化槽。常温下，边搅拌，边加入盐酸(3l%)约 1460kg 进行酸化，逐渐析出结晶。酸化完成后，待晶体全部析出，将物料过滤，即得粗成品晶体。将粗成品用碱溶液溶解，成黄色溶液，溶解时要适当加热。溶解完全后趁热过滤，除去不溶性杂质。滤液在常温下酸化，析出结晶。过滤，滤饼用水洗涤数次，除去水溶性杂质。再将滤饼溶在热汽油中，加入适量活性炭，在温热状态下搅拌 0. 5h，进行脱色。趁热过滤，除去活性炭渣。滤液冷却，结晶，过滤，滤液汽油回收，滤饼即为高纯度的紫外线吸收剂 UV-P。

6. 实验室制法

将邻硝基苯胺 55. 2g 投入已盛有 141. 6g 31%盐酸和 200mL 水的反应瓶中，冷却至 0~5℃，将 28. 5g 98%亚硝酸钠配成的 30%溶液从液面下缓慢加入，于 5℃下进行重氮化。

在另一三口反应瓶中，先投入氢氧化钠溶液(50%)和对甲苯酚，搅拌溶解，即得对甲酚钠。将上述制备的重氮盐溶液加入瓶中，控温在 15℃左右，搅拌下加入碳酸钠溶液，加完后继续搅拌，维持 15℃进行偶合反应。当反应物料中的碱度不再降低时，停止反应。将

反应物料加入适量50%的氢氧化钠溶液，搅拌均匀。控温在40~50℃，边强烈搅拌，边缓缓加入锌粉，进行还原反应。要求搅拌达到将锌粉悬浮而不沉底的程度。当反应完全后，过滤。除去渣物，滤液于常温下，边搅拌，边加入盐酸进行酸化，产品2-(2′-羟基-5′-甲基苯基)苯并三唑逐渐结晶析出。过滤得粗品。

将粗品用碱溶液溶解，成黄色溶液。溶解过程中，要适当加热。溶解后进行热过滤，除去不溶性杂物。滤液在常温下酸化，析出结晶。过滤，滤饼用水洗涤数次，除去晶体上可溶性杂质。再将产品溶在热汽油中，加入适量活性炭脱色，在温热状态搅拌0.5h，趁热过滤，除去活性炭。滤液冷却、结晶、过滤，得到紫外线吸收剂UV-P纯品。

7. 用途

紫外线吸收剂UV-P能吸收波长为270~380nm的紫外线。主要用于聚酯、环氧树脂、乙酸纤维素、聚氯乙烯、聚苯乙烯、有机玻璃、聚丙烯腈等树脂中。其光稳定作用尤其适用于透明制品，在薄制品中一般用量为0.1%~0.5%，厚制品为0.05%~0.2%。

8. 安全与贮运

原料邻硝基苯胺、对甲酚、亚硝酸钠等有毒，反应设备应密闭，操作人员应穿戴劳保用具。车间内保持良好通风状态。使用内衬塑料袋的铁桶包装，贮存于阴凉、干燥、通风处，按一般化学品规定贮运。

参 考 文 献

[1] 王博威. 2-(2′-羟基-5′-甲基苯基)苯并三唑的绿色合成[D]. 天津大学，2017.

[2] 李秀玲，宗希明，于连生，等. 2-(2′-羟基-5′-甲基苯基)苯并三唑的合成及其性质研究[J]. 佳木斯大学学报(自然科学版)，2011，29(01)：155-157.

4.6 光稳定剂2002

光稳定剂2002(light stabilizer 2002)又称镍盐光稳定剂，化学名称为双(3,5-二叔丁基-4-羟基苄基膦酸单乙酯)镍。分子式 $C_{34}H_{56} \cdot NiO_8P_2 \cdot xH_2O$，相对分子质量713.45(无水)。结构式为：

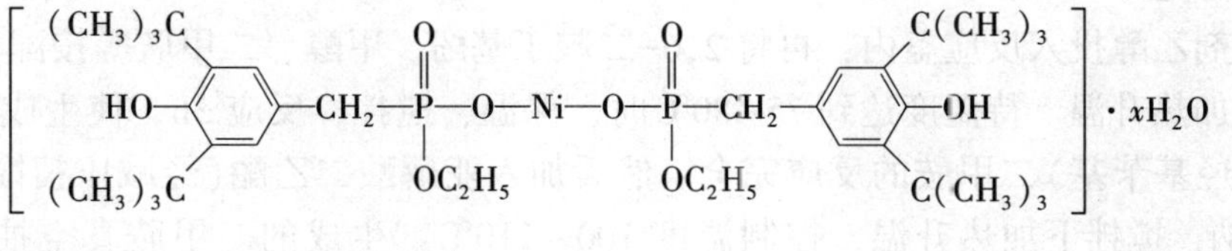

1. 性能

淡黄色粉末，含水量大时为浅绿色。熔点180~200℃。易溶于乙醇、石油醚。在水中溶解度为1g/100mL。长期暴露在空气中易吸水。

2. 生产原理

由2,6-二叔丁基酚与甲醛、二甲胺在乙醇中缩合，生成的*N*-(3,5-二叔丁基-4-羟基苄基)二甲胺在甲醇钠存在下，与亚磷酸二乙酯缩合，生成3,5-二叔丁基-4-羟基膦酸二乙酯，用液碱水解为单钠盐后，再与氯化镍络合得到光稳定剂2002。

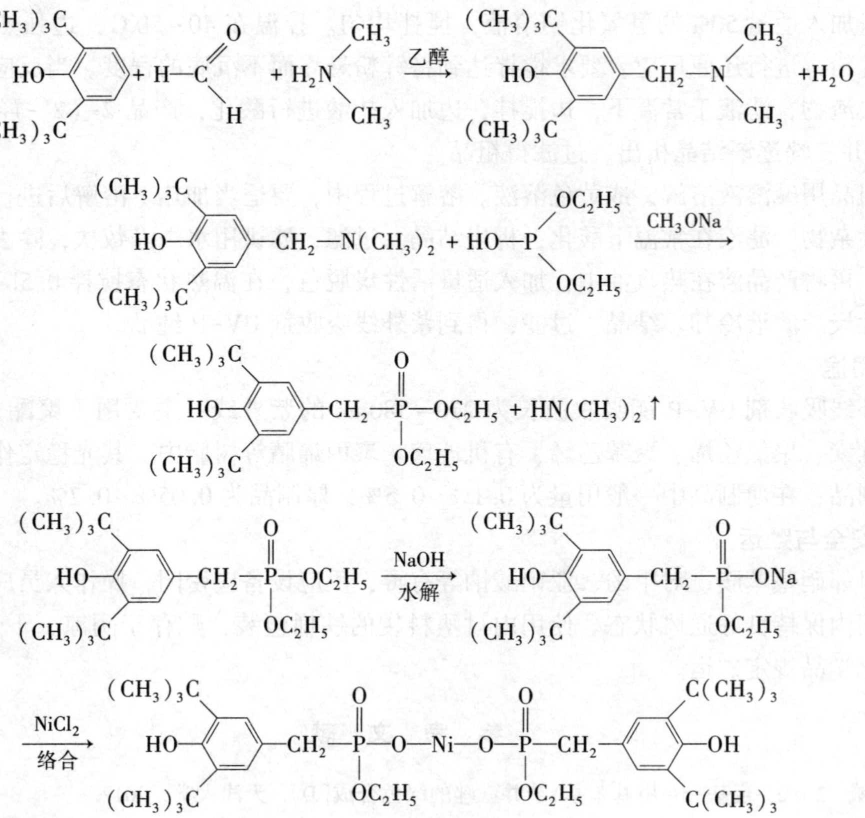

3. 工艺流程

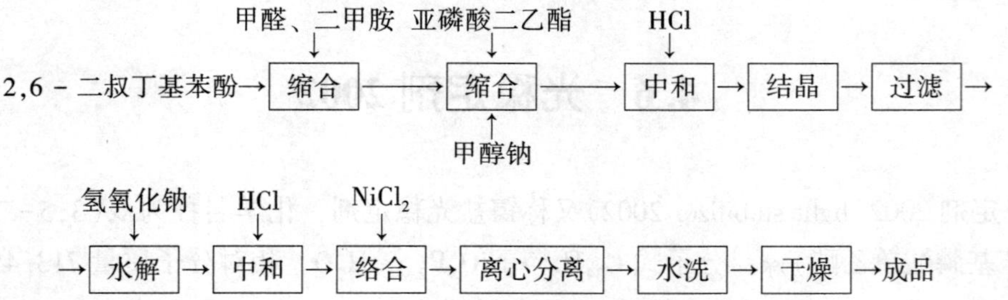

4. 生产工艺

先将溶剂乙醇投入反应釜内，再将2,6-二叔丁基酚、甲醛、二甲胺等按配比加入釜内，搅拌溶解，加热升温。待温度达到75~80℃时，保温、搅拌，反应3h，使生成*N*-(3,5-二叔丁基-4-羟基苄基)二甲胺的反应完全。然后加入亚磷酸二乙酯(经减压精馏获得的精制品)、甲醇钠，搅拌下加热升温，控制温度100~110℃。生成的二甲胺真空抽出，冷凝回收。待生成(3,5-二叔丁基-4-羟基苄基)膦酸二乙酯的反应完全后，加入盐酸中和甲醇钠。将料液输入萃取器，加入石油醚，先搅拌分散，然后静置分层。乙醇层分离出去进行蒸馏提纯，回收乙醇。石油醚层分出后，也进行蒸馏，将溶剂石油醚蒸出回收，待石油醚蒸至将尽时，将釜液放至结晶槽，冷却、结晶。过滤，滤液循环利用，滤饼水洗一次，除去水溶性杂质，即得中间产物(3,5-二叔丁基-4-羟基苄基)膦酸二乙酯。

将30%~40%的液碱投入水解反应釜中，搅拌下加入(3,5-二叔丁基-4-羟基苄基)膦酸二乙酯，溶解后，加热升温。控制温度在130~135℃之间，密封升压至0.3~0.4MPa，搅拌反应 6h 以上，水解生成(3,5-二叔丁基-4-羟基苄基)膦酸单乙酯钠盐。然后加入适量盐酸，中和多余的碱，使成中性，趁热过滤除去固体杂质，滤液送入搅拌釜式反应器中。控制温度 35~45℃，一边搅拌，一边加入氯化镍，反应 1h。冷却，沉淀析出。过滤，滤饼水洗一次，干燥，得光稳定剂 2002。

5. 质量标准

外观	粉末状(淡黄色至淡绿色)
镍含量/%	≥7.5
熔点/℃	180~200
水分/%	≤2
磷含量/%	8.4~8.7
细度(过 200 目余量)/%	≥5

6. 用途

是一种优良的聚烯烃及其共聚物的光稳定剂，同时具有助染色、抗氧化性能。主要适用于聚丙烯(纤维、薄膜和窄带)、聚乙烯、聚氯乙烯、聚苯乙烯、聚酯、聚酰胺、聚乙酸乙酯和合成橡胶。最佳用量 0.1%~1.0%。若与其他光稳定剂并用，有良好的协同作用。

7. 安全与贮运

生产中使用甲醛、二甲胺等有毒化学品，设备必须密闭，车间保持良好通风状态，操作人员应穿戴劳保用品。铁桶包装，贮于阴凉、干燥、通风处。

4.7 紫外线吸收剂 UV-326

紫外线吸收剂 UV-326(Ultraviolet absorbent UV-326)的化学名称为 2-(3′-叔丁基-2′-羟基-5′-甲基苯基)-5-氯苯并三唑)。国外相应的商品名有 Tinuvin 326(瑞士)、Gen Ad 316(美国)、Sumisorb 300(日本)。分子式 $C_{17}H_{18}N_3OCl$，相对分子质量 315.79。结构式为：

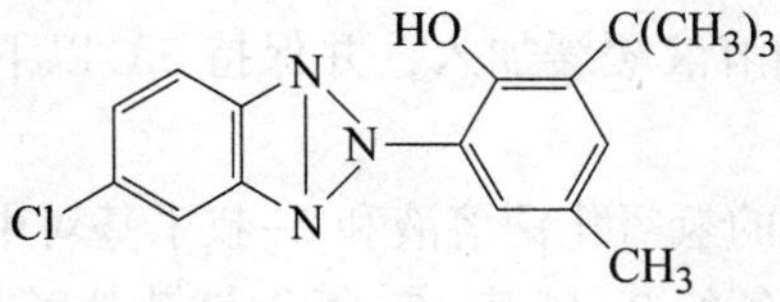

1. 性能

淡黄色的结晶性粉末。熔点 140~141℃。溶解度(g/100mL 溶剂，20℃)：在乙酸乙酯中为 2.5，在石油醚中为 1.8，在丙酮中为 1.1，在乙醇中为 0.1，在苯中为 9.2，在环己烷中为 4.1，在甲乙酮中为 2.9，在甲苯中为 9.5，在苯乙烯中为 12.6，在甲基丙烯酸甲酯中为 4.9，在甲醇中为 0.1，在邻苯二甲酸二辛酯中为 1.6，在癸二酸二辛酯中为 0.5。小白鼠经口服 LD_{50}>5000mg/kg。毒性极低。

2. 生产原理

2-硝基-5 氯苯胺与亚硝酸重氮化，得到的重氮化合物与 2-叔丁基对甲苯酚偶合，偶合物在碱性条件下用锌还原，得到紫外线吸收剂 UV-326。

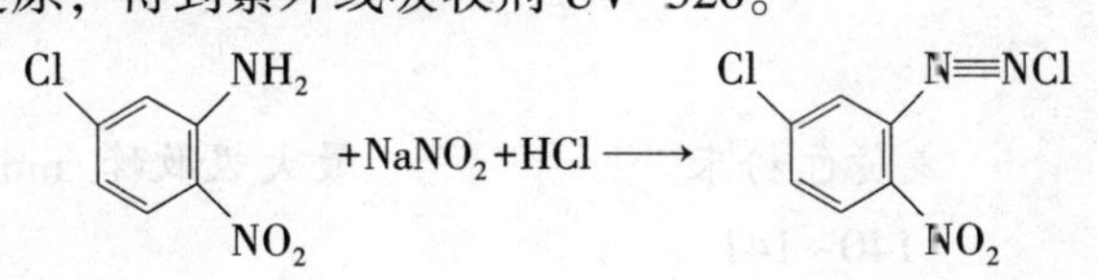

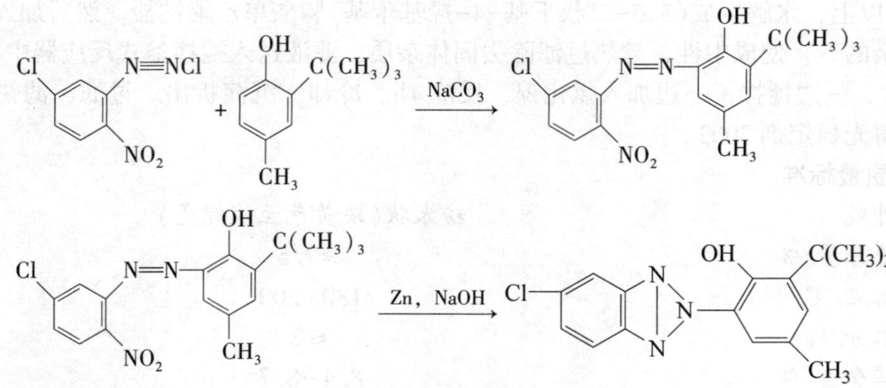

3. 工艺流程

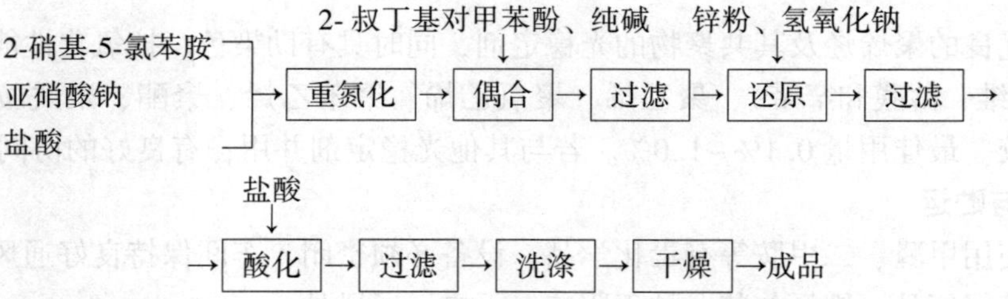

4. 主要原料

2-硝基-5-氯苯胺(工业品)	纯碱(98%)
亚硝酸钠(98%)	锌粉(工业品)
盐酸(30%)	活性炭
氢氧化钠(98%)	

5. 生产工艺

在重氮化锅中，先加入2-硝基-5-氯苯胺，再加入盐酸，搅拌溶解。冷却降温至0~5℃，将25%~30%的亚硝酸钠溶液缓缓加入，并保持5℃以下，进行重氮化反应，得到2-硝基-5-氯重氮苯盐酸盐溶液。

在偶合反应锅中加入50%的氢氧化钠溶液和2-叔丁基对甲苯酚，搅拌溶解，得到2-叔丁基对甲苯酚钠。加入上述制备的2-硝基-5-氯重氮苯盐酸盐溶液，控制温度15℃左右，搅拌下加入碳酸钠溶液，加完后继续搅拌，维持15℃进行偶合反应。当反应物料中的碱度不再降低时，停止反应，过滤得偶合物。

将偶合反应产物加入还原反应釜，再加入50%的碱液，搅拌均匀。一边搅拌，一边缓缓加入锌粉，控制温度40~45℃，进行还原反应。还原反应完全后，过滤除去锌粉等渣物。滤液于常温下边搅拌边加入盐酸进行酸化，得2-(3′-叔丁基-2′-羟基-5′-甲基苯基)-5-氯苯并三唑粗品。

将得到的粗品用碱溶液溶解，溶解过程要适当加热，然后趁热过滤。滤液经酸化、结晶、过滤、水洗、甩干，将产品用汽油溶解，加入活性炭脱色，过滤，滤液冷却结晶，过滤得到紫外线吸收剂326。

6. 质量标准

外观	浅黄色粉末	最大吸收峰/nm	356
熔点/℃	140~141		

7. 用途

本品是苯并三唑类紫外线吸收剂，对 270～380nm 波长的紫外线有强吸收作用。本品用于聚丙烯时，添加量为 0.3%～0.6%；用于聚乙烯时，添加量为 0.2%～0.4%。本品还可用于聚氯乙烯、有机玻璃、ABS 树脂、环氧树脂、聚酯、聚酰胺以及涂料、石油制品和橡胶制品等。和多种高聚物相容性好，并兼具抗氧性能。与抗氧二苯甲酸类稳定剂并用可产生协同效应。本品毒性很低，可用于与食品接触的塑料制品中。

8. 安全与贮运

中间产物重氮盐不宜干燥，以防爆炸。操作人员应穿戴劳保用品。产品采用内衬塑料袋的纸桶包装，贮存于阴凉、干燥处，避免日晒、高温。

参 考 文 献

[1] 温辉梁，周小英，刘崇波，等．相转移催化合成紫外线吸收剂 UV-326[J]．化学试剂，2006，(07)：388-390+438.

[2] 温辉梁，周小英，章金兵．保险粉法合成紫外线吸收剂 UV-326[J]．塑料工业，2005，(06)：13-15.

[3] Knne Naokii. J. P86-141755

4.8 紫外线吸收剂 UV-327

紫外线吸收剂 UV-327(ultraviolet absorbent UV-327) 又称紫外线吸收剂 UV-70，化学名称为2-(2′-羟基-3′,5′-二叔丁基苯基)-5-氯代苯并三唑。国外相应的商品名有 Tinuvin 327（瑞士）、Lowilite 27（美国）、ADK Stab LA-34(日本)。分子式 $C_{20}H_{24}N_3OCl$，相对分子质量 357.89。结构式为：

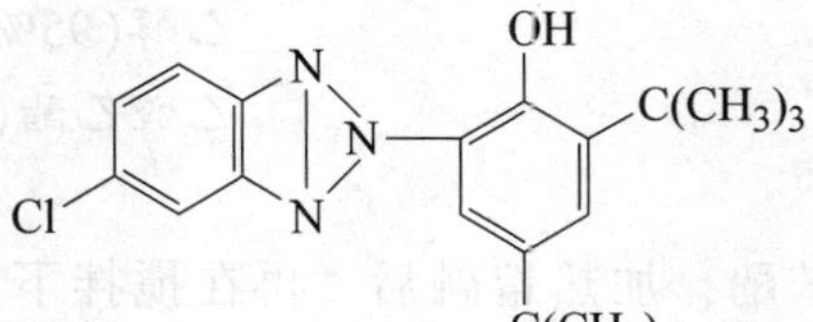

1. 性能

微黄色或白色结晶性粉末。熔点 154～158℃。相对密度 1.20。溶于苯、甲苯、二甲苯、苯乙烯、甲基丙烯酸甲酯、环己烷等有机溶剂，在大多数增塑剂中都有较大的溶解度。能强烈吸收 300～400nm 的紫外线。大白鼠经口服 LD_{50}为 5000mg/kg。

2. 生产原理

对氯邻硝基苯胺与亚硝酸发生重氮化，得到的重氮盐进一步与 2,4-二叔丁基苯酚偶合，偶合产物在碱性条件下用锌粉还原，得紫外线吸收剂 UV-327。

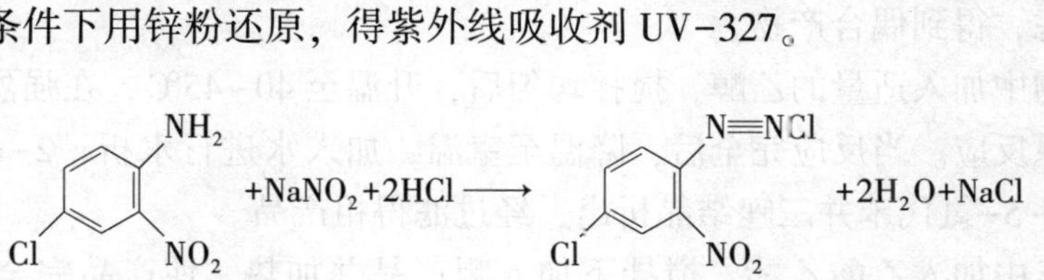

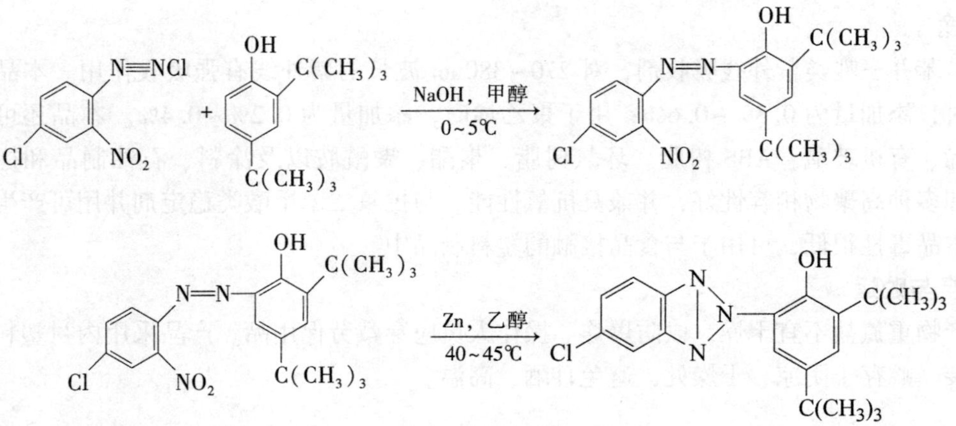

3. 工艺流程

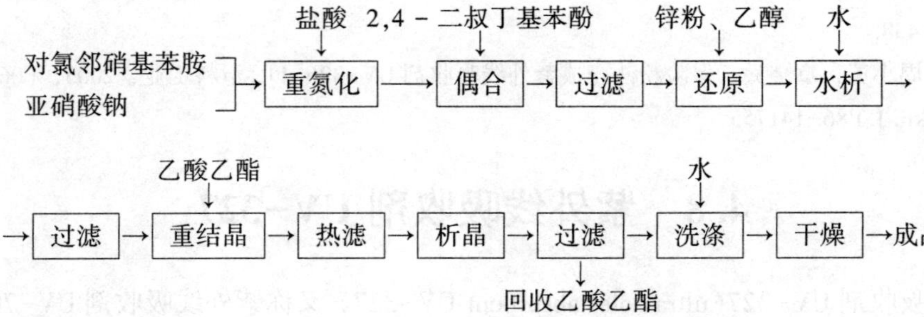

4. 主要原料

对氯邻硝基苯胺(工业品)

亚硝酸钠(98%)

盐酸(30%)

甲醇(95%)

2,4-二叔丁基苯酚(95%)

锌粉(工业品)

乙醇(95%)

乙酸乙酯(工业品)

5. 生产工艺

在烷基化反应釜中加入苯酚，加热熔融后，再在搅拌下加入异丁烯和硫酸，升温至70℃左右，进行烷基化反应。烷基化反应结束后，蒸馏，得2,4-二叔丁基苯酚。

在重氮化反应锅中加入对氯邻硝基苯胺、盐酸和冰水，搅拌溶解，冷却至0~5℃。将亚硝酸钠配成25%~30%的溶液，缓缓加入反应锅中，并保持5℃以下。经测试当碘化钾淀粉试纸呈现蓝色时，表明重氮化已达终点。得到对氯邻硝基重氮苯盐酸溶液(重氮盐不宜分离干燥)。

在偶合反应锅中加入2,4-二叔丁基苯酚和对氯邻硝基重氮苯盐酸盐，在搅拌下加入氢氧化钠甲醇溶液，进行偶合反应。温度控制在0~5℃，当反应料中的碱度不再降低时，停止反应，进行过滤，得到偶合产物。

向偶合产物中加入适量的乙醇，搅拌均匀后，升温至40~45℃，在强烈搅拌下缓缓加入锌粉，进行还原反应。当反应完全后，降温至室温，加入水进行水析，2-(2′-羟基-3′,5′-二叔丁基苯基)-5-氯代苯并三唑结晶析出，经过滤得粗产品。

在重结晶釜中加入乙酸乙酯，搅拌下加入粗产品并加热，使产品完全溶解于乙酸乙酯中，趁热过滤，除去不溶物。滤液冷却至室温进行结晶，经过滤，滤液经蒸馏回收乙酸乙酯。滤饼经水洗、烘干，即得紫外线吸收剂 UV-327 成品。

6. 质量标准

外观	浅黄色或白色粉末	熔点/℃	154~158
水分/%	≤0.05	灰分/%	≤0.05

7. 用途

本品是优良的光稳定剂，属苯并三唑类紫外线吸收剂，能强烈吸收 280~380nm 波长范围的紫外线，最大吸收峰值为 352~353 nm，具有挥发性低、化学稳定性好、耐热升华、耐抽出、耐热洗涤、耐气候褪色、耐迁移和与树脂相容性佳等特点。可广泛应用于聚烯烃、聚氯乙烯、聚甲基丙烯酸甲酯、聚甲醛、聚氨酯、环氧树脂、不饱和树脂、纤维素树脂、ABS 等塑料制品，尤其在聚乙烯、聚丙烯制品中的光稳定效果显著。与抗氧剂及其他类型的光稳定剂具有协同效果，可改善制品的耐热氧稳定性。

在制品加工时直接配合或以母料形成混配。对聚乙烯的推荐用量为 0.2%~0.4%，对聚丙烯的推荐用量为 0.3%~0.5%。

8. 安全与贮运

车间内加强通风，操作人员应戴劳保用品。重氮盐不宜分离干燥。重结晶中使用有机溶剂，注意防火。产品采用内衬塑料袋的纸桶包装，贮存于阴凉、干燥处，防止高温、日晒。

参 考 文 献

[1] 王力. 紫外吸收剂 UV-327 的合成工艺研究[D]. 天津大学, 2007.

[2] 曹文仲, 占昌朝, 赵德明, 等. UV-327 合成新工艺的研究[J]. 浙江工业大学学报, 2006, (02): 137-140.

4.9 紫外线吸收剂 UV-328

紫外线吸收剂 UV-328(ultraviolet absorbent UV-328)的化学名称为 2-(2′-羟基-3′,5′-二叔戊基苯基)苯并三唑。国外相应的商品名有 Tinuvin 328(瑞士)、Sumisorb 350(日本)。分子式 $C_{22}H_{29}N_3O$，相对分子质量 351.50。结构式为：

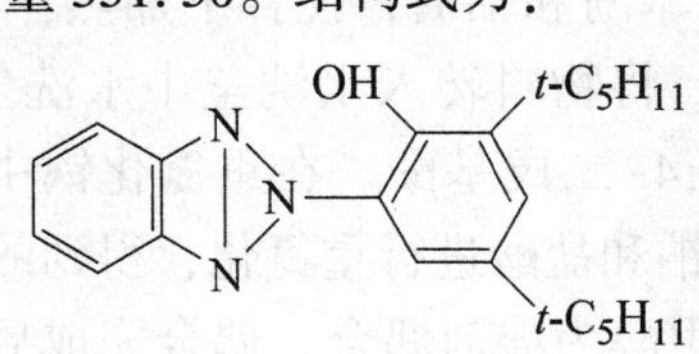

1. 性能

淡黄色粉末，熔点 80~83℃，相对密度 0.91(25℃)，不溶于水，溶于苯、甲苯、环已烷、乙酸乙酯、石油溶剂等有机溶剂。属苯并三唑类紫外线吸收剂，最大吸收波长为 345nm。挥发性低，耐抽出，与树脂相容性好，毒性低。美国 FDA 已许可其用于食品包装材料。

2. 生产原理

2-硝基苯胺与亚硝酸发生重氮化后与 1-氯代戊烷和苯酚生成的烷基化产物 2,4-二戊基苯酚进行偶合，偶合产物在碱性条件下用锌粉还原得到紫外线吸收剂 UV-328。

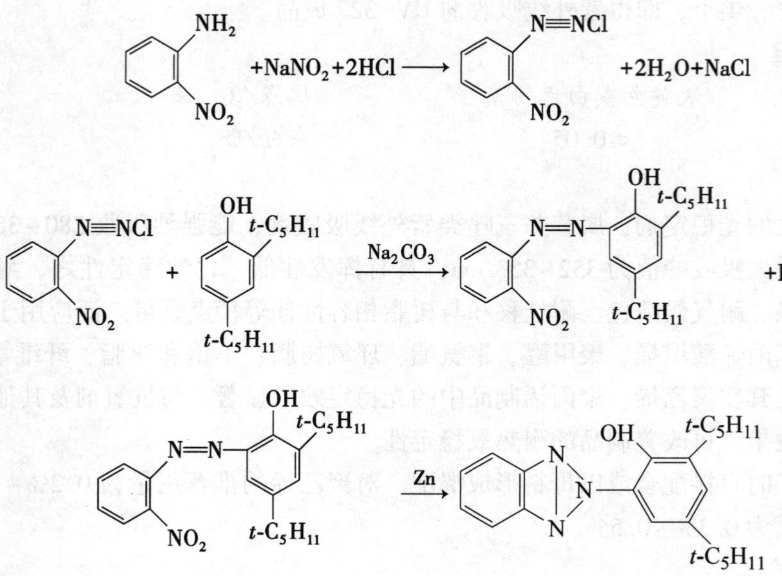

3. 工艺流程

2-硝基苯胺、亚硝酸钠、盐酸 → 重氮化 →（2,4-二戊基苯酚、纯碱）偶合 → 过滤 →（锌粉、乙醇）还原 → 过滤 →

→（乙酸乙酯）重结晶 → 热滤 → 析晶 → 过滤 →（水）洗涤 → 干燥 →成品

4. 主要原料(kg/t)

2-硝基苯胺(≥60%)	3300	苯酚(≥99%)	2000
1-氯代戊烷(≥90%)	3300		

5. 生产工艺

烷基化反应中，加入甲苯、苯酚和铝屑，搅拌下加热，(145±5)℃下反应生成苯酚铝，然后通入1-氯戊烷。反应完毕，将物料转入水洗釜中水洗氢氧化铝，然后蒸馏回收甲苯，再于精馏釜中减压蒸馏，收集2,4-二戊基酚。在重氮化锅中，加入2,4-硝基苯胺和碎冰，于低温(5℃以下)下加入亚硝酸钠和盐酸进行重氮化，得到的重氮化盐溶液与2,4-二戊基苯酚在偶合反应釜中于0~20℃以甲醇为溶剂偶合。偶合完成后，将偶合反应物料过滤，将偶合物加入还原釜中，以乙醇为溶剂用锌粉还原，还原在40~45℃下进行。还原完毕，过滤，得到UV-328粗品。在重结晶釜中，加入乙酸乙酯和粗品，加热溶解趁热过滤，除去杂质，冷却，析晶过滤，水洗，烘干即得紫外线吸收剂328。

6. 质量标准

外观	微黄色结晶粉末	熔点/℃	81
灰分/%	<0.2	加热减量/%	<0.5

7. 用途

用作塑料的紫外线吸收剂(光稳定剂)，是苯并三唑类紫外线吸收剂的优良品种之一，最大吸收峰值为345nm。突出特征是与树脂相容性好，挥发性低，耐抽出，耐迁移。由于不与金属离子发生有害反应，所以不会因催化剂残渣或其他重金属离子的存在而变色。本品可适用于聚烯烃、聚苯乙烯、PVC、聚酯、聚酰胺、环氧树脂、纤维树脂和ABS等塑料制品。与各种稳定化助剂有良好的协同效果。一般用量0.1%~1.0%。

8. 安全与贮运

采用内衬塑料袋的纸桶包装，贮存于阴凉、干燥处。

参 考 文 献

[1] 崔莹. 廷纳芬328的合成研究[D]. 重庆大学，2009.

4.10 紫外线吸收剂UV-24

紫外线吸收剂UV-24(ultraviolet absorbent UV-24)的化学名称为2,2′-二羟基-4-甲氧基二苯甲酮，国外相应的商品名有Spectra sorbs UV-24、Cyasorb UV-24。分子式$C_{14}H_{12}O_4$，相对分子质量244.25。结构式为：

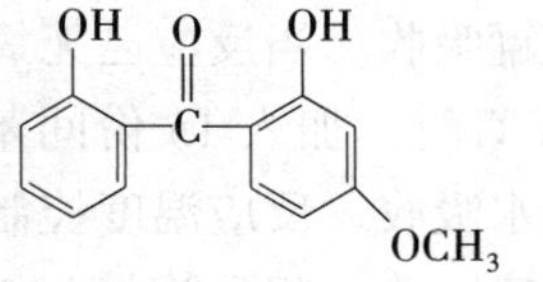

1. 性能

淡黄色粉末，熔点68℃。沸点170~175℃(133.3Pa)。相对密度1.382(25℃)。25℃时的溶解度：苯46.6，正乙烷2.3，95%乙醇21.4，四氯化碳22.2，甲乙酮55.3，增塑剂DOP31.1，不溶于水。大白鼠经口服LD_{50}为1000mg/kg，对皮肤和眼睛无刺激。对波长330~370 nm的紫外线有强烈的吸收作用。

2. 生产原理

水杨酸与亚硫酰氯发生酰氯化，得到的水杨酰氯与邻苯二酚发生F-C酰化反应，得到2,2′,4-三羟基二苯甲酮，然后与硫酸二甲酯发生单甲基化反应，得到紫外线吸收剂UV-24。

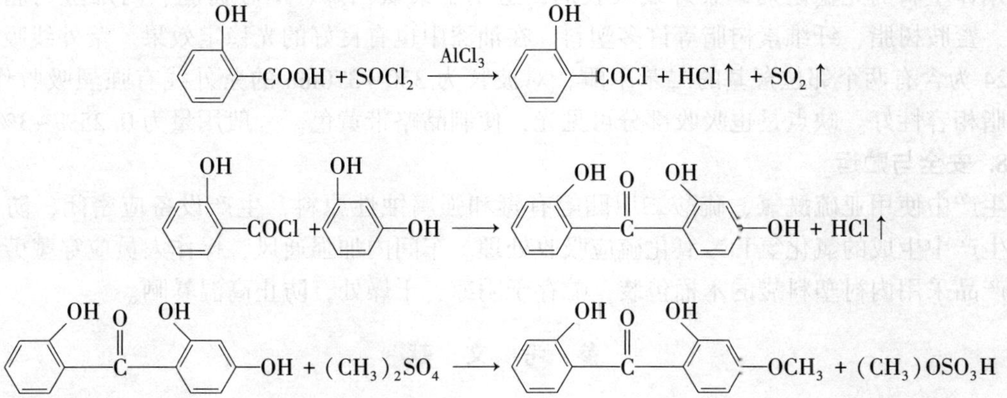

3. 工艺流程

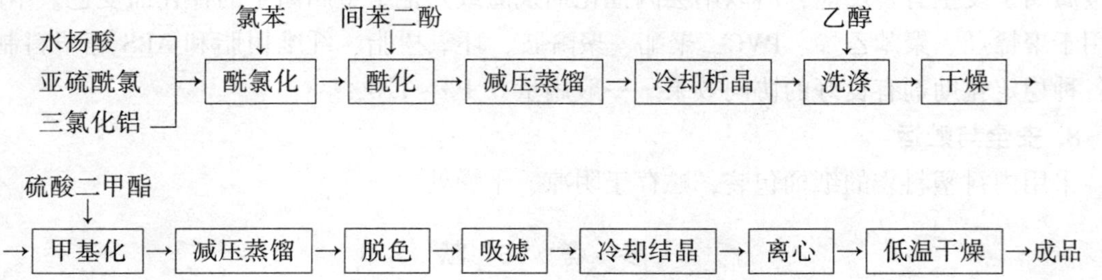

4. 主要原料

水杨酸(98%)	间苯三酚(98%)
氯苯(工业品)	硫酸二甲酯(98%)
无水三氯化铝(≥99%)	活性炭
亚硫酰氯(工业品)	无水吡啶

5. 生产工艺

在搪瓷反应釜中加入75份氯苯和25份水杨酸，搅拌溶解，加入0.15份无水三氯化铝，控制温度在20~40℃之间，边搅拌边缓缓滴加入22.5份亚硫酰氯，进行反应。反应生成的氯化氢和二氧化硫气体经气体吸收罐吸收。当反应已无氯化氢产生时，即反应已完成。然后在搅拌下加热升温，当温度升至80℃时，加入15份间苯二酚及0.35份无水吡啶，进行酰化反应，反应产生的氯化氢气体用水吸收。反应温度控制在100℃左右，直到只有很少量或完全没有氯化氢气体放出为止。反应完毕，将反应液过滤，蒸馏，减压蒸馏后冷却、结晶，酒精洗涤后干燥，即得2,2′,4-三羟基二苯甲酮。在甲基化反应釜中加入2,2′,4-三羟基二苯甲酮与硫酸二甲酯，在搅拌下，控制温度在30℃以下进行反应2~4h。反应完毕，将反应物料静置分层，减压蒸馏、冷却，用活性炭脱色，趁热吸滤，滤液浓缩后冷却结晶，离心分离，低温干燥，即得紫外线吸收剂UV-24。

6. 质量标准

外观	浅黄色结晶粉末	含量/%	≥98.5
熔点/℃	66~68	灰分/%	≤0.1

7. 用途

用作塑料的光稳定剂即紫外线吸收剂，适用于聚氯乙烯、ABS树脂、丙烯酸树脂、聚氨酯、蜜胺树脂、纤维素树脂等许多塑料。在油漆中也有良好的光稳定效果。紫外线吸收剂UV-24为含有两个邻位羟基的二苯甲酮，对波长为330~370nm的紫外线有强烈吸收作用，与树脂相容性好。缺点是也吸收部分可见光，使制品略带黄色。一般用量为0.25%~3%。

8. 安全与贮运

生产中使用亚硫酰氯、硫酸二甲酯等有毒和强腐蚀性原料，生产设备应密闭，防止冒漏，生产中生成的氯化氢和二氧化硫应吸收处理。车间内加强通风，操作人员应穿戴劳保用具。产品采用内衬塑料袋的木桶包装，贮存于阴凉、干燥处，防止高温暴晒。

参 考 文 献

[1] 王德传，余德超，周小圆. 微波合成2-羟基-4-甲氧基二苯甲酮[J]. 精细化工中间体，2010，40(06)：60-62.

[2] 孔宪明，宫红，姜恒，等. 2-羟基-4-甲氧基二苯甲酮的合成及工业放大试验[J]. 精细化工，2006，(07)：625-627.

4.11 紫外线吸收剂 UV-5411

紫外线吸收剂 UV-5411(ultraviolet absorbent UV-5411)又称紫外线吸收剂 UV-323，化学名称为 2-(2′-羟基-5′-叔辛基苯基)苯并三唑。国外相应商品名有 Cyasorb 5411(美国)、Sumisorb 340(日本)、Eusorb 323(美国)。分子式 $C_{20}H_{25}N_3O$，相对分子质量 323.44。结构式为：

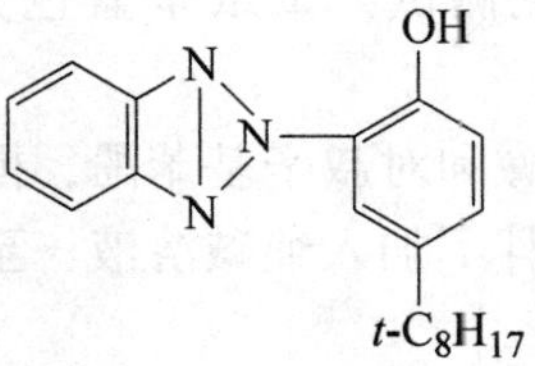

1. 性能

白色结晶粉末，熔点 101~106℃，相对密度 1.18(25℃)。不溶于水，可溶于苯、甲苯、苯乙烯、乙酸乙酯、正庚烷等有机溶剂，热稳定性高，300℃不分解。是苯并三唑类紫外线吸收剂。最大吸收率为 345nm。具有挥发性小、耐萃取、耐迁移、不着色等特点。大白鼠经口服 LD_{50}>10000mg/kg，美国 FDA 许可其用于食品包装材料。

2. 生产原理

首先邻硝基苯胺用亚硝酸进行重氮化，然后与对叔辛基苯酚偶合，偶合物用锌粉还原，经后处理得紫外线吸收剂 UV-5411。

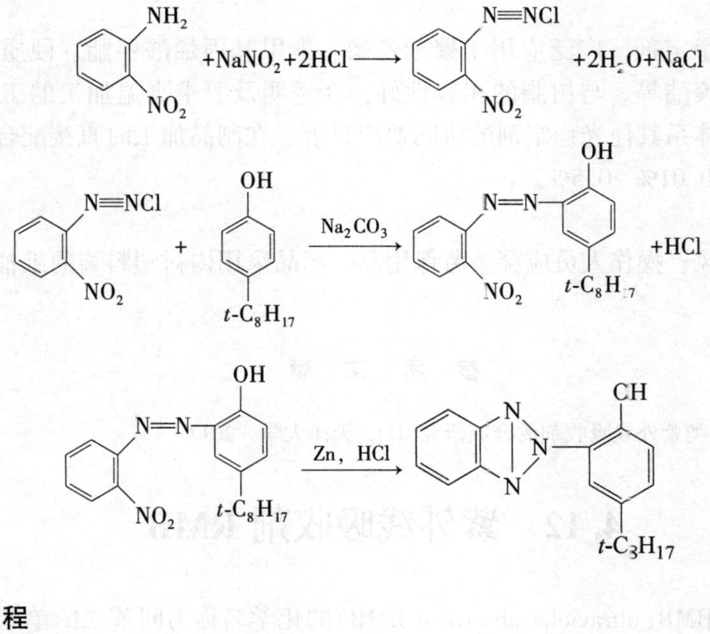

3. 工艺流程

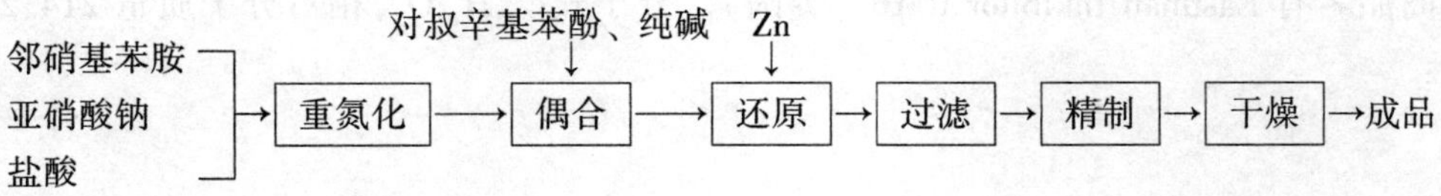

4. 主要原料

邻硝基苯胺(≥96%)	锌粉(工业品)
亚硝酸钠(≥98%)	碳酸钠(≥98%)
盐酸(30%)	氢氧化钠(98%)
对叔辛基苯酚(工业品)	乙酸乙酯

5. 生产工艺

在重氮化反应锅中加入盐酸、邻硝基苯胺，搅拌溶解后，加入碎冰，降温至0~5℃，在搅拌下加入25%~30%的亚硝酸钠溶液，保持在5℃以下加完亚硝酸钠溶液。然后继续搅拌反应，直到用碘化钾淀粉试纸测试，试纸呈蓝色为止。反应生成邻硝基苯重氮盐溶液。

在偶合反应釜中加入50%的液碱和对叔辛基苯酚，搅拌溶解，加入邻硝基苯重氮盐溶液，控制偶合温度于15℃左右，搅拌下加入纯碱溶液，至物料碱度不再降低，表明反应完毕。过滤，得到偶合物。

将偶合物加入还原反应釜中，加入适量乙醇，搅拌均匀后，加热至40~45℃，于搅拌下加入锌粉进行还原反应。反应完毕，加入适量水，析出结晶，过滤得粗品。

在精制釜中加入乙酸乙酯和粗品，搅拌下加热溶解，溶解完全后，趁热过滤，滤液冷却，析晶，过滤，滤液经蒸馏回收乙酸乙酯。滤饼用水洗涤，烘干，得紫外线吸收剂UV-5411。

6. 质量标准

外观	白色结晶粉末	熔点/℃	101~106
加热减量/%	<0.5	灰分/%	≤0.05

7. 用途

用作塑料的光稳定剂。广泛应用于聚苯乙烯、聚甲基丙烯酸甲酯、硬质PVC、聚碳酸酯、ABS和不饱和聚酯等。与树脂的相容性好，在透明及要求高温加工的工程塑料中效果十分突出，与抗氧体系其他光稳定剂的协同效应显著。在制品加工时直接配合或以母粒形式混配。一般用量为0.01%~0.5%。

8. 安全与贮运

车间内加强通风，操作人员应穿戴劳保用品。产品采用内衬塑料袋的纸桶包装，按一般化学品贮运。

参 考 文 献

[1] 司磊磊. 苯并三唑类紫外线吸收剂的合成研究[D]. 天津大学，2017.

4.12 紫外线吸收剂 RMB

紫外线吸收剂RMB(ultraviolet absorbent RMB)的化学名称为间苯二酚单苯甲酸酯。国外相应的商品名有Eastman Inkibitor RMB（美国）。分子式$C_{13}H_{10}O_3$，相对分子质量214.22。结构式为：

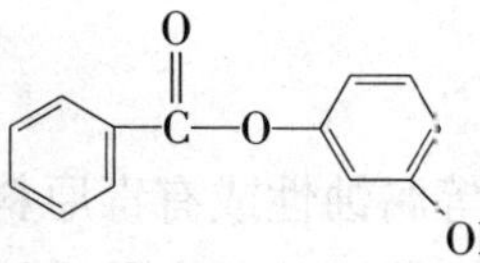

1. 性能

白色结晶粉末。熔点 132~135℃。沸点 140℃(20Pa)。松密度 680kg/m^3(20℃)。易溶于丙酮和乙醇，微溶于苯、水。溶解度(24℃)：丙酮 75.2，乙醇 27.7，正庚烷>0.1，水>0.1。常温下在邻苯二甲酸二辛酯(增塑剂 DOP)中溶解度很小，但随着温度的升高，溶解度急剧上升(100℃时可达 43)。

2. 生产原理

在氢氧化钠存在下，苯甲酰氯与间苯二酚发生单酯化，经后处理得到紫外线吸收剂 RMB。

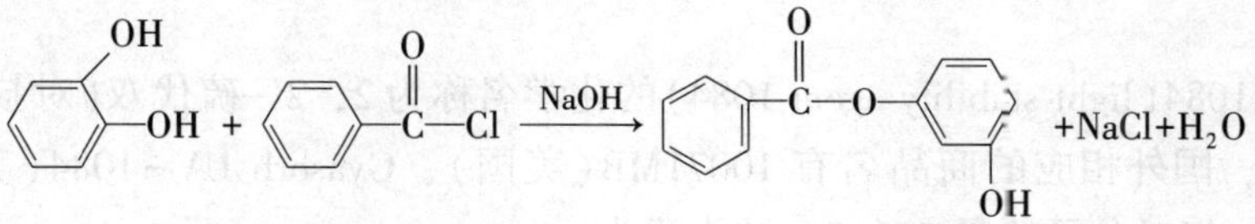

3. 工艺流程

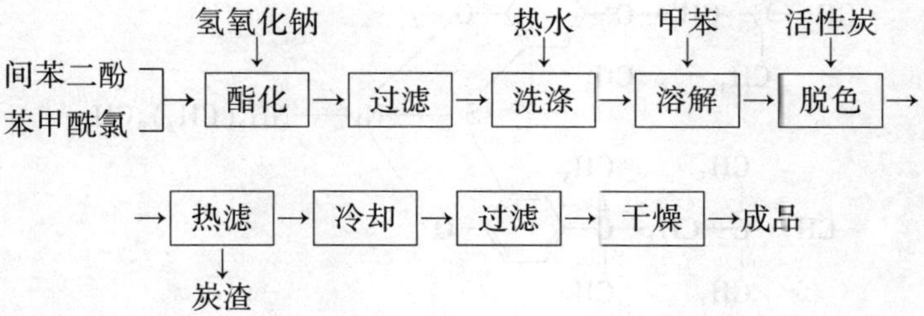

4. 主要原料(kg/t)

苯甲酰氯(98%)	960	氢氧化钠(30%)	990
间苯二酚(99.5%)	760	甲苯(工业品)	1500

5. 生产工艺

在酯化反应釜中，加入 190kg 间苯二酚和 248kg 30%液碱，搅拌溶解，控制温度 18~20℃，一边搅拌，一边缓缓加入 240kg 苯甲酰氯。在滴加苯甲酰氯过程中，保持在 18~20℃。滴加完后，仍然保持温度继续搅拌反应，待 pH 值不变时即表示反应结束。过滤，用热水洗至中性，干燥得粗品。将 1250kg 甲苯加入精制釜，然后加入粗品。在回流温度下将其溶解，用活性炭脱色，趁热过滤，滤液冷却，结晶，离心干燥，即得紫外线吸收剂 RMB 成品。

6. 质量标准

外观	白色或类白色粉末	加热减量/%	≤0.5
熔点/℃	132~136	灰分/%	≤0.2

7. 用途

用作纤维素塑料和聚氯乙烯的光稳定剂和抗氧剂。其效能与二苯甲酮类光稳定剂类似。

适用于透明制品。

8. 安全与贮运

生产中使用苯甲酰氯、间苯二酚等腐蚀性或有毒原料，生产设备应防止冒漏，车间内加强通风，注意防火。操作人员应穿戴劳保用品。产品采用内衬塑料袋的纸桶包装，按一般化学品要求贮运。

参 考 文 献

[1] 严晓阳，孔黎春，张红娣，等. 光稳定剂间苯二酚单苯甲酸酯的合成[J]. 浙江师范大学学报(自然科学版)，2014，37(03)：317-322.

[2] 宣日荣. 间苯二酚单苯甲酸酯的合成及试产工艺研究[D]. 浙江工业大学，2011.

4.13 光稳定剂 1084

光稳定剂 1084(light stability agent 1084)的化学名称为 2，2′-硫代双(对叔辛基苯酚)镍-正丁胺络合物，国外相应的商品名有 10071MB(美国)、Gyasorb UV-1084(美国)。分子式 $C_{32}H_{51}NO_2SNi$，相对分子质量 572.5。结构式为：

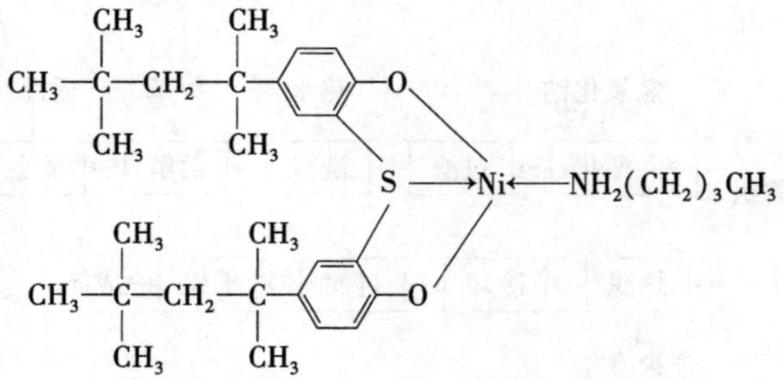

1. 性能

浅绿色粉末，熔点 258～261℃。相对密度 1.367(25℃)。最大的吸收波长(氯仿中) 296nm。25℃在下列溶剂中的溶解度(g/100mL 溶剂)：95%乙醇 1.0g，正庚烷 51.2g，丁酮 1.2g，四氢呋喃 48.8g，甲苯 42.8g。大白鼠经口服 LD_{50}>10000mg/kg。

2. 生产原理

对叔辛基苯酚与二氯化硫在 CCl_4 溶剂中发生缩合反应生成 2,2′-硫代双(对辛基苯酚)，缩合物在常温下与乙酸镍、正丁胺发生配合反应生成光稳定剂 1084。

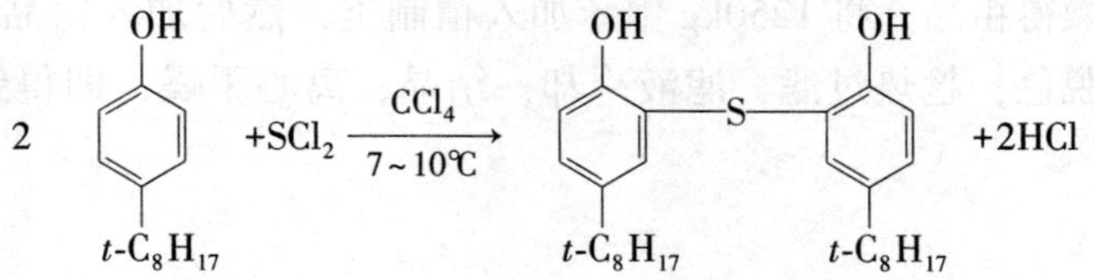

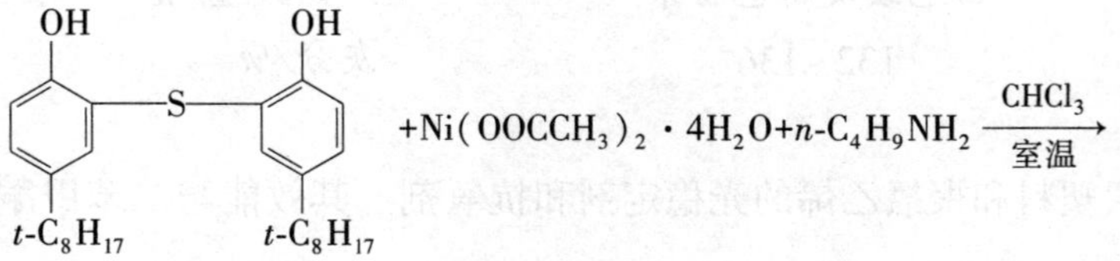

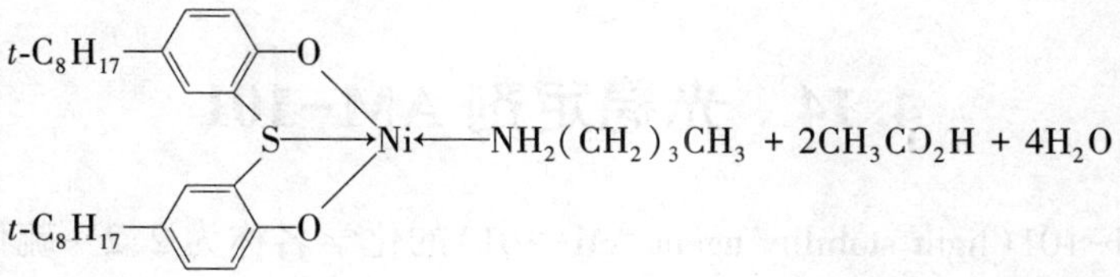

3. 工艺流程

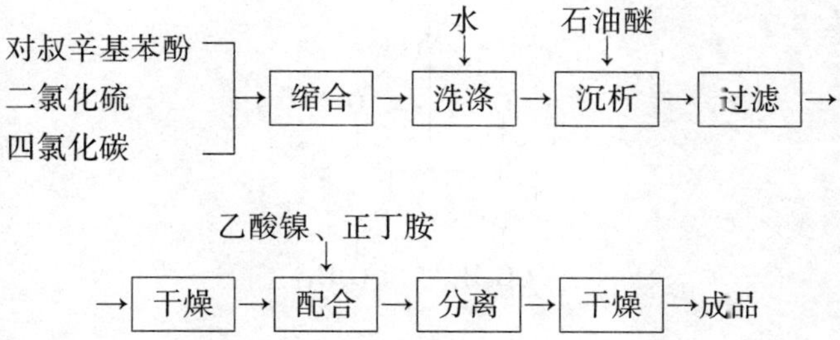

4. 主要原料

对叔辛基苯酚(工业品)	石油醚(工业品)
二氯化硫(96%)	乙酸镍(98%)
四氯化碳(工业品)	正丁胺(工业品)

5. 生产工艺

在缩合反应釜中加入溶剂四氯化碳，搅拌下加入对叔辛基苯酚，搅拌溶解后，冷却降温至7~10℃，边搅拌，边滴加二硫化碳的四氯化碳溶液进行缩合反应，生成硫代双叔辛基苯酚。经水洗涤后用石油醚稀释沉析，过滤，干燥，得硫代双叔辛基苯酚。在配合反应锅中加入氯仿，搅拌下加入硫代双叔辛基苯酚，溶解后，再加入正丁胺和乙酸镍水溶液，在常温下进行配合反应。反应产物经分离，无水硫酸钠干燥后蒸发、干燥，即得光稳定剂1084成品。

6. 质量标准

外观	淡绿色粉末	加热减量/%	≤1.0
熔点/℃	256~262		

7. 用途

用作塑料的光稳定剂，不仅具有抗紫外线辐射作用，而且还有抗氧化功能。能吸收270~330 nm 波长范围的紫外线，兼具吸收紫外线、猝灭激发态能量和抗热氧功能。具有挥发性低、着色性小和对聚烯烃染色有促进作用等特点。与受阻胺、苯并三唑、受阻酚等稳定剂协同效果显著。广泛应用于聚乙烯、聚丙烯、EVA 等聚合物制品。对高温下使用的制品尤为有效。

在塑料制品加工成型时直接配合或以母料形式混配。一般用量为0.25%~0.5%。

8. 安全与贮运

生产中使用二氯化硫、四氯化碳、氯仿、丁胺等，生产设备应密闭，防止冒漏，车间内加强通风，操作人员应穿戴劳保用具。产品采用内衬塑料袋的纸桶包装，贮存于阴凉、通风处。

参 考 文 献

[1] 王凯. 光稳定剂 UV-1084 的合成及中间体 2,2′-硫代双对叔辛基苯酚的萃取性能研究[D]. 河北工业大学，2008.

4.14 光稳定剂 AM-101

光稳定剂 AM-101(light stability agent AM-101)的化学名称为 2,2′-硫代双(对叔辛基苯酚)镍。国外相应的商品名有 UV chek AM-101(美国)、AM-105。分子式 $C_{28}H_{40}O_2SNi$，相对分子质量 501.42。结构式为：

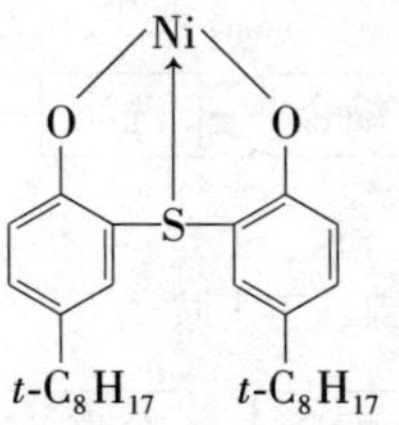

1. 性能

绿色粉末，熔点 130℃，相对密度(25℃)1.06。最大吸收波长 290nm(氯仿中)，有毒。

2. 生产原理

对叔辛基苯酚与 SCl_2 发生缩合反应生成 2,2′-硫代双(对叔辛基苯酚)，再与乙酸镍发生配合，生成光稳定剂 AM-101。

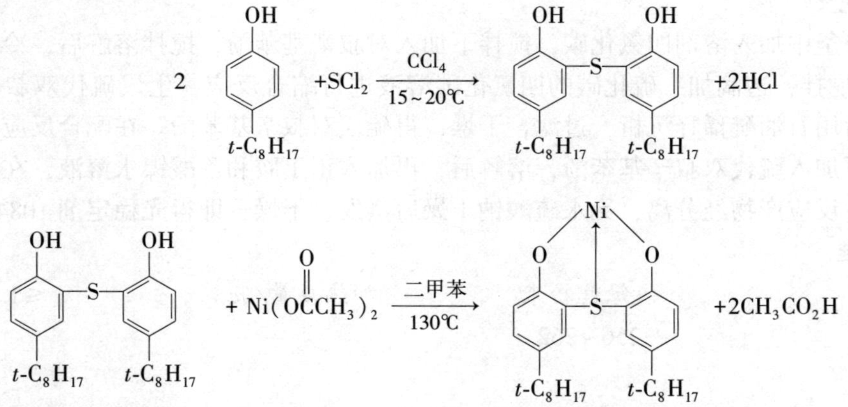

3. 工艺流程

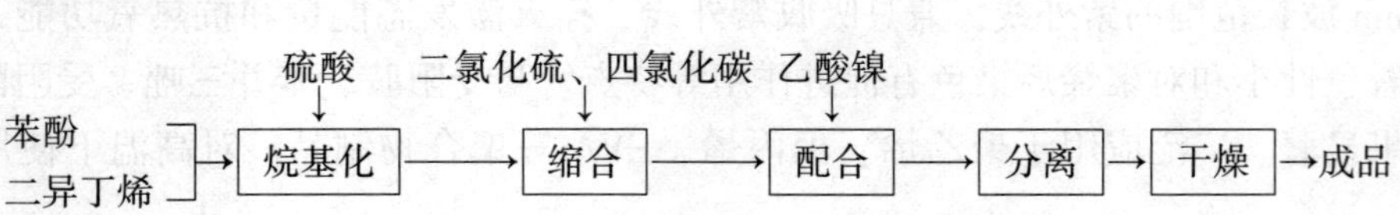

4. 主要原料

苯酚(工业品)　　二氯化硫(工业品)
二异丁烯(工业品)　　四氯化碳(工业品)
硫酸(98%)　　乙酸镍(工业品)

5. 生产工艺

在烷基化反应釜中加入苯酚，加热熔融，搅拌下加入二异丁烯、硫酸，于 50~60℃下反应，生成对叔辛基苯酚。在缩合反应釜中加入四氯化碳和对叔辛基苯酚，溶解后冷却至 10℃以下，搅拌下滴加二氯化硫，于 15~20℃下反应，生成硫代双对叔辛基苯酚。在配合反应锅中加入二甲苯和硫代双对叔辛基苯酚，然后加入乙酸镍于130℃下反应，反应完毕，经分离、蒸发、干燥后得光稳定剂AM-101。

6. 质量标准

外观	绿色粉末或片状结晶	加热减量/%	≤1.0
熔点/℃	128~130		

7. 用途

用作塑料的光稳定剂，是镍络合物类激发态猝灭剂。加工性优异，与紫外线吸收剂协同效果突出。适用于聚乙烯、聚丙烯等聚烯烃制品，对薄膜、纤维等长径比较大的制品稳定效果尤佳。其不足表现在固有颜色较深，容易使制品着色，并且与硫代酯在高温下作用生成黑灰色产物，影响制品外观。本品有毒，不宜在食品包装材料中使用，避免与硫代酯配合使用。在制品加工成型时配合或以母料形式混配。推荐用量0.1%~1.0%。

8. 安全与贮运

生产中使用二氯化碳、苯酚等有毒或腐蚀性原料，反应设备应密闭，防止冒漏。车间内加通风，操作人员应穿戴劳保用品。使用内衬塑料袋的纸桶包装，贮存于阴凉、干燥处。

参 考 文 献

[1] 李效军，王凯，贾睿生．等光稳定剂2,2′-硫代双(4-叔辛基苯酚)正丁胺镍的合成[J]．精细石油化工进展，2007，8(12)：9.

[2] 王凯．光稳定剂UV-1084的合成及中间体2,2′-硫代双对叔辛基苯酚的萃取性能研究[D]．河北工业大学，2008.

4.15 光稳定剂三嗪-5

光稳定剂三嗪-5(light stability agent triazine-5)又称紫外线吸收剂三嗪-5，化学名称为2,4,6-三(2′-羟基-4′-正丁氧基苯基)-1,3,5-三嗪。分子式 $C_{33}H_{39}O_6N_3$，相对分子质量573.69。结构式为：

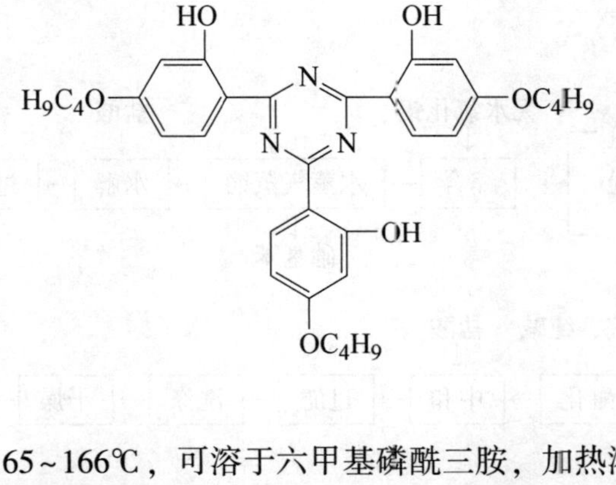

1. 性能

淡黄色粉末，熔点165~166℃，可溶于六甲基磷酰三胺，加热溶于二甲基甲酰胺，微溶于正丁醇，不溶于水。属于三嗪类光稳定剂，对波长300~380nm的紫外线有强烈吸收作用。与树脂相容性好。

2. 生产原理

三聚氯氰与间苯二酚在硝基苯或三氯甲烷溶剂中反应制得2,4,6-三(2′,4′-二羟基苯基)-1,3,5-三嗪，然后在纯碱存在下，与溴丁烷发生醚化反应，经后处理得光稳定剂三嗪-5。

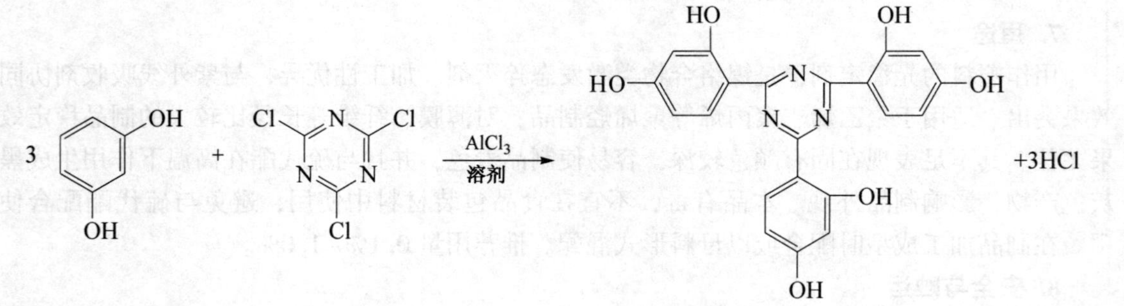

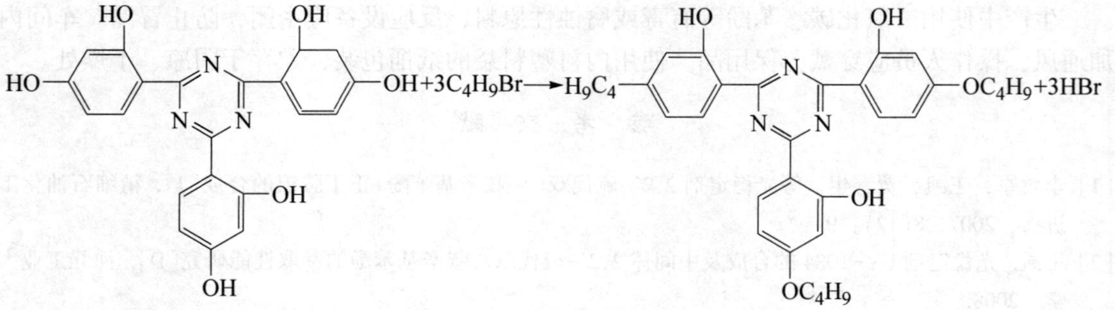

其中，溴丁烷由丁醇与溴化氢反应制得：

$$C_4H_9OH+HBr \longrightarrow C_4H_9Br+H_2O$$

3. 主要原料(kg/t)

丁醇(95%)	530	三聚氯氰(98%)	400
氢溴酸(40%)	1510	间苯二酚(99%)	730

4. 工艺流程

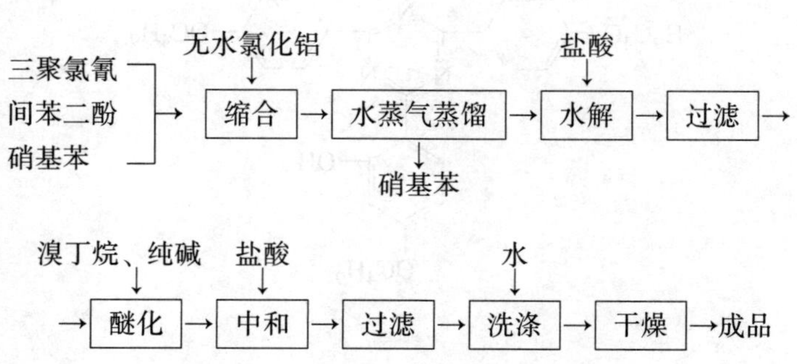

5. 生产工艺

在缩合反应釜中加入溶剂硝基苯，然后加入三聚氯氰和间苯二酚，搅拌下加热溶解，再加入无水三氯化铝为催化剂，于90~95℃进行反应，生成2,4,6-三(2′,4′-二羟基苯基)-1,3,5-三嗪。反应物料经水蒸气蒸馏回收溶剂硝基苯，残余物用盐酸水解掉催化剂，过滤得中间体三嗪。在醚化反应釜中，2,4,6-三(2′,4′-二羟基苯基)-1,3,5-三嗪与溴丁烷在碳酸钠存在下进行丁氧基化反应，反应在溶剂(50%的乙醇溶液)的回流温度下进行。反应完毕，加入盐酸中和，过滤，滤饼用水洗涤后干燥，得光稳定剂三嗪-5。

6. 质量标准

外观	浅黄色粉末	熔点/℃	164~166
水分/%	≤0.5	灰分/%	≤0.5

7. 用途

用作塑料的光稳定剂，能够强烈吸收300~380 nm波段紫外线，吸收紫外线能力强，对热和光稳定性优良，与树脂相容性好，适用范围广。对聚氯乙烯、聚酯、聚甲醛、聚碳酸酯等塑料的光稳定效果优于常规紫外线吸收剂二苯甲酮、苯并三唑(品种如UV-531、UV-9和Tinuvin 327)等。本品外观呈浅黄色，对透明或白色制品有轻微着色倾向，在PVC农膜中使用时对大棚作物的生长无不良影响。在聚甲醛中加入本品，既可提高制品的耐候性和耐热性，也可赋予制品突出的耐冲击性，用于氯化聚醚可提高贮存和使用期限。在制品加工时直接配合，添加量范围0.3%~1.0%。

8. 安全与贮运

生产中使用三聚氯氰、溴丁烷、硝基苯等有毒或有腐蚀性原料，生产设备应密闭，车间内加强通风，操作人员应穿戴劳保用具。产品采用内衬塑料袋的木桶包装，贮存于阴凉、通风处。

参 考 文 献

[1] 昝帅，姜文凤，邵玉昌. 三嗪型紫外线吸收剂的合成及性能[J]. 精细化工，2007，24(11)：1106.

[2] 李英俊，史相玲，高立信，等. 3,5,6-三取代-1,2,4-三嗪衍生物合成、表征及生物活性[J]. 有机化学，2015，35(01)：191-199.

第5章　热稳定剂

5.1　概　　述

凡以改善高分子材料热稳定性为目的，从而使高分子材料在加工或使用过程中，不因受热而发生降解等化学变化，或能防止或延缓这些变化以达到延长使用寿命而添加的助剂，称为热稳定剂。

在塑料工业中热稳定剂主要用于聚氯乙烯及氯乙烯共聚物，因为聚氯乙烯只有在160℃以上才能加工成型，而其在120~130℃就开始热分解，释放出氯化氢气体，形成共轭多烯结构，这种结构除使制品带色外还极易被氧化，导致进一步降解。而这种链反应会大幅度降低树脂的强度，并使树脂的可塑性损失。过去热稳定剂几乎是PVC及氯乙烯共聚物专用的添加剂。近年来，随着以卤化物作为阻燃剂的阻燃合成材料的发展，以及氯化聚乙烯(CPE)作为冲击改性剂在其他塑料中的应用，热稳定剂已开始用于其他塑料中。

在PVC的热降解过程中，几乎不产生单体，而是生成大量氯化氢。PVC的热降解机理十分复杂，目前，热稳定剂的作用可归纳为预防型(中和HCl，取代不稳定的氯原子和防止自动氧化)和补救型(与PVC中不饱和部位反应，破坏碳正离子)两类。热稳定剂的作用机理主要有四种：①吸收中和HCl、抑制其自动催化作用。这一类稳定剂包括铅盐类、有机酸金属皂类、有机锡化合物、环氧化合物、胺类、金属醇盐和酚盐及金属硫醇盐等。它们可与HCl反应，抑制PVC脱HCl的反应。②置换PVC分子中活泼的烯丙基氯原子或叔碳氯原子，抑制脱HCl。如有机锡稳定剂与PVC分子的活泼氯原子发生配位结合，在配位体中，有机锡与活泼氯原子发生置换。③与多烯结构发生加成反应，破坏大共轭体系的形成，减少着色。不饱和酸的盐或酯含有双键，与PVC分子中共轭双键发生双烯加成反应，从而破坏其共轭结构，抑制变色。④捕捉自由基，阻止氧化反应。如加入酚类热稳定剂能阻滞脱HCl，是由于酚给出的氢原子自由基能与降解的PVC大分子自由基偶合，形成不能与氧反应的物质，而具有热稳定作用。这种热稳定剂可具有一种或兼具几种作用。

作为有工业价值的理想的热稳定剂应具备：

① 热稳定效能高，并具有良好的光稳定性；

② 与PVC等材料的相容性好，挥发性小，不升华，不迁移，不冒霜，不易被水、油或溶剂抽出，不影响制品的性能；

③ 有适当的润滑性，在压延成型时使制品易从辊筒剥离，不结垢；

④ 不与其他助剂反应，不被硫或铜污染；

⑤ 无毒或低毒、无臭、不污染；

⑥ 加工使用方便，价格低廉。

目前塑料工业中广泛使用的热稳定剂按化学组成和所起的作用可分为铅稳定剂、金属皂类稳定剂、有机锡类稳定剂、有机锑和稀土类稳定剂、液体复合稳定剂、非金属稳定剂、辅助稳定剂等。

(1) 铅稳定剂

铅化合物是最悠久且效果好的热稳定剂，在 PVC 管材、绝缘电缆料中使用。铅稳定剂属 HCl 的接受体，能够捕捉 PVC 热降解脱出的 HCl 而生成 $PbCl_2$，而 $PbCl_2$ 无脱除 PVC 中 HCl 的作用，故铅稳定剂稳定性高。碱式铅盐是目前应用最广泛的铅稳定剂。铅稳定剂耐热性良好，特别是长期热稳定性良好；电气绝缘性优良；具有白色颜料的性能，覆盖力强，耐候性好；可作发泡剂的活性剂且价格低廉。

铅稳定剂的缺点有：所得制品不透明；毒性大；有初期着色性；相容性和分散性差；没有润滑性，须与金属皂、硬脂酸等润滑剂并用，容易产生硫化污染。

碱式铅盐的通式为 $n\mathrm{PbO}\cdot\mathrm{Pb(X)}\cdot m\mathrm{H_2O}$。式中，$n=1\sim3$；$m=0$、1/2、1；X 分别为硫酸根、亚硫酸根、亚磷酸根、苯二甲酸根、马来酸根、硅酸根、硬脂酸根等。还有不属于此通式的水杨酸铅、碱式碳酸铅(铅白)、硅酸铅/硅胶共沉淀等铅稳定剂。

从耐热性方面看，亚硫酸盐>硫酸盐>亚磷酸盐，以碱式亚硫酸铅为最好。就耐候性而言，亚磷酸盐>亚硫酸盐>硫酸盐，二碱式亚磷酸铅耐候性最好。

尽管目前全球限制铅稳定剂的步伐加快，但是作为传统高效价廉的主要热稳定剂产品，铅盐在许多方面具有不可替代的优越性，仍将在相当长的时间内在热稳定剂领域内占据主导地位，尤其是在处于发展中的我国。因此我国热稳定剂今后的关键要在现有铅盐生产基础上，加快技术调整，向低铅含量、高效、低使用量、耐溶性、低毒方向发展。

(2) 金属皂类稳定剂

金属皂类大部分为硬脂酸和月桂酸的盐类。其他如苯甲酸、水杨酸、环烷酸、烷基酚等的金属盐类，也习惯上把它们归属于金属皂。

金属皂类可用 $\left[\mathrm{R{-}\overset{\overset{\displaystyle O}{\|}}{C}{-}O}\right]_2\mathrm{M}$ 的通式来表示。式中，M 为镉、钡、钙、锌、镁、锶等；R 为 C_nH_{2n+1} 等长链饱和烃基。金属皂类与 PVC 中不稳定氯原子发生酯化反应，从而抑制其脱 HCl 的反应。

金属皂类热稳定性与其结构紧密相关，从静态耐热性来看，硬脂酸铅和硬脂酸镉效果最好。但从动态耐热性考虑，以二碱式硬脂酸铅和硬脂酸钡为好。不同酸根对金属皂类热稳定性的影响也很大，以镉皂为例，硬脂酸和蓖麻油酸的效果最好；环烷酸和月桂酸次之；苯甲酸和辛酸更次之。一般来说，脂肪酸根中碳数多的，其热稳定性和加工性都比较好，但与 PVC 的相容性则较差，容易出现喷霜现象，使 PVC 制品的印刷性和热合性下降。另外，被水和溶剂的抽出性也随着碳数的增加而减少。在碳数相同情况下，分子中含有羟基、环氧基，虽然稳定性有所提高，但耐水和溶剂的抽出性则有下降的趋势。随着科学发展观的深入人心，钙/锌皂无毒热稳定剂的生产日益受到重视。

(3) 有机锡类稳定剂

有机锡化合物是 PVC 的高效热稳定剂，具有高度透明性、突出的耐热性、低毒并耐硫化污染，是极有发展前途的一类热稳定剂。特别适用于要求高度透明性和高度耐热性的硬制品。它们常起到光化学和生物化学稳定剂、增塑剂等的功能，被广泛应用并代替其他热稳定剂。但其价格较高，一定程度上限制了它们的应用。

有机锡化合物对 PVC 的稳定作用同时包含预防型和补救型。有机锡稳定剂可分为含硫有机锡和无硫有机锡两大类。有机锡稳定剂在加工时常因相容性差而有渗出倾向，需专门选择润滑剂，而且多数情况下析出带异味的挥发产物，对加工造成一定的困难。因此，作为商品的有机锡稳定剂，一般很少使用纯品，大都是添加了稳定化助剂的复合物，几乎所有产品都是由两种有机锡稳定剂与添加的第三组分助剂组成。

(4) 有机锑和稀土类稳定剂

有机锑稳定剂是20世纪70年代开发的一类稳定剂。有机锑稳定剂从化学结构上可分为含硫锑和羧酸锑两类。含硫锑的热稳定性优于羧酸锑，有机锑稳定剂的毒性比有机锡稳定剂小，但有机锑稳定剂暴露于紫外线照射产生褐-黑色反应，不适于耐候性的PVC配方。

有机锑稳定剂通常是由 Sb_2O_3 或 $SbCl_3$ 与硫醇盐或羧酸盐反应制得的。在相同的温度时，它和有机锡稳定剂一样，可提供良好的色泽稳定性和较低的熔融黏度，其透明性不如有机锡稳定剂，但因其价廉，人们正在着手研究改善其缺点，使之能扩大应用领域。工业上使用的产品有三(十二硫醇)锑和三巯基乙酸异辛酯锑，其中三巯基乙酸异辛酯锑被推荐作为烷基硫醇锡或巯基乙酸异辛酯烷基锡较为便宜而又等效的替代物。

稀土类稳定剂是一种可以替代传统热稳定剂的新型热稳定剂，该稳定剂无毒、稳定效果好，制品性能优异，具有广阔的发展前景。稀土类稳定剂主要品种是油酸、月桂酸、硬脂酸、马来酸、苹果酸、环烷酸的稀土盐，由于我国稀土资源丰富，且稀土类稳定剂性价比高，透明性、耐候性和贮存稳定性好，因此，近年来稀土类热稳定剂发展较快。

(5) 液体复合稳定剂

复合稳定剂品种繁多，其中主要是以Ba、Cd、Zn、Ca等金属的盐类为主体成分，配合有亚磷酸酯、有机酸、抗氧剂和溶剂等多种组分的液体复合稳定剂。液体复合稳定剂中金属盐类是复合稳定剂的主体成分。按金属配合划分为Ba/Cd/Zn(通用型)、Ca/Zn(耐硫化污染型)、Ca /Zn(无毒型)以及Ca/Sn和Ba/Sn复合物等类型。亚磷酸酯为亚磷酸三苯酯、亚磷酸-苯二异辛酯、亚磷酸三异辛酯等。有机酸的种类有辛酸、油酸、环烷酸、合成脂肪酸、苯甲酸、水杨酸、苯酚、烷基酚、亚硫酸等。抗氧剂通常用双酚A。溶剂一般可用矿物油、高级醇、液体石蜡或增塑剂等。稀土类复合稳定剂发展很快，国内市场上的稀土类复合热稳定剂几乎均以稀土/铅盐(或其他类热稳定剂)为主要成分并加辅助稳定剂复合而成。因采用的原料和制造方法不同，液体复合稳定剂的组成、性能和用途存在较大的差异。

液体复合稳定剂与树脂和增塑剂的相容性好，透明性好，不易析出，用量较少，使用方便。用于软质透明制品比用有机锡稳定剂便宜，没有初期着色，而且耐候性好。用于增塑糊黏度稳定性高。其主要缺点是润滑性较差，降低制品的软化点，长期贮存会变质等。因此，液体复合稳定剂主要用于软质制品。

(6) 辅助稳定剂

凡能增加热稳定剂的热稳定性的添加剂称为辅助热稳定剂。辅助热稳定剂本身不具有热稳定作用，但它能改进热稳定体系的效能。属于此类的有：亚磷酸酯、环氧化合物、抗氧剂，多元醇等。

亚磷酸酯种类很多，包括亚磷酸三芳基酯、三烷基酯、烷基芳基混合酯、三硫代烷基酯和双亚磷酸酯及聚合型亚磷酸酯等。它们广泛添加于液体复合稳定剂中，用于农业薄膜、人造革等软质制品中。为了取得良好的效果，往往和环氧化合物并用。亚磷酸酯与金属稳定剂并用能螯合金属离子，防止金属氧化物的催化降解作用，从而提高了配合物的耐热性和耐候性。

在使用金属皂类热稳定剂，特别是锌皂或镉皂时，加入环氧化合物能明显提高制品的热稳定性。作为辅助稳定剂使用的环氧化合物主要有环氧大豆油、环氧硬脂酸酯、环氧四氢邻苯二甲酸和缩水甘油醚。环氧化合物单独使用时，其耐候性和耐热性一般，但与金属稳定剂并用有良好的协同作用。

除含硫的有机锡外，其他绝大多数热稳定剂中都常加入抗氧剂。多元醇能与金属氯化物螯合，故常用作金属皂类热稳定助剂。常用的多元醇有季戊四醇、三羟甲基丙烷、甘油、山梨糖醇等。

热稳定剂是 PVC 加工中必不可少的助剂之一，当前常用的有铅盐类、金属皂类、有机锡类等含金属离子的热稳定剂。但是这些含有金属元素的热稳定剂容易对环境造成影响。基于可持续发展绿色理念，无毒、环保的纯有机热稳定剂逐渐成为研发热点。随着全球生态环保和健康意识的加强，热稳定剂的发展方向是高效、低毒和无污染，主要发展趋势有：①铅、镉稳定剂替代品；②有机锡和稀土热稳定剂；③复合型热稳定剂；④多功能无毒有机稳定剂。

参 考 文 献

[1] 张亨．热稳定剂研究进展[J]．合成材料老化与应用，2001，(04)：35-39.

[2] 梁诚．我国塑料热稳定剂生产现状与研究进展[J]．塑料助剂，2004，(05)：1-5.

[3] 苏星瑞，白时兵，杨双桥．聚氯乙烯热稳定剂的行业现状与发展趋势[J]．塑料工业，2023，51(04)：8-12.

[4] 崔小明．稀土热稳定剂的合成和应用研究进展[J]．精细与专用化学品，2021，29(12)：22-24.

[5] 毛江洪．环保型热稳定剂的制备及其在 PVC 中的应用[J]．当代化工研究，2021，(01)：79-80.

[6] 侯天武，王洁雪，尹莉，等．PVC 热稳定剂性能的对比和研究[J]．聚氯乙烯，2019，47(02)：25-27.

5.2 环氧油酸稀土盐

环氧油酸稀土盐也称环氧不饱和高级脂肪酸稀土盐稳定剂。

1. 性能

白色至黄色微粉末，不溶于水，溶于部分有机溶剂。聚氯乙烯塑料稳定剂通常使用硬脂金属皂，但这类金属皂中许多是有毒的。近年来，相继开发了环氧植物油和硬脂酸稀土稳定剂。环氧植物油和稀土生成的环氧油酸稀土盐，对 PVC 塑料在加工和使用过程中起到延缓老化和降解双重稳定作用，其稳定效果优于硬脂酸金属皂类和单一的环氧植物油类稳定剂。

2. 生产原理

以油酸等不饱和酸与过氧化氢、冰乙酸或甲酸为原料，以浓硫酸或酸性阳离子交换树脂为催化剂进行环氧化反应，生成中间产物环氧不饱和高级脂肪酸。除油酸外，不饱和高级脂肪酸有棕榈油酸、亚油酸、亚麻酸或芥酸。环氧不饱和高级脂肪酸与氢氧化钠进行皂化反应，生成环氧不饱和高级脂肪酸钠盐。然后，环氧不饱和高级脂肪酸钠盐与氯化稀土反应，制得环氧油酸稀土盐产品。

3. 工艺流程

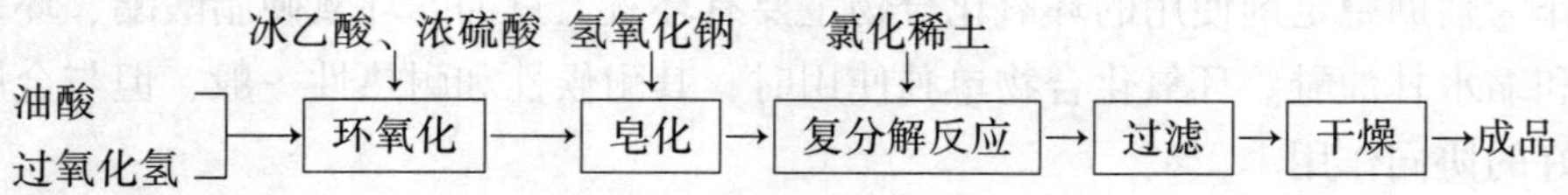

4. 主要原料(kg/t)

油酸(工业品)	200	过氧化氢(35%)	94
甲酸(85%)	20	氢氧化钠(98%)	39
硫酸(98%)	1.6	氯化稀土(15%水溶液)	720

5. 生产工艺

在环氧化反应釜中加入油酸 200kg、85%甲酸 20kg、浓硫酸 1.6kg，在搅拌下加热升温。当温度升到 50℃时，停止加热，开始滴加 35%过氧化氢 96kg，控制滴加速度，使反应温度不超过 65℃。过氧化氢滴加完毕后，保持温度 60℃左右，继续反应 4h。取样分析，环氧值为 3.7g/100g，碘值为 5.5gI_2/100g，表示环氧化完成。

将环氧油酸用水洗至中性，移入皂化釜中，加适量水稀释后，边搅拌边加热到 50℃，滴加 10%氢氧化钠溶液 320L，滴完后继续保温 0.5h，进行皂化反应。

然后在同样温度下滴加 15%氯化稀土溶液 720kg(约 660L)，滴完后继续保温反应 40min。反应结束后，离心或减压吸滤除去水，滤饼用蒸馏水洗涤至中性，干燥后即得环氧油酸稀土盐。

6. 质量标准

稀土含量/%	12.5~13.5	水分/%	≤3.0
游离酸/%	≤1.0		

5.3 环氧大豆油

环氧大豆油(epoxidized soybean oil)是脂肪酸甘油酯(大豆油)中不饱和脂肪酸的双键被环氧化的产物。其大豆油中的脂肪酸成分：亚油酸 51%~57%，油酸 32%~36%，棕榈酸 2.4%~6.8%，硬脂酸 4.4%~7.3%。环氧大豆油平均相对分子质量为 950。结构式为：

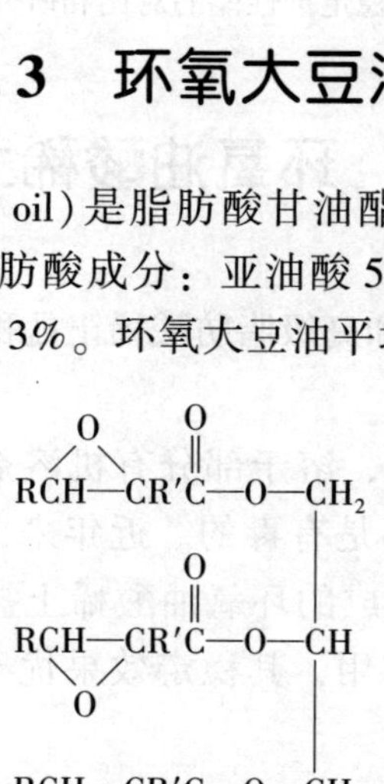

1. 性能

浅黄色油状液体。沸点 150℃(4×133.3Pa)。流动点-9℃。凝点-15℃。闪点 299℃。着火点>304℃。折射率(n_D^{15})1.4713。黏度 325mPa·s(25℃)。微溶于水，溶于大多数有机溶剂。具有良好的热光稳定作用。挥发性小，迁移性小。无毒。

2. 生产原理

将精制的大豆油在硫酸和甲酸(或冰乙酸)存在下与过氧化氢发生环氧化，得到环氧大豆油。其中过氧化氢首先与甲酸(或乙酸)作用，生成过甲酸(或过乙酸)。

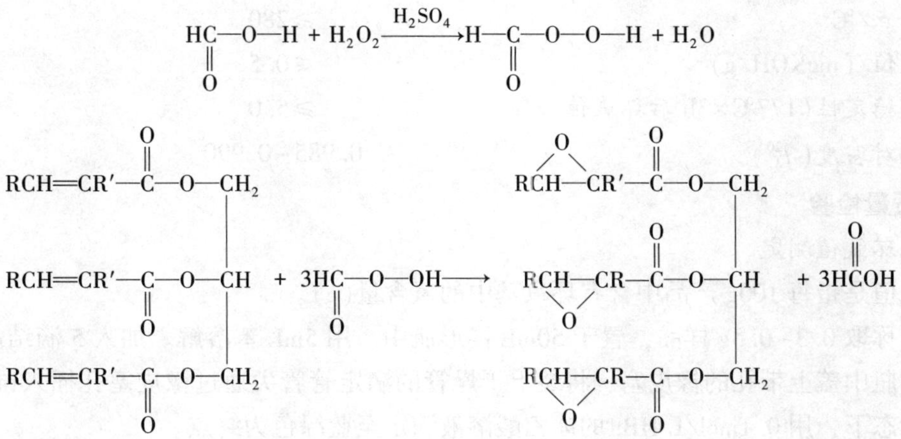

3. 工艺流程

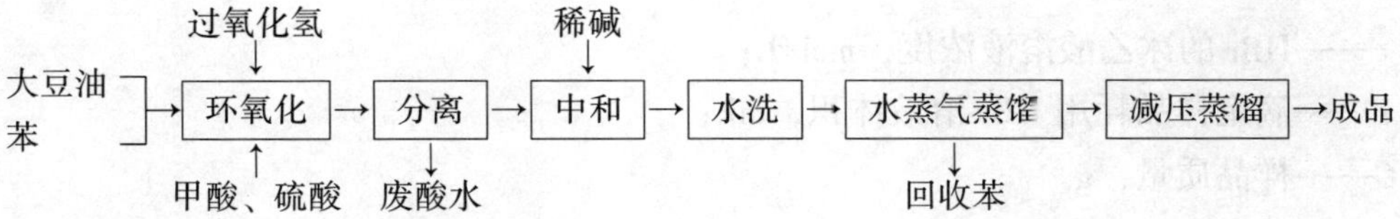

4. 原料配方(kg/t)

大豆油(皂化值 190mgKOH/g)	1000	苯(溶剂)	350(可回收)
甲酸(85%)	140	硫酸	3
过氧化氢(35%)	766		

5. 生产工艺

将 350kg 苯投入搪瓷环氧化反应锅中，加入 10kg 皂化值 190mgKOH/g 的大豆油，搅拌下加入 140kg 甲酸(85%)、3kg 98%的硫酸。控制常温下缓缓滴加 35%的过氧化氢 766kg。在滴加过程中，必须保持良好的搅拌状态和有效的冷却。滴加完毕，再于常温下反应至完全(至料温不再上升，稍许下降)。

反应物料静置后分层，上层为油层，是产品的苯溶液，放出下层废酸水。油层用 3%的稀纯碱溶液中和，洗涤，用去离子水洗至中性。分出水层后，油层进行水蒸气蒸馏。馏出的水苯混合物，经分层后回收苯。水蒸气蒸馏的残余液分水后进行减压蒸馏，脱尽水及低沸点杂质后，压滤得环氧大豆油。

6. 实验室制法

以苯为介质，先将豆油、甲酸、硫酸和苯配制成混合液，在搅拌下滴加 40%的过氧化氢。然后静置，分离掉废酸水，将油层用稀碱液和软水洗至中性。分离后，将油层进行水蒸气蒸馏，馏出的苯水混合物冷凝分离，苯返回使用。残液在减压下蒸馏，切取 148~150℃(4×133.3Pa)馏分即得环氧大豆油。

7. 质量标准

外观	黄色油状液体
加热减量(125℃×3h)/%	≤0.3
色泽(Pt-Co 比色)/号	≤400
环氧值/%	≥6.0
闪点/℃	≥280
酸值/(mgKOH/g)	≤0.5
热稳定性(177℃×3h 后环氧值)/%	≥5.0
相对密度(d_4^{20})	0.985~0.990

8. 质量检验

(1) 环氧值测定

环氧值是指每 100g 产品中含有环氧基中的氧含量(g)。

准确称取 0.3~0.5g 样品，置于 50mL 锥形瓶中，用 5mL 苯溶解。加入 5 滴结晶紫指示剂。锥形瓶中盖上带孔的橡皮塞，将装上干燥管的滴定管管尖通过橡皮塞孔插入锥形瓶内，在密封状态下，用 0.1mol/L HBr 的冰乙酸溶液滴定至蓝绿色为终点。

$$环氧值 = \frac{cV \times 0.016}{G} \times 100\%$$

式中 c——HBr 的冰乙酸溶液浓度，mol/L；

V——滴定样品耗用 HBr 溶液体积，mL；

G——样品质量，g。

(2) 密度测定

按 GB/T 4472《化工产品密度、相对密度的测定》进行。

(3) 闪点测定

参见 GB/T 261《闪点的测定　宾斯基-马丁闭口杯法》。

9. 用途

广泛用作聚氯乙烯增塑剂和热稳定剂。一般软制品中加入量为 2%~3%，即可明显改善制品的热、光稳定性。要求耐候性的农用薄膜用量在 5%以上。在美国，允许环氧大豆油用于食品包装材料中。

10. 安全与贮运

原料过氧化氢为强氧化剂，属一级无机酸性腐蚀物品，不能随意与有机物或金属粉末相混合，容易引起爆炸和燃烧。环氧化分层后的废酸水应经石灰中和后再排放。

本品毒性极低，美、英、法等国均许可用于制作食品包装材料。使用镀锌铁桶包装，贮存于阴凉、通风、干燥处。

参 考 文 献

[1] 肖铭. 增塑剂环氧大豆油合成技术研究进展[J]. 精细与专用化学品，2023，31(06)：51-53.

[2] 杨心雅，端木佳辉，毛晓锐，等. 低共熔溶剂催化合成环氧大豆油工艺研究[J]. 中国粮油学报，2021，36(10)：110-114.

5.4　月桂酸稀土稳定剂

该稳定剂是月桂酸的稀土金属盐。其中稀土金属(RE)可以是稀土金属中的一个元素，也可以是多种稀土元素的混合物，一般是以镧(La)、铈(Ce)为主的轻稀土元素。相对分子质量大约为904~909。化学式为：

$$[CH_3(CH_2)_{10}\overset{\overset{\displaystyle O}{\|}}{C}-O]_3RE$$

1. 性能

白色粉末。熔点112.5℃。不溶于水，微溶于热乙醇，易溶于热苯、松节油等有机溶剂(冷却后析出)。与强酸作用分解成月桂酸和相应的稀土盐。置空气中有吸水性。具有优良的透明性、润滑性、耐候性。无毒。

2. 生产原理

先将月桂酸(也称十二碳烷酸)与氢氧化钠皂化成钠盐，然后与水溶性氯化稀土($RECl_3$)发生复分解反应得到月桂酸稀土盐。

$$CH_3(CH_2)_{10}\overset{\overset{\displaystyle O}{\|}}{C}-OH + NaOH \xrightarrow{皂化} CH_3(CH_2)_{10}\overset{\overset{\displaystyle O}{\|}}{C}-ONa + H_2O$$

$$3CH_3(CH_2)_{10}\overset{\overset{\displaystyle O}{\|}}{C}-ONa + RECl_3 \longrightarrow [CH_3(CH_2)_{10}\overset{\overset{\displaystyle O}{\|}}{C}-O]_3RE + 3NaCl$$

3. 工艺流程

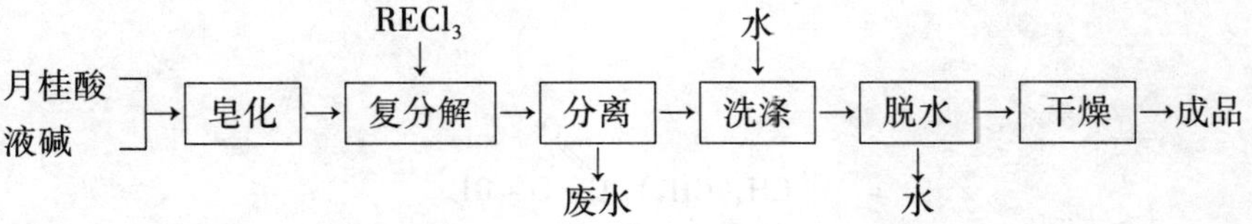

4. 主要原料(质量份)

月桂酸(≥95%)	210	稀土无机盐($RECl_3$，100%计)	246
氢氧化钠(98%)	41		

5. 生产工艺

将210份95%的月桂酸和28份水投入皂化反应釜中，加热至80~90℃，搅拌熔化后加入103份40%的液碱，保温80~90℃皂化完全。终点时，反应物料溶于水中无油珠，否则须加碱进一步皂化。

然后于80~90℃下边搅拌边加入246份稀土氯化物($RECl_3$，按100%计)。随着反应的进行，生成月桂酸稀土沉淀。分离后水洗，脱水，于90~105℃干燥5h，然后粉碎，得到月桂酸稀土盐。

6. 实验室制法

在三口反应瓶中，加入42g 95%的月桂酸和56mL水，搅拌并加热至80~90℃，然后加入20.6g 40%的氢氧化钠，于80~90℃下皂化，至反应物料溶于水中无油珠。然后加入约

50g(100%计)三氯化稀土，搅拌反应，生成月桂酸稀土以沉淀形式析出。过滤后，水洗，脱水干燥，然后研细，得到月桂酸稀土盐。

7. 质量标准

外观	白色或灰白色粉末	水分/%	≤1.0
游离酸/%	≤1.0	稀土含量/%	18.5~20.5
熔点/℃	≥100		

8. 用途

主要用作稳定剂，用于聚氯乙烯硬质透明板、薄板、注塑制品、薄膜、中空成型制品、硬质乳白色板材等。也可用作纺织品防水剂、油漆的流平剂，以及脱模剂。

9. 安全与贮运

本产品生产过程中使用氢氧化钠等腐蚀物品，应防止反应液溅及皮肤。密封包装，防潮、防晒。

参 考 文 献

[1] 张宁，沈玉龙. 月桂酸稀土复合热稳定剂对 PVC 热稳定作用的研究[J]. 中国稀土学报，2014，32(03)：363-369.

5.5 硬脂酸稀土稳定剂

该稳定剂是硬脂酸稀土金属盐(stearic acid rare earth metal salt)，又称十八碳酸稀土金属盐。其中稀土金属(RE)可以是稀土金属中的一个、两个或两个以上元素，甚至是十个元素以上的混合物。一般是以镧(La)、铈(Ce)为主的轻稀土元素。相对分子质量约为988~993。化学式为：

$$[CH_3(CH_2)_{16}C(=O)—O]_3RE$$

1. 性能

白色细微粉末。熔点110~115℃。熔化后变成玻璃态。不溶于水，微溶于热乙醇，易溶于热苯、松节油等有机溶剂，冷却后又析出。与强酸作用分解成硬脂酸和相应的稀土盐。在空气中有吸水性。无毒。具有优良的热稳定性，优于硬脂酸镉稳定剂。透明性好。不受硫化物污染。能与锌皂、钡皂起协同作用。

2. 生产原理

先将硬脂酸与氢氧化钠皂化成钠盐，然后与水溶性稀土无机盐(如氯化物 $RECl_3$)发生复分解反应制得硬脂酸稀土金属盐。

$$CH_3(CH_2)_{16}C(=O)—OH + NaOH \xrightarrow{\text{皂化}} CH_3(CH_2)_{16}C(=O)—ONa + H_2O$$

$$3CH_3(CH_2)_{16}C(=O)—ONa + RECl_3 \longrightarrow [CH_3(CH_2)_{16}C(=O)—O]_3RE + 3NaCl$$

3. 工艺流程

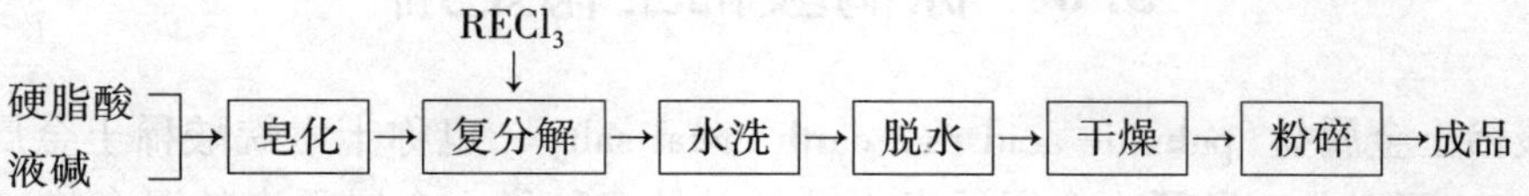

4. 主要原料(质量份)

硬脂酸(100%计)	284	稀土无机盐($RECl_3$,100%计)	246
氢氧化钠(98%)	41		

5. 生产工艺

将284份硬脂酸和290份水加入皂化反应釜中，加热至80~90℃，熔化后加入104份40%的液碱，搅拌下于80~90℃皂化完全。终点时反应物料为均匀的透明液(无油珠)。

然后于80~90℃下边搅拌边加入246份水溶性稀土氯化物($RECl_3$，按100%计)。随着反应的进行，生成硬脂酸稀土盐沉淀。分离后水洗，脱水，于90~105℃烘干5h，然后粉碎，通过120目筛，即得成品。

6. 质量标准

外观	白色粉末	游离酸/%	≤0.5
熔点/℃	≥110	水分/%	≤2
稀土(RE)含量/%	12.5~13.5	粒度(过120目筛)/%	≥99

7. 质量检验

(1) 稀土含量测定

采用EDTA标准溶液滴定。含量按下式计算：

$$稀土含量(以铈计)\% = \frac{cV \times 0.1401}{G} \times 100\%$$

式中 c——EDTA标准溶液的浓度，mol/L；

V——滴定耗用EDTA标准溶液体积，mL；

G——试样质量，g。

(2) 水分含量测定

按GB/T 6283《化工产品中水分含量的测定 卡尔·费休法(通用方法)》进行。

8. 用途

该产品是一种新型的高效无毒热稳定剂。用作聚氯乙烯热稳定剂，不仅有优良的前中期热稳定性，又有优良的后期热稳定性(包括光稳定性和气候变化稳定性)。可用于制造透明、半透明、不透明的聚氯乙烯片材、板材、软制品、薄膜等。还可作为纺织品的防水剂、油漆的催干剂等。

9. 安全与贮运

皂化反应使用强碱，操作人员应穿戴劳保用具。产品采用内衬塑料袋的编织袋包装。贮存于阴凉、通风、干燥处。

参 考 文 献

[1] 孟光敏. 硬脂酸镧的合成及其在线型低密度聚乙烯中的应用研究[D]. 内蒙古科技大学，2019.

[2] 姜在勇. PVC用稀土热稳定剂的合成、复配与应用研究[D]. 内蒙古科技大学，2013.

5.6 棕榈酸稀土稳定剂

棕榈酸稀土金属盐(palmitic acid rare earth metal salt)，也称十六烷酸稀土金属盐，其中稀土金属(RE)可以是一种稀土金属元素，也可以是多种稀土金属元素的混合物。一般是以镧(La)、铈(Ce)为主的轻稀土金属的棕榈酸盐。化学式：

$$[CH_3(CH_2)_{14}\overset{\overset{\displaystyle O}{\|}}{C}{-}O]_3RE$$

1. 性能

白色或灰白色粉末。熔点110℃。易溶于热苯中，冷却后析出。不溶于水。与强酸作用分解为棕榈酸和相应的稀土盐。在空气中有吸水性。有良好的热稳定性和润滑性。与锌皂并用有协同效应。无毒。

2. 生产原理

将棕榈酸与氢氧化钠进行皂化，生成的钠盐再与稀土金属的无机盐(如三氯化物 $RECl_3$)发生复分解反应，生成棕榈酸稀土盐沉淀。

$$CH_3(CH_2)_{14}\overset{\overset{\displaystyle O}{\|}}{C}{-}OH + NaOH \longrightarrow CH_3(CH_2)_{14}\overset{\overset{\displaystyle O}{\|}}{C}{-}ONa + H_2O$$

$$3CH_3(CH_2)_{14}\overset{\overset{\displaystyle O}{\|}}{C}{-}ONa + RECl_3 \longrightarrow [CH_3(CH_2)_{14}\overset{\overset{\displaystyle O}{\|}}{C}{-}O]_3RE + 3NaCl$$

3. 工艺流程

棕榈酸、氢氧化钠 → 皂化 → 复分解($RECl_3$) → 分离 → 洗涤 → 脱水 → 干燥 → 成品

4. 主要原料(质量份)

棕榈酸(酸值212~220mgKOH/g)	270	稀土无机盐($RECl_3$，100%计)	246
氢氧化钠(98%)	41		

5. 生产工艺

将41份氢氧化钠溶于300份水中，加热至80~90℃，搅拌下加入棕榈酸270份进行皂化，保温反应直至皂化完全(终点时反应物料溶于水无油珠出现)。

在上述皂化液中，边搅拌边加入246份水溶性稀土金属氯化物($RECl_3$，按100%计)。控制反应温度80~90℃，生成棕榈酸稀土盐沉淀。反应完毕，分离后沉淀用水洗涤，脱水后于90~98℃干燥5h，粉碎得棕榈酸稀土金属盐。

6. 质量标准

稀土(RE)含量/%	14.5~16.5	游离酸/%	≤1.0
水分/%	≤3	熔点/℃	≥107

7. 用途

主要用作透明软质和硬质聚氯乙烯制品的热稳定剂。还广泛用作聚烯烃纤维和模塑品的润滑剂，也用作油漆催干剂。

8. 安全与贮运

生产中使用强碱等原料，操作人员应穿戴劳保用品。产品密封包装，贮存于阴凉、通风、干燥处。

5.7 油酸稀土稳定剂

该稳定剂是油酸(也称顺式十八烯-9-酸)的稀土金属盐(oleic acid rare earth metal salt)。其中稀土金属(RE)可以是稀土金属中的一个元素，也可是多种元素的混合物。一般是以镧(La)、铈(Ce)为主的轻稀土元素盐。相对分子质量大约为986~991。化学式为：

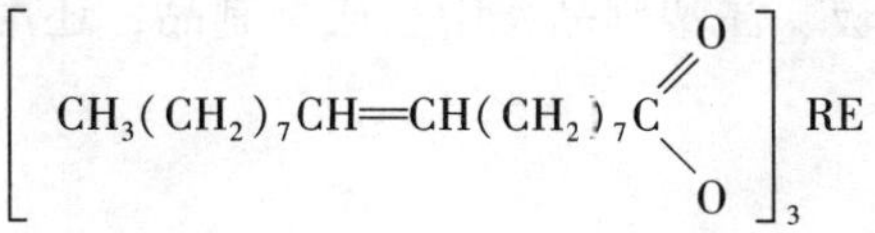

1. 性能

白色或淡黄色油状固体。熔点49.5℃。溶于热苯、松节油等有机溶剂，冷却后析出，不溶于水。在空气中有吸水性，贮运时应注意密封防潮。与强酸作用分解为油酸和相应的稀土金属盐。本品具有优良的热稳定作用及润滑性，但分散性较差。

2. 生产原理

先将油酸与氢氧化钠皂化生成钠盐，然后与氯化稀土盐发生复分解反应，生成油酸稀土金属盐。

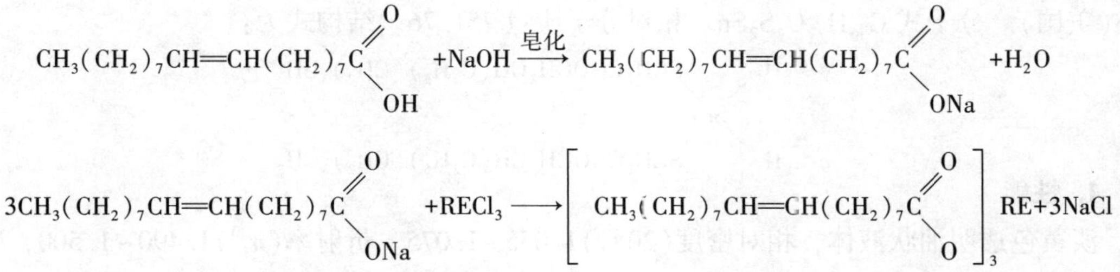

3. 工艺流程

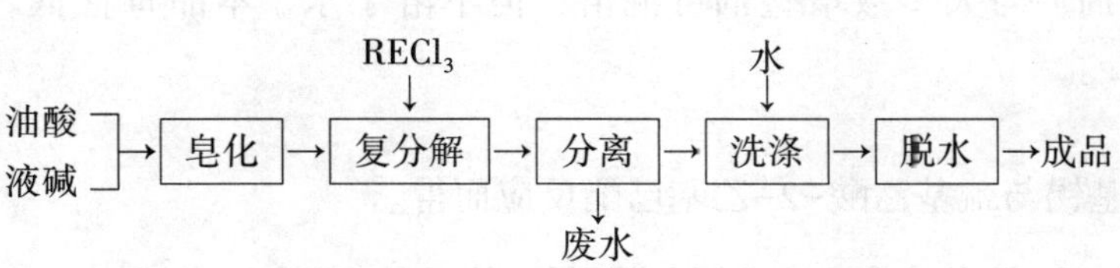

4. 生产工艺

首先将41份98%的氢氧化钠溶于300份水中，加热溶解，于80~90℃在搅拌下加入297份(皂化值187~205mgKOH/g)油酸，于80~90℃皂化至完全(皂化终点时，反应物料溶于水中无油珠)。

然后于80~90℃下向上述物料中加入246份稀土金属的氯化物($RECl_3$按100计)。搅拌反应，生成油酸稀土盐沉淀。分离后水洗，减压脱水得到产品。

5. 实验室制法

在三口反应瓶中，先加入600mL水，再加入82g氢氧化钠，加热溶解，于85℃搅拌加入 600g 皂化值 190~200mgKOH/g 的油酸，在 80~90℃下皂化至完全。皂化终点反应物料溶于水应无油珠。

得到的油酸钠溶液继续控温 80~90℃，加入稀土金属的氯化物($RECl_3$ 按 100%计)492g，反应生成油酸稀土盐沉淀，抽滤，水洗，减压脱水得油酸稀土盐。

6. 质量标准

外观	白色或淡黄色油状固体	稀土金属含量/%	14.5~15.0
游离酸/%	≤0.5	水分/%	≤1.0

7. 用途

本品用作聚氯乙烯的稳定助剂，常与其他热稳定剂配合使用，有协同效应。主要用于聚氯乙烯不透明硬质薄膜、薄板、注塑制品、中空成型制品，还用作织物的染色助剂以及油漆的催干剂。

8. 安全与贮运

操作人员应穿戴劳动保护用具，防止反应液体溅及皮肤。密封包装，贮存于阴凉、通风处，按一般化学品规定贮运。

5.8 双(硫基乙酸-2-乙基酯)二正辛基锡

双(巯基乙酸-2-乙基己酯)二正辛基锡[di-*n*-octyltin bis (2-ethylhexyl thioglycollate)]的商品名有 Mark OTM（美国），OTS17MS（英国），17MOK-D、17MOK-C、17MOK-N(瑞士)，Baerostab OM700、710、710N（德国），TDK Stab 465、465E(日本)，Adwastab TM-188(美国)。分子式 $C_{36}H_{72}O_4S_2Sn$。相对分子质量 751.76。结构式为：

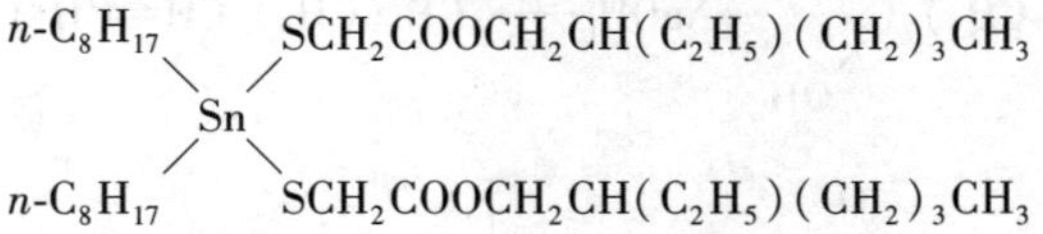

1. 性能

淡黄色透明油状液体，相对密度(20℃)1.055~1.075。折射率(n_D^{30})1.490~1.500，凝点低于-35℃，闪点(开杯法)90℃左右，分解温度约 200℃。溶于酯、醚、酮、醇、脂肪烃和卤代烃等有机溶剂，与大多数增塑剂可混溶，但不溶于水。本品毒性低。大白鼠经口服 LD_{50} 为 1277mg/kg。

2. 生产原理

氧化二正辛基锡与巯基乙酸-2-乙基己酯反应而得。

$$(n\text{-}C_8H_{17})_2SnO + 2[HSCH_2COOCH_2CH(C_2H_5)(CH_2)_3CH_3] \longrightarrow$$
$$(n\text{-}C_8H_{17})_2Sn[SCH_2COOCH_2CH(C_2H_5)(CH_2)_3CH_3]_2 + H_2O$$

3. 工艺流程

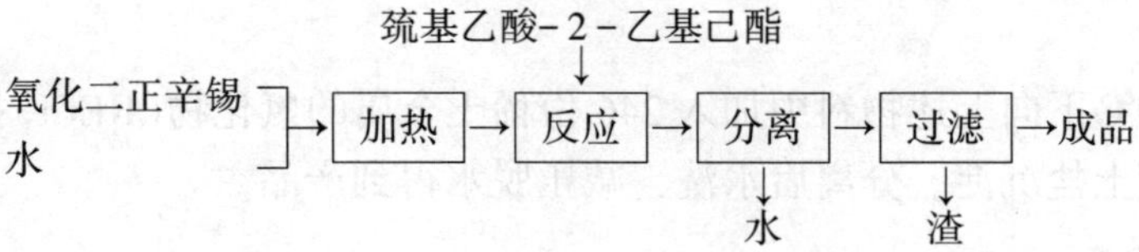

4. 生产工艺

在反应釜中加入水，然后将氧化二正辛锡悬浮于水中，加热到60℃，在半小时内加入巯基乙酸-2-乙基己酯，将此混合物于60℃搅拌反应0.5h。静置分出水层，经干燥、过滤、去渣，得双(巯基乙酸-2-乙基己酯)二正辛基锡。

5. 质量标准

外观	浅黄色透明液体	S含量/%	8.1~8.9
色值(碘号)	<3	相对密度(20℃)	1.075±0.1
Sn含量/%	15.1~16.4	折射率(20℃)	1.502±0.005

6. 用途

用作硬质和软质聚氯乙烯稳定剂，具有优良的热稳定性和加工适应性。初期着色性小，制品的透明性高，印刷性好。适用于硬质和软质制品，如板材、管材、薄膜与各种包装容器等。由于本品含有较大的酯基，与树脂的相容性好，有一定的增塑作用，可降低硬质制品的热变形温度。又因在提炼混合过程中无需溶剂或稀释剂，所得的塑料制品光泽宜人，耐抽出性和化学稳定性高。因无润滑作用，所以配方中应加入适当的润滑剂。耐候性较差，而且有臭味，不能与铅或镉稳定剂并用，因为两者有可能生成有着色性的硫化物。但可与二月桂酸二正丁基锡并用，改善加工性。在硬质制品中用量2%~3%，软质制品中用量约为1%。

7. 安全与贮运

塑料桶包装，贮存于阴凉、通风处。

参 考 文 献

[1] 史天兵，张延芳，陈宏博. 新型聚氯乙烯热稳定剂双巯基乙酸异辛酯二正辛基锡的合成[J]. 精细石油化工，2010，27(02)：58-61.

5.9 热稳定剂RWS-784

热稳定剂RWS-784(heat stabilizer RWS-784)又称酯基锡热稳定剂RWS-784，化学名称为双(巯基乙酸异辛酯)二(β-丁氧羰基乙基)锡。国外相应的商品名有T-250 SDX(法国)，Standere ETF-151(荷兰)、RWS-784。分子式 $C_{34}H_{64}O_8S_2Sn$，相对分子质量783.72。结构式为：

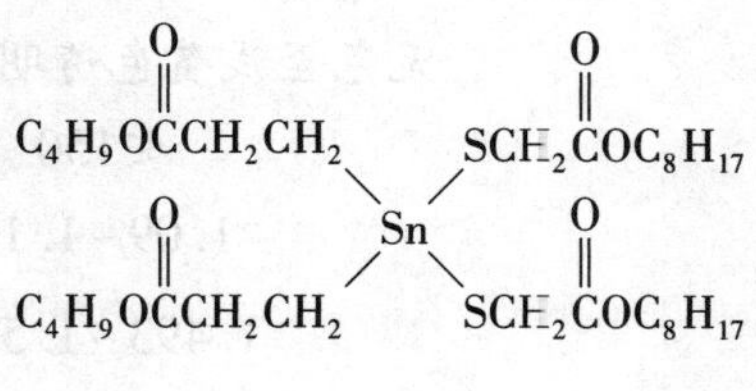

1. 性能

无色至微黄色透明油状液体，相对密度1.90~1.12(25℃)，与树脂有良好的相容性。不溶于水，溶于部分有机溶剂。毒性低，美国FDA许可其用于接触食品的包装材料。

2. 生产原理

锡粉、丙烯酸丁酯和氯化氢气体(或浓盐酸)发生锡化反应，生成中间体二氯化二(β-丁氧羰基乙基)锡，然后再与巯基乙酸异辛酯缩合，得到RWS-784产品。

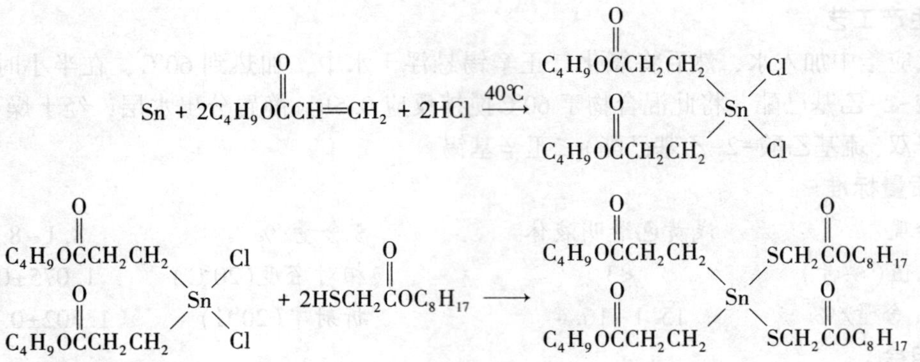

3. 工艺流程

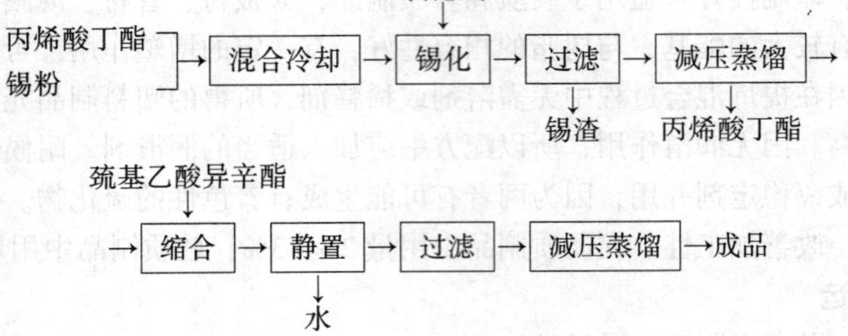

4. 主要原料(kg/t)

锡粉(≥99.5%)	182.3	巯基乙酸异辛酯(99%)	556.4
丙烯酸丁酯(工业品)	393.8	氢氧化钠(工业品)	117.0

5. 生产工艺

在锡化反应釜中加入 196.9 kg 丙烯酸丁酯，搅拌并加入 91.15 kg 锡粉。然后向反应釜夹套通入冷冻盐水冷却物料，在冷却条件下通入氯化氢气体，直至物料变清为止。将反应物料过滤，除去未反应的微量锡粉，滤液转入蒸馏釜中，真空条件下蒸出过量的丙烯酸丁酯，残留物即为中间体。

在缩合反应釜中加入 278.2 kg 巯基乙酸异辛酯和中间体，搅拌均匀后加入氢氧化钠水溶液，升温反应。反应完毕，静置分层，分出水层，油层过滤，滤液加入蒸馏釜中，减压下脱除低沸点物。残余物为 RWS-784。

6. 质量标准

外观	无色至浅黄色透明油状液体
色度(Pt-Co 比色)/号	≤150
相对密度(d_4^{25})	1.09~1.11
折射率(n_D^{20})	1.493~1.503
锡含量/%	≥12

7. 用途

用作聚氯乙烯的热稳定剂，与树脂具有良好的相容性。适用于各种软、硬质 PVC 透明制品，尤其在食品包装用硬质 PVC 透明片材、饮料瓶等制品加工中的稳定剂效果优良，赋予制品优良的透明性。

可用于各种软、硬质透明制品，一般在软质制品中的推荐用量为 1%，硬质制品中的推荐用量为 2%~3%。与其他硫醇锡产品一样，本品有硫醇异味。与 Pb、Cd 稳定剂配合存在硫化污染问题，不宜在户外制品中使用。

8. 安全与贮运

生产设备应密闭，防止冒漏。车间内加强通风，操作人员应穿戴劳保用品。产品用净重 200kg 标准铁桶或 25kg 塑料桶包装。贮存于通风干燥处，应远离热源。使用后重新密封。

参 考 文 献

[1] 汤杰. 酯基锡热稳定剂的合成工艺研究[D]. 广西工学院，2011.

[2] 张书华. 酯基锡合成及其对 PVC 热稳定性能研究[D]. 哈尔滨理工大学，2011.

5.10 热稳定剂 DBTM

热稳定剂 DBTM(heat stabilizer DBTM)又称马来酸二丁基锡聚合物、马来酸二丁基锡。分子式 $C_{12}H_{20}O_4Sn$，相对分子质量 347.0。结构式为：

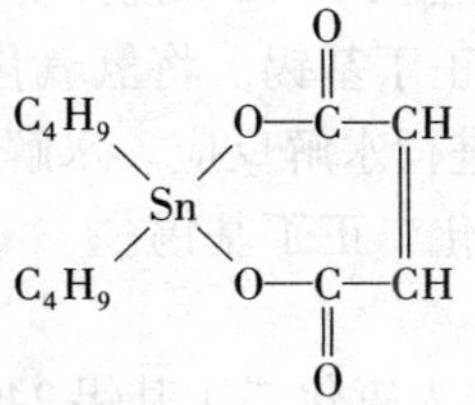

一般认为，本品是马来酸二丁锡的聚合物，具有如下结构：

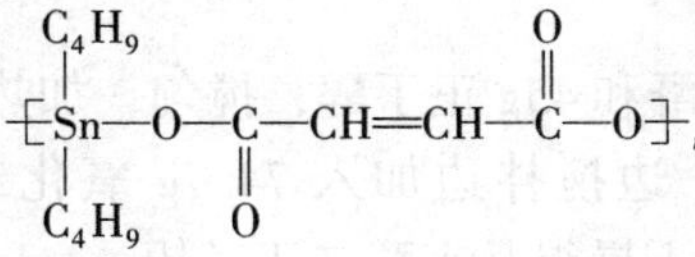

1. 性能

白色粉末。熔点随聚合度而异，约在 100~140℃范围内，锡含量 20%~30%。微溶于苯、甲苯。有吸湿性和催泪性。有毒。

2. 生产原理

以丁醇为溶剂，氧化二丁基锡与马来酸酐缩合得到成品。

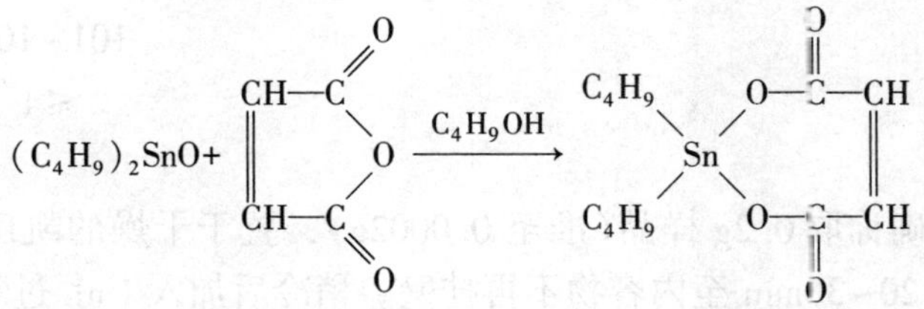

3. 工艺流程

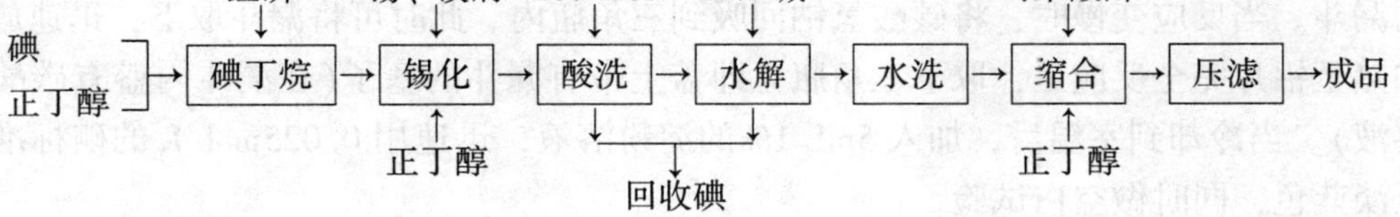

4. 主要原料(质量份)

(1) 氧化二丁基锡的制备

锡(≥99%)	22	碘(≥97%)	5
红磷(≥97.5%)	3	正丁醇(≥95%)	30

(2) 马来酸二丁基锡的制备

氧化二丁基锡	249	马来酸酐	98

5. 生产工艺

(1) 氧化二丁基锡的制备

常温下将红磷、丁醇按配比量投入碘化反应釜，然后分批加入碘，边加边搅拌。随反应的进行，温度逐渐上升，当温度达到127℃左右时，停止反应。加入水洗涤，静置分层。弃去水层，油层进行分馏，获得精制的碘丁烷。将此碘丁烷送入锡化反应釜，加入溶剂正丁醇及锡粉、镁屑。强烈搅拌，使固体粉末都浮起来，充分接触。同时加热，升温。控制在120~140℃下反应完全。达终点后进行蒸馏，回收溶剂正丁醇及未反应的碘丁烷。釜液为碘代丁基锡粗品。加入10%的盐酸，控温60~70℃搅拌洗涤0.5h，静置分层，分出废酸液(处理后再排除)，获得精制的二碘代二正丁基锡。将氢氧化钠配成20%的溶液，加到二碘代二正丁基锡中，搅拌、控温60℃左右进行水解反应。水解完全后，静置分层，分去水层液(用于碘回收)后，用水洗涤，获精制氧化二正丁基锡。

(2) 缩合

将丁醇投入缩合反应釜，然后加入氧化二丁基锡249kg和马来酸酐98kg，搅拌下于60~70℃下反应。反应物料经减压脱去丁醇和水后，洗涤、压滤、干燥即得成品。

(3) 实验室制法

在烧瓶中放入29.4g马来酸酐和45g正丁醇，搅匀，加热。当温度升至90℃时，搅拌反应15min，后降温至60~70℃。边搅拌边加入74.7g氧化二正丁基锡。加毕，继续反应0.5h。减压脱水，压滤、洗涤、干燥得马来酸二丁基锡。

6. 质量标准

本产品因投料比不同、聚合程度的不同，标准也不一致。

外观	白色粉末	白色粉末
锡含量/%	20~22	33~34
密度(30℃)/(g/cm^3)	1.26~1.29	
熔点/℃		101~105
挥发分/%		≤4

7. 质量检验

锡含量测定：准确称取0.2g样品(准至0.0002g)，置于干燥的凯氏烧瓶中，加入7mL硫酸，在电炉上加热20~30min至内容物不再挂壁。稍冷后加入1mL过氧化氢，再加热至过氧化氢全部分解，溶液呈无色透明状态。用150mL蒸馏水将分解好的样品转至500mL的蒸馏瓶中，加入50mL盐酸和1.5g铝片(预先剪成1cm^{2}的小块)，立即盖上盛有饱和碳酸氢钠溶液的漏斗。当反应变慢时，将碳酸氢钠回吸到三角瓶内。此时可将漏斗取下，迅速放在电炉上加热至铝片完全反应后，取下三角瓶立即盖上带有漏斗的塞子(在漏斗内盛有碳酸氢钠饱和溶液)。当冷却到室温后，加入5mL 1%的淀粉溶液，迅速用0.025mol/L的碘标准溶液滴定至淡蓝色，同时做空白试验。

锡含量按下式计算：

$$含量(\%)=\frac{2\times 5.935c(V_1-V_2)}{G}\times 100\%$$

式中 V_1——滴定样品消耗的碘标准溶液体积，mL；

V_2——滴定空白试样消耗的碘标准溶液体积，mL；

c——碘标准溶液的摩尔浓度，mol/L；

G——样品的质量，g。

8. 用途

聚氯乙烯的热稳定剂，具有优良的耐热性、耐候性和透明性，无硫化污染性，可防止在高温加工时变黄。本品在硬质透明制品中尤为适用，其熔点较高不会降低制品的软化点和冲击强度。一般用量为0.5%~2.0%。与镉皂、钡皂并用有协同效应，常与二月桂酸二丁基锡并用。本品缺乏润滑性，加工性能差；因有挥发性，加工时有时会起泡、易喷霜。

9. 安全与贮运

本品有毒，具有催泪性。生产设备应密封，车间保持良好通风状态。密封包装，贮存于通风、干燥处。

参 考 文 献

[1] 刘云桥，金根河，李福绵. 马来酸二丁基锡的合成及其共聚合[J]. 高分子学报，1997，(02)：100-102.

5.11 硬脂酸铅

硬脂酸铅(lead stearate)又称十八酸铅。分子式 $C_{36}H_{70}O_4Pb$，相对分子质量 774.15。结构式为：

$$(C_{17}H_{35}C(=O)—O)_2Pb$$

1. 性能

白色细微粉末。可燃。溶于乙醚，微溶于水，不溶于乙醇。相对密度(d_4^{20})1.323。熔点105~112℃。在有机溶剂中加热溶解，经冷却得胶状物。遇强酸分解为硬脂酸和相应的盐。在空气中具有吸湿性。剧毒。

2. 生产原理

由硬脂酸与液碱皂化，再与乙酸铅复分解后，经水洗、离心、干燥而制得。

$$C_{17}H_{35}COOH+NaOH\longrightarrow C_{17}H_{35}COONa+H_2O$$

$$2C_{17}H_{35}COONa+Pb(Ac)_2\longrightarrow (C_{17}H_{35}COO)_2Pb\downarrow+2NaAc$$

3. 工艺流程

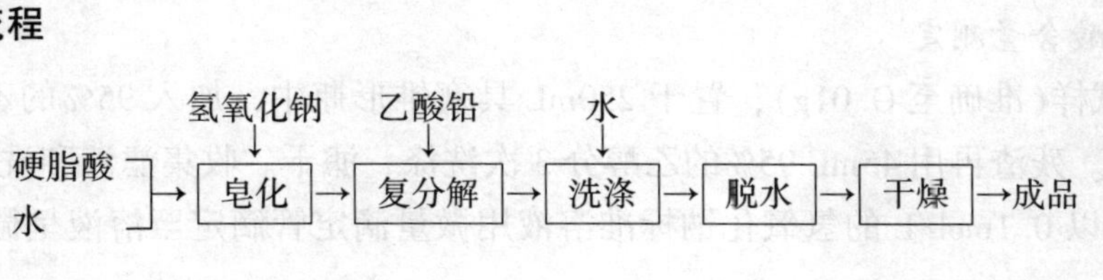

4. 主要原料(kg/t)

硬脂酸(酸值 198~205)	740~750	乙酸铅(>98%)	500
氢氧化钠(30%)	400		

5. 生产工艺

将 30%的氢氧化钠在配制槽中用水稀释至 7%，送入高位槽待用。将硬脂酸 120kg 投入带搅拌装置的反应釜内，加入 2400kg 热水，搅拌使硬脂酸溶解(可适当加热，促进溶解)。趁热用 200 目的铜丝网过滤，除去固体杂质。滤液又送回反应釜中，加热至微沸。将高位槽中的液碱于搅拌下加入釜中，控制温度 90℃左右，搅拌下使反应至终点，碱微过量 0.25%。皂化反应完成后，保温 90℃左右，边搅拌，边加入已配制好的乙酸铅热溶液(将 80kg 乙酸铅投入配制槽中，加入水溶解，稀释至相对密度为 1.074，加热至 85℃即可)，进行复分解反应。反应完成后，生成硬脂酸铅沉淀。将物料静置，分层。分出清液，将清液处理，回收乙酸钠。沉淀用水洗涤，离心脱水，在 100℃左右干燥，即制得硬脂酸铅。

6. 实验室制法

采用复分解法，先将硬脂酸用 20 倍质量的热水溶解，在 90℃左右加入 7%的氢氧化钠溶液进行皂化，生成稀皂液。然后在 90℃下加入密度为 1.075g/cm^3 的乙酸铅(或硝酸铅)溶液进行复分解反应。产生的硬脂酸铅沉淀用水洗涤，离心脱水，再于 100℃左右进行干燥，即得成品。

7. 质量标准

	一级品	二级品
外观	白色粉末	
铅含量/%	27.0~28.5	26.0~29.0
水分/%	≤1.0	≤2.0
熔点/℃	103~110	98~110
游离酸(以硬脂酸计)/%	≤1.0	≤1.5
细度(过 200 目筛)/%	≥98	≥95

8. 质量检验

(1) 铅含量测定

参见硬脂酸钙中钙含量的测定方法。

$$铅含量(\%) = \frac{c \times V \times 0.2072}{G} \times 100\%$$

式中 c——EDTA 标准溶液的摩尔浓度，mol/L；

V——滴定样品耗用 EDTA 标准溶液体积，mL；

G——样品质量，g。

(2) 熔点测定

按 GB/T 617《化学试剂 熔点范围测定通用方法》进行。传热介质使用药用级甘油。

(3) 游离酸含量测定

称取 2g 试样(准确至 0.01g)，置于 250mL 具塞锥形瓶中，加入 95%的乙醇 50mL，振荡溶解，过滤。残渣再用 45mL 95%的乙醇分 3 次洗涤、滤干。收集滤液和洗液，加入酚酞指示剂 5 滴，以 0.1mol/L 的氢氧化钠标准溶液用微量滴定管滴定至溶液呈微红色，于 30s

内不褪色即为终点。同时做空白试验。

$$游离酸含量(\%)=\frac{(V_2-V_1)c\times 0.2845}{G}\times 100\%$$

式中 V_1——空白试样耗用氢氧化钠标准溶液体积，mL；

V_2——试样耗用氢氧化钠标准溶液体积，mL；

c——氢氧化钠标准溶液摩尔浓度，mol/L；

G——试样质量，g。

9. 用途

本品为聚氯乙烯稳定剂。具有很好的润滑性和光热稳定作用，广泛用于与其他铅稳定剂配合，也可与硬脂酸钡、硬脂酸镉并用。主要用于各种不透明的软质和硬质聚氯乙烯制品，如硬管、硬板、薄板、薄膜、人造革、电线电缆等。还可用作润滑脂的增稠剂、油漆的平光剂等。本品有毒性，易受硫化物污染。

10. 安全与贮运

铅盐有毒，生产和贮运过程中应加强劳动保护。操作人员应穿戴劳保用具。生产废水应进行处理。产品用衬塑铁桶或衬塑编织袋包装。贮存于阴凉、通风、干燥处。

参 考 文 献

[1] 吴茂英，罗勇新. 铵盐催化水介质直接法合成硬脂酸铅研究[J]. 塑料助剂，2007，(02)：14-17.

[2] 陈妍，吴茂英，田晓燕. 水介质直接法合成硬脂酸铅研究[J]. 化工科技，2003，(04)：11-13.

5.12 三盐基硫酸铅

三盐基硫酸铅(tribasic lead sulfate)又称三碱式硫酸铅，相对分子质量990.8。化学式为：$3PbO\cdot PbSO_4\cdot H_2O$。

1. 性能

白色粉末。有毒。密度7.10g/cm^3。味甜。易吸湿。无可燃性和腐蚀性。不溶于水，能溶于热乙酸铵、热浓盐酸、硝酸。潮湿时，受日光辐射会变色且自行分解。约200℃以上开始失去结晶水。具有优良的耐热和电绝缘性。与二盐基亚磷酸铅、二盐基硬脂酸铅并用有协同效应。

2. 生产原理

(1) 氧化铅法

在乙酸存在下，氧化铅与硫酸反应制得。

$$2PbO+2HAc\longrightarrow Pb(OH)_2\cdot Pb(Ac)_2$$

$$Pb(OH)_2\cdot Pb(Ac)_2+2H_2SO_4\longrightarrow 2PbSO_4+2HAc+2H_2O$$

$$2PbSO_4+6PbO+2H_2O\longrightarrow 2(3PbO\cdot PbSO_4\cdot H_2O)$$

(2) 硝酸铅法

硝酸和铅粒反应生成硝酸铅，然后硝酸铅与硫酸反应得到硫酸铅沉淀。分出沉淀，经洗涤后，加入氢氧化钠反应得到三盐基硫酸铅。产品经干燥、粉碎得到成品。若配入增塑剂，得浆状产品。

$$3Pb+8HNO_3 \longrightarrow 3Pb(NO_3)_2+2NO+4H_2O$$

$$Pb(NO_3)_2+H_2SO_4 \longrightarrow PbSO_4+2HNO_3$$

$$3PbSO_4+6NaOH \longrightarrow 3PbO \cdot PbSO_4 \cdot H_2O+3Na_2SO_4+2H_2O$$

3. 生产原料(kg/t)

(1) 氧化铅法(粉状产品)

氧化铅(≥99.0%)	900	冰乙酸(≥98%)	5
硫酸(≥92.5%)	110		

(2) 硝酸铅法(浆状产品)

硝酸(≥98%)	355	氢氧化钠(95%)	130
铅	425	邻苯二甲酸二辛酯(工业品)	500
硫酸(98%)	215		

4. 工艺流程

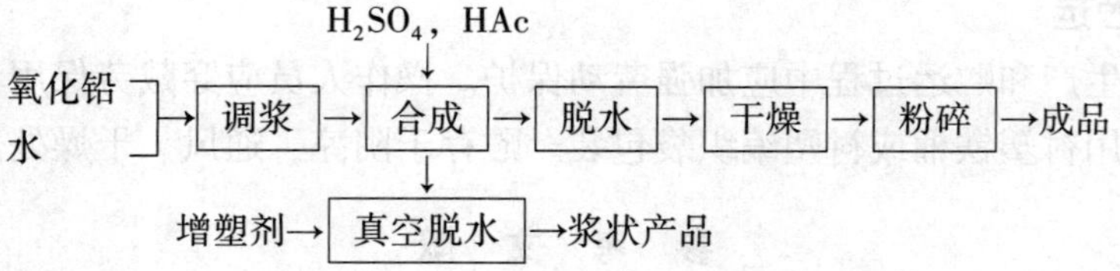

5. 生产工艺

将10份(质量份)氧化铅与30份水投入调浆器中，调成浆状物。送入反应锅中，加入0.05份冰乙酸，于搅拌下加入1.26份92.5%的硫酸。反应1h后检验含量。必要时补加酸或氧化铅调整含量。合格的反应物料压入贮槽。将物料脱水，真空干燥，粉碎得固体产品。

若加入增塑剂邻苯二甲酸二辛酯(70~90℃加入)，使三盐基硫酸铅由水相转入油相，再经真空蒸发去水即得浆状产品。

6. 质量标准

	一级品	二级品
外观	白色粉末	微黄色粉末
总铅量(PbO)/%	89.0±1	89±1.5
三氧化硫/%	8.0±0.5	8.0±1.0
水分(105~110℃，1h)/%	≤0.4	≤0.8
筛余物(过200目筛)/%	≤0.5	≤1.0

7. 用途

本品是使用最普遍的一种廉价聚氯乙烯稳定剂，特别适宜于高温加工。适用于不透明的聚氯乙烯硬质管、板、注射成型品，也用于人造革等软质制品。由于电性能优良，故广泛应用于聚氯乙烯电绝缘材料，一般用量6%~8%。本品还可作为涂料的颜料。

参 考 文 献

[1] 王文侠. 多金属锑矿湿法锑白矿渣制取三盐基硫酸铅的研究[J]. 化工矿物与加工，2012，41(07)：19-22.

[2] 罗金凤. 从铋冶炼浸渣中提取三盐基硫酸铅及二盐基亚磷酸铅工艺研究[D]. 南昌大学，2006.

5.13 二盐基亚磷酸铅

二盐基亚磷酸铅(dibasic lead phosphite)，分子式 $2PbO \cdot PbHPO_3 \cdot 1/2H_2O$，相对分子质量 742.6。

1. 性能

白色细微针状结晶粉末。相对密度 6.1，折射率 2.25。不溶于水和所有的有机溶剂，但可溶于酸。200℃左右变成灰黑色，450℃左右变成黄色。有毒。

2. 生产原理

三氯化磷水解为亚磷酸，氧化铅在乙酸存在下与亚磷酸反应，生成二盐基亚磷酸铅，经过滤、干燥、粉碎得成品。

$$PCl_3+3H_2O \longrightarrow H_3PO_3+3HCl\uparrow$$

$$3PbO+H_3PO_3 \longrightarrow 2PbO \cdot PbHPO_3 \cdot 1/2H_2O+1/2H_2O$$

3. 生产原料(kg/t)

三氯化磷(≥96%)	220	冰乙酸(≥98%)	7
氧化铅(≥99.0%)	920		

4. 工艺流程

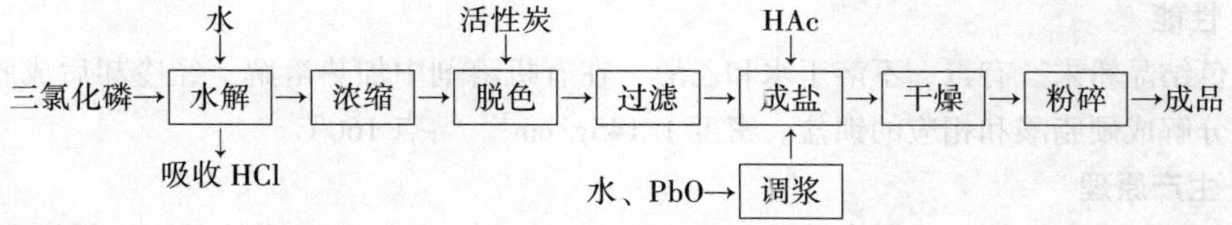

5. 生产工艺

(1) 亚磷酸的制备

在耐酸釜式反应器中，先加入三氯化磷，再加入 9 倍的水，搅拌下缓缓升温至 50℃，保持此温度，搅拌，水解反应生成亚磷酸。所生成的氯化氢用真空抽出以水吸收。反应后期，加热升温，驱赶氯化氢气体，一直升温至 140~145℃，将氯化氢驱尽。降温到 70℃左右，加入活性炭，搅拌 0.5h。吸滤去活性炭，滤液用水稀释成 22.5°Bé。

(2) 成品制备

在耐酸的搅拌反应釜中，加入氧化铅和 3 倍的水。搅拌，调成浆状。加入乙酸。在不断搅拌下加热至 56~60℃，滴入上述制备的亚磷酸溶酸，边加边升温。温度升至 75℃，停止加热，此时物料由黄转白。加完亚磷酸，保温 75℃，搅拌 0.5h，取样化验含量后，判定终点。到达终点后，产物经干燥、粉碎得粉状成品。

若要获得浆状或酥松状产品，在合成完成后，加入表面活性剂(如拉开粉)、邻苯二甲酸二丁酯，脱水，再真空脱水，得浆状产品。若用喷雾干燥，得酥松状产品。

6. 质量标准

	一级品	二级品
外观	白色粉末	白色或微黄色粉末
总铅量(PbO)/%	90.0±1.0	90.0±1.5
亚磷酸/%	10.5±1.0	10.5±1.5

水分(105~110℃，1h)/%	≤0.4	≤0.8
细度(过200目筛余物)/%	≤0.5	≤1.0

7. 用途

本产品为聚氯乙烯热稳定剂。具有优异的耐候性，且抗氧化性、热稳定性和电绝缘性优良，还有屏蔽紫外线的能力。这种热稳定剂与三盐基硫酸铅和二盐基硬脂酸铅有协同作用。主要用于不透明聚氯乙烯硬质和软质制品，特别是户外电缆、片材、板材。

参 考 文 献

[1] 于洪波，马铁成. 化学沉淀法制备超细二盐基亚磷酸铅粉体[J]. 大连轻工业学院学报，2003，(04)：235-238.

[2] 曹学增. 二盐基亚磷酸铅生产工艺研究[J]. 山东化工，2003，(05)：18-20.

5.14 硬脂酸钡

硬脂酸钡(barium stearate)又称十八酸钡。分子式 $C_{36}H_{70}O_4Ba$，相对分子质量 704.28。结构式为：$(C_{17}H_{35}COO)_2Ba$。

1. 性能

白色结晶粉末。有毒。不溶于水和乙醇，在有机溶剂中加热溶解，经冷却后成胶状物。遇强酸分解成硬脂酸和相应的钡盐。密度 1.145g/cm³。熔点 160℃。

2. 生产原理

硬脂酸经氢氧化钠皂化后，再与氯化钡进行复分解反应，经洗涤等后处理制得成品。

$$C_{17}H_{35}COOH+NaOH \longrightarrow C_{17}H_{35}COONa+H_2O$$

$$2C_{17}H_{35}COONa+BaCl_2 \longrightarrow (C_{17}H_{35}COO)_2Ba+2NaCl$$

3. 工艺流程

硬脂酸、水、氢氧化钠 → 皂化 → 复分解（加氯化钡）→ 洗涤（加水）→ 脱水 → 干燥 → 成品

4. 主要原料(kg/t)

硬脂酸(一级品)	800	氯化钡(98%)	400
氢氧化钠(30%)	400		

5. 生产工艺

将30%的液碱48kg泵入带搅拌机的不锈钢反应锅内，加入480~720kg水将液碱冲稀，加热升温至90℃，缓缓加入预先已熔化好的硬脂酸96kg。保温搅拌进行皂化反应。当物料的pH值为10时，皂化反应完成。若pH值达不到10，可用液碱或硬脂酸调节。然后加入少量冷水，使物料温度降至40℃左右，在搅拌下均匀缓慢地加入15%的氯化钡溶液320kg。待沉淀析出完全，上层液澄清时，为反应终点。将沉淀用水漂洗，离心脱水，在不高于110℃下干燥，最后经粉碎过筛即得硬脂酸钡。

6. 质量标准

	一级品	二级品
外观	白色粉末	微黄色粉末
钡含量/%	19.5~20.7	18.5~21.5
水分/%	≤0.5	≤1.0
游离酸(以硬脂酸计)/%	≤0.5	≤1.0
熔点/℃	≥210	≥200
细度(过200目筛余物)/%	≥99.5	≥98
机械杂质粒数/颗		
(0.3~0.6mm)	≤2	≤4
(0.3~0.1mm)	≤4	≤8

7. 质量检验

(1) 钡含量测定

称取试样 1.0g(准确至 0.0002g),置于 250mL 锥形烧瓶中,沿烧瓶壁精确加入 0.15mol/L 的硫酸标准溶液 30mL。装上空气冷凝管,用小火缓缓加热。保持微沸,直至试样分解后使悬浮在溶液上面的油脂层呈透明为止。用热蒸馏水冲洗空气冷凝管壁和瓶塞四周,取下空气冷凝管,继续加热,保持微沸,使透明油脂聚成一块。停止加热,冷却至室温,加入酚酞指示剂 2 滴,用氢氧化钠标准溶液滴定至微红色于 30s 内不褪色即为终点。钡的含量(x)由下式计算。

$$x(\%) = \frac{(2V_1c_1 - V_2c_2) \times 0.06867}{G} \times 100\%$$

式中 V_1——硫酸标准溶液的体积,mL;

V_2——滴定耗用氢氧化钠标准溶液的体积,mL;

c_1——硫酸标准溶液的摩尔浓度,mol/L;

c_2——氢氧化钠标准溶液的摩尔浓度,mol/L;

G——试样质量,g。

(2) 机械杂质测定

称取试样 2g(准确至 0.1g),置于 250mL 锥形瓶中,加入澄清的工业乙醇 50mL,摇匀,静置 5min,用反光镜观察瓶底杂质粒数。瓶底距离反光镜为 60~80mm,平行试验 3 次,取平均值。

8. 用途

用作聚氯乙烯的稳定剂兼润滑剂,在所有碱土金属硬脂酸盐中,其长期耐热性最好。本品与镉盐并用显示出优异的协同作用,能防止钡盐的早期着色并制得透明制品。本品无硫化物污染性。少量的本品与铅稳定剂配合,可提高制品的电气性能。主要用于软质透明薄膜、薄板、人造革及硬质板、管材等。在一般软质制品中,常与镉、镉-锌或镉-铅皂类配合;在耐硫化人造革配方中常与锌皂并用;在管材、电缆料中,常与盐基性铅盐或铅皂配合;在波纹板中,常与镉皂、铅皂及盐基性铅盐配合。还可用作耐高温脱模剂和机械用高温润滑剂。

9. 安全与贮运

原料氢氧化钠具有强腐蚀性,氯化钡有毒,操作人员应穿戴劳保用具,防止反应物料溅及皮肤。本产品有毒。采用内衬聚乙烯薄膜袋外用聚丙烯袋包装,贮存于阴凉、通风处。按有毒化学品规定贮运。

参 考 文 献

[1] 吴茂英，肖楚民. 皂化法合成硬脂酸钡、镉新工艺[J]. 广东化工，1999，(01)：18-19.

5.15 二盐基邻苯二甲酸铅

二盐基邻苯二甲酸铅(dibasic lead phthalate)又称二碱式酞酸铅。分子式 $C_8H_4O_6Pb_3$，相对分子质量 817.7。结构式为：

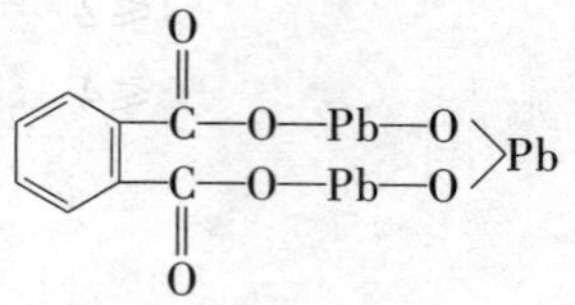

1. 性能

白色结晶粉末。相对密度 4.5，折射率 1.99。不溶于水和普通溶剂，溶于硝酸和乙酸。本品为弱酸盐，其盐基部分易碳酸化。本品有毒，易被皮肤吸收。

2. 生产原理

由氧化铅和苯酐在乙酸存在下反应而得。

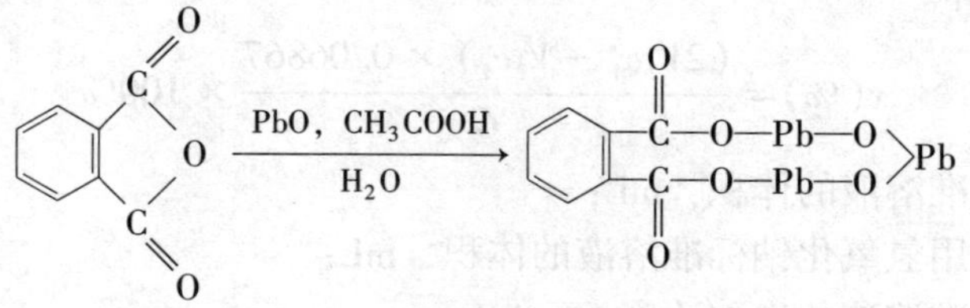

3. 工艺流程

苯酐、氧化铅、乙酸 → 反应 → 过滤 → 干燥 → 粉碎 →成品

4. 主要原料(kg/t)

苯酐(≥99%)	200	乙酸(工业品)	42
氧化铅(99%)	820		

5. 生产工艺

将 67.8kg 氧化铅、300kg 水、3.3kg 乙酸加入不锈钢反应锅内，搅拌，加热到 80℃。然后加入预热到 80℃的苯酐和水的混合液(15kg 苯酐和 300kg 水配成)，搅拌反应 1h。将反应物冷却到 40℃以下，加入 5%的稀碱液，搅拌 0.5h 后用冷水洗 2~3 次，过滤、烘干、粉碎，即得二盐基邻苯二甲酸铅。

6. 实验室制法

在反应瓶中加入 5g 苯酐和 100mL 水，混匀并加热至 80℃待用。在另一反应瓶中放入 22.6g 氧化铅、100mL 水和 1.1g 乙酸，搅拌并加热至 80℃，在搅拌下加入上述配制的热混合液，保温搅拌 1h。将反应物冷至 40℃以下，加入 5%的稀碱液，搅拌 0.5h。用冷水洗 2~

3次，过滤，烘干，粉碎得成品。

7. 质量标准

外观	微黄色或乳白色粉末	铅含量/%	51.5±1.5
水分/%	≤1.0	细度(过150目筛余物)/%	≤0.5

8. 质量检验

铅含量测定：

① 试剂　乙酸-乙酸钠缓冲溶液(pH=5.5)：取200g结晶乙酸钠，加入9mL乙酸，用水稀释到1000mL；二甲酚橙指示剂(0.2%溶液)。

② 测定　准确称取0.8~1.2g样品(称准至0.0002g)，置于250mL锥形瓶中，加入5mL 1∶2的硝酸和20mL水，装上空气回流冷凝管，用小火缓缓加热，保持微沸，直到样品分解后悬浮在溶液上面的油脂呈透明为止。以热水冲洗冷凝管壁和瓶塞四周，取下冷凝管继续加热，微沸片刻，使透明分散的油珠层聚成一块，停止加热，冷却到室温。加入刚果红试纸一小块，用1∶1的氨水中和到试纸呈紫红色(pH=5~6)，加入10mL乙酸-乙酸钠缓冲溶液和3~4滴二甲酚橙指示剂，立即用0.05mol/L的EDTA标准溶液滴定到溶液由紫红色变为黄色为终点。

$$铅含量(\%)=\frac{20.72Vc}{G}\times 100\%$$

式中　V——样品耗用EDTA标准溶液体积，mL；

c——EDTA标准溶液摩尔浓度，mol/L；

G——样品质量，g。

注：样品分解必须完全，务使悬浮在溶液上层的油脂层清澈透明为止，否则结果偏低。

9. 用途

本品为聚氯乙烯热稳定剂。吸收氯化氢的能力强，而且还有吸收紫外线的作用，因此兼具优良的热稳定性和光稳定性，电绝缘性和分散性亦优。本品与各种增塑剂的反应性小，对氯化石蜡的稳定效力仅次于二盐基亚磷酸铅。与邻苯二甲酸酯类增塑剂配合时，加工性能非常好。

本品适用于高温电绝缘料、泡沫制品和压延制品，但不可用于与食品直接接触的制品。

10. 安全与贮运

本品有毒，易通过表皮吸收。生产过程中应按含铅金属化合物的防护方法采取防护措施。设备应密闭，车间内保持良好的通风状态。密封保存。应与酸、腐蚀性物品隔离贮放，以防变质。

5.16 硬脂酸钙

硬脂酸钙(calcium stearate)又称十八酸钙，分子式$C_{36}H_{70}CaO_4$，相对分子质量607。结构式为：$(C_{17}H_{35}COO)_2Ca$。

1. 性能

白色细微粉末。无毒。不溶于水，微溶于热乙醇、热植物油，易溶于热吡啶。相对密度1.08。熔点179℃。在空气中具有吸水性。遇强酸分解为硬脂酸和相应的钙盐。

2. 生产原理

由硬脂酸和氢氧化钠反应，再与氯化钙进行复分解反应而制得。

$$C_{17}H_{35}COOH+NaOH \longrightarrow C_{17}H_{35}COONa+H_2O$$

$$2C_{17}H_{35}COONa+CaCl_2 \longrightarrow (C_{17}H_{35}COO)_2Ca+2NaCl$$

3. 工艺流程

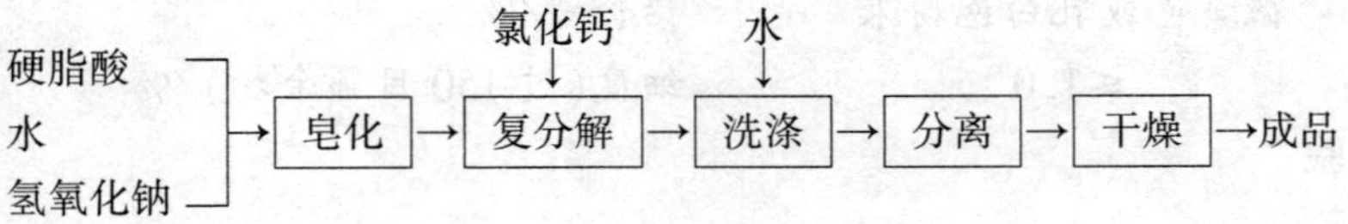

4. 主要原料(kg/t)

硬脂酸(酸值 198~205mgKOH/g)	920~940	氯化钙(93%)	205
氢氧化钠(98%)	140		

5. 生产工艺

在搅拌式反应釜中加入 110.4kg 硬脂酸和一定量的水，加热搅拌。当温度升至 70℃时，开始滴加 10%的氢氧化钠溶液 168kg，滴至溶液的 pH 值为 8~10 时，控制温度 80~85℃，进行皂化反应，反应时间约为 40min。皂化完成后，再滴加 10%的氯化钙溶液 226kg，进行复分解反应。滴完后，保温 80~85℃，继续搅拌 90min，使复分解反应达完全。反应完成后，将物料冷至室温，过滤。滤饼用水洗至无氯离子，再于 70℃下干燥，即得硬脂酸钙。

6. 质量标准

	一级品	二级品
外观	白色粉末	微黄色粉末
钙含量/%	6.3~6.8	6.0~7.5
水分/%	≤3	≤5
机械杂质(0.1~0.6mm)/颗	≤6	≤12
游离酸/%	≤0.5	≤1.0
熔点/℃	140	120
细度(过 200 目筛余物)/%	≥99	≥98

7. 质量检验

钙含量测定：准确称取 0.5g 样品，置于 500mL 锥形瓶中，加入 10mL 1∶2 的硝酸及 10mL 水，用表面皿盖好，放在电炉上加热至沸腾，使样品完全分解。用热水冲洗表面皿和锥形瓶四周，再加热至沸一会，使透明分散油脂层(上层)聚成一块。冷却后加入 150~200mL 水、pH 试纸，然后用 1∶1 的氨水中和至 pH 值为 8(试纸显蓝绿色)，再加入 7 滴铬黑 T 指示剂和氨-氯化铵缓冲溶液(pH=10)10mL，立即用 0.05mol/L 的乙二胺四乙酸二钠标准滴定至溶液由紫红色转为纯蓝色。

$$钙含量(\%)=\frac{cV\times 0.04008}{G}\times 100\%$$

式中 c——乙二胺四乙酸二钠标准溶液的摩尔浓度，mol/L；

V——滴定耗用乙二胺四乙酸二钠标准溶液体积，mL；

G——样品质量，g。

8. 用途

本品是聚氯乙烯的稳定剂兼润滑剂。无毒，无硫化物污染性。长期热稳定作用尚好，但稳定作用较差。与锌皂或环氧化合物并用有协同作用。主要用于食品包装、医疗器具等要求无毒的软质薄膜、器具。在硬质制品中，与盐基性铅盐或铅皂配合，可提高凝胶化速度。在聚丙烯和聚乙烯中作卤素吸收剂，可消除树脂中残留的催化剂对树脂颜色和稳定性的不良影响。还广泛用作聚烯烃纤维或模塑品的润滑剂。也可作酚醛、氨基等热固性塑料以及聚酯增强塑料的润滑剂和脱模剂，以及润滑脂的增稠剂、纺织品的防水剂、油漆的平光剂。

9. 安全与贮运

皂化过程使用强碱，操作人员应穿戴劳保用品。本品采用内衬塑料袋外套编织袋包装。贮存于阴凉、通风、干燥处，按一般化学品贮运。

参 考 文 献

[1] 李海燕，李泽贤，高雪萍，等. 水相清洁合成硬脂酸钙的研究及其产业化[J]. 邵阳学院学报(自然科学版)，2015，12(03)：67-73.

5.17 硬脂酸铝

硬脂酸铝(aluminium stearate)又称十八酸铝、三硬脂酸铝。分子式$C_{54}H_{105}O_6Al$，相对分子质量877.35。结构式为：

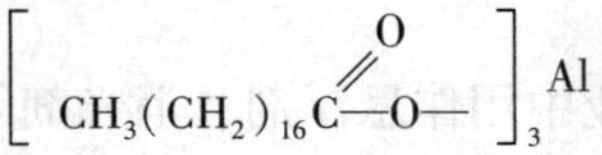

1. 性能

白色粉末。熔点115℃。相对密度1.070。不溶于水，可溶于乙醇、苯、松节油、矿物油和碱。遇强酸分解。

2. 生产原理

硬脂酸用液碱皂化，得到的皂化液与硫酸铝进行复分解反应，经后处理得成品。

$$C_{17}H_{35}COOH+NaOH \longrightarrow C_{17}H_{35}COONa+H_2O$$

$$6C_{17}H_{35}COONa+Al_2(SO_4)_3 \longrightarrow 2(C_{17}H_{35}COO)_3Al+3Na_2SO_4$$

3. 工艺流程

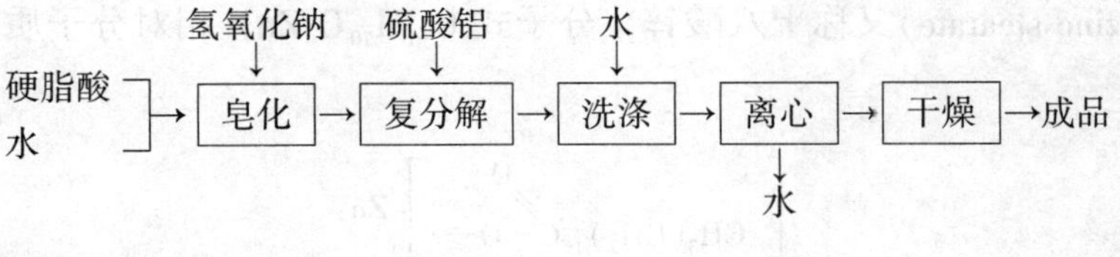

4. 主要原料(kg/t)

硬脂酸(工业品)	1010	硫酸铝	205
氢氧化钠(98%)	150		

5. 生产工艺

先将30kg氢氧化钠配成10%的水溶液，加入反应锅中，加热至90℃。逐渐加入预先熔化好的硬脂酸202kg，保温80~85℃，搅拌40min进行皂化反应。当物料pH值达9.5时，即皂化反应完成。然后补加适量冷水，将物料降温至40℃左右，于搅拌下缓缓加入已配制好的硫酸铝溶液(41kg硫酸铝配成15%的溶液)，进行复分解反应，保温搅拌90min，至产物沉淀完全。将物料静置分层，分去清液，沉淀用水漂洗，除去硫酸根离子，离心脱水，于90℃下干燥，得硬脂酸铝。

6. 质量标准

	一级品	二级品
外观	白色粉末	白色粉末
三氧化二铝含量/%	9.0~11.0	9.0~11.0
熔点/℃	≥150	≥150
游离酸(以硬脂酸计)/%	≤4.0	≤4.0
水分/%	≤2.0	≤3.0
细度(过200目筛余物)/%	≥99.5	≥99.0

7. 质量检验

三氧化二铝含量测定：准确称取试样约1g，置于已恒重的坩埚内，在电炉上缓缓加热炭化，炭化后移入1000℃马弗炉中灼烧至恒重。

$$Al_2O_3\text{ 含量}(\%)=\frac{m_1}{m}\times 100\%$$

式中 m_1——灼烧残渣质量，g；

m——试样质量，g。

8. 用途

用作塑料稳定剂。在涂料工业中用作悬浮剂、消光剂等。

9. 安全与贮运

皂化反应使用强碱，操作人员应穿戴劳保用具。产品采用内衬塑料袋外套编织袋包装。贮存于通风、干燥处。

参 考 文 献

[1] 高攀，翁世兵，鲍远志，等. 熔融法合成硬脂酸铝的研究[J]. 轻金属，2017，(01)：10-13.

5.18 硬脂酸锌

硬脂酸锌(zinc stearate)又称十八酸锌，分子式 $C_{36}H_{70}O_4Zn$，相对分子质量632.33。结构式为：

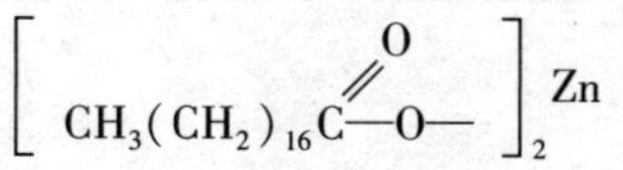

1. 性能

白色细微粉末。易吸湿，有特别的气味。可燃。不溶于水、乙醇、乙醚，溶于热的普通溶剂和酸。在有机溶剂中加热溶解后遇冷成为胶状物。遇强酸分解。相对密度1.095。熔点130℃。

2. 生产原理

由硬脂酸与氢氧化钠皂化后，再与硫酸锌进行复分解反应，经漂洗、脱水、干燥而制得。

$$C_{17}H_{35}COOH+NaOH \longrightarrow C_{17}H_{35}COONa+H_2O$$

$$2C_{17}H_{35}COONa+ZnSO_4 \longrightarrow (C_{17}H_{35}COO)_2Zn+2Na_2SO_4$$

3. 工艺流程

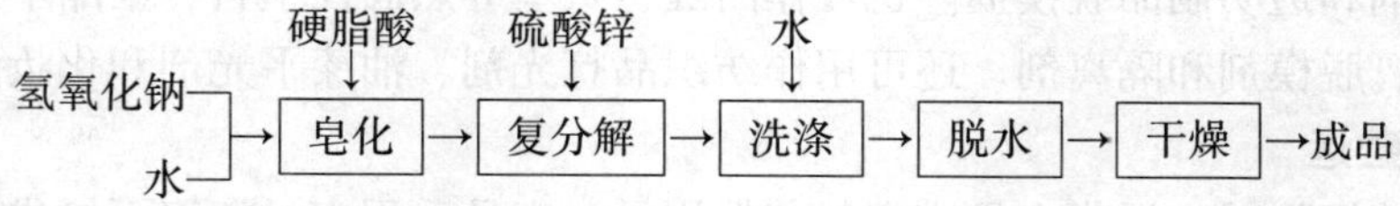

4. 主要原料(kg/t)

硬脂酸(工业品)	900	硫酸锌(98%)	260
氢氧化钠(95%)	142		

5. 生产工艺

在配料槽中将28.4kg 95%的氢氧化钠配成10%的水溶液，再投入反应锅中，加热至90℃。逐渐加入预先熔化好的硬脂酸180kg，保温80~85℃，搅拌40min，进行皂化反应。当物料pH值达9.5时(若未达到可用液碱或硬脂酸调节)，皂化反应完成。然后加入适量冷水，将物料温度降至40℃左右，于搅拌下加入已配制好的硫酸锌溶液(将52kg硫酸锌用水溶解并稀释到浓度为10%~15%)，进行复分解反应，保温搅拌90min，至产物沉淀完全，溶液为澄清状态。分去清液，沉淀用水漂洗，除去硫酸根离子，离心脱水，于90℃下干燥。即制得硬脂酸锌。

6. 质量标准

	一级品	二级品
外观	白色粉末	微黄色粉末
锌含量/%	10.2~11.2	10~11.5
游离酸/%	≤0.5	≤1.0
水分/%	≤0.5	≤1.0
熔点/℃	≥118	≥118
细度(过200目筛余物)/%	≥98	≥98
机械杂质(0.1~0.6mm)/颗	<6	<12

7. 质量检验

锌含量测定：称取试样0.5g(称准至0.0002g)置于500mL锥形瓶中，加入硝酸10mL和蒸馏水10mL，盖上表面皿，置电炉上缓缓加热，保持微沸，直至样品分解后悬浮在溶液上面的油脂呈透明为止。用热蒸馏水冲洗表面皿和锥形瓶壁，继续加热，微沸片刻，使透明分散的油珠凝聚成一块。停止加热，冷却到室温，加入蒸馏水150~200mL，放入广泛pH试纸一小块，用氨水中和至试纸呈蓝绿色(pH=8)，加入氨-氯化铵缓冲溶液10mL，铬黑T指示剂7滴，即用0.05mol/L的EDTA标准溶液滴定至溶液由紫红色变成纯蓝色为终点。

$$锌含量(\%)=\frac{cV\times 0.06538}{G}\times 100\%$$

式中 c——EDTA标准溶液的浓度，mol/L；

V——滴定耗用EDTA标准溶液体积，mL；

G——样品质量，g。

8. 用途

本品为聚氯乙烯稳定剂。初期着色性小，耐候性较好，但不宜单独使用，因对聚氯乙烯的降解有显著的催化作用，经一段时间后，可使制品急剧变色。主要用于软质制品，与钙皂配合用于无毒制品；与钡皂配合，用于耐硫化污染品；还可用作聚氯乙烯、ABS 和 SAN 树脂的优良润滑剂和透明制品脱模剂。也可作酚醛、氨基等热固性塑料、聚酯增强塑料及橡胶胶料的润滑剂、脱模剂和隔离剂。还可用作纺织品打光剂、油漆平光剂和化妆品配料。

9. 安全与贮运

皂化反应使用强碱，操作人员应穿戴劳保用具。产品采用内衬塑聚丙烯袋包装。贮存于阴凉、干燥、通风处。远离火种、热源，防潮、防水。严禁与酸、碱及其他腐蚀性物品共贮混运。

参 考 文 献

[1] 吴智霞，顾建荣，郝品. 压力法制备硬脂酸锌[J]. 塑料助剂，2023，(01)：7-9.

[2] 王晓辉，葛赞，钟凯，等. 一步法制备硬脂酸锌的研究[J]. 浙江化工，2014，45(08)：31-33.

5.19 硬脂酸镉

硬脂酸镉(cadmium stearate)又称十八酸镉。分子式 $C_{36}H_{70}O_4Cd$，相对分子质量 678.41。结构式为：

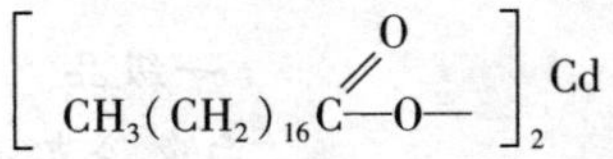

1. 性能

白色细微粉末。镉含量一般为 16.5%~18.5%。密度 1.28g/cm^3。熔点 103~110℃。不溶于水，溶于热乙醇。在有机溶剂中加热溶解经冷却后成为胶状物。遇强酸分解成硬脂酸和相应的镉盐。在空气中有吸水性。

2. 生产原理

硬脂酸与液碱皂化后得硬脂酸钠，然后与硫酸镉发生复分解反应，经后处理得到产品。

$$C_{17}H_{35}COOH+NaOH \longrightarrow C_{17}H_{35}COONa+H_2O$$

$$2C_{17}H_{35}COONa+CdSO_4 \longrightarrow (C_{17}H_{35}COO)_2Cd+Na_2SO_4$$

3. 工艺流程

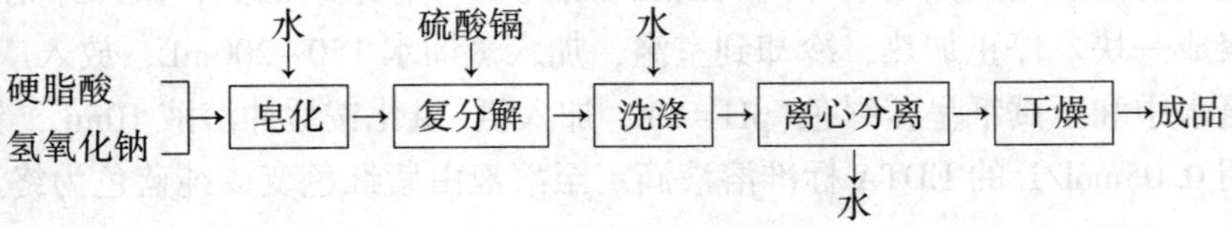

4. 主要原料(kg/t)

硬脂酸(酸值 198~205mgKOH/g，碘值 4gI$_2$/100g)	820
氢氧化钠(30%)	390
硫酸镉(98%)	306

5. 生产工艺

将 117kg 30%的氢氧化钠投入反应锅中，加入水配成 10%的溶液，逐渐加入事先熔化的硬脂酸 246kg，保温 80~85℃，搅拌 40min，进行皂化反应。皂化完成后，加入适量冷水，将物料温度降至40℃左右，在搅拌下缓缓加入已配制好的硫酸镉溶液(由91.8kg硫酸镉配成10%~15%溶液)，保温搅拌反应1.5h，到产物沉淀完全。静置分层后，分出沉淀，于洗涤槽中加入水洗涤至无硫酸根离子，离心脱水，于90℃干燥得硬脂酸镉。

6. 实验室制法

在反应瓶内加入硬脂酸和氢氧化钠，搅拌下加热进行皂化反应，生成硬脂酸钠盐。将金属镉加入硫酸和硝酸中，溶解得到硫酸镉，加入上述制备的硬脂酸钠盐进行复分解反应。反应生成硬脂酸镉沉淀。生成物经水洗、离心脱水、烘干得到硬脂酸镉。

7. 质量标准

	一级品	二级品
外观	白色或微黄色粉末	
熔点/℃	102~108	96~106
镉含量/%	16.5~18	16.5~18
游离酸(以硬脂酸计)/%	≤0.5	≤1.0
水分/%	≤1.0	≤1.0
细度(过140目筛余物)/%	≥99.5	≤99.5

8. 用途

本品是聚氯乙烯耐光透明稳定剂、橡胶制品薄膜光滑剂和透明软化剂。是皂类稳定剂中初期着色性最小、光稳定性和透明度最好的品种。通常与钡皂、钡-锌皂或钡-铅皂配合，如再与亚磷酸酯配合，则可进一步提高耐热性和耐候性。在硬质制品中与铅皂配合可改善加工性。与钡盐、有机锡稳定剂、环氧化合物和亚磷酸酯并用，有优良的协同作用。主要用于软质透明制品，如薄膜、薄板、软管和人造革等。不宜用于与食品接触的制品。

9. 安全与贮运

生产中使用氢氧化钠和镉盐，操作人员应穿戴劳保用具。本产品有毒，生产和使用中注意安全保护。产品采用衬塑编织袋包装。贮存于阴凉、干燥、通风处。远离火种、热源，防水、防潮。严禁与酸、碱及其他腐蚀性物品共贮运。

参考文献

[1] 吴茂英，肖楚民. 皂化法合成硬脂酸钡、镉新工艺[J]. 广东化工，1999，(01)：18-19.

5.20 硬脂酸镁

硬脂酸镁(magnesium stearate)又称十八酸镁。分子式 $C_{36}H_{70}O_4Mg$，相对分子质量591.24。结构式为：

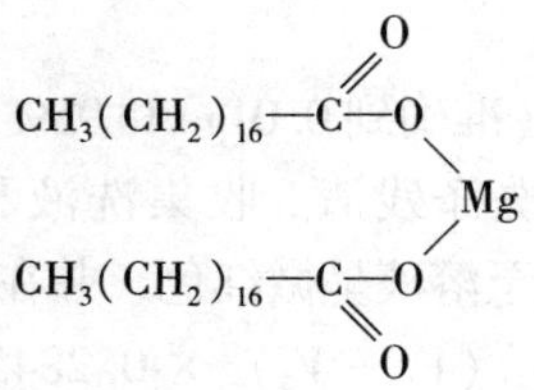

1. 性能

白色细软光亮粉末。无臭，无味。熔点88.5℃，密度1.028g/cm³，无毒，不可燃。不溶于水，能溶于热乙醇。遇稀酸分解。

2. 生产原理

硬脂酸与液碱皂化后得硬脂酸钠，再与硫酸镁发生复分解反应得硬脂酸镁。

$$CH_3(CH_2)_{16}CO_2H+NaOH \longrightarrow CH_3(CH_2)_{16}CO_2Na+H_2O$$

$$2CH_3(CH_2)_{16}CO_2Na+MgSO_4 \longrightarrow [CH_3(CH_2)_{16}CO_2]_2Mg+Na_2SO_4$$

3. 工艺流程

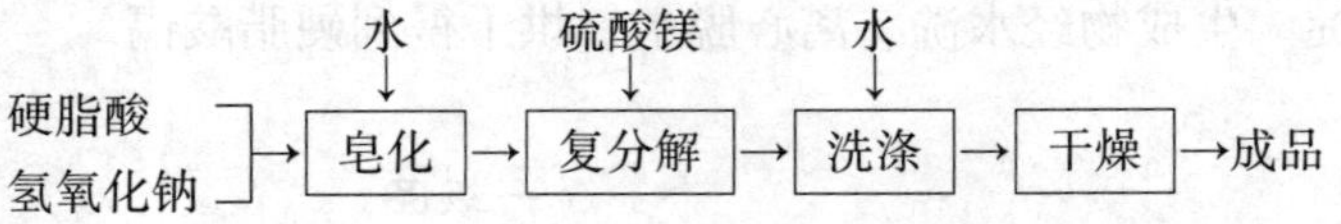

4. 主要原料(kg/t)

硬脂酸	962	硫酸镁(98%)	208
氢氧化钠(30%)	455		

5. 生产工艺

在搅拌式反应釜中加入 192.4kg 硬脂酸和一定量的水，加热搅拌。当温度升至 70℃时，开始滴加 10%的氢氧化钠溶液 273kg。滴至溶液 pH 值为 8~10 时，控制温度 80~85℃，进行皂化反应，反应时间约 40min。皂化完毕，加入由 41.6kg 硫酸镁配成的 10%的溶液，于 80~85℃反应 1.5h。反应完毕，静置分出沉淀，用水洗涤至无硫酸根离子，60℃下干燥得硬脂酸镁。

6. 质量标准

外观	白色粉末	水分	≤4
游离脂肪酸(以硬脂酸计)/%	≤4	熔点/℃	≥86
氧化镁含量/%	6.5~7.5	细度(过 120 目筛)	全通过

7. 质量检验

(1) 氧化镁含量测定

称取样品与定量硫酸液共沸，水解生成硬脂酸和硫酸镁，剩余的酸存在于水相，用氢氧化钠滴定。

$$MgO\ 含量(\%)=\frac{(2c_1V_1-c_2V_2)\times 0.0403}{G}\times 100\%$$

式中 c_1——硫酸溶液的摩尔浓度，mol/L；

V_1——加入硫酸溶液的体积，mL；

c_2——氢氧化钠溶液的摩尔浓度，mol/L；

V_2——滴定耗用氢氧化钠溶液体积，mL；

G——样品质量，g。

(2) 游离脂肪酸含量测定

在 250mL 碘量瓶中加入 2g 样品(准确到 0.01g)和 95%的乙醇 50mL。盖紧瓶塞振荡 10min。过滤后用 45mL 95%的乙醇分三次洗涤残渣。收集洗液和滤液，加入酚酞指示剂 5 滴，用 0.05mol/L 的氢氧化钠标准溶液滴定至溶液呈微红色，并在 30s 内不褪色。同时做空白试验。

$$含量(\%)=\frac{(V_1-V_2)c\times 0.2845}{G}\times 100\%$$

式中 V_1——样品耗用氢氧化钠标准溶液体积，mL；

V_2——空白试验耗用氢氧化钠标准溶液体积，mL；

c——氢氧化钠标准溶液的摩尔浓度，mol/L；

G——样品质量，g。

8. 用途

本品用作塑料稳定剂。油漆工业中用作透明平光剂。医药工业中用于片剂的润滑剂。

9. 安全与贮运

皂化使用强碱，操作人员应穿戴劳保用具。使用衬塑编织袋包装，贮存于阴凉、干燥、通风处。防潮、防水。

参考文献

[1] 王珊，刘红梅，陈海燕. 不同工艺生产的硬脂酸镁质量对比及其生产工艺评价[J]. 现代医药卫生，2017，33(13)：1942-1944.

[2] 吴茂英，罗勇新. 常压水介质直接法洁净合成硬脂酸镁[J]. 化学工业与工程，2008，(03)：212-214.

5.21　二月桂酸二丁基锡

二月桂酸二丁基锡(dibutyltin dilaurate)又称二丁基二月桂酸锡。英文简称 DBTL。分子式 $C_{32}H_{64}O_4Sn$，相对分子质量 631.56。结构式为：

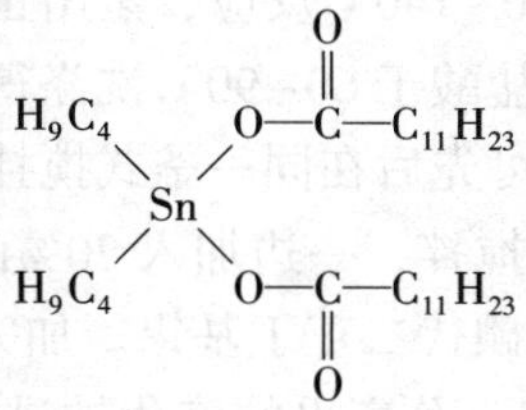

1. 性能

淡黄色透明油状液体。相对密度(d_4^{20})1.047~1.049，黏度(25℃)0.05Pa·s。折射率(n_D^{20})1.468~1.470，凝点 16~23℃。不溶于水，可溶于乙醇、乙醚、苯等有机溶剂。本品有毒性，对皮肤有刺激作用。

2. 生产原理

氧化二丁基锡与月桂酸缩合即得产品。

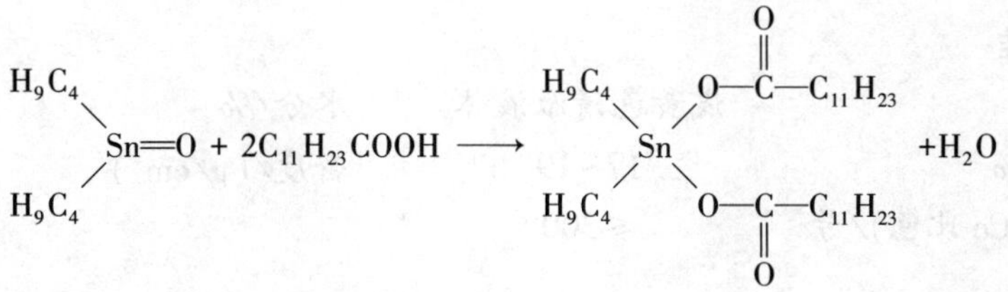

其中原料氧化二丁基锡有两种制法：

(1) 格氏法

以氯代丁烷或溴代丁烷为原料，通过格氏反应制成四丁基锡，后者再与四氯化锡反应成二氯二丁基锡。二氯二丁基锡用氢氧化钠处理即得氧化二丁基锡：

$$C_4H_9Cl \xrightarrow{Mg} C_4H_9MgCl \xrightarrow{SnCl_4} (C_4H_9)_2SnCl_2 \xrightarrow{NaOH} (C_4H_9)_2SnO$$

格氏法步骤较繁杂，但副反应少，产品纯度高。

(2) 直接法

包括碘代烷法、溴代烷法和氯代烷法。其中碘代烷法最常用，反应过程为：

$$C_4H_9OH \xrightarrow[P]{I_2} C_4H_9I \xrightarrow[Mg]{Sn} (C_4H_9)_2SnI_2 \xrightarrow{NaOH} (C_4H_9)_2SnO$$

直接法过程简单，但副反应较多，产品质量差，且消耗比较昂贵的碘。

3. 工艺流程

碘、正丁醇 → 碘代（红磷）→ 锡化（锡、镁）→ 酸洗（10% 盐酸）→ 水解（20%NaOH）→ 水洗 → 缩合（月桂酸）→ 压滤 → 成品

4. 主要原料(kg/t)

锡锭(≥99%)	220	丁醇(沸程 114~119℃)	300
红磷(≥97.5%)	30	月桂酸(工业品)	640
碘(≥97%)	50		

5. 生产工艺

常温下，将红磷、丁醇投入碘代反应釜中，然后分批加入碘。反应逐渐升温，当温度达127℃时停止反应，水蒸气蒸馏得到碘代烷。按规定配比将碘丁烷、正丁醇、镁粉、锡粉加入锡化反应釜内，强烈搅拌下于 120~140℃反应，蒸出正丁醇和未反应的碘丁烷，得到碘代丁基锡粗品。粗品在酸洗釜内用稀盐酸于 60~90℃洗涤得精制二碘代二正丁基锡。月桂酸的成盐及与二碘代二正丁基锡的缩合可先后在同一釜式搅拌反应器中进行。先将月桂酸投入釜中，加热升温，控制在 60℃，一边搅拌，一边加入 20% 的碱液(预先配制好)。加完后搅拌 0.5~1h，升温至 80~90℃，加入二碘代二正丁基锡。加完后仍控温 80~90℃，反应1.5~2h。静置 15~30min，碘化钠呈固体沉降。分离出的碘化钠进行精制或氧化为碘返回利用。分离出碘化钠的物料经减压蒸馏，脱出少量水及低沸物，然后冷却、压滤去渣，得成品。

6. 实验室制法

将 200g 月桂酸投入反应瓶中，加热至 60℃，搅拌下加 240g 20% 的液碱，加完后搅拌 20min，升温至 80~90℃，加入 240g 二碘代二正丁基锡，于 80~90℃反应 2h。静置，分出沉降的 NaI。物料减压蒸去水及低沸点物，冷却，抽滤去渣，得到浅黄色清澈液体即二月桂酸二丁基锡。

7. 质量标准

外观	浅黄色清澈液体	水分/%	≤0.4
锡含量/%	17~19	密度/(g/cm³)	1.025~1.065
色度(Pt-Co 比色)/号	≤300		

8. 质量检验

(1) 锡含量测定

① 0.025mol/L 碘标准溶液的配制　准确称取 6.50g 碘，称取 10g 碘化钾。置于研钵中加入少量水研磨，使碘全部溶解然后转入棕色瓶中用蒸馏水稀释 1000mL，有效期 1 个月。

② 样品测定　准确称取约含 30mg 锡的有机锡样品(锡含量在 10%~19% 的有机锡样品称样量为 0.3~0.2g)置于干燥的凯氏烧瓶中，加入 7mL 硫酸，在电炉上加热 20~30min，至

内溶物不挂壁。冷却后加入 lmL 过氧化氢，再加热至过氧化氢全部分解，溶液呈无色透明状态，用 150mL 蒸馏水将分解好的样品转移至 500mL 三角瓶中。加入 50mL 浓 HCl 和 1.5g 铝片，立即盖上盛有饱和 $NaHCO_3$ 溶液的康氏漏斗，当反应变慢时，将漏斗取下，迅速放在电炉上加热至铝片完全溶解后，取下三角瓶，盖上漏斗。流水冷却至室温，将漏斗中的 $NaHCO_3$ 溶液倒入三角瓶中，加入 5mL 1%的淀粉溶液，迅速用 0.025mol/L 的碘标准液滴至淡蓝色，同时做空白试验。

$$锡含量(\%)=\frac{2c(V_1-V_2)\times 0.05935}{G}\times 100\%$$

式中 c——碘标准溶液的摩尔浓度，mol/L；

V_1——滴定样品耗用碘溶液体积，mL；

V_2——空白试验耗用碘溶液体积，mL；

G——样品质量，g。

(2) 水分测定

于称量瓶中称取 1~2g 样品(准确至 0.01g)放入水分测定器中，以卡尔·费休试剂滴定至终点。

$$水含量\ x_2(\%)=\frac{FV}{10G}\times 100\%$$

式中 F——卡尔·费休试剂浓度，mL H_2O/mL；

V——消耗卡尔费休试剂的体积，mL；

G——样品质量，g。

9. 用途

本品可用作聚氯乙烯的热稳定剂，是有机锡类稳定剂中使用最早的品种，耐热性不及马来酸丁基锡，但润滑性优良，耐候性和透明性尚可，与增塑剂有良好的相容性，不喷霜，无硫化污染性，对热合性和印刷性无不良影响。又因其在常温下为液体，故在塑料中的捏和分散性较固体稳定剂好。本品主要用于软质透明制品或半软质制品，一般用量为 1%~2%。与硬脂酸镉、硬脂酸钡等金属皂或环氧化合物并用有协同效应。在硬质制品中，本品可作为润滑剂，与马来酸有机锡或硫醇系有机锡并用，改善树脂料的流动性。与其他有机锡相比，初期着色性较大，会造成发黄变色。本品还可以用作聚氨酯材料合成时的催化剂和硅橡胶的熟化剂。

10. 安全与贮运

本品有毒。空气中最高允许浓度 0.1mg/m³。设备必须密闭，车间内保持良好通风状态，操作人员穿戴劳保用品。用马口铁桶包装，标明“毒品”。密封保存。防热、防晒、防潮。按有毒化学品规定贮运。

参 考 文 献

[1] 王猛，张超，杨飞，等. 二月桂酸二丁基锡的应用及研究进展[J]. 云南化工，2021，48(05)：4-5.

[2] 郭睿，吴从华，赵亮. 热稳定剂二月桂酸二丁基锡合成工艺改进[J]. 应用化工，2005，(06)：379-380.

第6章 引发剂

6.1 概 述

在自由基聚合反应中，使反应物分子(单体分子)发生均裂而产生自由基的过程称引发。引发分为用引发剂的引发和不用引发剂的引发(光引发、热引发和高能辐射引发)。引发剂是指在自由基聚合反应中能引起单体分子活化而产生自由基的物质。

引发剂是自由基聚合体系的重要组成部分，它分解产生高活性自由基，从而引发自由基链式聚合反应。自由基聚合引发剂分为过氧化物引发剂、偶氮化合物引发剂、过硫化物引发剂、氧化还原引发剂、双官能度和多官能度引发剂和大分子引发剂等。其中过氧化物引发剂、偶氮化合物引发剂、过硫化物引发剂和氧化还原引发剂出现比较早，也是现在比较常用的引发剂。

有机过氧化物中，过氧键(O—O)的离解能与过氧化氢分解产生羟基自由基所需要的能量接近，大约是30~50kcal/mol(1cal=4.18J)。过氧化物对300nm以下的紫外线有强烈吸收作用，紫外线的能量远远超过了过氧键的离解能。因此，有机过氧化物在热或紫外线的作用下，很容易发生均裂，产生两个自由基。

$$\text{ROOR} \xrightarrow{\text{热或光}} \text{RO}\cdot + \text{RO}\cdot$$

这就是人们利用有机过氧化物引发乙烯基不饱和化合物进行自由基加成聚合反应的理论基础。

常用的有机过氧化物引发剂有：有机氢过氧化物、有机过氧二酰化物、有机过氧醚、有机过氧酯。有机过氧化物对光、热不稳定，贮存性较差，生产和运输过程易发生爆炸事故，这是其不足之处。

偶氮化合物的基本结构为：

$$\text{R—N═N—R}$$

对称的偶氮化合物，很容易发生热解。由于取代基R的不同，C—N键均裂所需能量也不同。

$$\text{R—N═N—R} \rightarrow 2\text{R} + \text{N}_2$$

如偶氮苯(C_6H_5—N═N—C_6H_5)能在常温下蒸馏而不分解，而苯甲基偶氮苯化合物在-40℃时可以发生均裂。

良好的引发剂应具备：①在指定的温度下有适当的解离(均裂)速度，形成初始自由基；②形成自由基的效率高，避免诱导分解；③初始自由基有较高活性。

随着科学技术的不断发展，越来越多的引发效率高且环境友好型的自由基引发剂得到了更广泛的应用。自由基聚合所使用的引发剂品种繁多，其中高效协同的引发剂体系、水溶性偶氮化合物引发剂、双官能度及多官能度引发剂、含胺的氧化还原引发剂和大分子引发剂和光敏引发剂是目前研究的热点。而引发体系的多样性、高活性、多功能性、低毒性和良好的贮存稳定性是引发剂开发研究的发展趋势。

参考文献

[1] 刘学文，张诗禹，杨晨熙，等. 大分子光引发剂研究进展[J]. 应用技术学报，2023，23(02)：125-130.
[2] 王坚，张乾，赵晋源，等. 自由基聚合反应引发剂的研究进展[J]. 塑料助剂，2022，(04)：29-34.
[3] 邓琳. 基于 UV-LED 光固化体系新型光引发剂的合成与性能[D]. 华南理工大学，2022.
[4] 魏伟. 偶氮类引发剂的热稳定性研究[D]. 北京化工大学，2021.

6.2 过氧化环己酮

过氧化环己酮(cyclohexanone peroxide)又称 1-[(1-过氧化氢环己基)过氧基]环己醇。分子式 $C_{12}H_{22}O_5$，相对分子质量 246.3。结构式为：

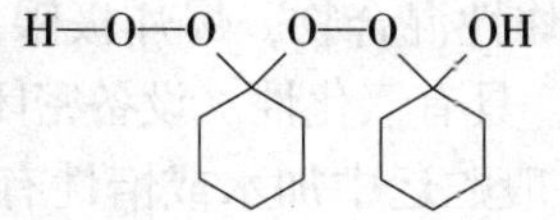

1. 性能

淡黄色针状结晶或粉末。熔点 76~78℃。不溶于水，溶于乙醇、乙酸、丙酮、苯和石油醚。理论活性氧量 13.0%，属强氧化剂。分解温度 174℃，半衰期 1min；97℃，半衰期 10h。通常为 50%的 DBP 或 DOP 溶液，呈白色糊状物。

2. 生产原理

在酸性条件下，环己酮被过氧化氢氧化生成过氧化环己酮。

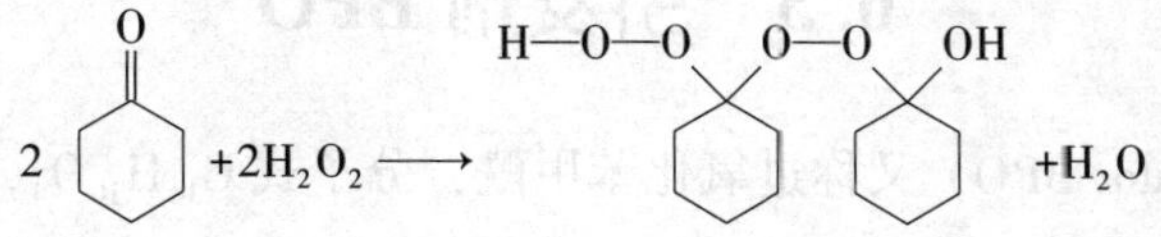

3. 工艺流程

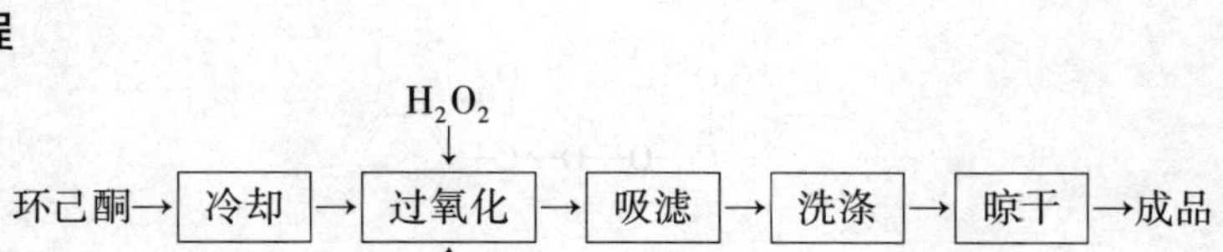

4. 主要原料(质量份)

环己酮(≥99%)	50.0	盐酸(30%)	4.8
过氧化氢(30%)	65.0		

5. 生产工艺

先将 50 份环己酮投入反应釜中，在釜夹套中通冷冻水使环己酮冷却至 5~8℃。同时将过氧化氢也冷却至 5~8℃送入高位槽。搅拌下将 65 份过氧化氢缓慢滴加至反应釜中进行过氧化。应控制滴加速度，保持良好的冷却效果，以保证反应液温不高于 30℃。加完过氧化氢后，冷却至 15℃，搅拌下缓慢滴加 13%的稀盐酸(由 4.8 份 30%的盐酸配制)，控制加料温度≤30℃。加毕，必须不停地保持有效搅拌，以防逐渐稠厚固化的物料结块。待冷却后，加入水搅拌均匀，静置 1h，吸滤，滤饼用水洗涤数次。过滤后，在空气中晾干得成品。也可用邻苯二甲酸二丁酯(DBP)配成 50%的白色糊状产品。

6. 实验室制法

将 196.3g 环已酮和 220mL 30%的过氧化氢分别冷却至 10℃以下，搅拌下将过氧化氢加入环已酮中，控制料液温度≤15℃。于 15℃加入 24mL 2mol/L 的盐酸，控制温度不超过30℃，物料逐渐固化，要不断搅拌，以免结块。加入 400mL 蒸馏水，洗涤后吸滤，滤饼用蒸馏水洗涤 2~3 次后，用 400mL 蒸馏水调成糊状，加入 10%的 NaOH 调 pH 值至 8，吸滤，水洗，压干，在空气中晾干，得到过氧化环已酮。

7. 质量标准(参考指标，50%DBP 溶液)

活性氧含量/%	≥6.4	灼烧残渣/%	≤0.2

8. 用途

橡胶和塑料合成的交联剂和引发剂，不饱和聚酯的交联剂。

9. 安全与贮运

原料环已酮与空气混合形成爆炸性混合物，爆炸极限 3.2%~9.0%(体积)，其蒸气有毒。过氧化氢属一级无机酸性腐蚀物品，具有氧化性。设备密闭，车间保持良好的通风状态。

本产品属二级有机氧化剂，一般贮运中加水或惰性有机溶剂作稳定剂。密封包装，贮存于通风、阴凉处。

参 考 文 献

[1] 朱鹏，刘惠平，周波，等. 过氧化环已酮的热稳定性研究[J]. 上海应用技术学院学报(自然科学版)，2011，11(04)：330-334+360.

[2] 董研. 过氧化环已酮合成新工艺[J]. 广东化工，1997，(03)：24-13.

6.3 引发剂 BPO

引发剂 BPO(initiator BPO) 又称过氧化苯甲酰，分子式 $C_{14}H_{10}O_4$，相对分子质量 242.2。结构式为：

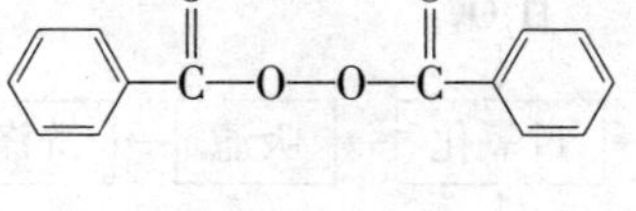

1. 性能

无色或白色结晶，略带苯甲醛气味。熔点 103℃(分解)。不溶于水，微溶于乙醇，溶于苯、氯仿和乙醚，每克溶于 40mL 二硫化碳。理论活性氧含量 6.62%，活化能 125.5kJ/mol。在 72~73℃的半衰期为 10h。属强氧化剂，干品极不稳定，摩擦、撞击、遇热或遇还原剂会引起爆炸。

2. 生产原理

苯甲酰氯与过氧化氢和碱或与过氧化钠反应制得。

$$H_2O_2+2NaOH \longrightarrow Na_2O_2+2H_2O$$

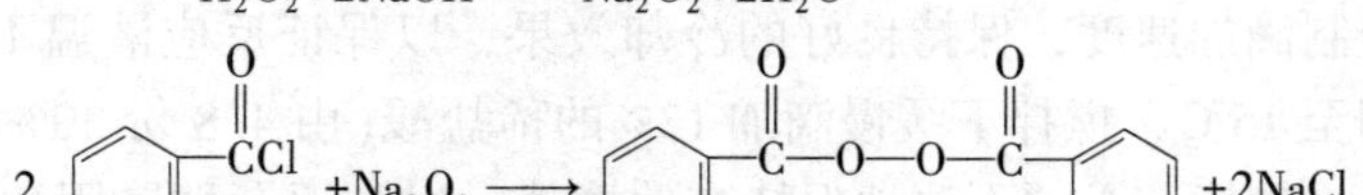

3. 工艺流程

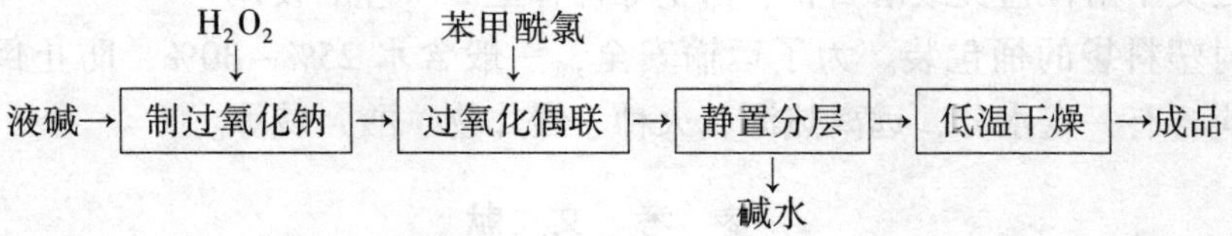

4. 主要原料(质量份)

苯甲酰氯(95%)	2.5	液碱(40%)	1.5
过氧化氢(30%)	2.0		

5. 生产工艺

在反应釜中加入1.5份40%的液碱，加入水稀释至30%左右。冷却至10℃，滴加过氧化氢，一边滴加一边搅拌，并控温在(10±2)℃。滴加完2份过氧化氢后，将物料(过氧化钠溶液)冷却至0℃以下，于搅拌下滴加2.5份95%的苯甲酰氯。控制物料温度在0℃左右。加料完毕，继续保持0℃搅拌反应2~3h。然后静置分层。乳白色的上层为过氧化苯甲酰层，碱盐水处于下层。放出下层废液，加入冰水洗涤，再静置，分出下层过氧化苯甲酰，低温干燥，得到成品。

也可采用下述生产工艺。先将500L 12%的过氧化氢投入反应釜中，在夹套中通冰冻水冷却，缓缓加入16%的液碱，同时加入苯甲酰氯。滴加速度要慢，搅拌良好，夹套冷冻水通量要大，以控制反应温度低于5℃。待300L液碱、300L苯甲酰氯加完后，继续于5~8℃下搅拌反应2~3h。然后静置分层，用冰水洗涤，低温干燥，得成品。

说明：

由于过氧化氢或过氧化钠在较高温度下容易分解或爆炸，同时，苯甲酰氯在较高温度下易水解为苯甲酸，为了提高反应收率，在整个反应过程中必须控制反应物料温度在0℃左右。主要措施是：控制加料速度，通入大量的冷冻水，良好的搅拌。

6. 实验室制法

在冰盐水冷却下，向三口反应瓶中加入250mL 12%的过氧化氢，缓慢加入16%的NaOH溶液，同时加入苯甲酰氯。滴加速度要慢、搅拌良好，以控制反应温度低于5℃。加完150mL液碱和150mL苯甲酰氯后，继续于5~8℃下搅拌反应2~3h。然后静置分层，用冰水洗涤，低温干燥得成品。

7. 质量标准

外观	白色结晶(粉末)
含量/%	≥98
熔点范围/℃	102~106
理论含氧量/%	≥6.5
重金属(以Pb计)/%	≤0.004

8. 用途

用作高分子聚合(自由基聚合)引发剂。也用作不饱和树脂、硅橡胶、氟橡胶的交联剂，还用作漂白剂、氧化剂、小麦粉处理剂。

9. 安全与贮运

原料苯甲酰氯有毒，过氧化氢属一级无机酸性腐蚀物品，有氧化性，遇光、热可引起爆炸性分解。产品是一种危险的高反应性氧化物质，经撞击会自发爆炸。一般用碳酸钙、磷酸钙、硫酸钙之类不溶性盐类或滑石粉、白土等稀释至20%左右使用。

使用内衬塑料袋的桶包装。为了运输安全，一般含水25%～30%，防止倒立和剧烈碰击，贮存时应含有一定水分，远离热源、火种、爆炸物、酸、碱等。

参 考 文 献

[1] 姜君，江佳佳，蒋军成，等. 过氧化苯甲酰合成工艺热危险性分析[J]. 安全与环境学报，2017，17(02)：439-445.

[2] 董桂芳，杨金祥. 改进过氧化苯甲酰的生产工艺提高产品质量和产量[J]. 科技创新与应用，2012，(33)：75.

6.4 引发剂 IPP

引发剂 IPP(initiator IPP)的化学名称为过氧化二碳酸二异丙酯。分子式 $C_8H_{14}O_6$，相对分子质量 206.1。结构式为：

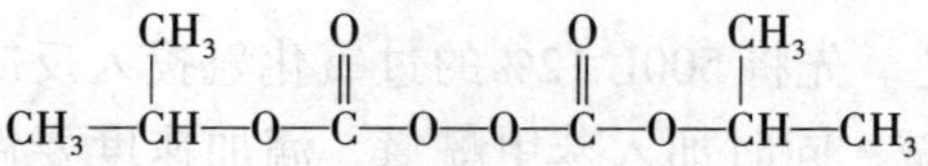

1. 性能

低温下为白色结晶状固体,室温下为无色液体。凝点 8～10℃,密度 1.080g/cm^3,折射率(n_D^{20})1.4034。溶于脂肪烃、芳香烃、乙醚、酯及氯代烃,25℃时在水中溶解度 0.04。分解温度 47℃。本品属有机氧化剂(有机过氧化物),为游离基型引发剂。本品对温度、撞击、酸、碱等特别敏感,极易分解,引起爆炸。必须在有二甲苯等稀释剂共存下于低温保存。中等毒性。

2. 生产原理

氯代甲酸异丙酯与过氧化氢和碱或过氧化钠反应，经后处理得到过氧化二碳酸二异丙酯。

$$H_2O_2+2NaOH \longrightarrow Na_2O_2+H_2O$$

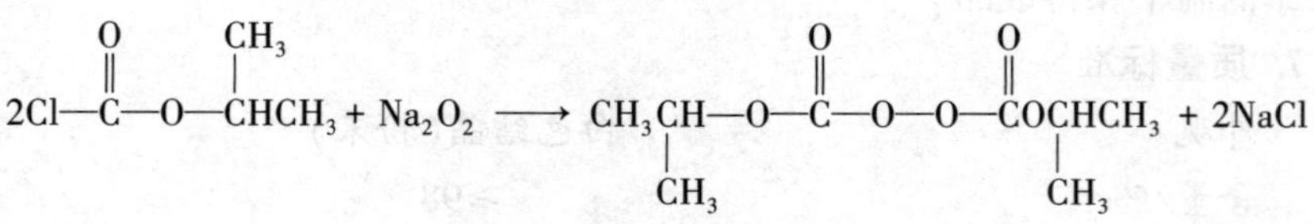

3. 工艺流程

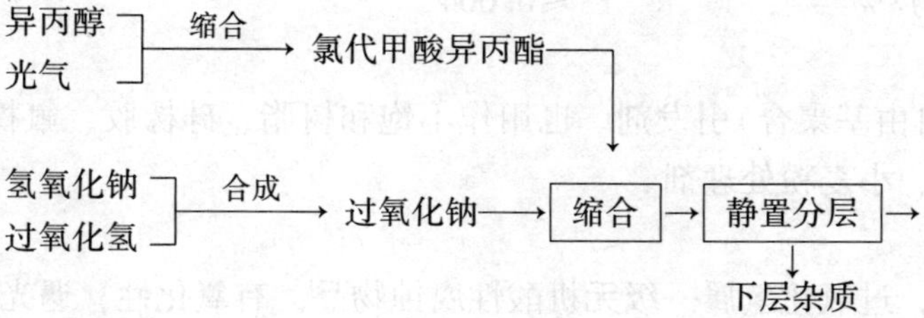

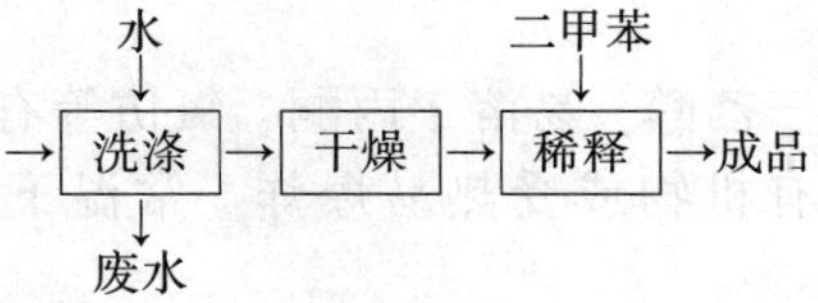

4. 主要原料(kg/t)

氯代甲酸异丙酯(90%)	1620	液碱(30%)	1900
过氧化氢(39%)	660	二甲苯(工业品)	500

5. 生产工艺

(1) 氯代甲酸异丙酯的制备

将异丙醇投入反应釜中，加入10%的氢氧化钠溶液，搅拌下，夹套通冷冻水冷却至30℃，向釜内反应液中通入光气，控制温度≤40℃，通光气5~7h后，静置分层。上层为氯代甲酸异丙酯透明溶液，下层为氯化钠水溶液。上层经水洗2~3次后，备用。氯代甲酸异丙酯也可从市场上购到。

(2) 过氧化钠溶液的配制

将液碱投入反应釜中，加入水稀释至20%。搅拌下冷却至(10±2)℃，滴加过氧化氢，滴加速度以控制釜温≤12℃，加毕搅拌20min送入过氧化钠高位槽备用(不宜久贮)。

(3) 过氧化二碳酸二异丙酯(IPP)制备

将氯代甲酸异丙酯溶液投入缩合反应釜中，夹套通冰盐水冷却，控制反应温度(10±2)℃。搅拌下缓慢滴加过氧化钠溶液。加料完毕，继续搅拌。静置分层，放出下层废水，乳白色上层用冰水洗涤2次，分出上层洗水后，下层产品用二甲苯稀释至55%~60%，于-4℃下贮存备用。

6. 质量标准

含量/%	55~60	pH值	7~8

7. 用途

用作氯乙烯及其他单体聚合或共聚的低温引发剂。

8. 安全与贮运

生产中使用强氧化剂过氧化氢、有毒气体光气，操作现场应保持良好通风状态，设备应密闭，操作人员应穿戴劳保用品。本产品在室温下自动分解，放出腐蚀性可燃物质，加热时能引起爆炸，对眼睛和黏膜有强烈刺激性。

玻璃瓶包装，标有危险品的标记。一般在有二甲苯等稀释剂共存下于-10℃冰箱中贮存或运输。

6.5 引发剂B

引发剂B(initiator B)，化学名称为过氧化十二酰，又称过氧化月桂酰。分子式$C_{24}H_{46}O_4$，相对分子质量398.6。结构式为：

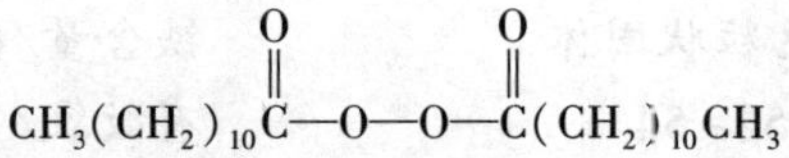

1. 性能

白色粒状固体。不溶于水，微溶于乙醇，易溶于丙酮、氯仿等有机溶剂。熔点 53～55℃。分解温度 70～80℃。干品遇有机物或受热易爆炸。常温下稳定、无毒，便于贮运。

2. 生产原理

月桂酸与三氯化磷进行酰氯化反应，得月桂酰氯，然后在氢氧化钠存在下，与过氧化氢反应即制得过氧化十二酰。

$$3CH_3(CH_2)_{10}COOH+PCl_3 \longrightarrow 3CH_3(CH_2)_{10}COCl+H_3PO_3$$

$$2CH_3(CH_2)_{10}COCl+H_2O_2+2NaOH \longrightarrow CH_3(CH_2)_{10}-\overset{O}{\overset{\|}{C}}-O-O-\overset{O}{\overset{\|}{C}}(CH_2)_{10}CH_3 + 2NaCl + 2H_2O$$

3. 工艺流程

月桂酸、三氯化磷 → 酰氯化 → 过氧化（NaOH，H_2O_2）→ 酸化（硫酸）→ 中和（氢氧化钾）→ 水洗 → 干燥 → 成品

4. 主要原料(kg/t)

月桂酸(95%)	1380	三氯化磷(96%)	430
过氧化氢(30%)	595	氢氧化钠(30%)	1280

5. 生产工艺

将月桂酸加入搪瓷反应釜中，加温至 45℃，边搅拌，边滴加三氯化磷，滴加时间为 2h 左右。物料的质量配比为，月桂酸∶三氯化磷=1∶0. 344。滴加时，物料温度逐渐上升，滴加完后可使温度升至 55℃。于 55～60℃下继续反应一段时间，让过量的三氯化磷挥发后回收，即得无色液体月桂酰氯。

将浓度为 23. 7%的氢氧化钠、6%的过氧化氢及月桂酰氯配制好后待用，投料配比为：酰氯∶过氧化氯∶氢氧化钠=1∶3∶0. 8(体积)。先将月桂酰氯加入反应釜，再加入氢氧化钠水溶液，控制温度 40℃左右，边搅拌边滴加过氧化氢水溶液。加完后继续反应 2～3min。冷却物料，加入适量硫酸酸化，搅拌，再以少量氢氧化钾中和至中性。静置沉淀，分出废液，用水洗涤产品，过滤后经低温干燥，即制得成品。

6. 实验室制法

将新蒸馏的十二碳酸 44. 1g(0. 22mo1)和三氯化磷 11g(0. 08mol)的混合物投入反应瓶，在 50℃下放置 1h。分出上层液体，并通过干燥的空气，除去三氯化磷。经减压蒸馏，收集沸程为 138～142℃/15×133. 3Pa 的月桂酰氯。

将溶有 45g 月桂酰氯的 100mL 石油醚溶液加到 100mL 石油醚、20g 过氧化钠和碎冰的混合溶液中。剧烈搅拌 2min，再加入另外的冰和 15g 过氧化钠，继续搅拌 10min。用乙醚萃取。乙醚萃取液干燥后，在室温下真空蒸馏，除去溶剂。残留的蜡状物在氢氧化钾上真空干燥，即得过氧化十二酰。

7. 质量标准

外观	白色粒状固体	铁含量/(mg/kg)	≤10
熔点/℃	52～54	有效氧/%	≥3. 9
含量/%	≥96		

8. 用途

作高分子聚合引发剂、发泡剂，使用时须配成25%的白油溶液。还可作食品和脂肪油类的漂白剂。

9. 安全与贮运

在生产过程中要严格控制温度和火源，防止燃烧和爆炸。用内衬塑料袋的铁桶包装。产品为一级有机氧化剂，贮存于阴凉处，严禁与其他有机物、可燃品共贮运。注意防热(最高仓贮温度不超过30℃)、防火、防潮。

参考文献

[1] 张成德. 过氧化月桂酰引发剂合成及应用[J]. 中国氯碱，1989，(09)：26-27.

6.6 引发剂PV

引发剂PV(initiator PV)的化学名称为过氧化新戊酸特丁酯，分子式 $C_9H_{18}O_3$，相对分子质量174.24。结构式为：

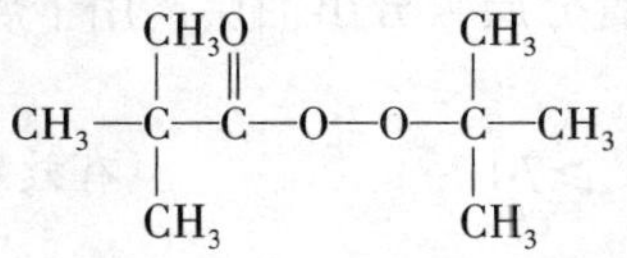

1. 性能

常温下为液体，凝点<-19℃。相对密度0.854(25℃)。折射率1.410(25℃)。闪点65~71℃，分解温度55℃。在50℃时半衰期为20h。易溶于有机溶剂及氯乙烯、苯乙烯、甲基丙烯酸甲酯、乙酸乙烯酯等单体中，不溶于水。本品是易分解的有机过氧化物，分解温度55℃，一般使用形式为70%的己烷溶液，贮存温度必须在-5℃以下。

2. 生产原理

在浓硫酸存在下，异丁醇与甲酸反应生成新戊酸，新戊酸与三氯化磷进行酰氯化，生成的新戊酰氯再与叔丁基过氧化氢缩合，得到引发剂PV。

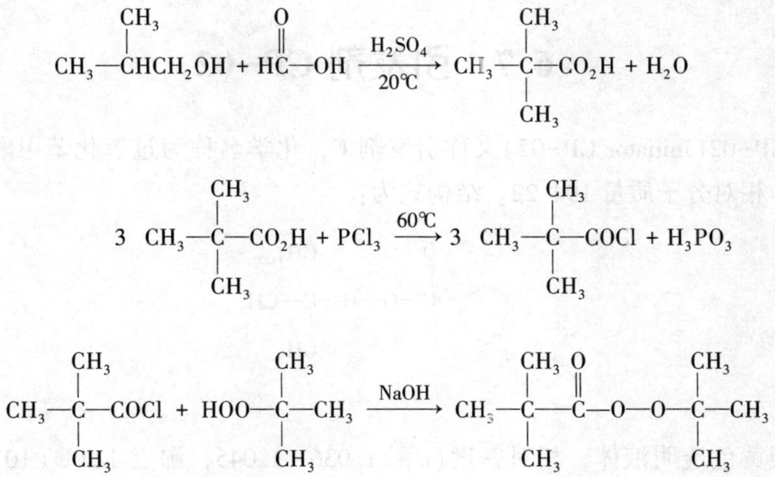

3. 工艺流程

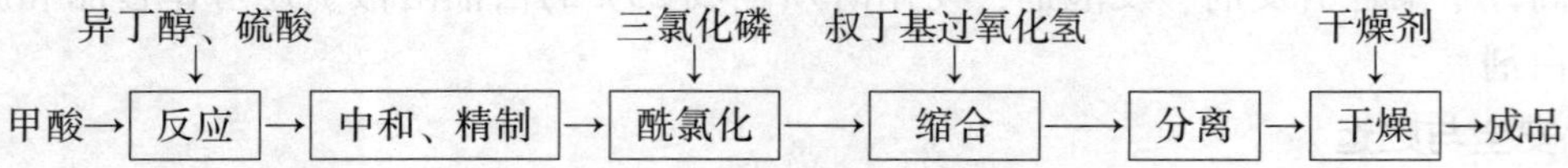

4. 主要原料

异丁醇(≥98%)	甲酸(工业品)	叔丁醇(95%)	过氧化氢
硫酸(98%)	三氯化磷(工业纯)		

5. 生产工艺

在搪瓷反应釜中，异丁醇和甲酸在98%的浓硫酸存在下，搅拌反应，维持反应温度为20℃，生成特戊酸。反应物料用碱液中和后，蒸馏，得纯新戊酸。新戊酸与三氯化磷于60℃进行酰氯化反应，反应完毕，冷却得新戊酰氯，备用。

将叔丁醇加入过氧化反应釜，搅拌下于35℃加入过氧化氢，然后升温到50℃，滴加70%的硫酸，加完后反应5h，保持温度55~60℃。反应完毕，静置分层，分离出油层用无水硫酸钠干燥，过滤，即得叔丁基过氧化氢。

在缩合反应釜中加入新戊酰氯和氢氧化钠，搅拌下加入叔丁基过氧化氢，保持反应温度在20℃以下，产物用水洗涤，静置分层，分出油层，用干燥剂干燥，即得成品引发剂PV。

6. 质量标准

含量/%	≥70	有效氧/%	≥6.8

7. 用途

用作聚乙烯低温引发剂。也用于聚氯乙烯的悬浮引发剂，还可用于其他单体的自由基聚合。用量为单体质量的0.02%~0.06%，聚合时间6~14h。

8. 安全与贮运

生产中使用过氧化物、三氯化磷等具有爆炸性和腐蚀性原料，生产设备应密闭，车间内加强通风，注意防火，操作人员应穿戴劳保用具。产品密封包装，于-5℃以下贮存，防日晒。

参 考 文 献

[1] 吴洋，艾军，张淑梅，等. 引发剂PV的合成[J]. 化学试剂，1985，7(04)：223.

6.7 引发剂CP-02

引发剂CP-02(initiator CP-02)又称引发剂C，化学名称为过氧化苯甲酸叔丁酯。分子式$C_{11}H_{14}O_3$，相对分子质量194.22。结构式为：

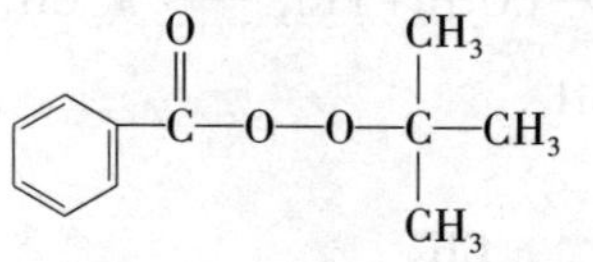

1. 性能

无色至淡黄色透明液体，相对密度(d_4^{25})1.036~1.045，沸点124℃(101325Pa)，凝点

8.5℃，折射率1.495~1.499。不溶于水，能与许多有机溶剂混溶。不挥发，室温下稳定，60℃以上急剧分解生成自由基引发剂单体。略有芳香味。

2. 生产原理

在硫酸存在下，叔丁醇与过氧化氢反应得到叔丁基过氧化氢，然后在碱存在下，与苯甲酰氯反应得到引发剂CP-02。

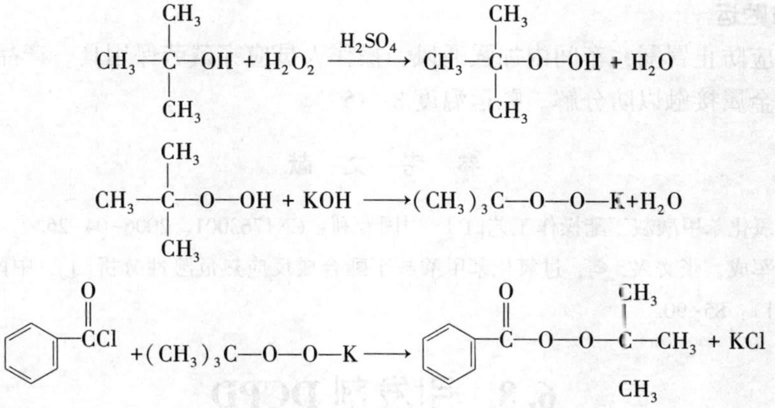

3. 工艺流程

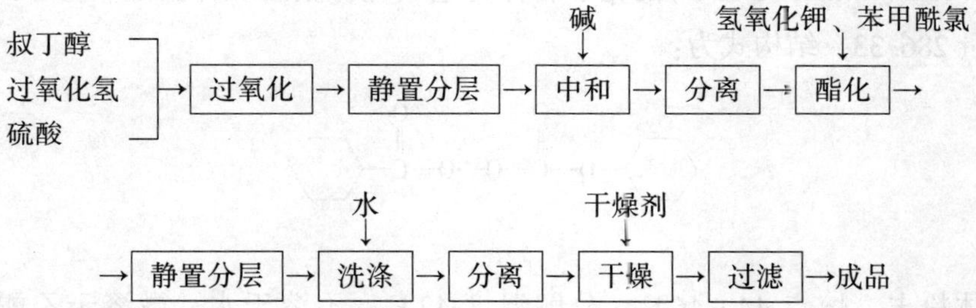

4. 主要原料(kg/t)

叔丁醇(90%)	1000	硫酸(≥70%)	1035
过氧化氢(30%)	1350	苯甲酰氧(≥95%)	1100

5. 生产工艺

在过氧化反应釜中加入250kg 90%的叔醇，然后在搅拌下缓缓加入258kg 70%的硫酸，保持温度30℃以下，搅拌下进行反应。反应生成叔丁醇硫酸酯。

将33.75kg30%的过氧化氢加入酯化反应釜，搅拌下冷却到10~20℃，然后以较快的速度加入叔丁醇硫酸酯，搅拌2h，静置分层。分出水层后，用碳酸镁溶液中和到pH=6~7，经过低温洗涤叔丁基过氧化氢，然后将364kg的氢氧化钾溶液和275kg 95%的苯甲酰氯在激烈的搅拌下加入叔丁基过氧化氢中，进行反应。反应结束后，静置分层，油层产物经洗涤，用干燥剂干燥，得成品引发剂CP-02。

6. 质量标准

外观	淡黄色透明液体
纯度/%	≥95
相对密度(25℃)	1.035~1.045
叔丁基过氧化氢含量/%	≤1

铁含量/(mg/kg)　　　　≤5

折射率(n_D^{25})　　　　1.495~1.500

7. 用途

用作低密度聚乙烯聚合引发剂，也用作不饱和聚酯加热成型的固化引发剂，还用作聚丙烯、发泡聚苯乙烯的引发剂，不饱和聚酯和硅橡胶的交联剂使用浓度为8%或15%。

8. 安全与贮运

生产设备应防止冒漏，车间内加强通风，操作人员应穿戴劳保用具。产品使用塑料桶包装，禁止与重金属接触以防分解。贮运温度8~15℃。

参 考 文 献

[1] 黄一龙．过氧化苯甲酸叔丁酯操作工艺[P]．中国专利：CN1763001，2006-04-26.

[2] 崔富陞，蒋军成，张文兴，等．过氧化苯甲酸叔丁酯合成反应热危险性分析[J]．中国安全科学学报，2017，27(11)：85-90.

6.8 引发剂 DCPD

引发剂DCPD(initiator DCPD)的化学名称为过氧化二碳酸二环己酯。分子式$C_{14}H_{22}O_6$，相对分子质量286.33。结构式为：

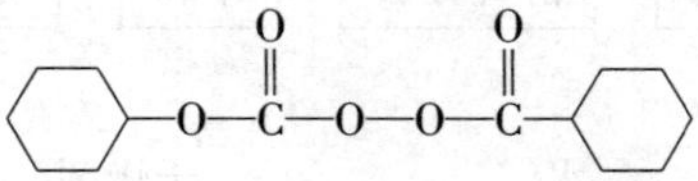

1. 性能

白色固体粉末，熔点44~46℃，分解温度42℃。不溶于水，微溶于乙醇和脂肪烃，溶于酮、酯，易溶于芳烃、氯烃。属易燃物，但不会自燃。室温会引起缓慢分解，阳光照射或与稳定剂、催干剂、干燥剂和铁及铜等金属接触时，能加速其分解。分解放出腐蚀性可燃物质，加热时引起爆炸，对眼睛和黏膜有强烈刺激性。对摩擦与撞击不敏感。本品纯度越低或含水量越高越不稳定。分解产物呈白烟及浅黄色液状物。纯品的活性氧含量5.59%。

2. 生产原理

环己醇与光气缩合，生成氯甲酸环己酯，然后与过氧化钠发生过氧化反应，得到引发剂DCPD。

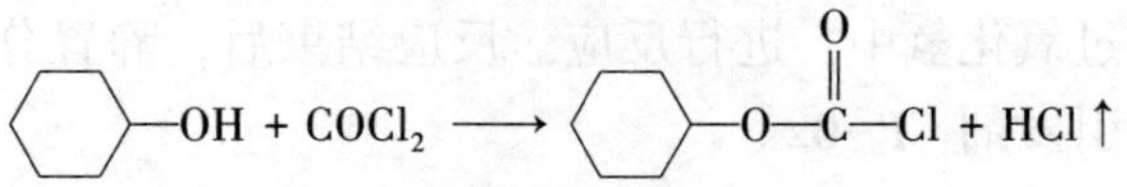

$$2\,NaOH + H_2O_2 \longrightarrow Na_2O_2 + 2H_2O$$

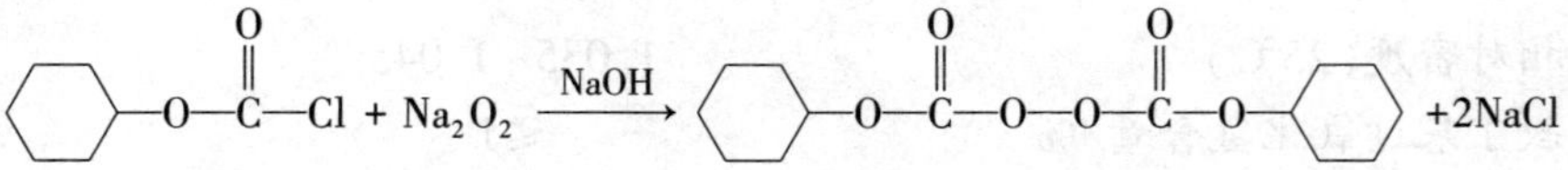

3. 工艺流程

光气↓（缩合）　过氧化钠↓（过氧化）　水↓（洗涤）

环己醇→缩合→脱气→过氧化→过滤→洗涤→干燥→成品

缩合↓氯化氢(吸收)

4. 主要原料(kg/t)

环己醇(97%)	1416	过氧化氢(30%)	1143
光气(≥98%)	1910	氢氧化钠(98%)	823

5. 生产工艺

在缩合反应釜中加入环己醇，冷却至8~10℃通入光气，光气化5~7h后，搅拌1~2h。然后自然升温至20℃后，通入压缩空气，吹出溶解在产物中的氯化氢和过量的光气，直至用光气试纸检验尾气中已无光气，并用pH试纸测定其接近中性时为止，得氯甲酸环己酯。反应生成产物氯化氢经吸收得盐酸。在过氧化反应釜中，加入氢氧化钠水溶液，搅拌下滴加30%的过氧化氢，反应温度不得超过5℃，反应生成过氧化钠。将上述氯甲酸环己酸于搅拌下滴加入少量过氧化氢，在19~21℃下继续反应1h。然后过滤，滤饼用冰水洗至中性。最后在37℃左右的红外灯下烘2h至干燥，即得引发剂DCPD。

6. 质量标准

外观	室温下为白色颗粒固体	含量/%	≥85
水分/%	≤15	pH	7~8

7. 用途

用作聚合反应的高效引发剂，可用于氯乙烯、乙烯、丙烯酸酯、甲基丙烯酸酯、环氧树脂、氯乙烯-乙酸乙烯共聚的聚合反应。

8. 安全与贮运

生产中使用强氧化剂过氧化氢、有毒气体光气，操作车间应加强通风，防止设备冒漏，操作人员应穿戴劳保用品。本产品在室温下能自动分解，放出腐蚀性易燃气体，应于低温下密封保存。

参 考 文 献

[1] 江阴农药厂. 提高新型引发剂DCPD生产中过氧化收率取得成效[J]. 江苏化工，1979，(02)：40.

6.9 引发剂BPPD

引发剂BPPD(initiator BPPD)化学名称为过氧化二碳酸双(2-苯基乙氧基)酯。分子式$C_{18}H_{18}O_8$，相对分子质量362.34。结构式为：

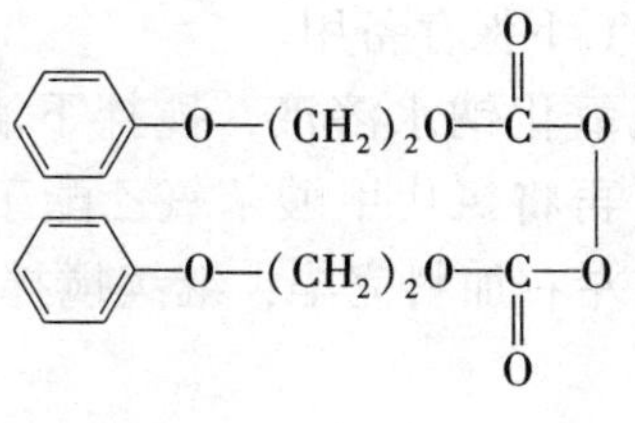

1. 性能

纯品为白色结晶，工业品为白色或黄色结晶颗粒。熔点 97~100℃，分解温度 92~93℃。半衰期 420min(在甲苯溶液中 50℃)，95mim(70℃)。理论活性氧含量 4.4%。不溶于水，微溶于苯、甲苯、二甲苯、乙醚，易溶于二氯甲烷、三氯甲烷。对冲击和摩擦都不敏感，无爆炸危险。对皮肤和眼睛有刺激性。

2. 生产原理

苯酚与氯乙醇在氢氧化钠存在下发生醚化，生成苯氧乙醇，苯氧乙醇与光气缩合，得到氯代甲酸苯氧乙酯。然后，在氢氧化钠存在下与过氧化氢发生过氧化反应，得到引发剂 BPPD。

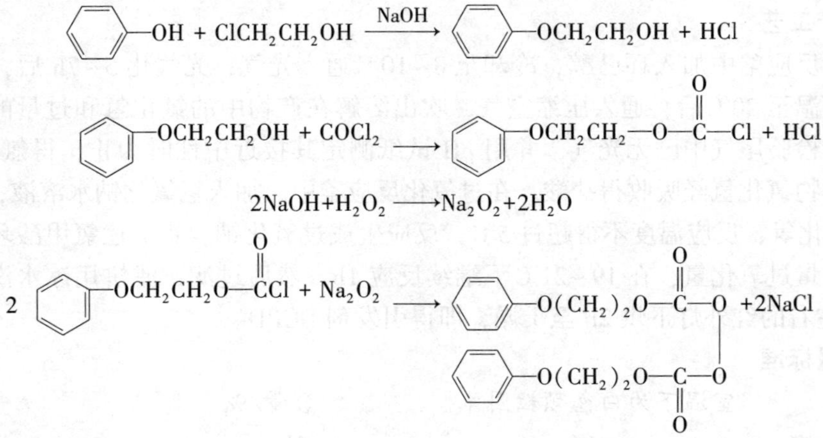

3. 工艺流程

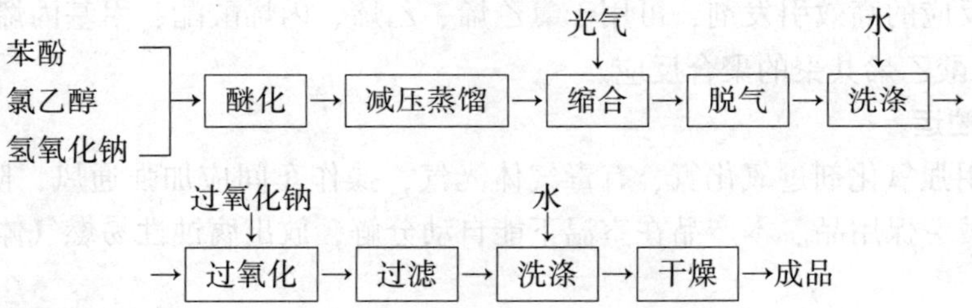

4. 主要原料(kg/t)

苯酚(工业品)	662	光气(≥98%)	1232
氢氧化钠(42%)	2560	过氧化氢(30%)	461
氯乙醇(32%)	1875		

5. 生产工艺

在醚化反应釜中加入苯酚和氢氧化钠溶液，搅拌下加入氯乙醇，进行醚化反应。反应完毕，减压蒸馏，得到苯氧乙醇。将制得的苯氧乙醇加入搪瓷缩合反应釜中，然后搅拌下于 40℃左右通入光气，控制温度不高于 42℃，通光气 5~7h 后，静置分层，上层为氯代甲酸苯氧乙酯，经水洗和脱水后，于 20℃下保存备用。

在过氧化反应釜中，加入氢氧化钠水溶液，搅拌下滴加 30%的过氧化氢，保持温度(10±2)℃，制得过氧化钠溶液。再将氯代甲酸苯氧乙酯于搅拌下滴加入过氧化钠溶液中，滴加速度以控制反应温度在 20℃左右加料完毕，继续搅拌反应。反应完毕，滤饼用水洗涤后干燥，得到引发剂 BPPD。

6. 质量标准

外观	白色或微黄色固体
水分/%	≤6(自然干燥)
含量/%	≥85
总醇量(以乙二醇计)/%	≤2
氯代酯含量/%	≤5
氯化钠含量/%	≤1

7. 用途

用作聚合反应的高效新型引发剂，可用于氯乙烯、丙烯、乙烯、丙烯酸酯、丙烯腈等烯类单体的聚合及不饱和聚酯树脂的聚合，氯乙烯与乙酸乙烯的共聚，也可用作橡胶硫化促进剂。

8. 安全与贮运

生产中使用光气、过氧化氢、氯乙醇、苯酚等有毒或腐蚀性化学品，生产设备密闭，车间内加强通风，操作人员应穿戴劳保用具。产品易分解，对眼睛、黏膜有刺激性。密封包装，低温贮存。

参 考 文 献

[1] 太原化工厂. 过氧化二碳酸二苯氧乙基酯生产分析[J]. 聚氯乙烯，1979，(03)：36-42.

6.10 引发剂 EHP

引发剂 EHP(initiator EHP)化学名称为过氧化二碳酸二-2-乙基己酯。分子式 $C_{18}H_{34}C_6$，相对分子质量 346.47。结构式为：

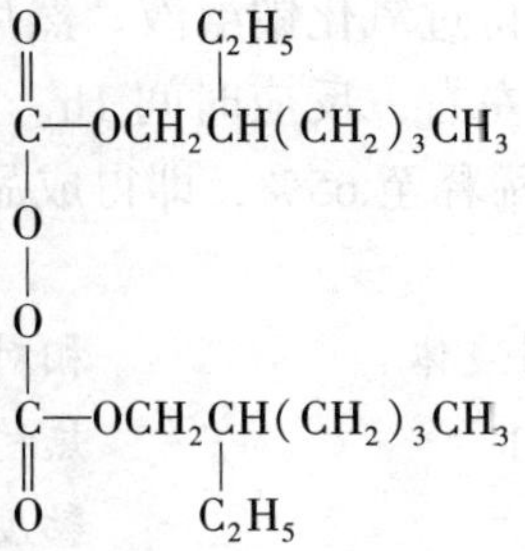

1. 性能

无色透明液体，凝点-50℃以下，相对密度 0.964(20℃)。不溶于水，溶于乙醇、直链烃和甲苯、二甲苯等有机溶剂。对皮肤和黏膜有刺激性。理论活性氧含量 4.6%。分解温度 42℃。对冲击和摩擦不敏感。含量 46%EHP 溶液的半衰期为：40℃，10.33h；50℃，1.5h。受热见光分解。

2. 生产原理

2-乙基己醇与光气缩合，得到氯甲酸 2-乙基己酯，然后与过氧化钠发生过氧化，经后处理得到引发剂 EHP。

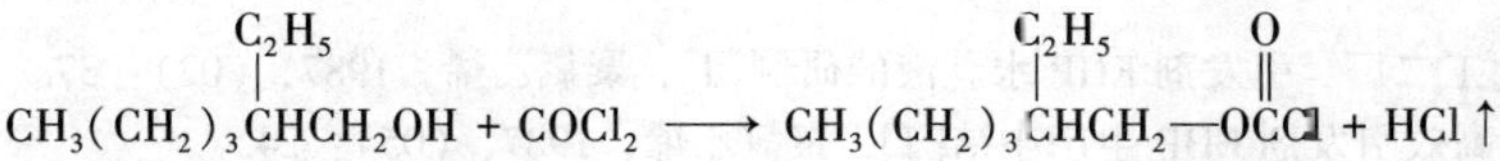

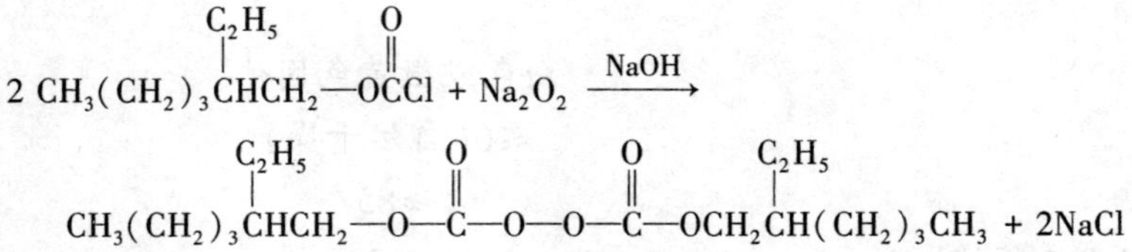

3. 工艺流程

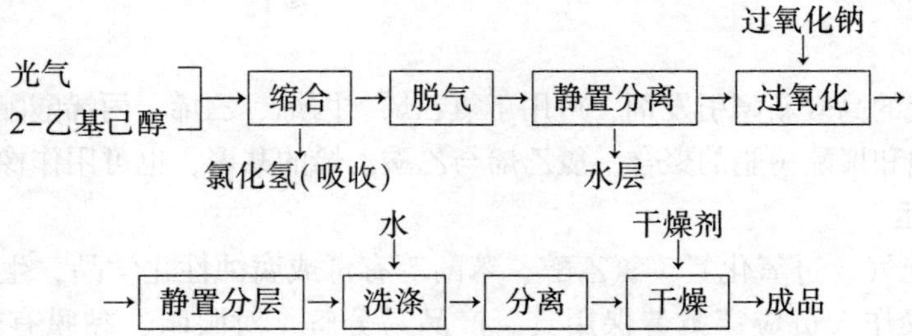

4. 主要原料

2-乙基己醇(工业品)	光气(≥98%)
氢氧化钠(40%)	过氧化氢(25%)
无水硫酸钠(干燥剂)	二甲苯(稀释剂)

5. 生产工艺

将2-乙基己醇投入搪瓷缩合反应釜中，加入10%的氢氧化钠溶液，搅拌下，夹套通冷冻水冷却至10℃以下，通入光气，控制温度低于20℃。通光气5~7h后，压缩空气脱除未反应的光气，静置分离，上层为氯甲酸-2-乙基己酯，用水洗2~3次后，备用。

将氢氧化钠加入过氧化反应釜，用水稀释至20%，然后冷却至10℃，开始滴加20%的过氧化氢，保持温度10℃以下，制得过氧化钠溶液。然后在搅拌下加入已制得的氯甲酸2-乙基己酯进行反应，反应温度15℃左右，反应时间1h。然后分层，油层用水洗涤，用无水硫酸钠干燥，再加入甲苯或二甲苯稀释至65%，即得成品。

6. 质量标准

外观	无色透明液体	相对密度	0.899
折射率	1.431	热稳定性(临界温度)/℃	5
EHP 含量/%	65	黏度(20℃)/mPa·s	4.7
闪点/℃	60	冷藏稳定性/℃	-25

7. 用途

用作游离基型聚合的引发剂。用于氯乙烯、高压聚乙烯以及其他共聚物的引发剂。也可少量用于离子型反应的聚异戊二烯橡胶的引发剂，使其部分交联，以提高其强度。

8. 安全与贮运

生产中使用光气、过氧化氢等，反应设备应密闭，防止冒漏，车间内加强通风，操作人员应穿戴劳保用具。产品用塑料桶密封包装，低温贮存。

参考文献

[1] 天津市有机化工二厂. 引发剂EHP水乳液的研制[J]. 聚氯乙烯，1987，(02)：37.

[2] 马玉莲. 应用高效引发剂EHP生产小结[J]. 聚氯乙烯，1987，(05)：24.

6.11 引发剂 TBCP

引发剂 TBCP（initiator TBCP）化学名称为过氧化二碳酸双（4-叔丁基环己基）酯。分子式 $C_{22}H_{38}O_6$，相对分子质量 398.54。结构式为：

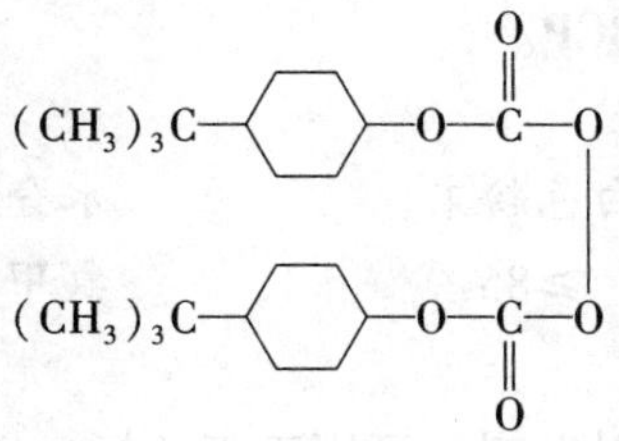

1. 性能

白色粉末。理论含氧量 4.02%。分解温度 42℃（半衰期 10h）。半衰期：80h（30℃）、14h（40℃）、3h（50℃）。不溶于水，微溶于酒精和脂肪烃，溶于酮类、酯类，易溶于芳香烃和氯代烃等有机溶剂。若与稳定剂、催化剂、干燥剂及铁、铜等金属化合物接触，均能加速其分解。本品可在 20℃以下贮运，对于摩擦和撞击不敏感。能引起眼睛和皮肤的烧伤。其毒性和一般过氧化物相似。

2. 生产原理

对叔丁基环己醇与光气缩合，得到氯甲酸对叔丁基环己酯，然后与过氧化钠于 10℃下发生过氧化，经后处理得到引发剂 TBCP。

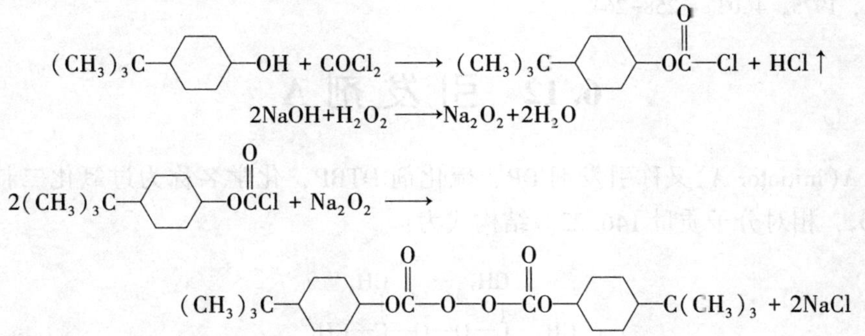

3. 工艺流程

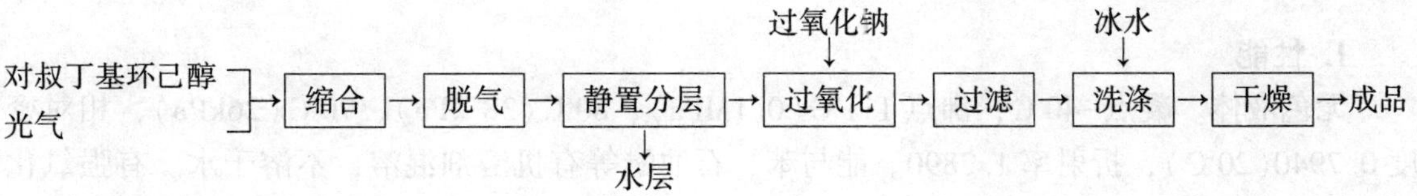

4. 主要原料

对叔丁基环己醇（工业品）	光气（≥98%）
氢氧化钠（40%）	过氧化氢（25%）
甲苯	十二烷基硫酸钠

5. 生产工艺

在搪瓷缩合反应釜中加入光气的甲苯溶液，夹套通冷冻剂冷却至 5℃，开始滴入对叔丁基环己醇的甲苯溶液。反应温度控制在 5℃左右，滴加完毕后，继续搅拌 2h。然后升温至

60℃，以除去过剩的光气和副产物硫化氢，直到排除的气体中无光气，并用试纸测定反应液接近中性为止。然后在减压下蒸出甲苯，制得氯甲酸对叔丁基环己酯备用。

在过氧化反应釜中加入水、氢氧化钠、过氧化氢及乳化剂十二烷基硫酸钠，搅拌下于10℃左右进行反应，制得过氧化钠。然后再滴加氯甲酸对叔丁基环己酯，反应温度控制在40℃左右。加完后，再补加少量过氧化氢，继续搅拌反应 1h。过滤后，滤饼用冰水洗涤至中性，于 40℃干燥即得引发剂 TBCP。

6. 质量标准

外观	白色粉末	水分/%	≤10
含量/%	≥85	氯甲酸酯含量/%	≤5

7. 用途

用作聚合的新型高效稳定的引发剂，可用于氯乙烯、乙烯、丙烯酸酯等单体的聚合，氯乙烯与乙酸乙烯或偏氯乙烯的共聚，也可用作不饱和聚酯的交联剂。

8. 安全与贮运

生产中使用光气、对叔丁基环己醇、过氧化氢等有毒或腐蚀性原料，生产设备应密闭，车间内加强通风，注意防火，操作人员应穿戴劳保用品。产品易自动分解，放出腐蚀性可燃气体，应密封包装，低温贮运。

参 考 文 献

[1] 上海燎原化工厂，上海化工学院．氯乙烯悬浮聚合新引发剂(TBCP 和 DCPD)的合成与聚合试验[J]. 石油化工，1975，4(03)：258-264.

6.12 引发剂 A

引发剂 A(initiator A)又称引发剂 BP、硫化剂 DTBP，化学名称为过氧化二叔丁基。分子式 $C_8H_{18}O_2$，相对分子质量 146.22。结构式为：

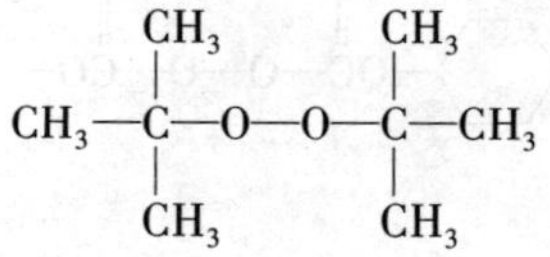

1. 性能

无色液体。凝点-40℃，沸点 111℃(0.1MPa)、80℃(38 kPa)、70℃(26kPa)，相对密度 0.7940(20℃)，折射率 1.2890。能与苯、石油醚等有机溶剂混溶，不溶于水。有强氧化性。闪点 180℃。理论含氧量 10.94%，半衰期 218h(100℃)、34h(115℃)、0.15h(130℃)。本品与还原剂接触或受冲击会爆炸。闪点 18℃，易燃。能刺激眼睛、皮肤和呼吸道。

2. 生产原理

在硫酸存在下，叔丁醇与过氧化氢反应，第一步得到叔丁基过氧化氢，然后与另一分子叔丁醇反应，得引发剂 A。

$$(CH_3)_3C{-}OH+H_2SO_4 \longrightarrow (CH_3)_3C{-}OSO_3H+H_2O$$

$$2(CH_3)_3C{-}OSO_3H+H_2O_2 \longrightarrow (CH_3)_3C{-}O{-}O{-}C(CH_3)_3+2H_2SO_4$$

3. 工艺流程

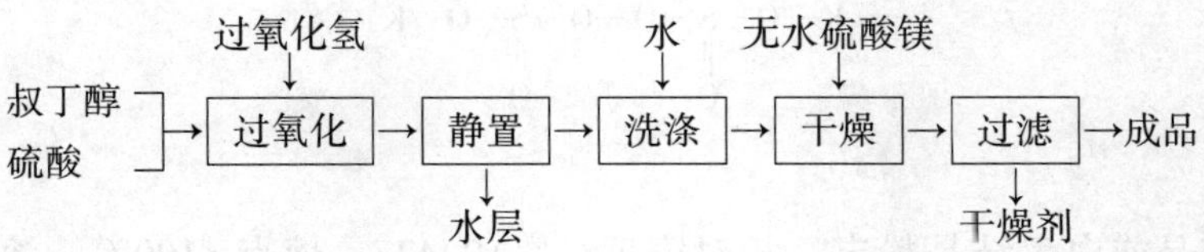

4. 主要原料(kg/t)

叔丁醇(≥95%)	1925	硫酸(≥95%)	2155
过氧化氢(≥28%)	1352	无水硫酸镁	用作干燥剂

5. 生产工艺

在搪瓷反应釜中加入 8.9kg 95%的叔丁醇和 5.6kg 70%的硫酸，搅拌混合，用冰盐水冷却至-8~-4℃，在激烈搅拌下，于 90min 内滴加入 5.4kg 25%的过氧化氢和 16kg 70%的浓硫酸，加完后继续搅拌 3h。静置分出油层，用 2.4L 水洗，再用 30%的氢氧化钠溶液洗除叔丁基过氧化氢，最后再用水冲洗。加入无水硫酸镁干燥，过滤除云干燥剂得引发剂 A。

6. 质量标准

外观	无色至微黄色液体
纯度/%	≥95
相对密度(20℃)	0.793~0.803
折射率(n_D^{25})	1.385~1.392
含铁量/10^{-6}	≤5
叔丁基过氧化氢含量/%	≤0.2

7. 用途

主要用作聚合的引发剂，用于高压聚乙烯的高温聚合。还用作不饱和聚酯和硅橡胶的硫化交联剂。用作硫化剂，临界温度高，半衰期长，焦烧性优良，硫化温度 140~180℃。还可用作柴油的添加剂、变压器的防凝剂。

8. 安全与贮运

生产中使用过氧化氢、浓硫酸和叔丁醇，生产设备应防止冒漏，车间内加强通风，操作人员应穿戴劳保用品。产品易燃，对皮肤和黏膜有刺激，属强氧化剂，冲击会引起爆炸。应密封包装，低温贮运，搬运中防止撞击。

参 考 文 献

[1] 陈炳志，王超杰，宋金勇，等. 过氧叔丁醇和二叔丁基过氧化物合成方法的改进[J]. 化学试剂，2000，(6)：368-369.

[2] 岳霞丽，姚晶晶，廖李，等. 叔丁基过氧化氢和过氧化二叔丁基合成研究[J]. 应用化工，2008，(07)：808-810.

6.13 过硫酸钾

过硫酸钾(potassium persulfate)分子式 $K_2S_2O_8$，相对分子质量 270.3。结构式为：

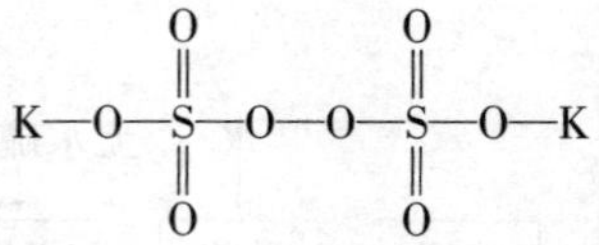

1. 性能

白色单斜结晶或白色结晶粉末。相对密度(d_4^{20})2.477。熔点<100℃。溶于水，不溶于醇。加热时分解并放出氧气，在潮湿空气中也易分解。具有强氧化性和助凝性能。遇有机物或还原性物质能发生爆炸。属二级无机氧化剂。

2. 生产原理

由硫酸氢铵和硫酸铵组成的混合液经电解生成过硫酸铵。再将过硫酸铵与硫酸钾或硫酸氢钾、氢氧化钾进行复分解反应制得。

$$2NH_4HSO_4 \xrightarrow{\text{电解}} (NH_4)_2S_2O_8 + H_2\uparrow$$

$$(NH_4)_2S_2O_8 + K_2SO_4 \longrightarrow K_2S_2O_8 + (NH_4)_2SO_4$$

3. 生产原料(kg/t)

硫酸钾(K_2SO_4，98%)	760	硫酸铵[$(NH_4)_2SO_4$，95%]	170
硫酸(98%)	480		

4. 工艺流程

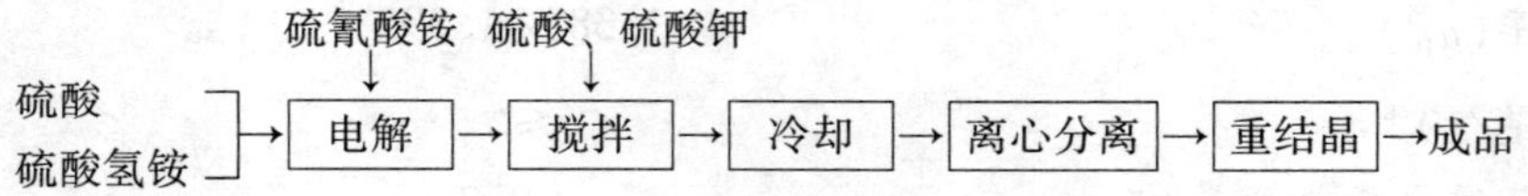

5. 生产工艺

将硫酸配制成100~120g/L的水溶液，硫酸氢铵配制成280~300g/L的溶液。将硫酸溶液和硫酸氢铵溶液组成的电解液压入电解槽中，以铂作阳极、石墨作阴极进行电解。在电解液中加入0.3g/L的硫氰酸铵能提高电流效率。槽电压为6~7V，电解槽温度35~40℃，电流密度1.2A/cm^2。当阳极液中生成的过硫酸铵含量达150~170g/L时，放入贮槽，再送入复分解反应工序。

将电解得到的过硫酸铵溶液送入耐酸搪瓷反应釜中，在搅拌下加入硫酸及硫酸钾粉末，常温下搅拌反应0.5h，然后在搅拌下将物料冷却至14℃，析晶，离心分离，得到过硫酸钾粗品。母液中含有硫酸氢铵，送入电解工序循环使用。

重结晶：在重结晶锅中配制氢氧化钾水溶液，在搅拌下加入过硫酸钾粗品，缓慢加热至70℃。待结晶完全溶解后，冷却至14℃，使过硫酸钾重新结晶，经离心分离，于90~95℃下气流干燥，包装。

6. 质量标准

	一级品	二级品
过硫酸钾/%	≥99	≥98
酸度/%	≤0.1	≤0.2
氮化物/%	≤0.35	≤0.7
铁盐/%	≤0.003	≤0.004
水分/%	≤0.5	≤0.5

7. 用途

用作氯丁橡胶、丁腈橡胶及氯乙烯树脂、四氟乙烯树脂的聚合引发剂。尤其是乳液聚合应用多。也用于医药、炸药、染料和影片冲洗。

参 考 文 献

[1] 王少坡. 小粒度过硫酸钾结晶工艺研究[D]. 天津大学，2021.

[2] 张俊杰. 过硫酸钾生产过程中母液回收技术研究[J]. 河北化工，2013，36(01)：63-65.

6.14 过硫酸铵

过硫酸铵(ammonium persulfate)又称过二硫酸铵、高硫酸铵。分子式$(NH_4)_2S_2O_8$，相对分子质量228.2。结构式为：

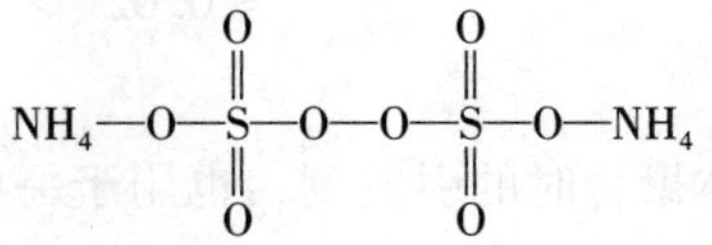

1. 性能

白色或无色单斜结晶。无臭。相对密度1.982。熔点120℃(分解)。易溶于水，水溶液呈酸性。完全干燥的产品不易分解，潮湿的过硫酸铵易逐渐分解放出氧和臭氧。具有很强的氧化性和腐蚀性，与有机物或还原性物质混合会引起爆炸。属二级无机氧化剂。

2. 生产原理

将硫酸铵在硫酸存在下进行电解，电解液冷冻结晶，干燥后得到过硫酸铵。

阳极：$2SO_4^{2-}-2e \longrightarrow S_2O_8^{2-}$

阴极：$2H^{+}+2e \longrightarrow H_2\uparrow$

总反应式：$(NH_4)_2SO_4+H_2SO_4 \longrightarrow (NH_4)_2S_2O_8+H_2\uparrow$

3. 生产原料(kg/t)

硫酸铵(95%)	940	氨水(含NH_3 18%)	700
硫酸(90%)	585		

4. 工艺流程

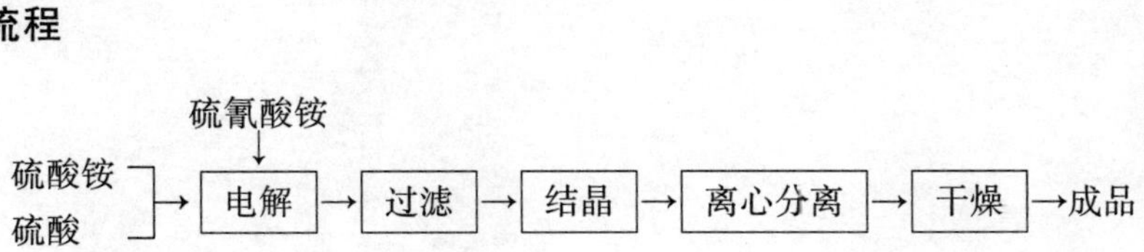

5. 生产工艺

电解法制过硫酸铵主要设备有：阴极液及阳极液高位槽、电解槽、过滤器、结晶器、离心机、干燥器等。电解槽由陶瓷或塑料制成，阳极为铂或钽，阴极为铅，隔膜可用素烧陶瓷、离子交换膜或陶瓷隔膜管等。

经过除铁及杂质后的精制电解液由高位槽连续进入隔膜电解槽。通常，阳极电流密度为$0.8 \sim 1.2A/cm^2$，阴极电流密度为$0.05A/cm^2$，槽电压为$5.5 \sim 5.8V$。电解的温度控制在25~

30℃。槽温过低，易析出过硫酸铵结晶，堵塞管路；槽温过高，易使已生成的过二硫酸水解成过硫酸而降低电流效率。为了提高电流效率，通常添加硫氰酸铵，其量为电解液的0.015%~0.03%。电解后，阳极液中过硫酸铵含量应达到220~260g/L，并收集于阳极液贮槽，经过滤放入结晶器内，在搅拌下通入冷冻剂进行间接冷冻，让过硫酸铵结晶。待温度降至-12~-8℃时，停止通冷冻剂。然后离心分离，再经干燥，即得成品。母液循环套用。电解法的电流效率为84%~85%。

6. 质量标准

	一级品	二级品
含量[$(NH_4)_2S_2O_8$]/%	≥98	≥95
水分/%	≤0.15	≤0.5
铁(Fe)/%	≤0.002	≤0.003
重金属(以 Pb 计)/%	≤0.005	≤0.006
灼烧残渣(以 SO_4^{2-} 计)/%	≤0.02	≤0.05

7. 用途

用作氯乙烯、四氟乙烯单体聚合时的引发剂，也用于一些水溶性单体如丙烯酸及酯类、丙烯酰胺等乳液聚合的引发剂。也是生产其他过硫酸盐的原料。还可用作油脂、肥皂的漂白剂、脱臭剂、氧化剂、金属板蚀刻剂、蛋白试剂和钢铁分析试剂。

参考文献

[1] 陈智斌. 过硫酸铵生产工艺改进和设备优化[J]. 机电技术，2023，(03)：56-59.

[2] 张玉龙，郭盛争，赵建威，等. 过硫酸铵冷却结晶过程研究[J]. 化学工业与工程，2022，39(03)：33-41.

[3] 屈乙行，崔敏，张聪，等. 利用离子膜电解法改进过硫酸铵生产研究[J]. 电化学，2021，27(05)：586-592.

第7章 增 塑 剂

7.1 概 述

能使高分子化合物或聚合物材料塑性增加、玻璃化转变温度降低、柔韧性增加的物质，称为增塑剂。它们通常是沸点高、难挥发的液体或低熔点的固体。增塑剂能够提高高分子材料的塑性，是塑料工业中非常重要的助剂，对塑料制品的性能起决定性作用。增塑剂是各种塑料添加剂中用量最大的品种之一，现已广泛应用于聚合物中。目前，用于聚氯乙烯的增塑剂占增塑剂总产量的80%以上，其余主要用于聚苯乙烯、ABS树脂、聚乙酸乙烯、纤维素类树脂和合成橡胶中。在我国的增塑剂产能结构中，邻苯二甲酸酯类增塑剂可以占到80%以上，而非邻苯类增塑剂品种占比不到20%。国内的大多数企业仍以生产和使用邻苯二甲酸酯类增塑剂为主。基于人们对环境保护及食品健康安全的重视，更随着人们对美好生活的向往和我国生态文明建设的发展，使用环保型增塑剂已经是大势所趋。

热塑性高分子聚合物的大分子之间存在范德华力(静电力、诱导力和色散力)和氢键，作用力的大小与聚合物结构有关。极性分子的作用力一般比非极性分子大。分子间的作用力不仅使聚合物具有一定的机械强度，而且还影响到其成型加工等许多性能。热塑性树脂加工的实质就是通过加热增强聚合物分子的活动性，削弱其间的作用力，从而使其具有可塑性。但对于某些极性强，分子间作用力大，而又热不稳定的聚合物来说，就难以加工。如聚氯乙烯是一种强极性聚合物，分子间有很大的作用力，需加热到一定的温度(160℃以上)方能显示塑性，但该聚合物对热极敏感，当加热到130~140℃时就开始发生严重的热分解，变为棕色或黑色。由于分子间的强作用力使聚氯乙烯制品变得坚硬，缺乏弹性和柔韧性。其他一些强极性树脂如硝酸纤维素、乙酸纤维素、聚乙酸乙烯酯等也存在类似的问题。为了使高分子聚合物易于加工，就必须降低其玻璃化转变温度。

增塑剂的作用就在于削弱聚合物分子间的作用力，从而降低软化温度、熔融温度和玻璃化转变温度，减小熔体的黏度，增加其流动性，改善聚合物的加工性和制品的柔韧性。

按增塑剂的作用方式，可分为内增塑剂和外增塑剂。内增塑剂作为共聚单体加入，以化学键结合到树脂上，外增塑剂与聚合物无化学结合。

增塑剂的增塑作用可有三种方式：

① 隔离作用。增塑剂介于大分子之间，增大其间的距离，从而削弱分子间的作用力。这常用来解释非极性增塑剂加入非极性聚合物中的增塑作用。

② 屏蔽作用。增塑剂的非极性部分遮蔽聚合物的极性基团，使相邻聚合物分子的极性基团不发生作用。

③ 偶合作用。增塑剂的极性基团与聚合物分子的极性基团偶合，破坏原来聚合物分子的极性联结，从而削弱其作用力。

作为一种较好的增塑剂，其性能要求如下：

① 与聚合物有良好的相容性。通常以吸收增塑剂的量作为相容性好坏的标准，吸收量

多，则相容性好。

② 增塑效率高。使树脂达到某一柔软程度的增塑剂用量称为该增塑剂的塑化效率。用量越少，表示增塑效率越高。

③ 耐久性好，包括耐热、耐寒、耐光、耐候、耐迁移、耐抽出、耐酸、耐碱、耐水、耐磨耗等性能优良。在高温下，不分解，不变质；在低温下，不析出并能保持柔韧性；能抵抗户外阳光照射、冷热、风雨等气候变化的影响，保持性能良好；迁移性和挥发性小，迁移性是指增塑剂逐渐向塑料表面析出或转移到与其接触的材料的性质；耐抽出性好，增塑剂要能抵抗由于水、油或溶剂的影响而引起的溶解和扩散。

④ 耐燃性好。在接触火焰时抵抗燃烧，或在离开火焰时阻碍继续燃烧。

⑤ 耐霉菌性和耐污染性好。

⑥ 电绝缘性良好。

⑦ 安全性好。无色、无味、无臭、无毒、降解性好。

⑧ 价廉易得。由于增塑剂的用量大，其价格是需要考虑的重要因素。

实际上要求一种增塑剂具备以上全部条件是不可能的。所以，只能根据制品性能的要求，以满足主要性能指标来选用增塑剂。在多数情况下，则是把两种以上的增塑剂混合并用，以达到取长补短之功效。

增塑剂的分类有多种方法，主要有如下几种：

按应用性分为耐寒性、耐热性、耐燃性、防霉性、抗静电性、防潮性、耐候性等增塑剂。

按相容性分主增塑剂、辅助增塑剂和增量剂。

主增塑剂：与聚合物有良好的相容性。

辅助增塑剂：与聚合物相容性差，一般不单独使用，与主增塑剂配合可降低成本。

增量剂：与聚合物相容性差，与主增塑剂配合可降低成本。

按化学结构分为邻苯二甲酸酯类、脂肪族二元酸酯类、偏苯三酸酯类、磷酸酯类、环氧酯类、聚酯类、烷基磺酸苯酯类、含氯类、多元醇酯类等。

① 邻苯二甲酸酯类　这类增塑剂是目前应用最广泛的主增塑剂，其性能比较全面，色浅，低毒，挥发性小，耐低温，产量大，品种多，成本低，其生产量约占增塑剂总量的80%左右。常见的邻苯二甲酸酯类增塑剂有邻苯二甲酸二甲酯(DMP)、邻苯二甲酸二乙酯(DEP)、邻苯二甲酸二丁酯(DBP)、邻苯二甲酸二庚酯(DHP)、邻苯二甲酸二辛酯(DOP)、邻苯二甲酸二正辛酯(DNOP)、邻苯二甲酸二壬酯(DNP)、邻苯二甲酸二异癸酯(DIDP)、邻苯二甲酸二(十三酯)(DTDP)、邻苯二甲酸丁辛酯(BOP)、邻苯二甲酸丁苄酯(BBP)、丁基邻苯二甲酰基甘醇酸丁酯(BPBG)。

② 脂肪族二元酸酯类　脂肪族二元酸酯的结构通式为：

$$R_1—O_2C—(CH_2)_n—CO_2—R_2,\ n=2\sim11$$

R_1、R_2 一般为 $C_4\sim C_{11}$ 的烷基，R_1、R_2 可以相同，也可以不相同。该类增塑剂与聚合物的相容性较差，但具有优良的低温性能，故一般与主增塑剂一起使用，具有耐寒的辅助作用。常用的脂肪族二元酸酯有己二酸二辛酯(DOA)、壬二酸二辛酸(DOZ)、己二酸直链醇酯、癸二酸二丁酯(DBS)、癸二酸二辛酯(DOS)。

③ 偏苯三酸酯类　偏苯三酸酯类增塑剂属于苯多酸酯类。该类增塑剂兼有单体型和聚合型两类增塑剂的特性，既有聚酯类增塑剂的挥发性低、迁移性小、耐抽出和耐久性等特

点，又有邻苯二甲酸酯类的相容性好、加工性能优良、耐低温性好等优点。主要品种有偏苯三酸三辛酯(TIOT)、偏苯三酸三异癸酯(TIDT)等。

④ 磷酸酯类　磷酸酯是发展较早的一类增塑剂，它与聚合物的相容性较好，可以作为主增塑剂，但耐寒性稍差。该类增塑剂都有程度不同的阻燃作用。常见的磷酸酯增塑剂有磷酸三丁酯(TBP)、磷酸三辛酯(TOP)、磷酸三苯酯(TPP)、磷酸三甲苯酯(TCP)、磷酸二苯一辛酯(DPOP)、磷酸甲苯二甲苯酯(CDPP)等。

⑤ 环氧酯类　环氧酯类增塑剂包括环氧化油、环氧脂肪酸单酯和环氧四氢邻苯二甲酸酯三类。主要作为耐候性能要求高的聚氯乙烯制品的辅助增塑剂，兼有聚氯乙烯热稳定剂作用。主要品种有环氧大豆油、环氧油酸丁酯(EBST)、环氧油酸辛酯(EOST)、环氧四氢邻苯二甲酸辛酯(EPS)等。

⑥ 聚酯类　聚酯类增塑剂是聚合型增塑剂中的一种主要类型，由二元酸与二元醇缩聚制得。该类增塑剂相对分子质量较高，所以挥发性小。聚酯增塑剂是一种性能优良的环保安全型增塑剂，有优秀的耐溶剂抽出性和抗迁移性，可有效改善塑料制品的耐久性和安全性。但相容性差、塑化效率低，故常与主增塑剂一起并用。代表品种有己二酸丙二醇类聚酯、壬二酸类以及癸二酸类聚酯。

⑦ 烷基磺酸苯酯类　亦称石油酯，与聚合物的相容性较好，性能比较全面，可以作为主增塑剂，但耐寒性较差，故通常作为辅助增塑剂与邻苯二甲酸酯类并用。此类增塑剂主要是以平均碳原子数为 15 的重液体石蜡经氯磺化后再与苯酚酯化制得。

⑧ 含氯类　该类增塑剂具有良好的阻燃性、电绝缘性，且成本低，常作为辅助增塑剂用于电线及板材。该类增塑剂主要有氯化石蜡、氯化硬脂酸酯等。

⑨ 多元醇酯类　多元酸酯主要指二元醇、多缩二元醇、三元醇、四元醇与饱和脂肪一元羧酸或苯甲酸生成的酯。这类增塑剂均为辅助增塑剂，常用于耐寒或耐热制品。

⑩ 其他增塑剂　未含上述类别的其他品种的增塑剂，均属于此类。主要包括几种有特殊作用的酸酯类，专用于聚氯乙烯的高分子增塑剂、反应型增塑剂及某些石油产品，例如，对苯二甲酸酯类、苯甲酸酯、环烷酸酯、磺酰胺类、双季戊四醇酯等。

塑料增塑剂的发展趋势是高效、特效、多功能、无毒或低毒和无公害。目前主要开发研究集中在：提高增塑剂的持久性、增塑剂的功能性和多效性、增塑剂生产和应用的环保生态性(健康环保型增塑剂)、性价比高的产品和高相对分子质量的增塑剂产品。

参 考 文 献

[1] 赵昆嵛，赵燕会，庄肖，等. 增塑剂合成及应用研究现状及分析[J]. 橡塑技术与装备，2023，49(01)：62-66.

[2] 吴海龙，农桂叶，曹宇，等. 聚氯乙烯用环保型增塑剂的研究进展[J]. 包装工程，2022，43(07)：118-124.

[3] 冯珊. 非邻苯类环保增塑剂的合成及应用研究[D]. 江南大学，2023.

[4] 唐志强，赵麟，刘艳霞，等. 新型环境友好绿色增塑剂的分子设计[J]. 科学通报，2022，67(24)：2835-2847.

[5] 吴三民，邬娇娇，徐向亚，等. 聚氯乙烯用生物质基增塑剂研究进展[J]. 化工新型材料，2022，50(S1)：46-49.

[6] 毛倩. 生物基增塑剂绿色合成工艺研究[D]. 北京化工大学，2021.

7.2 烷基磺酸苯酯

烷基磺酸苯酯(phenyl alkylsulfonate)又称石油酯、T-50、M-50。结构式为：

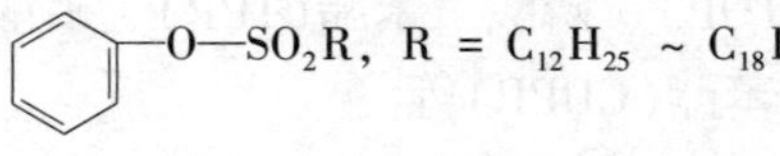

1. 性能

浅黄色透明油状液体。相对密度 1.03~1.06，凝点 -10℃以下，沸程 211~279℃(130Pa)，黏度 0.1~0.13Pa·s。闪点 200~220℃，折射率 1.494~1.500。不溶于水，溶于多种有机溶剂。具有生物降解性。加热至 100℃，6h 热挥发量小于 0.2%。可燃，低毒。

2. 生产原理

在光照下，重石蜡烃(C_{12}~C_{18}，平均碳数为 15)用发烟硫酸、二氧化硫和氯气进行磺酰氯化得到烷基磺酰氯，然后在碱性条件下与苯酚酯化得到产品。

$$C_nH_{2n+2}+SO_2+Cl_2 \xrightarrow{\text{光照}} C_nH_{2n+1}SO_2Cl+HCl$$

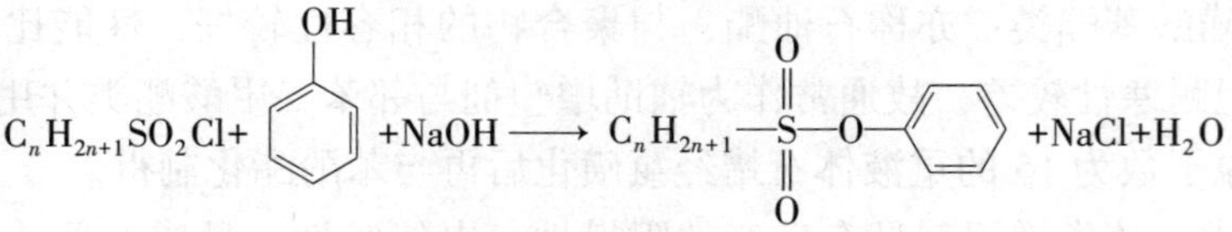

(n=12~18)

3. 工艺流程

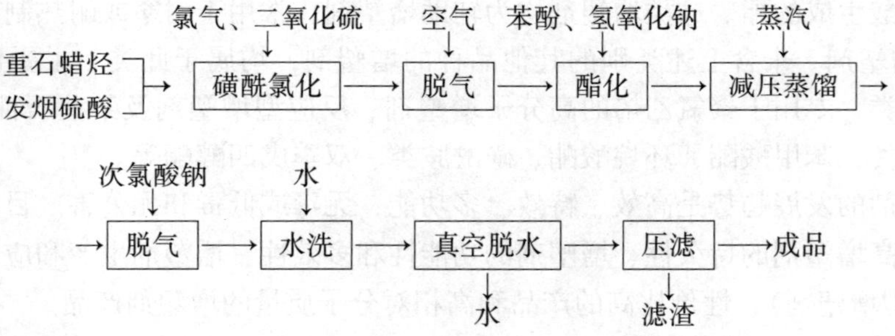

4. 主要原料(kg/t)

重石蜡烃(220~230℃馏分)	620~650	次氯酸钠(10%)	220
二氧化硫(99%)	280~283	苯酚(凝点 40.4℃，98%)	290
液氯(99%)	285~380	氢氧化钠(30%)	160

5. 生产工艺

将重石蜡烃(C_{12}~C_{18})放入磺酰氯化塔，在光照射下，通入氯气和二氧化硫混合气，反应放出的氯化氢气体经吸收塔吸收成盐酸。反应物料在脱气塔中用空气进一步脱去氯化氢。得到的磺酰氯化产物投入酯化釜，在氢氧化钠存在下与苯酚于 50~80℃下进行酯化反应 3h。放掉下层废水，上层粗酯在萃取釜中用碱水洗去未反应的苯酚。洗下的苯酚钠供回收使用。洗涤后的粗酯用过热蒸汽在减压下于 200℃进行蒸馏，蒸出中性油。残余物置脱色釜中用次氯酸钠于 67℃漂白，脱色的粗品于 95℃减压脱水后经板框压滤机压滤得淡黄色透明油状液体。

6. 质量标准

外观	浅黄色透明油状液体
密度/(g/cm³)	1.03~1.06
闪点(开杯)/℃	200~220
色泽(碘比色)/号	≤8
酸值/(mgKOH/g)	≤0.10
加热减量(125℃，3h)/%	0.20

7. 质量检验

(1) 闪点测定

按 GB/T 1671《增塑剂闪点的测定　克利夫兰德开口杯法》进行。

(2) 密度测定

按 GB/T 1666《增塑剂密度的测定》进行。

(3) 色泽测定

按 GB/T 1673《增塑剂外观色泽的测定(碘比色法)》进行。

(4) 加热减量测定

按 GB/T 1669《增塑剂加热减量的测定》进行。

8. 用途

本品为聚氯乙烯的增塑剂。电性能和机械性能好，挥发性能低，能赋予制品优良的耐候性、柔软性及加工流动性。适用于人造革、薄膜、电线和电缆料、鞋底等制品，但受强光照射有轻微的变黄倾向，耐寒性不及 DOP。因此常与邻苯二甲酸酯类并用，用量一般为 5%~30%。在橡胶工业中用作天然橡胶和合成橡胶的增塑剂，可改善制品的低温挠曲性和回弹性。

9. 安全与贮运

生产中使用液氯、二氧化硫、苯酚等有毒原料，反应设备应密闭，操作人员应穿戴劳保用具，车间内加强通风。

产品采用镀锌铁桶包装。贮存于阴凉、干燥、通风的库房中，远离火种、热源，防止日晒雨淋。按易燃物品规定贮运。

参　考　文　献

[1] 胡识人. 新型增塑剂——乙型石油酯[J]. 浙江化工，1988，(04)：19.

7.3　增塑剂 DIBP

增塑剂 DIBP(plasticizer DIBP)又称邻苯二甲酸二异丁酯、邻酞酸二异丁酯。分子式 $C_{16}H_{22}O_4$，相对分子质量 278.42。结构式为：

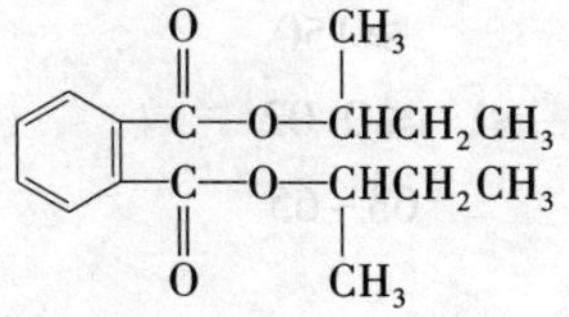

1. 性能

无色透明液体。微有芳香味，可燃。密度 1.038g/cm^3，沸点 327℃，闪点 177℃，着火点 182℃，凝点 -50℃，折射率 1.4900，黏度 36.4mPa · s(25℃)。水中溶解度 0.05g/L(25℃)。沸水中稳定性 0.022%(96h 水解百分比)。与各种纤维素和聚氯乙烯、聚苯乙烯、聚乙酸乙烯等树脂具有良好相容性。

2. 生产原理

在硫酸催化下邻苯二甲酸酐与异丁醇发生二酯化，得到产品。

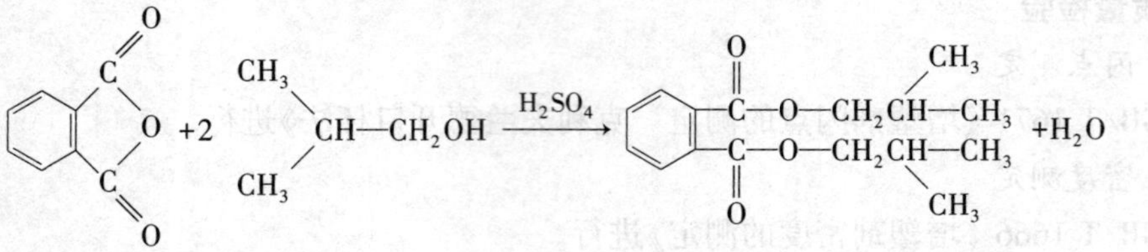

3. 工艺流程

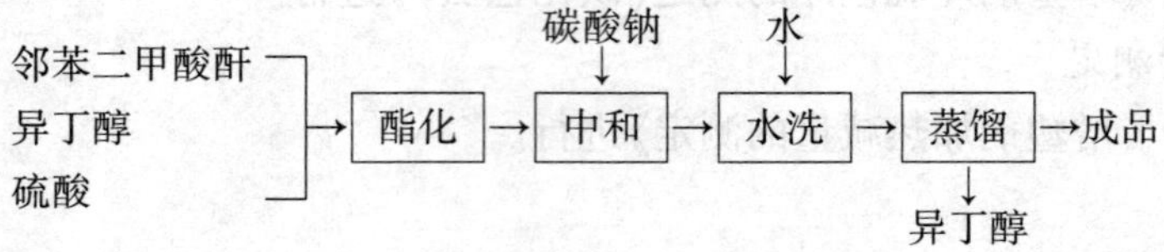

4. 主要原料(kg/t)

邻苯二甲酸酐(98%)	546	异丁醇(工业品)	573

5. 生产工艺

在搪瓷酯化反应釜中加入邻苯二甲酸酐、异丁醇和浓硫酸，加热至 149~151℃进行酯化反应，反应时间为 4h。反应生成酯和水，利用过量异丁醇将水共沸带出，直至取样分析其酸值在 2mgKOH/g 以下即为终点。所得到的酯化液进入中和工序。将酯化液冷却到 80℃，加入 5%的碳酸钠水溶液进行中和，以除去其中的硫酸和微量未反应的苯酐，经澄清分层后除去水层，酯层酸值小于 0.02mg KOH/g 即为终点。得到的中和液进入脱醇工序。将中和后的酯液送入脱醇锅，控制脱醇温度为 150℃，真空度为 7500Pa，在减压下将过量异丁醇蒸去。脱醇后的酯液进入真空蒸馏，控制真空度在 7550Pa 以上进行加热，使酯汽化，最后经冷凝器冷凝成液体，即得成品。

6. 质量标准

	一级品	二级品
外观	透明油状液体	透明油状液体
色值(Pt-Co 比色)/号	≤30	≤70
酯含量/%	≥99.0	≥99.0
密度/(g/cm^3)	1.038~0.002	1.038~0.002
酸值/(mgKOH/g)	≤0.1	≤0.2
闪点/℃	≥150	≥150
灰分/%	≤0.02	
熔点/℃	63~65	62~65

7. 质量检验

(1) 色值测定

按 GB/T 1664《增塑剂外观色度的测定》进行。

(2) 酯含量测定

按 GB/T 6489.3《工业用邻苯二甲酸酯类的检验方法 酯含量的测定 皂化滴定法》进行。

(3) 密度测定

按 GB/T 1666《增塑剂密度的测定》进行。

(4) 酸值测定

按 GB/T 1668《增塑剂酸值的测定》进行。

(5) 闪点测定

按 GB/T 1671《增塑剂闪点的测定 克利夫兰德开口杯法》进行。

(6) 灰分测定

按 GB/T 1658《增塑剂灰分的测定》进行。

(7) 熔点测定

按 GB/T 1663《增塑剂凝固点的测定》进行。

8. 用途

用作塑料增塑剂。本品具有强烈的溶解能力。主要用于聚氯乙烯塑料，也可用于橡胶、黏合剂和涂料，具有优良的软化作用，稳定力强。还可用作聚乙酸乙烯、醇酸树脂、乙基纤维素及硝基纤维素的增塑剂。其性能与邻苯二甲酸二丁酯类似，但挥发性和水抽出损失较大，耐久性不够理想。本品低毒，可用作食品包装材料的增塑剂。

9. 安全与贮运

原料苯酐具有中等毒性，空气中最高允许浓度为 0.0002%；异丁醇有毒，现场最高容许浓度<0.2mg/m^3。设备应密闭，操作现场保持良好通风状态。

本品低毒，美、英等国允许本品用于食品包装材料中。使用铁桶包装，贮存于通风、阴凉处。按一般可燃化学品规定贮运。

参 考 文 献

[1] 高会奇，蔺志平，刘恺，等. HZSM-5 分子筛固体酸催化合成邻苯二甲酸二丁酯的研究[J]. 当代化工研究，2023，(11)：184-187.

[2] 白文科. 甲磺酸催化合成邻苯二甲酸二丁酯工艺优化研究[J]. 化学工程师，2022，36(12)：101-103.

7.4 增塑剂 DEP

增塑剂 DEP(plasticizer DEP)又称邻苯二甲酸二乙酯 。分子式 $C_{12}H_{14}O_4$，相对分子质量 222.2。结构式为：

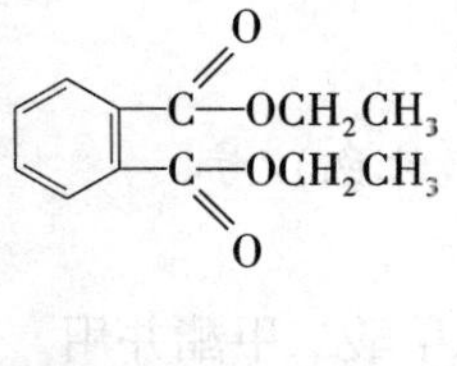

1. 性能

无色、无臭、透明、微具有芳香性的液体。密度 1.118g/cm^3，凝点-40℃，流动点

−4℃，沸点 298℃，着火点 154.5℃，折射率 1.499，黏度 21mPa·s，蒸气压(163℃) 1.86kPa。不溶于水，溶于乙醇、乙醚、丙酮等有机溶剂。低温柔软性和耐久性优于邻苯二甲酸二甲酯。

2. 生产原理

在硫酸催化下，邻苯二甲酸酐与乙醇酯化得到 DEP。

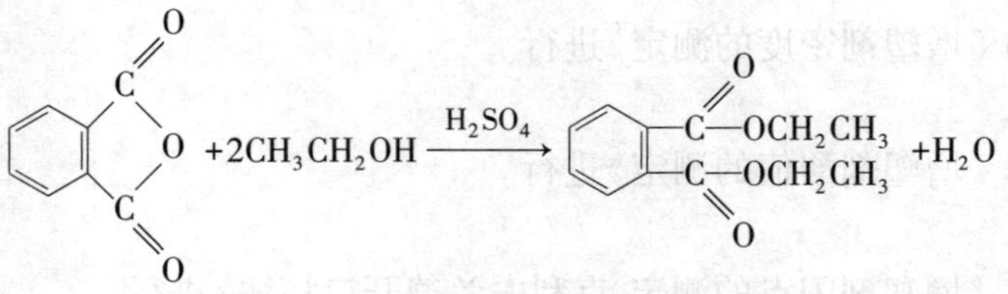

3. 工艺流程

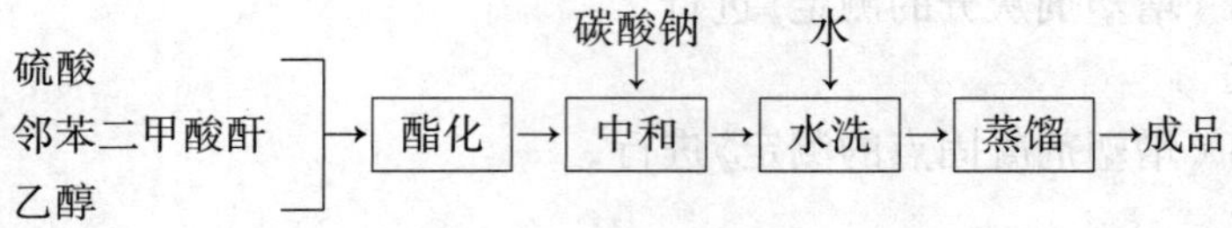

4. 主要原料(kg/t)

邻苯二甲酸酐(99%)	760	乙醇(95%)	700

5. 生产工艺

在酯化反应锅中加入邻苯二甲酸酐、95%的乙醇、浓硫酸，控制夹套蒸气压力为 4.9×10^4Pa，回流 1h。高浓度乙醇由高位槽经锅底阀门加入，蒸气压力升至 4×10^5Pa 后酯化 29~31h，取样分析酸度，反应结束。减压回收乙醇，料液用泵送至中和槽，用碳酸钠进行中和，最后经水洗、蒸馏得到邻苯二甲酸二乙酯。

6. 实验室制法

在装有回流冷凝器的 500mL 三口烧瓶中，加入 148g 邻苯二甲酸酐、115g 无水乙醇、100g 无水苯。烧瓶在冰水浴下滴加 24g 氯亚砜，加完后于室温下放置反应三天，将其倒入冰水中。分出苯层，用 5%的碳酸钠水溶液洗涤，再用水洗，蒸馏回收苯后，减压蒸馏，收集 170~172℃/12×133.3Pa 馏分，得产品 191g。

7. 质量标准

	一级品	二级品
酯含量/%	≥99.0	≥98.5
酸值/(mgKOH/g)	≤0.10	≤0.20
密度/(g/cm³)	1.118~1.122	1.118~1.122
闪点/℃	≥130	≥130
色度(Pt-Co 比色)/号	≤35	≤80
热稳定性(加热后色泽，Pt-Co 比色)/号	≤50	

8. 用途

用作塑料增塑剂，通常与邻苯二甲酸二甲酯并用。主要用作乙酸纤维素的增塑溶剂，可提高制品弹性和防水能力，并具有适当硬度。还用于硝基纤维素，可提高制品强度和耐光性，能制得无臭、无味的赛璐珞制品。在黏合剂工业中用作食品包装薄膜无毒黏合剂的增塑剂，以及作为提高乙酸乙烯乳液黏合能力的添加剂。也用作丁腈橡胶和氯丁橡胶的增塑剂，以及香料溶剂。

9. 安全与贮运

酯化反应在加压下反应，设备必须符合耐压要求。邻苯二甲酸酐和乙醇易燃，生产过程注意防火。

本品低毒。兔经口服 LD_{50} 1000mg/kg。采用铁桶包装，贮存于阴凉、干燥处，注意防火隔热。按一般化学品规定贮运。

参 考 文 献

[1] 朱蕾，李公春，姜丹. 邻苯二甲酸二乙酯的合成[J]. 河北化工，2011，34(04)：37-38.
[2] 文耀智. 固体酸催化合成邻苯二甲酸二乙酯[J]. 湘潭大学自然科学学报，2000，(02)：82-83.

7.5 增塑剂 DIDP

增塑剂 DIDP(plasticizer DIDP)化学名称为邻苯二甲酸二异癸酯。分子式 $C_{28}H_{46}O_4$，相对分子质量 446.67。结构式为：

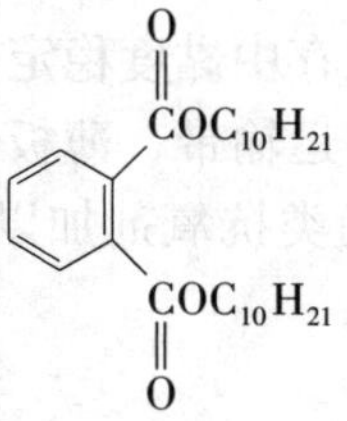

1. 性能

无色黏稠油状液体。微具气味。相对密度(25℃)0.961～0.969。凝点-20℃，沸点420℃(0.1MPa)，闪点(开口法)221～236℃，黏度 0.083～0.125Pa·s(20℃)，折射率1.484(20℃)。溶于酮类、醚类、酯类、烃类、氯代烃类等多数有机溶剂，在水中的溶解度低于0.01%(25℃)，微溶于甘油、乙二醇和胺类溶剂，与多数树脂具有良好的相容性。毒性极低，美国(FDA)等多数国家卫生管理法规许可其用于食品包装材料。

2. 生产原理

在 Lewis 酸催化下，邻苯二甲酸酐与异癸醇发生酯化，经分离精制得增塑剂 DIDP。

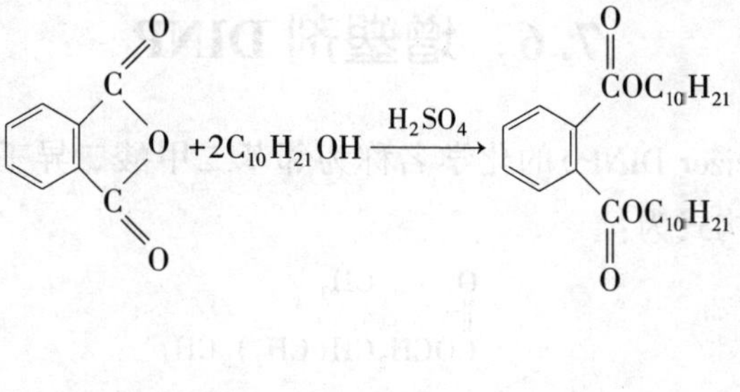

3. 工艺流程

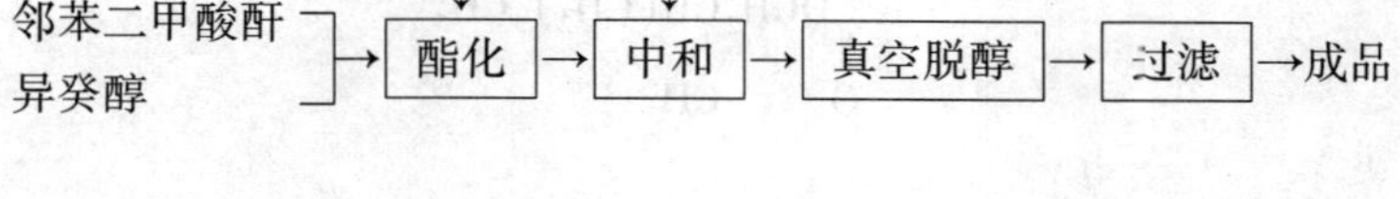

4. 主要原料(kg/t)

邻苯二甲酸酐(99.7%)	338	硫酸(99.5%)	3.8
异癸醇(95%)	745		

5. 生产工艺

在酯化反应釜中加入74.5kg异癸醇、33.8kg邻苯二甲酸酐，搅拌下加入总物料量0.25%~0.30%的浓硫酸和总物料量0.1%~0.3%的活性炭，于150~170℃/93.1kPa下酯化反应3h。反应生成的水经水分离器分离，至反应物料酸值≤0.5mgKOH/g。将物料用5%的氢氧化钠中和，再用85℃热水洗涤。分水后，粗酯进行减压蒸馏脱醇，过滤后得增塑剂DIDP。

6. 质量标准

外观	黏稠油状液体	酯含量/%	≤99
色度(APHA)/号	<50	水分/%	<0.1
酸度(以乙酸计)/%	≥0.01		

7. 用途

用作塑料增塑剂。由于DIDP为邻苯二甲酸的高碳醇酯，相对分子质量大，挥发性小，耐迁移，耐抽出，电性能优异，可作为乙烯基塑料和纤维素塑料以及丁腈橡胶、氯丁橡胶的主增塑剂。但是增塑效率、耐寒性和与树脂的相容性不及DOP。本品的突出特征是被增塑制品的柔软性随温度变化的幅度小，贮存中黏度稳定，尤其适合用于环境温差范围较大的制品和增塑糊制品。如适用于高温电线、运输带、薄板、压出制品，也适用于塑溶胶。最大不足表现为易受热变色，但可通过并用酚类抗氧剂加以克服。作为PVC主增塑剂，可单独使用，也可与其他增塑剂品种配合使用。

8. 安全与贮运

生产设备密闭，防止冒漏，操作人员应穿戴劳保用品。产品采用铁桶包装。按一般化学品贮运。

参 考 文 献

[1] 刘乃青，王勋章，王硕，等. 一种邻苯二甲酸二异癸酯的生产方法[P]. 中国专利：CN1733695，2006-02-15.

[2] 陈玉成，林东风，罗志敏，等. 固体酸催化合成邻苯二甲酸二癸酯的研究[J]. 南开大学学报(自然科学版)，2009，42(03)：71-77.

7.6 增塑剂DINP

增塑剂DINP(plasticizer DINP)的化学名称为邻苯二甲酸二异壬酯。分子式$C_{26}H_{42}O_4$，相对分子质量418.62。结构式为：

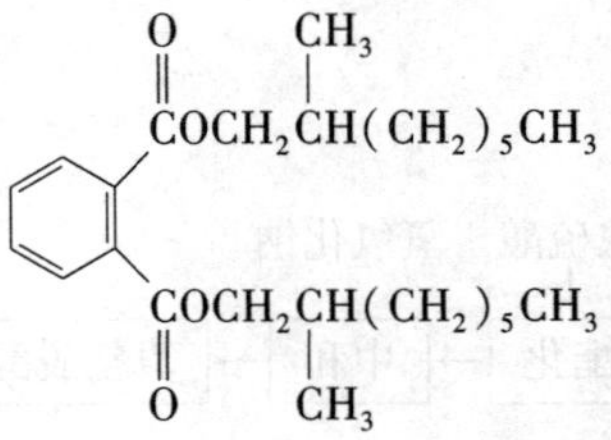

1. 性能

无色透明液体。相对密度(20℃)0.977，折射率(n_D^{25})1.484，闪点228℃，沸点403℃，黏度(25℃)5.5×10^{-2}Pa·s。具有挥发性低、优良的低温柔软性和胶凝性能。本品低毒，大白鼠经口LD_{50}>10g/kg，美国FDA等许可其用于食品包装材料。

2. 生产原理

在浓硫酸或Lewis酸催化下，邻苯二甲酸酐与异壬醇发生酯化反应，经后处理得增塑剂DINP。

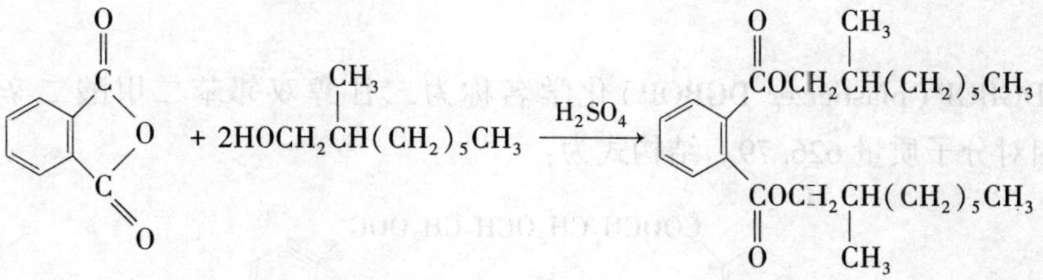

3. 工艺流程

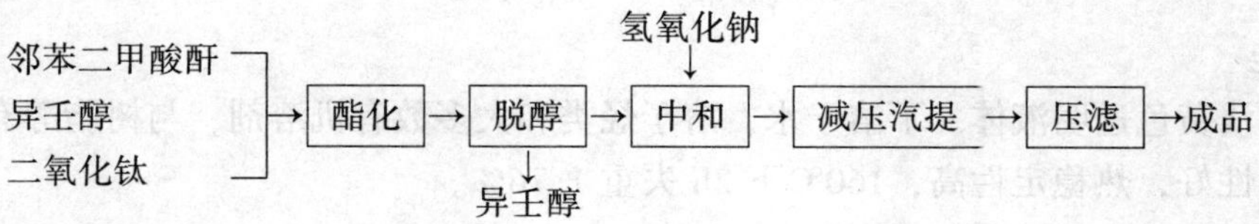

4. 生产工艺

将苯酐、异壬醇加入装有搅拌器、温度计和回流冷凝器的酯化反应釜内，开动搅拌，待苯酐完全溶解后再加入总物料量0.1%~0.3%的活性炭，将液温升到180℃，加入总物料量0.1%~0.3%的悬浮型固体催化剂TiO_2，于220℃下反应6h后，粗酯酸值为0.83mgKOH/g。反应物料在降膜蒸发器中脱醇，压力为4~6kPa，温度为200~210℃。经脱醇后的粗酯含醇量为0.5%~1.0%(质量)。

脱醇完毕，将液温降到180℃，在搅拌下加入NaOH，搅拌1~2h后，粗酯酸值达0.05mgKOH/g以下，将粗酯于温度130~170℃、压力4~5kPa下，通入蒸汽进行汽提，蒸汽量为增塑料DINP的10%左右。汽提后，将物料过滤得增塑剂DINP。

5. 质量标准

外观	无色透明油状液体
色度(APHA)/号	20
酸度(以苯二甲酸计)/%	<0.025
酯含量/%	>99
水分/%	<0.1
灰分/%	<0.02

6. 用途

用作塑料增塑料，是邻苯二甲酸高碳醇酯增塑剂的代表性品种。与DOP相比，具有相对分子质量较高、挥发性小、耐抽出、耐光、热老化，且耐寒性和电绝缘性优异的特点，但增塑效率较低(约为DOP的90%)。可广泛应用于电线电缆、薄膜、壁纸、防水布、屋顶片材、人造革和增塑料等制品。可单独使用，也可与其他增塑剂配合使用。

7. 安全与贮运

生产设备应防止冒漏，车间内加强通风。产品采用铁桶包装，贮存于阴凉、通风处。按一般化学品贮运。

参考文献

[1] 陈悌递，黄朝财，施舒. 邻苯二甲酸二异壬酯增塑剂在提高挤出效益方面的应用[J]. 中国塑料，2003，(03)：75-78.

7.7 增塑剂 DGBOP

增塑剂 DGBOP（plasticizer DGBOP）化学名称为二甘醇双邻苯二甲酸二辛酯。分子式 $C_{36}H_{50}O_9$，相对分子质量 626.79。结构式为：

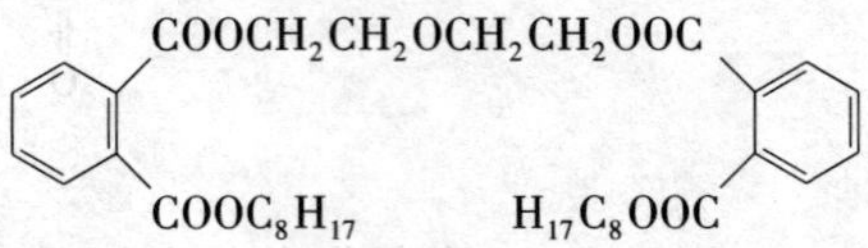

1. 性能

无色或浅黄色透明液体。不溶于水，溶于烃类和大多数有机溶剂，与树脂醇有良好的相容性。透明性好，热稳定性高，160℃下 2h 失重 1.76%。

2. 生产原理

邻苯二甲酸酐与二甘醇反应，然后再与 2-乙基己醇化，经后处理得到二甘醇双邻苯二甲酸二辛酯。

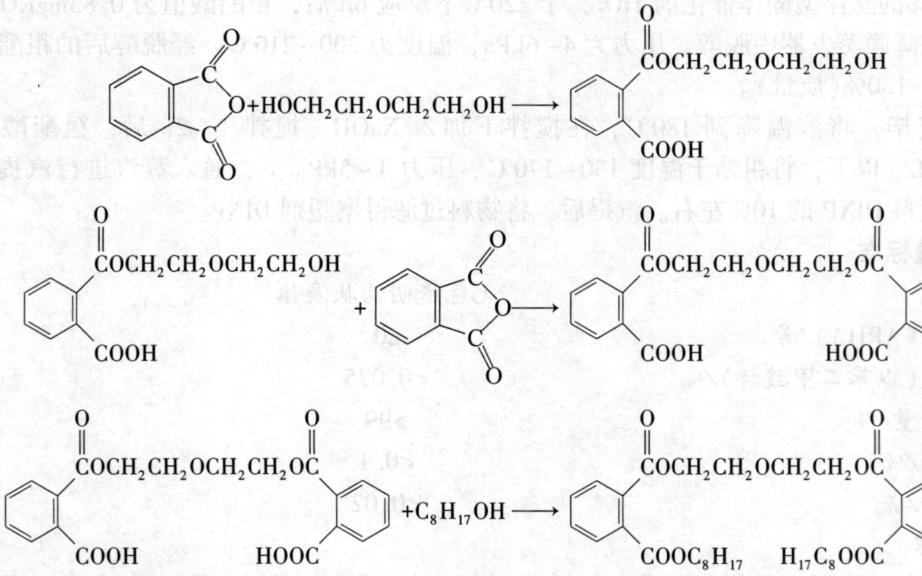

3. 工艺流程

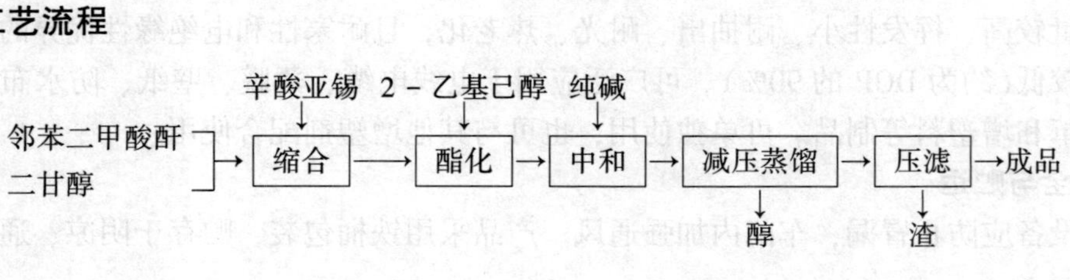

4. 主要原料(质量份)

邻苯二甲酸酐(99.6%)	296	二甘醇(工业品)	111
辛醇(2-乙基己醇，工业品)	430	辛酸亚锡	0.76

5. 生产工艺

在反应釜中加入 296 份苯酐、111 份二甘醇和 1.33 份辛酸亚锡，混合，控制反应温度为 135~140℃，搅拌下反应 2.5h。当酸值达 290mgKOH/g 时，加入 430 份 2-乙基己醇，于 190~220℃下加热脱除生成水。当酸值达 2mgKOH/g 以下时，终止反应。当反应液温度降到 100℃时，加入 4%的 Na_2CO_3 溶液中和，控制温度为 100℃使酸值降到 0.1mgKOH/g 以下。加入 53 份活性白土和 0.7 份活性炭，搅拌，放置一夜，将油层减压蒸馏脱除残余的辛醇、水和杂质，然后减压过滤得二甘醇双邻苯二甲酸二辛酯。

6. 质量标准

外观	无色或浅黄色透明液体
酸值/(mgKOH/g)	≤0.1
酯含量/%	≥99
加热减量(160℃，2h)/%	≤2.0

7. 用途

用作聚氯乙烯塑料的增塑剂，其综合性能优于 DOP，可以替代 DOP 作为主增塑剂。

8. 安全与贮运

生产设备应密闭，车间内加强通风。产品用铁桶包装，按一般化学品规定贮运。

参 考 文 献

[1] 卢军，刘操. 新型增塑剂——二甘醇双[邻苯二甲酸二丁酯]的合成与应用[J]. 沈阳化工学院学报，1989，(03)：229-234.

7.8 增塑剂 BBP

增塑剂 BBP(plasticizer BBP)化学名称为邻苯二甲酸丁苄酯，又称邻酞酸丁苄酯。分子式 $C_{19}H_{20}O_4$，相对分子质量 312.37。结构式为：

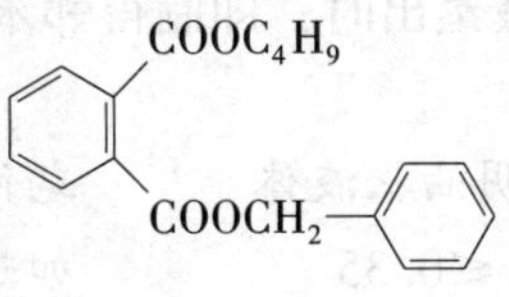

1. 性能

透明油状液体，易燃，具有微弱的臭味。不溶于水，溶于有机溶剂和烃类。与大多数树脂有良好的相容性，溶剂化作用强。相对密度(d_4^{25})1.113~1.121。熔点-35℃，沸点 370℃，闪点 210℃。折射率(n_D^{25})1.5360。黏度 0.065Pa·s。

2. 生产原理

首先，邻苯二甲酸酐与正丁醇发生单酯化，得到邻苯二甲酸单丁酯。然后在碳酸钠存在下与氯化苄进行第二次酯化，再经液碱中和、水洗后进行减压蒸馏而制得。

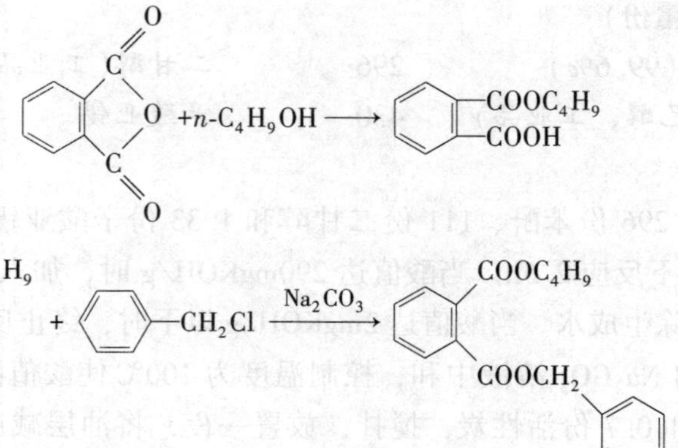

3. 工艺流程

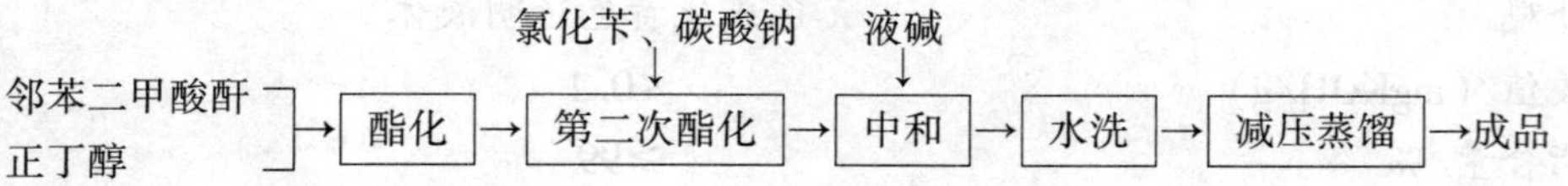

4. 主要原料(kg/t)

邻苯二甲酸酐(99%)	560	正丁醇	290
氯化苄(工业品)	620	碳酸钠(98%)	320

5. 生产工艺

在装有搅拌器的酯化反应釜内加入336kg苯酐、174kg正丁醇，搅拌下逐渐加热升温至100~110℃，保温反应2h。将物料冷却至60℃，缓慢滴加30%的液碱332kg，温度控制在75~80℃，约0.5h内加完，此时物料pH值为8左右。将温度维持在70℃，加入氯化苄372kg、三乙胺2.25kg，搅拌下逐渐升温至回流温度。维持回流反应，并每隔一段时间补加纯碱水溶液，使物料pH值保持在8~9之间。反应温度控制在110~115℃，搅拌，保温反应4h，酯化反应即完成。将反应料冷却降温至80℃时，加入冷水18~22kg溶解反应混合物中的氯化钠固体。搅拌后静置0.5h，分去水层。再加入水18~22kg，搅拌，洗涤，静置，分层，去水。所得粗酯用水蒸气蒸馏(直接将水蒸气通入物料中蒸馏)，液相温度110℃左右，蒸出丁醇等低沸物。水蒸气蒸馏完成后，再真空蒸馏除去水和氯化苄，维持真空度93.3kPa以上，馏出温度140℃。待无馏出液蒸出时，即制得邻苯二甲醇丁苄酯成品。

6. 质量标准

外观	透明油状液体	皂化值/(mg KOH/g)	355±5
酸值/(mg KOH/g)	≤0.35	加热减量/%	≤0.4
色泽(Pt-Co比色)/号	≤100	闪点(开杯)/℃	≥182
氯含量/%	≤0.1		

7. 用途

可作聚氯乙烯、氯乙烯共聚物、纤维素树脂、天然橡胶和合成橡胶的增塑剂，溶解能力强，互容性好。具有良好的耐热性、耐光性和耐寒性，高温挥发性好。在聚氯乙烯中可显著改善其加工性。由本品增塑制得的制品抗污染，耐磨损，塑化速度快，填充剂容量大，耐水和耐油抽出，且具有优良的电绝缘性。本品多与其他增塑剂配合用于地板砖、瓦楞板等高填充塑料制品。还可与 DOP 等增塑剂并用于薄膜、人造革，可赋予制品优良的透明性和表面光滑性。可用于后发泡的压延配方，降低加工温度，避免发泡剂过早分解。用于乙基纤维素可制得透明坚韧的板材、薄膜、模制品和热熔黏合剂。以 40%(质量)左右的量用于乙酸丁酸纤维素，可制得透明的皮革状薄片，用量较小时，可以配成适于挤塑和模塑的硬质料。用于硝酸纤维素漆中可以获得透明柔韧的漆膜。

8. 安全与贮运

本品毒性低，原料苯酐具有中等毒性，丁醇为二级有机易燃液体，苄氯有毒，对黏膜有强烈的刺激作用，有催泪作用，空气中最高容许浓度为 $5mg/m^3$。设备应密闭，车间内保持良好通用状态。

使用铁桶包装，密闭贮存。按一般可燃化学品规定贮运。

参考文献

[1] 曹小红，刘瑛，刘云海. 相转移催化合成增塑剂邻苯二甲酸丁苄酯的研究[J]. 东华理工学院学报，2005，(02)：166-168.

[2] 袁颂东. 邻苯二甲酸丁苄酯生产工艺研究[J]. 国外建材科技，2002，(03)：58-59.

7.9 增塑剂 DBP

增塑剂 DBP(plasticizer DBP)化学名称为邻苯二甲酸二丁酯、邻酞酸二丁酯。分子式 $C_{16}H_{22}O_4$，相对分子质量 278.34。结构式为：

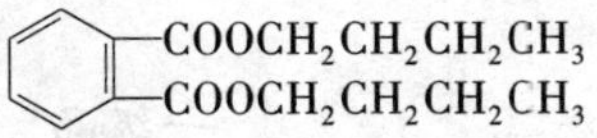

1. 性能

无色透明油状液体，微具芳香气味。可燃，稳定。溶于大多数有机溶剂和烃类。在水中的溶解度 0.03%(25℃)，水在其中的溶解度 0.4%(25℃)。相对密度(d_{20}^{25})1.045。熔点 -25℃。沸点 340℃。闪点 171℃。折射率(n_D^{20})1.4926，黏度 0.0203Pa·s(25℃)。本品毒性低微。

2. 生产原理

由邻苯二甲酸酐和正丁醇在硫酸作用下进行酯化，然后经中和、分离而制得。

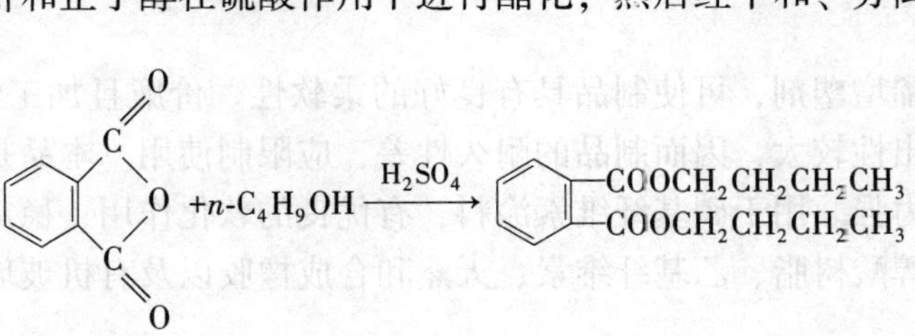

3. 工艺流程

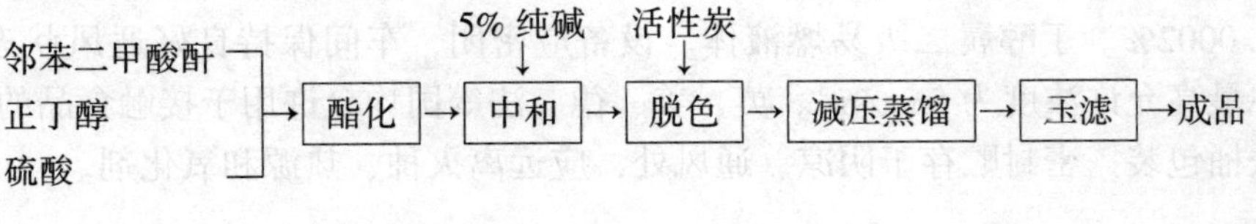

4. 主要原料(kg/t)

邻苯二甲酸酐(99%)	535	正丁醇	552
硫酸(98%)	5	纯碱	15

5. 生产工艺

将苯酐和正丁醇按质量比 1.25∶1 的量加入不锈钢反应釜内，反应釜连接回流冷凝器和醇水分离器。再向釜内加入为总物料 0.3%的催化剂硫酸和为总物料 0.2%的活性炭(起吸附氧气和脱色作用)。用蒸汽通釜夹套间接加热至釜内苯酐完全熔解，然后直接从釜底通蒸汽，加热约 10~20min，至塔顶温度达 120℃左右即停通蒸汽。改通釜夹套蒸汽，继续加热，维持釜内温度 135~155℃，进行酯化反应 4~5h。此阶段反应物料沸腾，不断蒸出醇水恒沸物，经冷凝器冷凝后进入醇水分离器，上层的丁醇溢流回酯化釜，下层水排入计量槽。当冷凝器内冷凝液不再出现水珠，反应物料的温度上升到 170℃时，取样测定，若每克样品含 2mg 游离酸则为终点。将物料冷却至 70℃，用 5%纯碱中和至中性，并搅拌 0.5h，静置 1h，分层后排出水相，粗酯用 70~80℃热水洗涤 1~2 次。然后进行真空蒸馏，除去过量的正丁醇和低沸物。在 150℃真空度为 0.0079MPa 下进行蒸馏，至物料达 160℃以上时，停止蒸馏。物料经压滤后即制得邻苯二甲酸二丁酯成品。

6. 实验室制法

在三口反应瓶中，加入 30g 邻苯二甲酸酐和 25g 正丁醇，加热至 200℃，回流 2h，冷却至 100℃，加入 2.5g 硫酸，再升温至 200℃，补加 27g 正丁醇，回流 12h，冷却，用碳酸钠溶液洗去醇和酸。于 100×133.3Pa 下减压蒸馏除去水和残余的醇得到粗产品。粗产品先后用稀氢氧化钠溶液洗、亚硫酸氢钠洗、活性炭脱色后蒸馏脱水，用无水氯化钙干燥，然后减压蒸馏得纯品。

7. 质量标准

	一级品	合格品
外观	透明油状液体	透明油状液体
酯含量/%	≥99	≥99
酸值(以苯二甲酸计)/%	≤0.015	≤0.030
相对密度(d_4^{20})	1.044~1.048	
加热减量/%	≤0.5	≤0.7
闪点/℃	≥160	≥160
色度(Pt-Co 比色)/号	≤25	≤60

8. 用途

主要作聚氯乙烯增塑剂，可使制品具有良好的柔软性。价廉且加工性好，故使用广泛。但其挥发性和水抽出性较大，因而制品的耐久性差，应限制使用。本品是硝化纤维素的优良增塑剂，凝胶化能力强。用于硝基纤维素涂料，有优良的软化作用、稳定性、黏着性。还可用作聚乙酸乙烯、醇酸树脂、乙基纤维素、天然和合成橡胶以及有机玻璃的增塑剂。

9. 安全与贮运

生产中使用的邻苯二甲酸酐具有中等毒性，对皮肤、黏膜有局部刺激性，空气中最高容许浓度为 0.0002%。丁醇属二级易燃液体。设备应密闭，车间保持良好通风状态。本品低毒，空气中最高允许浓度为 5mg/m³。英、美、德、法等国均允许用于接触食品的塑料制品。

使用铁桶包装，密封贮存于阴凉、通风处，应远离火种、热源和氧化剂。

参 考 文 献

[1] 白文科. 甲磺酸催化合成邻苯二甲酸二丁酯工艺优化研究[J]. 化学工程师, 2022, 36 (12): 101-103.

[2] 邢晓红, 赵佳瑞, 姚焕英. 邻苯二甲酸二丁酯的制备[J]. 广州化工, 2019, 47 (04): 37-38.

[3] 赵素粉, 陈云斌, 王世伟, 等. 邻苯二甲酸二丁酯的合成及其动力学研究[J]. 现代化工, 2011, 31 (S2): 89-91.

7.10 增塑剂 DCHP

增塑剂 DCHP(plasticizer DCHP)化学名称为邻苯二甲酸二环己酯，也称邻酞酸二环己酯。分子式 $C_{20}H_{26}O_4$，相对分子质量 330.42。结构式为：

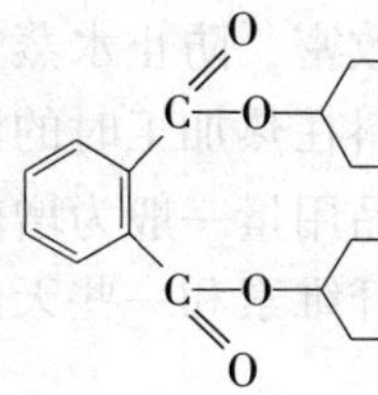

1. 性能

白色结晶粉末，微具芳香气味。难溶于水，微溶于乙二醇及某些胺类，溶于丙酮、甲乙酮、环己酮、乙醚、四氯化碳、甲苯等有机溶剂。与许多树脂有良好的相容性。相对密度(d_{25}^{25})1.20。熔点 65℃。沸程 220~228℃。闪点 207℃。着火点 240℃。熔点下黏度 0.223Pa · s。蒸气压(150℃)12Pa。

2. 生产原理

苯酐与环己醇在硫酸催化下减压酯化，然后中和、水洗、脱醇、干燥、粉碎、过筛而得。

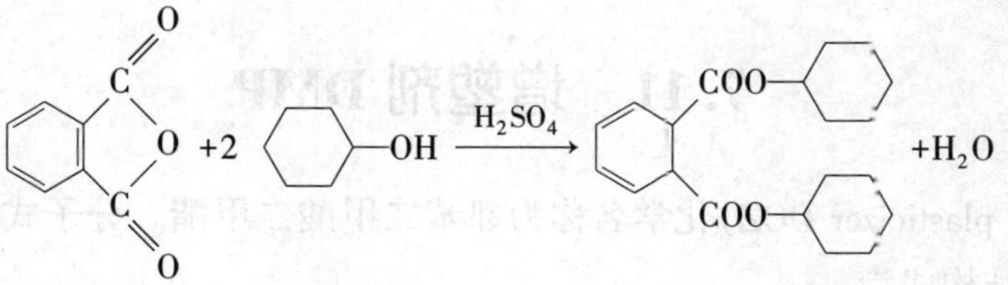

3. 工艺流程

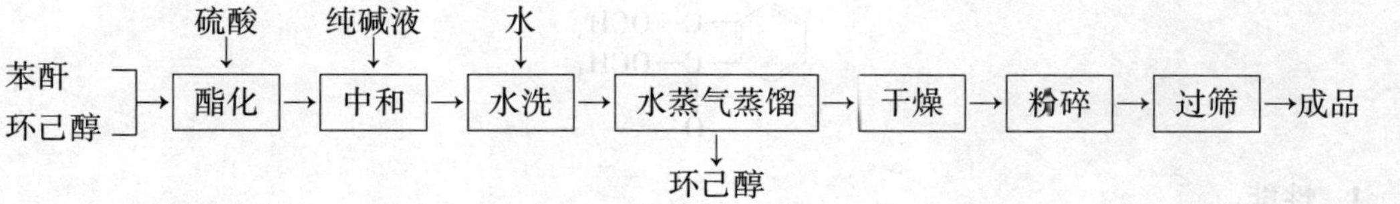

4. 主要原料(kg/t)

邻苯二甲酸酐(99%)	500	环己醇(工业品)	670

5. 生产工艺

在连有真空系统、冷凝器的酯化反应釜中，加入 400kg 苯酐、960kg 环己醇和 3kg 催化剂硫酸，加热升温。待固体苯酐全部熔融成液态时，则单酯化反应完成。继续加热，升温至

120℃左右，抽真空，并维持真空度 80kPa，进行酯化反应 2~3h。待真空冷凝系统已无水滴抽出时，取样检测酸值。测定的酸值若与空白硫酸液(浓度与投料硫酸相同的环己醇硫酸液)相近时，酯化反应完成。所得粗酯液先用纯碱液中和，再水洗。然后用水蒸气蒸馏脱除环己醇。馏出液经冷凝、静置分层，回收环己醇约 400kg。脱醇后的酯趁热放料，凝固，干燥，粉碎，过筛后制得成品邻苯二甲酸二环己酯。

6. 质量标准

外观	白色结晶粉末	加热减量(125℃，3h)/%	<0.2
酸值/(mgKOH/g)	<0.1	熔融色泽(Pt-Co 比色)/号	<100
含量/%	≥99	熔点/℃	63~65

7. 用途

可作为聚氯乙烯、丙烯酸树脂、聚苯乙烯硝酸纤维素等树脂的主增塑剂，具有防潮作用，与其他增塑剂并用，可使制品收缩致密，防止水蒸气透过和增塑剂挥发。含有本品的塑料制品表面光洁，手感好。可改善树脂料在热加工时的流动性。在合成树脂黏合剂中，本品可提高其黏合力、耐油性和耐久性。本品用量一般为增塑剂总量的 10%~20%，用量不宜过大，否则制品硬度增大。还可用于硝酸纤维素和一些天然树脂，可制造防潮涂料。

8. 安全与贮运

原料环己醇有毒，对中枢神经和肌肉有麻痹作用，对皮肤和黏膜有刺激性，工作现场最高容许浓度 200mg/m^3。邻苯二甲酸酐具有中等毒性。生产设备应密闭，防止跑、冒、漏。操作人员应穿戴劳保用品，车间保持良好通风状态。

产品低毒。使用内衬塑料袋的铁桶包装，贮存于阴凉、通风处。

参 考 文 献

[1] 郑兴荣. 酯交换法合成邻苯二甲酸二环己酯的研究[J]. 广东化工，2011，38(07)：53-54.

[2] 冯纪南，黄海英，邓斌. 邻苯二甲酸二环己酯的绿色催化合成研究[J]. 化学与生物工程，2011，28(06)：16-18.

7.11 增塑剂 DMP

增塑剂 DMP(plasticizer DOZ)化学名称为邻苯二甲酸二甲酯。分子式 $C_{10}H_{10}O_4$，相对分子质量 194.19。结构式为：

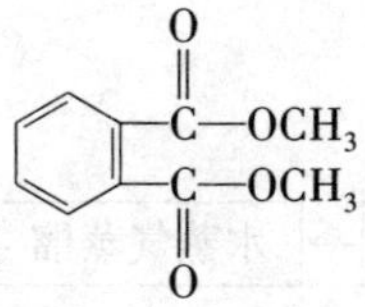

1. 性能

无色透明油状液体，微具芳香味。相对密度 1.192。熔点 0~2℃。沸点 282℃。闪点 151℃。自燃温度 573℃。折射率(n_D^{20})1.5150。不溶于水和矿物油，与乙醇、乙醚混溶，溶于苯、丙酮等多种有机溶剂。

2. 生产原理

由邻苯二甲酸酐和甲醇在反应塔内进行酯化，然后经分离器分离而得。

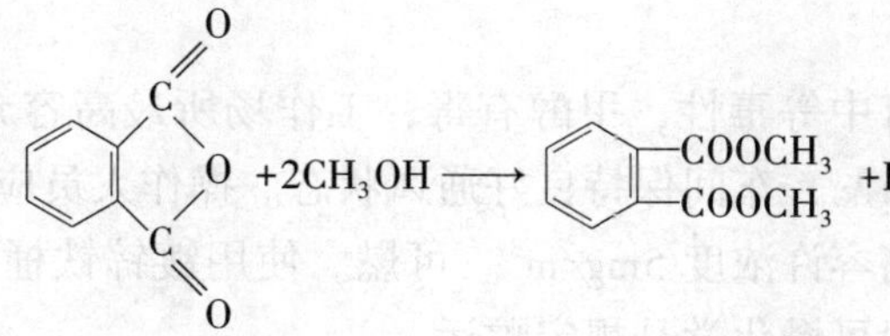

3. 工艺流程

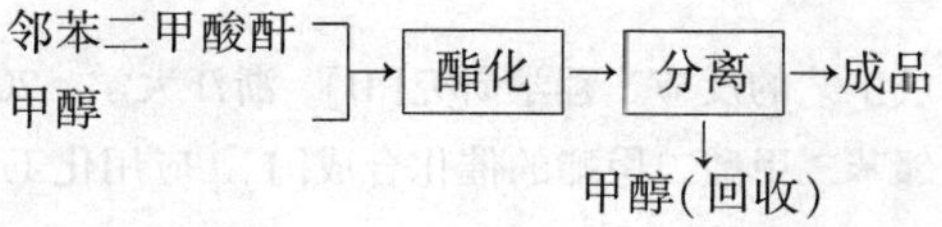

4. 主要原料(kg/t)

邻苯二甲酸酐(99%)	750	甲醇(98%)	445

5. 生产工艺

将邻苯二甲酸酐加热后，用泵以1MPa的压力从混合反应塔塔顶压入塔内。甲醇经预加热器加热蒸发后，从塔底进入塔内。混合物在塔内进行酯化反应，反应温度为250℃，压力为1~2MPa，反应物为气相。混合物在塔内酯化的时间约2h。酯化反应完成后，生成物由塔底流出，进入分离器。邻苯二甲酸二甲酯由分离器底流经冷凝器，冷凝后送入成品贮槽。气体甲醇由分离器上升至蒸馏锅，经冷凝后送入甲醇贮槽回收再用。从反应塔顶部逸出的气雾，经分离器分离出苯酐和甲醇，邻苯二甲酸酐流至邻苯二甲酸酐贮槽，循环再用。气体甲醇上升至冷凝器，经冷凝进入蒸馏锅蒸馏后进甲醇贮槽。如此连续进料连续反应制得邻苯二甲酸二甲酯成品。

6. 实验室制法

在100mL带回流冷凝管的烧瓶中，加入149.5g 99%的邻苯二甲酸酐，再加入250mL甲醇和18g浓硫酸，水浴加热回流反应10h。稍冷后，将回流装置改装为蒸馏装置，蒸出过量的甲醇。残余物经碱洗、水洗、干燥后减压蒸馏。收集147~148℃/10×133.3Pa馏分即得试剂级纯品。

7. 质量标准

含量/%	≥99
酸值/(mgKOH/g)	≤0.1
色度(APHA)/号	≤35
闪点/℃	≥127
酸度(以苯二甲酸计)/(mgKOH/g)	≤0.10
热稳定性(热后色泽：Pt-Co比色)/号	≤50
黏度(25℃)/mPa·s	11.4

8. 用途

主要用作溶剂和增塑剂，增塑能力强。与多种纤维素树脂、橡胶、乙烯基树脂相容，成膜性、黏着性和防水性好。常与邻苯二甲酸二乙酯并用，用于乙酸纤维薄膜、清漆、玻璃纸和模塑粉等。还用作丁腈橡胶的增塑剂，制品耐寒性良好。另外还可作驱蚊剂和聚氟乙烯涂料的溶剂。

9. 安全与贮运

原料邻苯二甲酸酐具有中等毒性，甲醇有毒，工作场所最高容允许浓度为 260mg/cm^3。设备应密闭，防止跑、冒、漏，车间保持良好通风状态。操作人员应穿戴劳保用品。

产品低毒，空气中最高容许浓度 5mg/m^3。可燃。使用镀锌铁桶包装，贮存于阴凉、通风处，注意热防火。按一般可燃化学品规定贮运。

参 考 文 献

[1] 张雷. 邻苯二甲酸二甲酯合成工艺的反应工程学研究[D]. 浙江大学，2011.

[2] 李家贵，朱万仁，周洪静. 邻苯二甲酸二甲酯的催化合成[J]. 应用化工，2006，(02)：122-124.

7.12 增塑剂 DAP

增塑剂 DAP (plasticizer DAP) 又称邻苯二甲酸二烯丙酯、邻酞酸二烯丙酯。分子式 $C_{14}H_{14}O_4$，相对分子质量 246.25。结构式为：

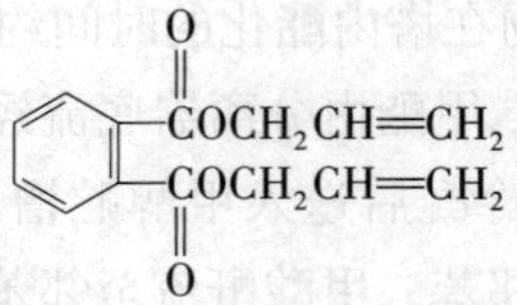

1. 性能

无色或淡黄色油状液体。凝点-70℃，沸点 290℃，相对密度(d_{20}^{20})1.120。黏度 13mPa · s。折射率 1.5200。闪点 166℃。不溶于水，微溶于石油醚和甘油，能与乙醇、苯和乙酸乙酯等多种有机溶剂相混溶。本品低毒。

2. 生产原理

(1) 烯丙基氯法

苯酐与液碱反应生成邻苯二甲酸钠盐，再与烯丙基氯于 40~60℃、常压下酯化而得粗品。经过滤、中和、水洗、减压蒸馏，即为增塑剂 DAP 成品。

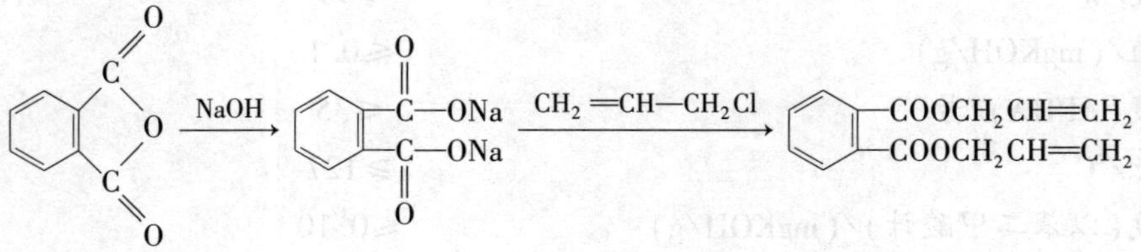

(2) 烯丙醇法

邻苯二甲酸酐与烯丙醇在硫酸催化下酯化得到增塑剂 DAP。

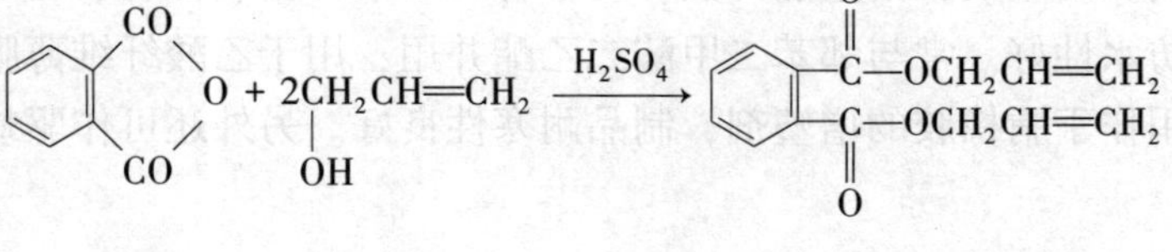

3. 工艺流程

（1）烯丙基氯法

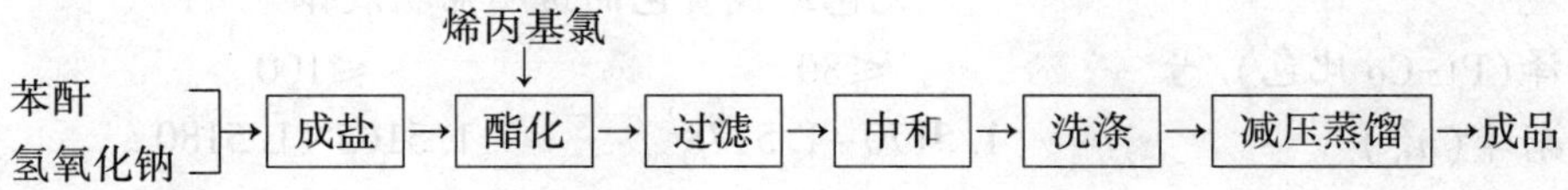

（2）烯丙醇法

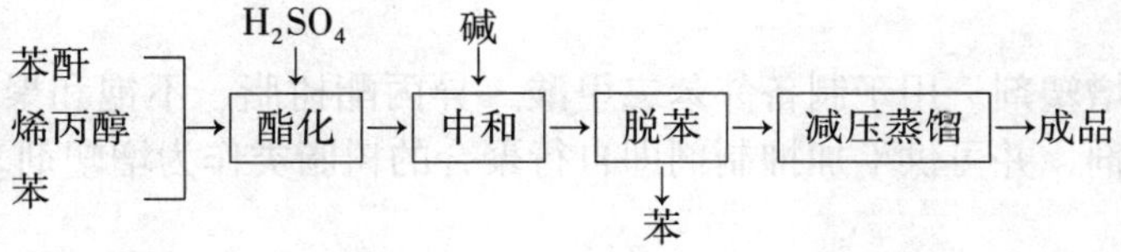

4. 主要原料(kg/t)

原料名称	烯丙基氯法	烯丙醇法
邻苯二甲酸酐(99%)	780	780
烯丙基氯(≥95%)	1060	
液碱(40%)	1080	164
烯丙醇(≥95%)		650

5. 生产工艺

（1）烯丙基氯法

首先将苯酐与液碱反应生成邻苯二甲酸二钠。然后，将邻苯二甲酸钠盐、烯丙基氯和催化剂三乙胺按配比计量后加入合成釜，在一定压力下，慢慢升温至(120±5)℃，并保温一定时间。反应结束后，蒸出多余的烯丙基氯，加入水搅拌后出料，再经真空过滤器减压过滤，放入洗涤器水洗至中性后，送入蒸馏釜，在低压下进行脱水。然后在减压下进行真空蒸馏，即得到精制的邻苯二甲酸二烯丙酯(增塑剂 DAP)。

（2）烯丙醇法

将计量的 119kg 邻苯二甲酸酐、121kg 丙烯醇、156kg 苯和适量对苯二酚(0.12kg)加入酯化釜中，并逐步加入 5.5kg 硫酸。加料后，开始加热升温至 95℃。反应过程中生成的水与苯共沸蒸出，冷凝液经苯水分离器分离除去水，苯流回反应器。视出水量控制反应终点。酯化完毕，将酯化反应生成物放入中和洗涤釜，补加 68kg 苯，用水洗涤，再以 200kg 5%的液碱中和。反复水洗中和，直至水层 pH=7。然后，将洗涤中和好的物料放入脱苯蒸馏釜，以蒸汽加热至 90~130℃，将苯蒸出，得到粗邻苯二甲酸二烯丙酯。将粗邻苯二甲酸二烯丙酯加入真空蒸馏釜，蒸馏釜内温度为 180℃左右，内压为(2~4)×133.3Pa 进行真空精馏。截取 155~165℃馏分为精制邻苯二甲酸二烯丙酯(增塑剂 DAP)。

（3）实验室制法

在 500mL 圆底烧瓶中，加入 250mL 苯、74g 邻苯二甲酸酐、88g 烯丙醇、3g 对甲苯磺酸和 1g 铜屑，装上回流冷凝管和分水器。加热回流反应至分水器中不再有水分出来为止。冷却，用 10%的纯碱溶液中和，分去水层。苯层用无水硫酸钠干燥 24h，然后常压蒸馏苯，残余液减压蒸馏，收集 173~177℃/9×133.3Pa 馏分，得增塑剂 DAP，产量 90g 左右。

6. 质量标准

	一级品	二级品
外观	无色或浅黄色的透明油状液体	
色泽(Pt-Co 比色)/号	≤80	≤100
折射率(n_D^{25})	1. 5170~1. 5178	1. 5165~1. 5180
酸值/(mgKOH/g)	≤1	≤3
密度/(g/cm^3)	1. 117~1. 123	—

7. 用途

本品为反应型增塑剂。用于制备邻苯二甲酸二异丙酯树脂、不饱和聚酯树脂的交联剂，纤维素树脂的增强剂，并可供不加抑制剂即自行聚合的树脂类作为增塑剂。

8. 安全与贮运

原料烯丙基氯为强刺激性气体，现场最高容许浓度为 $3mg/m^3$。原料烯丙醇能强烈刺激眼、皮肤、咽喉、黏膜，能强烈催泪，当浓度高时可致失明；苯酐具有中等毒性。设备必须密闭，操作现场加强通风，操作人员应穿戴劳保用品。

产品对皮肤、黏膜有刺激性，能引起皮炎。使用铁桶包装，避光保存，远离火源，贮存于低温通风处。

参 考 文 献

[1] 鲍建楠. 邻苯二甲酸二烯丙酯的合成概述[J]. 染料与染色，2017，54(02)：45-46+50.
[2] 陈建华，袁赛勇. 邻苯二甲酸二烯丙酯的合成研究[J]. 化工时刊，2011，25(05)：30-33.
[3] 叶明，梁政勇，章亚东. 邻苯二甲酸二烯丙酯的合成[J]. 精细化工，2010，27(04)：331-334.

7. 13　增塑剂 DOP

增塑剂 DOP(plasticizer DOP)化学名称为邻苯二甲酸二异辛酯、邻苯二甲酸二(2-乙基己酯)。分子式 $C_{24}H_{38}O_4$，相对分子质量 390. 5。结构式为：

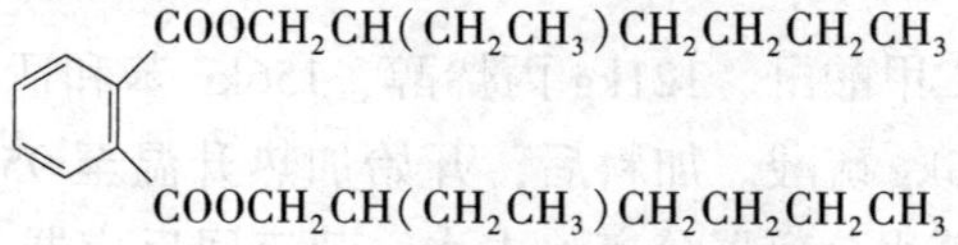

1. 性能

无色透明液体，有特殊气味。不溶于水，溶于大多数有机溶剂和烃类。与大多数工业用树脂有良好的相容性；与乙酸纤维素、聚乙酸乙烯酯部分相容。相对密度(d_4^{20})0. 986。熔点-55℃。沸点 386. 9℃。闪点 218. 3℃。折射率(n_D^{25})1. 4852。黏度 81. 4mPa · s。

2. 生产原理

由苯酐与异辛醇(2-乙基己醇)在硫酸催化下进行酯化反应，然后经中和、水洗、脱醇、压滤而制得。

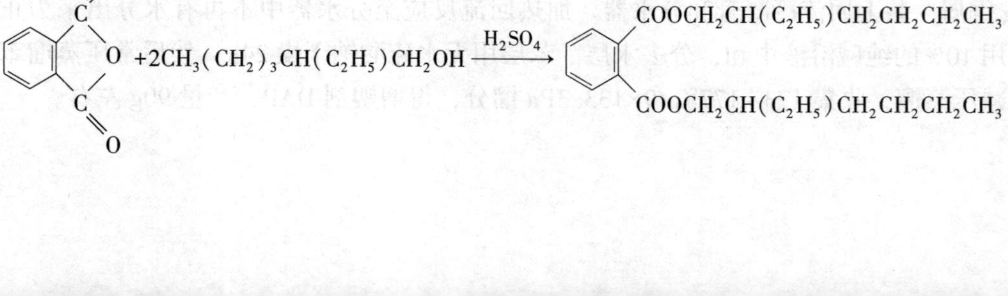

3. 工艺流程

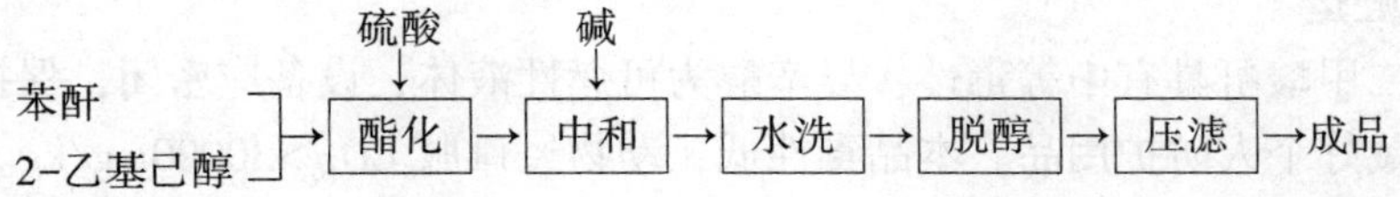

4. 主要原料(kg/t)

苯酐(99%)	381	2-乙基己醇	674
硫酸	62	纯碱(98%)	10

5. 生产工艺

(1) 间歇法

在酯化反应釜中投入质量比为1∶2的苯酐和异辛醇，再加总物料量0.25%~0.3%的硫酸(作催化剂)及为总物料量0.1%~0.3%的活性炭(作脱色用)。反应温度为150℃，真空度为93.1kPa。酯化反应时间约3h。反应完成后，将物料用5%的纯碱中和，再用80~85℃的热水洗涤。处理后的粗酯进行蒸馏，回收辛醇。蒸馏温度控制在130~140℃，真空度大于93.1kPa。脱醇后的粗酯闪点达190℃以上，最后经过滤制得成品。若要制得优质品，则需再进行蒸馏和过滤，间歇法适于小批量生产。

(2) 连续法

在反应釜闪加入质量比为1∶2的苯酐和异辛醇，再加总物料量0.5%的硫酸作催化剂，在低于120℃的反应温度下，进行单酯化反应。将单酯液连续进入酯化塔进行酯化反应，连续酯化的反应温度为130~150℃，真空度大于93.1kPa。所得粗酯液用1∶5体积的50℃水洗涤，再用2%~3%的纯碱液在60~70℃下连续中和。中和后的粗酯液再用1∶1体积的热水(70~80℃)洗涤。然后加入0.1%的活性炭，在真空度97.1kPa、温度为150℃下进行连续脱醇。脱醇后的酯液在100~120℃下压滤即制得邻苯二甲酸二异辛酯成品。连续法适于大规模生产。

6. 质量标准

	一级品	合格品
外观	透明油状液体	透明油状液体
色泽(Pt-Co比色)/号	≤40	≤120
酯含量/%	≥99.0	≥99
酸度(以苯二甲酸计)/%	≤0.015	≤0.030
加热减量(125℃，3h)/%	≤0.3	≤0.5
相对密度(d_{20}^{20})	0.982~0.988	0.982~0.988
闪点(开杯)/℃	≥192	≥190

7. 用途

本品是最广泛使用的增塑剂，除乙酸纤维素、聚乙酸乙烯外，与绝大多数工业上使用的合成树脂和橡胶均有良好的相容性。具有优良的综合性能，增塑效率高，挥发性较低，混合性能好，低温柔软性较好，耐水抽出，电气性能高，耐热和耐候性良好。是聚氯乙烯通用增塑剂的工业标准品，且用以作为其他增塑剂相比较的基准。是一种较理想的主增塑剂。广泛应用于聚氯乙烯、纤维素树脂的加工，如薄膜、薄板、人造革、电缆料和模塑品等。也可作为合成橡胶的软化剂。还可用于硝基纤维素漆，使漆膜具有弹性和较高的抗张强度。本品无毒，可用于与食物接触的包装材料，但易被脂肪抽出，故不宜用于脂肪性食品的包装材料。

8. 安全与贮运

原料邻苯二甲酸酐具有中等毒性，异辛醇为可燃性液体，设备应密闭，保持生产现场良好的通风，穿戴好个人防护用品。本品毒性低，动物经口服 LD_{50}>30000mg/kg。使用铁桶包装，密封贮存于阴凉、通风处。按一般可燃化学品规定贮运。

参 考 文 献

[1] 李丹娜，赵开楼. 硫酸氢钠催化合成邻苯二甲酸二异辛酯[J]. 广州化工，2013，41(09)：105-106.

[2] 张彩凤，封瑞江，王璐璐. 邻苯二甲酸二异辛酯的合成研究[J]. 化学与生物工程，2012，29(10)：48-50.

7.14 增塑剂 BLP

增塑剂 BLP(plasticizer BLP)的化学名称为邻苯二甲酸丁基月桂酯。分子式 $C_{24}H_{38}O_4$，相对分子质量 390.56。结构式为：

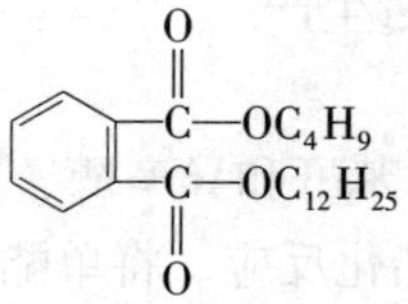

1. 性能

淡黄色透明油状液体，挥发性较 DBP 小，是 PVC 的优良增塑剂。

2. 生产原理

邻苯二甲酸酐在硫酸催化下，首先与丁醇反应，发生单酯化，然后与月桂醇发生酯化反应，得到增塑剂 BLP。

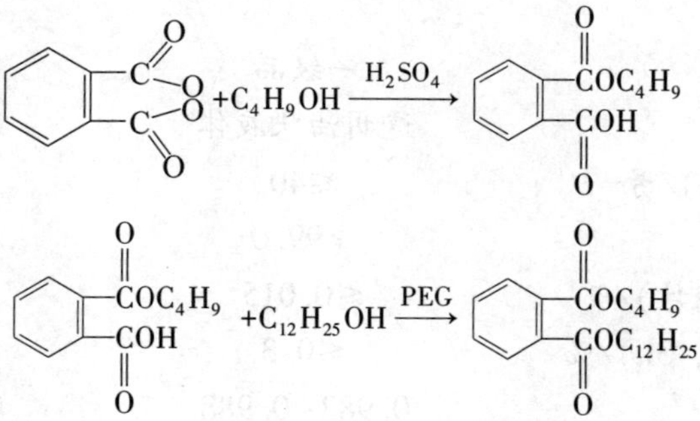

3. 工艺流程

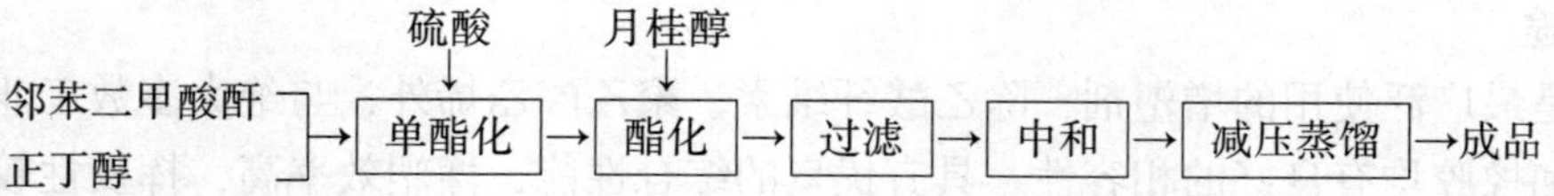

4. 主要原料

邻苯二甲酸酐(99%)	89.0	月桂醇(工业品)	206.0
正丁醇(96%)	81.0		

5. 生产工艺

在反应器上安装分水器，分水器上安装回流冷凝管，并安装电动搅拌装置和温度计。加入邻苯二甲酸酐、正丁醇及少量的硫酸，搅拌，升温至105℃，继续搅拌反应1h，邻苯二甲酸酐与正丁醇形成单丁酯 。单酯化反应的最佳摩尔比为邻苯二甲酸酐：正丁醇=1：1.05，温度控制在110℃以下。单酯化反应完成后，将温度降至室温 ，加入PEG-400和月桂醇，升温到160℃，搅拌下保温反应3.5h，即生成增塑剂BLP。

6. 质量标准

外观	淡黄色油状液体	皂化值/(mg KOH/g)	≤270~300
酸值/(mg KOH/g)	≤0.35	碘比色/号	≤15

7. 用途

用作聚氯乙烯等树脂增塑剂。可单独使用，也可与其他增塑剂配合使用。其增塑的塑料制品，初期热挥发性比邻苯二甲酸二辛酯大，但长期热挥发量比邻苯二甲酸二辛酯小。

8. 安全与贮运

生产设备应密闭，防止冒漏，车间内加通风，注意防火。铁桶包装，按一般危险品规定贮存和运输。

参　考　文　献

[1] 王永红，钟国伦，许雷，等. 相转移催化合成BLP[J]. 化学世界，1999，(11)：596.

7.15 增塑剂BPBG

增塑剂BPBG(plasticizer BPBG)的化学名称为丁基邻苯二甲酰基乙醇酸丁酯、邻苯二甲酸丁基(乙酸丁酯)酯。分子式 $C_{18}H_{24}O_6$，相对分子质量336.38。结构式为：

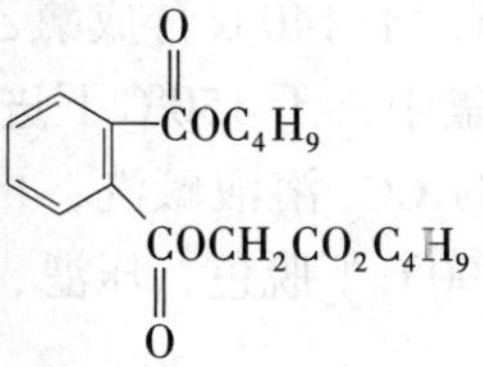

1. 性能

淡黄色油状透明液体，挥发性较低。

2. 生产原理

邻苯二甲酸酐在硫酸催化下发生单酯化，得到的邻苯二甲酸单丁酯与氢氧化钠中和，生成邻苯二甲酸单丁酯钠，然后与氯乙酸丁酯缩合，得到增塑剂BPBG。

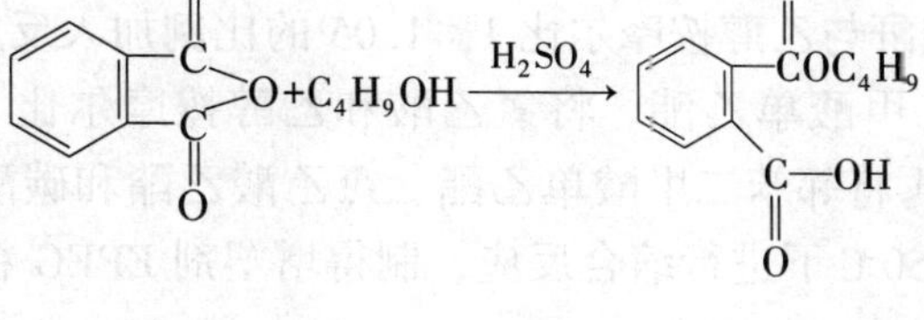

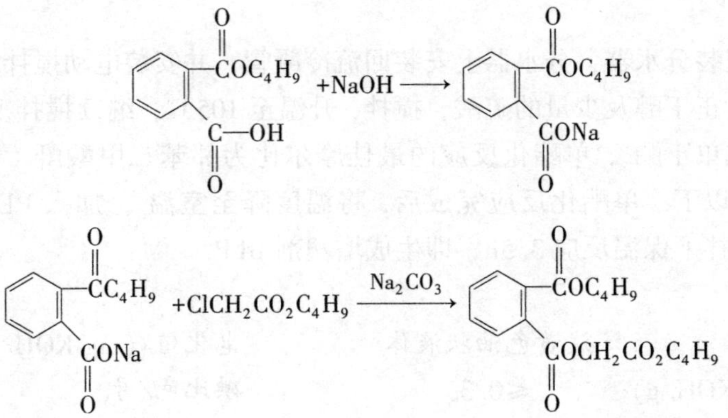

3. 工艺流程

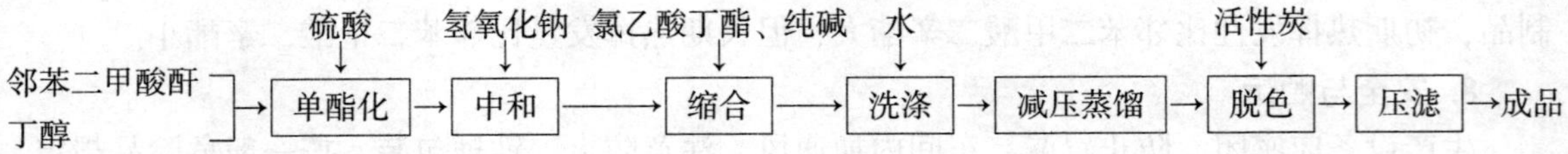

4. 主要原料(质量份)

邻苯二甲酸酐(99%)	178
丁醇(96%)	162
氢氧化钠(98%)	82
氯乙酸丁酯(≥98%)	307
碳酸钠(≥98%)	130

5. 生产工艺

将邻苯二甲酸酐 178 份，正丁醇 162 份和催化量硫酸加入反应釜中，搅拌下升温至 105℃，单酯化反应 1.5h。然后加入氢氧化钠中和，转变成邻苯二甲酸单丁酯钠。将氯乙酸和丁醇按摩尔比 1：1.2 加入反应釜，于 140℃合成氯乙酸丁酯，再将邻苯二甲酸单丁酯、氯乙酸丁酯和碳酸钠投入缩合反应釜中，于 150℃下进行缩合反应，制得增塑剂 BPBG 粗品。在 60~70℃下经水洗、10%的 Na_2CO_3 溶液碱洗，再水洗至中性。然后在 667Pa 下进行减压蒸馏，再用 2%的活性炭于 80~90℃下脱色，压滤，滤液即是增塑剂 BPBG。

说明：

与增塑剂 BPBG 类似，乙基邻苯二甲酰基乙醇酸乙酯是用邻苯二甲酸单乙酯的铵盐(或钠盐)与氯乙酸乙酯缩合制得。

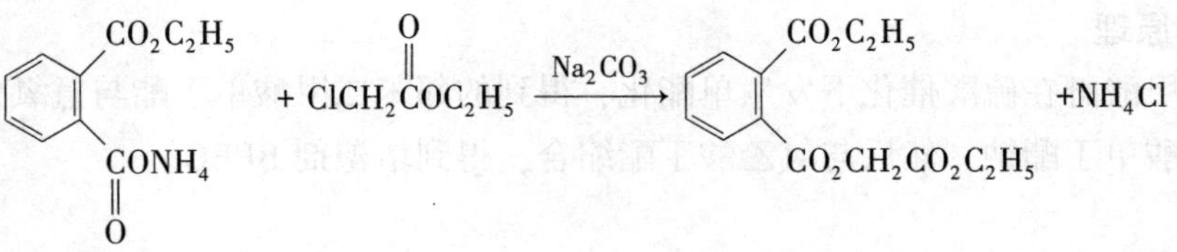

首先，将邻苯二甲酸酐与乙醇按摩尔比 1：1.05 的比例加入反应釜，在 100℃左右进行单酯化反应，合成邻苯二甲酸单乙酯。将氯乙酸和乙醇按摩尔比 1：1.2 加入反应釜，于 140℃合成氯乙酸乙酯。再将邻苯二甲酸单乙酯、氯乙酸乙酯和碳酸钠按摩尔比 1：1：0.6 的量投入缩合釜中，于 150℃下进行缩合反应，制得增塑剂 EPEG 粗品。在 60~70℃下经水洗、10%的 Na_2CO_3 纯碱溶液洗、再水洗至中性，然后在667Pa进行减压蒸馏，再用2%的活性炭于80~90℃下脱色，压滤，即得增塑剂EPEG。

6. 质量标准

外观	淡黄色油状透明液体
酸值/(mgKOH/g)	≤0.2
折射率	1.496~1.500
挥发性(125℃，3h)/%	≤0.04

7. 用途

用作聚氯乙烯等树脂增塑剂。用于聚氯乙烯等塑料增塑，可单独使用，也可配合使用。

8. 安全与贮运

生产设备应密闭，防止冒漏，车间内加通风，注意防火。铁桶包装，按一般危险化学品规定贮运。

参 考 文 献

[1] 徐杏英，相转移催化合成增塑剂BPBG[J]. 湖南化工，1993，(04)：35.

7.16 增塑剂BOP

增塑剂BOP(plasticizer BOP)的化学名称为邻苯二甲酸丁辛酯、邻苯二甲酸丁基(2-乙基己基)酯。分子式 $C_{20}H_{30}O_4$，相对分子质量334.27，结构式为：

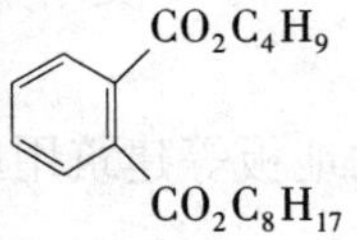

1. 性能

无色透明油状液体。沸点210℃/666.6Pa，黏度(20℃)40mPa·s，增塑性能介于DBP和DCP之间。挥发性比DBP小。

2. 生产原理

邻苯二甲酸酐与辛醇发生单酯化，然后与丁醇进一步发生酯化，得到增塑剂BOP。

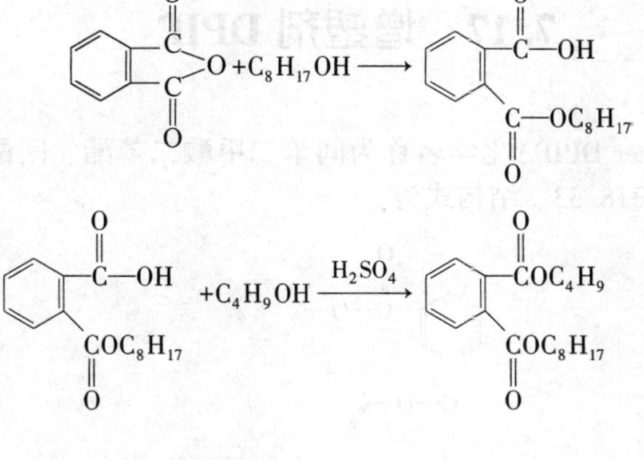

3. 生产流程

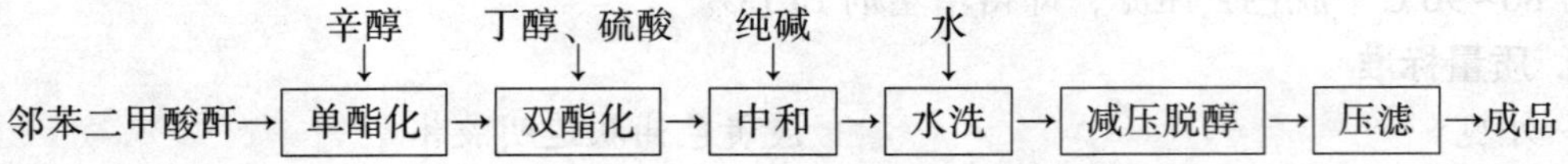

4. 主要原料(kg/t)

邻苯二甲酸酐(99%)	470	辛醇(工业品)	420
丁醇(96%)	240		

5. 生产工艺

在酯化反应釜中，加入邻苯二甲酸酐 94 份和辛醇 82 份，将搅拌下升温至 120~130℃反应，反应生成邻苯二甲酸单辛酯。然后加入 48 份丁醇和催化剂硫酸(硫酸加料量为总投料量的 0.25%~0.3%)，搅拌下升温至 150℃左右，抽真空至真空度 93.3kPa，反应 3~4h。第二次酯化时可同时投入总料量的 0.1%~0.3%的活性炭，反应完毕，加入 5%左右的纯碱液中和，再用 80~85℃的热水洗涤。然后粗酯于 130~140℃、真空度不低于 93.5Pa 的条件下蒸馏脱醇，直到粗酯闪点达到 188℃以上为止，残留物经压滤，得增塑剂 BOP。

6. 质量标准

外观	几乎无色透明油状液体
酯含量/%	≥99.6
酸度(以乙酸计)/%	≤0.01
色泽(Pt-Co 比色)/号	≤50
相对密度(25℃)	0.993~0.999
水分/%	≤0.10

7. 用途

用作塑料增塑剂，适用于低成本的地板等建筑用压出塑料制品，也用于塑溶胶模塑品。

8. 安全与贮运

生产设备应密闭，防止冒漏，车间内加通风，注意防火。产品用铁桶包装，按一般危险品规定贮运。

参 考 文 献

[1] 徐文，邻苯二甲酸丁辛酯合成研究[J]. 安徽化工，1991，(01)：6.

7.17 增塑剂 DPIP

增塑剂 DPIP(plasticizer DPIP)化学名称为间苯二甲酸二苯酯、间酞酸二苯酯。分子式 $C_{20}H_{14}O_4$，相对分子质量 318.33。结构式为：

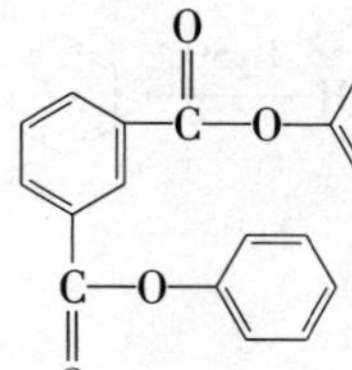

1. 性能

白色结晶。熔点 141～142℃，不溶于水，溶于乙醇和丙醇。

2. 生产原理

间苯二甲酸在硫酸催化下与甲醇发生酯化，得到间苯二甲酸二甲酯。然后在四丁氧基钛催化下，与苯酚发生酯交换反应，得到增塑剂 DPIP。

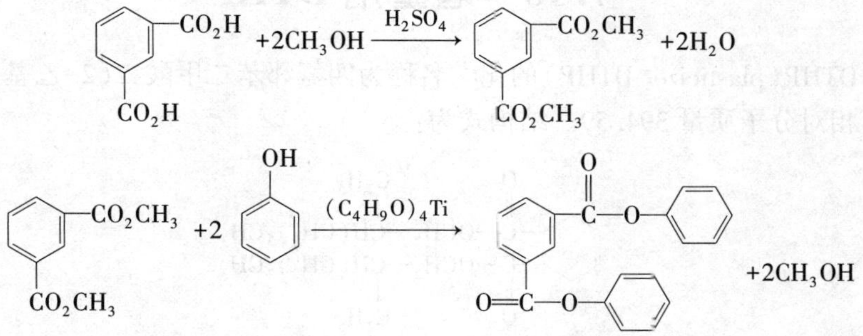

3. 工艺流程

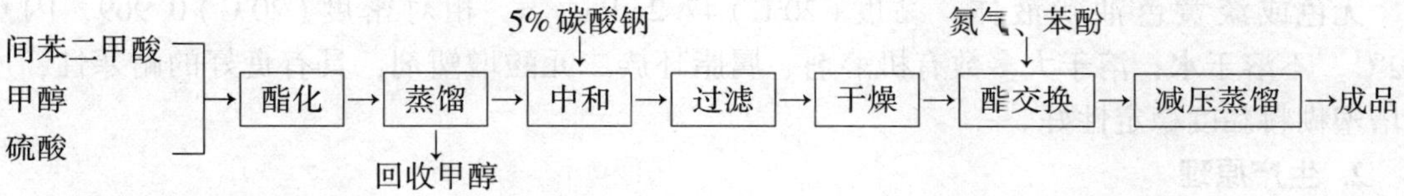

4. 主要原料(kg/t)

间苯二甲酸(96%)	200	苯酚(98%)	230
甲醇(工业品)	791.5	四丁氧基钛	2
硫酸(98%)	50		

5. 生产工艺

在酯化反应釜中，加入 20L 甲醇、4kg 间苯二甲酸和 1.0kg 硫酸，搅拌下加热至回流，保温 20h 进行酯化。酯化反应完成后，蒸馏回收甲醇，粗酯加入 5%的碳酸钠溶液中和至 pH 值 7～8，过滤，干燥后约得 4kg 间苯二甲酸二甲酯。在酯交换反应釜中，加入间苯二甲酸二甲酯和四丁氧基钛，在搅拌下混合，并通入氮气。加热至 210℃后，慢慢加入苯酚 4.6kg，保持反应温度在 220℃，加完苯酚后继续搅拌保温反应 3h，然后降温至 80℃，在30～400min 内加入乙酐 3.6kg，逐步升温至 206℃，至无乙酸苯酯逸出时，停止加热。将反应物料转入减压蒸馏釜，收集 280～290℃/99.9kPa 馏分，即得增塑剂 DPIP。

6. 质量标准

外观	白色结晶	水分/%	≤0.10
熔点/℃	140～142	酸度/(mgKOH/g)	≤0.20

7. 用途

用作尼龙类树脂增塑剂。也是聚苯并噻唑(PBT)耐热聚合物的单体之一。

8. 安全与贮运

生产设备密闭，防止冒漏，车间内加强通风，注意防火，操作人员应穿戴劳保用品。内衬塑料袋包装，贮存于阴凉、通风、干燥处。

参 考 文 献

[1] 陈冠军，江新欢，徐玲，等. 对/间苯二甲酸二苯酯的相转移催化合成与表征[J]. 江西师范大学学报(自然科学版)，2008，(05)：542-544.

7.18 增塑剂 DTHP

增塑剂 DTHP(plasticizer DTHP)的化学名称为四氢邻苯二甲酸二(2-乙基己基)酯。分子式$C_{24}H_{42}O_4$,相对分子质量 394.59。结构式为：

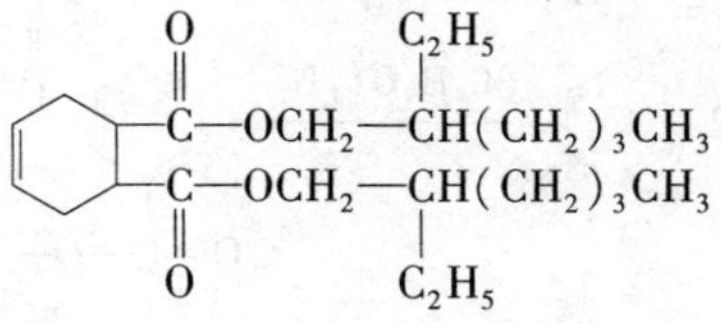

1. 性能

无色或淡黄色油状液体。黏度(20℃)47.2mPa·s，相对密度(20℃)0.969，闪点202℃。不溶于水，溶于大多数有机溶剂。属脂环族二元酸增塑剂，具有良好的耐寒性，所得增塑糊料黏度稳定性好。

2. 生产原理

丁二烯与顺酐发生 Diels-Alder 环加成反应，得到四氢邻苯二甲酸酐，然后在硫酸催化下与异辛醇发生酯化反应，得到 DTHP。

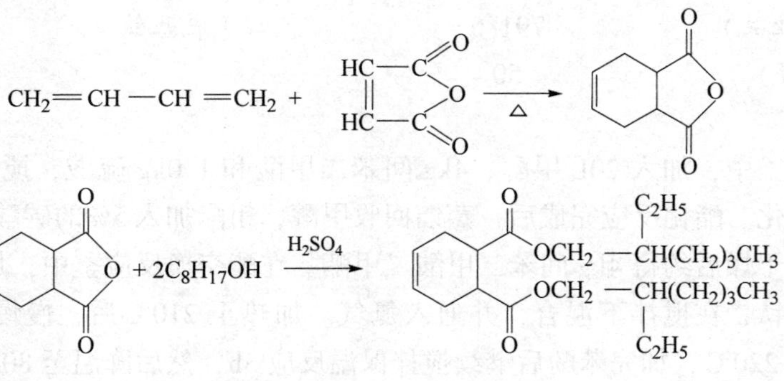

3. 工艺流程

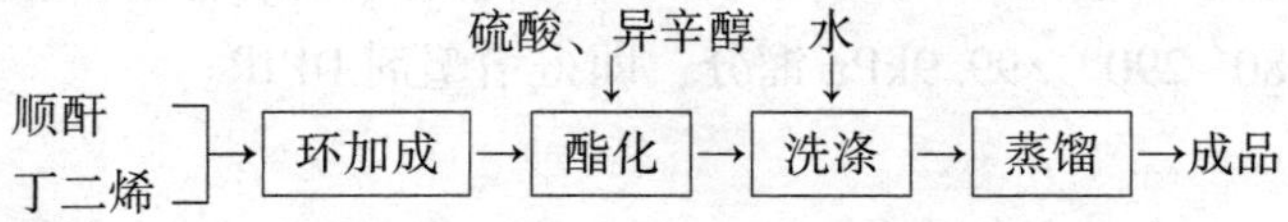

4. 主要原料(kg/t)

丁二烯(工业品)	116
顺酐(工业品)	250
2-乙基己醇(异辛醇，工业品)	654

5. 生产工艺

在环加成反应釜中，加入顺酐和稍过量的丁二烯，搅拌，升温至 100~110℃进行 Diels-Alder 环加成反应，生成四氢邻苯二甲酸酐，收率接近 100%。将四氢邻苯二甲酸与 2-乙基己醇按摩尔比 1：1.25 的比例混合，加入总投料量 0.5%的硫酸，在搅拌下进行酯化反应。

控制反应温度120~130℃。反应压力保持在1.3~2.7kPa。酯化完成后，用水洗涤，静置，分出水后蒸馏，即得四氢邻苯二甲酸二辛酯(DTHP)。

6. 质量标准

外观	无色至淡色油状透明液体
相对密度(20℃)	0.966~0.972
黏度(20℃)/mPa·s	47.0~47.4

7. 用途

用作聚氯乙烯的增塑剂。可用于PVC人造革、薄膜、软管和塑料糊的制造。与邻苯二甲酸二辛酯相比，其黏度低，且耐寒性优良。可单独使用，也可与其他增塑剂配合使用。

8. 安全与贮运

反应设备应密闭，防止冒漏，车间加强通风，注意防火。产品用铁桶包装，按一般危险化学品规定贮运。

7.19 增塑剂DOTCP

增塑剂DOTCP(plasticizer DOTCP)化学名称为四氯邻苯二甲酸二辛酯、四氯邻苯二甲酸二(2-乙基己基)酯。分子式 $C_{24}H_{34}O_4Cl_4$，相对分子质量520.30。结构式为：

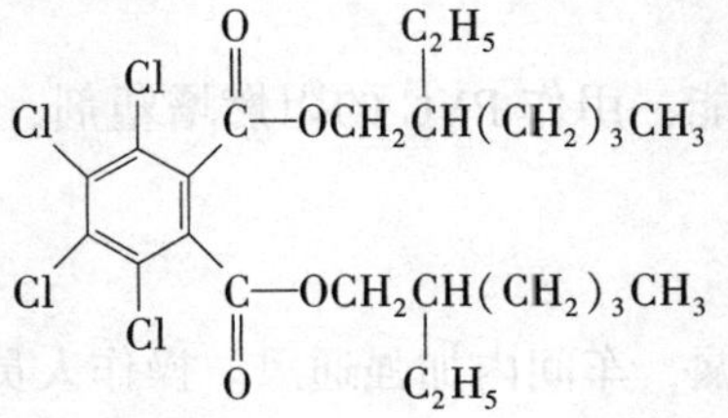

1. 性能

无色透明液体，不溶于水，溶于大多数有机溶剂。属于阻燃型增塑剂，具有良好的光、热稳定性以及优异的电性能和低挥发性。

2. 生产原理

在硫酸催化下，四氯邻苯二甲酸酐与异辛醇发生酯化反应，得到增塑剂DOTCP。

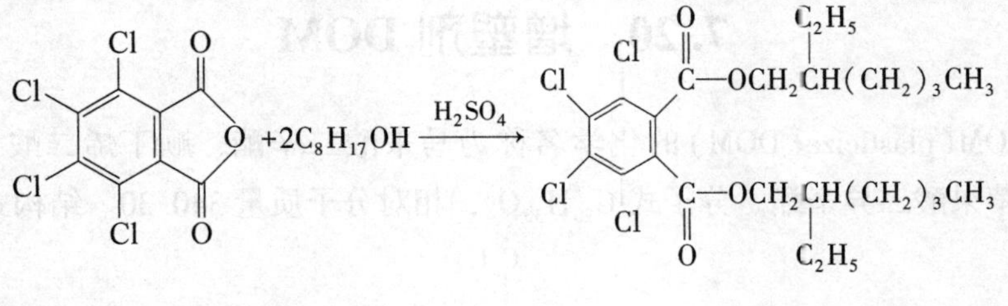

3. 工艺流程

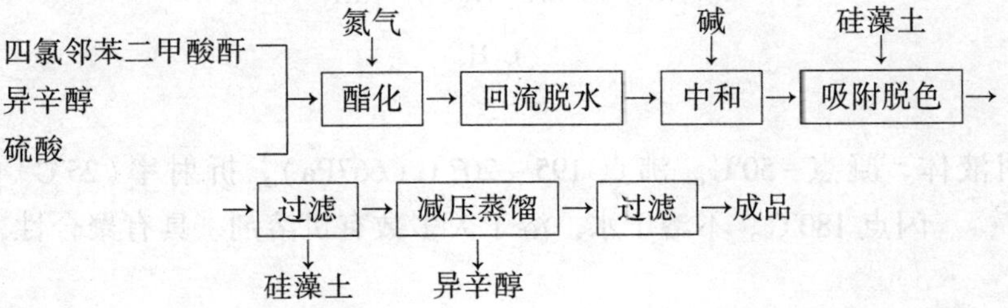

4. 主要原料(份)

四氯邻苯二甲酸酐(98%)	292	硫酸(98%)	1.24
异辛醇(96%)	406		

5. 生产工艺

在酯化反应釜中，加入 292 份四氯邻苯二甲酸酐、406 份异辛醇和 1.24 份硫酸。在氮气保护下，搅拌下升温至回流，酯化反应温度不宜超过 220℃，反应结束后，降温至 160℃，加入碱中和，搅拌 20min。再降温至 110℃，加入硅藻土，搅拌 30min 吸附脱色。过滤除去硅藻土，滤液经减压脱除异辛醇和低沸物。残余物过滤，即得增塑剂 DOTCD 成品。

说明：

① 该反应也可用其他 Lewis 酸或固体超酸等作为催化剂。

② 该酯化反应的最佳工艺条件是，原料摩尔比为四氯邻苯二甲酸酐：辛醇：催化剂=1：3：0.124，反应温度(210±2)℃，反应时间 3~3.5h。所得产品的酯含量为 99.7%，酸值为 0.015mgKOH/g，体积电阻为 $1.46\times10^{13}\Omega\cdot cm$，色泽(Pt-Co)10~20 号。

6. 质量标准

外观	无色透明液体	酸值/(mgKOH/g)	≤0.10
酯含量/%	≥98	色泽(Pt-Co 比色)/号	≤45

7. 用途

具有阻燃和增塑的双重功能，用作 PVC 的阻燃增塑剂，表现出优良的综合性能，可单独使用，也可配合使用。

8. 安全与贮运

生产设备应密闭，防止冒漏，车间内加强通风。操作人员应穿戴劳保用品。产品用铁桶包装，贮存于阴凉、通风处。

参考文献

[1] 王清文，徐国栋，隋淑娟，等. 四氯邻苯二甲酸二辛酯的合成[J]. 精细化工，1998，(01)：35-37.

7.20 增塑剂 DOM

增塑剂 DOM(plasticizer DOM)的化学名称为马来酸二辛酯、顺丁烯二酸二(2-乙基己基)酯、失水苹果酸二异辛酯。分子式 $C_{20}H_{36}O_4$，相对分子质量 340.30。结构式为：

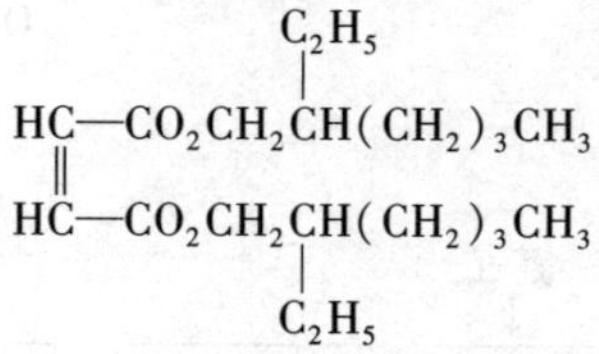

1. 性能

无色透明液体。凝点-50℃。沸点 195~207℃(667Pa)。折射率(25℃)1.4535。黏度(23℃)17mPa·s。闪点 180℃。不溶于水，溶于大多数有机溶剂。具有聚合性，故用作内增塑剂。

2. 生产原理

顺酐在对甲苯磺酸催化下与异辛醇发生酯化，得到增塑剂 DOM。

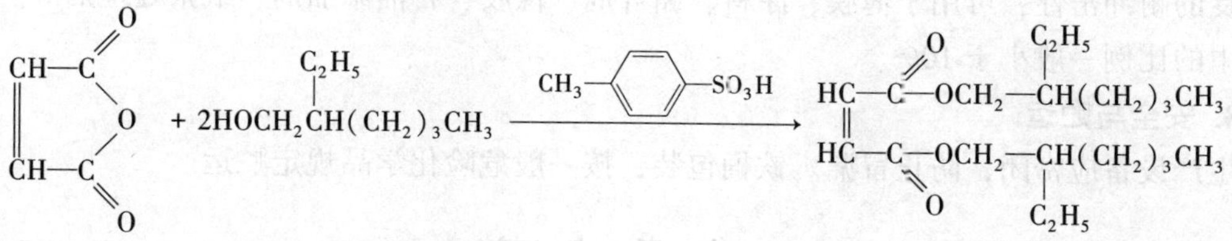

3. 工艺流程

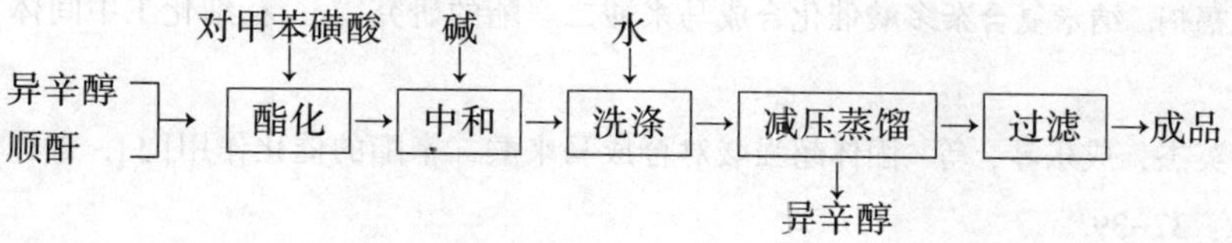

4. 主要原料(kg)

异辛醇(工业品)	1020	对甲苯磺酸	3.6
顺酐	360		

5. 生产工艺

在酯化反应釜中，加入 510kg 2-乙基己醇、180kg 顺酐和 1.8kg 对甲苯磺酸，搅拌，加热，在 1~2 h 内升温至 140℃左右，保温酯化，至分水器中分离的水分接近理论值，即表明反应完成。反应完成后，冷却至 80℃以下，在搅拌下加入 29.5%的氢氧化钠溶液，中和至 pH 值为 7~8，分去水层，有机层用水洗涤，减压蒸馏脱去未反应的异辛醇，残余物过滤，即得成品增塑剂 DOM。

说明：

该酯化反应可用无机酸或有机酸催化，也可使用固体超酸作为催化剂。对于该酯化反应的研究，主要集中在催化剂上。

① 采用硫酸铁催化合成马来酸二辛酸。当醇和酸酐的摩尔比为 3.0∶1，硫酸铁用量为酸酐质量的 6%，回流反应 1h，转化率可以达到 99.1%，产品收率为 85.7%。该催化剂价廉易得，可循环使用。

② 采用铌酸类的固体酸催化合成马来酸二辛酯。当酸酐和醇的摩尔比为 1∶3，回流反应 1h，催化剂用量为 5g/mol 酸酐的条件下，转化率可以达到 99.3%，选择性为 85.6%，并且催化剂不经处理，可循环使用。

③ 采用固体超强酸(SO_4^{2-}/TiO_2-SiO_2)等催化剂。对于给定反应，当 Ti 和 Si 的摩尔比为 15∶1、用含量为 0.6mol/L 的硫酸浸渍 8h、在 550℃下焙烧 3h 时制得的催化剂 SO_4^{2-}/TiO_2-SiO_2 具有最高的催化活性，用以催化马来酸酐和正辛醇的酯化反应，可得无色透明的酯化产物，3h 内酯化率达 99.1%。

6. 产品标准

外观	无色透明液体	水分/%	≤0.10
酯含量/%	≥98	相对密度(20℃)	0.941~0.946
酸值/(mgKOH/g)	≤0.10	色泽(Pt-Co 比色)/号	≤45

7. 用途

用作内增塑剂，可与氯乙烯、乙酸乙烯酯、苯乙烯和丙烯酸酯类共聚，得到的共聚物具有优良的耐冲击性，可用于薄膜、涂料、黏合剂、橡胶、石油添加剂、纸张处理剂等。在共聚物中的比例一般小于10%。

8. 安全与贮运

生产设备应密闭，防止冒漏。铁桶包装，按一般危险化学品规定贮运。

参 考 文 献

[1] 王璐璐，张福捐. 纳米复合杂多酸催化合成马来酸二辛酯的研究[J]. 精细化工中间体，2007，(06)：60-61.

[2] 于丽颖，杨英杰，成乐琴，等. 固体超强酸对合成马来酸二辛酯的催化作用[J]. 吉林化工学院学报，2004，(01)：37-39.

7.21 增塑剂305

增塑剂305(plasticizer 305)的化学名称为双季戊四醇酯。平均相对分子质量622。结构式为：

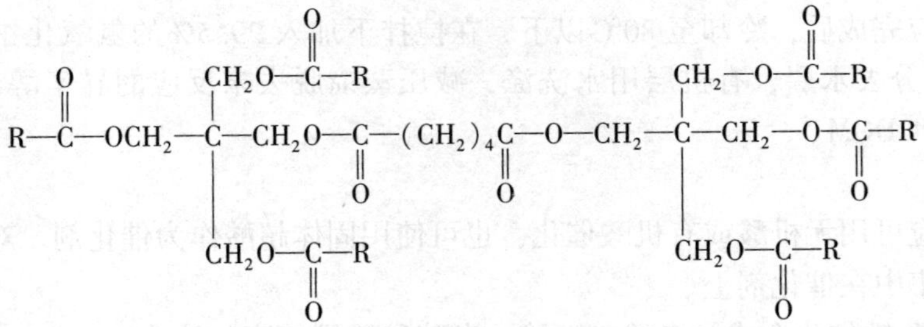

$R=C_4H_9\sim C_8H_{17}$

1. 性能

淡黄色或中黄色黏稠油状液体。不溶于水，能溶于一般有机溶剂。相对密度(d_4^{25}) 0.997。沸点261℃(4×133.3Pa)。凝点在-50℃以下，闪点大于247℃。

2. 生产原理

季戊四醇与己二酸、$C_5\sim C_9$脂肪酸在磷酸催化和活性炭的助催化下，发生酯化反应。

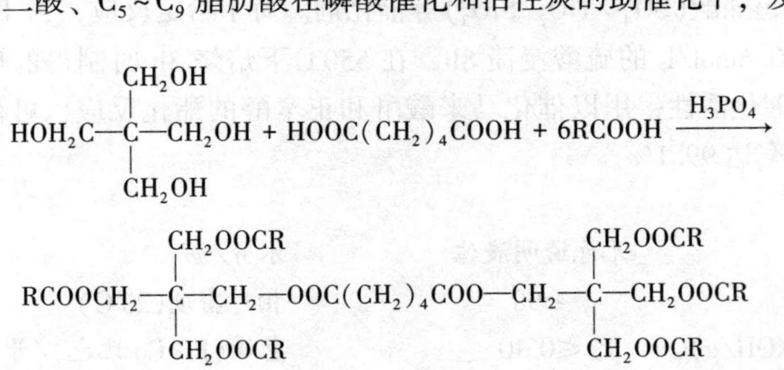

3. 工艺流程

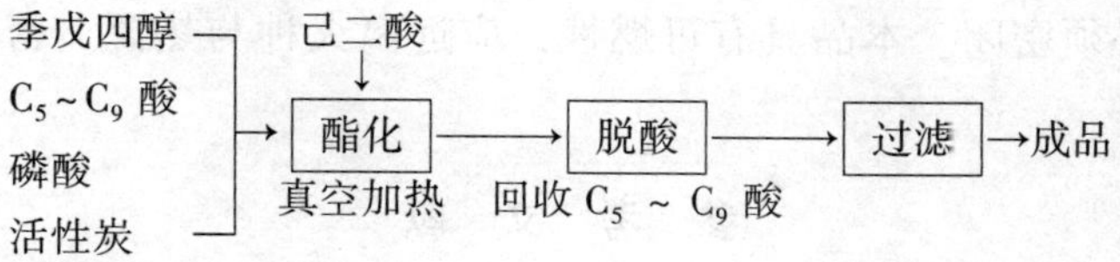

4. 主要原料(质量份)

季戊四醇(熔点 176℃)	3.14
磷酸(工业品)	0.05
己二酸(≥99%)	1.06
活性炭	0.25
$C_5 \sim C_9$ 脂肪酸(沸程 80~138℃/10×133.3Pa)	9.49

5. 生产工艺

在耐酸的釜式搅拌反应釜中，先将液体状态的 $C_5 \sim C_9$ 混合脂肪酸 4.05 份加入釜中，再将 3.14 份粉末状的季戊四醇及 1.06 份己二酸投入釜内，搅拌溶解。再加 0.25 份活性炭(脱色和助催化作用)、0.05 份磷酸(催化剂)，搅拌、加热、升温、减压脱水。控制温度 180~190℃、压力 450×133.3Pa，进行第一期酯化反应，直至真空抽出的水很少时为止。投入 $C_5 \sim C_9$ 脂肪酸 5.43 份，再略微升高温度至 190~200℃，残压(5~10)×133.3Pa，继续进行第二期酯化反应。反应结束时，产物中己二酸与季戊四醇生成的双酯占 60%，单酯占 40%。反应完毕后，提高液相温度至 270~280℃，真空蒸馏脱除未反应的 $C_5 \sim C_9$ 脂肪酸，并进行回收。当釜液的酸值小于 1mgKOH/g 时，停止加热蒸馏，降温至 220℃，趁热过滤，除去活性炭及不溶物，得成品。

6. 实验室制法

将 139g 98%的季戊四醇、46.1g 95%的己二酸和 679g $C_5 \sim C_9$ 酸投入反应瓶中，加入 2.6g 磷酸和 12.1g 活性炭，在(5~10)×133.3Pa 条件下，加热至 180~200℃酯化。酯化完毕，加热碱洗脱酸，分出水液趁热过滤，即得成品。

7. 质量标准

外观	黄色油状液体	凝点/℃	≤-50
酸值/(mgKOH/g)	≤1.0	闪点(开杯)/℃	≥265
相对密度(d_4^{25})	0.985~1.005	折射率(n_D^{25})	1.4500~1.4580
羟值/(mgKOH/g)	20	加热减重/%	≤0.2

8. 质量检验

凝点测定：将干燥的试样放于茹可夫瓶中，至其体积 2/3 处。温度计的水银球应位于熔融试样的中心位置。用搅拌器上下搅拌，搅拌速度约每秒 1 次，使试样温度慢慢下降。结晶开始析出时温度回升，当回升至最高点，并在该温度停留一定时间，此温度即为该试样的凝点。两次测得的绝对值之差不应大于 0.1℃。

9. 用途

双季戊四醇酯是一类耐热、耐老化、耐抽出的增塑剂。挥发性极低，电性能好，但低温性能差。主要用于高温电绝缘材料，可以满足 105℃级聚氯乙烯电缆料的要求，也用作聚氯乙烯、丁腈橡胶的耐热、耐老化增塑剂。

10. 安全与贮运

酯化反应设备必须密闭。本品具有可燃性，应远离火种与热源。密封包装，贮存于阴凉、通风处。

参 考 文 献

[1] 张军. 几种季戊四醇酯的合成及用作 PVC 辅助热稳定剂的研究[D]. 山东理工大学，2015.

[2] 马楷，钟荣波，刘月皞，等. 季戊四醇酯合成工艺研究进展[J]. 合成润滑材料，2014，41(02)：34-40.

7.22 增塑剂 DOA

增塑剂 DOA(plasticizer DOA)化学名称为已二酸二异辛酯、己二酸二辛酯、己二酸二(2-乙基己)酯。分子式 $C_{22}H_{42}O_4$，相对分子质量 370.6。结构式为：

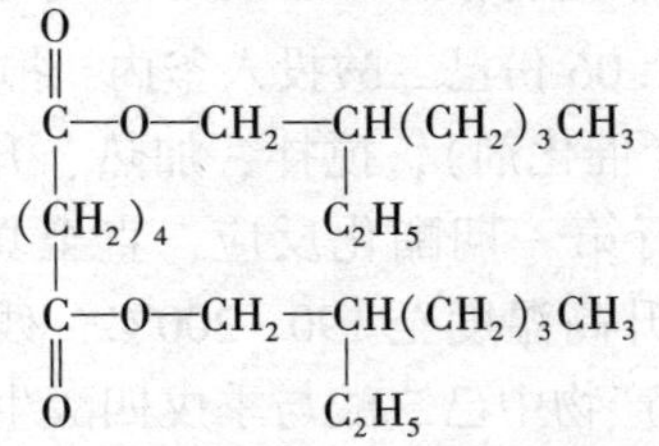

1. 性能

无色或微黄色油状液体。沸点 417℃，210℃(5×133.3Pa)，175℃(2×133.3Pa)，167℃(1×133.3Pa)。相对密度(d_4^{20})0.9990。折射率 1.4470。闪点 193℃。黏度(20℃)13mPa·s。溶于多数有机溶剂，微溶于乙二醇类，不溶于水。与聚乙醇缩丁醛、聚氯乙烯、丙酸纤维素、聚苯乙烯、氯化橡胶、酚醛树脂等有较好的相容性。有特殊气味。毒性较低。

2. 生产原理

采用2-乙基己醇酯化法。将己二酸与2-乙基己醇以1：2.5(摩尔比)在硫酸存在下进行减压酯化。酯化液以2%的氢氧化钠中和后进行水洗，然后在150~160℃、真空度为700×133.3Pa条件下进行脱醇。脱醇后压滤，得到成品。

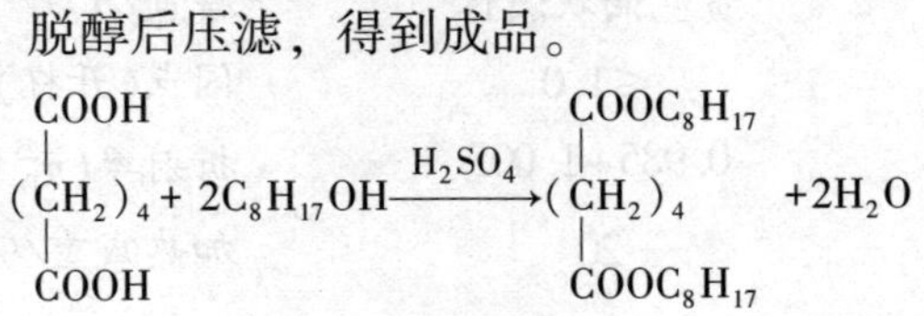

3. 工艺流程

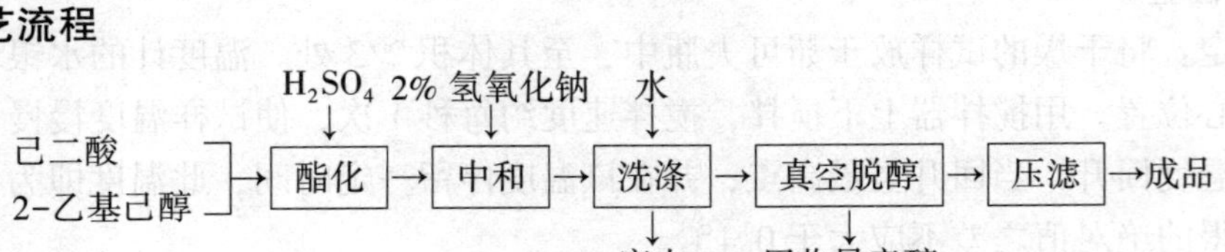

4. 生产工艺

将己二酸 146kg、2-乙基己醇 325kg(摩尔比为己二酸：2-乙基己醇=1：2.5)投入酯化反应釜，加入硫酸 0.5~1.5kg，搅拌升温，抽真空。控制酯化温度 120~130℃，真空度(650~680)×133.3Pa，反应时间 2h。反应中可加入活性炭 5.10kg，用以吸附氧气和脱色。

反应完后的酯化液在60~65℃的温度下，用2%的液碱中和。静置分层。酯层再用温水洗涤。分去水层后的粗酯进行减压蒸馏，在真空度 700×133.3Pa、温度 150~160℃的条件下脱醇，约可回收辛醇 60kg。脱辛醇后的酯经压滤后得成品。若要求优质的 DOA，可将脱醇后的粗酯加热、高真空蒸馏，收集 210℃/5×133.3Pa 左右的馏分。

5. 实验室制法

将 1096g 己二酸、1840g 2-乙基己醇、193g 浓硫酸、1200mL 苯一起加热回流约 40min 后，油水分离器中有水层出现，再回流 2h 己二酸基本溶解完，再继续回流 4h，然后将苯蒸出。将剩余物倒入饱和食盐水中，洗涤两次，分去水层，再用 5%的碳酸钠溶液洗至中性，加入无水硫酸钠干燥。减压蒸馏，收集 210~220℃/5×133.3Pa 的馏分，即为成品。

6. 质量标准

	一级品	二级品
外观	透明油状液体	透明油状液体
色泽(Pt-Co 比色)/号	50	100
纯度/%	≥99	≥99
密度/(g/cm^3)	0.927±0.003	0.927±0.003
闪点(开杯)/℃	190	190
酸值/(mgKOH/g)	≤0.2	≤0.3
挥发分/%	≤0.3	

7. 质量检验

(1) 纯度测定

样品中的游离酸类和酯类与氢氧化钾乙醇溶液共热时，发生皂化反应，剩余的碱可用标准酸液进行滴定，从而计算出中和样品所需的氢氧化钾克数或酯含量。

① 试剂　盐酸：0.5mol/L 标准溶液；酚酞指示剂；中性乙醇：在 95%的乙醇中加入酚酞指示剂数滴，用 0.1mol/L 的氢氧化钾中和至微红色；氢氧化钾乙醇溶液：0.5mol/L 溶液，称取 33g 氢氧化钾，溶于 30mL 水中，用无醛乙醇(如用分析纯 95%的乙醇，亦可不必脱醛)稀释至 1000mL，摇匀，放置 24h，取清液使用。

② 测定　称取 0.5g 样品(称准至 0.0002g)，置于 250mL 皂化瓶中。准确加入 50mL 0.5mol/L 的氢氧化钾乙醇溶液，然后装上回流冷凝管，在水浴上维持微沸状态回流 1h，勿使蒸气逸出冷凝管。取下冷凝管，用 10mL 中性乙醇冲洗冷凝器的内壁和塞的下部，加入 1mL 酚酞指示剂，用 0.5mol/L 的盐酸标准溶液滴定剩余的氢氧化钾，至溶液的粉红色刚好褪去即为终点。同时在同样条件下做一空白试验。

③ 计算

$$\text{己二酸二辛酯}(\%)=\frac{18.53c(V_1-V_2)}{G}\times 100\%$$

式中 V_1——空白试验耗用 0.5mol/L 盐酸标准溶液的体积，mL；

V_2——样品耗用 0.5mol/L 盐酸标准溶液的体积，mL；

c——盐酸标准溶液的摩尔浓度，mol/L；

G——样品的质量，g。

(2) 色泽测定

① 100 号标准碘液的配制　向装有 10mL 已溶 55g 碘化钾的容量瓶中，加入 1.0000g 干

燥碘(称准至 0.0002g)，充分溶解后，用水稀释至 1000mL，放置 2~3 天方可使用。

② 色度标准溶液的配制　取不同体积的 100 号标准碘液，用水稀释至 pmL，即可制得任意号数的色度标准。

③ 计算

$$V = \frac{N \times p}{100}$$

式中　V——配制 pmL N 号色度标准所取 100 号标准碘液体积，mL；

N——欲配制的色度标准号数；

p——需要配制的毫升数，mL。

注：100 号碘标准原液(密封保存于棕色磨口瓶中)和稀释的碘标准比色液都要置暗处存放，有效期为 15 天。

④ 测定　将样品均匀混合后，注入试管中，用肉眼观察应是透明油状液体，无浑浊现象，无明显机械杂质。在室温条件下进行比色测定。取 2 支颜色相同、高度相同的比色管，一支注入 100mL 或 50mL 样品，另一支注入相同体积的色度标准液，置于装有反光镜的比色架上。拿下比色管盖，将此比色架放入比色箱中，转动反光镜按反射的颜色进行比色。

8. 用途

本品是聚氯乙烯的优良耐寒增塑剂，赋予制品优良的低温柔软性，并且有一定的光热稳定性和耐水性。在塑溶胶中，初期黏度低，黏度稳定性良好。常与 DOP 等主增塑剂并用于耐寒的农用薄膜、电线、薄板、人造革、户外用水管以及冷冻食品的包装薄膜。还可作为许多合成橡胶的低温增塑剂以及硝基纤维素、乙基纤维素等树脂的增塑剂。

9. 安全与贮运

本品毒性很低，对皮肤及眼睛的刺激性轻微。但车间仍须保持良好的通风状态，工作人员应穿戴劳保用品。

用铁桶包装，螺丝口应用无色橡皮热密封，贮存于阴凉、通风库房。按一般化学物品运输。失火时用干粉、砂土、二氧化碳、泡沫灭火。

参　考　文　献

[1] 沈晓洁，王佶瑞. 己二酸二异辛酯合成的研究[J]. 辽宁化工，2011，40(12)：1235-1236.

[2] 田孟魁，冯喜兰. 活性炭负载对甲苯磺酸催化合成己二酸二异辛酯[J]. 化学研究与应用，2008，(08)：1087-1089.

[3] 石晓华，王海峰，周彩荣. 增塑剂己二酸二异辛酯合成研究进展[J]. 广西轻工业，2007，(10)：22-23.

7.23　增塑剂 DOS

增塑剂 DOS(plasticizer DOS)化学名称为癸二酸二(2-乙基己)酯、癸二酸二异辛酯。分子式 $C_{26}H_{50}O_4$，相对分子质量 426.28。结构式为：

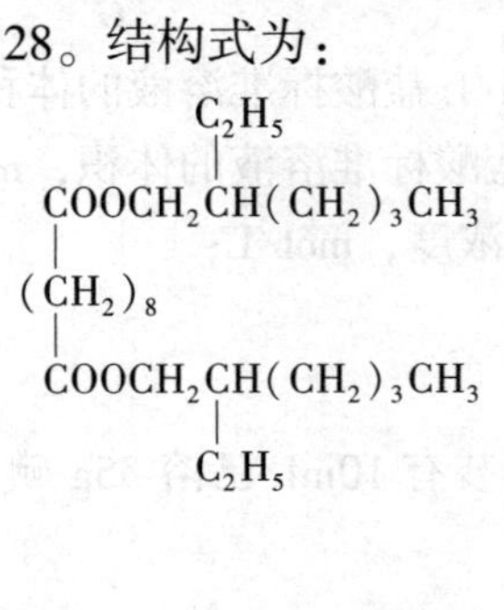

1. 性能

无色或淡黄色透明油状液体。不溶于水，溶于乙醇、丙酮、苯等有机溶剂。与乙基纤维素、聚苯乙烯、聚氯乙烯、聚乙烯等相容，与乙酸纤维素、乙酸丁酸纤维素部分相容。相对密度(d_4^{25})0.912。凝点-48℃。沸点256℃。闪点210℃。折射率(n_D^{25})1.4510。黏度(20℃)25mPa·s。

2. 生产原理

癸二酸和2-乙基己醇在硫酸催化下直接酯化，粗酯经中和、水洗、脱醇、压滤后得成品。

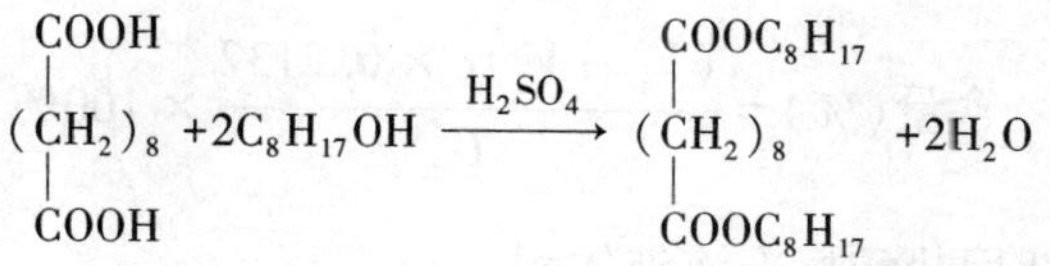

3. 工艺流程

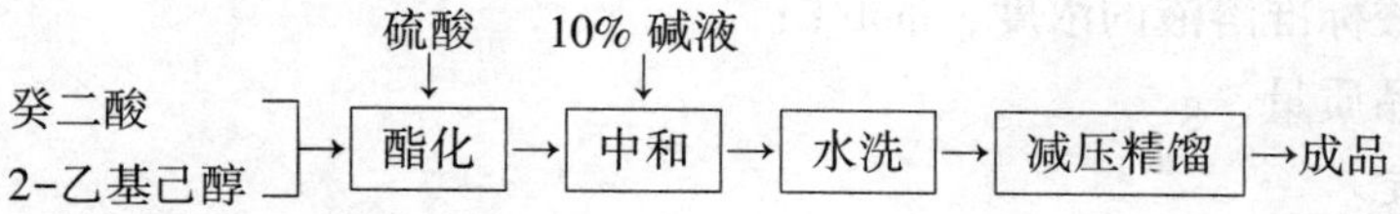

4. 主要原料(kg/t)

癸二酸(99%)	495	硫酸(98%)	3
2-乙基己醇(99%)	647		

5. 生产工艺

酯化反应在与真空系统、冷凝器、分液器相连的耐酸酯化反应釜内进行。将癸二酸495kg、2-乙基己醇820kg投入反应釜，再加入硫酸3kg，活性炭3kg，混合加热，抽真空。维持真空度93.3kPa，温度约130~140℃，搅拌下酯化反应5h。取样检验酸值小于2mgKOH/g时，即为酯化反应终点。用2%~5%的纯碱液中和至物料酸值低于0.1mgKOH/g，再用热水(70~80℃)洗涤。洗涤后进行真空蒸馏，脱除未反应的辛醇。真空度控制在96~97.3kPa之间，温度为140~150℃。蒸馏至粗酯的闪点达205℃时为终点，约回收辛醇170kg。脱醇后的粗酯经压滤后，即制得癸二酸二异辛酯成品。

6. 实验室制法

将癸二酸和2-乙基己醇按质量比1：1.6加入酯化反应瓶，按加料量的0.3%加入硫酸，在160×133.3Pa、130~140℃的条件下酯化3~5h。反应混合物用碳酸钠溶液中和，用70~80℃热水洗涤。然后在(30~40)×133.3Pa下脱醇，残余物经压滤即得成品。

7. 质量标准

外观	透明无悬浮杂质液体
加热减量/%	≤0.3
含量/%	≥99
密度/(g/cm^3)	0.913~0.919
色泽(Pt-Co比色)/号	≤50
闪点(开杯)/℃	≥210
酸值/(mgKOH/g)	≤0.1

8. 质量检验

(1) 含量测定

称取 0.5~1g 样品(称准至 0.0002g), 置于 250mL 三角烧瓶中。准确加入 50mL 0.5mol/L 的氢氧化钾乙醇溶液, 装上回流冷凝管, 在沸水浴上(不低于 95℃)回流 1~1.5h, 勿使蒸气逸出冷凝管。取下冷凝管, 用 10mL 不含二氧化碳的水冲洗冷凝管壁。趁热取下冷凝管, 加入 2~4 滴酚酞指示剂, 用 0.5mol/L 的盐酸标准溶液滴定剩余的氢氧化钾至溶液的粉红色刚好褪去即为终点。样品热滴定时初温不低于 80℃, 滴定终了温度不低于 40℃。同时在同样条件下做一空白试验。

$$含量(\%)=\frac{(V_1-V_2)c\times 0.2132}{G}\times 100\%$$

式中 V_1——空白试验耗用盐酸标准溶液体积, mL;

V_2——样品耗用盐酸标准溶液体积, mL;

c——盐酸标准溶液的浓度, mol/L;

G——样品质量, g。

(2) 酸度测定

称取 5~10g 样品(称准至 0.01g), 置于具有磨口塞之锥形瓶中, 然后分别以 50mL 已中和的乙醇置于两瓶中, 其中不加试样乙醇作为终点比色标准。另一瓶需待样品全溶后, 以 0.02mol/L 或 0.05mol/L 的氢氧化钾乙醇标准溶液滴定至与标准颜色相同(滴定需在 30s 内完成), 保持 15s 不褪色即为终点。

$$酸值(mgKOH/g)=\frac{cV\times 56.11}{G}$$

式中 V——耗用氢氧化钾标准溶液的体积, mL;

c——氢氧化钾标准溶液的摩尔浓度, mol/L;

G——样品质量, g。

9. 用途

优良的耐寒增塑剂, 增塑效率高, 无毒, 挥发性低, 耐热、耐光及电绝缘性均好。除有优良的低温性能外, 还可在较高的温度下使用。耐候性和电气性能较优, 是耐寒电缆料的理想增塑剂。本品缺点是迁移性较大, 耐水和烃类溶剂抽出不够理想。由于相容性较差, 适于与邻苯二甲酸酯类并用, 用于聚乙烯电缆料、聚氯乙烯耐寒薄膜、人造革等制品。还可用作多种合成橡胶及硝基纤维素、乙基纤维素、聚甲基丙烯酸甲酯、聚苯乙烯、氯乙烯-乙酸乙烯共聚物等的增塑剂。用作喷气发动机的润滑油脂。

10. 安全与贮运

原料 2-乙基己醇和产品低毒, 易燃。酯化设备应密闭, 车间内加强通风, 操作人员应穿戴劳保用具。采用铁桶包装, 密封贮存于阴凉、通风处。按易燃化学品规定贮运。

参 考 文 献

[1] 舒学军, 周光培, 桑晓燕, 等. 增塑剂癸二酸二(2-乙基己)酯的合成[J]. 江西师范大学学报(自然科学版), 2003, (04): 301-303.

7.24 增塑剂 DOZ

增塑剂 DOZ(plasticizer DOZ)的化学名称为壬二酸二辛酯、壬二酸二(2-乙基己酯)。分子式 $C_{25}H_{48}O_4$，相对分子质量 412.7。结构式为：

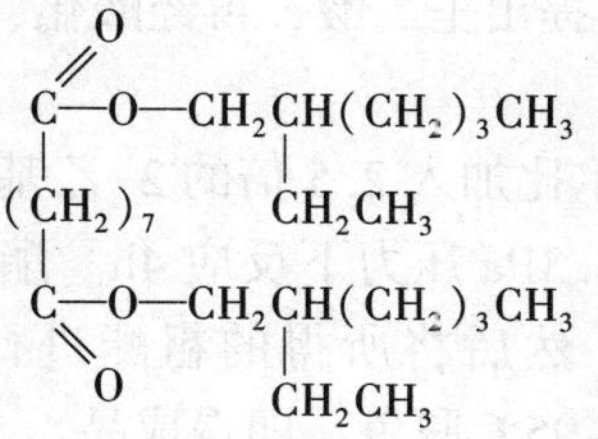

1. 性能

几乎无色的透明液体。凝点-65℃，沸点 376℃，237℃(5×133.3Pa)，208~210℃(2×133.3Pa)。相对密度(d_4^{25})0.917，折射率 1.4512。闪点 213℃。黏度 48.4mPa·s。空气中爆炸极限的下限 0.28%(266℃时)。溶于大多数有机溶剂，不溶于水。毒性低。

2. 生产原理

将油酸经臭氧氧化制得壬二酸，再由壬二酸和 2-乙基己醇在硫酸催化下酯化而得己二酸二辛酯。

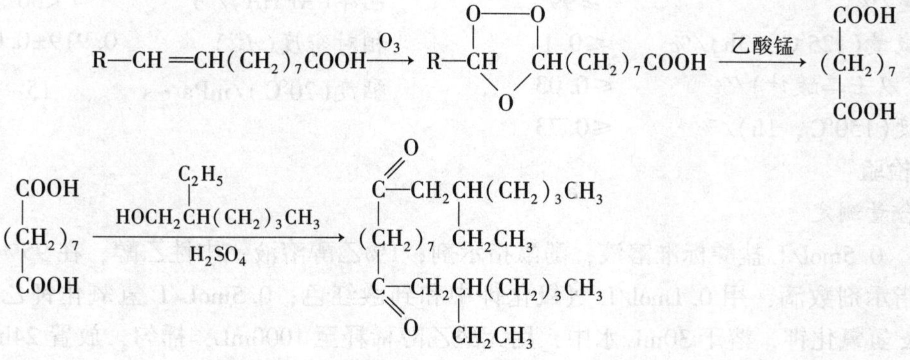

3. 工艺流程

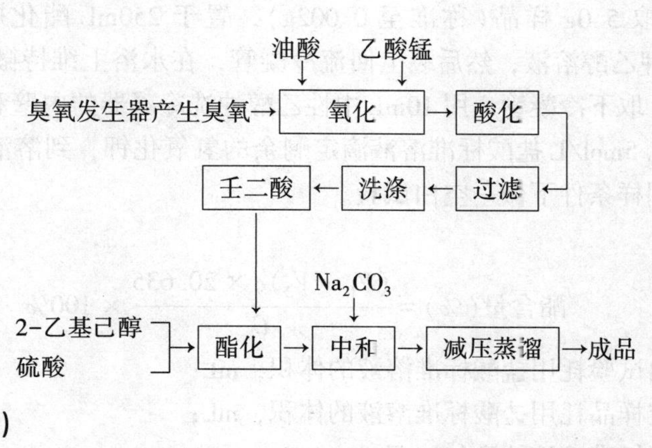

4. 主要原料(kg/t)

壬二酸(≥98%)　　500　　2-乙基己醇(≥98%)　　760

5. 生产工艺

(1) 壬二酸的制备

将0.6MPa的压缩空气经冷冻脱水后再以硅胶或分子筛干燥，然后进入臭氧发生器。在10000～12000V电压下无声放电生成臭氧。臭氧经水洗后与油酸在溶剂中进行臭氧化，反应温度在10℃以下。臭氧化物在50～70℃下进行分解氧化，催化剂为乙酸锰，用量为臭氧化物的0.3%。用碱液从反应物中抽提出壬二酸，再经酸化、过滤、洗涤、烘干即得壬二酸。

(2) DOZ的制备

将壬二酸投入反应锅，按摩尔比加入2.5倍的2-乙基己醇，再加入用量为投料量0.3%的硫酸，在120～130℃、160×133.3Pa压力下反应4h。酯化至酸值小于2mg KOH/g时，即用碳酸钠中和至酸值小于0.15。然后将所得的粗酯进行减压蒸馏，收集220～230℃/4×133.3Pa馏分，再用活性炭在90～95℃脱色，即得成品。

(3) 实验室制法

在500mL三口烧瓶中加入167.5g 2-乙基己醇，在冷却和搅拌下缓缓加入10mL浓H_2SO_4，混匀，再加入50g壬二酸。加热至120～130℃，反应4h，蒸馏出生成的水。在反应物中慢慢加入饱和碳酸钠溶液，直至不再有CO_2产生为止，静置分层，分去水层。酯层再用饱和氯化钙溶液洗涤，分去无机层，用无水$MgSO_4$干燥。将粗酯进行减压蒸馏，收集220～230℃/4×133.3Pa馏分，得成品。

6. 质量标准

酯含量/%	≥99	色泽(APHA)/号	<80
加热减量(125℃，3h)/%	≤0.1	相对密度(d_{20}^{20})	0.919±0.002
酸度(以壬二酸计)/%	≤0.03	黏度(20℃)/mPa·s	15
挥发度(150℃，1h)/%	≤0.73		

7. 质量检验

(1) 酯含量测定

① 试剂　0.5mol/L盐酸标准溶液；酚酞指示剂；1%乙醇溶液；中性乙醇，在95%乙醇中加入酚酞指示剂数滴，用0.1mol/L氢氧化钾中和到微红色；0.5moL/L氢氧化钾乙醇溶液，称取33g氢氧化钾，溶于30mL水中，用无醛乙醇稀释至1000mL，摇匀，放置24h，取清液使用。

② 测定　称取5.0g样品(称准至0.002g)，置于250mL酯化瓶中。准确加入50mL 0.5mol/L氢氧化钾乙醇溶液，然后装上回流冷凝管，在水浴上维持微沸状态回流1h，勿使蒸气逸出冷凝管。取下冷凝管，用10mL中性乙醇冲洗冷凝器的内壁和塞的下部，加入1mL酚酞指示剂，用0.5mol/L盐酸标准溶液滴定剩余的氢氧化钾，到溶液的粉红色刚好褪去即为终点。同时在同样条件下做一空白试验。

③ 计算

$$酯含量(\%) = \frac{(V_1 - V_2)c \times 20.635}{G} \times 100\%$$

式中　V_1——空白试验耗用盐酸标准溶液的体积，mL；

V_2——滴定样品耗用盐酸标准溶液的体积，mL；

c——盐酸标准溶液的摩尔浓度，moL/L；

G——样品质量，g。

(2) 酸度的测定

① 中性乙醇的配制　取50mL乙醇，加入10滴酚酞指示剂，以NaOH溶液中和至微粉红色，备用。

② 测定　称取50g试样(准确至0.1g)，置于400mL烧杯中，加入50mL中性乙醇溶解，在不断搅拌下以0.1mol/L氢氧化钠标准溶液滴定试液，至呈淡粉红色且在5s内不褪色为终点。

③ 计算

$$酸度(\%)=\frac{9.4cV}{G}\times 100\%$$

式中　V——滴定试样时用去氢氧化钠标准溶液的体积，mL；

c——氢氧化钠溶液摩尔浓度，mol/L；

G——样品质量，g。

8. 用途

本品为优良的耐寒增塑剂。与聚氯乙烯、氯乙烯-乙酸乙烯共聚物、聚苯乙烯、聚乙酸乙烯酯、乙酸丁酸纤维素、硝酸纤维素、乙基纤维素等有良好的相容性。其黏度低，沸点高，增塑效率高，挥发性和迁移性小，而且具有优良的耐热性、耐光性、电绝缘性和对增塑糊的黏度稳定性，耐寒性比DOA好。适用于人造革、薄膜、薄板、电线和电缆护套、增塑糊等，可赋予制品良好的低温性能。本品还可单独或与其他增塑剂配合用作丁腈橡胶、丁苯橡胶、氯丁橡胶等合成橡胶的增塑剂。

9. 安全与贮运

本品无毒，挥发性低。其闪点和着火点低于沸点。采用铁桶包装，置于干燥、通风处。按一般化学品规定贮运。

参 考 文 献

[1] 黄飞，张浩冉，戴璐，等. 固体超强酸催化合成壬二酸二辛酯的工艺研究[J]. 五邑大学学报(自然科学版)，2021，35(01)：15-19.

7.25　癸二酸二丁酯

癸二酸二丁酯(dibutyl sebacate)又称皮脂酸二丁酯。分子式 $C_{18}H_{34}O_4$，相对分子质量为314.45。结构式为：

$$H_9C_4O-\overset{\displaystyle O}{\overset{\|}{C}}-(CH_2)_8-\overset{\displaystyle O}{\overset{\|}{C}}-OC_4H_9$$

1. 性能

无色透明油状液体，无气味。相对密度(d_{20}^{20})0.936。燃点218℃。闪点177℃。凝点-11℃。沸点349℃。折射率(n_D^{20})1.4395。在水中溶解度为0.4g/L，能溶于乙醇、乙醚及苯等有机溶剂。在空气中爆炸下限为0.44%。无毒、可燃。

2. 生产原理

在硫酸催化下，癸二酸与过量丁醇发生酯化反应，经处理后得癸二酸二丁酯。

$$\begin{array}{c} CO_2H \\ | \\ (CH_2)_8 \\ | \\ CO_2H \end{array} + 2C_4H_9OH \xrightarrow{H_2SO_4} \begin{array}{c} CO_2C_4H_9 \\ | \\ (CH_2)_8 \\ | \\ CO_2C_4H_9 \end{array}$$

3. 工艺流程

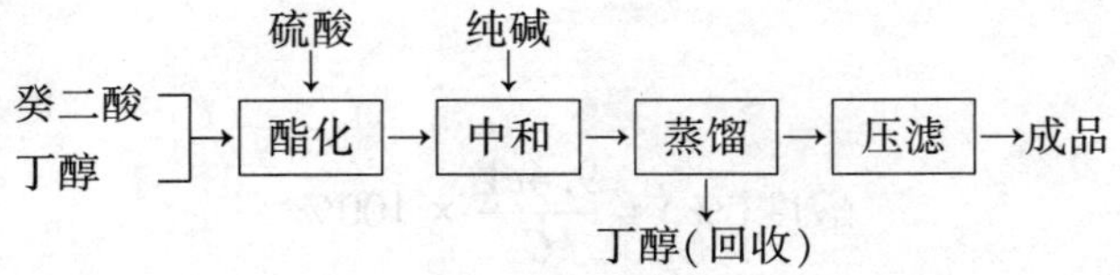

4. 主要原料(kg/t)

癸二酸(工业品)	665	硫酸	3
丁醇	500		

5. 生产工艺

在酯化反应釜中加入癸二酸、丁醇和98%的硫酸，同时加入物料量0.1%~0.3%的活性炭，搅拌下加热至130~140℃进行酯化反应。反应5~6h后，冷却，用纯碱中和，然后蒸馏回收未反应的丁醇，残余物减压蒸馏或压滤后得成品。

6. 实验室制法

在反应瓶中加入404g癸二酸、296g丁酯、2.5g 98%的浓硫酸，于130~140℃下酯化反应4h。反应混合物用纯碱中和后，蒸馏回收未反应的丁醇。残余物减压蒸馏得癸二酸二丁酯。

7. 质量标准

外观	无色液体	密度/(g/cm^3)	0.931~0.937
色泽(Pt-Co 比色)/号	≤50	酯含量/%	≥99.6
酸度(以乙酸计)/%	≤0.03	水分/%	≤0.1

8. 用途

主要用作聚氯乙烯塑料的耐寒增塑剂，也用于人造革、多种合成橡胶及硝基纤维素、乙基纤维素、聚甲基丙烯酸甲酯、聚苯乙烯等树脂的增塑剂，还用于润滑油脂及香料的配制。

9. 安全与贮运

酯化设备应密闭，操作人员应穿戴劳保用具，车间内应加强通风，注意防火。使用镀锌铁桶包装，贮存于阴凉、通风处。

参 考 文 献

[1] 俞善信. 国内催化合成癸二酸二丁酯研究进展[J]. 塑料助剂，2009，(06)：11-14.
[2] 张丹阳，贾长英，杨旭鹏. 活性炭负载硅钨酸催化合成癸二酸二丁酯[J]. 广州化工，2007，(04)：44-45.
[3] 邢亚博. 增塑剂癸二酸二丁酯的合成[J]. 安徽化工，2005，(03)：37-38.

7.26 磷酸二苯基异辛酯

磷酸二苯基异辛酯(diphenyl isooctyl phosphate)又称磷酸二苯基-2-乙基己酯。分子式

$C_{20}H_{27}O_4P$，相对分子质量 362.41。结构式为：

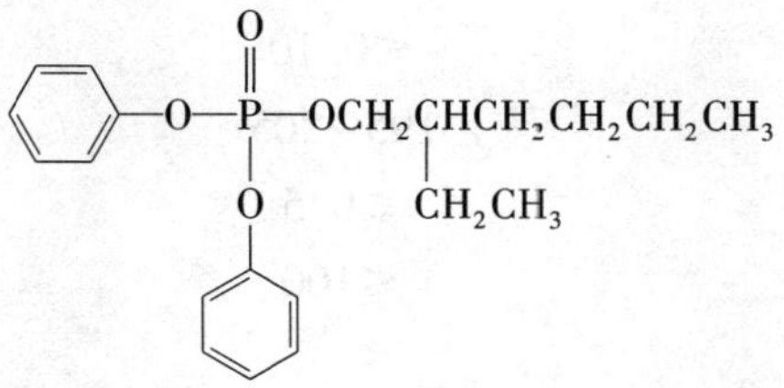

1. 性能

浅黄色透明油状液体。凝点-60℃，沸点 375℃，239℃(133.3kPa)。折射率 1.5060，1.5120(25℃)。相对密度(d_4^{25})0.80～1.090。闪点 200℃。溶于乙醇、丙醇、氯仿和苯，不溶于水。本品几乎能与工业使用的主要树脂和橡胶相容。

2. 生产原理

2-乙基己醇与三氯氧磷反应后，再与苯酚钠酯化，得到的反应物料经薄膜蒸发、脱色、压滤得到成品。

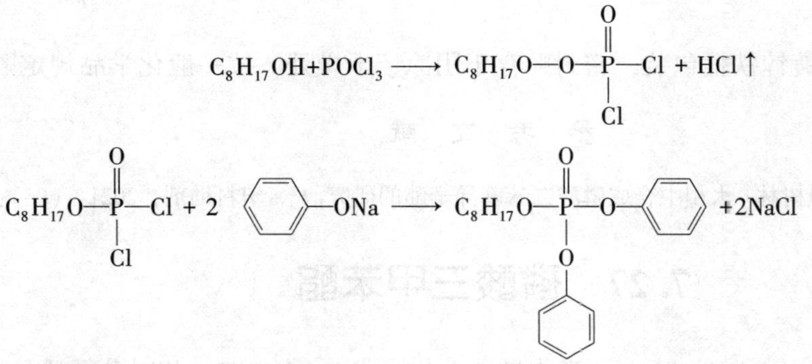

3. 工艺流程

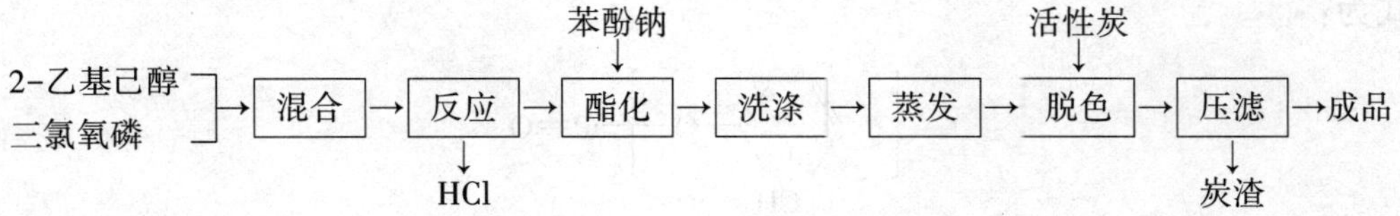

4. 主要原料(kg/t)

2-乙基己醇(≥97%)	425	三氯氧磷(99%)	500
苯酚(熔点≥40.4℃)	736	氢氧化钠(98%)	320

5. 生产工艺

在酯化反应釜中投入 106.25kg 2-乙基己醇和 125kg 三氯氧磷，冷却，于 10℃下混合均匀，然后在 25℃下控制反应在负压下进行，生成异辛氧基磷二酰氯。然后于 5℃下，加入 227kg 苯酚钠(由 184kg 苯酚和 80kg 氢氧化钠制得)，混合，控制反应温度在 38～41℃进行酯化反应，生成磷酸二苯基异辛酯粗品。将粗品用水洗涤脱盐，蒸发后脱色，压滤去渣，得到磷酸二苯基异辛酯成品。

6. 质量标准

	一级品	二级品
外观	透明均匀油状液体，无可见水珠和机械杂质	
相对密度	1.087～1.092	1.085～1.092

折射率(n_D^{20})	1.5070~1.510	1.5070~1.5120
酸值/(mgKOH/g)	≤0.10	≤0.15
闪点(开杯)/℃	195~205	195~205
加热减量/%	≤0.5	≤0.5
色泽(Pt-Co 比色)/号	≤100	≤150

7. 用途

用作聚氯乙烯增塑剂，用于聚氯乙烯薄膜、薄板、挤出制品和模塑制品以及塑溶胶。本品为无毒增塑剂，特别适用于食品包装材料。本增塑剂还具有阻燃性、耐寒性，可改善制品的耐磨性、耐水性和电气性能。炼油工业用作汽油添加剂，油脂工业用作润滑剂。也可作为合成橡胶的阻燃性增塑剂。

8. 安全与贮运

原料三氯氧磷属一级无机酸性腐蚀物品，其气体有毒，有刺激性；原料异辛醇、苯酚等有毒。第一步反应生成的氯化氢应用水或碱吸收。反应设备应密闭，操作人员应穿戴劳保用具，车间内应加强通风。

本产品无毒，用镀锌铁桶包装，密封贮存于阴凉、干燥处，按一般化学品规定贮运。

参 考 文 献

[1] 孟长春，于春红，赵树林. 水相中合成磷酸二苯基异辛酯的研究[J]. 塑料助剂，2021，(05)：20-22.

7.27 磷酸三甲苯酯

磷酸三甲苯酯(tricresyl phosphate)简称 TCP。分子式 $C_{21}H_{21}O_4P$，相对分子质量 368.37。结构式为：

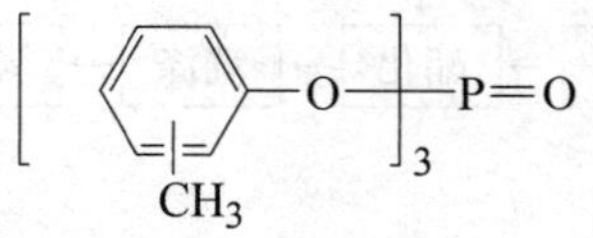

1. 性能

无色清亮液体，微具酚味。相对密度(20℃)1.16，折射率(20℃)1.556，凝点-35℃，沸点 420℃(部分分解)，闪点(开口法)230℃，挥发速度(100℃)0.000078g/(cm²·h)。溶于苯、醚类、醇类、亚麻子油、蓖麻油等有机溶剂和油类，不溶于水。在水中的溶解度为 0.002%以下(85℃)。与树脂相容性好。不仅具有优良的阻燃性，而且具有良好的增塑性、防霉性、耐候性。挥发性小。有毒，不宜用于食品包装和儿童玩具。

2. 生产原理

(1) 三氯氧磷法

混合甲酚与三氯氧磷缩合，经处理后得 TCP。

$$3CH_3C_6H_4OH + PCl_3O \longrightarrow (CH_3C_6H_4O)_3PO + 3HCl\uparrow$$

(2) 三氯化磷法

三氯化磷与混合甲酚反应，生成三甲苯氧基磷，然后与氯气氯化并水解，得到 TCP。

$$3CH_3C_6H_4OH + PCl_3 \longrightarrow (CH_3C_6H_4O)_3P + 3HCl\uparrow$$

$$(CH_3C_6H_4O)_3P+Cl_2 \longrightarrow (CH_3C_6H_4O)_3PCl_2$$

$$(CH_3C_6H_4O)_3PCl_2+H_2O \longrightarrow (CH_3C_6H_4O)_3PO+2HCl\uparrow$$

总反应式：

$$3CH_3C_6H_4OH+PCl_3+Cl_2+H_2O \longrightarrow (CH_3C_5H_4O)_3PO+5HCl\uparrow$$

3. 工艺流程

（1）三氯氧磷法

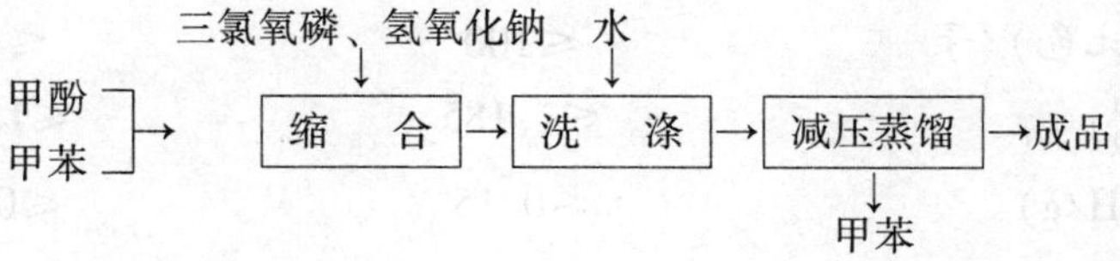

（2）三氯化磷法

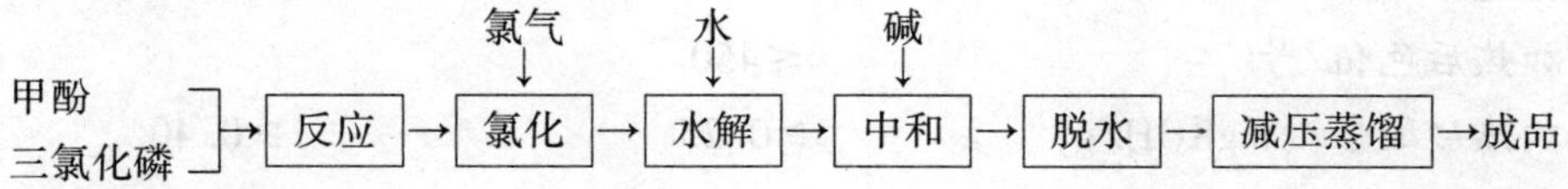

4. 主要原料

（1）三氯氧磷法

混合甲酚（工业品）	1206	甲苯（溶剂）	1000
三氯氧磷（工业品）	572	氢氧化钠（98%）	适量

（2）三氯化磷法

混合甲酚（工业品）	1250	液氯（≥99.5%）	258
液氯（≥95%）	490	氢氧化钠（98%）	适量

5. 生产工艺

（1）三氯氧磷法

将混合甲酚、甲苯加入反应釜，搅拌溶解后冷却至-5℃，加入氢氧化钠溶液和三氯氧磷，控制三氯氧磷的加入速度，以保证反应物料温度≤10℃。加料完毕，慢慢升温至回流，保温搅拌反应3~4h。冷却至30℃以下，加入水洗涤，分出水层。油层再用水洗涤，分水后加入无水硫酸钠脱水，过滤除去硫酸钠，先常压蒸馏回收甲苯，再减压蒸馏，收集245~260℃/667Pa馏分，得无色透明的TCP。

实验室制法：

在装有搅拌、温度计、冷凝器和滴液漏斗的四颈蒸馏瓶中，加入900mL甲苯溶剂，然后加入108.1g的对甲苯酚，搅拌溶解后。加入55.2g的$POCl_3$后，迅速滴加45%的NaOH，碱液中含NaOH 96g，搅拌转速控制为600r/min。碱液在滴液漏斗中的滴加时间为10 min。控制反应温度30℃。反应时间5h。反应完毕，降温，当温度≤30℃时，加入30%的NaOH液洗涤后再用水洗，分去水层，油层进行减压蒸馏，在667Pa压力下，收集沸点245~260℃的馏分，得无色透明液体TCP。

（2）三氯化磷法

① 将混合甲酚加入反应釜中，加热至40℃，搅拌下滴加95%的三氯化磷，加毕，升温至70℃，通入氯气进行氯化反应，通氯完毕，保温搅拌0.5h。然后于80~85℃下加水水解，水解产物用碱液中和。分出油层，水洗，静置，分出水层，油层减压蒸馏，得增塑剂TCP。

② 将混合甲酚投入反应釜内，控制温度为30℃，缓慢滴加三氯化磷，控制温度为

45℃。再缓慢通入氯气，温度控制在 60℃，反应时间 12h。反应完成后，加入 0.5mol/L NaOH 进行水解。水解完成后加入碱中和。静置，分出水层，加入干燥剂脱水，然后真空蒸馏得 TCP。

6. 质量标准

	一级品	二级品
外观	透明均匀的油状液体，无可见的水珠和机械杂质	
色度(Pt-Co 比色)/号	≤100	≤250
相对密度(d_{20}^{20})	≤1.185	≤1.187
酸值/(mgKOH/g)	≤0.15	≤0.25
加热减量(125℃，3h)/%		
热稳定性		
加热后色值/号	≤450	
加热后酸值/(mgKOH/g)	≥0.25	≥0.40
闪点(开口法)/℃	≤225	≤220
游离甲酚含量/%	≤0.15	≤0.20

7. 用途

用作树脂的增塑剂，是芳基磷酸酯类增塑剂的代表性品种，具有良好的阻燃性、防霉性、耐污染性、耐候性、耐辐射性、耐磨性、耐水解和耐油抽出性，电绝缘性优异，广泛适用于乙烯基树脂、纤维素树脂等聚合物薄膜、电线电缆料、地板料、运输带、人造革、片材、板材制品，农膜的耐候性、防尘性和防雾滴性好，但耐寒性较差，一般通过并用耐寒增塑剂改良。使用时，可作为主增塑剂使用，但多数情况下和其他增塑剂配合使用。

随着塑料、合成橡胶、合成纤维、人造革、涂料及黏合剂等合成材料的发展，TCP 作为阻燃剂已经获得广泛的应用。TCP 作为一种性能优良的阻燃增塑剂，特别适用于煤矿阻燃皮带的防火。例如一种煤矿用阻燃运输带的配方为(质量份)：

PVC 糊树脂	100	氯化石蜡	0~20
三芳基磷酸酯	60	抗静电剂	4~10
单体增塑剂	5~20		

稳定剂、降黏剂、无机阻燃剂等适量。

8. 安全与贮运

生产中使用三氯氧磷或三氯化磷，生产设备应密闭，防止冒漏，车间内加强通风，操作人员应穿戴劳保用具。产品采用铁桶包装，按有毒化学品规定贮运。

参 考 文 献

[1] 张宝营，董运勤. 添加型阻燃剂磷酸三甲苯酯的制备及应用[J]. 现代塑料加工应用，2021，33(06)：19-22.

[2] 秦海芳，王乾. 磷酸三甲苯酯合成方法的研究[J]. 天津化工，2005，(05)：28-29.

[3] 杨锦飞. $TiSiW_{12}O_{40}/TiO_2$ 催化合成磷酸三甲苯酯的研究[J]，有机化学，2003，23(11)：1317-1319.

7.28 增塑剂 DOTP

增塑剂 DOTP(plasticizer DOTP)的化学名称为对苯二甲酸二(2-乙基己酯)、对苯二甲酸二异辛酯。分子式 $C_{24}H_{38}O_4$，相对分子质量 390。结构式为：

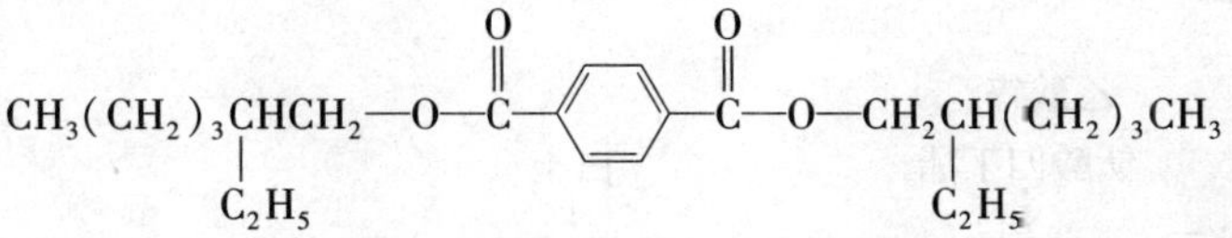

1. 性能

无色或略带淡黄色油状液体。相对密度(d_{20}^{20}) 0.9835。凝点 -48℃。沸点 383℃ (101kPa)。闪点 238℃。折射率(n_D^{25})1.4887。黏度 63mPa·s(25℃)。几乎不溶于水。挥发性低，电绝缘性好。具有耐热、耐寒、抗抽出等优良特性。

2. 生产原理

(1) 酯交换法

对苯二甲酸二甲酯(DMT)与异辛醇在催化剂存在下进行酯交换，然后中和、洗涤、脱醇、脱色、压滤得到 DOTP。

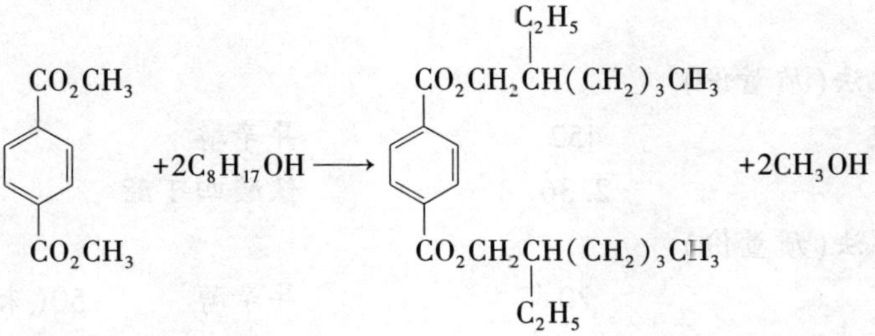

(2) 直接酯化法

在钛酸四丁酯、乙酸锌催化下，对苯二甲酸与异辛醇直接酯化，得到 DOTP。

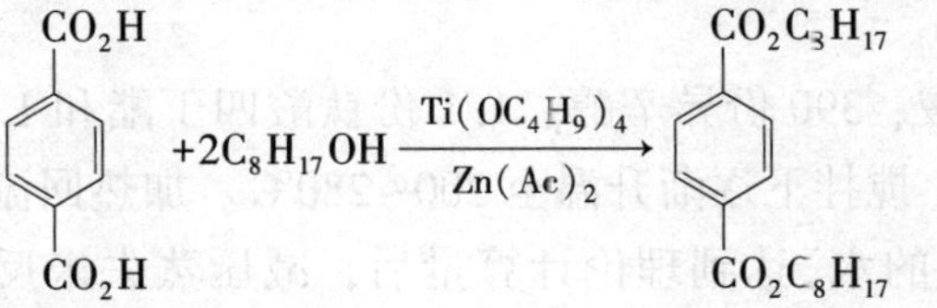

(3) 废涤纶丝法

首先将涤纶丝降解为单酯(醇解)，然后与醇发生酯交换反应。

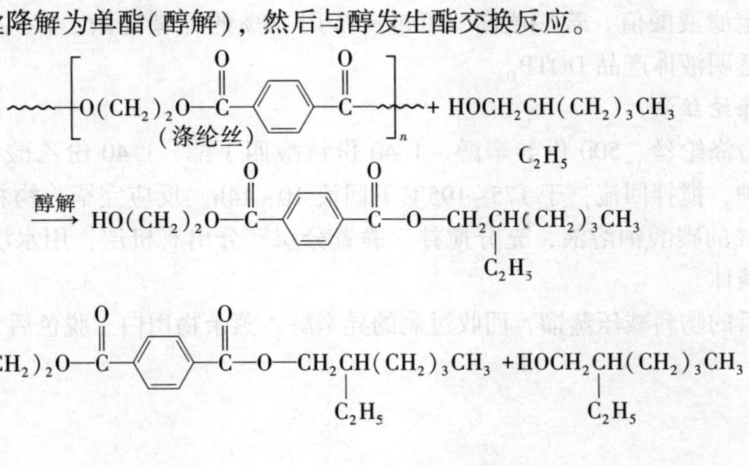

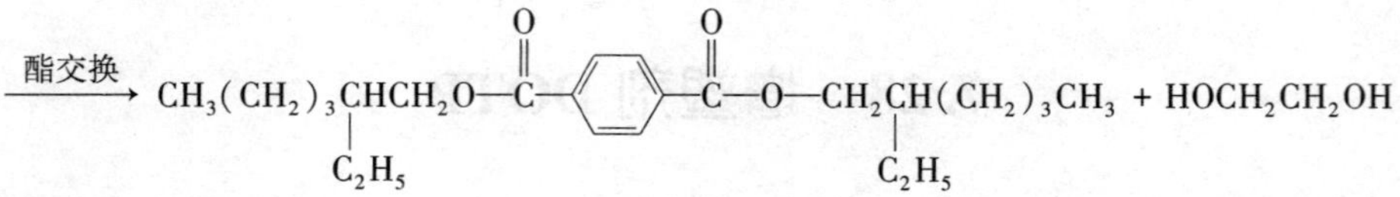

3. 工艺流程

(1) 直接酯化法

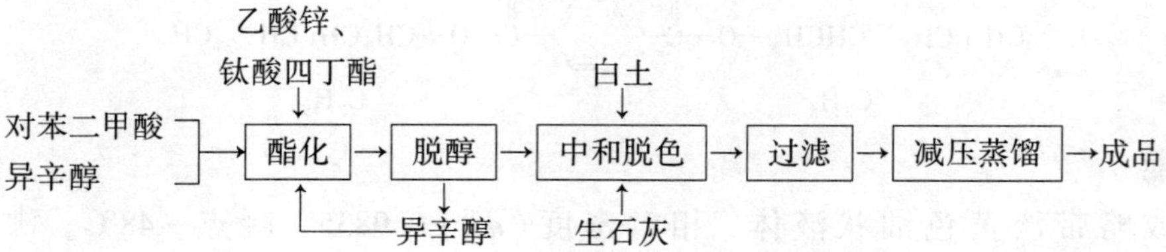

(2) 废涤纶丝法

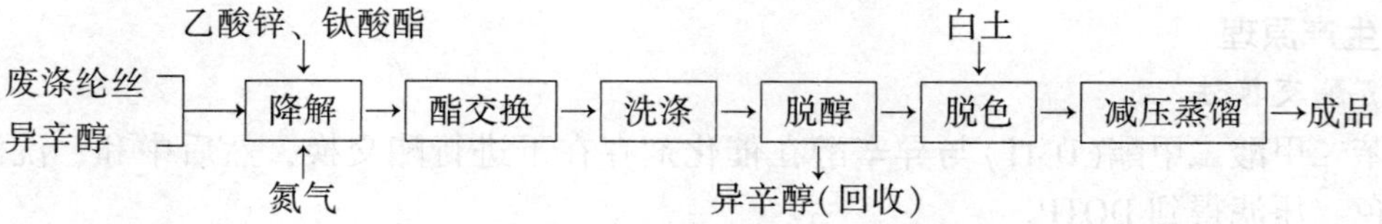

4. 主要原料

(1) 直接酯化法(质量份)

对苯二甲酸	452	异辛醇	730
乙酸锌	2.36	钛酸四丁酯	2.36

(2) 废涤纶丝法(质量份)

废涤纶丝	20	异辛醇	50(未反应的回收)
钛酸四丁酯	0.14	乙酸锌	0.14

5. 生产工艺

(1) 直接酯化法

将 166 份对苯二甲酸、390 份异辛醇、1.1 份钛酸四丁酯和 1.1 份乙酸锌投入酯化反应釜中，通氮驱尽空气后，搅拌下逐渐升温至 200~280℃。加热回流反应 12h 左右，待分水器中分出的水(由反应产生的水)达到理论计算量后，减压蒸去未反应的过量异辛醇(回收使用)，得到具有一定黏度的浅黄色油状液体。加入适量活性白土、碱和石灰进行中和脱色。然后过滤测定滤液酸值。若酸值高，可进一步用 30%的纯碱洗涤。有机层进行减压蒸馏，得到无色的透明液体产品 DOTP。

(2) 废涤纶丝法

将 200 份涤纶丝、500 份异辛醇、1.40 份钛酸四丁酯、1.40 份乙酸锌投入反应釜中。通入氮气保护，搅拌回流，于 175~195℃下回流 10~14h。反应完毕，物料为乳白色浑浊液体。加入 30%的碳酸钠溶液，充分搅拌，静置分层。分出有机层，用水洗涤三次。过滤得淡黄色透明液体。

将过滤后的物料减压蒸馏，回收过剩的异辛醇。蒸余物用白土脱色后，减压蒸馏得到增塑剂 DOTP。

6. 质量标准

	一级品	二级品
色度(APHA)/号	≤120	≤150
酯含量/%	≥99.0	≥99.0
酸值/(mgKOH/g)	≤0.10	≤0.15
闪点/℃	≥210	≥205
加热减量/℃	≤0.20	≤0.25
体积电阻率/Ω·cm	$\geq 1\times10^{12}$	$\geq 5\times10^{11}$

7. 质量检验

(1) 酯含量的测定

准确称取0.5~1g试样(准至0.002g)，置于锥形瓶中，加入50mL 0.5mol/L氢氧化钾乙醇溶液。装上回流冷凝管，于沸水浴中回流1h。用少量无CO_2蒸馏水(约10mL)冲洗冷凝管壁。趁热取下冷凝管，加入2~4滴酚酞指示剂，用0.5mol/L盐酸标准溶液滴定至红色消失即为终点。同时做一空白试验。

酯含量依下式计算：

$$x = \frac{(V_1 - V_2)c \times \dfrac{M}{n}}{10m}$$

式中 V_1——空白试验耗用盐酸标准溶液的体积，mL；

V_2——滴定试样耗用盐酸标准溶液的体积，mL；

c——盐酸标准溶液的浓度，mol/L；

M——试样摩尔质量，这里为390；

n——酯的价数，这里为2；

m——试样的质量，g。

(2) 闪点的测定

先在外坩埚的底部装入细砂，将用乙醇洗涤并烘干的内坩埚装入外坩埚中，细砂表层距内坩埚的口部边缘约12mm，且内坩埚和外坩埚的底部之间保持5~8mm厚度的砂层。试样装入坩埚时，液面距离口部边缘18mm。温度计固定在内坩埚中央，其水银球的中心点距坩埚底和液面大约相等的距离。加热外坩埚使试样逐渐升温。当试样温度达预计闪点前60℃时，调整加热速度，以使试样温度达到闪点前40℃时能控制升温速度为(4±1)℃/min。试样温度达预期闪点前10℃时，将点火器的火焰调整到3~4mm，放到距离试样表面10~14mm处并在该处水平面上靠温度计附近与坩埚内径平行作直线移动。从坩埚的一边移至另一边的时间为2~3s。试样温度升高2℃，应重复一次点火试验。接近预期闪点温度前4~6℃时，应每升高1℃重复一次点火试验。试样液面上方最初出现火焰时，立即从温度计读出温度，则为闪点测定结果，依同法测定两次，两次结果的差数不应超过2℃。取其算术平均值，作为试样的闪点。

8. 用途

DOTP是20世纪70年代初发展起来的一种聚氯乙烯(PVC)的新型增塑剂。大量用作聚氯乙烯增塑剂，尤其适用于电线电缆材料。但其相容性较差，故必须与增塑剂DOP掺混使用。也用作硝化纤维漆添加剂(防止漆面龟裂)、精密仪器润滑剂、纸张软化剂等。

9. 安全与贮运

生产过程中设备应密闭，车间保持良好的通风状态。密封包装，置于通风、阴凉处，防热、防晒、防潮，按一般化学品规定贮运。

参 考 文 献

[1] 俞晓玉. 回收 PET 饮料瓶醇解制备对苯二甲酸二异辛酯研究[J]. 集宁师范学院学报，2021，43(02)：71-76.

[2] 宋宇豪. 对苯二甲酸二异辛酯合成过程研究[D]. 华东理工大学，2012.

7.29 增塑剂 EBS

增塑剂 EBS(plasticizer EBS)的化学组成为环氧脂肪酸丁酯，又称环氧硬脂酸丁酯、环氧油酸丁酯、可塑剂 EBS。分子式 $C_{22}H_{42}O_3$，相对分子质量 354.6。结构式为：

$$CH_3(CH_2)_7\underset{\diagdown\,O\,\diagup}{CH—CH}(CH_2)_7\overset{\overset{O}{\|}}{C}O(CH_2)_3CH_3$$

1. 性能

淡黄色油状液体。相对密度≥0.90。折射率<1.4520。可溶于氯仿等有机溶剂。用作增塑剂，具有良好的耐热性和耐候性，耐寒性优良，但耐抽出性差，挥发性较大。基本无毒。

2. 生产原理

在硫酸催化下，油酸与丁醇发生酯化反应生成油酸丁酯，然后与过氧乙酸发生环氧化，得环氧硬脂酸丁酯。

$$CH_3(CH_2)_7CH=CH(CH_2)_7COOH+C_4H_9OH \xrightarrow{H_2SO_4} CH_3(CH_2)_7CH=CH(CH_2)_7\underset{\underset{O}{\|}}{C}OC_4H_9 + H_2O$$

$$CH_3(CH_2)_7CH=CH(CH_2)_7\underset{\underset{O}{\|}}{C}OC_4H_9 + H_2O_2 + CH_3CO_2H \longrightarrow$$

$$CH_3(CH_2)_7\underset{\diagdown\,O\,\diagup}{CH—CH}(CH_2)_7\underset{\underset{O}{\|}}{C}O(CH_2)_3CH_3 + CH_3CO_2H + H_2O$$

3. 工艺流程

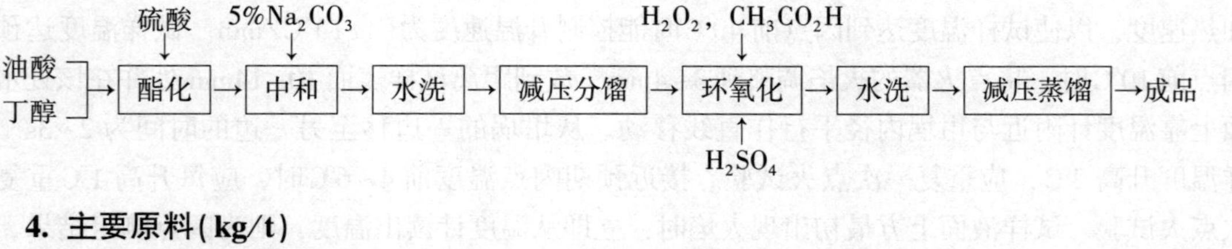

4. 主要原料(kg/t)

糠油(碘值 85~95mgI$_2$/100g)	1150	过氧化氢(30)	500
硫酸(98%)	13	冰乙酸(≥98%)	110
丁醇(工业品)	470		

5. 生产工艺

先将 282 份油酸和 110 份丁醇投入反应釜中，搅拌均匀后加入 1.5 份硫酸。加热升温至

105~110℃，生成的水及低沸点醇蒸发进入冷凝器，经分水器进行回流。逐渐升温，待分出约18份水，则表明反应达终点。静置分层，除去废水层，用2.5%的纯碱液洗涤至中性，再用水洗。分去水后，脱醇(回收丁醇)，减压蒸馏得到油酸丁酯。

将86.6份冰乙酸、177.4份过氧化氢(浓度30%)和7份50%的硫酸投入配料锅中，混匀后送入高位槽。将43.8份油酸丁酯送入环氧化反应釜中，控制46℃下加入过乙酸溶液，约1.5~2.0h加完。搅拌下反应温度经7h升至64℃。当环氧值≥2.5，停止反应。用2%~5%的稀纯碱溶液中和，静置分层。分去废水层，用去离子水洗涤分水后，减压蒸馏，先脱去残留的醇和水后，加适量活性炭脱色，压滤得成品。

说明：

环氧硬脂酸丁酯(增塑剂EBS)可以由糠油、棉籽油、菜油等得到的脂肪酸为原料进行制备，故又称环氧脂肪酸丁酯。

6. 质量标准

外观	微黄色透明油状液体
酸值/(mgKOH/g)	≤0.8
环氧值/%	3.0~3.2
闪点(开杯)/℃	≥180
碘值/(gI_2/100g)	≤10

7. 质量检验

准确称取样品0.5g，置于碘量瓶中，然后加入三氯甲烷10~15mL。用吸液管移入氯化碘溶液25mL，摇荡。将锥形碘量瓶盖上玻璃塞，于暗处放置8h。然后加入10%的碘化钾溶液15mL，水100mL。用0.05mol/L硫代硫酸钠标准溶液滴定至淡黄色，加入淀粉指示剂1mL，继续滴定至蓝色消失为终点。在相同条件下做空白试验。

$$碘值=\frac{c(V_1-V_2)\times 0.1269}{G}\times 100\%$$

式中 c——硫代硫酸钠标准溶液摩尔浓度，mol/L；

V_1——空白试验耗用硫代硫酸钠标准溶液的体积，mL；

V_2——试样耗用的硫代硫酸钠标准溶液的体积，mL；

G——试样的质量，g。

8. 安全与贮运

生产中使用的过氧化氢为一级无机酸性腐蚀物品，具有强氧化性。设备应密闭，操作人员应穿戴劳保用品。使用铁桶包装，贮存于阴凉、干燥、通风处。按易燃化学品规定贮运。

参 考 文 献

[1] 徐玉玲，高新蕾，王婷婷，等. 环氧脂肪酸丁酯的合成及其摩擦学性能研究[J]. 润滑与密封，2011，36(04)：44-47.

7.30 增塑剂EISO

增塑剂EISO(plasticizer EISO)的化学组成为环氧大豆油酸异辛酯，也称环氧大豆油酸-

2-乙基己酯。分子式 $C_{26}H_{48}O_4$，相对分子质量 424。结构式为：

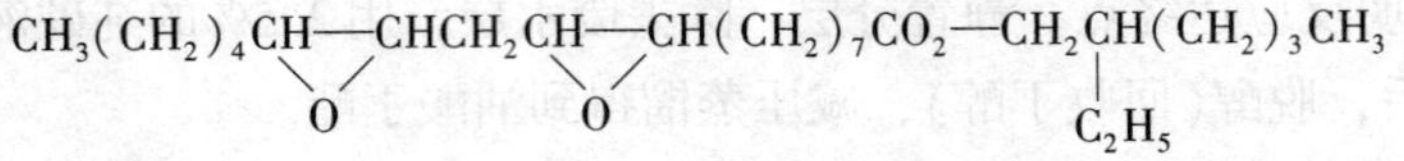

1. 性能

浅黄色油状液体。相对密度 0.92~0.98。闪点>200℃，折射率 1.4580~1.4585。可燃，低毒。具有增塑性，耐候性、耐寒性优良。

2. 生产原理

大豆油与异辛醇在硫酸存在下发生醇解，生成大豆油酸异辛酯和甘油。经洗涤、去杂分离后与过氧甲酸（$HCO_2H+H_2O_2$）进行环氧化，得到环氧化大豆油酸异辛酯。

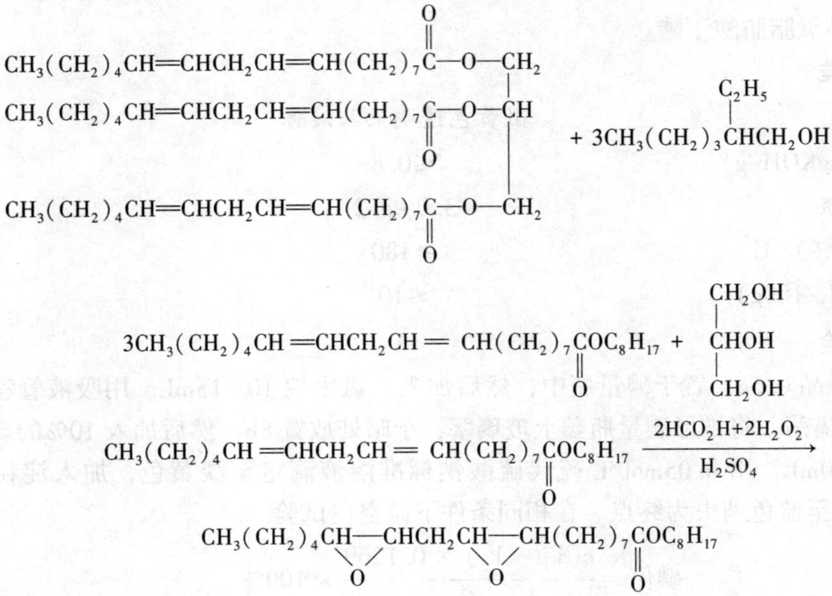

3. 工艺流程

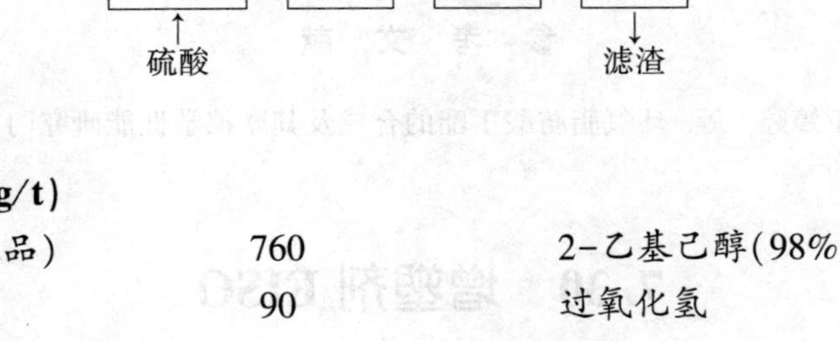

4. 主要原料(kg/t)

大豆油(工业品)	760	2-乙基己醇(98%)	350
甲酸	90	过氧化氢	52

5. 生产工艺

醇解采用耐酸反应釜(搪瓷或不锈钢反应釜)，上接回流冷凝管。将 878 份豆油、520 份异辛醇和 4.2 份硫酸投入醇解反应釜中，搅拌下加热至 90℃进行醇解 6~8h。醇解物用 3%的纯碱溶液中和，蒸馏回收过量的辛醇约 130 份。然后分离出甘油，再经水洗，脱水后减压分馏出大豆油酸辛酯。

将 392 份大豆油酸辛酯、249 份 30%的过氧化氢、27 份 85%的甲酸和 5.5 份硫酸投入环氧化反应釜中，搅拌下于 50~60℃进行环氧化反应，反应 8h 左右。然后加入 3%的稀纯碱中和反应物料至中性，水洗后，静置分去水层，再用水洗 1~2 次。分出油层减压蒸馏，脱去水、醇后，加入适量活性炭脱色，然后压滤去渣，得成品。

6. 质量标准

	一级品	二级品
色泽(APHA)/号	≤150	≤250
环氧值/%	≥4.2	≥3.0
碘值/(gI_2/100g)	≤10	≤10
酸值/(mgKOH/g)	≤0.5	≤0.7
水分/%	≤0.1	≤0.1
闪点(开杯)/℃	≥200	≥200

7. 用途

用作聚氯乙烯的增塑剂兼稳定剂，热稳定性和低温性能好，相容性和透明性也很好。一般与其他增塑剂并用，用量 5%~10%。尤其适宜于农用薄膜和要求耐候、耐寒制品中。

8. 安全与贮运

生产中使用过氧化氢、甲酸、异辛醇等有毒或腐蚀性化学物品，设备应密闭，操作人员应穿好劳保用具，车间内保持良好通风状态。

使用镀锌铁桶包装，贮存于阴凉、通风处。按一般化学品规定贮运。

7.31 增塑剂 EMAR

增塑剂 EMAR(plasticizer EMAR)的化学组成是环氧化乙酰蓖麻油酸甲酯。分子式 $C_{21}H_{38}O_5$，相对分子质量 370.5。结构式为：

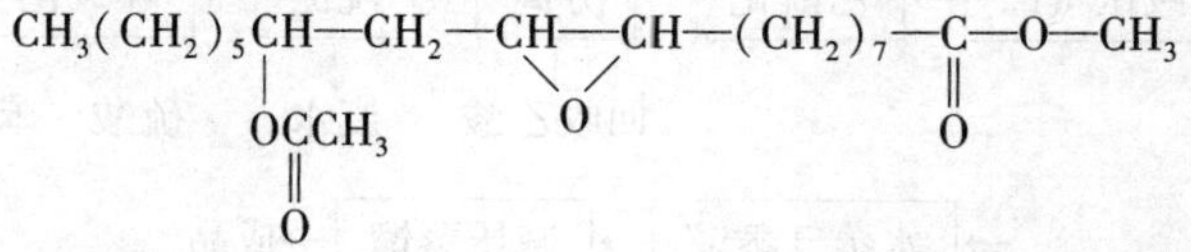

1. 性能

淡黄色油状液体。密度 0.95~0.965g/cm^3。闪点>190℃(开杯)。折射率(n_D^{20})1.458。可燃，低毒。具有良好的光、热稳定性，耐寒性好。

2. 生产原理

以氢氧化钠为催化剂，蓖麻油与甲醇进行醇解，得到蓖麻油酸甲酯，再与乙酸酐发生乙酰化，然后在酸性条件下与过氧化氢发生环氧化。

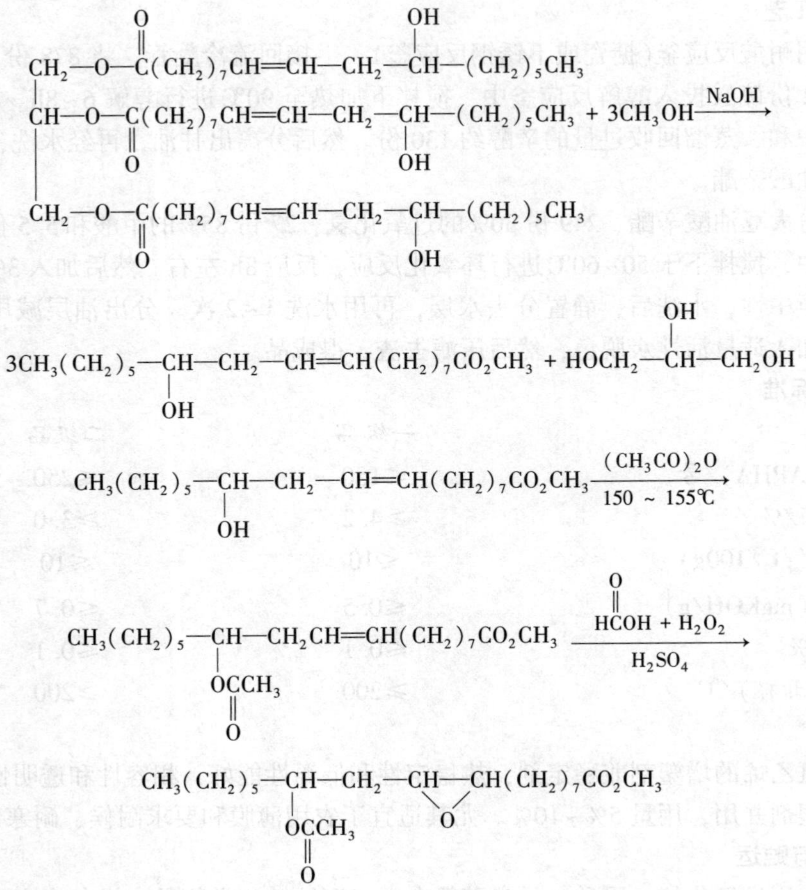

3. 工艺流程

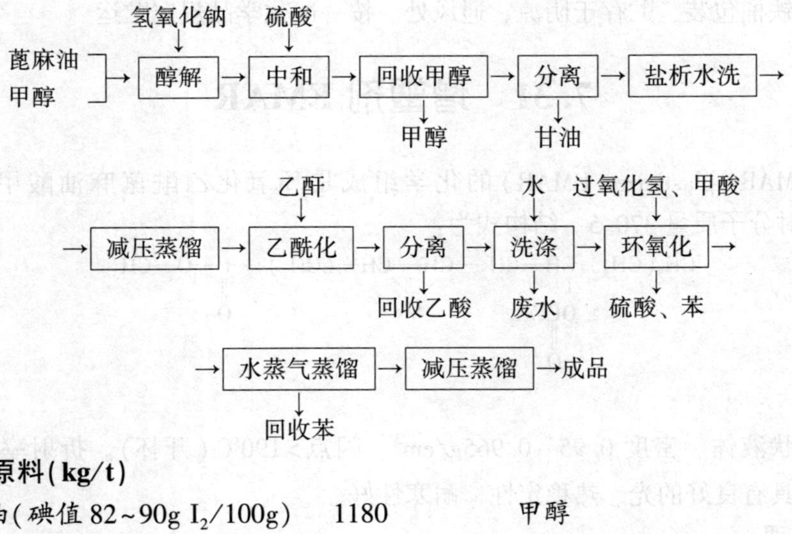

4. 主要原料(kg/t)

蓖麻油(碘值 82~90g I_2/100g)	1180	甲醇	140
乙酸酐(≥98%)	320	过氧化氢(30%)	400

5. 生产工艺

将 932 份工业蓖麻油和 260 份甲醇加入醇解反应锅中，加入 40 份氢氧化钠，加热至(70±2)℃，搅拌下醇解 8h。冷却后，用硫酸溶液中和，蒸馏回收未反应的甲醇。静置分层，分离出甘油，再经盐析、水洗，得到粗蓖麻油酸甲酯。粗甲酯减压蒸馏得精甲酯。

将 312 份蓖麻油酸甲酯和 110 份乙酸酐投入酰化反应锅中，在不断搅拌下，加热升温至 150~155℃，反应 2h 后，降温，静置分层，水相回收乙酸，油相经水洗分离后得乙酰化蓖麻油酸甲酯。

将 354 份乙酰化蓖麻油酸甲酯、120 份 30%的过氧化氢、25 份 85%的甲酸和 32 份苯投入环氧化反应釜中，常温下搅拌反应 3~4h，当环氧值达 2.5%以上时，即可停止反应。静止分层，分去水相，油相经碱洗、水洗后，水蒸气蒸馏脱苯，然后减压蒸馏得环氧乙酰蓖麻油酸甲酯。

说明：

投料摩尔比：

醇解：蓖麻油：甲醇：氢氧化钠=1：8：1。

乙酰化：蓖麻油酸甲酯：乙酸酐=1：1.08。

环氧化：乙酰化蓖麻油酸甲酯：过氧化氢：甲酸：苯=1：1.06：0.46：0.4

6. 实验室制法

蓖麻油和甲醇以 1：8 的摩尔比在(70±2)℃下进行醇解。然后加入硫酸中和，蒸馏回收甲醇，分离出浓甘油。再经盐析，水洗，得到粗蓖麻油酸甲酯。再减压蒸馏得精蓖麻油酸甲酯。

蓖麻油酸甲酯与乙酐以 1：1.08 摩尔比在 150~155℃下进行乙酰化。回收乙酸，水洗，得乙酰蓖麻油酸甲酯。

环氧化在常温下进行，物料配比为：乙酰化甲酯：过氧化氢：甲酸：苯=1：1.06：0.46：0.4(摩尔比)。环氧化产物经分离、碱洗、水蒸气蒸馏(脱苯)、减压蒸馏，即得成品。

7. 质量标准

	一级品	二级品
色泽(Pt-Co 比色)/号	≤500	1500
酸值/(mgKOH/g)	≤0.30	≤0.50
环氧值/%	≥3.0	≥2.5
皂化值/(mgKOH/g)	285~305	285~305
闪点(开杯)/℃	≥95	≥190
密度(20℃)/(g/cm^3)	0.97±0.02	0.97±0.02
灰分/%	≤0.02	≤0.03

8. 用途

用作聚氯乙烯的增塑剂，特别适宜于薄膜制品。

9. 安全与贮运

生产中使用到甲醇、乙酐、过氧化氢、苯等有毒或腐蚀性化学物品，设备应密闭，操作人员应穿戴好劳保用具。车间内保持良好通风状态。采用铁桶包装，贮存于阴凉、通风处。按易燃化学品规定贮运。

参 考 文 献

[1] 吴杰. 环氧乙酰蓖麻油酸甲酯的工艺研究[J]. 农业机械，2011，(08)：61-64.

[2] 邓广山，罗辉. 环氧乙酰蓖麻油酸甲酯生产技术[J]. 内蒙古石油化工，2008，34(19)：63-64.

7.32 增塑剂 EPS

增塑剂 EPS(plasticizer EPS)的化学名称为环氧四氢邻苯二甲酸二异辛酯，又称 flexol 107-7。分子式 $C_{24}H_{42}O_5$，相对分子质量 410.6。结构式为：

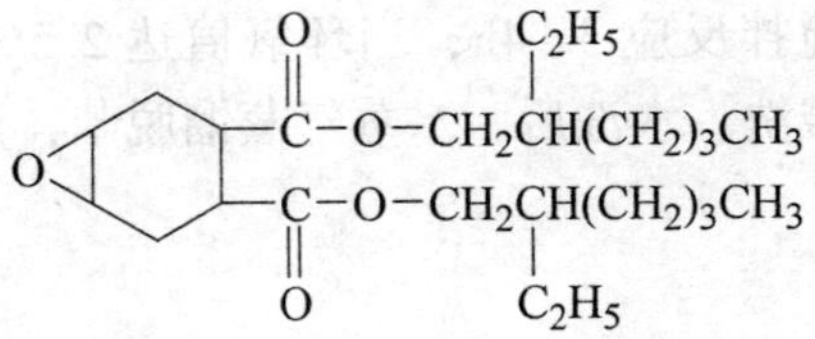

1. 性能

无色或淡黄色油状液体。凝点< -30℃。折射率(n_D^{25})1.4656。密度 1.007g/cm³。闪点 217℃。不溶于水，能与乙醇、苯等有机溶剂混溶。挥发性低，迁移性小，耐抽出性好。可赋予聚氯乙烯制品优良的光热稳定性。

2. 生产原理

丁二烯与二烯亲和物顺丁烯二酸酐在加热条件下发生 Diels-Alder 反应，得到四氢邻苯二甲酸酐。再与异辛醇在硫酸催化下进行酯化，得到四氢邻苯二甲酸二异辛酯。最后与过氧化氢在甲酸、硫酸催化下环氧化得到增塑剂 EPS。

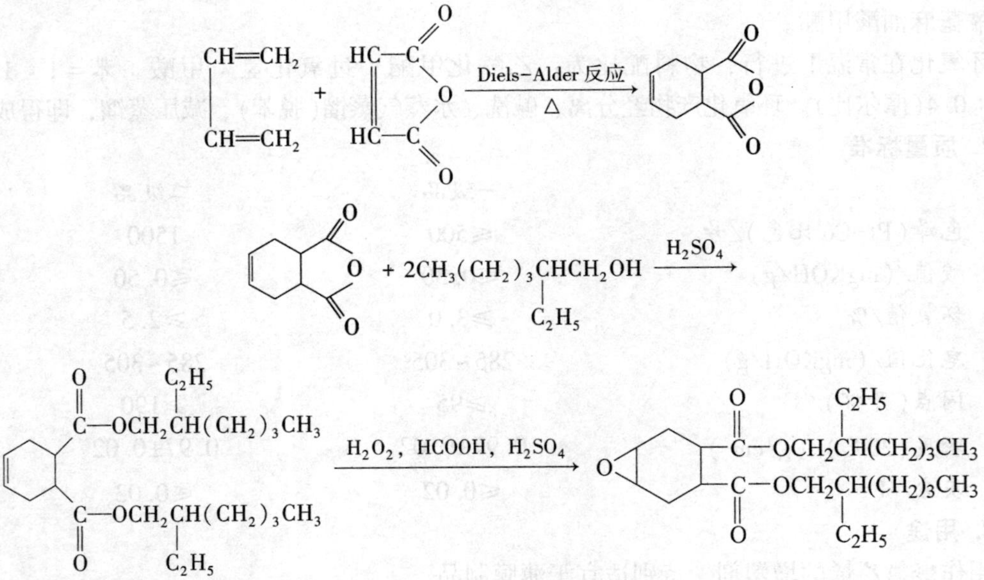

3. 工艺流程

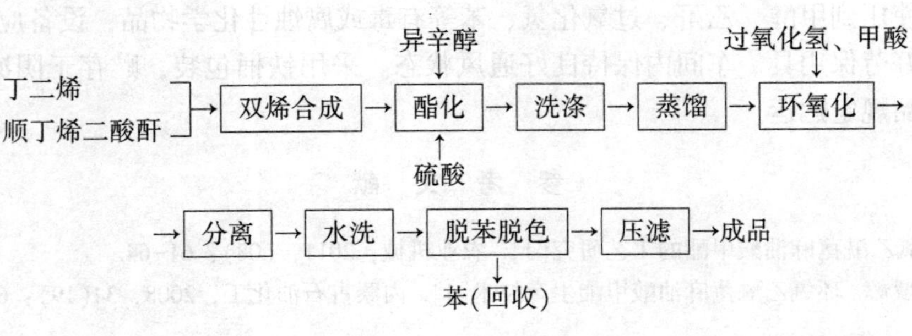

4. 主要原料(kg/t)

丁二烯	140	甲酸	100
过氧化氢(30%)	570	异辛醇	660
顺丁烯二酸酐	250		

5. 生产工艺

将50份顺丁烯二酸酐与28份丁二烯进行双烯加成，反应在100~110℃下进行，得到四氢邻苯二甲酸酐(收率约100%)。将上述得到的约76份四氢邻苯二甲酸酐和163份异辛醇(四氢邻苯二甲酸酐与异辛醇的投料摩尔比为1∶2.5)投入醇解酯化反应釜中，再于搅拌下加入1.2kg硫酸作为酯化催化剂。抽真空，压力保持在1333~2660Pa下，控制温度120~130℃酯化8~12h。然后水洗，蒸馏回收异辛醇，得到四氢邻苯二甲酸二异辛酯。将该酯溶于苯中，在55~60℃滴加由过氧化氢、甲酸、硫酸配制成的过甲酸溶液。环氧化完毕，静置分离，水洗，用碱中和至中性，再用水洗，分水后，蒸馏脱苯(回收)。脱色后压滤，得到增塑剂EPS。

6. 实验室制法

四氢邻苯二甲酸酐在硫酸催化下，与异辛醇于1333~2660Pa/120~130℃下酯化。将得到的四氢邻苯二甲酸二异辛酯溶于溶剂苯中，于55~60℃下滴加由过氧化氢、甲酸、硫酸配制成的过甲酸溶液进行环氧化。静置分离，洗涤后脱苯，残余物脱色后抽滤，得到淡黄色油状增塑剂EPS。

7. 质量标准(参考标准)

酯含量/%	≥95	加热减量/%	≤0.30
酸值/(mgKOH/g)	≤0.20	密度/(g/cm^3)	0.992~1.008

8. 用途

用作聚氯乙烯增塑剂兼稳定剂。增塑效率与DOP类似，混合性能优于DOP。特别适用于透明薄膜类制品，也广泛用于人造革、板材、片材、电线、电缆材料及各种成型品，也用于涂料。

9. 安全与贮运

原料顺丁烯二酸酐高毒，强烈刺激皮肤与黏膜，能造成化学烧伤，空气中允许浓度为25mg/L。丁二烯对皮肤和黏膜有较强的刺激性。甲酸可经皮肤吸收中毒，操作现场最高容许浓度为0.0005%。过氧化氢为一级无机酸性腐蚀性物品，具有氧化性、腐蚀性。反应设备应密闭，防止冒漏，车间应加强通风，操作人员应穿戴劳保用具。

产品采用铁桶包装，贮存于阴凉、干燥、通风处。按一般可燃化学品规定贮运。

7.33 增塑剂TBC

增塑剂TBC(plasticizer TBC)的化学名称为柠檬酸三正丁酯。分子式$C_{18}H_{32}O_7$，相对分子质量360.4。结构式为：

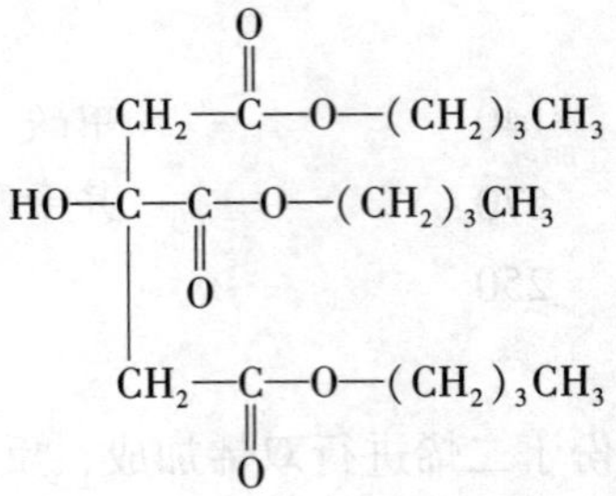

1. 性能

近无色的油状液体，沸点 170℃（133Pa），流动点 −62.2℃，凝点 −20℃。黏度 31.9mPa·s(25℃)。闪点(开杯法)185℃。折射率(n_D^{20})1.4453。在水中溶解度<0.002 g/100mL(25℃)。溶于丙酮、四氯化碳、矿物油、冰乙酸等有机溶剂。本品无毒，增塑效率高，但本品的电绝缘性能较差。有抗霉性。

2. 生产原理

在硫酸催化下，柠檬酸与正丁醇发生酯化。

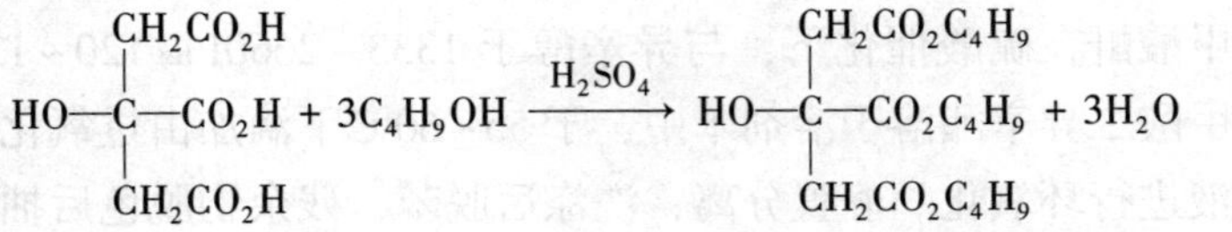

3. 工艺流程

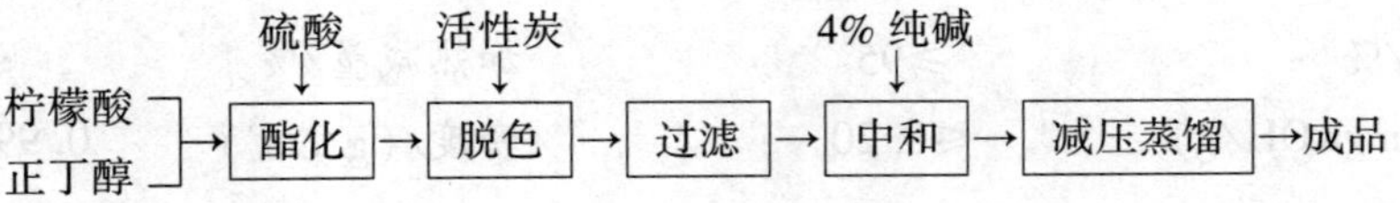

4. 主要原料(质量份)

柠檬酸(99%)	388	硫酸(98%)	3
正丁醇	666(可部分回收)		

5. 生产工艺

将 333 份正丁醇和 192 份柠檬酸投入搪瓷酯化反应釜中，搅拌溶解后加入 1.5 份硫酸，搅拌下加热至 150℃，保温反应 4~5h。反应釜内蒸出的正丁醇和水经冷凝器进入分水器，正丁醇回流进入反应釜内，水进入贮水器进行计量。当反应物料酸值降至 1mgKOH/g 以下(或贮水器中水量约达 52~54 份)时，停止反应。加入 4~6 份活性炭，搅拌 0.5h 后趁热过滤去渣。滤液用 4%的纯碱溶液中和，搅拌 0.5h。静置分层，分去水层，油层用温水洗至中性。进入减压蒸馏釜中，进行减压蒸馏。脱去残余水及正丁醇等低沸点物，大约可回收 110 份正丁醇。釜内残余液压滤去渣后得柠檬酸三丁酯。

6. 实验室制法

在反应瓶中加入 167g 正丁醇和 86g 柠檬酸，搅拌后加入 2g 硫酸，加热至 150℃，保温搅拌反应 4~5h。冷却，用纯碱中和，静置分层。油层减压蒸馏，脱去水及正丁醇，残余物过滤去渣得柠檬酸三丁酯。

7. 质量标准

含量/%	≥99	密度/(g/cm^3)	1.037~1.047
水分/%	≤0.30	色泽(Pt-Co 比色)/号	≤50
酸度(以柠檬酸计)/%	≤0.02		

8. 质量检验

水分测定：

① 试剂与仪器　工业干冰(或冰盐溶液)、工业乙醇、25mL 或 250mL 比色管：量程为-60~35℃、分度值 0.5℃的温度计、250mL(高型)烧杯、冷藏瓶。

② 测定　加样品约 20mL 于比色管中，将带有软木塞的温度计插入样品中，塞紧软木塞，然后置于盛有约 150mL 乙醇的烧杯中。用骨匙缓缓地加入干冰，或将盛有样品的比色管置于盛有冰盐溶液的烧杯中，使样品温度缓缓下降，温度下降的速度应不大于 4℃/min，并经常观察(如乙醇溶液浑浊或比色管外壁有霜，不易观察样品浊点，可将比色管取出用干毛巾揩干净外壁进行观察)。当样品出现浑浊时，立即读取温度值，即为样品的浊点。由浊点可查出该温度下的样品含水量。

9. 用途

用作聚氯乙烯和各种纤维素树脂的增塑剂。与其他增塑剂配合使用可以提高制品的硬度，这对于质地较软的纤维素醚来说尤为适用。在乙基纤维素膜中的用量可达 40%，但在模塑料中用量不应超过 10%。本品有阻燃效能。用于硝基纤维素可改善制品的抗紫外线性能。用于乙酸丙酸纤维素可制得极硬的薄膜。另外，还用作蛋白质类溶液的消泡剂和硝酸纤维的溶剂。可用于食品包装材料的增塑。

10. 安全与贮运

原料正丁醇有毒，有使人难忍的恶臭，工作场所最高容许浓度为 $300mg/m^3$。硫酸为一级无机酸性腐蚀品。操作人员应穿戴劳保用具。车间内加强通风。密封保存，贮存于阴凉、通风处。

参考文献

[1] 王志强，张圆圆，包英，等. SBA-15 固载硅钨酸催化合成柠檬酸三丁酯[J]. 化学研究与应用，2022，34(02)：417-423.

[2] 肖铭. 增塑剂柠檬酸三丁酯合成技术研究进展[J]. 精细与专用化学品，2021，29(03)：34-36.

7.34　增塑剂 TPP

增塑剂 TPP(plasticizer TPP)的化学名称为磷酸三苯酯。分子式 $C_{18}H_{15}O_4P$，相对分子质量 326.3。结构式为：

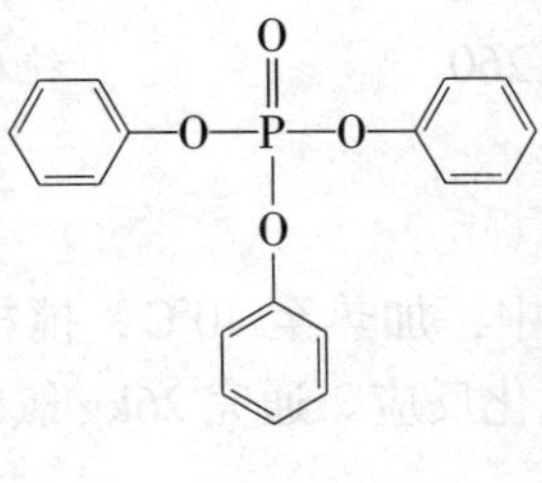

1. 性能

无色或白色针状结晶或结晶粉末，微有芳香气味。熔点 50℃。沸点 370℃，245℃(11×133.3Pa)。闪点 225℃。折射率(n_D^{25})1.563。着火点 305℃。相对密度(d_4^{25})1.185~1.202。挥发度(100℃，6h)1.15%。不溶于水，溶于乙醚、苯、丙酮、三氯甲烷、植物油等有机溶剂。增塑性好，挥发度低，并有阻燃性。

2. 生产原理

(1) 三氯氧磷法

苯酚与三氯氧磷直接反应得到磷酸三苯酯。

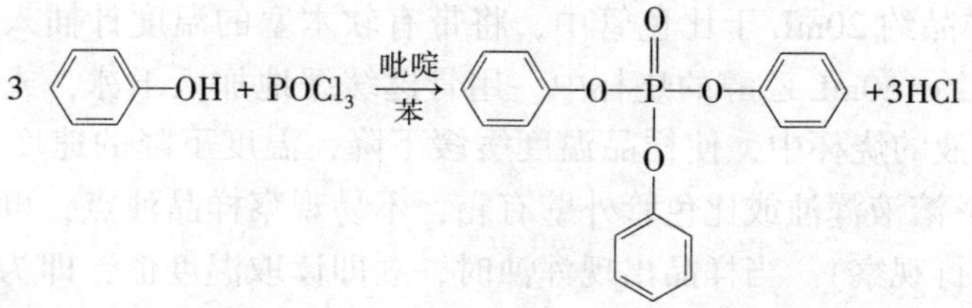

(2) 三氯化磷法

将苯酚加热至 40℃，滴加三氯化磷，生成亚磷酸三苯酯；然后于 70℃下通入氯气生成二氯代磷酸三苯酯，二氯代磷酸三苯酯于 80℃下进行水解得到磷酸三苯酯。

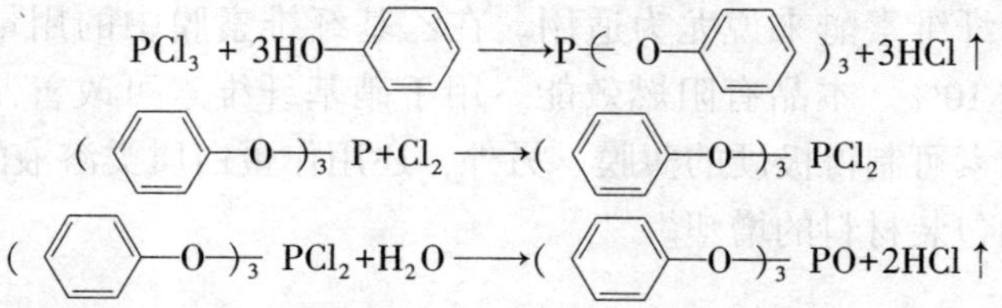

三氯化磷法更为经济，目前工业上普遍采用。

3. 工艺流程

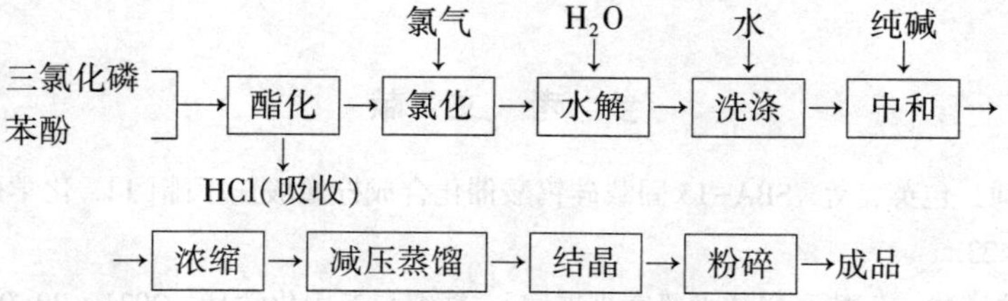

4. 主要原料(kg/t)

(1) 三氯氧磷法

苯酚(工业品)	1050	三氯氧磷(工业品)	570~596
吡啶(无水)	960(回收)	苯(无水)	1000(回收)

(2) 三氯化磷法

苯酚(工业品)	1100	三氯化磷(≥95%)	495
液氯(≥99.5%)	260	纯碱	适量

5. 生产工艺

(1) 三氯化磷法

将 110kg 苯酚加入酯化反应釜中，加热至 40℃，搅拌下滴加 50kg(95%)三氯化磷。加毕，升温至 70℃，通入氯气进行氯化反应。通完 26kg 氯气后，保温搅拌 0.5h。然后于 80℃

加水水解。水解产物用5%的纯碱溶液中和，水洗，静置分层。分出水层，浓缩，减压蒸馏，收集243~245℃/11×133Pa 馏分，冷却析晶，粉碎后得磷酸三苯酯(TPP)产品。

(2) 三氯氧磷法

将282kg 苯酚、260kg 吡啶、275L 无水苯加入反应釜中，搅拌并冷却至-5℃。在快速搅拌、有效冷却下，缓缓加入153kg 三氯氧磷。控制加料速度，以保证反应液温度≤10℃。加毕，慢慢升温至回流，保温反应3~4h。然后冷却至室温，加水溶解出吡啶盐酸盐。分出水层(回收吡啶)，油层再用水洗涤(用水120~150L)。静置后，分去水层，投入20kg 无水硫酸钠进行脱水，滤去硫酸钠后，常压蒸馏回收苯。脱苯后的残液移入减压蒸馏釜，减压蒸馏，收集243~245/11×133.3Pa 馏分。冷却、结晶、粉碎后得成品。

说明：

① 无论是三氯化磷法，还是三氯氧磷法，都有副产物 HCl 产生，尾气必须用水吸收。

② 三氯化磷和三氯氧磷均采用滴加方式，通过控制滴加速度和有效的冷却，从而控制体系的反应温度。

6. 实验室制法

在反应瓶中加入苯酚，加热融化，于40℃下滴加三氯化磷。然后在70℃以下通入氯气进行氯化反应，反应液在80℃下进行水解反应。水解液经水洗、氢氧化钠中和、蒸发浓缩、减压蒸馏得磷酸三苯酯。

7. 质量标准

	电影胶片级	一级品	二级品
外观	白色针状结晶	白色或略带颜色结晶	
色泽(Pt-Co 比色)/号	≤80	≤100	≤180
凝点/℃	47~49	≥46.5	≥44
游离酚/%	≤0.10	≤0.15	≤0.30
酸值/(mgKOH/g)	≤0.10	≤0.20	≤0.20
热稳定性(加热后颜色)/号	≤150	≤200	≤350
加热后酸值/(mgKOH/g)	≤0.25	≤0.35	≤0.40
苯中不溶物/%	≤0.05		

8. 质量检验

(1) 游离酚含量测定

标准溴溶液：$c(1/6KBrO_3)=0.1mol/L$。称取3g 溴酸钾及25g 溴化钾，溶于1000mL 水中，摇匀。用0.1mol/L 硫代硫酸钠标定。

称取试样10g(准确至0.0002g)置于锥瓶中，加入50mL 12.5%的氢氧化钠溶液，于60~65℃摇动3min。静置，待试样冷至凝固结块后，将溶液移入100mL 容量瓶中。再用少量水冲洗锥形瓶和结晶块2~3次，洗涤液一并移入100mL 容量瓶中，并用水稀释至刻度。吸出50mL 溶液，置于500mL 碘量瓶中，精确加入25mL 0.1mol/L 标准溴液及10mL 6mol/L 盐酸，摇匀，并在15℃下静置15min。加入2g 碘化钾，摇匀后静止5min，以0.1mol/L 硫代硫酸钠标准溶液回滴过量的碘，将近终点时加淀粉溶液2mL，继续滴至终点。同时做一空白试验。

$$磷酸三苯酯中游离酚的含量(\%) = \frac{(V - V_1)c \times 0.01567}{G \times \frac{50}{100}} \times 100\%$$

式中　V——空白试验中硫代硫酸钠的耗用量，mL；

V_1——试样试验中硫代硫酸钠的耗用量，mL；

c——硫代硫酸钠标准溶液的浓度，mol/L；

G——试样质量，g。

（2）苯不溶物测定

称取 5g 样品(称准至 0.0002g)，溶解于 40mL 苯中，用已恒重的 3 号玻璃坩埚进行过滤。滤干后用苯洗涤滤渣和坩埚 4~5 次(每次用苯 10mL 左右)，吸干后，在(100±2)℃烘至恒重。

$$苯中不溶物(\%) = \frac{G_1}{G} \times 100\%$$

式中　G_1——不溶残渣质量，g；

G——样品质量，g。

9. 用途

本品用作纤维素树脂、乙烯基树脂、天然橡胶和合成橡胶的阻燃性辅助增塑剂，具有优良的透明性、柔软性和强韧性，但不适用于白色或浅色制品。须与邻苯二甲酸酯类溶剂型增塑剂并用。本品还能赋予高聚物(塑料或橡胶)良好的耐磨性、耐候性、防霉性、耐辐射性及电性能。也可用作液压液或传热介质。

10. 安全与贮运

生产中使用苯酚、三氯氧磷(或三氯化磷)等有毒或腐蚀性、刺激性原料，设备应密闭，防止冒漏，车间内保持良好通风状态，操作人员应穿戴劳保用具。

本产品为有机剧毒品，用内衬塑料袋的铁桶包装。贮存于阴凉、干燥、通风的库房中，按有毒危险物品规定贮运。

参 考 文 献

[1] 张永杰. 磷酸三苯酯合成工艺研究[J]. 科技创新与生产力，2017，(11)：116-117.

[2] 陆华，谢明超. 磷酸三苯酯的合成研究[J]. 广东化工，2016，43(18)：82.

[3] 罗轩，史红丽，杨锦飞，等. 水相中合成磷酸三苯酯的研究[J]. 南京师范大学学报(工程技术版)，2012，12(01)：85-87.

7.35　磷酸二辛酯

磷酸二辛酯(dioctyl phosphate)又称磷酸二异辛酯、磷酸二(2-乙基己酯)。分子式 $C_{16}H_{35}O_4P$，相对分子质量 322.44。结构式为：

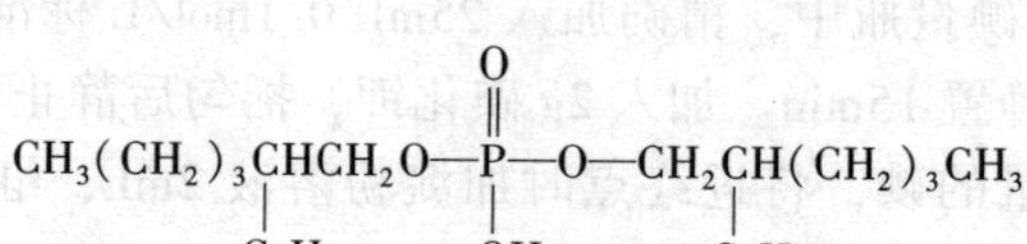

1. 性能

无色透明黏稠液体。凝点-60℃。沸点209℃(1333Pa)。相对密度(d_{25}^{25})0.973。折射率(n_D^{25})1.4420。闪点196℃。具有中等毒性，对皮肤、眼和黏膜有刺激性。

2. 生产原理

三氯氧磷与2-乙基己醇进行酯化反应，生成磷酸二异辛酯酰氯。再用液碱水解，得到磷酸二异辛钠盐。然后酸化，水洗，分离得到磷酸二异辛酯。

$$2CH_3(CH_2)_3\underset{\displaystyle C_2H_5}{\underset{|}{C}H}CH_2OH + POCl_3 \longrightarrow (C_8H_{17}O)_2POCl + 2HCl$$

$$(C_8H_{17}O)_2POCl + 2NaOH \longrightarrow (C_8H_{17}O)_2PO(ONa) + NaCl + H_2O$$

$$2(C_8H_{17}O)_2PO(ONa) + H_2SO_4 \longrightarrow 2(C_8H_{17}O)_2\underset{\underset{\displaystyle O}{\|}}{P}{-}OH + Na_2SO_4$$

3. 工艺流程

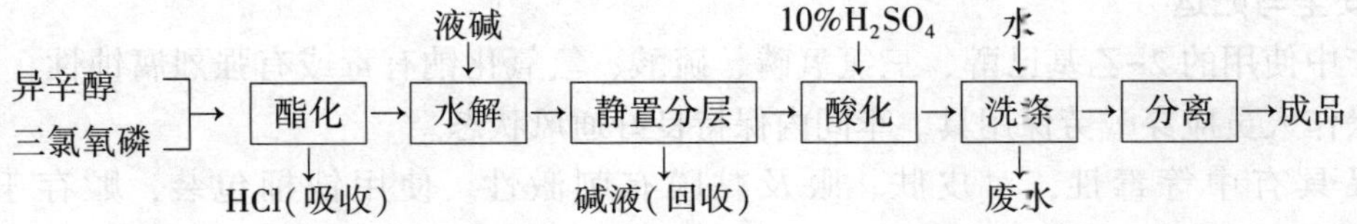

4. 主要原料(kg/t)

2-乙基己醇	1100	硫酸、液碱	适量
三氯氧磷(99%)	588		

5. 生产工艺

在搪瓷酯化反应釜内，加入三氯氧磷，冷却至10℃以下，在搅拌下滴加2-乙基己醇，控制温度不超过15℃。滴加完毕，继续搅拌1h，慢慢升温至20~45℃，排除HCl气体3h，再升温至45~60℃，水泵减压抽HCl气体。最后在50~60℃/600×133.3Pa再减压抽HCl气体3h。HCl气体用水吸收得盐酸。锅内物料是磷酸二异辛酯酰氯(粗品)。

在水解反应罐内，先加入20%的氢氧化钠，加热至60℃，搅拌下滴加磷酸二异辛酯酰氯。加料完毕，升温至80~90℃，保温搅拌1h。静置分层，分去下层废碱液。然后在搅拌下加入30%的氢氧化钠，升温至120℃回流反应1h，静置分层，放出下层废碱液(并回收)。油层用3%的NaOH洗涤、分层、弃去碱水层后，转入酸化工序。

向上述水解物中加入10%的硫酸，于50~60℃下进行酸化。1h后，静置放出下层废酸水液。用水洗涤。最后在分离塔中加热至110~120℃，除去水及低沸点物，残液压滤后得磷酸二辛酯。

6. 实验室制法

在三口反应瓶中，加入三氯氧磷，搅拌冷却，在10℃以下滴加2-乙基己醇。加毕继续搅拌1h，慢慢升温至20~45℃排氯化氢，再升温至45~50℃，用水泵抽氯化氢气体。最后升温至50~60℃，在600×133.3Pa真空度下排氯化氢气体。

在反应瓶中加入20%的液碱，搅拌，在60℃以下滴加上述酯化产物，升温至80~90℃，保温1h。静置15min，将下层废碱水放去。在搅拌下加入30%的液碱，升温至120℃回流1h，静置15min。下层碱液放出回收。水解物料在80~90℃用3%的碱水洗涤。然后用10%

的硫酸酸化。酸化完毕，分出下层废酸水，加入水洗涤，然后蒸馏，于110~120℃脱去水分及低沸物，残余物减压蒸馏得纯品。

7. 质量标准

外观	黄色或微黄色黏稠液体
折射率(25℃)	1.4415
含量/%	≥93
闪点/℃	206
相对密度(d_4^{25})	0.9681
燃点/℃	233
黏度(25℃)/(Pa·s)	0.0347

8. 用途

本品可用作制造润湿剂、表面活性剂，也用作塑料增塑剂。工业上大量用作溶剂，可用作稀土金属萃取剂。还用于有机合成及作色谱固定液。

9. 安全与贮运

生产中使用的2-乙基己醇、三氯氧磷、硫酸、氢氧化钠有毒或有强烈腐蚀性，设备应密闭，操作人员应穿戴劳保用具。车间内保持良好通风状态。

产品具有中等毒性，对皮肤、眼及黏膜有刺激性。使用铁桶包装，贮存于阴凉、干燥处。

参 考 文 献

[1] 沈国良，高尚，白云龙，等. 磷酸二(2-乙基己基)酯的合成与应用研究[J]. 化学工程师，2020，34(02)：54-58.

[2] 李守勤，黄阳卫，柴益露. 磷酸二(2-乙基己基)酯的合成研究[J]. 杭州化工，2010，40(03)：18-19.

7.36 增塑剂 ATBC

增塑剂 ATBC(plasticizer ATBC)的化学名称为乙酰柠檬酸三正丁酯。分子式 $C_{20}H_{34}O_8$，相对分子质量402.48。结构式为：

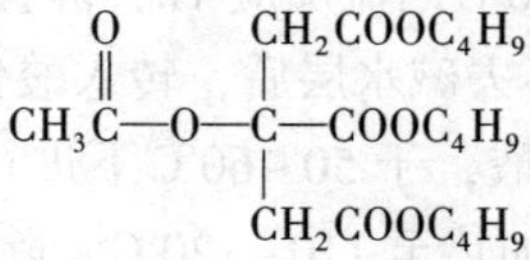

1. 性能

无色透明油状液体。无毒。相对密度(25℃)1.046，折射率1.4408(25.5℃)，黏度42.7mPa·s(25℃)，凝点-80℃，沸点343(1MPa)，闪点(开口法)204℃，挥发速度0.000009g/(cm²·h)(105℃)，水解速度0.1%(100℃，6h)。溶于多数有机溶剂，不溶于水，在水中的溶解度小于0.002g/100g。耐光性、耐寒性、耐候性和抗霉性好。安全性高，世界各国均许可用于食品包装材料。

2. 生产原理

柠檬酸与正丁醇酯化合成柠檬酸三正丁酯，再与乙酸酐发生乙酰化得到产品。

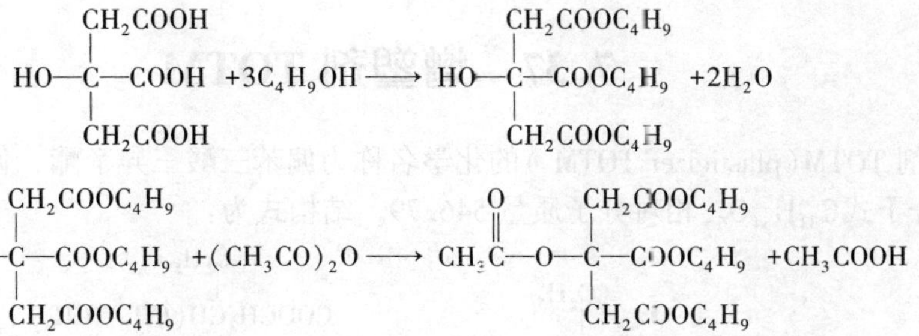

3. 工艺流程

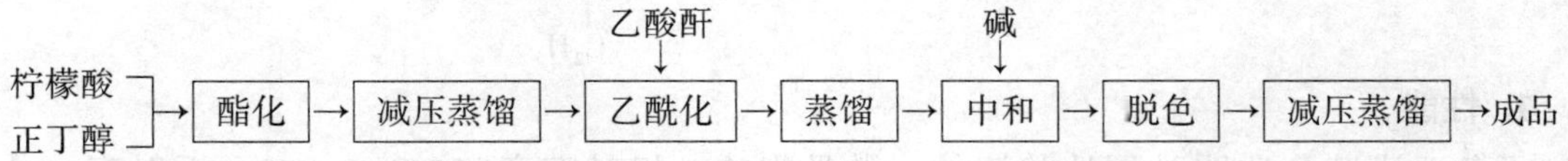

4. 主要原料

柠檬酸(工业品)　正丁醇(95%)　钛酸四苯酯　乙酸酐(99%)

5. 生产工艺

在酯化反应釜中，以摩尔比 1∶5 加入柠檬酸与正丁醇，开动搅拌，升温，当温度达到150℃时加入总量 0.15%的酞酸四苯酯，于 160~170℃下进行酯化反应。用分水器分出正丁醇和水，正丁醇返回反应釜内继续反应。经 5~6h 检测终点酸值合格后，用少量稀碱水溶液中和，水洗至中性。减压下脱除过量正丁醇，得柠檬酸三丁酯。

向装有冰水浴的反应釜中按 1.1∶1 的配料比投入乙酸酐与柠檬酸三丁酯及总量 0.08%的催化剂硫酸，于<110℃下进行酰化反应，回流 1.5h 左右，改用蒸馏装置，将反应生成的乙酸蒸出。然后经稀碱中和，水洗，脱色后再水洗，经减压蒸馏蒸去低沸物和杂质，得成品增塑剂 ATBC。

6. 质量标准

外观	无色油状液体	闪点(开口法)/℃	≤200
酸度(APHA)/号	≤50	水分/%	≤0.2
酸度(以柠檬酸计)/%	≤0.02	相对密度	1.037~1.15

7. 用途

增塑剂 ATBC 是柠檬酸酯类无毒增塑剂的代表性品种，具有优异的耐热性、耐寒性、耐光性和耐水性，可广泛应用于 PVC 包装容器、板材、薄膜、医用器材等制品，也可作为聚偏氯乙烯(PVDC)的稳定剂。用其增塑的 PVC 薄膜与金属的黏合性好，即使经受长时间的浸水仍能保持牢固黏合。

8. 安全与贮运

生产设备应密闭，防止冒漏，车间内加强通风，操作人员应穿戴劳保用品。采用铁桶包装，按一般化学品规定贮运。

参 考 文 献

[1] 李洋，崔治君. 乙酰柠檬酸三丁酯合成的研究[J]. 辽宁化工，2022，51(05)：586-588+592.
[2] 程锦东. 柠檬酸三丁酯、乙酰柠檬酸三丁酯的合成工艺优化[D]. 中国石油大学(华东)，2017.
[3] 谢春和，金伟光，张家森，等. 乙酰柠檬酸三丁酯的催化合成[J]，高校化学工程学报，2006，(3)：428-430.

7.37 增塑剂 TOTM

增塑剂 TOTM(plasticizer TOTM)的化学名称为偏苯三酸三异辛酯、偏苯三酸三(2-乙基己酯)。分子式$C_{33}H_{54}O_6$,相对分子质量 546.79。结构式为:

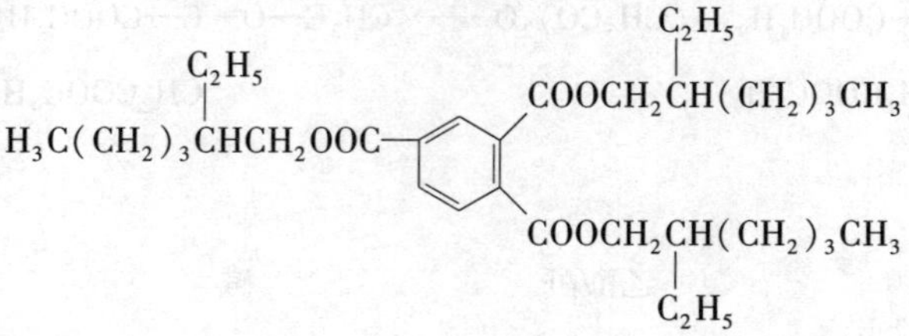

1. 性能

无色至浅黄色透明黏稠油状液体。微具气味。相对密度(25℃)0.988,折射率(n_D^{25})1.4848,凝点-46℃,沸点 283℃(400Pa)、430℃(0.1MPa),闪点 245℃以上(开口法),燃点 290℃。不溶于水[在水中溶解度(25℃)为 0.01%],溶于多数有机溶剂。

增塑剂 TOTM 与 DOP 用于电缆料的性能比较:

	TOTM	DOP
20℃时体积电阻系数	1.81×10^{14}	2.7×10^{14}
70℃时体积电阻系数	5.76×10^{11}	1.7×10^{11}
击穿电压强度/(kV/mm)	≥27	≥31
热老化性能 K_1/%	100	老化
(136℃×168h)K_2/%	92	老化
断裂伸长率/%	308	300

2. 生产原理

在硫酸催化下,偏苯三酸酐与异辛醇发生酯化反应,经分离精制得 TOTM。

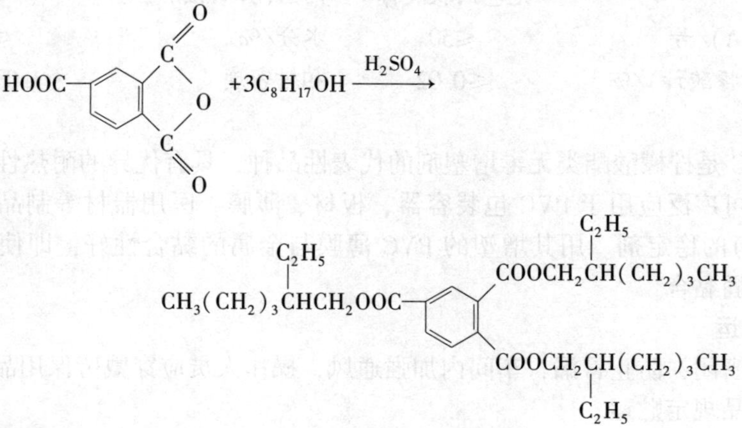

3. 工艺流程

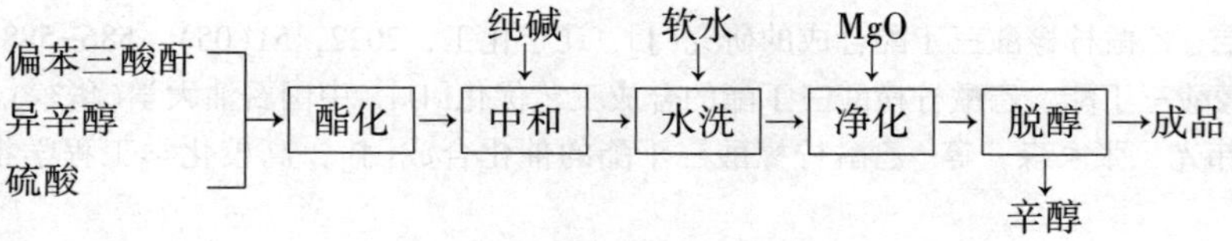

4. 主要原料

偏苯三酸酐(工业品)	异辛醇(工业品)	氧化镁
硫酸(98%)	碳酸钠(98%)	

5. 生产工艺

在装有温度计、搅拌器、冷凝器和醇水分离器的酯化反应釜中，按1∶4.0的摩尔比投入偏苯三酸酐和异辛醇，加入催化量的硫酸，升温，搅拌反应。控制温度为210~215℃，反应时间为3.5~4.0h，当出水量达理论量时，粗酯色泽125~150APHA，酯化反应结束。

将粗酯液温降到99℃，加入纯碱溶液进行洗涤，搅拌30min，分出水层。加入TOTM总量0.5%的MgO进行脱色，然后加热减压脱醇和通入蒸汽进行汽提，温度为180~190℃。当馏出液无醇滴出时，停止通气。取样检测，酸值达0.17mgKOH/g以下，闪点达≥245℃即得TOTM成品。

说明：

① 在中和水洗过程中，通常使用纯碱或氢氧化钠稀溶液，但中和生成的钠盐是乳化剂，残存于酯中难以用水洗除。

若在TOTM生产中采用 $Ca(OH)_2$ 替代 Na_2CO_3 或NaOH，用5% $Ca(OH)_2$ 稀碱溶液水洗工序，主要可以改善TOTOM酯的品级，经水洗后的TOTM，闪点可增加5~10℃，体积电阻率也获得明显改善。

② 在生产TOTM的酯化一步中，一般用浓硫酸作催化剂，但其腐蚀性强。酞酸四丁酯也是较好的催化剂，在200~210℃下，酞酸四丁酯加入量为偏苯三酸酐的0.15%，酯化5h。但酞酸四丁酯易使产品着色，且不易洗除干净。若酯化反应中使用Fascat 4101和 $Al(OH)_3$ 复合催化剂，可以缩减生产程序。

6. 质量标准

外观	透明油状液体	酯值/(mgKOH/g)	300±10
色度(APHA)/号	<250	闪点/℃	>245
酸值/(mgKOH/g)	<0.3		

7. 用途

用作塑料增塑剂。作为一种综合性能十分优良的增塑剂，具有单体增塑剂的所有特点。其增塑效率和加工性能与DOP相近，耐久性可与聚酯类增塑剂媲美，且挥发性低，耐水抽出性、耐迁移性和低温性、电绝缘性优异，尤其适宜在耐热电线电缆料、PVC耐热增塑板材、片材、密封垫等要求高耐热、持久的制品中使用。还用于硝基纤维素、乙基纤维素和聚甲基丙烯酸甲酯及电器材料。但其耐油性不及聚酯增塑剂，捏合性不及DOP。可作为PVC等极性树脂的主增塑剂使用，也可与其他增塑剂配合使用。

8. 安全与贮运

生产设备应密闭，防止冒漏，车间内加强通风，操作人员应穿戴劳保用品。采用铁桶包装，按一般化学品规定贮运。

参 考 文 献

[1] 常玥，移永杰，刘婷，等. 疏水性SBA-15-SO3H介孔固体酸催化合成偏苯三酸三辛酯[J]. 西北师范大学学报(自然科学版)，2017，53(02)：65-69.

[2] 方卫东，史雪芳，王芳，等. SnO催化合成偏苯三酸三辛酯[J]. 煤炭与化工，2015，38(07)：83-84.

[3] 徐国生，何新厂，刘小兵. 非酸催化合成偏苯三酸三辛酯的研究[J]. 杭州化工，2008，(01)：35-38.

第 8 章　阻　燃　剂

8.1 概　述

凡能增加材料耐燃性的物质均称阻燃剂。阻燃剂是提高可燃性材料难燃性的一类添加剂。最常用和最重要的阻燃剂是磷、溴、氯、锑和铝的化合物。

近年来阻燃剂有了较大发展，品种和数量迅速增加。由于科学技术的发展和人民生活水平的提高，对材料的阻燃要求越来越高，所以对阻燃剂新品种的开发越来越活跃，已由单一型阻燃剂向复合型发展，由单功能向多功能发展，一些价格低廉、无毒、高效、多功能的新型阻燃剂不断问世。阻燃剂的需求量也越来越大，目前在塑料助剂中占第二位。

合成高分子材料如塑料、橡胶、纤维等均具可燃性，极易在一定条件下燃烧。随着塑料、橡胶、纤维在建筑、包装、交通运输、电子电器、家具、衣物以及航空航天领域的用量不断增加，这些材料的燃烧问题，正引起世界范围的高度重视。一般火灾事故，均直接或间接与材料燃烧有关。阻燃剂的开发研究与阻燃技术已成为人们广泛关注的课题。

合成高分子材料的燃烧是一个非常激烈复杂的热氧化反应，燃烧的一般过程是在外界热源的不断加热下，聚合物先与空气中的氧发生自由基链式降解反应，产生挥发性可燃物，该物质达到一定浓度和温度时就着火燃烧起来。燃烧所放出的一部分热量供给正在降解的聚合物，进一步加剧其降解，产生更多的可燃性气体，火势在很短的时间内就会迅速蔓延而造成灾害。

阻燃剂是一类能够阻止合成高分子材料引燃或抑制火焰传播的添加剂。根据其使用方法可分为添加型和反应型两类。添加剂阻燃剂是在塑料的加工过程中掺入塑料中，多用于热塑性塑料。反应型阻燃剂是在聚合物合成过程中作为单体通过共聚结合到聚合物分子链上，多用于热固性塑料，有些反应型阻燃剂也可用作添加型阻燃剂。

添加型阻燃剂常以液体或固体形式在聚合物加工成型过程中掺混进去，操作简便。

添加型阻燃剂又分无机和有机两类：无机类有锑、铝、硼的氧化物；有机类有卤化物和磷酸酯。

(1) 卤系阻燃剂

工业上主要是用溴化物和氯化物作阻燃剂。主要品种有氯化石蜡、全氯戊环癸烷、六溴环十二烷、六溴苯、十溴二苯醚、四溴双酚 A 等。

有机类和无机类含卤阻燃剂的作用机理类似，都是捕捉活性自由基。在高温下含卤阻燃剂分解产生的卤原子，与聚合物反应生成卤化氢。其与高活性羟基自由基或氢原子反应，生成水或氢气，从而中断链式氧化过程，使燃烧减缓，以至停止。

卤素的阻燃效果是溴>氯>碘>氟，溴的效果最好，是最有效的阻燃剂。氟几乎没有阻燃作用。由于阻燃剂的发展趋势是无卤低烟化，因而应限制含卤阻燃剂的发展，但含卤阻燃剂在很长一段时间内仍将存在。

(2) 磷酸酯

此类阻燃剂又分两种，即含卤与不含卤两种。不含卤素的磷酸酯又具有增塑性；含卤素的磷酸酯典型品种有三(β-氯乙基)磷酸酯、三(2,3-二氯丙基)磷酸酯和三(2,3-二溴丙基)磷酸酯。

磷化合物的阻燃作用是在燃烧时生成的偏磷酸可聚合形成稳定的玻璃状物质，成为聚合物材料的保护层，隔绝氧和可燃物。

当磷与卤素共存时具有协同阻燃效果，两者反应生成的卤化磷(如 PBr_3、PBr_5 等)具有较大的蒸气密度，覆盖于火焰表面可隔绝氧气和冲淡可燃物，同时产生的卤化氢又可捕捉活性自由基，切断自由基链式反应，达到阻燃目的。

(3) 三氧化二锑与卤化物阻燃体系

三氧化二锑本身并无阻燃效果，但在卤化物的存在下却显示很大的协同效应。因为两者在塑料表面层反应生成挥发性的卤化锑(如 $SbCl_3$)和卤氧化锑(如 SbOCl)，它们的挥发可以吸收热量，同时产生的气体可以隔绝氧气，生成覆盖层。因此，三氧化二锑与有机卤化物阻燃剂可构成一种非常有效的阻燃体系。

添加型阻燃剂应具备下列条件：

① 阻燃效率高，可赋予塑料良好的难燃性和自熄性。

② 与塑料的相容性好，易分散。不降低塑料的力学性能、电性能、耐候性等使用性能。

③ 具有持久性，在塑料的加工温度下不分解。能长期保留于制品中发挥阻燃效用。

④ 无毒、无臭、不污染，在阻燃过程中不产生有毒气体。

⑤ 原料来源广泛，价格低廉。

反应型阻燃剂是在高分子合成过程中，作为单体参加反应，并以化学键的形式结合到高分子结构中去。具有毒性小、阻燃性能持久等优点。故尽管它们不如添加型阻燃剂操作简便，仍然比较重要。主要的反应型阻燃剂有四氯苯二甲酸酐、四溴苯二甲酸酐、四氯双酚 A 和四溴双酚 A 等。

近年来，由于高分子工业迅速发展的需求，阻燃技术得到了迅速的发展，纳米复合阻燃材料、膨胀阻燃剂等成为阻燃剂的研究热点。通过对塑料阻燃剂作用机理的深入研究，开发出许多高效、新型的阻燃剂。阻燃剂研究开发与发展趋势主要有：①环保化，低毒化。卤系阻燃剂虽然仍将是阻燃剂的主要品种，但由于该类阻燃剂燃烧时会生成有毒及腐蚀性物质，因而无卤阻燃剂及对环境友好的阻燃剂的需求会增长。聚合型有机磷系阻燃剂将成为开发重点。②高效化、多功能化。开发高效、多种功能的阻燃剂，不仅能减少阻燃剂对基材机械物理应用性能的影响，同时对于减少污染、降低成本将是有益的。③无机阻燃剂的发展方向是表面改性和超细化。纳米化和微胶囊化技术将逐步得到应用。④复配技术的应用。通过复配技术开发出性能优异的新型阻燃剂，以降低阻燃剂用量，提高阻燃效能是阻燃剂发展非常重要的方向。

参考文献

[1] 陈涛，许肖丽，汪济奎，等. 无卤膨胀阻燃剂研究进展[J]. 上海塑料，2017，(04)：1-8.
[2] 朱云燕，郭荣辉. 阻燃剂阻燃机理的研究进展[J]. 纺织科学与工程学报，2023，40(04)：115-122.
[3] 刘天祎，龙佳朋，等. 聚合型无卤阻燃剂研究进展[J]. 化工新型材料，2021，49(02)：43-47.
[4] 周伯龙，张明聪，史翎. 反应型有机硅阻燃剂研究进展[J]. 应用化学，2021，38(12)：1556-1575.

[5] 田赪，李迎春，蔡智奇，等. 环保型溴系阻燃剂研究进展[J]. 工程塑料应用，2018，46(09)：142-147.
[6] 黄新冰，肖胜保. 复合环保阻燃剂研究进展[J]. 塑料助剂，2017，(03)：10-13.
[7] 马艳. 无机阻燃剂研究进展[J]. 化工时刊，2014，28(04)：33-34.

8.2 氢氧化铝

氢氧化铝(aluminium hydroxide)又称氧化铝三水合物。分子式 $Al(OH)_3$，相对分子质量78.0。

1. 性能

白色细微结晶粉末。不溶于水和乙醇，能溶于热盐酸、硫酸和碱类，是典型的两性化合物。相对密度2.42，折射率1.57，pH值(30%浆料)9.5~10.5。开始脱水温度200℃。吸热量1966.5J/g。本品无毒。在塑料中对电性能无影响。而改性氢氧化铝能增加或改善树脂的耐电弧性、耐漏电性、阻燃性、耐热性等综合性能。

2. 生产原理

(1) 碳酸氢铵法

将硫酸与铝粉(或铝灰)反应生成硫酸铝再与碳酸氢铵进行复分解反应，得到氢氧化铝。

$$Al_2O_3+3H_2SO_4 \longrightarrow Al_2(SO_4)_3+3H_2O$$

$$Al_2(SO_4)_3+6NH_4HCO_3 \longrightarrow 2Al(OH)_3\downarrow+3(NH_4)_2SO_4+6CO_2\uparrow$$

(2) 铝酸钠法(酸碱法)

将铝粉(或铝灰)与氢氧化钠反应制得铝酸钠；硫酸与铝粉(或铝灰)反应制得硫酸铝，然后将铝酸钠与硫酸铝进行反应得到氢氧化铝，粗品经漂洗、压滤、干燥，得到产品。

$$2Al+2NaOH+2H_2O \longrightarrow 2NaAlO_2+3H_2\uparrow$$

或

$$Al_2O_3+2NaOH \longrightarrow 2NaAlO_2+H_2O$$

$$2Al+3H_2SO_4 \longrightarrow Al_2(SO_4)_3+3H_2\uparrow$$

或

$$Al_2O_3+3H_2SO_4 \longrightarrow Al_2(SO_4)_3+3H_2O$$

$$6NaAlO_2+Al_2(SO_4)_3+12H_2O \longrightarrow 8Al(OH)_3\downarrow+3Na_2SO_4$$

(3) 纯碱明矾法

纯碱与钾明矾反应，得到氢氧化铝沉淀和可溶性硫酸盐，经分离、水洗、干燥得成品。

$$3Na_2CO_3+2AlK(SO_4)_2+3H_2O \longrightarrow 2Al(OH)_3\downarrow+3Na_2SO_4+K_2SO_4+3CO_2\uparrow$$

3. 生产原料

(1) 铝酸钠法

① 消耗比(kg/t)

铝灰(Al_2O_3)	1024	氢氧化钠(98%)	346
硫酸(98%)	556		

② 投料比(质量份)

铝灰(冶炼厂下脚料，含 Al_2O_3 30%以上)	4.00	氢氧化钠(30%)	4.40
硫酸(98%)	2.50		

(2) 纯碱明矾法(质量份)

明矾(工业品)	10.0	纯碱(98%)	4.5

4. 工艺流程

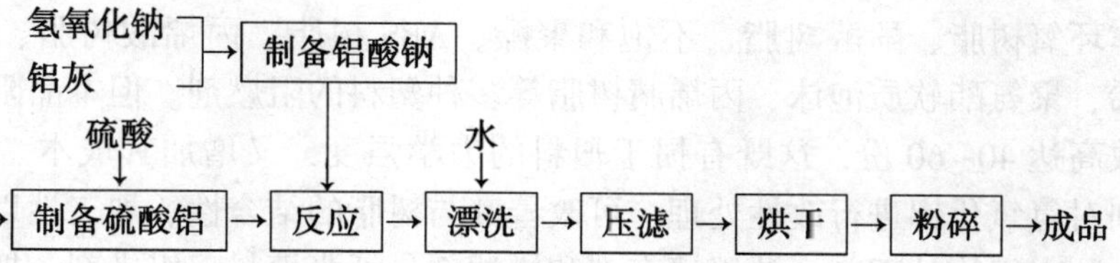

(1) 铝酸钠法

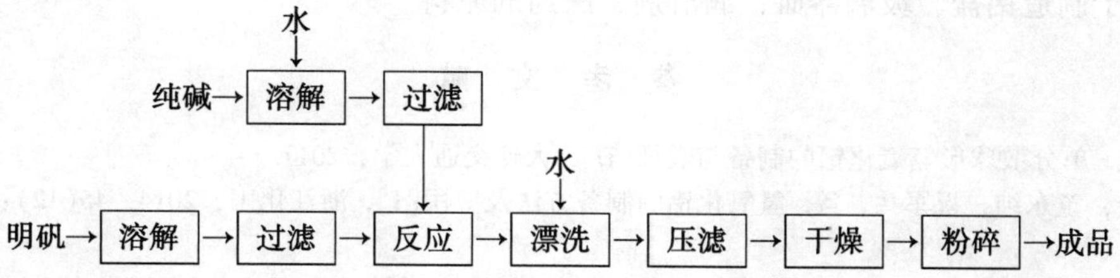

(2) 纯碱明矾法

5. 生产工艺

(1) 铝酸钠法

先将水加入耐酸反应釜中，然后加入硫酸，边加边搅拌，配成20%~30%的硫酸水溶液。在搅拌下，逐渐加入铝灰，反应温度控制在110℃左右。随着反应的进行，物料的pH值逐渐变化，当pH=3时即为终点。加入水稀释至7°Bé，静置澄清16h，除去滤渣。

将固体氢氧化钠配成30%的液碱，加入反应釜中，在搅拌下加入铝灰，反应温度控制在100~110℃，反应完毕，用水稀释至8.5°Bé。于澄清槽中静置16h，除去废渣。

将硫酸铝清液置于中和槽中，在不断搅拌下，缓缓加入铝酸钠清液，至pH达6.5时即为终点，获得氢氧化铝的悬浮液。然后用热水洗涤、沉降，再热水洗涤、再沉降，水洗至0.3°Bé时，进行压滤。滤饼在70~80℃温度下干燥12h，粉碎即得成品。

(2) 纯碱明矾法

明矾20份溶解于200份水中，过滤、煮沸。纯碱9份，溶解于200份水中，过滤、煮沸，送入搅拌釜式反应器中。在不断搅拌下，将明矾水溶液徐徐加入釜中，使pH=7.5~8.5(注意不能将纯碱液加入明矾液中，否则硫酸根被氢氧化铝吸附洗不干净)。此时有白色氢氧化铝沉淀产生，并不断有气泡(CO_2)鼓出。反应完毕后，加温水500份洗涤，静置沉淀4~6h，弃去上层清液，再加热水500份洗涤，静置沉淀，又弃去上层清液。如此反复操作，直至洗涤液用1%氯化钡试液测检，不产生白色混浊现象即为合乎要求。进行压滤，滤饼在70~80℃下干燥12h，粉碎后即为成品。

工艺控制：

① 在铝酸钠法中，制备硫酸铝时硫酸与铝灰的质量比为1.25∶1。制备铝酸钠时30%氢氧化钠与铝灰的质量比为2.2∶1。

② 铝灰中含铁量不能过高，否则会影响产品色泽。

③ 产品干燥温度不宜过高，一般控制在70~80℃。

6. 质量标准

$Al(OH)_3$ 含量/%	≥99.7	Fe_2O_3/%	≤0.01
附着水/%	≤0.05	粒径/μm	60
SiO_2/%	≤0.01		

7. 用途

可用作环氧树脂、酚醛树脂、不饱和聚酯、ABS 树脂、丙烯酸树脂、聚氯乙烯、聚乙烯、聚丙烯、聚氨酯软质泡沫、丙烯腈树脂等多种塑料的阻燃剂。但本品阻燃力不太强，需添加的份数高达 40~60 份，这既有损于塑料的力学强度，又增加其成本。用硅烷类或钛酸酯类偶联剂对氢氧化铝进行改性处理，可改善其与树脂的结合性、加工性以及阻燃性、耐候性。还用作防水织物处理剂、油墨填充剂和增塑剂、纸张填料、媒染剂、搪瓷着色剂、净水剂。也用于制造铝盐、玻璃器皿、润滑剂、医药的原料。

参 考 文 献

[1] 张由飞. 单分散球形氢氧化铝的制备与表征[D]. 大连交通大学，2017.

[2] 王凌云，童东绅，祝军兵，等. 氢氧化铝的制备方法及应用[J]. 浙江化工，2014，45(12)：24-29.

8.3 五氧化二锑

五氧化二锑(antimony pentoxide)又称锑酸酐，分子式 Sb_2O_5，相对分子质量 323.5。

1. 性能

白色或淡黄色粉末。相对密度 3.78(5.6)。熔点 450℃。溶于浓盐酸及热氢氧化钠溶液，微溶于水，几乎不溶于硝酸。

2. 生产原理

五氧化二锑有多种生产方法。由氯锑酸或五氯化锑水解、硝酸沉淀锑酸钾溶液、三氧化锑与硝酸反应、锑酸钠与氢型阳离子交换树脂交换、三氧化二锑与过氧化氢回流氧化都可以得到五氧化二锑，这里介绍后两种方法。

(1) 离子交换法

锑酸钠与氢型阳离子交换树脂进行交换，生成的锑酸不稳定，经去水干燥后，生成胶态五氧化二锑。

$$NaSbO_3 \cdot 3H_2O + [\text{树脂-H}] \longrightarrow HSbO_3 \cdot 3H_2O + [\text{Na-树脂}]$$

$$2HSbO_3 \cdot 3H_2O \longrightarrow Sb_2O_5 + 4H_2O$$

(2) 过氧化氢氧化法

三氧化锑与过氧化氢在回流温度下发生氧化反应，得到五氧化二锑。

$$Sb_2O_3 + 2H_2O_2 \longrightarrow Sb_2O_5 + 2H_2O$$

3. 生产原料(质量份)

(1) 离子交换法

锑酸钠	1.0	氢型阳离子交换树脂	体积相当 18 份水
去离子水	50.0		

(2) 过氧化氢氧化法

三氧化锑(工业品)	50.0	去离子水	66.53
过氧化氢(28%)	39.10	三乙醇胺(工业品)	14.57

4. 工艺流程

(1) 离子交换法

去离子水、锑酸钠 → 溶解 → 离子交换 → 过滤 → 浓缩 → 干燥 → 胶态五氧化二锑

(2) 过氧化氢氧化法

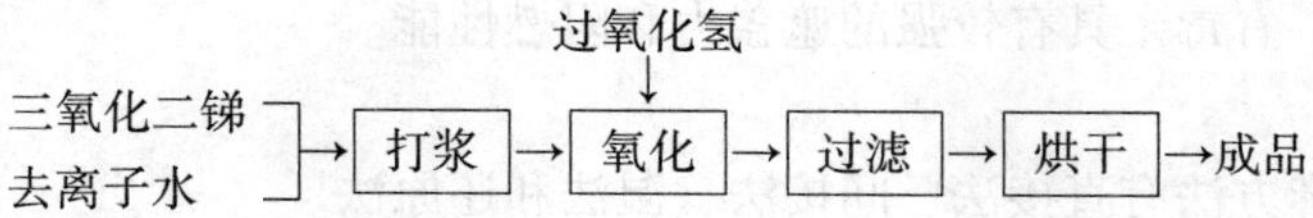

5. 生产工艺

(1) 离子交换法

锑酸钠有商品出售，也可自行由三氧化二锑制造。制法：三氧化二锑、硝酸钠、固体氢氧化钠按 1∶3.3∶1.6(质量比)的比例粉碎磨细，混合均匀，于炉中恒温 400℃保持 1h 以上，冷却，得锑酸钠。将锑酸钠按配比用去离子水混溶成为胶体溶液。用齿轮泵打入离子交换柱进行离子交换。离子交换柱内装氢型阳离子交换树脂，采用固定床。锑酸钠胶体从顶部打入，底部抽出，不断循环，流速约每分钟 13L 左右。当胶体液 pH 值由 6 降至 2 时，再循环 1h。过滤回收溶液。离子交换树脂用盐酸再生处理后循环使用。滤液静置 10h 以上，得到不透明浆状液。于 100℃下浓缩去水，然后干燥得到胶态五氧化二锑。

(2) 过氧化氢氧化法

首先将三氧化二锑和去离子水投入反应釜中，搅拌打浆。然后加热升温，待 95℃以后，开启回流冷凝器的上水阀门，在搅拌下，缓慢滴加过氧化氢，滴加温度控制在 95℃以下。加毕，再加热搅拌回流 45min 至 1h，得白色稠厚浆状物，稍冷，过滤，去掉团粒或块粒，于 90℃下烘干得成品。

若在稠厚浆状物中加入配方比的三乙醇胺，搅拌混合，100℃下烘干，将得到黄色粉末状的五氧化二锑。

6. 质量标准

外观	白色或浅黄色粉末	含量/%	≥80

7. 用途

本品用作聚乙烯、聚丙烯、聚氯乙烯、聚酯的通用型阻燃剂，属添加型。常与有机氯、溴型阻燃剂配合使用，协同效应良好。还用作锑盐原料、玻璃脱色剂、油漆及搪瓷颜料、媒染剂等。

参 考 文 献

[1] 刘燕，刘又年，舒万艮，等. 超细五氧化二锑的制备[J]. 贵州大学学报(自然科学版)，2001，(03)：199-200.

[2] 朱建平，闫宏伟，黄雪锋，等. 应用于光学玻璃的粉末状五氧化二锑的制备[J]. 天津化工，2023，37(04)：42-45.

8.4 锑　　白

锑白的化学名称为三氧化二锑(antimony trioxide)，又称锑氧。分子式 Sb_2O_3，相对分子质量 291.5。

1. 性能

白色结晶或细微粉末。密度 5.2~5.7g/cm^3，熔点 656℃。有斜方晶体和正方晶体两种晶型，高温时，正方晶体的三氧化二锑变为斜方晶体，转变温度为 570℃。不溶于水，也不溶于稀硫酸和稀硝酸。属两性氧化物，可溶于浓盐酸、浓硫酸、发烟硝酸、苛性碱、硫化钠、草酸、酒石酸。有毒。具有较强的遮盖力和阻燃性能。

2. 生产原理

三氧化二锑生产方法有直接法、间接法、湿法和还原法。

(1) 直接法

用锑矿石或精矿，经氧化生成三氧化二锑，呈气体状态从矿石中挥发出来。

$$2Sb_2S_3+9O_2 \longrightarrow 2Sb_2O_3+6SO_2$$

(2) 间接法

将金属锑置于短炉膛的反射炉内加热熔化，鼓入压缩空气，使锑氧化为三氧化二锑挥发出来，并在一定的气氛下急骤冷却为细粉状锑白，导入滤烟布袋室进行富集。本法可得高纯度锑白。

$$4Sb+3O_2 \longrightarrow 2Sb_2O_3$$

(3) 湿法

也称化学法。首先用酸浸出锑矿或含锑原料中的锑形成盐，盐水解后最终得到三氧化二锑。

$$2Sb+6HCl \longrightarrow 2SbCl_3+3H_2\uparrow$$
$$SbCl_3+H_2O \longrightarrow SbOCl+2HCl$$
$$2SbOCl+2NH_3\cdot H_2O \longrightarrow Sb_2O_3+2NH_4Cl+H_2O$$

湿法也可采用硫化钠和氢氧化钠进行碱溶解浸取。将含锑原料粉碎到一定细度，加入碱液，将锑转变为硫代锑酸钠(Na_3SbS_3)。为防止硫代锑酸钠水解，可添加碱液来防止。浸取后过滤，滤液用盐酸中和氢氧化钠，即析出白色的一氯氧化锑($SbOCl$)沉淀，再用氨水或纯碱溶液共煮，生成三氧化二锑。过滤后漂洗，干燥粉碎得到锑白。

(4) 还原法

将辉锑矿煅烧，用炭和纯碱还原得到锑，再将锑在空气中氧化得到锑白。

$$2Sb_2S_3+9O_2 \longrightarrow 2Sb_2O_3+6SO_2\uparrow$$
$$Sb_2O_3+3C \longrightarrow 2Sb+3CO\uparrow$$
$$4Sb+3O_2 \longrightarrow 2Sb_2O_3$$

这里主要介绍还原法。

3. 生产原料(kg/t)

辉锑矿(Sb_2S_3)	7000	纯碱(Na_2CO_3)	127
焦炭	1000		

4. 工艺流程

辉锑矿、焦炭 → 煅烧 → 冷凝 → 还原（加炭、纯碱） → 氧化 → 冷凝捕集 → 成品

5. 生产工艺

辉锑矿和焦炭分别用粉碎机粉碎后，按比例混合均匀，送入焙烧炉中焙烧，温度1000℃以上时生成的三氧化二锑挥发出来，加以急骤冷却，使三氧化二锑蒸气直接冷凝为细粉状，导入滤烟布袋室进行富集。将收集的三氧化二锑(含杂质较多)在焦炭存在下，用纯

碱作助熔剂，在还原炉中加热熔融，进行还原反应，还原得到金属锑。将金属锑粉碎后，放入短炉膛的反射炉内加热熔化，用套有耐火泥管的铁管导入压缩空气，使锑氧化为三氧化二锑挥发出来，并在一定气氛下通过滤烟捕集器急骤冷却成为粉状锑白。

6. 质量标准

含量/%	≥99	砷(As)/%	≤0.001
氯化物(Cl^-)/%	≤0.05	重金属(Pb)/%	≤0.01
铁(Fe)/%	≤0.001	盐酸中不溶物/%	≤0.05
硫酸盐(SO_4^{2-})/%	≤0.002		

7. 用途

本品是大量使用的添加型阻燃剂之一，主要用于聚氯乙烯、聚烯烃和聚酯的阻燃。在聚氯乙烯中用量为3%~5%。需与含卤素阻燃剂配合使用，如聚氯乙烯70%、全氯戊环癸烷20%、三氧化锑10%，平均自熄时间为6s。也用作白色油漆颜料，还用于制白色玻璃、搪瓷、酒石酸锑钾、瓷器釉彩、胶合水泥、煤染剂等。

参 考 文 献

[1] 邓志城，崔英德，朱柒金. 湿法立方晶锑白的制备方法及主要应用[J]. 广州化工，2000，(04)：154-156.

[2] 甘庆民，杨秉文. 耐光三氧化二锑的制备[J]. 化学世界，1997，(05)：243-245.

8.5 锑 酸 钠

锑酸钠(sodium antimonate)又称偏锑酸钠。分子式中含有三个结晶水，$NaSbO_3 \cdot 3H_2O$，相对分子质量为246.7。

1. 性能

白色粉末。有毒。不溶于冷水，在热水中发生水解形成胶体。溶于酒石酸、硫化钠溶液、浓硫酸，微溶于乙醇、铵盐，不溶于乙酸、稀碱和稀无机酸。耐高温，1000℃仍不分解。具有阻燃性。

2. 生产原理

(1) 氯化法

将三氧化二锑粉与盐酸混合反应生成三氯化锑，然后氯化得五氯化锑，水解后与碱发生中和反应生成锑酸钠。

$$Sb_2O_3+6HCl \longrightarrow 2SbCl_3+3H_2O$$

$$SbCl_3+Cl_2 \longrightarrow SbCl_5$$

$$2SbCl_5+5H_2O \longrightarrow SbO_2Cl\downarrow +HSbO_3\downarrow +9HCl$$

$$SbO_2Cl+HSbO_3+3NaOH+4H_2O \longrightarrow 2NaSbO_3 \cdot 3H_2O\downarrow +NaCl$$

(2) 硝酸钠法

将锑块粉碎与硝酸钠混合，在反应炉中加热通空气进行反应，所得粗锑酸钠经冷却、粉碎，用稀硝酸浸取使其进一步反应，然后再过滤、干燥、粉碎，得到锑酸钠。

$$4NaNO_3+4Sb+3O_2 \longrightarrow 4NaSbO_3+2NO+2NO_2$$

3. 生产原料(kg/t)

(1) 氯化法

三氧化二锑(Sb_2O_3，85%)	700	氢氧化钠(30%)	1000
盐酸(HCl，30%)	2200		

(2) 硝酸钠法

锑块(Sb，65%)	700	硝酸(HNO_3，98%)	20
硝酸钠($NaNO_3$，98.5%)	1000		

4. 工艺流程

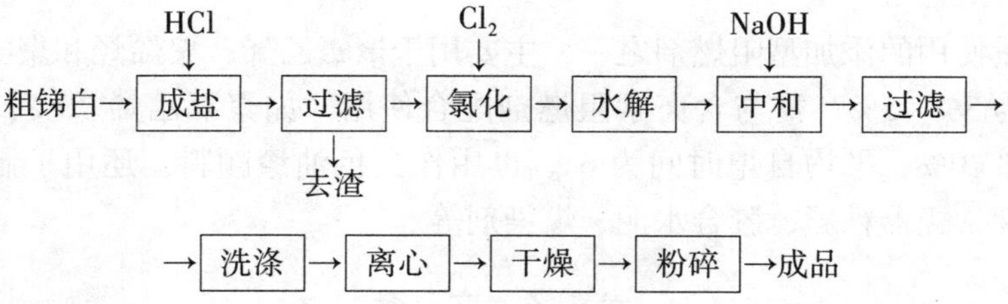

5. 生产工艺

(1) 氯化法

将30%的盐酸通过计量槽加至反应釜中，用蒸汽加热，搅拌下慢慢加入三氧化二锑。三氧化二锑与盐酸(30%)的投料比为1∶2.5，0.5h内加料完毕，控制反应温度70~75℃，反应3~4h，使Sb_2O_3完全成盐得三氯化锑。所得$SbCl_3$溶液称为浸出液。反应完毕，开冷却水降温，当溶液温度降至40℃以下即可出料。料液过滤，滤去不溶性杂质，澄清的滤液进入搪瓷反应釜中，用蒸汽加热，控制温度<65℃，通氯气进行氯化反应，氯气压<0.2MPa，氯气流量70~80kg/h。由于氯化反应为放热反应，操作时应防止温度剧烈上升(用冷却水冷却)。在反应后期，通氯压力可降至0.05MPa，减少通氯量，以免氯气饱和时造成氯气泄漏等。当反应料中Sb^{3+}浓度小于0.01g/L时，可认为反应完全。然后降温出料。

将含$SbCl_5$的反应物料中加入3.5倍(体积比)水进行水解，15~20min即可水解完毕，水解物经板框压滤机压滤。滤饼用pH=2的酸性溶液洗涤2~3次，每板框洗涤剂用量$3m^3$。当洗涤水中的Fe<0.01g/L时，即洗涤完毕。

将洗涤后的滤饼放入中和槽中，加水搅成浆状，升温至80℃，边搅拌边缓慢加入30% NaOH溶液，0.5h内加完。于80℃下反应0.5h左右。得到锑酸钠沉淀。

分出锑酸钠，水洗后离心分离，于500~600℃下干燥，然后粉碎，包装。

(2) 硝酸钠法

将精制的锑块经万能粉碎机粉碎后与硝酸钠混合，在反应炉中加热通空气进行氧化反应，使锑氧化为五价，得到粗锑酸钠。粗品投入水洗槽用稀硝酸处理后，水洗除杂。水洗后用板框压滤机压滤，滤饼置于干燥炉中于500~600℃下进行高温干燥。干燥品用粉碎机粉碎得成品。

工艺控制(氯化法)：

① 氯化后的溶液中，含有大量的酸，如果氯化物料直接用碱中和，耗碱量大，从而增加原料消耗。同时，溶液中含有金属杂质离子，如果带进产品，将严重影响产品质量。为此，可利用$SbCl_5$容易水解的特性，使Sb^{5+}经水解从溶液中沉淀出SbO_2Cl、$HSbO_3$，然后洗涤沉淀，可以得到较纯的五价锑。这种水解处理法一方面达到了除杂纯化作用；另一方面可

大量降低中和操作的用碱量。

② 中和时，碱用量按 $1m^3$ 五氯化锑溶液（即 $1m^3$ 氯化反应液）水解后所得沉淀物加 $0.3m^3$ 30%NaOH 溶液来计量。一般碱过量 5%～7%，以利于完全生成锑酸钠。

6. 质量标准

锑酸钠($NaSbO_3$)/%	≥98	水分/%	≤1.0
铁(Fe)/%	≤0.1	三氧化锑(Sb_2O_3)/%	≤0.3
铜(Cu)/%	≤0.07	细度/目	250
砷(As)/%	≤0.1		

7. 用途

主要用于纺织品、塑料制品的阻燃添加剂。还用作显像管、光学玻璃和各种高级玻璃的澄清剂、搪瓷乳白剂、漆用不透明填料和铁皮、钢板抗酸漆组分。

参 考 文 献

[1] 李加生，刘鹊鸣，龚福保. 锑氧化矿黄云子制备锑酸钠工艺研究[J]. 湖南有色金属，2023，39(02)：41-43.

[2] 崔鹏媛，沈庆峰，俞小花，等. 黔铜矿碱性体系制备锑酸钠的试验研究[J]. 有色金属工程，2022，12(01)：80-87.

8.6 硼 酸 锌

硼酸锌（zinc borate）化合物的分子通式 $x\mathrm{ZnO}\cdot y\mathrm{B_2O_3}\cdot z\mathrm{H_2O}$。近年来主要产品是 $2ZnO\cdot 3B_2O_3\cdot 3.5H_2O$，其中氧化锌占37.45%，三氧化二硼占48.05%，水占14.50%。

1. 性能

白色粉末，无毒。密度 $2.8g/cm^3$，折射率 1.58。在冷水中溶解度极低，在热水中可缓慢溶解形成含 $1\%B_2O_3$ 的溶液。不易吸潮，易分散。具有阻燃性、杀菌性、防锈性、防霉性和防污性，是一种具有多种性能的化工材料和助剂。

2. 生产原理

硼酸锌可由多种方法制得：氧化锌和氧化硼直接反应制得；硼砂溶液过量条件下与硫酸锌反应，沉淀得到硼酸锌；硼酸的饱和溶液与氧化锌反应可得到不同结构组分的硼酸锌；硼酸的饱和溶液中加入碱式碳酸锌煮沸后，静置析晶得硼酸锌。

工业化生产一般采用硼砂溶液加入锌盐溶液进行反应，然后压滤、漂洗、干燥、粉碎得到硼酸锌。

$$1.5ZnSO_4+1.5Na_2B_4O_7+0.5ZnO \longrightarrow 2ZnO\cdot 3B_2O_3\cdot 3.5H_2O+1.5Na_2SO_4$$

3. 生产原料（质量份）

硫酸锌(100%计，$ZnSO_4\cdot 7H_2O$)	407.1	氧化锌	40.7
硼砂(100%计，$Na_2B_4O_7\cdot 10H_2O$)	571.9		

4. 工艺流程

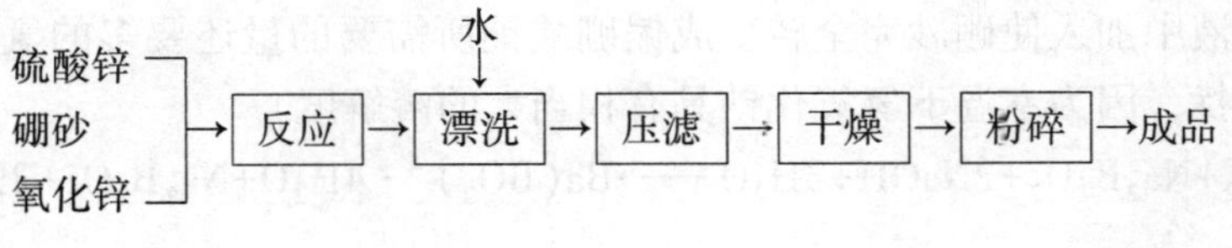

5. 生产工艺

将硫酸锌配成水溶液置于高位槽，通过计量加入反应釜中，然后加入硼砂及氧化锌，升温加热于70℃进行反应。反应完毕，经泵压入漂洗桶，加入水漂洗，然后压滤，滤液为含锌及硼废水，可通过碱处理、结晶浓缩后排放。滤饼为硼酸锌，送入烘房于100~110℃干燥，干燥后用粉碎机粉碎，由集尘器收集，包装。

6. 质量标准

外观	白色细微粉末	吸油量/(g/100g)	45
密度/(g/cm^3)	2.8	细度(平均粒径)/μm	2~10
折射率	1.58		

7. 用途

本品是一种廉价阻燃剂，可作为锑白代用品，对卤化聚合物有良好的阻燃性，在不饱和聚酯中可以完全代替三氧化二锑(锑白)，在软质聚氯乙烯树脂中可部分代替三氧化二锑以降低成本。可适于高温加工的需要。与含卤阻燃剂并用也有良好的协同效应。本品适用于不饱和聚酯、聚氯乙烯、环氧树脂、聚烯烃、聚碳酸酯、聚氨酯、ABS树脂等塑料的阻燃。也适用于纤维织物、木材涂料的阻燃添加剂。此外还用于医药、杀菌剂、陶瓷釉彩、防锈涂料颜料。

参 考 文 献

[1] 司玉成. 超细硼酸锌的水热法合成及表征[J]. 化学工程师，2019，33(11)：9-11.
[2] 孙佳思，葛钦，杨佳，等. 硼酸锌的合成及在阻燃聚烯烃中的应用[J]. 塑料助剂，2018，(04)：6-12.

8.7 改性偏硼酸钡

改性偏硼酸钡(barium metaborate)至少含有90%的偏硼酸钡[$Ba(BO_2)_2 \cdot H_2O$]，相对分子质量241.0。理论化学组成：Ba 57.0%；B 9.0%；O 33.2%；H 0.8%。改性偏硼酸钡含有一定量的二氧化硅和结晶水。

1. 性能

白色斜方晶系的晶状粉末。相对密度3.25~3.35。具有阻燃、防锈、抗粉化、耐高温、防火和防霉性能。微溶于水。

改性偏硼酸钡产品由结晶性颗粒组成，粒径0.35~35μm，平均粒径8μm。改性偏硼酸钡有脱水现象，但不吸湿，也不吸收空气中水分，加热至1050℃时熔融。21℃时水中溶解度最高为0.4%，易溶于盐酸。改性偏硼酸钡具有多重效能，具有阻燃、防锈、防霉、防菌、防污染、抗粉化、防变色等多种优良性能。本品无毒。

2. 生产原理

偏硼酸钡由钡盐和硼酸盐经复分解反应制得。常用的钡盐有硫酸钡、氯化钡、碳酸钡和硝酸钡，另外还有氢氧化钡；硼酸盐有硼砂以及硼酸。可以水溶液形式进行沉淀反应，也可将钡盐与硼酸盐混合熔融制得。如在碱性条件下，硼砂与氯化钡反应，为了保证反应介质的碱性，必须在溶液中加入使硼砂完全转变成偏硼酸钠所需要的量还要多的氢氧化钠(过量的氢氧化钠并无干扰，因为室温下氢氧化钠具有相当大的溶解度)。

$$BaCl_2+Na_2B_4O_7+2NaOH+3H_2O \longrightarrow Ba(BO_2)_2 \cdot 4H_2O+Na_2B_2O_4+2NaCl$$

改性偏硼酸钡的制备是在有硅酸钠存在的条件下，硫化钡与硼砂进行沉淀反应。即用聚合、无定形的水合二氧化硅(同时含有 Si—O—Si，Si—OH 键)加入水合偏硼酸钡中而产生的偏硼酸钡化合物。在实际生产中，硅酸钠液体可以先加，或同时加入，也可以在最后加入。最好是添加越均匀越好。二氧化硅在成品中含 3%~20%，水溶性低于 0.3%。若高于 0.3%，则说明二氧化硅未全部形成包覆膜或是由于水洗不够等因素造成的。基本反应为：

$$2BaS+Na_2B_4O_7+H_2O \longrightarrow 2BaB_2O_4+Na_2S+H_2S\uparrow$$

其中使用的硫化钡由重晶石($BaSO_4$)还原制得。

3. 生产原料(kg/t)

硼砂($Na_2B_4O_7 \cdot 10H_2O$，95%)	797
重晶石($BaSO_4$，100%计)	1097
硅酸钠($xNa_2O \cdot ySiO_2$，40°Bé)	270~280

4. 工艺流程

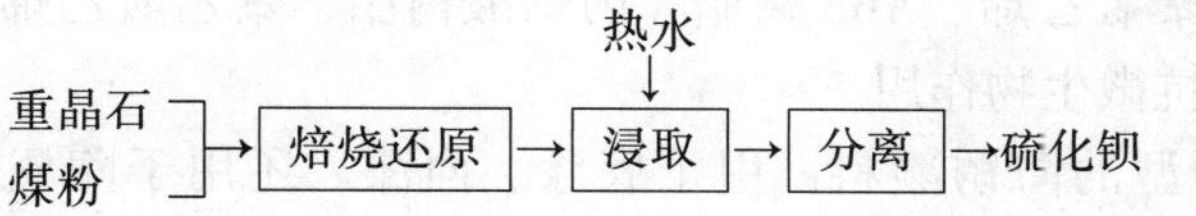

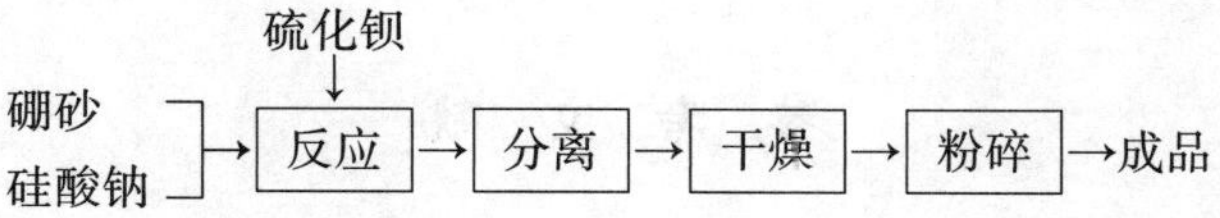

5. 生产工艺

将浓度为 14~16g/L、温度为 55~70℃的硫化钡从贮槽中压入高位槽。将硼砂用提升机送入硼砂配料槽，加热溶解，使其浓度为 22~28g/L，温度 70~85℃，再泵入高位槽中。硅酸钠泵入硅酸钠高位槽中。

将硅酸钠、硼砂、硫化钡分别由高位槽加入夹层不锈钢反应釜中。也可将硼砂、硫化钡并流加入预先盛有硅酸钠的合成反应釜中。还可将硼砂、硫化钡并流加入反应釜中，搅拌下加入硅酸钠。投料后升温至 110~140℃，并保温搅拌反应 1~6h。反应后冷却至 70~80℃，将物料送入贮槽。再用泵将物料压入压滤机中，母液及洗水通向氧化塔进行空气氧化，抽样符合国家排放标准即可排放。滤饼送旋转干燥炉进行干燥，然后粉碎得成品。

工艺控制：

① 硼酸钡的阴离子中硼的原子数可能相差很大，或一个，或二十个以上。其中硼酸根的当量数与氧化钡的当量数的比值是硼酸钡的一个重要特性。溶液的 pH 值愈高，则生成物硼酸根离子愈简单，硼原子数就愈少。反之，pH 愈低，则硼原子数就愈多。在合成改性偏硼酸钡时，若液相 pH>11，则可制得它的有一定特征的晶体。主要是在结晶时要使 pH 值的变化不大，若 pH 值下降，就会使酸性较强的硼酸盐杂质生成。

② 沉淀过程中的条件对产品起着决定作用，这些条件包括 pH 值、物料浓度、温度、搅拌方式等。为了得到质量稳定的产品，各工艺条件需要相对固定。

③ 实践表明，反应完毕的物料不宜长期、大量地接触水或较长时间在母液中浸泡。这样不仅会使物料损失，结晶长大，晶形转变，还会使物料组成变化，造成产品不符合质量要求。另外，水洗温度过高会使产品发黏，产品颜色发暗。

④ 在 150℃以下烘烤，不会脱去结晶水；150℃以上烘烤，产品主要是脱水结构物。可

根据对产品结晶水含量的要求，来选择适当的干燥温度和设备。

⑤ 合成废液中含有硫化物，可采用下列方法处理：

a. 用此母液代替硫化钠用于造纸是可行的。若按加入改性偏硼酸钡母液以 1%硫化钠计，即可降低氢氧化钠 2%，并可节约工业硫化钠。

b. 将母液通过空气氧化，使之氧化成硫代硫酸钠，以降低硫含量，从而符合排放标准。

6. 质量标准

氧化钡(BaO)/%	55~61	干燥失重/%	≤1
三氧化二硼(B_2O_3)/%	21~28	水可溶分/(g/100mL 水)	0.1~0.3
二氧化硅(SiO_2)/%	4~9	水萃取液 pH 值	9~10.5

7. 用途

本品为添加型阻燃剂，可作为氧化锑的廉价代用品，与含卤阻燃剂并用有协同效应。本品的阻燃性不及氧化锑，大多是用它部分地代替氧化锑以降低成本。适用于不饱和聚酯、环氧树脂、酚醛树脂、聚氯乙烯、ABS 树脂、丙烯酸树脂、聚乙酸乙烯酯、聚氨酯等塑料的阻燃剂。此外，尚有抗微生物作用。

本品也是一种新型的防锈颜料，用于底漆、面漆。还用于陶瓷、造纸、橡胶和塑料等工业。

参 考 文 献

[1] 张亨，张汉宇. 无机晶体光学材料偏硼酸钡合成研究进展[J]. 上海化工，2012，37(04)：12-15.

8.8 氯化石蜡-70

氯化石蜡-70(chlorinated paraffin-70)又称树脂状氯化石蜡。平均分子式为 $C_{24}H_{29}Cl_{21}$，相对分子质量 1062。含氯量为 70%左右。

1. 性能

树脂状白色或淡黄色粉末。相对密度(d_4^{20})1.65。熔程 95~120℃。折射率($n_D^{95\sim120}$)1.540~1.580。常温下不与水、氧化剂、稀碱起反应。无味，无毒。可溶于丙酮、苯、甲苯、四氯化碳、二氯乙烷等有机溶剂，不溶于低级醇类和水。具有阻燃性。

2. 生产原理

固体石蜡与氯气进行深度氯化，经后处理得成品。氯化工艺有水相悬浮法、溶剂-诱导法、溶剂光照法。

$$C_{24}H_{50}+21Cl_2 \xrightarrow[CCl_4]{光照} C_{24}H_{29}Cl_{21}+21HCl\uparrow$$

3. 工艺流程

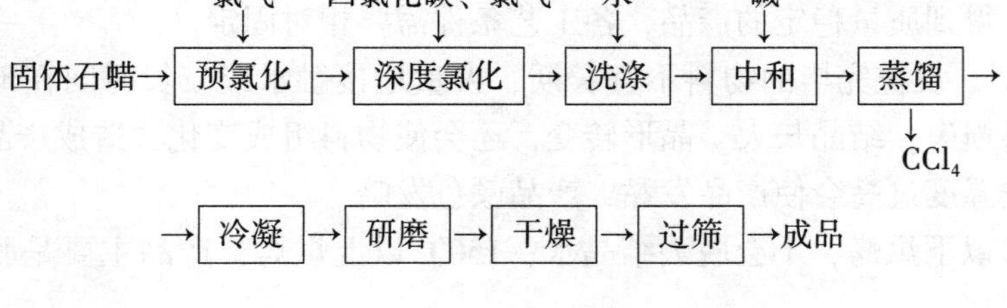

4. 主要原料(kg/t)

石蜡(52~54℃)	320	液氯(99.5%)	1480
氢氧化钠(98%)	16	四氯化碳(工业品)	200

5. 生产工艺

在光氯化反应釜内，装上若干支带玻璃外罩的日光灯。反应釜通过回流冷凝器与尾气吸收塔连接。将预氯化为含氯量为40%左右的氯化石蜡(或氯化石蜡-42)，加入4倍量的四氯化碳，搅成溶液后加入光氯化反应釜，控温在回流温度下，通氯，在光照下进行氯化。若灯罩管上很清洁，不影响亮度，反应到达终点需20h左右；若亮度受到影响，反应时间需60~70h。通过测定产物的含氯量判断反应终点。到达终点后，先水洗至pH 6.5~7，再用碱中和至pH 7~7.5。然后通入直接蒸汽将四氯化碳汽提出来，经冷凝、分层、分离、干燥后循环使用。脱溶剂后的产物经冷却，凝结成树脂状粒块，经磨细、干燥、过筛得成品。

6. 实验室制法

以水为介质，将已预氯化为40%的氯化石蜡(或氯化石蜡-42)悬浮在水中，在温度100~180℃下加压进行氯化，反应时间12~30h。反应物料经冷却、固化、粉碎、洗涤、过滤、干燥，即得产品。

7. 质量标准

外观	无味的白色或淡黄色粉末
水分/%	≤1
氯含量/%	68.0~72.0
酸值/(mgKOH/g)	≤0.5
软化点/℃	≤120
热稳定性(175℃，4h)/%	≤0.3
色泽(15%CCl_4溶液，Pt-Co比色)/号	≤250
粒度(过40目筛)/%	≥95

8. 质量检验

(1) 氯含量测定

在样品的四氯化碳、乙醇溶液中加一块金属钠。钠从醇里释放出来的氢与样品作用生成相当的碳氢化合物和卤化氢。卤化氢与钠生成卤化钠，如氯化钠。这样卤素就转变为离子状态，然后在酸性溶液中，用硝酸银标准溶液滴定，以铬酸钾为指示剂。

(2) 酸值测定

准确称取5~10g样品(称准至0.01g)置于干燥的250mL锥形瓶中，加入40mL石油醚-无水乙醇混合液。待完全溶解后再加入50mL经煮沸并冷却的水，加入5滴酚酞指示剂，再用0.05mol/L氢氧化钾乙醇标准溶液滴定至粉红色，并保持15s不褪色即为终点。同时做一空白试验。

$$\text{酸值(mgKOH/g)} = \frac{(V_2 - V_1) \times c \times 56.11}{G}$$

式中 V_1——样品滴定耗用氢氧化钾乙醇标准溶液的体积，mL；

V_2——空白试验耗用氢氧化钾乙醇标准溶液的体积，mL；

c——氢氧化钾乙醇标准溶液的摩尔浓度，mol/L；

G——样品质量，g。

9. 用途

可用作高聚物的阻燃添加剂，它与三氧化二锑可组成高效阻燃剂。聚烯烃树脂、聚酯树脂、环氧树脂、聚氨酯及天然橡胶、合成橡胶均可添加本品阻燃。如用于阻燃运输带、阻燃树脂、玻璃钢等，有增韧、增黏、抗辐射、抗氧化作用。此外，还用作润滑油的抗磨添加剂，也用于改善油墨的光泽性和耐磨性。

10. 安全与贮运

生产中使用的氯气为无机剧毒气体，操作人员应穿戴劳保用具，设备应密闭，车间内加强通风。产品采用塑料袋包装。贮运无特殊要求。

参 考 文 献

[1] 吴红忠. 新形势下氯化石蜡生产的发展方向[J]. 氯碱工业，2019，55(10)：23-26.

[2] 沈清. 水相悬浮相转移法氯化石蜡-70 生产工艺[J]. 氯碱工业，2009，45(07)：29-32.

[3] 朱丁力. 新型溶剂光氯化法制备氯化石蜡-70[J]. 化工生产与技术，2008，(03)：31-32.

8.9　阻燃剂 HBB

阻燃剂 HBB(fire retardant HBB)又称六溴苯。分子式 C_6Br_6，相对分子质量 551.6。结构式为：

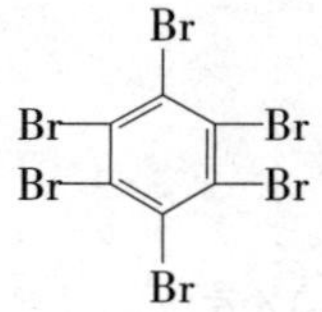

1. 性能

白色结晶粉末。熔程 320~326℃。初始分解温度 220℃，分解温度 340℃，质量减少 5% 的开始温度为 265℃。溴含量 87%。水解稳定性高。不溶于水，微溶于乙醇、乙醚，溶于苯。大白鼠经口服 LD_{50}>14.2g/kg。

2. 生产原理

在铁粉或铝粉或 I_2/Fe 的催化下，苯与溴发生取代反应，然后经中和、过滤、洗涤、干燥即得六溴苯。

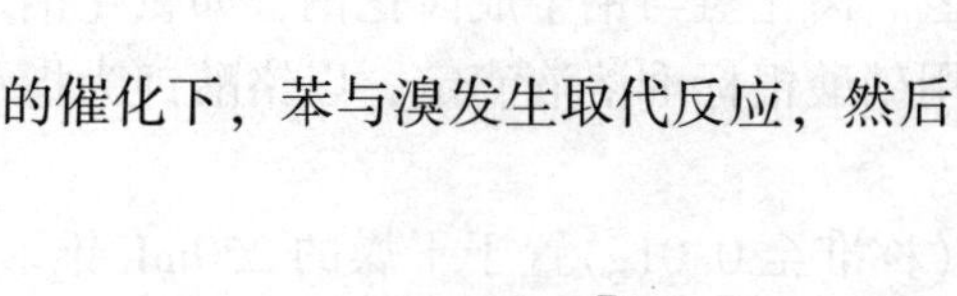

3. 工艺流程

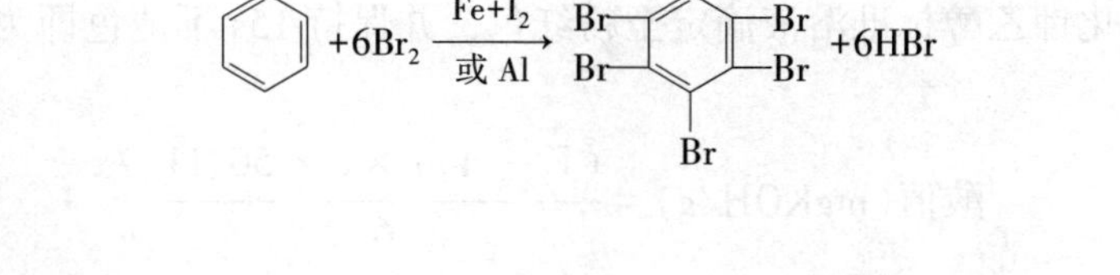

4. 主要原料

苯(工业品)　　溴(工业品)　　碘(工业品)　　铁粉(工业品)

溶剂(发烟硫酸、四氯乙烷或过量溴为溶剂)

5. 生产工艺

(1) 以溴为溶剂

在溴化反应釜中，加入过量的溴，同时加入铝粉(或铁粉)为催化剂。将苯由高位槽经计量表滴加至溴溶液中。当苯滴加完毕，加热回流反应，至体系不再产生溴化氢，即表示反应终止。蒸出过量的溴，回收使用。六溴苯残余在反应釜内，加入少量水，在搅拌下加入液碱中和，然后过滤。滤饼用水洗涤至中性，干燥后得到六溴苯。

(2) 以发烟硫酸为溶剂

在搅拌釜式反应器中，先投入一定量的发烟硫酸，加入苯，搅拌溶解，再加入少量三碘化铁(或碘及铁粉)为催化剂，控温 80℃左右，滴加 1/2 的溴，于 9h 内加完。加热升温，当温度到达 150℃时，再在搅拌下滴加另外 1/2 溴。加完后继续搅拌 1h，反应即达完全。生成不溶于水的六溴苯悬浮在物料中。冷却，中和，过滤，水洗，干燥得成品。收率约为72%~73%。反应中所生成的 HBr 引出，用水吸收利用，作为副产品。水洗余液用碱中和处理。过滤的母液主要为溶剂硫酸，循环应用。

(3) 以四氯乙烷为溶剂

先将四氯乙烷、苯投入釜内，搅拌混合。加入适量碘、铁粉为催化剂。控温 80℃左右，一边搅拌，一边滴加溴。保持 80℃，反应 10h。终了，冷却、中和、结晶、过滤、洗涤、干燥获得成品。其中过滤后的母液主要为四氯乙烷，回收利用；洗涤后的水需用碱处理；反应时生成的 HBr 抽出，用水吸收作为副产品。该法成品的收率约 92%。

(4) 实验室制法

在装有回流冷凝管、搅拌器、滴液漏斗和溴化氢吸收装置的 1L 反应烧瓶中，放入 500g 溴和 20g 铁粉，加热并搅拌，控制反应温度在 80℃左右，缓缓滴加 44.4mL(约 0.5mol)苯。加毕，继续在 80℃左右搅拌回流至不再产生溴化氢为止。将反应物倾入烧杯中，用 20% NaOH 溶液中和至中性。抽滤，水洗，烘干，得六溴苯。

6. 质量标准

外观	白色至浅黄色粉末	熔程/℃	320~326
溴含量/%	≥85	热失重(265℃)/%	≤5

7. 用途

本品为添加型阻燃剂，适用于聚乙烯、聚丙烯、聚苯乙烯、ABS 树脂、聚酰胺、聚酯、环氧树脂等多种塑料。与三氧化二锑合用有协同效应。

8. 安全与贮运

原料苯有毒，操作现场最高容许浓度为 80mg/m^3；溴属一级无机酸性腐蚀物品。设备必须密闭，操作人员应穿好劳保用品。车间内保持良好通风状态。

产品密封包装，贮存于通风、干燥处，防热、防晒。

参 考 文 献

[1] 乔艳辉，李英春，孟庆莉. 六溴苯合成工艺的改进[J]. 青岛科技大学学报(自然科学版)，2003，(S1)：10-11.

[2] 王秉章，杨秀英，李铭新. 阻燃剂六溴苯的研制[J]. 精细石油化工，1996，(02)：15-18.

8.10 四溴双酚 A

四溴双酚 A(tetrabromobisphenol A)的化学名称为4,4′-异亚丙基双(2,6-二溴苯酚)，英文缩写 TBA、TBBPA。分子式为 $C_{15}H_{12}Br_4O_2$，相对分子质量 543.9。结构式为：

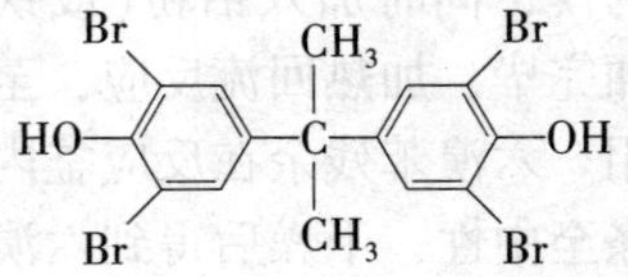

1. 性能

白色或淡黄色粉末。熔点 175~181℃。理论含溴量为 58.8%。加热至 240℃开始分解，295℃时迅速分解。不溶于水，可溶于甲醇、乙醚、丙酮、苯、冰乙酸等有机溶剂，溶于强碱溶液。可赋予树脂、纤维等优良的阻燃性。无毒。

2. 生产原理

双酚 A 于室温下与溴反应生成四溴双酚 A 和溴化氢。同时通氯，使溴化氢中的溴被置换出来，参与溴化反应。

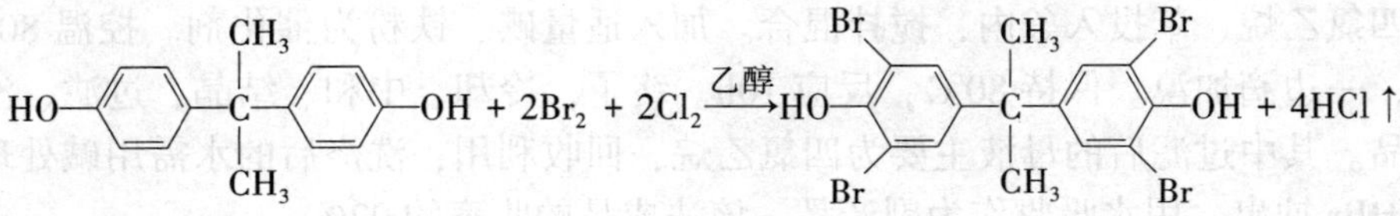

3. 工艺流程

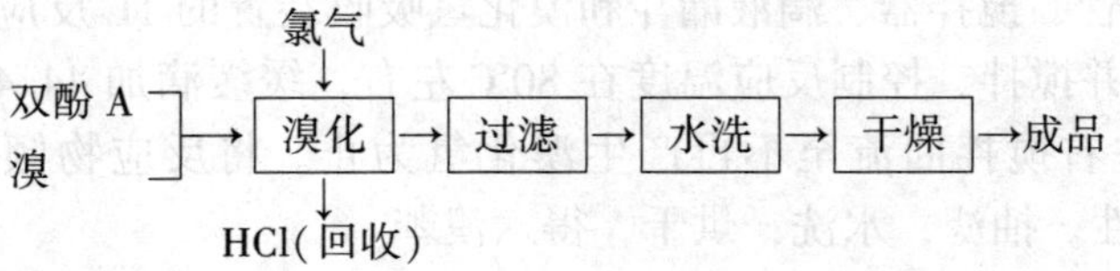

4. 主要原料(质量份)

双酚 A(工业品)	228	溴(98.5%)	400
氯气(99%)	160	乙醇(95%)	114

5. 生产工艺

先将 40 份双酚 A 和 100 份 95%乙醇投入反应釜中，搅拌溶解。控制 25℃下，边搅拌边加溴，加完溴 70 份后搅拌反应 0.5h，然后开始通入氯气 28 份。仍保持 25℃，迅速搅拌，反应中生成的氯化氢用水吸收，副产物为稀盐酸。通完氯气后，继续搅拌 0.5h，鼓入干燥空气，吹尽体系的 HCl。将浆状物料冷却，过滤，滤液循环套用。滤饼用水洗涤后，离心脱水，于 80℃左右干燥，获得白色粉末成品。

说明：

溴化反应为放热反应，应注意冷却控温。溴化反应器可采用鼓泡塔式反应器，但在加溴时需有搅拌混合装置，以加强传质。

6. 实验室制法

将 20g 双酚 A 和 50g 95%酒精加入三口瓶中，搅拌溶解。控制温度 25℃以下，边搅拌边滴加溴，加入 70g 溴后，继续搅拌 40min，副产物溴化氢用水吸收。得到的浆状物冷却过滤，滤饼用水洗涤后，离心脱水，于 80℃下干燥，得白色粉末状四溴双酚 A。

7. 质量标准

外观	白色粉末	熔点/℃	178~181
挥发分/%	≤0.3	开始分解温度/℃	240

8. 用途

本品可用作反应型阻燃剂，也可作添加型阻燃剂。广泛用作塑料、橡胶、纺织品、纤维和造纸的阻燃剂。

9. 安全与贮运

生产中使用溴、氯等有毒或腐蚀性物品，设备必须密闭，操作时应穿戴劳保用品，车间内保持良好的通风状态。用塑料袋包装，按一般化学品规定贮运。

参 考 文 献

[1] 姚风浩，王泽尧，冯忠祥，等. 溴化氢资源化用于四溴双酚 A 合成工艺[J]. 化学工程，2023，51(05)：8-12+69.

[2] 刘思洋. 基于 ETA 的四溴双酚 A 合成生产工艺安全分析[J]. 安全，2019，40(10)：47-50.

8.11 四溴邻苯二甲酸酐

四溴邻苯二甲酸酐(tetrabromophthalic anhydride)又称四溴苯酐，简称 TBPA。分子式 $C_8O_3Br_4$，相对分子质量 463.62。结构式为：

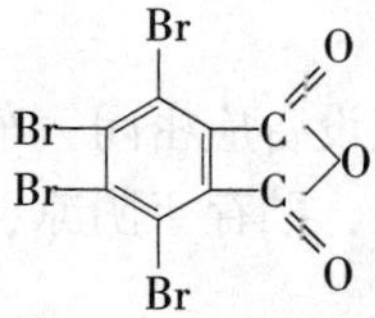

1. 性能

白色粉末。熔点 279~280℃。分解温度 340℃。含溴量 68.5%。可溶于硝基苯、二甲基酰胺，微溶于丙酮、二甲苯、氯代烃、二氧杂环己烷，不溶于水(25℃在水中溶解度<0.1%)和脂肪烃。具有良好的阻燃性。大白鼠经口服 LD_{50} 为 50mg/kg 以上。

2. 生产原理

在发烟硫酸中，以碘和铁粉为催化剂，苯酐与溴发生溴代，得到四溴邻苯二甲酸酐。

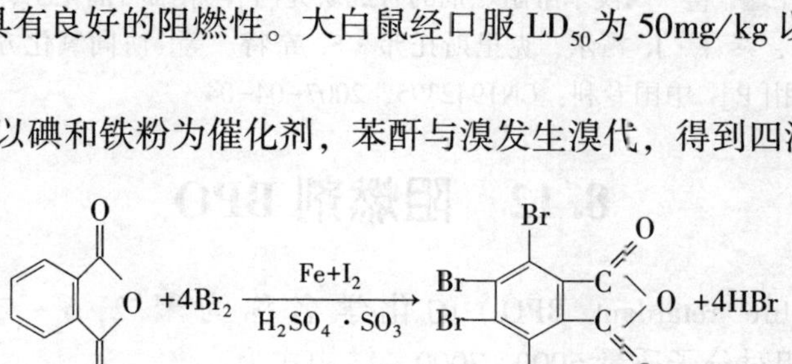

也可将邻苯二甲酸酐溶于氯磺酸中，加入少量硫，加热至 90℃时加入溴，再升温至 145℃。反应完毕，用空气吹走过量的溴。冷却后将沉淀过滤，用四氯化碳洗涤，然后再用水洗，干燥后得 TBPA。

3. 工艺流程

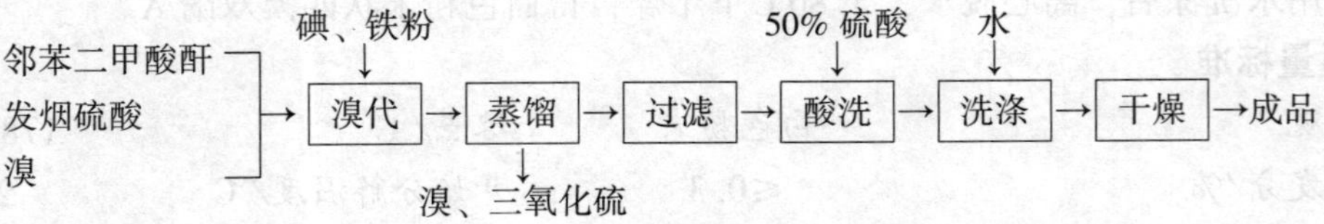

4. 主要原料

邻苯二甲酸酐(99%)	溴(99%)	铁粉
发烟硫酸(20%~65%SO_3)	碘(99%)	

5. 生产工艺

在搪瓷溴化反应釜中，将邻苯二甲酸酐溶于含20%~65% SO_3 的发烟硫酸中，加入碘及铁粉为催化剂，加热至90℃时，慢慢加入溴，后期升温至105℃。反应中生成的副产物溴化氢立即被介质中的三氧化硫氧化为溴。当溴全部加完时，将过量的溴和SO_3蒸出，并将反应混合物加热至140℃。反应完毕，将反应混合物冷却至室温，析出四溴邻苯二甲酸酐。过滤，滤饼先用50%硫酸洗涤，再用水洗，干燥后得到四溴邻苯二甲酸酐。

6. 产品标准

外观	白色粉末	理论溴含量/%	68.93
熔点/℃	≥270		

7. 用途

四溴邻苯二甲酸酐，属于反应型阻燃剂，可用于制备具有阻燃性的聚酯(包括不饱和聚酯)、环氧树脂以及聚氨酯。如果制成四溴邻苯二甲酸钠或锌盐，则可用于聚苯乙烯、聚丙烯。

8. 安全与贮运

生产中使用溴、发烟浓硫酸，反应设备应密闭，车间内加强通风，操作人员应穿戴劳保用具。产品用内衬塑料袋的编织袋包装，贮存于阴凉、通风干燥处。

参 考 文 献

[1] 熊鹰，刘平乐，夏俊，等. I_2-$AlCl_3$催化合成四溴苯酐的工艺研究[J]. 精细化工中间体，2006，(05)：57-59.

[2] 黄颂安，曾作祥，汪瑾，等. 四溴苯酐阻燃剂的合成研究[J]. 精细石油化工，1996，(02)：8-10.

[3] 威廉姆·B. 哈罗德，泰森·J. 霍尔，克里斯托弗·S. 奈特，等. 协同氧化方法以及其在制备四溴邻苯二甲酸酐中的应用[P]. 中国专利：CN1942395，2007-04-04.

8.12 阻燃剂 BPO

阻燃剂 BPO (fire retardant BPO) 的化学名称为聚2，6-二溴苯醚。分子式$Br(C_6Br_2H_2O)_nH$。相对分子质量6000~7000。结构式为：

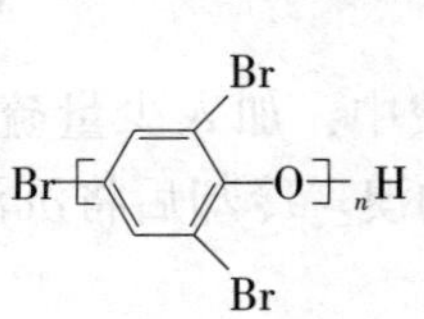

1. 性能

浅棕黄色粉末或浅灰色结晶。属添加型溴系阻燃剂，热稳定性好，耐析出，与聚合物有良好的相容性。210~226℃软化，250~260℃熔融，330℃开始分解。溴含量65.1%。溶解度(25℃)：在氯仿中为73.6g/L，在甲苯、己烷、丙酮、乙醇以及水中均小于0.01g/L。无毒。大鼠急性口服 LD_{50} 为21500mg/kg以上。对其皮肤和眼睛有轻微的刺激性。

2. 生产原理

苯酚溴化得到三溴苯酚，然后在催化剂作用下发生缩聚。

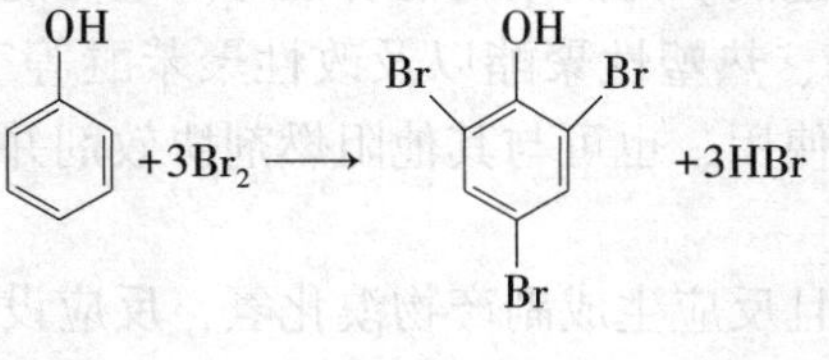

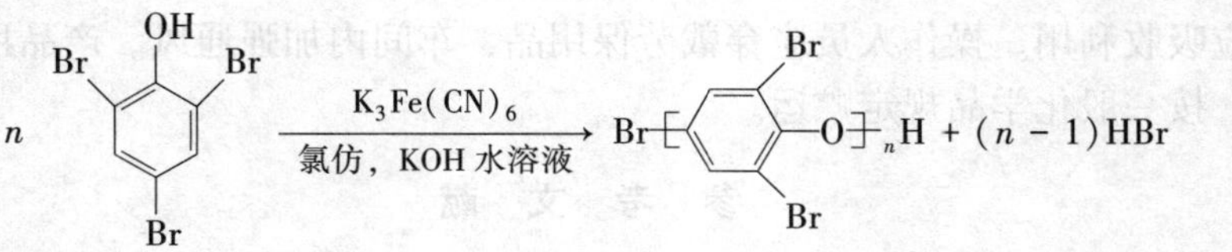

3. 工艺流程

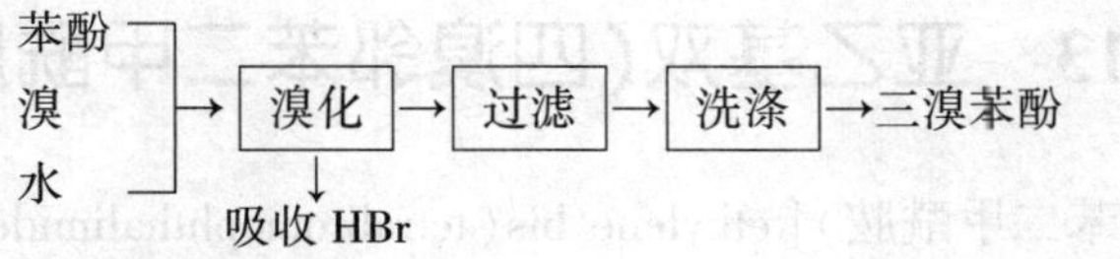

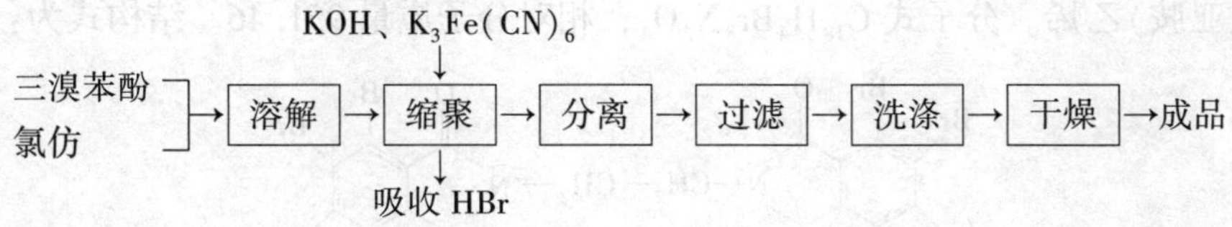

4. 主要原料

苯酚(98%)　　　　　　　　　　溴(99%)

5. 生产工艺

在溴化反应釜中，将苯酚溶于四氯化碳和25%的溴化氢水溶液中，然后于40℃滴加溴。滴加完毕，在40℃保温一段时间，然后过滤、洗涤，即得三溴苯酚。

单体缩聚制备聚2,6-二溴苯醚，有溶液缩聚法(有机溶剂法)和水相沉淀缩聚法。

(1) 有机溶剂法

将单体溶于溶剂(氯仿)中，然后加入氢氧化钾水溶液，在氮气保护下，30℃滴加 $K_3Fe(CN)_6$ 水溶液。加毕，保温反应一段时间。将反应液油层分出，用热水洗涤数次。在激烈搅拌下，将油层直接滴加到沉淀剂(1%盐酸甲醇溶液)中。析出产品，然后经过滤、洗涤、干燥，即得阻燃剂BPO。

(2) 水相沉淀缩聚法

将单体三溴苯酚、氢氧化钠、分散剂(十二烷基磺酸钠)、水加至反应器中，在氮气保护下，加热至80~100℃并保持一段时间。然后冷却至30℃左右，加入引发剂过氧化苯甲酰，于55℃反应一段时间。最后经冷却、过滤、洗涤、干燥，即得成品阻燃剂BPO。

6. 质量标准

外观	浅灰色结晶性粉末	酸值/(mgKOH/g)	≤2.0
软化温度/℃	210~240	游离溴含量/(mg/kg)	≤100
溴含量/%	62~64	挥发分(100℃,2h)/%	≤0.5

7. 用途

是一种添加型溴系阻燃剂，相对分子质量大，析出性小，性能优于十溴二苯醚。热稳定性高，适于很宽的加工温度范围。与高聚物混容性好。电性能好。加入树脂中不会降低制品的机械性能。可用于尼龙66、热塑性聚酯以及改性聚苯醚等工程塑料，也可用于高抗冲聚苯乙烯、ABS树脂。可单独使用，也可与其他阻燃剂协效剂并用。

8. 安全与贮运

生产中使用溴和苯酚，且反应生成副产物溴化氢，反应设备应密闭，防止冒漏，反应生成的溴化氢应吸收利用。操作人员应穿戴劳保用品，车间内加强通风。产品用内衬塑料袋的编织袋包装，按一般化学品规定贮运。

参 考 文 献

[1] 刘汉虎，姚剑英，樊真，等. 聚2,6-二溴苯醚合成的研究[J]. 安徽化工，1996，(03)：27-33.

8.13　亚乙基双(四溴邻苯二甲酰胺)

亚乙基双(四溴邻苯二甲酰胺)[ethylene bis(tetrabromophthalimide)]又称1,2-双(四溴邻苯二甲酰亚胺)乙烯。分子式 $C_{18}H_4Br_8N_2O_4$，相对分子质量951.46。结构式为：

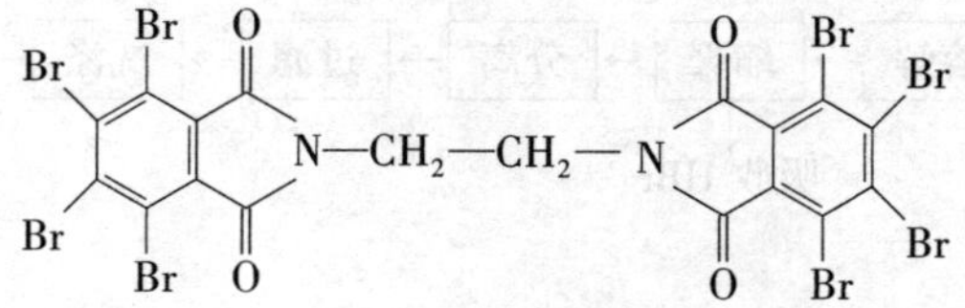

1. 性能

白色粉末或浅黄色流动性粉末。熔点450~455℃。分解温度455℃以上。相对密度2.66。溴含量66%。溶解度(g/100g溶剂，25℃)：在丙酮、苯、邻二氯苯及二甲基甲酰胺中均为0.05以下，在棉籽油中为0.015，在水中为0.002。大鼠急性口服 LD_{50} 为7500mg/kg以上。具有优异的热稳定性，不析出，不挥发，抗紫外线优良。

2. 生产原理

将四溴苯酐用甲醇进行醇解，得四溴邻苯二甲酸单甲酯。然后加入乙二胺甲醇溶液，继续进行回流反应。反应完毕，经冷却、过滤、干燥，得白色结晶状亚乙基二铵双(四溴邻苯二甲酸单甲酯)。最后在真空及136℃下加热较长时间，即得亚乙基双(四溴邻苯二甲酰胺)。

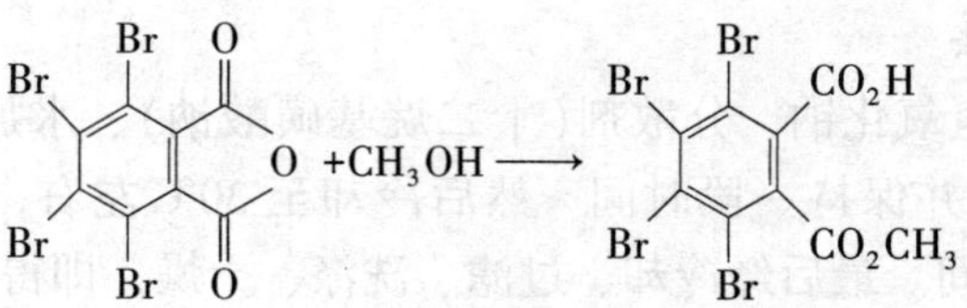

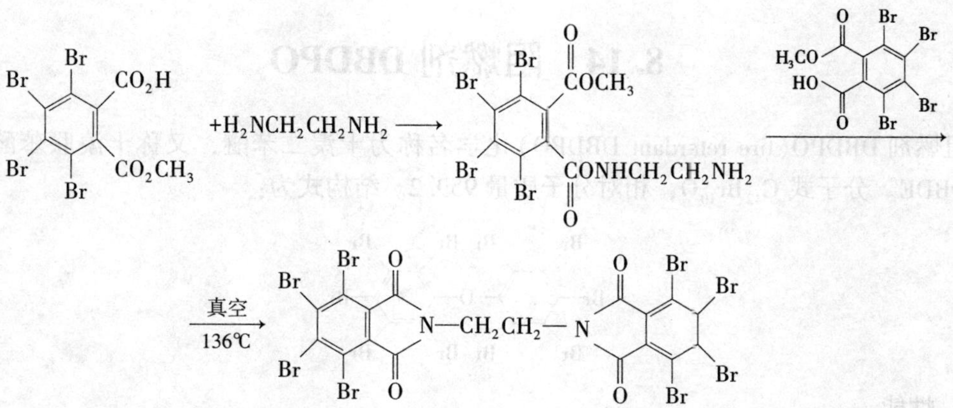

3. 工艺流程

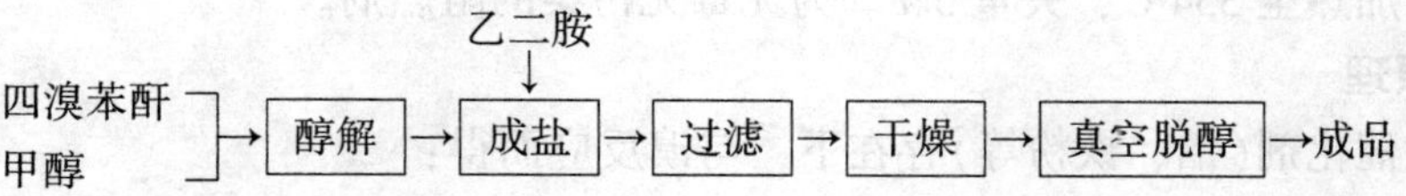

4. 生产工艺

在醇解反应釜中，加入甲醇和四溴苯酐，搅拌下加热，在回流温度下进行醇解反应，反应生成四溴邻苯二甲酸单甲酯。然后，在搅拌下，加入乙二胺的甲醇溶液，加热回流，反应生成羧酸铵盐。冷却析晶，过滤，干燥，得到亚乙基二铵双(四溴邻苯二甲酸单甲酯)置于真空干燥箱中，136℃下真空脱醇，缩合生成亚乙基双(四溴邻苯二甲酰胺)。

5. 质量标准

外观	白色粉末或浅黄色流动性粉末
熔点/℃	≥445
酸值/(mgKOH/g)	<1.0
挥发分含量(30min，110℃)/%	<0.5
粒径(99%颗粒)/μm	<16

6. 用途

用作添加型阻燃剂，兼有优良的光、热稳定性，不挥发，不析出，而且不影响制品的电性能。可用于高抗冲聚苯乙烯、聚丙烯、聚乙烯、热塑性聚酯、尼龙、ABS 树脂、乙丙共聚物以及聚碳酸酯等高分子材料。

7. 安全与贮运

产品无毒，对眼睛或皮肤均无刺激。但仍应避免长期或反复接触皮肤，避免吸入其粉尘或接触眼睛，必要时戴护目镜、安全口罩及防尘口罩。使用内衬塑料袋的硬纸板桶包装，贮存于阴凉、干燥处。

参 考 文 献

[1] 王筱梅，杨平．山东建筑材料工业学院．白色 N,N′-烷撑双(四溴邻苯二甲酰胺)系列化合物的制备方法[P]．中国专利 CN1123281，1996-05-29.

[2] 王筱梅，白克江，杨平．乙撑双(四溴邻苯二甲酰胺)的合成及阻燃性能的研究[J]．塑料工业，1993，(02)：46-48.

8.14 阻燃剂 DBDPO

阻燃剂 DBDPO(fire retardant DBDPO)化学名称为十溴二苯醚，又称十溴联苯醚、FR-10、DBDE。分子式 $C_{12}Br_{10}O$，相对分子质量 959.2。结构式为：

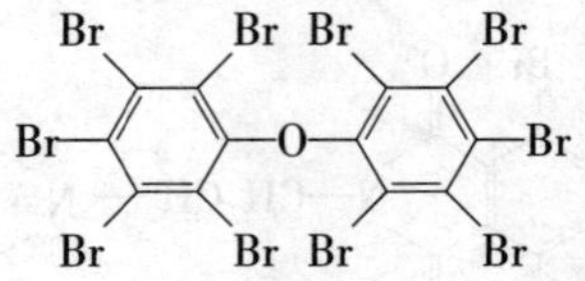

1. 性能

白色或淡黄色粉末。熔程 304~309℃。溴含量 81%~83.3%，几乎不溶于所有溶剂。热稳定性能好。加热至 354℃，失重 5%。为无毒无污染的阻燃剂。

2. 生产原理

二苯醚在催化剂(铝、铁粉等)存在下，与溴反应而得：

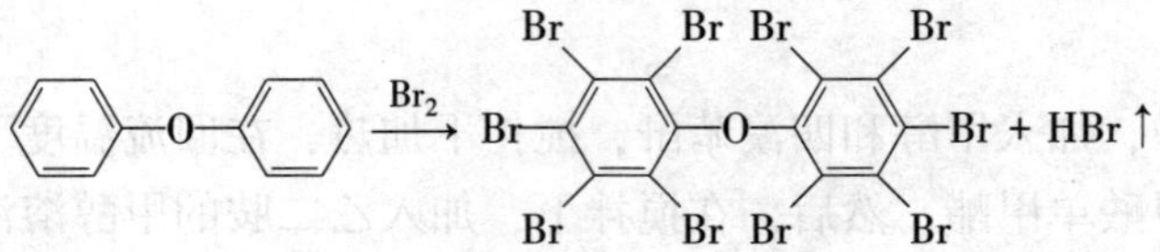

具体方法可有两种：

(1) *溶剂法*

将二苯醚溶于溶剂中，加入催化剂，然后加溴进行反应。反应完毕，过滤、洗涤、干燥，即得十溴联苯醚。常用的溶剂有二溴乙烷、二氯乙烷、二溴甲烷、四氯化碳、四氯乙烷等。

(2) *过量溴化法*

即用过量溴作溶剂的溴化方法。将催化剂溶解在溴中，向溴中滴加二苯醚。反应结束后，将过量溴蒸出，中和，过滤，干燥即得成品。

这里介绍以二氯乙烷为溶剂的生产方法。

3. 工艺流程

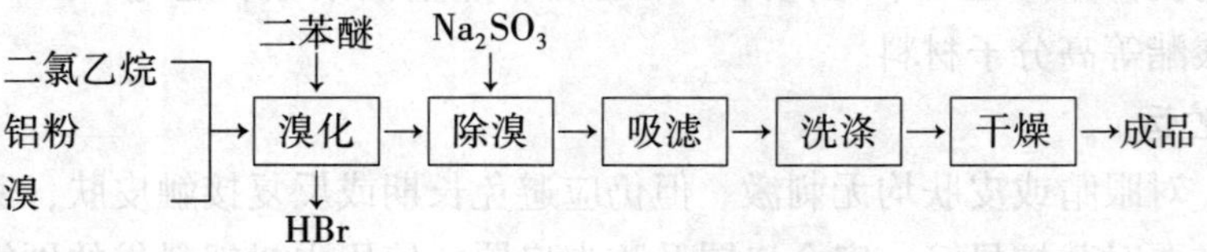

4. 主要原料(kg/t)

二苯醚(熔点 26~27℃)	180	溴(99.5%)	1400

5. 生产工艺

先向耐酸搅拌釜式反应器内投入二氯乙烷和碎铝片(或铝粉)，搅拌下，缓缓滴加溴，直至碎铝全部消失。将料温调整至 15℃左右。继续加入溴，直到配比量加完。将二苯醚用少量二氯乙烷溶解后，置于高位加料槽中。将反应釜的溴溶液温度保持在 14~16℃的情况下，一边搅拌，一边加入二苯醚溶液。此时因反应而逐渐生成固体溴化物；生成的溴化氢被抽出进入吸收装置，以水吸收成氢溴酸。待配比量的二苯醚溶液加完后(约需 1h)，继续搅拌并加热升温。待加热至 50℃时，保温反应 6h，反应即可完全。反应结束后，加入水，并加适量的亚硫酸钠，除去过量的溴。搅拌均匀后静置沉降、吸滤、用水洗涤滤饼，洗涤的次数可通过检验洗涤水的 pH 值来确定，当达到中性时，停止洗涤。吸滤、干燥得固体成品。干燥温度不得超过 80℃。

6. 实验室制法

在装有搅拌装置、滴液漏斗、温度计以及溴化氢吸收装置的反应烧瓶中，加入 20mL 二氯乙烷和 10g 铝粉，搅拌下，缓缓加入溴至铝粉全溶。控制温度在 15℃左右，继续加溴，直至加溴总量达 350g，然后在 14~16℃、搅拌条件下，滴加事先用少量二氯甲烷溶解的 45g 二苯醚溶液。加毕，继续搅拌并升温至 50℃保温反应至完全。将反应混合物倾入约 100 份水的烧杯中，再加入适量的 $NaHSO_3$，搅匀静置沉淀，抽滤，水洗至中性，抽滤，在 80℃以下烘干，得十溴二苯醚。

7. 质量标准

外观	白色或淡黄色粉末	热失重(每分钟升高 5℃)/%	
熔点/℃	304~309	320℃	≤5
溴含量/%	≥82	335℃	≤10
粒度	200 目全部通过	385℃	≤50

8. 质量检验

(1) 溴含量测定

将样品经高温通氧处理，将溴转变成游离溴或溴化氢，用适当的吸收剂吸收，并在酸性介质中用硫酸肼将其还原为 KBr，以过量的硝酸银定量沉淀溴化物，以正铁离子为指示剂，用硫氰酸盐滴定。

$$溴含量(\%) = \frac{7.99(V_1c_1 - V_2c_2)}{G} \times 100\%$$

式中 c_1——$AgNO_3$ 溶液的摩尔浓度，mol/L；

V_1——$AgNO_3$ 溶液的体积，mL；

c_2——硫氰酸钠溶液的摩尔浓度，mol/L；

V_2——滴定消耗硫氰酸钠溶液的体积，mL；

G——十溴二苯醚试样质量，g。

(2) 热失重测定

用预先干燥至恒重的称量瓶，称取样品 4~6g 三份(准确至 0.0002g)，在程序升温烘箱中以每分钟升高 5℃的速度升温，当温度达 320℃时，取出一份置于干燥器中冷却至室温；当温度达 335℃和 385℃时，分别取出置于干燥器中冷却至室温，分别称量。热失重按下式计算：

$$热失重(\%) = \frac{G - G_1}{G} \times 100\%$$

式中 G——样品质量，g；

G_1——加热失重后样品质量，g。

9. 用途

添加型阻燃剂，用途广泛。可用于聚乙烯、聚丙烯、ABS 树脂、聚对苯二甲酸丁二醇酯、聚对苯二甲酸乙二醇酯以及硅橡胶、三元乙丙橡胶等制品中。本品与三氧化二锑并用阻燃效果更佳。本品作为阻燃剂在物性和经济性两方面都比较好。但其缺点是耐候性差，并会使树脂发黄。用于高抗冲击聚苯乙烯中的添加量为 12%~15%。

10. 安全与贮运

本品无毒，白鼠经口服 LD_{50}>15000mg/kg。无污染的阻燃剂。

生产中使用溴，同时反应有大量 HBr 产生，因此，设备必须密闭，做好 HBr 吸收处理，注意车间内保持良好的通风状态。密封包装，置于通风干燥处。

参考文献

[1] 杨泽慧，陈声宗，叶姣，等. 溴素法催化合成十溴二苯醚及其精制新工艺研究[J]. 化学世界，2002，(03)：150-152.

[2] 杨泽慧. 十溴二苯醚催化合成及精制工艺和工艺条件优化研究；乙嘧硫磷合成初步研究[D]. 湖南大学，2002.

8.15 阻燃剂 HBCD

阻燃剂 HBCD（fire retardant HBCD）化学名称为六溴环十二烷。分子式 $C_{12}H_{18}Br_6$，相对分子质量 641.7。结构式为：

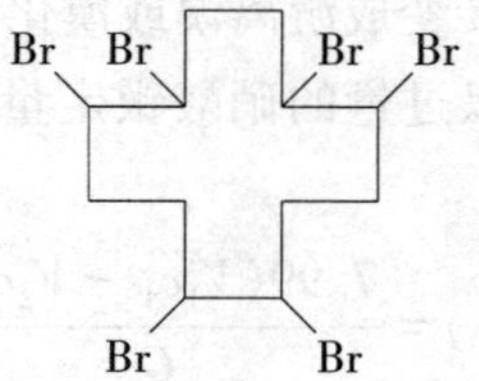

1. 性能

白色结晶粉末。有两种异构体，一种异构体的熔点为 167~168℃，另一种异构体的熔点为 195~196℃。溴含量>74%。可溶于甲醇、乙醇、丙酮和戊酸戊酮等醇、酮、酯有机溶剂。对热和紫外线的稳定性好。毒性 LD_{50}>40g/kg。

2. 生产原理

先合成反，反，顺-环十二-1,5,9-三烯。将钛酸丁酯和二乙基氯化铝加入苯中，在低于 55℃的温度下加入丁二烯，经三聚反应生成反，反，顺-环十二-1,5,9-三烯。然后溴化得到六溴环十二烷。

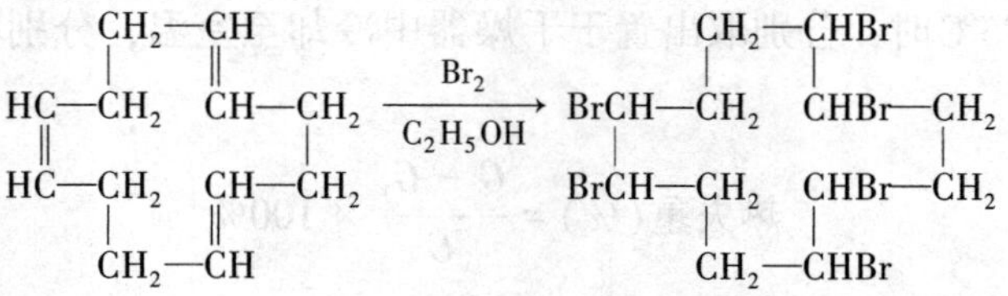

3. 工艺流程

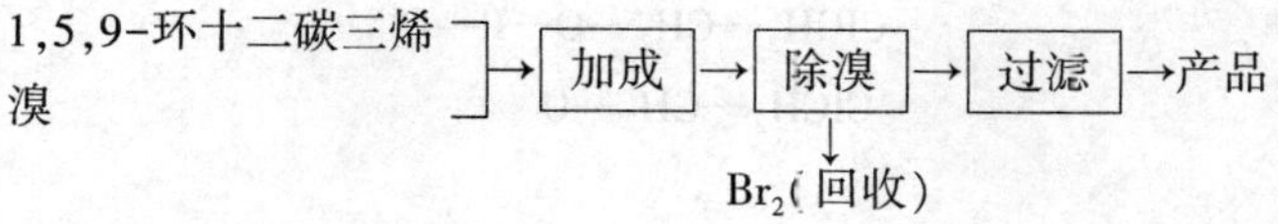

4. 主要原料(kg/t)

1,5,9-环十二碳三烯	278	溴(工业品)	872
乙醇(95%)	1015(约 1300L)		

5. 生产工艺

在配置有回流冷凝器和尾气处理装置的 2000L 搪玻璃反应釜内，加入 1300L 乙醇、278kg 反,反,顺-环十二-1,5,9-三烯和 872kg 溴。加料温度为 15~25℃。在整个加料过程中，保持游离溴存在，反应物呈红色。反应结束后，驱除过量的溴并回收。将生成的六溴环十二烷过滤，滤饼用乙醇和 2%的碳酸氢钠中和洗涤，可得产品 1000kg，收率 91%。

另一种制法是采用三氯化铝作催化剂。在 800 份环十二-1,5,9-三烯和 1500 份乙醇中，于 15~25℃加入 150 份三氯化铝，然后在 25~30℃于 2h 内加入 2400 份溴，在室温下搅拌反应 5h，然后过滤。滤饼用 200 份乙醇和 2%碳酸氢钠洗涤，得到的六溴环十二烷收率为 86%。若在乙醇溶剂中添加卤代烃，可以抑制树脂状物质的生成。

6. 实验室制法

在装有回流装置和溴化氢气体吸收装置的 1000mL 反应烧瓶中，放入 73.4g 反,反,顺-环十二-1,5,9-三烯、390mL 乙醇和 261g 溴，控制整个反应过程温度在 15~25℃之间，反应约 2h。将生成物过滤，再用乙醇和 2%的碳酸钠中和滤饼，然后用水洗，烘干，得六溴环十二烷。

7. 质量标准

外观	白色粉末	热稳定性	热分解温度不低于 210℃
含溴量/%	≥74		

8. 用途

本品为添加型阻燃剂，主要用作聚苯乙烯(用量 2%)、聚丙烯(2%六溴环十二烷+1%三氧化二锑)、聚乙烯、聚碳酸酯、不饱和聚酯等塑料的阻燃添加剂。

9. 安全与贮运

原料溴属一级无机酸性腐蚀物品，生产设备应密闭，防止漏、冒。操作人员应穿戴劳保用品，车间内保持良好的通风状态。使用内衬塑料袋铁桶包装，贮存于通风、干燥处。

参 考 文 献

[1] 毛欣怡. 溴系阻燃剂六溴环十二烷的热稳定性研究[D]. 河北科技大学，2014.

[2] 吴丹，张雨山，蔡荣华，等. 六溴环十二烷阻燃剂制备的研究进展[J]. 化学工业与工程，2014，31(02)：13-17.

8.16 三氯乙基磷酸酯

三氯乙基磷酸酯(trichloroethyl phosphate)又称磷酸三(2-氯乙基)酯、磷酸三(β-氯乙基)酯，英文缩写 TCEP。分子式 $C_6H_{12}O_4Cl_3P$，相对分子质量 285.5。结构式为：

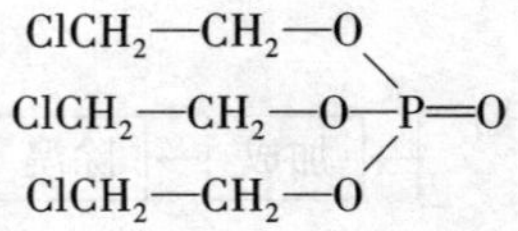

1. 性能

外观为浅黄色油状液体，有淡奶油味。能溶于醇、酮、酯、芳烃、氯仿、四氯化碳等有机溶剂，不溶于脂肪族烃，在水中微溶。沸点 194℃/10×133.3Pa。闪点 265.6℃，凝点 -64℃。折射率(n_D^{20})1.4731。黏度 38~47mPa·s。热分解温度 240~280℃，水解稳定性良好。本品低毒。

2. 生产原理

通常有三种制备方法。

(1) 三氯化磷与氯乙醇酯化后进行氧化

$$PCl_3+3ClCH_2CH_2OH \longrightarrow (ClCH_2CH_2O)_3P+3HCl\uparrow$$

$$(ClCH_2CH_2O)_3P \xrightarrow[\text{或 } KMnO_4]{SO_3} (ClCH_2CH_2O)_3PO$$

(2) 三氯氧磷与氯乙醇直接酯化制得

$$POCl_3+3(CH_2CH_2OH) \longrightarrow (ClCH_2CH_2O)_3PO+3HCl\uparrow$$

(3) 环氧乙烷法

三氯氧磷与环氧乙烷在偏钒酸催化酯化，然后经中和、洗涤、真空脱水制得三氯乙基磷酸酯。

$$POCl_3 + 3\underset{\diagdown\,O\,\diagup}{CH_2—CH_2} \longrightarrow (ClCH_2CH_2O)_3PO$$

这里介绍工业上有价值的环氧乙烷法。

3. 工艺流程

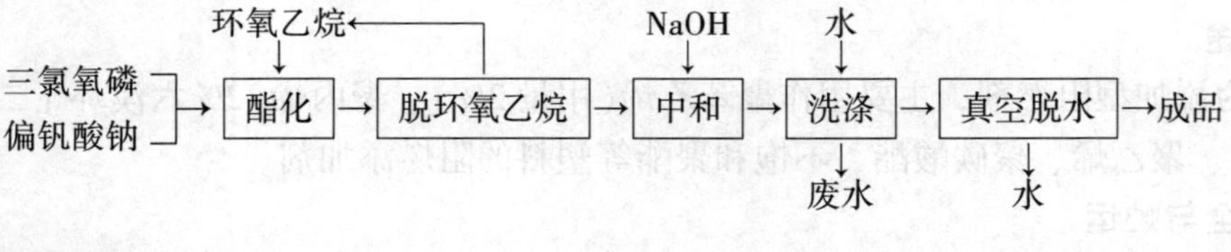

4. 主要原料(kg/t)

三氯氧磷(工业品，沸点107℃)	650	环氧乙烷(工业品，97%)	650
偏钒酸钠(试剂二级)	8.5	氢氧化钠(30%)	100

5. 生产工艺

酯化反应在耐酸搪瓷反应釜中进行，将三氯氧磷 653kg 和偏钒酸钠 8.5kg 投入反应釜中，抽真空，充数次氮，将空气驱尽。在真空态下，通入计量的气态环氧乙烷。在 45~50℃ 保温，搅拌反应 2h。然后脱除过量的环氧乙烷(用冷凝法回收利用)，以 NaOH 中和至中性，再水洗，最后真空脱水，获得成品约 1000kg。

6. 实验室制法

在反应烧瓶中放入 0.32g 偏钒酸钠，130g 三氯氧磷，充氮驱尽空气后，在搅拌下，徐徐通入 130g 环氧乙烷，控制反应温度在 45~50℃，加毕、继续保持此温度搅拌 2h。冷至室温，用 30% NaOH 溶液洗至中性，真空脱水，得三氯乙基磷酸酯。

7. 质量标准

外观	微黄色透明液体	折射率	1.470~1.479
含水量/%	≤0.3	闪点/℃	≥225
密度/(g/cm^3)	1.423~1.428	酸值/(mg KOH/g)	≤1
色泽(Pt-Co 比色)/号	≤100		

8. 用途

本品用作化纤织物的阻燃剂，还广泛用于乙酸纤维素、硝基纤维清漆、乙基纤维漆、聚氨酯、聚氯乙烯等树脂制品的阻燃。除具有自熄性外，还可改善耐水性、耐候性、耐寒性及抗静电性。一般用量 5~10 份。也用作石油添加剂。

9. 安全与贮运

本品低毒。大白鼠经口服 LD_{50} 为 1410mg/kg。生产中使用的三氯氧磷和环氧乙烷为有毒或腐蚀性物品。生产设备密闭。操作人员应穿戴劳保用具。采用塑料桶包装，密封贮于阴凉、通风处。

参 考 文 献

[1] 李霞. 磷卤阻燃增塑剂三(2-氯乙基)磷酸酯的合成及应用[J]. 四川化工，2019，22(05)：17-19.

[2] 严伯荣，周聚潞. 三(2-氯乙基)磷酸酯的生产[J]. 江苏化工，1995，(03)：20-21.

8.17 磷酸三(2,3-二氯丙基)酯

磷酸三(2,3-二氯丙基)酯[tris(2,3-dichloropropyl) phosphate]。分子式 $C_9H_{15}O_4Cl_6P$，相对分子质量 430.91。结构式为：

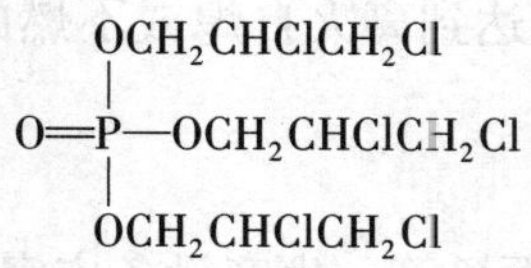

1. 性能

淡黄色透明黏稠液体。凝点 5℃，相对密度(25℃)1.5129，黏度(25℃)8cm^2/s，闪点(开口法)251.7℃，着火点 282.2℃，自燃温度 513.9℃，沸点>200℃(533Pa)，开始分解温度 230℃，折射率 1.5019(25℃)。表面张力 4.4×10^{-4}N/cm(25℃)。理论磷含量 7.2%，氯含量 49.4%。不溶于水(30℃时在水中溶解度约 0.01%，水在本品中的溶解度约 0.98%)，溶于苯、乙醇、四氯化碳、四氯乙烯等有机溶液。中等毒性，大白鼠经口服 LD_{50} 为 2.83 g/kg。具有阻燃性，挥发性小，耐油性和耐水解性好。

2. 生产原理

在无水三氯化铝催化下，环氧氯丙烷与三氯氧磷反应，得到磷酸三(2,3-二氯丙基)酯。

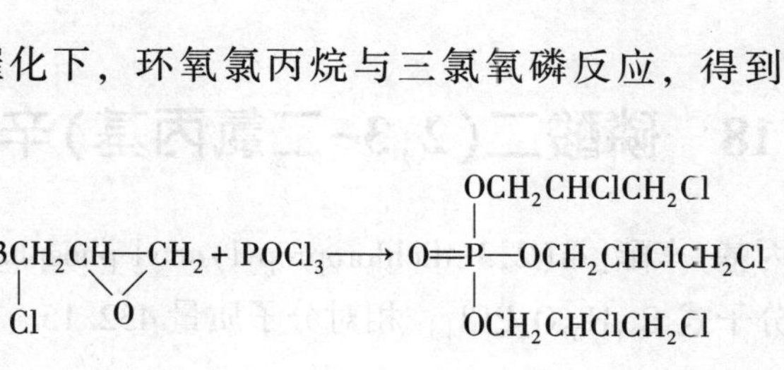

3. 工艺流程

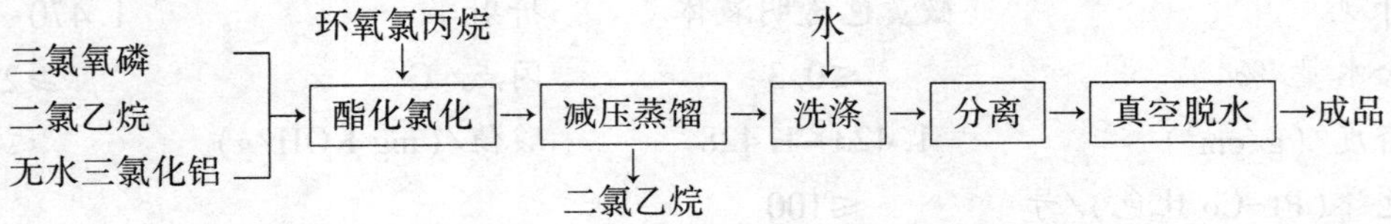

4. 主要原料

三氯氧磷(工业品)　　三氯乙烷(溶剂)

环氧氯丙烷(工业品)　　无水三氯化铝(≥99%)

5. 生产工艺

在搪瓷酯化氯化反应釜中，加入三氯氧磷、无水氯化铝催化剂和溶剂二氯乙烷，搅拌，在2h内滴加完环氧氯丙烷，维持反应温度在85~88℃。反应结束后，减压蒸馏，回收溶剂二氯乙烷，残余物用水洗涤，至pH值达6~7，分去水后，真空脱水得到磷酸三(2,3-二氯丙基酯)。

6. 质量标准

外观	浅黄色透明黏稠液体	皂化值/(mgKOH/g)	≥785
色度(Pt-Co比色)/号	≤100	相对密度(20℃)	1.513±0.005
酸值/(mgKOH/g)	≤0.1	含水量/%	0.1

7. 用途

用作添加剂型卤代磷酸酯类阻燃剂。适用范围广，阻燃效能高，挥发性低，阻燃效率高，耐油性和耐水解性好。广泛用于软质和硬质聚氨酯泡沫塑料、软质聚氯乙烯制品及环氧树脂、不饱和聚酯、酚醛树脂等热固性塑料的阻燃。一般用量范围在10%~20%，如在软质PVC中加入10%本品，制品自熄时间可从8.6s缩短到0.3s，而在聚氧酯泡沫塑料中配合5%可产生自熄的效果，配合10%则达到离火自熄或不燃的目标，在不饱和聚酯中加入量一般为15%。

8. 安全与贮运

生产中使用三氯氧磷、环氧氯丙烯等，生产设备应密闭，防止冒漏，车间内加通风，操作人员应穿戴劳保用具。产品用铁桶包装，注明有毒标志，贮存于阴凉、干燥处。按一般危险品要求贮运。

参 考 文 献

[1] 孔祥文，张静，刘玉石. 磷酸三(2,3-二氯丙基)酯(TDCP)阻燃增塑剂的合成研究，沈阳化工学院学报，1996，10(4)：281.

[2] 柏丽君. 磷酸三(1,3-二氯-2-丙基)酯和磷酸三(β-氯丙基)酯阻燃剂的绿色合成及其应用研究[D]. 南京师范大学，2016.

8.18　磷酸二(2,3-二氯丙基)辛酯

磷酸二(2,3-二氯丙基)辛酯[di(2,3-dichloropropyl)octyl phosphate]又称磷酸二(2,3-二氯丙基)2-乙基己酯。分子式 $C_{14}H_{27}O_4PCl_4$，相对分子质量432.15。结构式为：

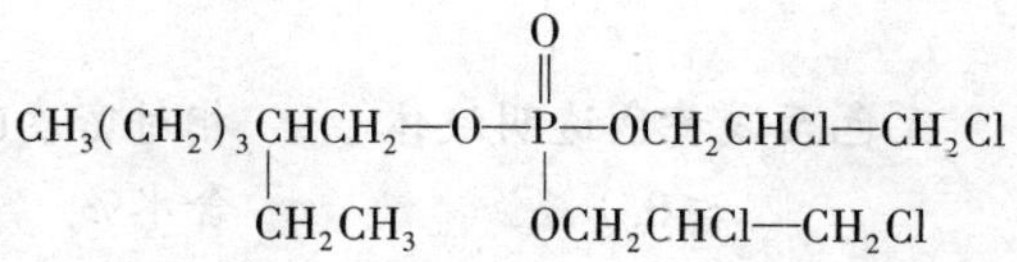

1. 性能

无色至浅黄色透明液体。相对密度 1.192。折射率 1.4724。闪点(开口)>200℃。分解温度 215。溶于乙醇、丙酮、乙醚、甲苯、苯、四氯化碳，不溶于水。具有阻燃性和增塑性。

2. 生产原理

2-乙基己醇与三氯氧磷缩合，生成异辛基膦二酰氯，然后与环氧氯丙烷进一步缩合，得到磷酸二(2,3-二氯丙基)辛酯。

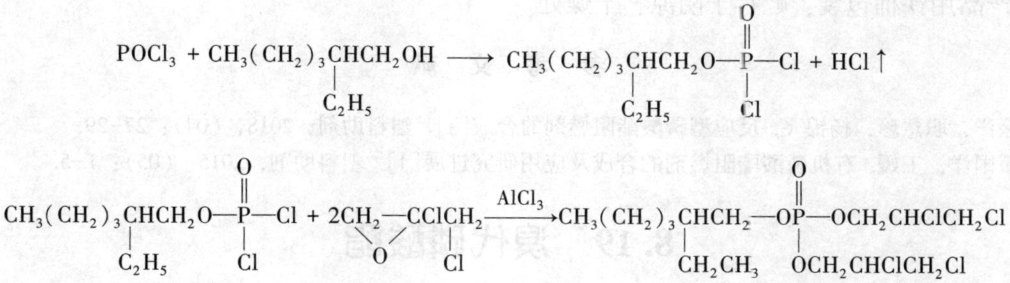

3. 工艺流程

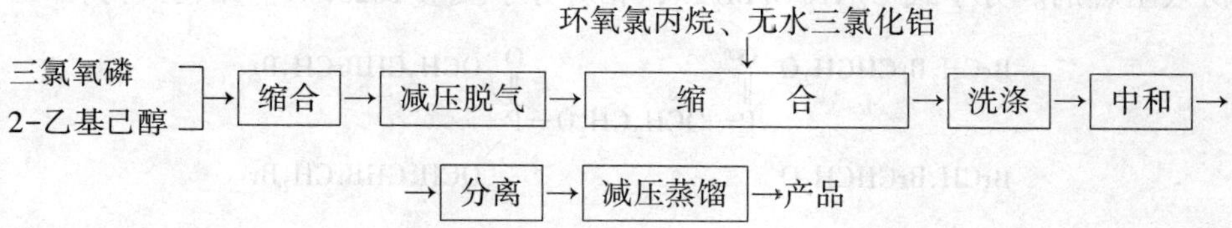

4. 主要原料

三氯氧磷　　无水三氯化铝　　环氧氯丙烷
2-乙基己醇　　纯碱

5. 生产工艺

将三氯氧磷加入装有温度计、搅拌器和冷凝管的反应器中，用冰浴冷至10℃以下。在搅拌下滴加2-乙基己醇，滴加速度以保证温度不超过10℃为宜。滴加完毕后，缓缓加热，有氯化氢气体放出。当有大量氯化氢气体产生时，可用真空水泵缓缓抽出，用水吸收。控制反应温度不超过25℃。当氯化氢气体不再产生或很少产生时，慢慢加热使温度逐渐升至60℃并保温2h，真空脱除氯化氢气体，即得2-乙基己基膦二酰氯。

在缩合反应器中，将2-乙基己基膦二酰氯冷却至室温，然后在搅拌下加入适量的无水三氯化铝作催化剂，升温至60℃开始滴加环氧氯丙烷，由于反应放热，温度自然缓缓上升，控制温度不得超过85℃。滴加完环氧氯丙烷后，保温搅拌反应5 h。反应结束后，将反应物用两倍体积的水进行洗涤，并用10%的碳酸钠中和游离的酸化的产物，至pH值接近7。静置后分出有机相，再用水洗两次，静置，将分出的有机层减压蒸去水分和低沸物，即得磷酸二(2,3-二氯丙基)辛酯。

6. 质量标准

外观	无色至浅黄色透明液体	相对密度(20℃)	1.192±0.005
酸值/(mgKOH/g)	≤0.1	含水%	<0.1

7. 用途

用作塑料阻燃剂，阻燃性能与磷酸三(2,3-二氯丙基)酯接近，使用性能优于目前大量使用的三氯乙基磷酸酯。具有较好的增塑性，可用作阻燃增塑剂。适用作不饱和聚酯、聚氨酯泡沫塑料、环氧树脂、酚醛树脂、聚氯乙烯、聚苯乙烯、合成橡胶及乙酸纤维素、硝基纤维素、乙基纤维等的阻燃增塑剂。

8. 生产与贮运

生产中使用三氯氧磷、环氧氯丙烷、2-乙基己醇等，生产设备应密闭，防止冒漏。反应生成的副产物氯化氢必须用水吸收(制盐酸)。车间内加强通风，操作人员应穿戴劳保用具。产品用铁桶包装，贮存于阴凉、干燥处。

参 考 文 献

[1] 徐洋，职慧珍，杨锦飞. 反应型磷酸酯阻燃剂的合成[J]. 塑料助剂，2018，(04)：27-29.

[2] 霍国洋，王媛. 有机磷酸酯阻燃剂的合成及应用研究进展[J]. 塑料助剂，2015，(05)：1-5.

8.19 溴代磷酸酯

溴代磷酸酯(brominated phosphate)化学名称为四(2,3-二溴丙基)乙二醇双磷酸酯，又称磷-卤协效阻燃剂。分子式 $C_{14}H_{28}O_8Br_8P_2$，相对分子质量 1025.41。结构式为：

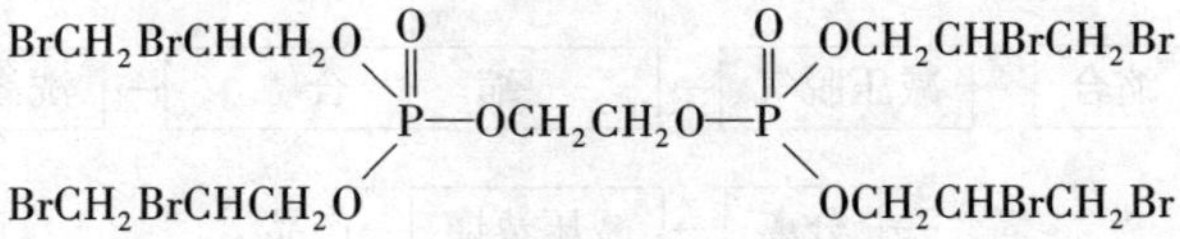

1. 性能

浅黄色透明液体。折射率 1.5645(20℃)。黏度 2.0Pa · s。溶于大多数有机溶剂。具有较高的阻燃性，黏度低，相容性好，对泡沫体的物理机械性能影响小。

2. 生产原理

三氯氧磷与乙二醇发生缩合，生成亚乙基二磷酸酯酰氯，然后与四分子的 2,3-二溴丙醇进一步酯化，得到溴代磷酸酯。

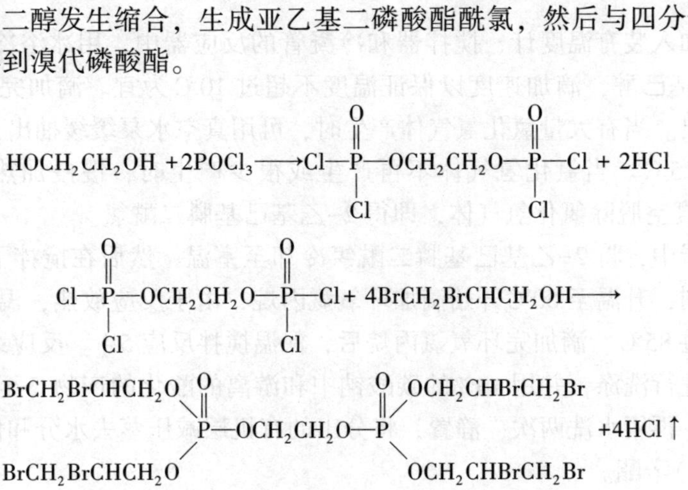

3. 工艺流程

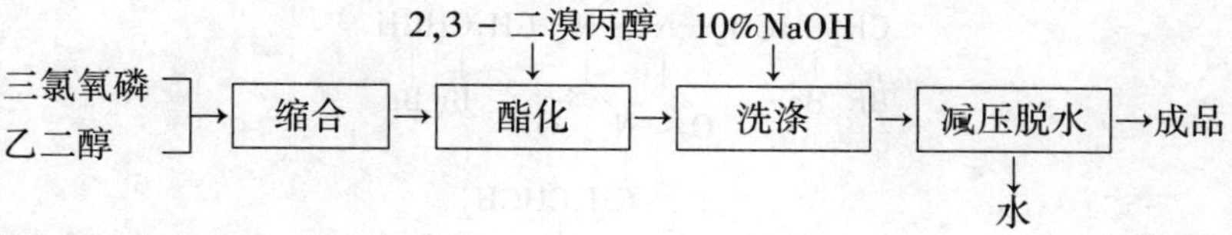

4. 主要原料(质量份)

三氯氧磷(98%)	156.5	2,3-二溴丙醇(95%)	458.5
乙二醇(96%)	32.3	对甲苯磺酸(工业品)	2.0

5. 生产工艺

在缩合反应器中，将 32.3 份 96%的乙二醇缓缓滴入 156.5 份 98%的三氯氧磷中，控制反应温度在 15~20℃，滴加三氯氧磷的时间约 3~4h，滴加完毕后继续搅拌反应 1h，可得无色黏稠液体，即为亚乙基二磷酸酯酰氯。反应过程中如反应温度过低，则反应缓慢且不充分；如温度过高，影响产品质量，产品外观由无色变为黄色至棕红。

在上述制得的亚乙基二磷酸酯酰氯中，加入 2.0 份对甲苯磺酸，升温至 30~40℃，滴加 458.8 份 95%的 2,3-二溴丙醇，控制反应温度在 60~70℃。反应温度过高，易使产品变色，且有部分环氧丙烷自聚。二溴丙醇滴加完毕后，再继续搅拌 8h。然后将反应产物用碱水洗涤至中性，减压脱水后，得浅黄色透液体，即得溴代磷酸酯。

6. 质量标准

外观	浅黄色透明液体	水分/%	<0.5
折射率(20℃)	1.5645±0.0005	酸值/(mgKOH/g)	≤0.10

7. 用途

用作阻燃剂。由于溴-磷协同效应而具有较高的阻燃性能，阻燃持久性能好，且黏度较低，相容性好，热稳定性适中。将其用于阻燃软质聚氨酯泡沫塑料，产品的加工性能较好，可自熄，对泡沫体的物理机械性能影响较小。添加量 10%~15%。

8. 安全与贮运

生产中使用三氯氧磷、2,3-二溴丙醇等，生产设备应密闭，反应生成的副产物氯化氢必须用水吸收。生产车间内加强通风，操作人员应穿戴劳保用品。产品用铁桶包装，贮存于阴凉、通风处。

参 考 文 献

[1] 陈宇，高富业，欧育湘．新型磷-卤协效阻燃剂的合成与应用[J]．精细化工，1998，15(3)：32.
[2] 张俊杰，许红英．新型氯溴代烷基磷酸酯阻燃剂制备条件的优化[J]．河北理工大学学报(自然科学版)，2009，31(01)：68-71.

8.20 异氰尿酸三(2,3-二溴丙基酯)

异氰尿酸三(2,3-二溴丙基酯)[tris(2,3-dibromopropyl)isocyanurate]简称 TBC。分子式 $C_{12}H_{15}N_3O_3Br_6$，相对分子质量 728.57。结构式为：

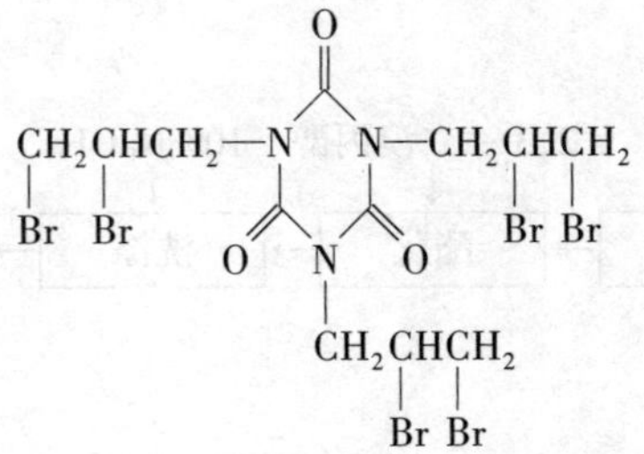

1. 性能

白色结晶粉末。熔点106~110℃，相对密度(20℃)为2.50，开始分解温度220℃。理论溴含量65.8%。不溶于水和烷烃，微溶于甲醇，可溶于苯、甲苯、丙酮和卤代烃等有机溶剂。与大多数塑料相容性一般。具有阻燃性。无毒，小白鼠经口服 LD_{50}>5000mg/kg。无潜在致癌性，对皮肤无刺激。

2. 生产原理

在氢氧化钠和铜盐催化下，三聚异氰脲酸与烯丙基氯反应得到三丙烯基异氰尿酸，再将中间体溶于有机溶剂，溴化得到阻燃剂TBC。

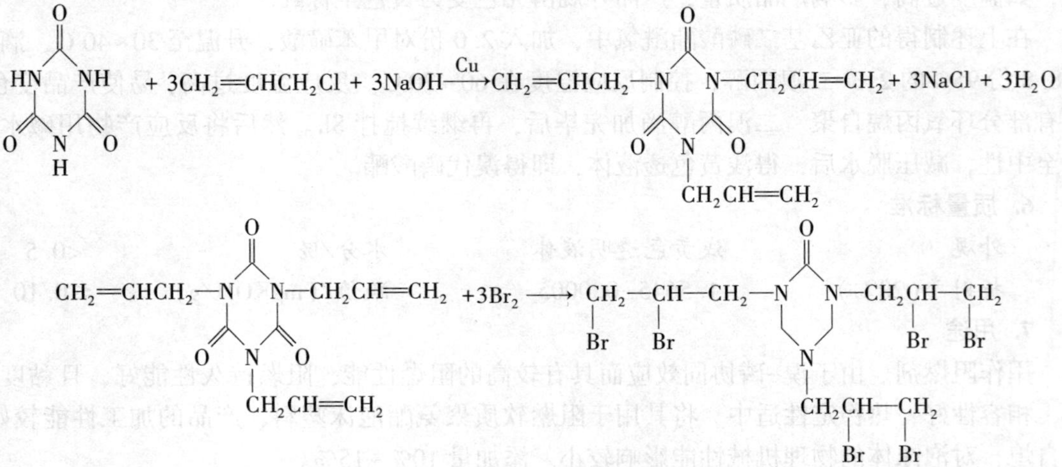

3. 工艺流程

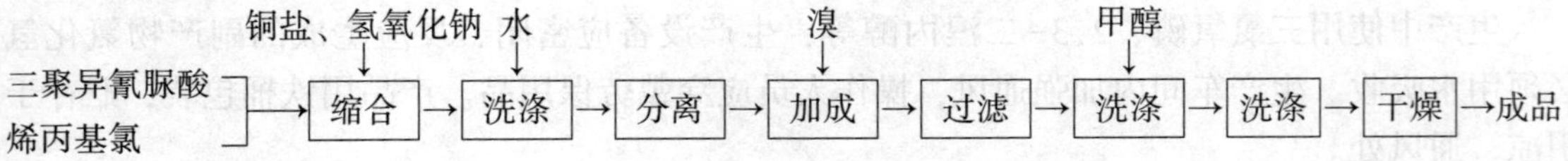

4. 主要原料

三聚异氰脲酸(工业品)　　氢氧化钠(98%)　　溴(99%)　　甲醇(工业品)

5. 生产工艺

在缩合反应釜中，加入 *N*,*N*-二甲基甲酰胺，然后加入氢氧化钠、三聚异氰脲酸与氯丙烯，以铜盐为催化剂，搅拌下，三聚氰酸与烯丙基氯反应，生成三丙烯基异氰酸酯。反应产物用水洗涤，经分离后转入加成反应釜，溶于有机溶剂中进行溴化反应，反应产物经过滤，用甲醇洗涤滤饼，再用蒸馏水洗涤，然后在80℃下进行干燥，即得阻燃剂TBC。

6. 质量标准

外观	白色粉末	密度/(g/cm³)	2.5
熔点/℃	≥100	溴含量/%	≥64.5
酸值/(mgKOH/g)	≤0.5		

7. 用途

用作塑料的添加型溴系阻燃剂，阻燃效能高，热稳定性较好，与锑、硼等协效剂有较高的协同效果。适用于聚乙烯、聚丙烯、聚苯乙烯、ABS 树脂、聚氨酯泡沫塑料、聚甲基丙烯酸甲酯和聚碳酸酯等塑料制品。但与树脂的相容性欠佳，配合量过大有喷霜和迁出倾向。在制品加工时配合，用量范围一般在 5%~15%。

8. 安全与贮运

生产中使用溴和甲醇等，生产设备密闭，车间内加强通风，操作人员应穿戴劳保用具。产品用内衬塑料袋的编织袋包装，贮存于阴凉、干燥处，注意防潮、避光。

参 考 文 献

[1] 刘毓红，张新江，孔诚. 三(2,3-二溴丙基)异三聚氰脲酸酯合成研究[J]. 聚氯乙烯，2020，48(08)：16-18.

8.21 磷-氮阻燃剂

磷-氮阻燃剂(phosphorus-nitrogen containing flame retardant)的化学名称为三(新戊二醇磷酸酯基)甲胺、三(5,5-二甲基-3,3-二氧-2-磷杂环己烷-2-氧甲基)胺。分子式 $C_{18}H_{36}O_9P_3N$，相对分子质量 503.39。结构式为：

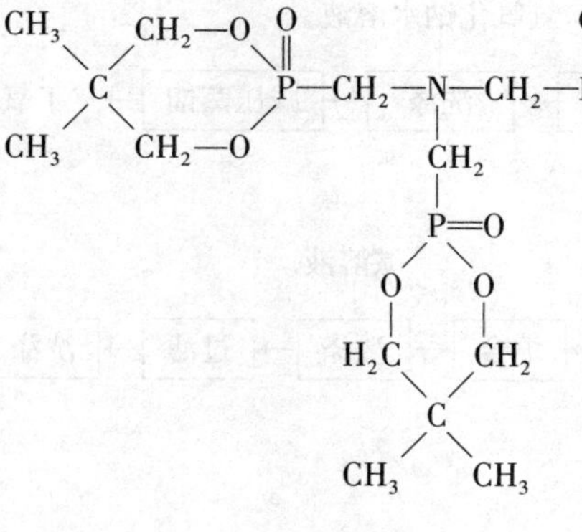

1. 性能

白色固体。熔点 219℃。易溶于乙酸、三氟乙酸，不溶于水、乙醇、氯仿、苯、丙酮、二甲基亚砜等溶剂。是一种阻燃效率高的无卤阻燃剂，与塑料相容性好，不易迁移起霜，具有良好的耐热及水解稳定性。

2. 生产原理

正丁醇与甲醛、六亚甲基四胺发生缩合，得到三丁氧甲基胺；新戊二醇与三氯化磷反应得 5,5-二甲基-1,3-二氧-2-磷杂环己烷-2-氧。然后，三丁氧甲基胺与 5,5-二甲基-1,3-二氧-2-磷杂环己烷-2-氧缩合，得到磷-氮阻燃剂。

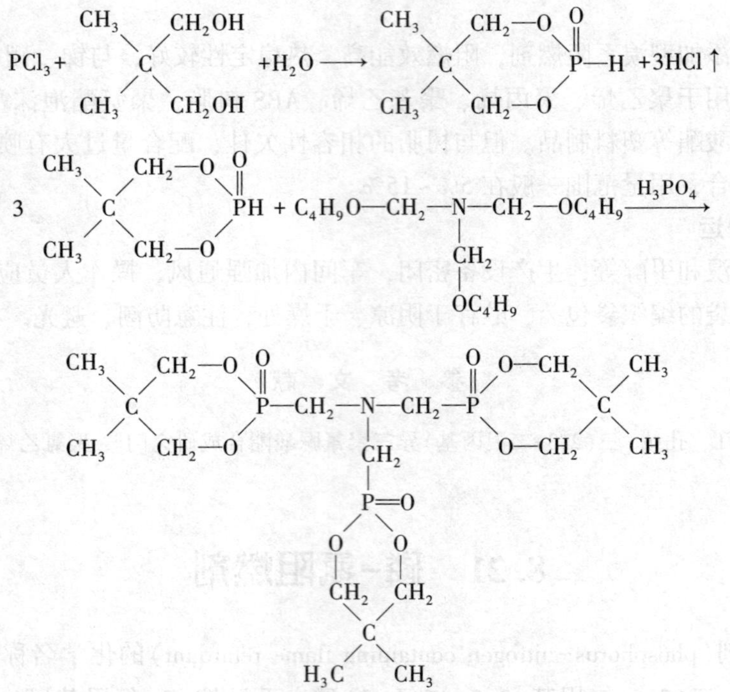

3. 工艺流程

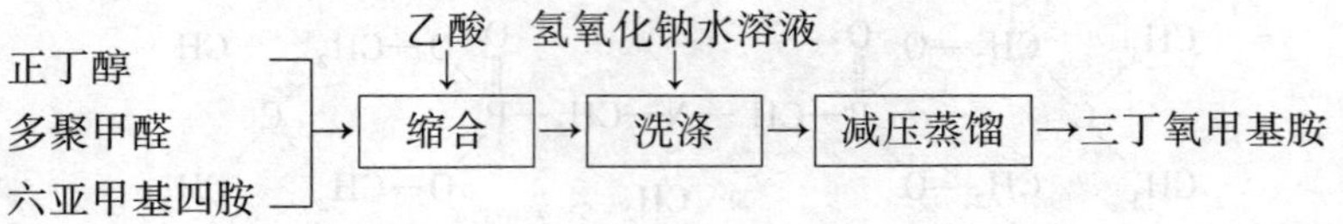

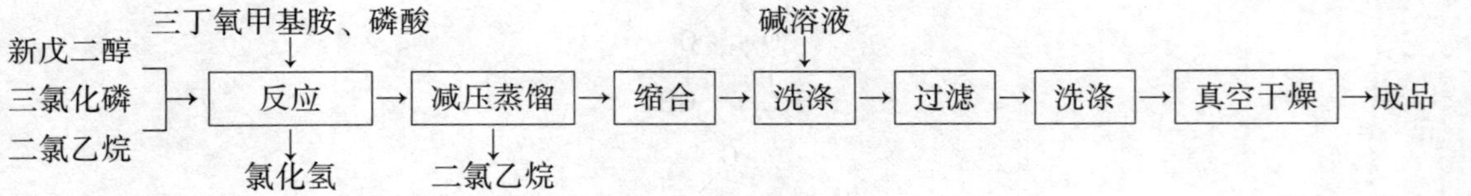

4. 主要原料(质量份)

正丁醇	18.54	四氯化碳	27.83
多聚甲醛	3.17	新戊二醇	21.37
六亚甲基四胺	2.43	三氯化磷	30.00
乙酸	0.10		

5. 生产工艺

在装有搅拌器、冷凝器及油水分离器的反应釜中，加入 18.54 份正丁醇(20%过量)、3.17 份多聚甲醛(1%过量)、2.43 份六甲基四胺、0.1 份乙酸(催化剂)和 27.83 份四氯化碳，室温下搅拌 30min 后，缓缓升温至 80℃左右，回流蒸汽经冷凝管冷凝，进入油水分离器分层，有机物重新返回反应体系。反应时间约 6h，直至油水分离器里基本无水产生，再继续反应 2h，然后将反应物冷却至 20℃以下，用碱水洗至中性，减压蒸馏后，得 18.4 份无色液体即三丁氧甲基胺。

在反应器上安装气体吸收装置，加入 21.37 份新戊二醇、3.7 份水和 74 份二氯乙烷，搅拌，慢慢滴入30份三氯化磷，时间约2h。在三氯化磷加入量的前1/3时间内，由于反应放热，需冰水浴冷却，使体系温度保持在40~45℃；当三氯化磷滴入1/2的量时，氯化氢气体就会以较快的速度放出，带出大量反应热，使反应体系温度下降，这时用热水浴加热，使反应温度继续保持在40~45℃；当三氯化磷滴加完毕，将反应温度缓缓升至80℃左右(以防升温过快而产生氯化的速度过快产生大量的气泡)继续反应0.5h。然后减压蒸馏除去溶剂，冷却后得无色蜡状固体，即为熔点55℃的5,5-二甲基-1,3-二氧-2-磷杂环已烷-2-氧约30份。

在缩合反应釜中，加入30份5,5-二甲基-1,3-二氧-2-磷杂环已烷-2-氧、12份正丁醇、0.2份浓磷酸，然后加热50℃，在2h时间范围内，缓缓滴加入18.4份三丁氧甲基胺，反应温度维持在50℃。滴加完毕，再继续反应2h，然后冷却至30~40℃，用碱水洗至中性，过滤后，再用正丁醇和蒸馏水洗涤，经在95℃左右进行真空干燥，即得3.2份磷-氮阻燃剂。

6. 质量标准

外观	白色固体粉末	含水量/%	≤0.1
熔点/℃	≥215		

7. 用途

用作塑料阻燃剂。属于无卤阻燃剂，低发烟，不阴燃，具有良好的热及水解稳定性，熔点较高，与材料的相容性好，不易迁移和起霜，广泛应用于聚苯乙烯、聚氯乙烯、聚碳酸酯等。

8. 安全与贮运

生产中使用三氯化磷、四氯化碳、二氯乙烷、正丁醇等，生产设备应密闭，防止冒漏。反应生成的副产物氯化氢必须用水吸收。车间内加强通风，操作人员应穿戴劳保用品。产品用衬塑料袋的编织袋包装，贮存于阴凉、通风处。

参 考 文 献

[1] 褚劲松．新型磷氮系阻燃剂的合成及阻燃性能研究[D]．华中师范大学，2006.

[2] 卢林刚，王会娅，王大为，等．新型阻燃剂1,3,5-三(5,5-二甲基-1,3-二氧杂己内磷酸酯基)苯的合成及表征[J]．化学研究，2007，(04)：16-19.

第 9 章　偶联剂

9.1　概　　述

以聚合物为基材，无机物为填充料，通过熔融混炼加工成型可制得复合材料。其中，使用来源广泛、价格便宜或性能特异的无机物作为塑料的填充剂或增强剂，不仅可以降低成本，而且能赋予制品各种宝贵的性能，对于扩大塑料的应用有很大的技术和经济意义。但由于无机物与有机聚合物的分子结构及物理形态极不相同，两种材料一般不能紧密结合在一起，这就直接影响到复合材料性能的提高和使用价值。而偶联剂是一类具有两性结构的物质，可有效地将无机物和有机聚合物牢固地结合起来。

偶联剂是指能改善高分子材料与填料之间界面特性、提高界面黏合性、改善复合材料性能的一类添加剂。其分子结构中存在两种性质不同的基团。一种基团可与高分子材料起化学反应或与之有友好的相容性，另一种基团可与无机材料或填料牢固地结合。它可以提高两种材料界面黏合性，显著改善填充或增强高分子材料的性能。

用于聚合物的无机增强材料或填料，大多数具有亲水性而与聚合物难于相容，经偶联剂处理后，无机增强材料或填料与偶联剂分子一部分相结合，使无机增强材料或填料的表面由亲水性变为亲油性，而偶联剂分子的另一部分与聚合物发生化学反应，使无机增强材料或填料与聚合物结合。聚合物和无机填料的界面上只需要极少数偶联剂即可对与无机材料邻近的聚合物产生较大的影响，偶联剂的溶解效应或极性效应可改变聚合物分子链段在相间的取向，而表面的催化效应可能导致相间的交联程度的提高或降低。这样，由于偶联剂使无机增强材料或填料与聚合物之间的结合力增强，从而提高了复合材料的机械强度、电性能、耐老化性能以及表观质量和加工性能。实际上，偶联剂可以简单地理解为聚合物材料与无机物填充料之间的结合剂。

目前，工业上使用的偶联剂有硅烷类、钛酸酯类、铬络合物类、锆化合物类、铝酸酯类和硼酸酯类。普遍使用的是硅烷类和钛酸酯类偶联剂。

(1) 硅烷类

硅烷偶联剂是研究得最早且目前品种最多的应用最广的偶联剂。硅烷偶联剂与硅橡胶、硅树脂、硅油并列为四大类有机硅产品，具有广泛的用途，其中的长链烷基硅烷偶联剂由于具有疏水性的柔性长链，在改善有机物对填料的浸润性方面具有独特优点，为硅烷偶联剂发展方向之一。

硅烷偶联剂的偶联作用取决于硅烷偶联剂结构中有机官能团和可水解基团之间的稳定连接。有机官能团要对聚合物呈现反应性或相容性，而可水解基团是生产硅醇基团过程中的中间体，从而对无机材料表面形成粘接键。常用的硅烷偶联剂有 γ-氨基丙基三乙氧基硅烷 (KH-550)、KH-560、KH-570 和 KH-580 等。

硅烷偶联剂主要用于处理玻璃纤维，处理过的玻璃纤维可显著提高复合材料的性能。也广泛用于橡胶、胶黏剂、密封剂、涂料、金属防腐等领域。

在选择硅烷偶联剂作复合材料的添加剂时，除需考虑硅烷偶联剂有机基团的反应性之外，还应考虑硅烷偶联剂与有机材料的相容性以及对胶料贮存稳定性的影响。有时，采用复合硅烷偶联剂或硅烷偶联剂与多种化合物的反应物效果会更好。

近年来，硅烷偶联剂开始向功能化、高相对分子质量方向发展。功能化偶联剂在改善有机物对填料的浸润性方面有独特的优点，尤其对纳米 SiO_2、玻璃纤维等填料，高分子量的长链硅烷偶联剂因其疏水性的柔性长链的存在，极大地改善了填料表面的憎水性，促进了这些填料在溶剂、树脂、助剂等中的分散性，提高了复合材料的热稳定性能和冲击强度等。

(2) 钛酸酯类

钛酸酯类偶联剂具有独特的结构，对于热塑性聚合物与干燥填充剂有良好的偶联效能。它能赋予复合材料体系良好的综合性能。钛酸酯偶联剂的偶联作用归因于其对界面的影响，即其可于无机填料和有机聚合物之间形成化学桥键，从而增强了二者界面间的结合力。钛酸酯偶联剂的特点是能在填料表面形成单分子层。

钛酸酯类偶联剂可分为单烷氧基类、单烷氧基焦磷酸酯类、螯合型类和配位型类。

① 单烷氧基类偶联剂对水十分敏感，只适用于经过煅烧的碳酸钙和硫酸钙等填料。

② 单烷氧基焦磷酸酯类偶联剂的主要品种是异丙基三(二辛基焦磷酰)钛酸酯。这类钛酸酯对水不太敏感，可用于一般干燥过的黏土、滑石粉和石英粉等。

③ 螯合型类偶联剂代表品种为二(焦磷酸二辛酯基)氧代乙酸钛酸酯。特点是水解稳定性好，可用于潮湿的填料或聚合物的水溶液体系。

④ 配位型类偶联剂中，钛酸酯是在四烷基钛酸酯上增加了亚磷酸酯基团，代表品种为四异丙基二(亚磷酸二月桂酯基)钛酸酯。此类钛酸酯改进了耐水解性的同时又可产生含磷化物的功能，适用于环氧树脂、聚酯、聚氨酯、聚氯乙烯等。

将两种或两种以上的钛酸酯偶联剂进行复配，可得复配型钛酸酯偶联剂，由于不同品种间性能的互补性，因此，具有比单一品种更好的使用效果。

(3) 铬络合物类

有机铬偶联剂是一类比较老的偶联剂，开发于20世纪50年代初期，是由不饱和有机酸与三价铬原子形成的配价型金属配合物，在玻璃纤维增强材料中偶联效果良好。主要品种有甲基丙烯酸氯化铬络合物，它一端含有活泼的不饱和基团，可与树脂反应；另一端依靠配价的铬原子与玻璃表面硅氧键结合。有机铬偶联剂品种少，其适用范围和偶联效果不及硅烷类的钛酸酯等。

(4) 锆化合物类

锆类偶联剂是含有铝酸锆的低相对分子质量无机聚合物，在其分子主链上结合着两种有机配位基，一种配位基可赋予偶联剂良好的羟基稳定性和水解稳定性，另一种配位基可赋予偶联剂良好的有机反应性。适用于环氧、尼龙等热固性树脂。

偶联剂的发展方向主要有复配型偶联剂和含有官能团的高分子聚合物。同一类型不同品种的复配或不同类型偶联剂的复配，可以获得性能互补的高效能复配偶联剂。含官能团的高分子聚合物型偶联剂的代表性品种是在聚烯烃上接枝马来酸酐，这类偶联剂可以通过改变基体材料及改变官能团(如改羟基为氨基)来适应不同树脂/填料体系的要求。

参 考 文 献

[1] 刘广生，周煜华，杨静，等. 硅烷偶联剂应用研究进展[J]. 江西化工，2019，(06)：75-77.

[2] 卢昌利，欧阳春平，郭志龙，等. 硅烷偶联剂的合成、发展与应用[J]. 广东化工，2020，47(12)：105-107.
[3] 陈贵军，程远志，张晨，等. 含氟硅烷偶联剂的合成及其应用研究进展[J]. 有机硅材料，2023，37(02)：68-72.
[4] 金林锋. 新型长链烷基硅烷偶联剂合成工艺研究[D]. 郑州大学，2014.
[5] 李红玲，董斌，韩延安，等. 钛酸酯偶联剂的偶联机理及研究进展[J]. 表面技术，2012，41(04)：99-102.
[6] 王丽丽. 铝钛偶联剂的合成及其应用[D]. 陕西科技大学，2012.

9.2 偶联剂 KH-550

偶联剂 KH-550（coupling agent KH-550）又称 KH-550 硅烷偶联剂、A-1100，化学名称为 γ-氨基丙基三乙氧基硅烷。分子式 $C_9H_{23}O_3NSi$，相对分子质量 221.37。结构式为：

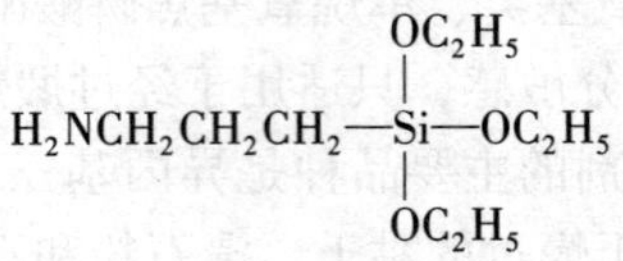

1. 性能

无色或微黄色透明液体。相对密度 0.946，沸点 217℃，闪点 96℃，折射率 1.4175~1.4200。溶于苯、乙酸乙酯，与水反应。

2. 生产原理

（1）先醇解法

三氯硅烷与乙醇发生醇解，然后与氯丙烯加成，得到氯丙基三乙氧基硅烷，再与氨发生取代，得到偶联剂 KH-550。

$$HSiCl_3+3CH_3CH_2OH \longrightarrow HSi(OCH_2CH_3)_3+HCl\uparrow$$

$$HSi(OCH_2CH_3)_3+ClCH_2CH{=}CH_2 \longrightarrow ClCH_2CH_2CH_2Si(OCH_2CH_3)_3$$

$$NH_3+ClCH_2CH_2CH_2Si(OCH_2CH_3)_3 \longrightarrow H_2NCH_2CH_2CH_2Si(OCH_2CH_3)_3+HCl\uparrow$$

也可由三乙氧基硅烷与丙烯胺进行加成反应制得，但是丙烯胺的毒性很大。

$$HSi(OCH_2CH_3)+CH_2{=}CH{-}CH_2NH_2 \longrightarrow H_2NCH_2CH_2CH_2CH_2Si(OCH_2CH_3)_3$$

（2）后醇解法

先将三氯硅烷与氯丙烯进行加成反应，然后通氨气进行氨化，再用乙醇醇解得到产品。

$$HSiCl_3+ClCH_2CH{=}CH_2 \longrightarrow ClCH_2CH_2CH_2SiCl_3$$

$$ClCH_2CH_2CH_2SiCl_3+NH_3 \longrightarrow NH_2CH_2CH_2CH_2SiCl_3+HCl\uparrow$$

$$NH_2CH_2CH_2CH_2SiCl_3+3C_2H_5OH \longrightarrow H_2NCH_2CH_2CH_2Si(OCH_2CH_3)_3+3HCl\uparrow$$

3. 工艺流程

（1）先醇解法

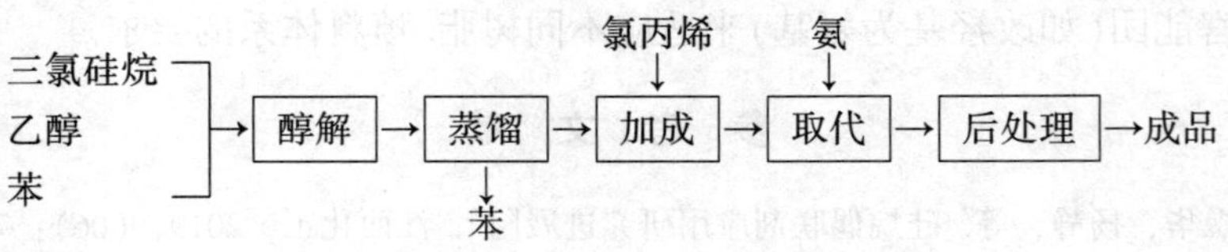

（2）后醇解法

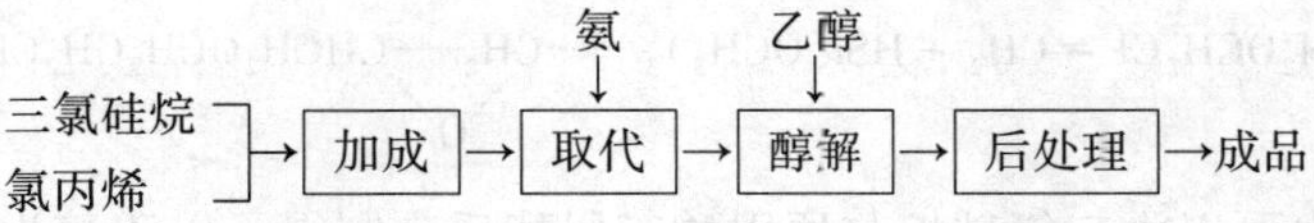

4. 质量标准

外观	无色或淡黄色透明液体
相对密度(d_4^{25})	0.9390~0.9430
折射率(25℃)	1.4175~1.4200
不溶物(10%水溶液)/%	≤0.4

5. 用途

含氨基硅烷偶联剂。适用于聚氯乙烯、环氧树脂、三聚氰胺树脂、酚醛树脂、聚乙烯、聚丙烯、尼龙、聚甲基丙烯酸甲酯、聚砜等树脂，可提高其机械强度、电性能和抗老化性能。处理材料除玻璃纤维外，还包括玻璃布、玻璃微珠、白炭黑、滑石、黏土、云母、粉煤灰等。由其处理过的材料制作的玻璃钢广泛用于制造机械零件、建筑材料、压力容器和某些特殊用途的增强材料。

6. 安全与贮运

反应设备应密闭，车间内加强通风，注意防火。操作人员应穿戴劳保用具。使用塑料桶包装，贮存于阴凉、干燥、通风处。远离火种、热源，防潮、防水。贮存期1年。

参 考 文 献

[1] 盖县化工厂．硅烷偶联剂KH-550的生产和应用[J]．精细化工，1985，2(1)：48.
[2] 金林锋．新型长链烷基硅烷偶联剂合成工艺研究[D]．郑州大学，2014.

9.3 偶联剂KH-560

偶联剂KH-560(coupling agent KH-560)又称KH-560硅烷偶联剂、A-187、KBM-403。化学名称为γ-(2,3-环氧丙氧基)丙基三甲氧基硅烷。分子式 $C_9H_{20}O_5Si$，相对分子质量236.34。结构式为：

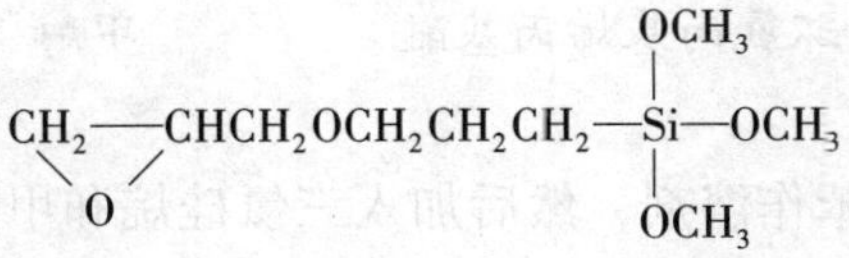

1. 性能

无色或微黄色透明液体。沸点290℃。相对密度1.069。折射率1.427(25℃)。闪点111℃。溶于丙酮、苯、四氯化碳、乙酸乙酯、汽油等有机溶剂，不溶于水。

2. 生产原理

（1）先醇解法

三氯硅烷与甲醇发生醇解，得到三甲氧基硅烷，然后与环氧丙基烯丙基醚发生加成，得到KH-560硅烷偶联剂。

$$HSiCl_3+3CH_3OH \longrightarrow HSi(OCH_3)_3+3HCl\uparrow$$

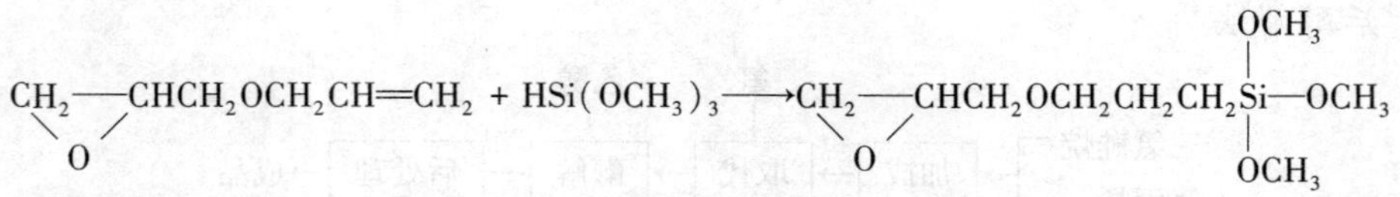

三甲氧基硅烷也可以由三氯硅烷与原甲酸三甲酯反应制得。以乙醇为溶剂，将三氯硅烷与适当量的原甲酸三甲酯加入搅拌反应釜，搅拌混合溶解并加热进行反应。此方法在反应过程中三氯硅烷与原甲酸三甲酯的摩尔比为1∶3。

$$HSiCl_3+3HC(OCH_3)_3 \longrightarrow HSi(OCH_3)_3+3CH_3Cl\uparrow+3HCOOCH_3$$

（2）后醇解法

先将三氯硅烷与环氧丙基烯丙基醚在氯铂酸催化下进行加成反应，然后用甲醇醇解，得到偶联剂 KH-560。

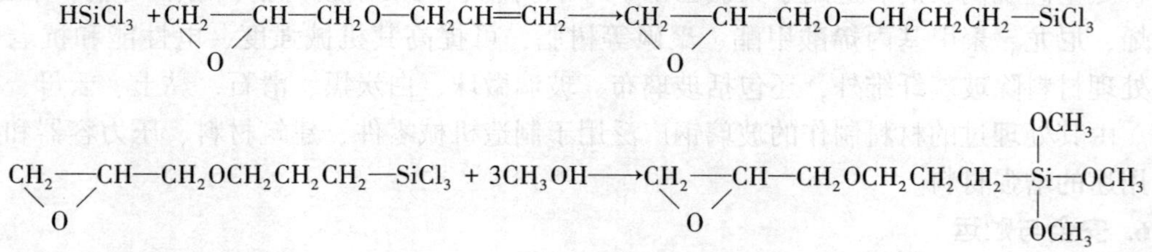

3. 工艺流程

（1）先醇解法

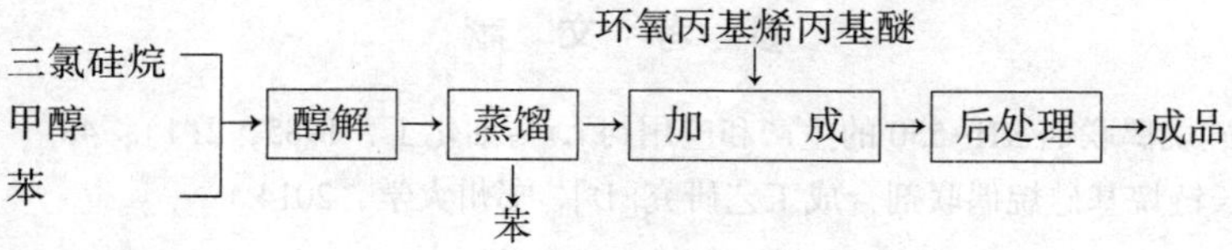

（2）后醇解法

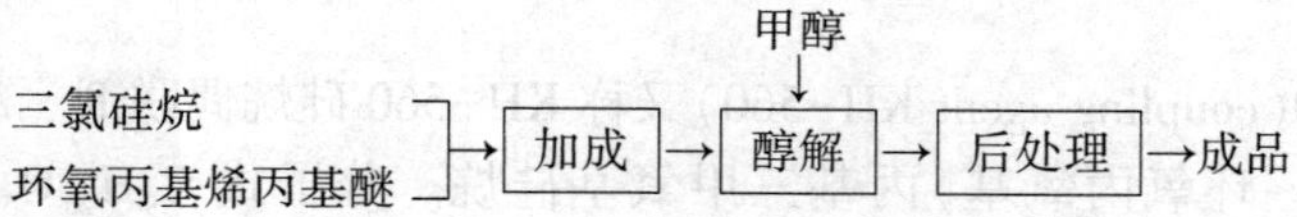

4. 主要原料

三氯硅烷　　环氧丙基烯丙基醚　　甲醇　　苯

5. 生产工艺

在醇解反应釜中，加入苯作溶剂，然后加入三氯硅烷和甲醇，搅拌下加热进行醇解反应。反应结束后，进行蒸馏，蒸出溶剂苯并回收循环使用。残余产物冷却后出料即得三甲氧基硅烷。

在加成反应釜中，环氧丙基烯基醚与三甲氧基硅烷进行加成反应，反应完毕，经后处理得偶联剂 KH-560。

6. 质量标准

外观	无色至微黄色透明液体	折射率(25℃)	1.4260~1.4280
环氧值	0.40~0.42	水溶性(1g/25g 水)	全溶
相对密度(d_4^{25})	1.065~1.069		

7. 用途

用作偶联剂，可大幅度提高增强塑料的物理机械性能和耐水性，还可改善密封材料和涂料的黏合性。适用于不饱和聚酯、三聚氰胺树脂、酚醛树脂、环氧树脂等热固性树脂，也适用于聚氯乙烯、聚乙烯、聚苯乙烯、聚丙烯、聚碳酸酯、ABS 树脂、尼龙、苯乙烯-丙烯腈共聚物等热塑性树脂。还可用作三元乙丙橡胶、丁苯橡胶、氯丁橡胶、聚硫橡胶及天然橡胶等的偶联剂，使橡胶和白炭黑等无机填料产生很好的偶联，显著提高制品的物理机械性能。

8. 安全与贮运

生产设备应密闭，防止冒漏，车间内加强通风，注意防火，操作人员应穿戴劳保用具。使用塑料桶包装，贮存于阴凉、通风、干燥处。远离热源、火种，注意防潮、防雨淋。

参 考 文 献

[1] 汤新华，樊福定. 低温合成硅烷偶联剂 KH-560 的新方法[P]. 中国专利 CN100999531，2007-07-18.
[2] 王珊珊. 新型功能硅烷偶联剂的催化合成、表征与研究[D]. 曲阜师范大学，2012.

9.4 偶联剂 KH-570

偶联剂 KH-570(coupling agent KH-570)又称 KH-570 硅烷偶联剂、KBM303，化学名称为 γ-(甲基丙烯酰氧基)丙基三甲氧基硅烷。分子式 $C_{10}H_{20}O_5Si$，相对分子质量 248.35。结构式为：

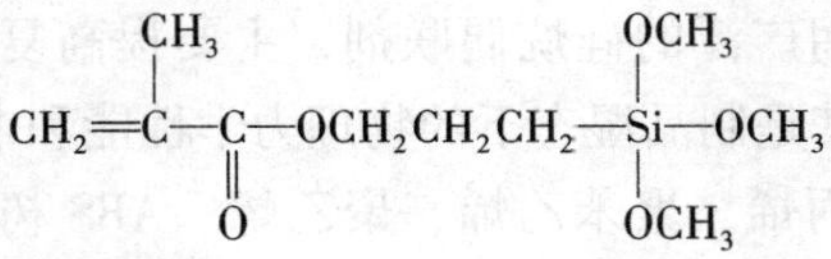

1. 性能

无色至浅黄色透明液体。沸点 255℃，相对密度 1.045，折射率(25℃)1.429，燃点 138℃，闪点 88℃。溶于苯、乙醚、苯、丙酮、四氯化碳等大多数有机溶剂，在 pH 值为 3.5~4 的水溶液中经搅拌可完全水解。

2. 生产原理

(1) 先醇解法

三氯硅烷与甲醇水解后得到的三甲氧基硅烷与甲基丙烯酸烯丙酯发生加成反应，得到 KH-570 硅氧烷偶联剂。

$$HSiCl_3+3CH_3OH \longrightarrow HSi(OCH_3)_3+3HCl\uparrow$$

(2) 后醇解法

首先三氯硅烷与甲基丙烯酸烯丙酯在氯铂酸催化下发生加成反应，得到的 γ-(甲基丙烯酰氧基)丙基三氯硅烷与甲醇发生醇解反应，经后处理，得到 KH-570 硅烷偶联剂。

3. 工艺流程

（1）先醇解法

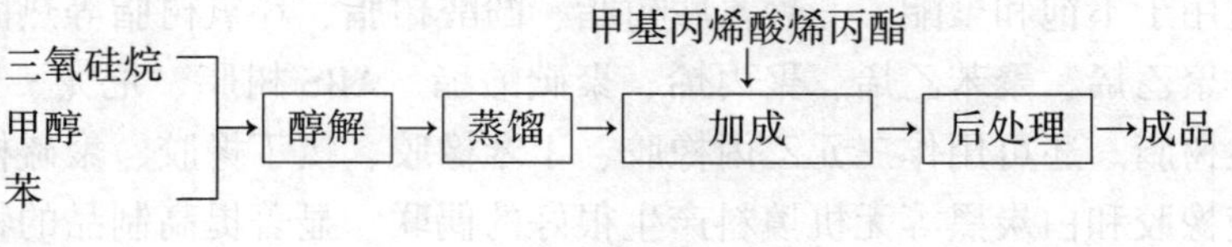

（2）后醇解法

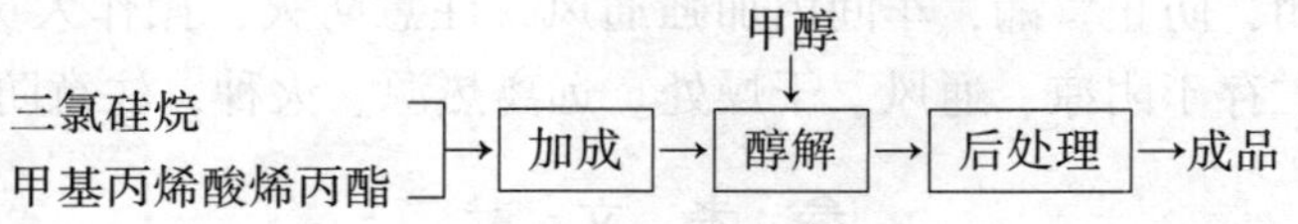

4. 生产工艺

在醇解反应釜中，加入苯和甲醇，然后加入三氯硅烷，搅拌加热下发生醇解反应，反应完成后蒸馏，蒸出溶剂苯，回收后循环使用，残余物即为三甲氧基硅烷。

在加成反应釜中，三甲氧基硅烷与甲基丙烯酸烯丙酯中的烯丙基发生加成反应，反应完毕，经后处理，得到产品偶联剂 KH-570。

5. 质量标准

外观	微黄色透明液体	折射率(25℃)	1.420~1.425
含量/%	≥98	相对密度(d_4^{25})	0.95~1.00

6. 用途

用作偶联剂，是一种应用广泛的硅烷偶联剂，主要提高复合材料的干态和湿态拉伸强度、模量、抗弯强度等，尤其是制品湿态下的物理力学性能和电性能，提高透光性。适用于不饱和聚酯、环氧树脂、聚丙烯、聚苯乙烯、聚乙烯、ABS 树脂、聚氯乙烯、聚甲基丙烯酸甲酯、苯乙烯-丙烯腈共聚物。也用作乙丙橡胶、顺丁橡胶等的偶联剂。

7. 安全与贮运

反应设备应密闭，车间内加强通风，注意防火。操作人员应穿戴劳保用具。使用塑料桶包装，贮存于阴凉、干燥、通风处。注意防潮、防雨淋，远离热源、火种。

参 考 文 献

[1] 周成恩，当前我国 KH-570 硅烷偶联剂的生产与应用[J]. 玻璃纤维，1990，(5)：27.
[2] 博宁. 硅烷偶联剂 KH-570 的合成研究[D]. 南京林业大学，2011.

9.5 偶联剂 KH-590

偶联剂 KH-590(coupling agent KH-590)又称 A-189，化学名称为 γ-巯基丙基三甲氧基硅烷。分子式 $C_6H_{16}SO_3Si$，相对分子质量 196.34。结构式为：

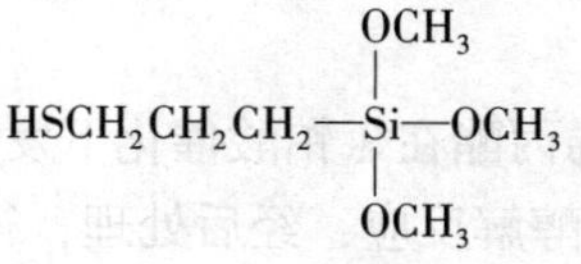

1. 性能

无色或微黄色透明液体。沸点 212℃。相对密度 1.057。折射率 1.440（25℃）。闪点 102℃，溶于丙酮、苯、汽油，不溶于水。在 pH=5 的水溶液中，经搅拌，可完全水解。

2. 生产原理

三氯硅烷与甲醇发生醇解得到三甲氧基硅烷，三甲氧基硅烷与氯丙烯反应，得到氯丙基三甲氧基硅烷，然后与硫化氢反应，得到偶联剂 KH-590。氯丙基三甲氧基硅烷也可以与硫脲反应而生成硫脲盐，这种盐与氨作用分解后，生成 γ-巯基丙基三甲氧基硅烷，即偶联剂 KH-590，而且反应过程中没有二烷基硫化物等副产物生成。

$$HSiCl_3+3CH_3OH \longrightarrow HSi(OCH_3)_3+3HCl\uparrow$$

$$HSi(OCH_3)_3+CH_2=CH-CH_2Cl \longrightarrow (CH_3O)_3SiCH_2CH_2CH_2Cl$$

$$(CH_3O)_3SiCH_2CH_2CH_2Cl+H_2N-CH_2-CH_2-NH_2\cdot H_2S \longrightarrow$$
$$(CH_3O)_3SiCH_2CH_2CH_2SH+H_2NCH_2CH_2NH_2\cdot HCl$$

$$(CH_3O)_3SiCH_2CH_2CH_2Cl+H_2NCSNH_2 \longrightarrow (CH_3O)_3SiCH_2CH_2CH_2SC(NH)NH_2\cdot HCl$$

$$(CH_3O)_3SiCH_2CH_2CH_2SC(NH)NH_2\cdot HCl+NH_3+H_2O \longrightarrow$$
$$(CH_3O)_3SiCH_2CH_2CH_2SH+H_2NCONH_2+NH_4Cl$$

偶联制 KH-590 的制备也可以先引入巯基，然后与甲醇醇解得到。将三氯硅烷与巯基丙烯进行加成反应，然后与甲醇进行醇解反应得到偶联剂 KH-590。

$$HSiCl_3+HSCH_2CH=CH_2 \longrightarrow HSCH_2CH_2CH_2SiCl_3$$

$$HSCH_2CH_2CH_2SiCl_3+3CH_3OH \longrightarrow (CH_3O)_3SiCH_2CH_2CH_2SH+3HCl$$

3. 工艺流程

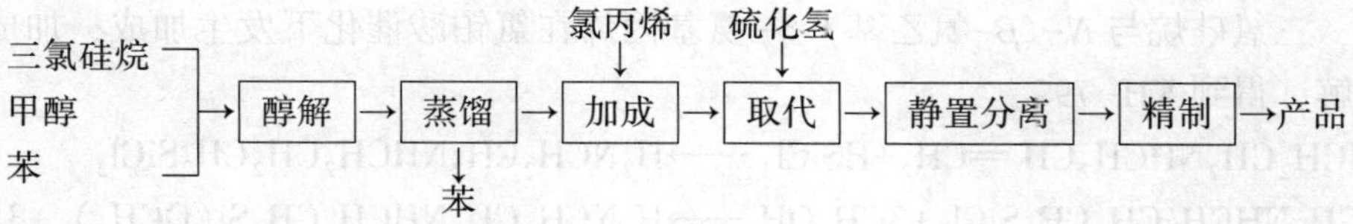

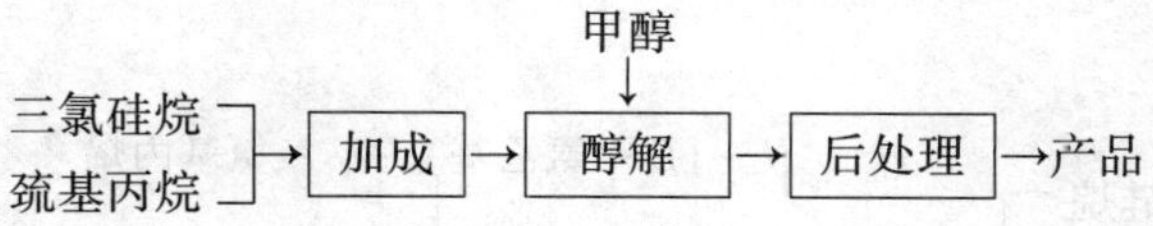

4. 质量标准

外观	无色或微黄色透明液体	折射率(25℃)	1.435~1.445
沸点/℃	210~212	相对密度(20℃)	1.054~1.060

5. 用途

用作聚氯乙烯、聚氨酯、聚乙烯、聚丙烯、聚苯乙烯、大部分热固性树脂以及聚硫橡胶、乙丙橡胶、丁苯橡胶、丁腈橡胶、氯丁橡胶等聚合物体系复合材料的偶联剂。

6. 安全与贮运

生产设备应密闭，车间内加强通风，操作人员应穿戴劳保用品。使用塑料桶包装，贮存于阴凉、通风处。

参 考 文 献

[1] 卡斯滕·科尔特，菲利普·阿尔贝特，英戈·基弗.（巯基有机基）烷氧基硅烷的制备方法[P]. 中国专利：CN1637007，2005-07-13.

9.6 偶联剂 KH-792

偶联剂 KH-792(coupling agent KH-792)又称 KH-792 硅烷偶联剂、KBM-603、A-1120，化学名称为 *N*-(*β*-氨乙基)-*γ*-氨基丙基三甲氧基硅烷。分子式 $C_8H_{22}O_3N_2Si$，相对分子质量 222.36。结构式为：

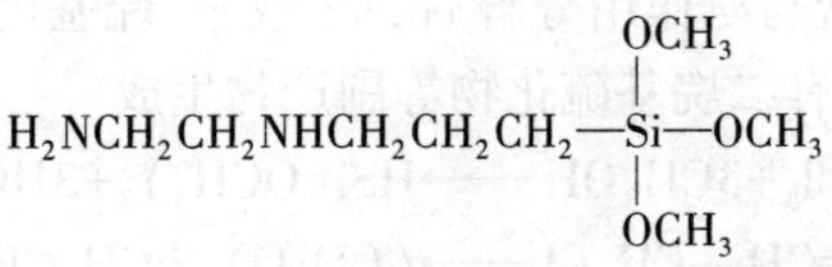

1. 性能

无色或微黄色透明液体。沸点 259℃。相对密度(25℃)1.030。折射率 1.448(25℃)。闪点 138℃。溶于苯、乙酸乙酯。易与水发生化学反应。

2. 生产原理

(1) *先醇解法*

三氯硅烷与甲醇发生醇解，得到三甲氧基硅烷，然后与 *N*-(*β*-氨乙基)-*γ*-氨基丙烯发生加成反应得到 KH-792。

$$HSiCl_3+3CH_3OH \longrightarrow HSi(OCH_3)_3+3HCl$$

$$H_2NCH_2CH_2NHCH_2CH{=\!=}CH_2+HSi(OCH_3)_3 \longrightarrow H_2NCH_2CH_2NHCH_2CH_2CH_2Si(OCH_3)_3$$

(2) *后醇解法*

首先，三氯硅烷与 *N*-(*β*-氨乙基)-*γ*-氨基丙烯在氯铂酸催化下发生加成，加成物与甲醇发生醇解，得到 KH-792。

$$H_2NCH_2CH_2NHCH_2CH{=\!=}CH_2+HSiCl_3 \longrightarrow H_2NCH_2CH_2NHCH_2CH_2CH_2SiCl_3$$

$$H_2NCH_2CH_2NHCH_2CH_2CH_2SiCl_3+3CH_3OH \longrightarrow H_2NCH_2CH_2NHCH_2CH_2Si(OCH_3)_3+3HCl$$

3. 工艺流程

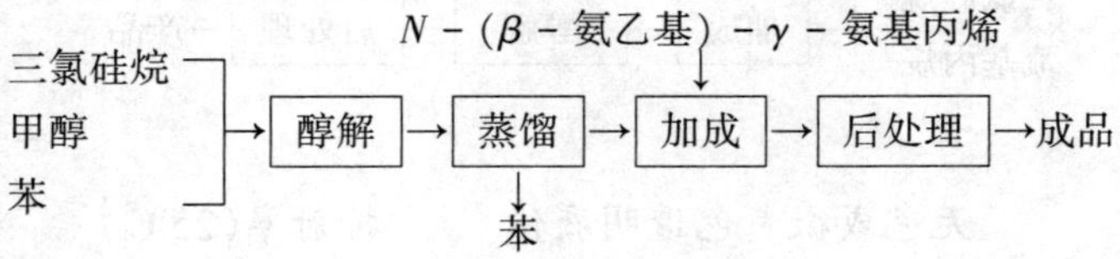

4. 生产工艺

在醇解反应釜中，加入苯和甲醇，搅拌下加入三氯硅烷，加热进行醇解反应。反应完毕，蒸馏回收苯，残余物为三甲氧基硅烷。

在加成反应釜中，三甲氧基硅烷与 *N*-(*β*-氨乙基)-*γ*-氨基丙烯进行加成反应，常压蒸馏脱去低沸物，减压蒸馏得到 KH-792。

5. 质量标准

外观	无色至微黄透明液体	折射率	1.440~1.448
含量/%	≥98	相对密度(d_{25}^{25})	1.025~1.035

6. 用途

用作偶联剂。可改善树脂的润湿性，提高制品的透明性，改善湿润状态的机械性能和电性能，降低层压制品的吸水性，改进耐污染性。用于环氧树脂、酚醛树脂、三聚氰胺树脂等，提高层压材料的性能。也用于聚酯、聚丙烯、聚乙烯、聚丙烯酸酯、有机硅树脂、聚酰胺、聚碳酸酯、聚氯乙烯。适用的无机材料除玻璃纤维外，还有玻璃微珠、白炭黑、滑石、云母、黏土、粉炭灰等含硅物质。

7. 安全与贮运

反应设备应密闭，防止冒漏，车间内加强通风，注意防火。操作人员应穿戴劳保用具。使用塑料桶包装，贮存于阴凉、干燥、通风处。远离火种、热源，注意防潮、防水淋。

参考文献

[1] 张余宝. 耐高温硅烷偶联剂的合成及硅烷偶联剂预处理铜箔的研究[D]. 南昌大学，2011.

[2] 陈全辉. 新型长链硅烷偶联剂的催化合成研究[D]. 曲阜师范大学，2011.

9.7 苯胺甲基三乙氧基硅烷

苯胺甲基三乙氧基硅烷(anilino methyl triethoxy silane)又称偶联剂南大-42。分子式 $C_{13}H_{23}NO_3Si$，相对分子质量 269.42。结构式为：

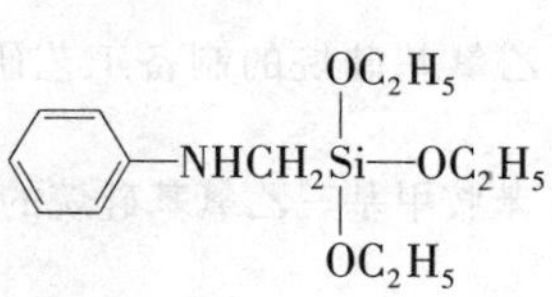

1. 性能

淡黄色油状液体。沸点 132℃(533Pa)，相对密度(25℃)1.0210，折射率(25℃)1.4875。溶于乙醇、丙酮、乙醚、乙酸乙酯、烃等大部分有机溶剂，不溶于水。

2. 生产原理

一甲基三氯硅烷经氯化得到氯甲基三氯硅烷，氯甲基三氯硅烷与乙醇醇解得氯甲基三乙氧基硅烷，然后与苯胺发生取代反应得到产品。

$$2CH_3SiCl_3+Cl_2 \xrightarrow{h\nu} 2ClCH_2SiCl_3+H_2$$

$$ClCH_2SiCl_3+3C_2H_5OH \longrightarrow ClCH_2Si(OC_2H_5)_3+3HCl$$

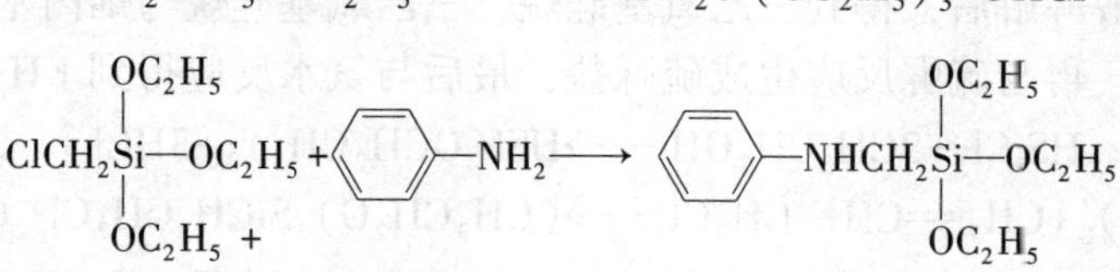

3. 工艺流程

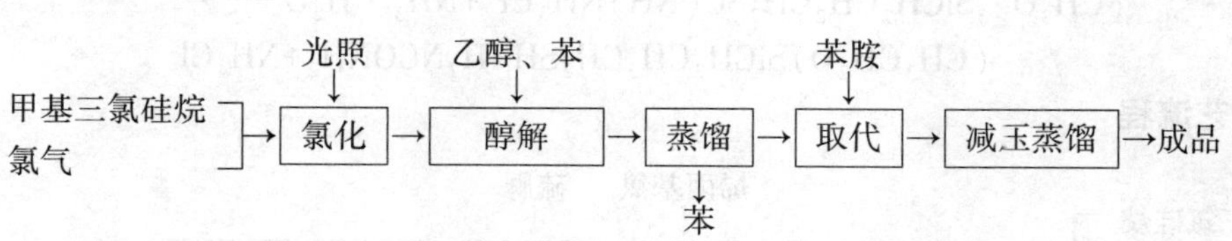

4. 生产工艺

在氯化反应釜中，一甲基三氯硅烷在光辐射下与氯气发生氯化反应，反应完毕，脱气，得氯甲基三氯硅烷。

在醇解反应中，加入溶剂苯和乙醇，搅拌下，加入氯甲基三氯硅烷，加热下发生醇解反应。反应完毕，蒸馏回收苯，残余物为氯甲基三乙氧基硅烷。转入取代反应釜中，与苯胺发生取代反应，反应完毕，减压蒸馏，收集 135～150℃/667Pa 馏分，得苯胺甲基三乙氧基硅烷。

5. 质量标准

外观	浅黄色透明液体	沸点(667Pa)/℃	135～150
相对密度(d_{25}^{25})	1.0200～1.0220	折射率(25℃)	1.4840～1.4870

6. 用途

用作酚醛树脂、环氧树脂、尼龙、聚氨酯以及硅橡胶聚合物体系复合材料的偶联剂。

7. 安全与贮运

生产中使用氯气、苯胺、苯等，设备应密闭，防止冒漏，车间内加强通风，注意防火。操作人员应穿戴劳保用具。使用塑料桶包装，贮存于阴凉、干燥、通风处。远离火种、热源，注意防潮、防雨淋。

参 考 文 献

[1] 许健，陈利民，郑战江，等. 甲基三乙氧基硅烷的制备工艺研究[J]. 杭州师范大学学报(自然科学版)，2013，12(04)：301-303.

[2] 化学系高分子教研室，抗大化工厂. 苯胺甲基三乙氧基硅烷的合成和应用[J]. 南京大学学报(自然科学版)，1974，(02)：61-67.

9.8 偶联剂 KH-580

偶联剂 KH-580(coupling agent KH-580)又称 KH-580 硅烷偶联剂，化学名称为 γ-巯基丙基三乙氧基硅烷。分子式 $C_9H_{22}O_3SSiO_3$，相对分子质量 238.42，结构式为：

$$H_2SCH_2CH_2CH_2Si(OCH_2CH_3)_3$$

1. 性能

无色至浅黄色透明液体。溶于丙酮、四氯化碳、乙酸乙酯等有机溶剂，不溶于水。

2. 生产原理

三氯硅烷与乙醇醇解后，得到三乙氧基硅烷，三乙氧基硅烷与烯丙基氯发生加成，得到氯丙基三乙氧硅烷，再与硫脲反应生成硫脲盐，最后与氨水反应得到 KH-580。

$$HSiCl_3+3CH_3CH_2OH \longrightarrow HSi(OCH_2CH_3)_3+3HCl\uparrow$$

$$HSi(OCH_2CH_3)_3+CH_2{=}CH{-}CH_2Cl \longrightarrow (CH_3CH_2O)_3SiCH_2CH_2CH_2Cl$$

$$(CH_3CH_2O)_3SiCH_2CH_2CH_2Cl+H_2NCSNH_2 \longrightarrow (CH_3CH_2O)_3SiCH_2CH_2CH_2SC(NH)NH_3^+Cl^-$$

$$(CH_3O)_3SiCH_2CH_2CH_2SC(NH)NH_3^+Cl^-+NH_3\cdot H_2O \longrightarrow$$
$$(CH_3CH_2O)SiCH_2CH_2CH_2SH+H_2NCONH_2+NH_4Cl$$

3. 工艺流程

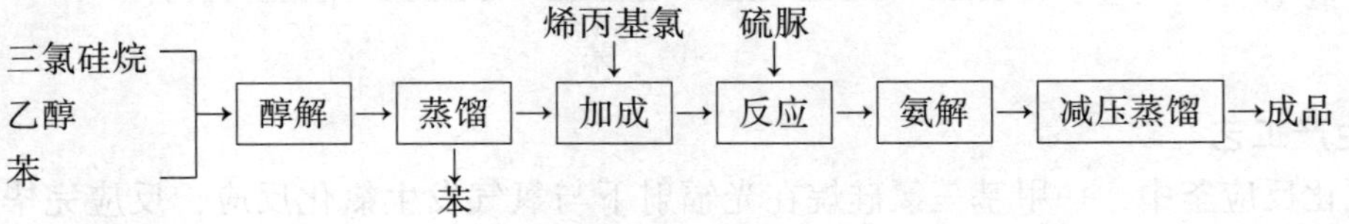

4. 生产工艺

在醇解反应釜中，加入溶剂苯和乙醇，然后加入三氯硅烷，搅拌下混合溶解，然后加热进行醇解反应。反应完成后，蒸馏，蒸出溶剂苯循环使用，剩余产物冷却后出料，即得三乙氧基硅烷。

在加成反应釜中，将三乙氧基硅烷与烯丙基氯搅拌加热，进行加成反应，反应得到氯丙基三乙氧基硅烷。

在加成反应釜中，将硫脲与氯丙基三乙氧基硅烷反应，生成硫脲衍生物的盐酸盐，经分离后，与氨反应分解得到 KH-580。经减压蒸馏，得到 K-580 产品。

5. 用途

硅烷偶联剂，用作聚氯乙烯、聚苯乙烯、酚醛树脂、聚氨酯、环氧树脂、聚砜树脂以及聚硫橡胶、氯丁橡胶、乙丙橡胶、丁苯橡胶、丁腈橡胶、硅橡胶等聚合物体系复合材料的偶联剂。

6. 安全与贮运

生产设备密闭，防止冒漏，车间内加强通风，注意防火。操作人员应穿戴劳保用具。使用塑料桶包装，贮存于阴凉、通风处，远离热源火种，注意防潮、防雨淋。

参 考 文 献

[1] 李杨. 硅烷偶联剂的合成与应用研究[J]. 石化技术，2022，29(04)：22-23.

[2] 卢昌利，欧阳春平，郭志龙，等. 硅烷偶联剂的合成、发展与应用[J]. 广东化工，2020，47(12)：105-107.

9.9 乙烯基三(2-甲氧乙氧基)硅烷

乙烯基三(2-甲氧乙氧基)硅烷[vinyl tris(2-methoxyethoxy)silane]又称乙烯基(β-甲氧基乙氧基)硅烷。分子式 $C_{11}H_{24}O_6Si$，相对分子质量 280.40。结构式为：

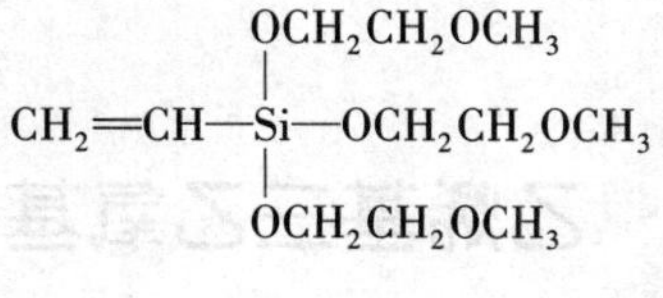

1. 性能

无色至黄色透明液体，有薄荷香味。沸点 285℃，相对密度 1.0434。折射率(25℃) 1.4305。闪点 66℃。溶于乙醇、异丙醇、石油醚、苯和汽油。在酸性水溶液中水解而溶于水。

2. 生产原理

三氯硅烷与乙炔加成，得到乙烯基三氯硅烷，然后以苯为溶剂，与乙二醇单甲醚发生醇解，得到乙烯基三(2-甲氧乙氧基)硅烷。

$$HSiCl_3 + CH \equiv CH \longrightarrow CH_2 = CHSiCl_3$$

$$CH_2 = CHSiCl_3 + 3HOCH_2CH_2OCH_3 \longrightarrow CH_2 = CHSi(OCH_2CHOCH_3)_3 + 3HCl\uparrow$$

3. 工艺流程

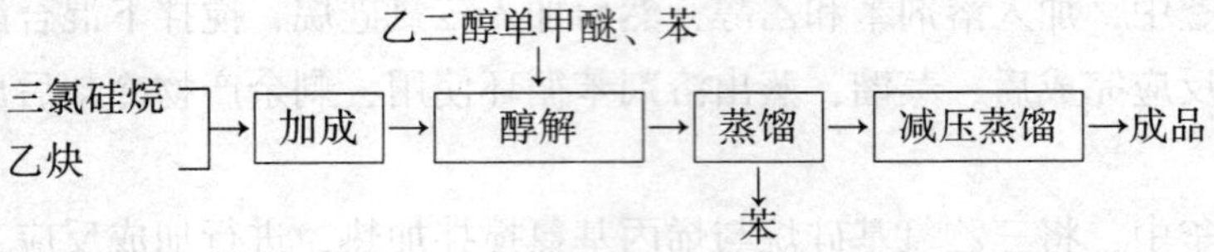

4. 生产工艺

在加成反应釜中，将三氯硅烷加热后通入乙炔，就可在液相或气相中发生加成反应。如在过氧化物、叔胺或氯铂酸盐等催化剂存在下反应效果更好。反应完毕，脱气得乙烯基三氯硅烷。

在醇解反应釜中，加入苯、乙二醇单甲醚和乙烯基三氯硅烷。搅拌下加热，进行醇解反应，反应完毕，蒸馏回收溶剂苯后，再减压蒸馏，得到乙烯基三(2-甲氧乙氧基)硅烷。

5. 质量标准

外观	无色至浅黄色透明液体	相对密度	1.0430~1.0438
硅含量/%	10.4	折射率	1.4301~1.4308
pH 值	5.5~5.6		

6. 用途

硅烷偶联剂，用作聚乙烯、聚丙烯、聚酯、丙烯酸树脂、乙丙橡胶、顺丁橡胶、环氧树脂等聚合物体系复合材料的偶联剂。

7. 安全与贮运

生产设备应密闭，防止冒漏，车间内加强通风，注意防火。操作人员应穿戴劳保用品。使用玻璃瓶或塑料桶包装，贮存于阴凉、通风、干燥处。远离火种、热源，注意防潮、防雨淋。

参 考 文 献

[1] 马梅红，王瑜刚，谭军，等. 乙烯基三(β-甲氧基乙氧基)硅烷的合成工艺研究[J]. 精细与专用化学品，2011，19(07)：12-15.

[2] 徐少华，邓锋杰，李卫凡，等. 乙烯基硅烷偶联剂合成方法的研究进展[J]. 有机硅材料，2007，21(6)：360-363.

9.10 乙烯基三乙氧基硅烷

乙烯基三乙氧基硅烷(vinyltriethoxysilane)。分子式 $C_8H_{18}O_3Si$，相对分子质量 190.32。结构式为：

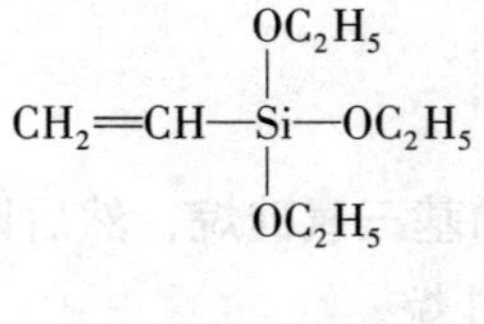

1. 性能

无色透明液体。沸点 161℃。折射率(25℃)1.3966。相对密度 0.906。闪点 54℃。溶于乙醇、异丙醇、苯、甲苯和汽油。与酸的水溶液混合发生水解。

2. 生产原理

在氯铂酸盐催化下，三氯硅烷与乙炔加成得乙烯基三氯硅烷，然后与乙醇发生醇解，得乙烯基三乙氧基硅烷。也可将乙烯基三氯硅烷与原甲酸三乙酯共热，得到乙烯基三乙氧基硅烷。

$$HC \equiv CH + HSiCl_3 \longrightarrow CH_2 = CHSiCl_3$$

$$CH_2 = CHSiCl + 3CH_2CH_2OH \longrightarrow CH_2 = CHSi(OCH_2CH_3)_3 + 3HCl\uparrow$$

$$CH_2 = CHSiCl_3 + 3HC(OC_2H_5)_3 \xrightarrow{C_2H_5OH} CH_2 = CHSi(OC_2H_5)_3 + 3C_2H_5Cl + 3HCOOC_2H_5$$

3. 工艺流程

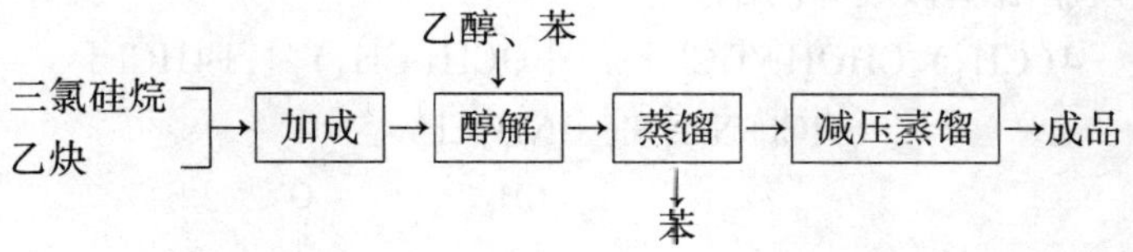

4. 生产工艺

在加成反应釜中，将三氯硅烷加热后通入乙炔，在过氧化物、叔胺或铂盐等催化剂存在的情况下反应，加成反应在液相或气相中进行。反应完毕，脱气得乙烯基三氯硅烷。在醇解反应釜中，加入溶剂苯、乙醇和乙烯基三氯硅烷，搅拌下，加热，进行醇解反应。反应完毕，蒸馏回收溶剂苯，然后减压蒸馏得乙烯基三乙氧基硅烷。

5. 质量标准

外观	无色透明液体	酸度(HCl)%	≤0.05
硅含量/%	14.5~15.5	折射率(25℃)	1.950~1.975
相对密度(d_4^{25})	0.904~0.908		

6. 用途

硅烷偶联剂。适用于聚乙烯、聚丙烯、聚酯、聚酰亚胺、乙丙橡胶、硅橡胶及有机硅树脂等聚合物体系复合材料。

7. 安全与贮运

反应设备应密闭，防止冒漏，车间内加强通风，注意防火，操作人员应穿戴劳保用品。用玻璃瓶或塑料桶包装，密封保存。属一级易燃液体，应远离火种、热源。

参 考 文 献

[1] 邓锋杰，温远庆，欧阳萌，等. 高选择性催化合成乙烯基三乙氧基硅烷[J]. 化工新型材料，2009，37(07)：113-114.

[2] 赵明. 乙烯基三乙氧基硅烷合成新工艺的研究[J]. 化学工程师，1996，(01)：9-11.

9.11 三异硬脂酰基钛酸异丙酯

三异硬脂酰基钛酸异丙酯(isopropyl triisostearoyl titanate)又称三羧酰基钛酸异丙酯、NTC-101、OL-T999、NDZ-101、H928、JNT-502。分子式为 $C_{57}H_{112}O_7Ti$，相对分子质量957.39。结构式为：

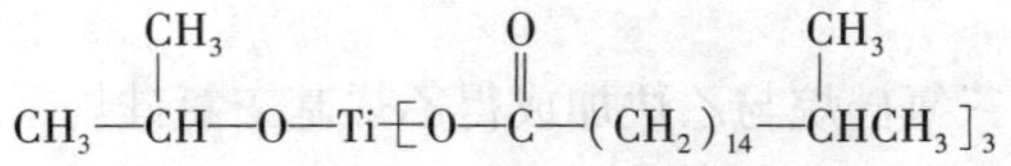

1. 性能

红棕色至深棕色油状液体，遇冷析出固体，温热即可熔化。凝点-20.6℃。分解温度204℃。闪点179℃。黏度0.1645Pa·s。相对密度0.94~0.96。溶于石油酸、丙酮，对水十分敏感。对家兔的皮肤有中等刺激，大白鼠经口服LD_{50}为30g/kg以上。

2. 生产原理

在氨存在下，四氯化钛与异丙醇发生醇解，得到钛酸四异丙酯，然后与异硬脂酸发生取代反应。得到三异硬脂酰基钛酸异丙酯。

$$4(CH_3)_2CHOH+TiCl_4 \longrightarrow [OCH(CH_3)_2]_4+4HCl\uparrow$$

$$HCl+NH_3 \longrightarrow NH_4Cl$$

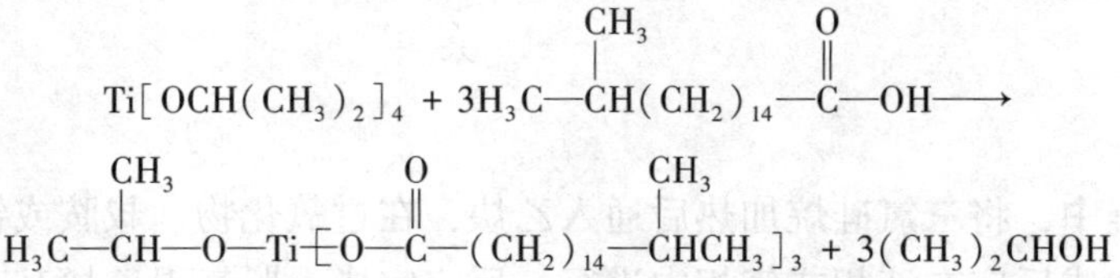

3. 工艺流程

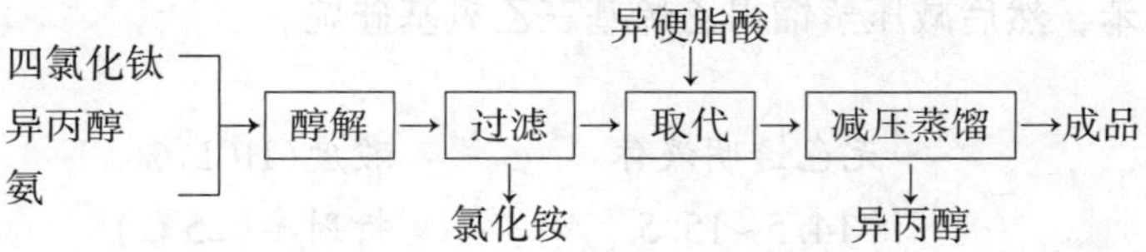

4. 生产工艺

在耐酸搪瓷反应釜中，加入四氯化钛和异丙醇，控制较低的温度，于搅拌下通入缚酸剂氨进行醇解反应。反应产物经过滤，除去氯化铵，即得钛酸四异丙酯。

在取代反应釜中，安装搅拌器和回流冷凝器。将硬脂酸加入反应釜，开启搅拌，于室温下滴加钛酸四异丙酯。由于反应放热，温度逐渐升高，并有异丙醇回流液产生。当滴加完钛酸四异丙酯后，保持反应温度90℃，继续搅拌反应0.5h，然后减压脱异丙醇，异丙醇经冷凝器冷凝后，送入异丙醇贮槽，循环使用。脱去异丙醇的残留物冷却后，出料，即得三异硬脂酰基钛酸异丙酯。

5. 质量标准

外观	红棕色至深棕色油状液体	闪点(开杯)/℃	179
相对密度	0.94~0.96	分解点/℃	204
流动点/℃	-20.6		

6. 用途

单烷氧基型钛酸酯偶联剂。用作经过煅烧的碳酸钙、硫酸钙塑制品的偶联剂。可增加碳酸钙、硫酸钙的填充量，改善加工条件，提高产品性能。可明显降低碳酸钙在聚氯乙烯塑溶胶或胺固化环氧树脂体系的黏度。改善一般无机或有机颜料在溶剂型基料中的分散性。适用于聚丙烯、聚乙烯、环氧树脂、聚氨酯等树脂的填充体系。对一般颜料或填料在胺固化环氧树脂中可提供触变性并具防沉效果。在不加填料的发泡聚苯乙烯中使用少量本品，可降低挤出温度促使发泡均匀，提高制品质量。用量为填料的0.5%。

在顺丁橡胶、丁基橡胶和三元乙丙橡胶等合成橡胶填充体系中也有良好的偶联效果。

7. 安全与贮运

反应设备应防止冒漏，车间加强通风，操作人员应穿戴劳保用具。用镀锌铁桶包装，贮存于阴凉、通风、干燥处。

参 考 文 献

[1] 周煜华，杨静，刘广生，等. 单烷氧基型钛酸酯偶联剂合成工艺的研究[J]. 江西化工，2023，39(02)：70-72.

[2] 李红玲，董斌，韩延安，等. 钛酸酯偶联剂的偶联机理及研究进展[J]. 表面技术，2012，41(04)：99-102.

9.12 三油酰基钛酸异丙酯

三油酰基钛酸异丙酯(isopropyl trioleyl titanate)又称三(十八碳烯-9-酰基)钛酸异丙酯、OL-T951、NT-105、JNT-105。分子式 $C_{57}H_{106}O_7Ti$，相对分子质量951.32，结构式为：

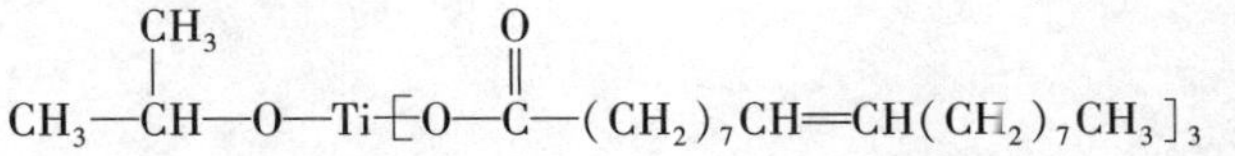

1. 性能

红棕色油状液体。相对密度0.8945，黏度0.0396Pa·s，闪点197℃。溶于石油醚、丙酮。基本无毒。

2. 生产原理

四氯化钛与异丙醇在氨存在下发生醇解，得到钛酸四异丙酯。然后与油酸反应得到三油酰基钛酸异丙酯。

$$TiCl_4+4(CH_3)_2CHOH+4NH_3 \longrightarrow Ti[OCH(CH_3)_2]_4+4NH_4Cl$$

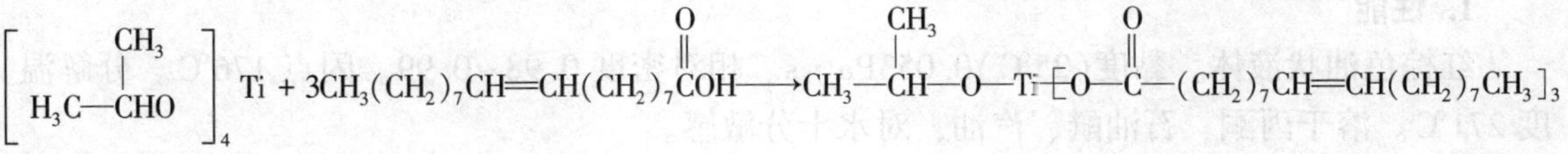

3. 工艺流程

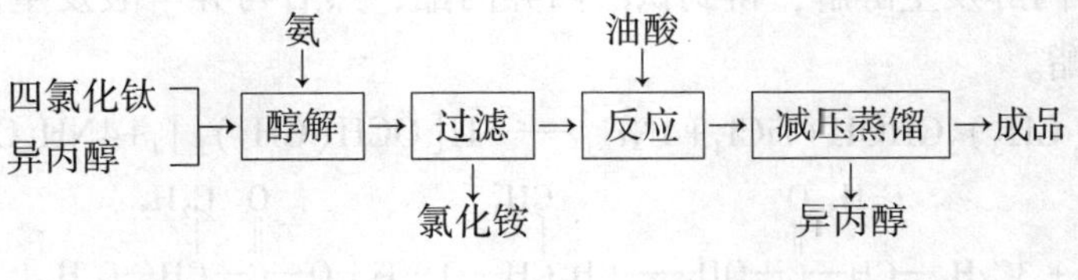

4. 生产工艺

在搪瓷耐酸反应釜中，加入异丙醇和四氯化钛，控制较低温度下，边搅拌边通入氨进行醇解反应。反应完毕，过滤除去氯化铵，得到钛酸四异丙酯。

在反应釜中，加入油酸，搅拌下于室温滴加钛酸四异丙酯进行反应。由于该反应过程为放热反应，因此反应体系的温度逐渐自动升高并有异丙醇回流液产生。当滴加完钛酸四异丙酯后，加热至90℃，并保持此温度继续反应0.5h。反应完成后抽真空脱除异丙醇，异丙醇经冷凝器冷凝后，流入异丙醇贮槽，循环使用。脱去异丙醇的残余物，冷却后，出料，得三油酰基钛酸异丙酯。

5. 质量标准

外观	红棕色油状液体	闪点/℃	197
相对密度	0.8935~0.8945	黏度/Pa·s	0.0394~0.0398

6. 用途

单烷氧基钛酸酯偶联剂。用于聚烯烃类填充体系。对聚丙烯、聚乙烯等聚烯烃塑料的填充体系有优良的偶联效果。适用于碳酸钙等填料，能改善制品的表面光泽，可提高制品的抗冲击强度、伸长率、尺寸稳定性和热变形性。

7. 安全与贮运

生产设备应密闭，防止冒漏，车间内加强通风，注意防火。操作人员应穿戴劳保用品。用镀锌铁桶包装，贮存于阴凉、通风、干燥处。

参 考 文 献

[1] 鲁开娟，沈慧苗，王天用. 钛酸酯偶联剂的合成及应用[J]，高分子通报，1993，(02)：108.

[2] 焦艳华，黄志坚. 新型钛酸酯偶联剂的应用研究[J]. 杭州师范大学学报(自然科学版)，2010，9(01)：48-51.

9.13 三(异辛酰基)钛酸异丙酯

三(异辛酰基)钛酸异丙酯(isopropyl triisooyl titanate)又称偶联剂 KHT-107。分子式 $C_{27}H_{52}O_7Ti$，相对分子质量 536.59。结构式为：

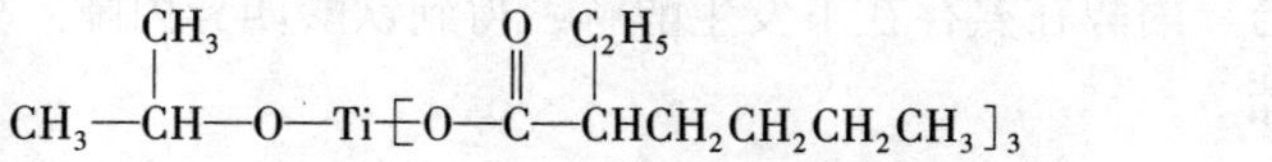

1. 性能

红棕色油状液体。黏度(25℃)0.053Pa·s。相对密度 0.98~0.99。闪点 176℃。分解温度 271℃。溶于丙酮、石油醚、汽油，对水十分敏感。

2. 生产原理

四氯化钛与异丙醇发生醇解，得到钛酸四异丙酯，然后与异辛酸发生反应，得到三(异辛酰基)钛酸异丙酯。

$$4(CH_3)_2CHOH+TiCl_4+4NH_3 \longrightarrow Ti[OCH(CH_3)_2]_4+4NH_4Cl$$

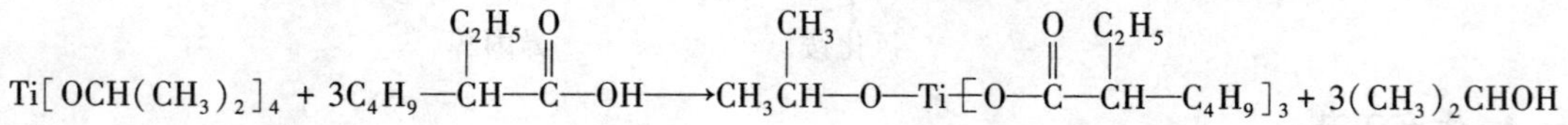

3. 工艺流程

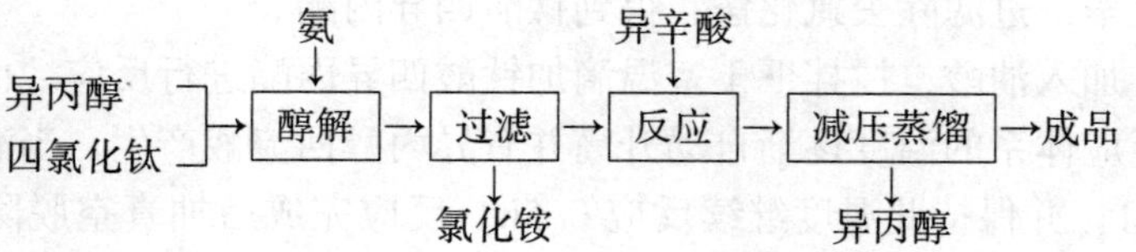

4. 生产工艺

在醇解反应釜中，加入异丙醇和四氯化钛，控制较低温度，于搅拌下通入氨进行醇解反应。反应完毕，过滤，除去氯化铵，得到钛酸四异丙酯。

在反应釜中，加入异辛酸，室温下搅拌，滴加钛酸四异丙酯。由于反应过程中放热，使反应物料的温度逐渐升高。当滴加完钛酸四异丙酯后，加热升温至 90℃，并保持此温度继续搅拌 0.5h。然后抽真空，脱除异丙醇，异丙醇经冷凝器冷凝后，流入异丙醇贮槽，循环使用。脱去异丙醇的残余物，经冷却，出料，即得三(异辛酰基)钛酸异丙酯。

5. 质量标准

外观	红棕色油状液体	相对密度(d_{25}^{4})	0.98~0.99
黏度(25℃)/Pa·s	0.0525~0.0535		

6. 用途

单烷氧基钛酸酯偶联剂。主要用作填充聚乙烯、聚酯的碳酸钙等无机填料的偶联剂。可提高碳酸钙等填料的填充量，提高塑料制品的性能。并可降低加工黏度，改善无机填料在溶剂型基料中的分散性。用量为填料的 0.5%。

7. 安全与贮运

生产设备应密闭，防止冒漏，车间内加强通风，注意防火。操作人员应穿戴劳保用品。用镀锌铁桶包装，贮存于阴凉、干燥、通风处。

参 考 文 献

[1] 张立新. 钛酸酯偶联剂的应用[J]. 辽宁化工，2005，(06)：268-270.

[2] 张刚申，王世敏，严微. 钛酸酯、硅酸酯偶联剂的合成[J]. 胶体与聚合物，2004，(03)：43-44.

9.14 二油酰基钛酸乙二醇酯

二油酰基钛酸乙二醇酯(dioleoyl ethylene titanate)又称 OL-T671。分子式 $C_{38}H_{70}O_6Ti$，相对分子质量 670.85。结构式为：

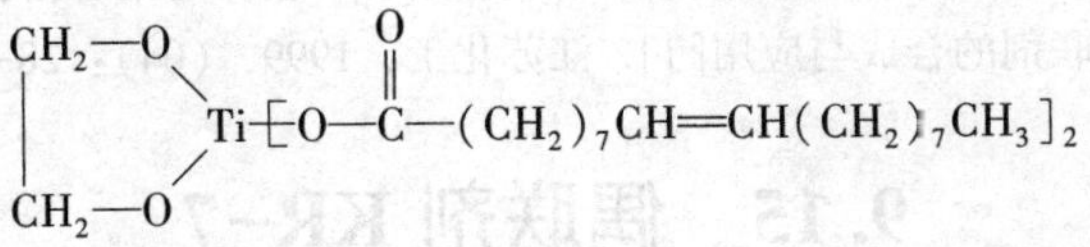

1. 性能

红棕色油状液体。黏度<0.500Pa·s，相对密度 0.9766，闪点(开口杯)>120℃。碘值 70~80gI_2/100g。溶于石油醚、异丙醇、丙酮、汽油等有机溶剂，不溶于水。

2. 生产原理

四氯化钛与异丙醇发生醇解，得到钛酸四异丙酯。然后，将 1mol 钛酸四异丙酯与 1mol 油酸反应，再加入 1mol 乙二醇，最后再与 1mol 油酸反应，得二油酰基钛酸乙二醇酯。

$$TiCl_4+4(CH_3)_2CHOH+4NH_3 \longrightarrow Ti[OCH(CH_3)_2]_4+4NH_4Cl$$

$$Ti[OCH(CH_3)_2]_4+HOCH_2CH_2OH+CH_3(CH_2)_7CH{=}CH(CH_2)_7CO_2H \rightarrow$$

3. 工艺流程

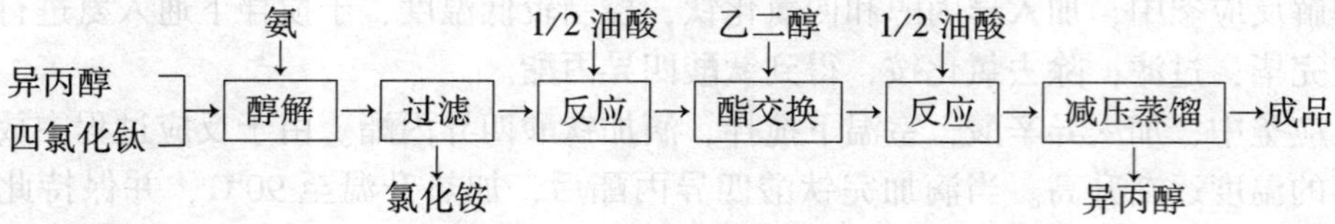

4. 生产工艺

在醇解反应釜，加入异丙醇和四氯化钛，搅拌下控制较低温度，通入氨进行醇解反应，反应完毕，过滤，除去氯化铵，得钛酸异丙酯。

在反应釜中，加入 56.8 份钛酸异丙酯，于室温下搅拌，滴加 56.4 份油酸，反应微放热，然后滴加 12.6 份乙二醇，再滴加 56.4 份油酸，并慢慢加热至 85~90℃，于回流温度下搅拌反应 1h。反应完毕，减压蒸馏，脱除异丙醇，回收异丙醇循环使用。残余物冷却后出料，得到二油酰基钛酸乙二醇酯。

5. 质量标准

外观	红棕色油状液体	黏度	<0.500Pa·s
相对密度(25℃)	0.9791~0.9801	碘值/(gI_2/100g)	70~80

6. 用途

钛酸酯类偶联剂。能提高复合物熔融流动性和切口冲击强度、拉伸强度等。对橡胶可提高扯断力、抗撕裂强度和伸长率并改善永久变形，广泛用于填充聚烯烃、聚氯乙烯、聚乙烯树脂及合成橡胶等高分子材料中。也用于涂料中，可增强原料的着色效果，改善颜料在体系中分散性及流动性，在制革工业中也有明显效果。用量为填料量的 0.5%~2.5%。

7. 安全与贮运

生产设备应密闭，防止冒漏，车间内加强通风，注意防火。操作人员应穿戴劳保用品。用镀锌铁桶包装，贮存于阴凉、通风、干燥处。

参 考 文 献

[1] 张刚申，王世敏，严微. 钛酸酯、硅酸酯偶联剂的合成[J]. 胶体与聚合物，2004，(03)：43-44.
[2] 陈印. 水溶性钛酸酯偶联剂的合成与应用[J]. 江苏化工，1999，(04)：28-29.

9.15 偶联剂 KR-7

偶联剂 KR-7(coupling agent KR-7)又称 TSM_2-7，化学名称为二(甲基丙烯酰)硬脂酰基钛酸异丙酯。分子式 $C_{29}H_{52}O_7Ti$，相对分子质量 560.61。结构式为：

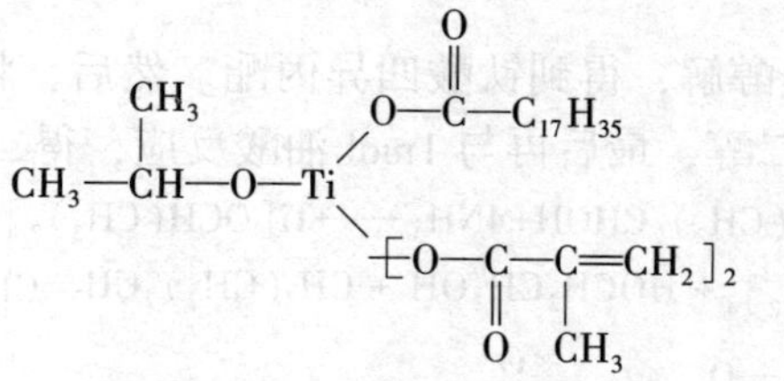

1. 性能

红棕色至棕色黏稠液体。流动点-1℃。闪点 130℃。分解温度 193℃。相对密度 1.032。

溶于石油醚、丙酮，不溶于水。

2. 生产原理

四氯化钛与异丙醇发生醇解，得到钛酸异丙酯。然后钛酸异丙酯与硬脂酸和甲基丙烯酸反应，得到偶联剂 KR-7。

$$TiCl_4+4(CH_3)_2CHOH+4NH_3 \longrightarrow Ti[OCH(CH_3)_2]_4+4NH_4Cl$$

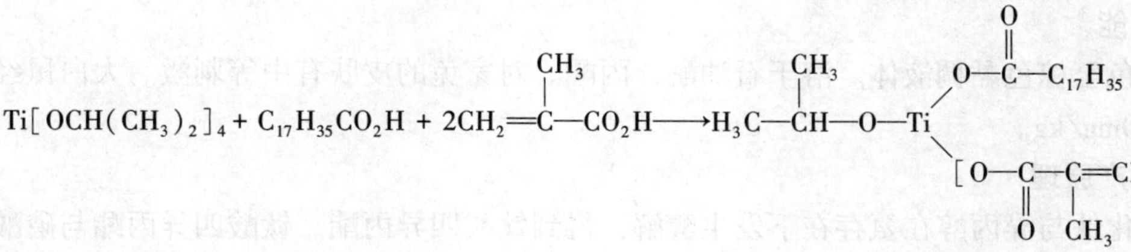

3. 工艺流程

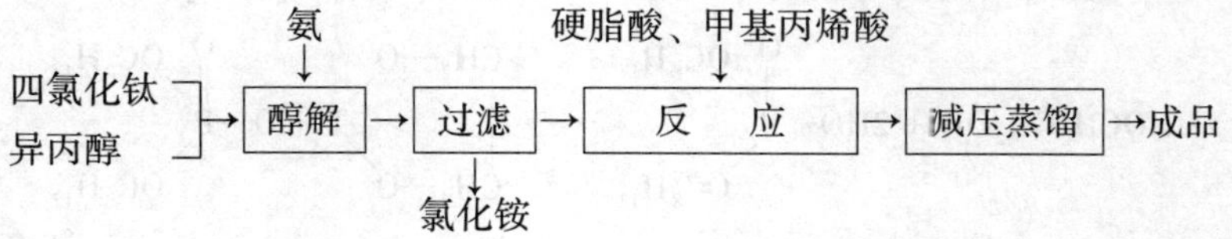

4. 生产工艺

在醇解反应釜中，加入四氯化钛和异丙醇，搅拌下控制较低温度通入氨气，进行醇解反应。反应完毕，过滤，除去氯化铵，得到钛酸四异丙酯。

将 60.4 份硬脂酸和 34.4 份甲基丙烯酸加入反应釜中，搅拌混合后于室温下滴加 56.8 份钛酸四异丙酯进行反应。由于反应放热，反应系统的温度逐渐升高。当滴加完钛酸四异丙酯后，加热升温至 90℃继续搅拌反应 0.5h。反应结束后，减压脱除异丙醇，异丙醇经冷凝后回收循环使用。残余物冷却后，出料，得到偶联剂 KR-7。

5. 质量标准

外观	红棕色黏稠液体	闪点/℃	130
相对密度	1.032	分解点/℃	193
流动点/℃	-1.0	黏度/Pa·s	1.9

6. 用途

单烷氧基钛酸酯偶联剂。可使材料黏度降低，提高填充量，而且由于丙烯酸的不饱和结构提供交联网络和粘接效果，可提高制品的耐冲击性等物理机械性能。可用作大多数无机填料的聚烯烃等聚合物复合体系的偶联剂，用量为填料的 0.4%~1.0%。

7. 安全与贮运

生产设备应密闭，防止冒漏，车间加强通风，注意防火。操作人员应穿戴劳保用品。用镀锌铁桶包装，贮存于阴凉、通风、干燥处。

参 考 文 献

[1] 王雪飞. 钛酸酯偶联剂的制备及与无机填料作用机理的研究[D]. 武汉理工大学，2004.

9.16　偶联剂 KR-212

偶联剂 KR-212(coupling agent KR-212)又称 TC-104、TC-WT、TC-R，化学名称为二

（二辛基磷酰氧基）钛酸乙二酯、双（二辛基磷酸酯）亚乙基钛酸酯。分子式 $C_{34}H_{72}O_{10}P_2Ti$，相对分子质量 750.74。结构式为：

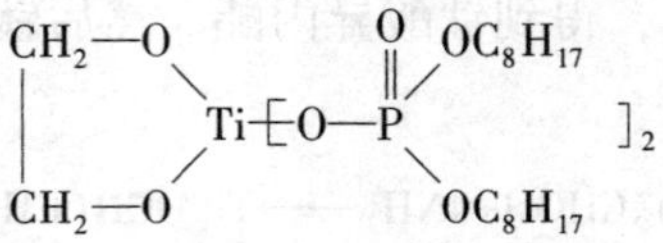

1. 性能

浅棕色至棕色黏稠液体。溶于石油醚，丙酮。对家兔的皮肤有中等刺激。大白鼠经口服 LD_{50}>5000mg/kg。

2. 生产原理

四氯化钛与异丙醇在氨存在下发生醇解，得到钛酸四异丙酯。钛酸四异丙酯与磷酸二异辛酯和乙二醇发生反应，得到偶联剂 KR-212。

$$TiCl_4+4(CH_3)_2CHOH+4NH_3 \longrightarrow Ti[OCH(CH_3)_2]_4+NH_4Cl$$

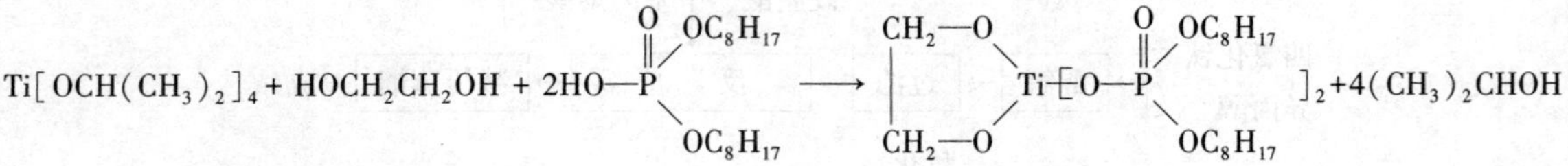

3. 工艺流程

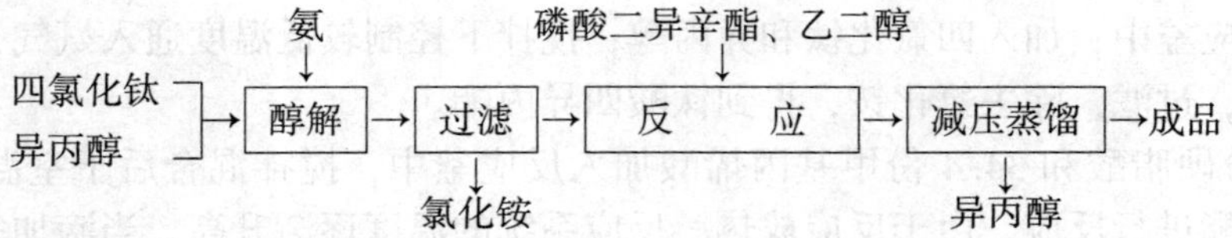

4. 生产工艺

在醇解反应釜中，加入异丙醇和四氯化钛，控制较低温度，于搅拌下通入氨进行醇解反应。反应完毕，过滤，降去氯化铵，得到钛酸四异丙酯。

在反应釜上安装搅拌器和冷凝器。将 56.8 份钛酸四异丙酯加入反应釜中，于室温搅拌下，滴加 58 份磷酸二异辛酯进行酯交换反应。由于反应微放热，使反应温度逐渐升高，滴加完磷酸二异辛酯后，再滴加 12.6 份乙二醇。然后再滴加 58 份磷酸二异辛酯，并缓缓加热至 85~90℃。滴加完磷酸二异辛酯后，继续搅拌反应 1h，然后进行减压蒸馏，脱除反应液中的异丙醇，异丙醇回收后循环使用。残余物即为偶联剂 KR-212。

5. 用途

螯合型钛酸酯偶联剂。耐水性好，适用于高湿填充体系，可提高塑料制品的抗冲击强度，增加填充量，改善加工流变性能。对钛白粉分散较有效，可提高钛白粉在水相中的分散性。在丙烯酸乳胶液中应用除可提高分散性外，还有防锈效果。也可提高二氧化硅在有机物中的分散性及酞菁蓝、金属材料在水相或聚酯类聚合物中的分散性。

6. 安全与贮运

生产设备应密闭，防止冒漏，车间加强通风，注意防火。操作人员应穿戴劳保用品。用镀锌铁桶包装，贮存于阴凉、通风、干燥处。

参　考　文　献

[1] 孙佳丽，邱小魁，程驰，等. 焦磷酸型钛酸酯偶联剂的制备及应用[J]. 安徽化工，2023，49(04)：92-95.

[2] 焦艳华，黄志坚. 新型钛酸酯偶联剂的应用研究[J]. 杭州师范大学学报(自然科学版)，2010，9(01)：48-51.

9.17 偶联剂 KR-238S

偶联剂 KR-238S(coupling agent KR-238S)又称 KHT-302、ETDOP-212，化学名称为二(二辛基焦磷酰氧基)钛酸乙二醇酯、二(焦磷酸二辛酯)亚乙基钛酸酯。分子式 $C_{34}H_{74}O_{16}P_4Ti$，相对分子质量 910.71。结构式为：

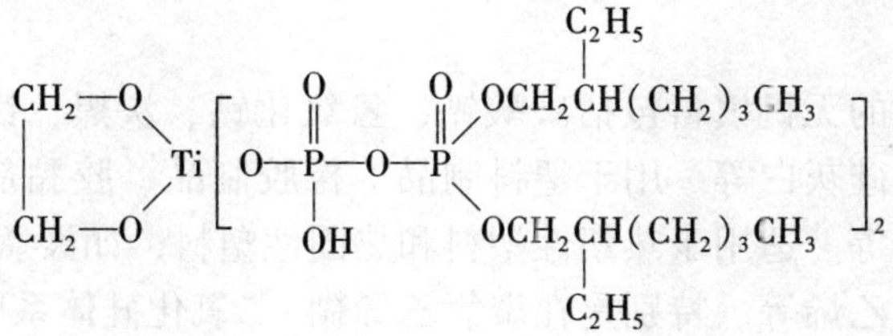

1. 性能

浅黄色或暗橙色黏稠液体。吸湿性强。折射率 n_D^{20} 1.470，分解温度 210℃。闪点 160℃。相对密度(20℃)1.08~1.10。可溶于异丙醇、二甲苯、甲苯、增塑剂 DOP 中，不溶于水。

2. 生产原理

四氯化钛与异丙醇在氨存在下发生醇解，得到钛酸四异丙醇酯，然后与焦磷酸二异辛酯和乙二醇发生反应，得到偶联剂 KR-238S。

$$4(CH_3)_2CHOH+TiCl_4+4NH_3 \longrightarrow Ti[OCH(CH_3)_2]_4+4NH_4Cl$$

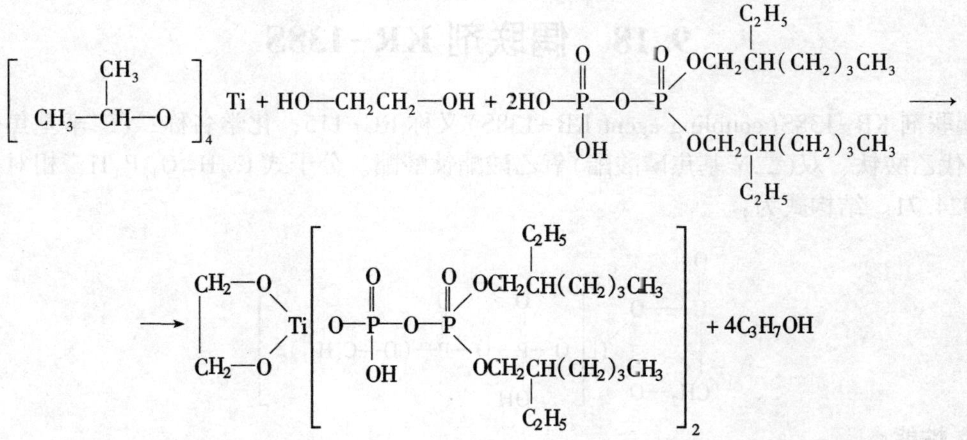

3. 工艺流程

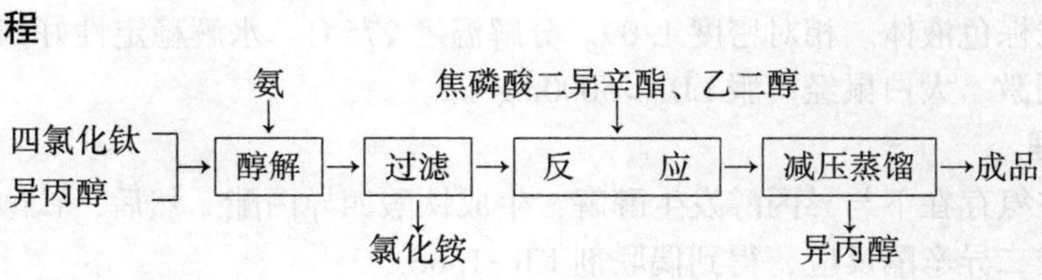

4. 生产工艺

在醇解反应釜中，加入异丙醇和四氯化钛，控制较低温度，于搅拌下通入氨进行醇解反应。反应完毕，过滤，除去氯化铵，得到钛酸四异丙酯。

在反应釜上安装搅拌器和回流冷凝器。将 56.8 份钛酸四异丙酯加入反应釜中，于室温下搅拌，滴加 64.5 份焦磷酸二异辛酯进行反应。滴加完毕后，反应物温度可升到 45℃。于搅拌下将 12.6 份乙二醇滴加入上述反应液中，滴完后，温度略有升高，反应物为淡黄色透明黏稠状液体。然后再滴加 64.5 份焦磷酸二异辛酯，并缓缓升温至 85～90℃。加料完毕，搅拌反应 1h，进行减压蒸馏，脱除异丙醇，异丙醇经冷凝后回收，循环使用，残余物为偶联剂 KR-238S。

5. 质量标准

外观	淡黄色至暗橙色黏稠液体	相对密度(20℃)	1.08～1.10
折射率(20℃)	1.465～1.467	闪点/℃	160

6. 用途

用作偶联剂。适用的无机填料包括碳酸钙、氢氧化钙、炭黑、铁氧体、黏土、滑石粉、二氧化硅、二氧化钛、硅灰白等。用于塑料制品、橡胶制品、胶黏剂、涂料、颜料、油墨、磁性材料、玻璃钢制品等。适用于热塑性塑料和热固性塑料，如聚氯乙烯、环氧树脂、酚醛树脂、聚氨酯、氯化聚乙烯等。特别是在聚氯乙烯糊-二氧化硅体系中应用效果最佳。

7. 安全与贮运

设备应密闭，车间内加强通风，注意防火。操作人员应穿戴劳保用品。用镀锌铁桶包装，贮存于阴凉、通风、干燥处。

参 考 文 献

[1] 孙佳丽，邱小魁，程驰，等. 焦磷酸型钛酸酯偶联剂的制备及应用[J]. 安徽化工，2023，49(04)：92-95.

9.18 偶联剂 KR-138S

偶联剂 KR-138S(coupling agent KR-138S)又称 RC-115，化学名称二(二辛基焦磷酸氧基)氧代乙酸钛、双(二辛基焦磷酸酯)氧乙酸酯钛酸酯。分子式 $C_{34}H_{72}O_{17}P_4Ti$，相对分子质量为 924.71。结构式为：

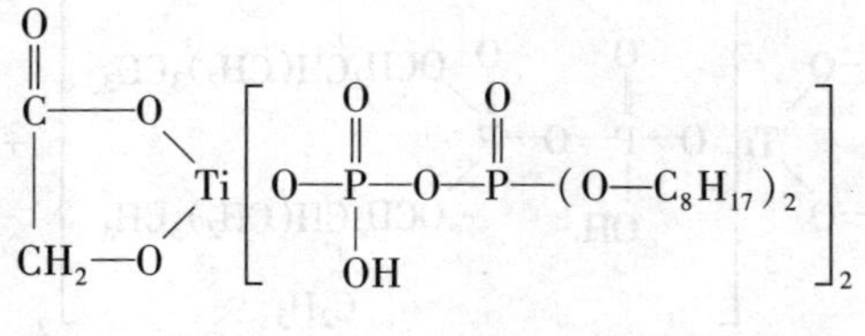

1. 性能

浅黄色至浅棕色液体。相对密度 1.09。分解温度 275℃。水解稳定性好。对家兔的皮肤有中等程度的刺激。大白鼠经口服 LD_{50}>5000mg/kg。

2. 生产原理

四氯化钛在氨存在下与异丙醇发生醇解，生成钛酸四异丙酯。然后，钛酸四异丙酯与羟基乙酸和焦磷酸二异辛酯反应，得到偶联剂 KR-138S。

$$TiCl_4+4(CH_3)_2CHOH+4NH_3 \longrightarrow Ti[OCH(CH_3)_2]_4+4NH_4Cl$$

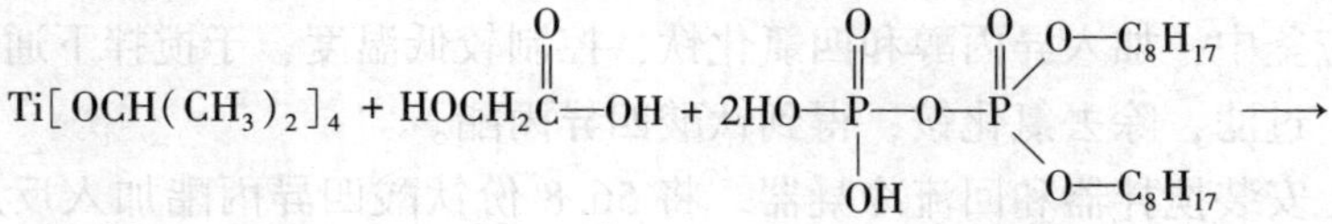

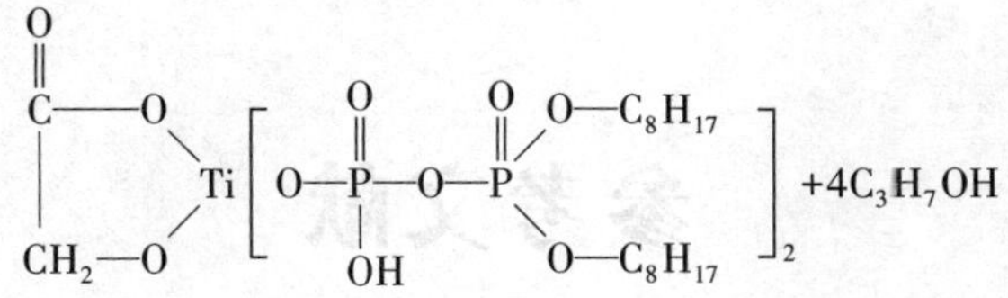

3. 工艺流程

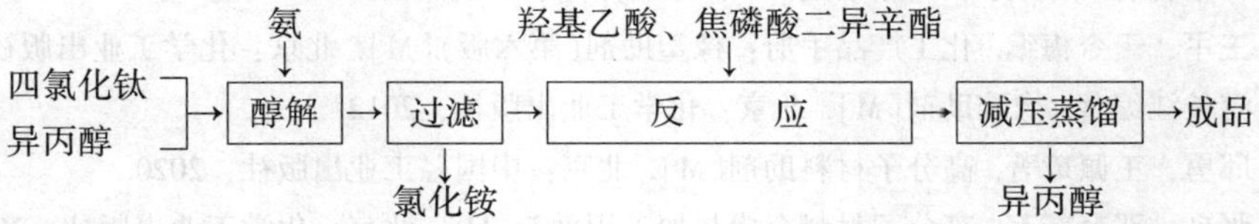

4. 生产工艺

在醇解反应釜中，加入异丙醇和四氯化钛，控制较低温度，于搅拌下通入氨进行醇解反应。反应完毕，过滤，除去氯化铵，得到钛酸四异丙酯。

在反应釜中，加入 56.8 份钛酸四异丙酯，于室温搅拌下，滴加 64.6 份焦磷酸二异辛酯进行酯交换反应。滴加完焦磷酸二异辛酯后，温度自动升温至45℃。搅拌下滴加 12 份羟基乙酸，滴加完毕后，反应物呈淡黄色透明黏稠状液体。然后再在搅拌下滴加 64.6 份磷酸二异辛酯，并缓缓加热至 85~90℃，逐渐有异丙醇回流液产生。搅拌反应 1h 后，减压脱除异丙醇，回收循环使用。脱除异丙醇后的残余物即为偶联剂 KR-138S。

5. 质量标准

外观	浅黄色至浅棕色液体	分解点/℃	275
相对密度	1.09		

6. 用途

螯合型钛酸酯偶联剂。可提高填充量，改善加工流变性并可提高制品的耐冲击性。因吸湿性强，适用于低密度聚乙烯/陶土、聚丙烯/果壳粉、聚苯乙烯/木粉、软聚氯乙烯/碳酸钙等复合体系，也适用于含水量较高的填料和颜料的表面处理，在水性涂料中可直接使用，改善填料和颜料的分散性，提高防沉降和防粘接效果。

7. 安全与贮运

生产设备应密闭，车间内加强通风，注意防火。操作人员应穿戴劳保用品。用镀锌铁桶包装，贮存于阴凉、通风、干燥处。

参 考 文 献

[1] 张倩，丁伟，杨永波，等. 焦磷酸酯型钛酸酯偶联剂的合成与应用[J]. 塑料工业，2000，28(06)：39.

[2] 焦艳华，黄志坚. 新型钛酸酯偶联剂的应用研究[J]. 杭州师范大学学报(自然科学版)，2010，9(01)：48-51.

参考文献

[1] 郑玉婴，林卓哲著. 高分子材料用助剂[M]. 北京：科学出版社，2022.

[2] 张林栋，王军，于令梅编. 化工产品手册：橡塑助剂(第六版)[M]. 北京：化学工业出版社，2016.

[3] 刘安华，游长江编著. 橡胶助剂[M]. 北京：化学工业出版社，2012.

[4] 钱立军，邱勇，王佩璋著. 高分子材料助剂[M]. 北京：中国轻工业出版社，2020.

[5] 方海林，张良，邓育新著. 高分子材料合成与加工用助剂[M]. 北京：化学工业出版社，2015.

[6] 许春华，中国橡胶工业协会橡胶助剂专业委员会编. 橡胶助剂实用手册[M]. 北京：化学工业出版社，2021.

[7] 须辑，等编著. 橡胶助剂制备新工艺(上册)[M]. 上海：华东理工大学出版社，2022.

[8] 王兴为，王玮，刘琴等编. 塑料助剂与配方设计技术(第4版)[M]. 北京：化学工业出版社，2017.

[9] 韩长日，宋小平编. 橡塑助剂生产工艺与技术[M]. 北京：科学技术文献出版社，2015.

[10] 陈宇，王朝晖，辛菲编. 实用塑料助剂手册(第二版)[M]. 北京：化学工业出版社，2015.

[11] 张玉龙主编. 塑料、橡胶助剂速查手册[M]. 北京：中国纺织出版社，2012.

[12] 王克智主编. 新型功能塑料助剂[M]. 北京：化学工业出版社，2003.

[13] 邱文革，李松岳编. 工业助剂及其复配技术[M]. 北京：化学工业出版社，2009.

[14] 中化化工标准化所，中国标准出版社第二编辑室编. 化学工业标准汇编：2003(化学助剂)[M]. 北京：中国标准出版社，2003.

[15] 吕百龄，李明东. 实用工业助剂全书[M]. 北京：化学工业出版社，2001.

[16] 韩长日，宋小平主编. 橡塑添加剂生产与应用技术[M]. 北京：中国石化出版社，2007.

[17] 蒋平平主编. 环保增塑剂[M]. 北京：国防工业出版社，2009.

[18] 石万聪等主编. 增塑剂实用手册[M]. 北京：化学工业出版社，2009.

[19] 刘仲毅. 增塑剂绿色催化技术[M]. 北京：科学出版社，2018.

[20] 李伟光. 稀土精细化工产品生产技术[M]. 北京：江西科学技术文献出版社，2002.

[21] 汪多仁编著. 生态增塑剂生产配方与合成工艺[M]. 北京：机械工业出版社，2012.

[22] 杨明. 塑料添加剂应用手册[M]. 南京：江苏科学技术文献出版社，2002.

[23] 吴茂英主编. PVC 热稳定剂及其应用技术[M]. 北京：化学工业出版社，2011.

[24] 胡行俊主编. 抗氧剂[M]. 北京：国防工业出版社，2009.

[25] 翁新楚著. 抗氧化剂与抗氧化机制[M]. 北京：科学出版社，2015.

[26] 隋昭德等编著. 光稳定剂及其应用技术[M]. 北京：中国轻工业出版社，2010.

[27] 钱立军，等著. 新型阻燃剂制造与应用[M]. 北京：化学工业出版社，2013.

[28] 杨荣杰，等编著. 中国阻燃剂工业与技术[M]. 北京：科学出版社，2013.

[29] 郑裕国，王远山，薛亚平，等. 抗氧化剂的生产及应用[M]. 北京：化学工业出版社，2004.

[30] 欧育湘主编. 阻燃剂[M]. 北京：国防工业出版社，2009.

[31] 韦平著. 无卤含硅阻燃剂的合成及作用机[M]. 上海：上海交通大学出版社，2013.

[32] 欧育湘，李建军编著. 阻燃剂：性能制造及应用[M]. 北京：化学工业出版社，2006.

[33] [英]阿瑟·格林著，吴世康等译. 光引发剂原理和应用[M]. 北京：科学出版社，2022.

[34] 郑裕国等编著. 抗氧化剂的生产及应用[M]. 北京：化学工业出版社，2004.

[35] 王克智．新型功能塑料助剂[M]. 北京：化学工业出版社，2003.
[36] 安孟学编. 塑料橡胶加工助剂[M]. 北京：化学工业出版社，2002.
[37] 宋小平，韩长日主编．精细有机化工品生产技术(上、下卷)[M]. 北京：中国石化出版社，2002.
[38] 山西省化工研究所．塑料橡胶加工助剂[M]. 北京：化学工业出版社，2004.
[39] 熊联明著. 偶联剂的生产与应用[M]. 北京：化学工业出版社，2017.
[40] 张先亮，廖俊，唐红定著. 有机硅偶联剂：原理、合成与应用[M]. 北京：化学工业出版社，2020.